“十四五”时期国家重点出版物出版专项规划项目

矿物复合新材料系列丛书（第一辑）

赤泥资源综合利用及矿物复合新材料

张以河　吕凤柱　刘晓明　张　娜　王新珂　著

中国建材工业出版社

北　京

图书在版编目（CIP）数据

赤泥资源综合利用及矿物复合新材料 / 张以河等著.
-- 北京 ：中国建材工业出版社，2025.2
（矿物复合新材料系列丛书. 第一辑）
ISBN 978-7-5160-3129-2

Ⅰ. ①赤… Ⅱ. ①张… Ⅲ. ①赤泥一资源利用一研究
②赤泥一复合材料一研究 Ⅳ. ①TF821②TG147

中国国家版本馆 CIP 数据核字(2024)第 029851 号

赤泥资源综合利用及矿物复合新材料
CHINI ZIYUAN ZONGHE LIYONG JI KUANGWU FUHE XINCAILIAO
张以河　吕凤柱　刘晓明　张 娜　王新珂　著

出版发行：中国建材工业出版社
地　　址：北京市西城区白纸坊东街 2 号院 6 号楼
邮　　编：100054
经　　销：全国各地新华书店
印　　刷：北京雁林吉兆印刷有限公司
开　　本：787mm×1092mm　1/16
印　　张：22.75
字　　数：500 千字
版　　次：2025 年 2 月第 1 版
印　　次：2025 年 2 月第 1 次
定　　价：118.00 元

本社网址：www.jskjcbs.com，微信公众号：zgjskjcbs

本书如有印装质量问题，由我社事业发展中心负责调换，联系电话：（010）63567692

RECOMMENDATION

院士推荐

材料科技是科技强国的基础，复合材料代表着材料的未来发展方向。其中矿物复合材料作为地质学与材料科学交叉融合发展的新兴学科分支和新材料，与矿产资源综合利用、新能源、新材料、生态环境、循环经济等国家需求密切相关，在“碳达峰、碳中和”进程中具有广阔的应用潜力，推动矿产资源综合利用和矿物复合新材料技术深度融合，有利于加快解决我国的环境和能源问题。但是矿物复合材料作为一种新型材料，仍有很多问题亟需解决，尤其是相关的基础研究。《矿物复合新材料系列丛书》在该类新材料的基础理论和应用研究方面做了很好的探索。

该系列丛书系统地展现了矿物复合新材料综合利用研究成果，重点介绍了粉状、层状、链状、多孔状、纤维状等不同形貌的硅酸盐矿物和石墨矿物等，分析了矿物的结构、预处理、加工改性及其对复合材料性能和应用的影响。丛书以天然矿物复合材料为主，同时也介绍了尾矿等工业固废污染治理与资源化利用的相关研究成果。

《矿物复合新材料系列丛书》的撰写和出版，丰富了矿物复合新材料的基础研究，推动了矿物复合新材料的应用，因此具有较高的学术价值和应用价值，对于推动矿物复合新材料行业发展具有十分积极的作用。

杜善义

中国工程院　杜善义院士

RECOMMENDATION

院士推荐

作为国民经济发展重要基础的矿产资源日益受到重视，在新时代生态文明建设与碳中和的大背景下，矿产资源综合利用与新材料发展关系到国家安全和可持续发展战略。传统矿物向材料领域发展是大势所趋，其中矿物复合新材料的开发和应用拓展了矿产资源利用新空间，是实现矿业与材料产业高质量发展的重要内容。

《矿物复合新材料系列丛书》以天然矿物及尾矿固废的综合利用制备矿物复合新材料为特色，系统地介绍了制备矿物复合新材料的系列研究成果，为完善地球科学与材料科学分支探索新途径，包括矿物资源分布、矿物复合材料组成、结构与性能及环境能源生物等领域的应用。该丛书以天然矿物复合材料为主线，按照矿产资源全产业链综合利用及尾矿固废治理与资源化利用制备新材料，对于促进资源节约与综合利用、发展新材料、循环经济等方面具有重要的学术意义。

《矿物复合新材料系列丛书》作者团队长期致力于“资源综合利用与矿物复合新材料”方面的创新研究，基于材料科学与地质资源岩石矿物学的基本原理，提出了通过矿物学与材料科学的交叉融合构筑矿物复合新材料的思想，在国际上率先发展了“矿物复合材料”学科分支并创建实施；围绕“低碳矿物复合材料及其环境能源健康应用”，开展了较系统的、创造性的基础和应用研究，发明了系列矿物复合新材料，在矿物复合材料功能效应研究和应用领域取得了系统性创新成果。结合作者团队多年系统研究的原创性成果集成，该丛书的出版为矿产资源综合利用与环境能源大健康新材料发展奠定基础，开辟了新的技术路径，具有重要的学术意义和应用价值。

邓军

中国科学院　邓军院士

RECOMMENDATION

院士推荐

矿产资源事关国家安全，关键矿产及其材料产业的高质量发展是支撑服务国家能源、资源安全战略的基础。矿产资源是材料的基础，其中矿产资源综合利用制备低碳环保的矿物复合新材料是践行两山理论、创新双碳技术、发展绿色低碳循环经济体系的重要途径之一。充分利用得天独厚的矿产资源，对于大力开发应用矿物复合新材料、扩大矿产资源利用空间、更好服务于国民经济具有重要意义。

《矿物复合新材料系列丛书》以天然矿物及尾矿等固废的综合利用制备矿物复合新材料为特色，系统地介绍了矿产资源综合利用制备矿物复合新材料的系列研究成果，内容包括相应矿物资源的分布、矿物复合材料的组成、矿物改性及复合工艺，以及各种矿物复合新材料的研究现状、制备和应用实例及前景等。该丛书作者团队长期从事资源综合利用与矿物复合新材料的研究、开发及产业化，在该领域承担过多项国家重大课题，积累了丰硕的研究成果。

《矿物复合新材料系列丛书》是作者团队多年系统研究的原创性成果集成，该丛书的出版为矿产资源综合利用发展新材料、解决环境能源等问题奠定材料基础，提供了新的技术方向和可行的路径，具有重要的学术价值和实践价值。

毛景文

中国工程院　毛景文院士

PREFACE TO THE SERIES

丛书前言

新材料的发展是人类文明进步的重要基础。随着社会各类需求的不断出现，传统的单一材料无法满足要求，材料的复合化、功能化、智能化、生态化已成为材料发展的必然趋势，复合材料成为继无机非金属材料、金属材料、高分子材料之后的第四类新材料。复合材料的内涵不断拓展，种类繁多。其中，矿物复合材料是基于材料学与地质学的岩石学矿物学、化学、物理、环境、生物、工程等学科的交叉、融合、创新形成的一类新材料，与碳达峰碳中和、矿产资源绿色低碳利用、新材料等国家战略需求密切相关，属于近年来世界各主要强国重点竞争领域和战略性新兴产业。矿物复合材料以其自然禀赋和优异特性，拓宽了传统材料的应用范围，尤其在新能源、生物医药大健康、生态环境、循环经济、绿色矿山等领域，受到普遍重视和广泛应用，对于创新材料绿色低碳发展、推动资源节约与循环利用、保障国家矿产资源安全、实现碳达峰碳中和、促进生态文明建设具有重大意义。

为了响应国家号召，依据《中共中央关于制定国民经济和社会发展第十四个五年规划和二〇三五年远景目标的建议》和《新材料产业发展指南》等文件精神，中国建设科技出版社（原中国建材工业出版社）紧跟时代步伐，积极打造原创精品力作，以创新发展为驱动力，策划出版《矿物复合新材料系列丛书》（以下简称“丛书”）等经典权威、高质量的原创学术专著。

丛书体现突出创新创造、服务现实需求的原则，坚持以“服务科技强国建设，面向世界科技前沿、面向经济主战场、面向国家重大需求、面向人民生命健康，强化基础性、前瞻性、战略性、系统性布局，凝练基础研究关键科学问题，推动为相关领域提供基础理论支撑和技术源头供给的原创成果出版”为原则，以矿产资源绿色低碳利用制备矿物复合新材料等原创性成果为素材，尝试为打造我国首创的矿物复合材料特色学科知识体系奠定基础。丛书第一辑包含5个分册，内容涉及被公认为世界性难题之一的赤泥资源综合利用及矿物复合新材料、典型非金属矿之一的石墨矿资源综合利用及石墨烯复合新材料、玄武岩资源综合利用及纤维复合新材料、典型金属尾矿之一的铁尾矿资源综合利用及矿物复合新材料、矿物复合光催化材料。该丛书贯穿上游矿产资源综合利用与下游新材料及新产品研发，形成矿产资源综合利用与矿物复合新材料及其循环利用系统新技术，体现矿物复合新材料绿色低碳发展与自然资源综合利用相统一的特色。

中国工程院杜善义院士、中国科学院邓军院士、中国工程院毛景文院士对丛书给予积极评价和推荐。该丛书第一辑入选“十四五”时期国家重点出版物出版专项规划项目。此外，丛书还得到中国地质大学（北京）“双一流”学科建设经费的资助。在丛书出版之际，谨向支持、帮助和为此付出辛勤劳动的所有人员，表示诚挚的谢意。

矿物复合材料是符合绿色低碳、生态环保等国内外发展趋势的一类新材料，矿物复合材料交叉学科虽然年轻但充满活力和巨大的发展潜力。随着科学技术进步和社会需求的提升，目前经国际矿物学会认定的地球上已发现的 5800 余种矿物陆续转化成新材料品种问世，相应的各种矿物复合材料不断涌现，许多传统材料也在不断发展中，其应用领域日益广泛。本丛书第一辑初步呈现了作者团队及所指导的博士与硕士研究生们多年来的部分原创成果，试图作为抛砖引玉的尝试，难免有一些不足。其中不妥之处敬请读者指正和不吝赐教。本丛书在编著过程中除了介绍作者团队的科研成果之外，还参阅、引用了其他相关文献。在此谨向所引用文献的作者们表示衷心的感谢。让我们共同努力，为促进矿物复合材料的发展不断作出新的贡献。

中国复合材料学会理事
矿物复合材料分会主任委员
中国微米纳米技术学会理事、会士
中国地质大学（北京）二级教授、博导
俄罗斯工程院外籍院士、俄罗斯自然科学院外籍院士
张以河
2025 年 1 月 6 日于北京

FOREWORD

前 言

随着生态文明建设的推进，与碳中和、固废资源循环利用制备新材料等国家政策要求有关的节能环保新兴产业日益受到重视。本书内容主要围绕氧化铝行业副产物大宗固废赤泥的资源化利用这一难题，进行了系统研究。本研究团队在相关领域取得的自主知识产权成果，达到国际先进学术水平并具有较强的应用价值；成果转化对于解决赤泥利用难题具有重要引领作用。作者及其团队长期以来从事“资源综合利用与矿物复合材料及环境能源生物应用”课题研发与教学，尤其是近20年来致力于赤泥、尾矿等固废资源化利用制备矿物复合新材料研究，依托地质过程与矿产资源国家重点实验室、岩石矿物材料开发应用国家专业实验室、非金属矿物与固废资源材料化利用北京市重点实验室、非金属矿与工业固废资源化利用全国循环经济工程实验室、矿区生态修复自然资源部工程技术创新中心等科研平台，将矿物资源的高效利用和工业固废的环境污染治理与制备矿物复合新材料相结合，在材料科学与工程、地球科学、环境工程、冶金工业、矿物加工、化学工程与工艺等领域进行了交叉融合创新的尝试，为“践行两山理论，创新双碳技术”进行了有益的探索。

本书以本团队多年来的研究成果为主，在系统总结凝练研究工作的基础上，参考国内外该领域的相关文献，围绕氧化铝行业副产赤泥的全组分综合利用技术及应用，开展了赤泥在有价元素提取、赤泥脱碱协同碳中和、脱硫固硫材料、脱硝材料、抗菌材料、水处理材料及副产矿物复合肥、矿物复合材料及制品、胶凝材料、免烧材料及制品、赤泥道路材料、烧结材料及制品等方面的实用化技术研究，将赤泥大宗固废资源综合利用、工业固废环境污染治理与制备矿物复合新材料相结合，以绿色、高效、高值、规模化利用为重点研究方向，希望能为氧化铝行业的可持续绿色发展提供技术支撑，促进生态环境改善和碳中和新技术的发展。

本书由张以河牵头组织编写、设计大纲并负责撰写部分章节及全书统稿；吕凤柱、王新珂参与编写部分章节并协助统稿及校对全书的图表和文字，刘晓明、张娜参与编写部分章节。此外，张健聪、张有鹏等也参与了部分资料收集、整理等工作，谨此一并致以诚挚的谢意。

本书内容以绿色、高效、高值、规模化利用为目标，以氧化铝行业原矿——铝土矿为起始点，各类方向的副产赤泥全组分利用研究为章节的内容和脉络，以赤泥全组分综合利用成套技术及系列矿物复合新材料技术为创新点，符合循环经济、低碳环保制备新材料等国际发展趋势。随着科学技术和社会需求的发展，赤泥等二次矿产资源的综合利用技术不断涌现，其应用领域日益广泛，本书难以收集完全，其中遗漏、不妥之处敬请读者指正和不吝赐教。

本书可供材料类专业、环境工程、冶金工业、矿物加工、化学工程与工艺等领域的研究人员、工程技术人员和管理人员阅读，也可作为高等学校相关专业的教学参考用书。

本书在编写过程中除介绍作者研究团队的科研成果之外，还适当参阅、引用了相关文献，在此谨向所引用文献的专家学者表示衷心的感谢。

著　者

2024 年 8 月

CONTENTS

目　录

1 赤泥来源及综合利用概况

1.1 铝土矿分类及主要矿物种类

1.1.1 铝土矿分类

从地质过程看，铝土矿实际上是一种在地表风化作用下形成的残积岩，是适宜气候条件与环境长期协同作用的结果。根据矿物类型、化学组分和基底岩性特征，铝土矿可以分为三种类型：①红土型。残积成岩，近地面铝硅酸盐的原位红土化之后的产物，其主要矿物为以三水铝石为主的含水铝氧化物，约占世界铝土矿资源总量的 90%。②碳酸盐岩岩溶型。主要的含铝矿物为一水软铝石和硬铝石，约占世界铝土矿资源总量的 9.5%。③季赫温型。红土矿型铝土矿经风化、搬运、异地沉积形成的产物，约占世界铝土矿资源总量的 0.5%，由于季赫温型铝土矿工业意义较小，在此不做讨论。

1. 红土型

红土型铝土矿母岩主要包含三性（酸性、中性、碱性）硅酸盐岩石，往往形成于地势平整的高地，与热带、亚热带气候条件下的大路夷平面关系密切。矿床规模大、分布广泛、品位上等，矿物以三水铝石为主，含有少量一水软铝石。矿体为层状、斗篷状，其上常被红色、黄色含铁黏土覆盖，其下常为富含高岭石、埃洛石的黏土层及半风化基岩。此类铝土矿的矿石质量较好、高铝硅比、埋藏浅、易于开采，特点明显，是制铝工业的优质原料。

2. 碳酸盐岩岩溶型

碳酸盐岩岩溶型铝土矿产于碳酸盐岩中，受喀斯特地貌控制，这类铝土矿的空间分布大多与碳酸盐具有密切关系，但母岩可以有多种类型，如泥岩、板岩、镁铁质基质等。矿石以一水硬铝石型为主，其次为一水软铝石，其特性为高硅、高铝、铝硅比占中等，矿石品位低于红土型铝土矿。该类型高品位铝土矿多位于风化层下部，矿体呈透镜状或层状，向底部、边缘和上部逐渐过渡为低品位铝土矿的黏土。

1.1.2 铝土矿主要矿物种类

1. 一水硬铝石

一水硬铝石（Diaspore）又称硬水铝石，分子式为 $Al_2O_3 \cdot H_2O$ 或 AlO(OH)，理论组成（质量分数，%）：Al_2O_3 85.1%、H_2O 14.9%。有些矿区产出的一水硬铝石同时包含 Al_2O_3、Fe_2O_3、Mn_2O_3、Cr_2O_3 以及 SiO_2、TiO_2、CaO 等。

（1）结构与形态

一水硬铝石具有链状结构，斜方晶系，晶胞参数 a_0＝44.1nm，b_0＝94.0nm，c_0＝28.4nm。在一水硬铝石中，氧原子作六方最紧密堆积，最紧密堆积层垂直 a 轴，斜方晶胞的 a_0 等于氧原子层间距的 2 倍，阳离子 Al^{3+} 位于八面体空隙中，Al 的配位数为 6，O 的配位数为 3。[Al^{3+}(O，$OH)_6$] 八面体组成的双链构成折线形链，链平行于 c 轴延伸，双链间以角顶相连、链内八面体共棱连接。一水硬铝石电负性中等，由于 OH 存在，键力较弱，与其相邻阳离子的距离增大，所以垂直 c 轴的平面上氧离子具有氢氧—氢键，O—O 键长 0.265nm，质子 H 分布不对称，O—H—O 为折线状。一水硬铝石的晶体结构如图 1-1 所示。

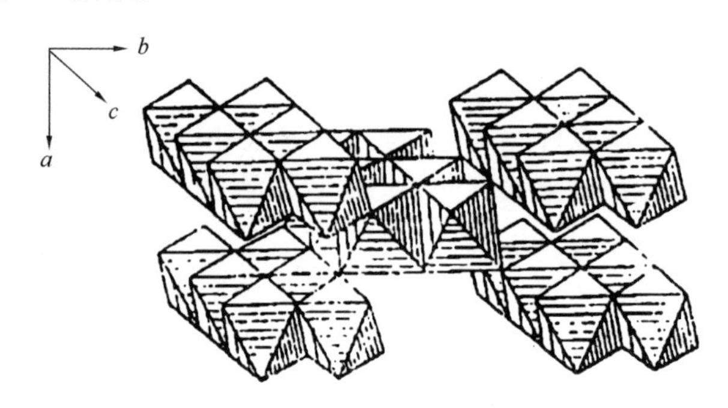

图 1-1　一水硬铝石的晶体结构

（2）物化性质

颜色呈现白色、灰白、黄褐、灰绿、浅红或者无色；其莫氏硬度为 6.5～7，当被破碎磨细时，主要沿（010）面断裂，（100）和（001）等面也是常见的断裂面，表面暴露出大量的 Al—O 键和 Al—OH 键；完全—不完全解理，解理面具有珍珠光泽；韧性较差，断口为贝壳状。一水硬铝石以其较高的硬度与一水软铝石、三水铝石和云母等区别，主要形成于外生作用，广泛分布在铝土矿矿床中，是工业炼铝的重要原料。

2. 一水软铝石

一水软铝石又称“勃姆石”“软水铝石”“薄水铝石”，其分子式与一水硬铝石相同，两者互为同质多象。在铝土矿中，一水软铝石常呈隐晶质或胶态，含有 Fe_2O_3，与三水铝石、一水硬铝石、高岭石等矿物共生，主要产在沉积型铝土矿，与三水铝石或一水硬铝石形成混合型铝土矿。

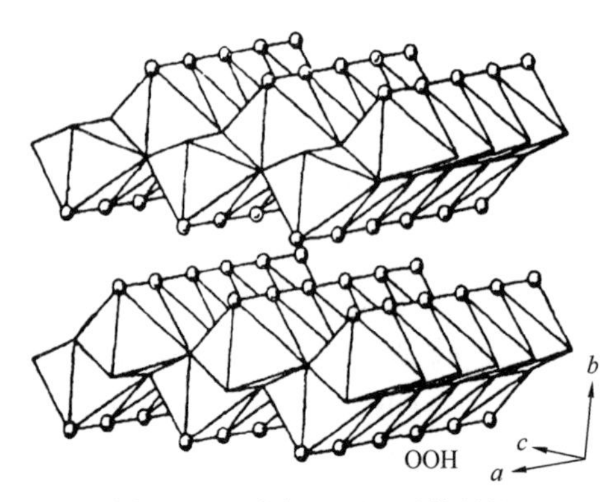

图 1-2　一水软铝石的晶体结构

（1）结构与形态

一水软铝石属于斜方晶系，晶胞参数为 a_0＝0.037nm，b_0＝0.122nm，c_0＝0.028nm。晶体结构沿（010）呈层状。结构中 [Al^{3+}(O,$OH)_6$] 八面体在 a 轴方向共棱联结成平行（010）的波状八面体层，结构如图 1-2 所示。阴离子 O^{2-} 位于八面体层内，OH^- 位于层的顶、底面，层间以氢氧—氢键相维系，上述结构使其具片状、板状晶形及平行（001）的完全解理。结晶完好者呈菱形体、棱面体、针状、纤维状和六角板状。

（2）物化性质

一水软铝石颜色青灰、淡黄、白；莫氏硬度3.5，晶面具有玻璃光泽。

3. 三水铝石

三水铝石化学式为 $Al(OH)_3$，或写为 $Al_2O_3 \cdot 3H_2O$，即三水铝石是铝的氢氧化矿物，理论组成（质量分数，%）：Al_2O_3 65.4%、H_2O 34.6%。三水铝石与诺三水铝石和拜三水铝石为同质多象。此外，常见类质同象替代元素有 Fe 和 Ga，且容易与铁的氧化物形成高铁型块状三水铝土矿。

（1）结构与形态

三水铝石是一种常见的氢氧化铝矿物和含铝化合物，也是热力学上最稳定的氢氧化物形态。三水铝石晶型属单斜晶系，晶胞参数为：$a_0=0.506$nm，$b_0=0.867$nm，$c_0=0.942$nm，三水铝石通常被认为是假六方双晶排列，这种结构被认为是具有密排结构面的连续延伸，面与面之间以分子力结合。晶格中，Al^{3+} 填充由 OH^- 呈六方最紧密堆积层相间的两层 OH^- 中的2/3 的八面体空隙。6个氢氧基的位置在八面体的6个面交接点，每个 Al^{3+} 在中间分配到3个氢氧基，故晶体是由上、下2层氢氧基与铝离子所占据中间层构成（图1-3）。

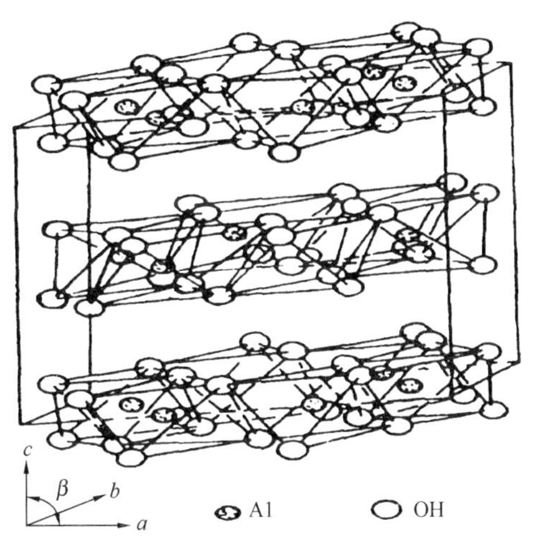

图1-3　三水铝石的晶体结构

（2）物化性质

三水铝石晶体一般极为细小，主要呈胶态非晶质或细粒晶质。颜色为白色或因杂质呈现出浅灰、浅绿、浅红等色调。三水铝石矿物硬度为2.5～3.5，当破碎磨细时，主要沿（100）面和（001）面断裂，表面暴露有 Al—O 键和 Al—OH 键。

1.2　铝土矿资源分布

据美国地质调查局2020年发布的矿产品摘要，世界铝土矿总资源量为550亿～750亿t，其中非洲176亿～240亿t、大洋洲127亿～172亿t、南美洲和加勒比海地区115亿～157亿t、亚洲99亿～135亿t及其他地区33亿～45亿t，所占比例大致为非洲32%、大洋洲23%、南美洲和加勒比地区21%、亚洲18%、其他地区6%。从国别来看，世界铝土矿分布集中度较高，探明储量排名前10位的国家依次为几内亚(74亿t)、澳大利亚（62亿t)、巴西（26亿t)、越南（21亿t)、牙买加（20亿t)、印度尼西亚（10亿t)、中国（9.8亿t)、圭亚那（8.5亿t)、印度（5.9亿t)、苏里南（5.8亿t)，合计约243亿t，占世界总探明储量的87%。

1.2.1 亚洲

东南亚红土型铝土矿主要分布在越南（21 亿 t）和印度尼西亚（10 亿 t），分别占世界铝土矿总探明储量的 7.5%和 3.6%。

越南铝土矿 96%集中在中央高地玄武岩之上，与老挝南部和柬埔寨东部 Bolaven 高原的一些大型铝土矿床相连。这一地区气候炎热潮湿、地势平缓，且火山活动提供大量的成矿物质，为铝土矿的形成创造了有利条件。越南中央高地铝土矿分布较广，占地约 2 万 km^2，大部分矿体长 1～15m，深不到 3m。上覆物质一般为软土，许多矿床直接暴露地表，易于开采。越南铝土矿开发可追溯至法国殖民时期，但直到 2007 年才推出国家层面的铝土矿开采规划。该规划部署开发中央高地的 25 处铝土矿床，其中大部分位于 Dak Nong 省（13 处，总资源量 34 亿 t）和 Lam Dong 省（5 处，总资源量 9.7 亿 t），并在 2015 年将氧化铝产能提高至 600 万～850 万 t，2025 年进一步提高至 1300 万～1800 万 t。但由于越南国内对大规模开发铝土矿引起的环境污染、森林退化等问题的担忧，这一规划实施起来阻力重重，进展并不顺利。越南已探获的铝土矿资源，仅次于几内亚和澳大利亚，但近年投入勘探工作较少，开发程度明显滞后。据美国地质调查局 2020 年发布的统计数据，越南 2019 年氧化铝产量为 130 万 t，与原定目标相差甚远。

印度尼西亚铝土矿以红土型为主，查明铝土矿储量为 10 亿 t，主要分布在加里曼丹岛西部地区、邦加岛、勿里洞岛和廖内省等地区。西加里曼丹铝矿成矿带是东南亚地区铝土矿最主要的产地之一，矿床规模大，矿石质量好，Al_2O_3 含量在 45%～55%。邦加岛铝土矿 Al_2O_3 含量在 38.6%～43%，资源禀赋较好，勘查开发程度较低。柬埔寨铝土矿勘查近年来也获得突破，柬埔寨铝业发展有限公司 2018 年底在柬埔寨东部地区完成铝土矿勘探工作，探明铝土矿储量约 3 亿 t。

印度尼西亚铝土矿有 85%分布在加里曼丹岛西部，15%分布在廖内群岛和苏拉威西岛；成矿母岩类型多样，包括古生代至晚三叠世长英质火山岩、花岗岩、片麻岩和长石砂岩等，矿床形成于第四纪，与地壳持续抬升、稳定和长期风化作用直接相关。加里曼丹岛西部铝土矿沿海岸呈带状分布，全长 300km，宽 50～60km，总面积达 200km^2。塔杨矿床是加里曼丹岛西部典型的超大型铝土矿床，单个矿体储量 12.5 万～2200 万 t，顶部埋深 0～2m，底部埋深 2.5～7.0m，典型剖面可分为 6 层，从上至下依次为土壤层（覆盖层）、铝土矿层、上部结核带、下部含铝土矿带、腐泥土层、母岩。

亚洲西部发育岩溶型铝土矿主要分布在伊朗，其铝土矿与地中海铝土矿带具有相似性，目前共发现 34 处矿床，根据成矿时代可分为 5 期，分别为二叠纪（11 处）、二叠纪～三叠纪（8 处）、三叠纪（2 处）、三叠纪～侏罗纪（7 处）、白垩纪（8 处）。空间上分布于 4 个构造带，分别为伊朗西北构造带、厄尔布尔士构造带、扎格罗斯构造带、中央构造带，其中，二叠纪、二叠纪～三叠纪铝土矿床主要位于西北构造带，三叠纪铝土矿床位于中央构造带，三叠纪～侏罗纪铝土矿床在 4 个构造带均有分布，白垩纪铝土矿床主要位于扎格罗斯构造带。伊朗西北部已发现多个高品位、可开采的岩溶型铝土矿床，如位于 Azarbaidjan 省南部的 Darzi-Vali 矿床。该矿床位于伊朗的喜马拉雅岩溶型铝土矿带，矿体赋存于碳酸盐岩中，呈不连续的层状、透镜状，厚度 2～17m，总长度超过 1km，储量约 20 万 t，平均品位 40% Al_2O_3。另外，在土耳其南部 Konya 至 Antalya 港之间的 Seydis-ehir-Akseki 省分布有大量的岩溶型铝土矿床，总面积约 1800km²，探明储量约 1000 万 t，平均组成为 $Al_2O_3$57%、$Fe_2O_3$12%、$SiO_2$7%、$TiO_2$3%。这一地区的铝土矿开采始于 1970 年，由西迪斯-艾蒂克铝业有限公司（Seydis-ehir Etibank Aluminum Ltd.）主导，截至 2009 年，共开采铝土矿石达 700 万 t，是土耳其最重要的铝土矿之一。

中国的铝土矿资源 90%以上为岩溶型，根据时空分布特征可分为 4 种：①贵州中部早石炭世铝土矿，赋存在下石炭统底部大塘组含矿岩系中，下伏岩层为寒武—奥陶系或志留系碳酸盐岩或砂页岩，矿石具有低铁低硫特征，矿床多为大中型；②山西、河南、山东、河北、辽宁等省份广泛分布的晚石炭世铝土矿，赋存于上石炭统本溪组中下部的含矿岩系中，空间分布上与奥陶系或寒武系碳酸盐岩古侵蚀面具有密切关系，多为大中型矿床；③四川、贵州、云南、湖南、湖北等省份的二叠世铝土矿，赋存于二叠系梁山组含铝岩系中下部，与石炭系或寒武系碳酸盐岩侵蚀面具有密切关系，具有高铁或高硫特征，多为中小型矿床；④广西、云南境内的晚二叠世铝土矿，赋存于上二叠统吴家坪组或宣威组含矿岩系中下部，下伏岩层为下二叠统或石炭系灰岩、砂页岩以及上二叠统玄武岩等，多为小型矿床。截至 2023 年年底，我国铝土矿储量约 7.08 亿 t，其中绝大部分为岩溶型，在已开发的 33 处铝土矿床中，其中河南 6 处，山西 4 处，贵州 8 处，广西 1 处。

我国铝土矿储量可观，但高质量铝土矿一直供应不足，可利用资源的质量也在逐年下降。由于我国的铝土矿资源具有高铝高硅、铝硅比低的特点，铝硅比在 5 以下的矿石占资源总量的 70%以上；经过多年的消耗，我国铝硅比在 8 以上高品位铝土矿已濒临枯竭，众多氧化铝企业被迫采用中低品位铝土矿。

因此我国铝土矿消费严重依赖进口，2010—2019 年我国进口铝土矿规模呈波动上涨趋势，2019 年我国铝土矿共进口超过 1 亿 t，同比增长 21.9%，2020 前十个月共进口了 9603 万 t 铝土矿。

1.2.2 非洲

非洲西部红土型铝土矿是世界铝土矿主要来源之一，这一地区蕴藏铝土矿较为丰富的国家包括几内亚、喀麦隆、加纳等。几内亚铝土矿勘探程度较高，矿权多已被几内亚政府及外国公司控制。由于铝土矿露出地表、易探易采，且多成片连续分布，单个铝土矿山规模大，建成后可持续多年稳定生产。据报道，2017 年 3 月长沙有色冶金设计研究院承接了中铝集团在几内亚 Boffa 铝土矿的资源核实工作。加纳是传统金矿开采大国，近年开始加大对铝土矿的勘查开发力度，目前 3 个主要矿区的铝土矿储量达 9 亿 t。其中，Awaso 矿区 6000 万 t、Nyinahin7 亿 t 和 Kyebi 矿区 1.6 亿 t。2019 年 12 月，该国曾在全球范围招募开发合作公司，有 40 多家跨国公司表达合作意愿，最终有 14 家集团公司入围第二阶段。加纳与几内亚相邻，但相比几内亚跨国矿企云集，加纳在国际铝土矿市场还是新秀，竞争相对较小。

几内亚铝土矿赋存于元古宙、古生代和中生代富铝硅酸盐岩石中，主要分布在西部古生代 Bove 盆地中。几内亚铝土矿的主要特点包括：①优质铝土矿主要分布在西北部的博凯和桑加雷迪地区，呈阶梯状分布，品位高达 65%～69%；②单个矿床规模较大，资源量一般在千万吨至几十亿吨；③矿体主要分布在铁硅铝质风化壳的中上部，矿层单一，层位稳定；④厚度 3～9m，可露天开采，基本无须剥离非矿土；⑤品位高，氧化铝含量 45%～60%，二氧化硅含量 1.0%～3.5%，属于在低温下易加工提炼的三水化合型矿物。Kindia 地区的 Balaya 铝土矿床，其铝土矿石保留有母岩的细层状构造，多孔、坚硬、棕色至红色，并发育因含铁形成的粉红色细条带，局部发育豆状铝土矿石，主要矿物为三水铝矿、针铁矿、氧化铝，包含少量的锐钛矿、金红石、水铝石和高岭土。喀麦隆铝土矿资源量约 10 亿 t，居非洲第二位，重要的矿床有 Minim-Martap、Ngaounda 和 Fongo Tongo 等，其中 Minim-Martap 矿床由古元古界片麻岩的风化作用形成，资源量约 9 亿 t，平均品位为 45.1%，Fongo Tongo 矿床资源量约 3400 万 t，平均品位为 47%。加纳红土型铝土矿资源量约 9.6 亿 t。铝土矿床（点）近 20 处，主要产于地表厚几米至五十余米的风化残积物（硅铝铁风化壳）中，原岩为古元古代含火山质碎屑沉积物，代表性矿床包括阿瓦索、尼纳欣、基比，资源潜力均超过 1 亿 t。

1.2.3 美洲

美洲地区已发现铝土矿床 34 处，主要分布在巴西（14 处）、圭亚那（5 处）、牙买加（5 处）和苏里南（5 处）。巴西红土型铝土矿探明储量约 26 亿 t，其中 95%位于巴西北部，5%位于东南部和南部，著名的超大型铝土矿床包括朗多（Rondon）和戈米纳斯（Paragominas）。1999 年，在巴西中西部 Barro Alto 地区新发现一处大型红土型铝土矿床，资源量约 1.6 亿 t，成矿母岩为新元古代斜长岩。Amargosa 是近年力拓集团在巴西投入勘探工作较多的铝土矿床，2014 年开展的一系列钻探和填图工作增加了一批远景区，力拓集团 2019 年发布的年报显示，该矿床处于高级勘探阶段。另外，巴西的朗多（Rondon）超大型铝土矿床已完成勘查工作，经近年来的勘查验证，其铝土矿资源量达 9.8 亿 t，2014 年上半年，该铝土矿矿山已完成可行性研究，原计划于 2019 年开采矿石，年产能 900 万 t，但截至 2021 年尚无投产消息。

苏里南和委内瑞拉，成矿时代为晚白垩世～新近纪，且以古近纪为主，成矿母岩类型多样，包括显生宙硅质碎屑沉积岩和前寒武纪火山岩、变质岩等。苏里南铝土矿探明储量为 5.8 亿 t，世界占比约 2.1%。根据母岩性质、空间分布和开发历史等，可分为滨海平原区铝土矿和高原区铝土矿。前者位于沿海低地，成矿母岩为长石砂岩、粉砂岩，自 19 世纪早期开采至今；后者位于内陆地区，成矿母岩为元古宙变质结晶基底，截至 2023 年尚未开发。这两类红土型铝土矿均发育于圭亚那地盾北缘一系列晚白垩世至第四纪区域性夷平面和沉积盖层中，其中以古近纪层位铝土矿最为丰富。另外，委内瑞拉也拥有丰富的铝土矿资源，据估计，其资源量可达 21.5 亿 t，主要分布在玻利瓦尔州和亚马逊州。目前唯一在产的铝土矿山是 Los Pijiguaos，其探明控制储量达 5.7 亿 t，自 1987 年投入生产以来，共开采原矿 300 万 t，由委内瑞拉国有 C. V. G. BAUXILUM Operadore de Bauxita 公司运营，年产量近 500 万 t。

1.2.4 欧洲

欧洲已发现铝土矿床 25 处，主要分布在俄罗斯、希腊和匈牙利，排名前四位的矿床依次为 North Urals（俄罗斯，资源量 3.6 亿 t）、Timan（俄罗斯，资源量 1.9 亿 t）、Bakonyi（匈牙利，资源量 2300 万 t）、Delphi-Distomon（希腊，资源量 1100 万 t）。希腊、法国等欧洲发达国家发现和开发利用铝土矿较早，勘探开发程度较高，矿山多已枯竭，加之对环境保护的重视，这些国家已基本停止铝土矿勘查工作。俄罗斯已探获铝土矿超过 4 亿 t，其中只有一半左右可采。2019 年，该国最大的两座铝土矿山 North Urals和 Timan 产量分别为 240 万 t 和 320 万 t，近些年，通过边采边探，储量均有所增加。

南欧尤其是地中海国家如葡萄牙、西班牙、法国、匈牙利、克罗地亚、波黑和希腊等广泛发育岩溶型铝土矿，构成了著名的地中海铝土矿带，其中以希腊储量最为丰富。这一地区的岩溶型铝土矿形成于中生代至早新生代，与欧洲和亚得里亚海中生代碳酸盐大陆架有关，是局部性或区域性不整合的标志。希腊拥有铝土矿资源量约 3 亿 t，具有开发价值的铝土矿床主要位于 Parnassos Ghiona 构造带，重要的矿床包括 Delphi-Distomon、Parnasso 和 Greek Helicon 等，其中以 Delphi-Distomon 储量最大。意大利南部铝土矿由于规模较小且较为分散，已不具有开发价值。位于意大利西南部 Sardinia 地区的 Olmedo 矿山是唯一在采的铝土矿山，但产能较小。

1.2.5 大洋洲

大洋洲已发现 49 处铝土矿床，其中 46 处位于澳大利亚，3 处位于所罗门群岛。澳大利亚 46 处铝土矿床中，70%位于昆士兰和西澳，其中 6 处在产，其余多处于勘探阶段。澳大利亚目前的勘探工作多围绕大型在产矿山的增储展开，如力拓集团掌握的澳大利亚最大铝土矿山 Weipa 在 2019 年储量增加了 1 亿 t。2019 年 6 月，Pacific Bauxite 向西澳矿业部申请的勘探许可证获批，为扩大矿区面积和进一步控制资源量，该公司计划对澳大利亚第二大在产铝土矿山 Darling Range 进行系统野外勘探工作，但处于草根勘探阶段的矿床勘查工作长期停滞，矿权多被州政府收回。

澳大利亚铝土矿资源主要集中分布在 3 个地区：昆士兰北部、西澳达令山脉及西澳北部。昆士兰北部的铝土矿区主要在卡奔塔利亚湾（Gulf of Carpentaria）附近的韦帕（Weipa）地区和戈夫（Gove）地区，西澳达令山脉（Darling Ranges）在珀斯南面，昆士兰北部和西澳达令山脉这两个地区是世界上最大的已探明可开发的铝土矿矿藏地。西澳北部的铝土矿区主要分布在米切尔高地（Mitchell Plateau）和布干维尔角（Cape Bougainville）。

1.3 铝土矿生产氧化铝排放赤泥及特性

从矿石提取氧化铝有多种方法，包括拜耳法、碱石灰烧结法、拜耳—烧结联合法等，本节主要介绍拜耳法工艺及拜耳法赤泥综合利用。拜耳法一直是生产氧化铝的主要方法，其产量约占全世界氧化铝总产量的 95%左右。从 19 世纪后期铝工业开始发展以来，赤泥作为铝土矿精炼过程中所产生的副产品而不断产生。据统计大约每生产 1t 氧化铝的同时可生产 1.0～2.0t 赤泥。按照 2021 年氧化铝产量 7500 万～8300 万 t 测算，赤泥每年新增 1 亿～2 亿 t。

1.3.1 拜耳法工艺

拜耳法由奥地利拜耳（K. J. Bayer）于 1888 年发明，拜耳法工艺流程如图 1-4 所示。其原理是用氢氧化钠（NaOH）溶液加温溶出铝土矿中的氧化铝，得到铝酸钠溶液。溶液与残渣（赤泥）分离后，降低温度，加入氢氧化铝作晶种，经长时间搅拌，铝酸钠分解析出氢氧化铝，洗净，并在 950～1200℃温度下煅烧，便得氧化铝成品。析出氢氧化铝后的溶液称为母液，蒸发浓缩后循环使用。

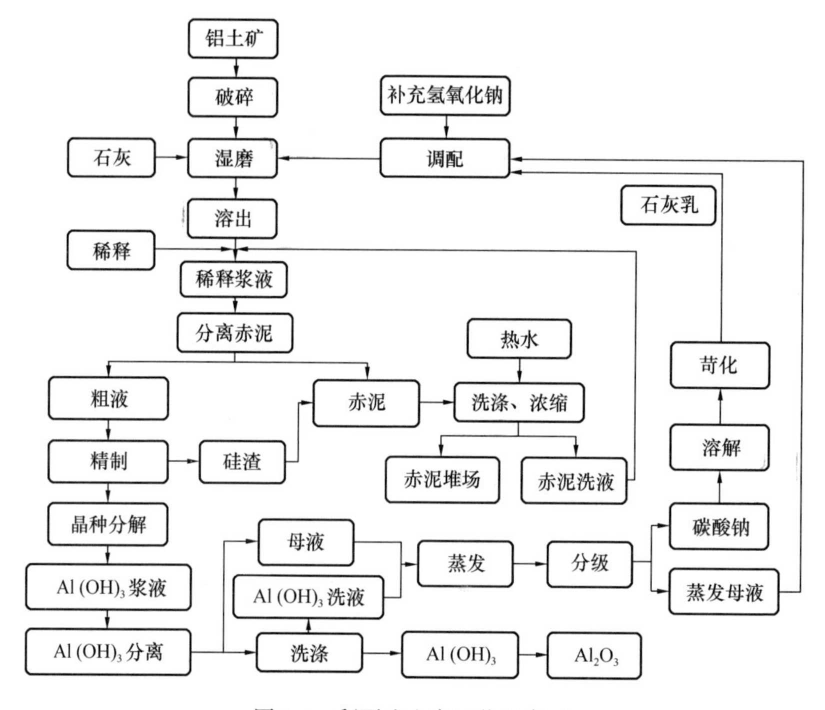

图 1-4　拜耳法生产工艺示意图

由于铝土矿中三水铝石、一水软铝石和一水硬铝石的结晶构造不同，它们在氢氧化钠溶液中的溶解性能有很大差异，所以要提供不同的溶出条件，三水铝石型铝土矿可在 125～140℃下溶出，一水硬铝石型铝土矿要在 240～260℃并添加石灰（3%～7%）的条件下溶出。现代拜耳法的主要进展在于：①设备的大型化和连续操作；②生产过程的自动化；③节省能量，例如高压强化溶出和流态化焙烧；④生产砂状氧化铝以满足铝电解和烟气干式净化的需要。

当今赤泥的大量产生和储存，引起了严重的环境问题，使探索、开发赤泥的储存和处理方法迫在眉睫。由于铝土矿的来源和工艺参数的不同，赤泥的化学成分和矿物组成各不相同，成分的不稳定性也是赤泥综合利用率低的原因，根据中国工业固废网数据测算，赤泥综合利用率不到10%。

1.3.2 赤泥组成及特性

赤泥刚产生时，最初为高含水量的泥浆状，经过压滤排出，随着堆积时间的延长，赤泥在形态上逐渐呈现块状，有的表面出现白色霜类物质，称之为反碱现象，如图1-5所示。赤泥的基本物理性质参数见表1-1。根据用途需求不同，赤泥粒径通过加工方式研磨成不同级粒径粉体。不同工艺排出赤泥的化学成分因不同地区原矿品位不同产生一定的差异。全球范围内赤泥的化学成分见表1-2。赤泥具有胶结的孔架状结构，主要由结构—凝聚体、结构—集粒体、结构—团聚体三级结构构成，三者之间形成了凝聚体空隙、集粒体空隙和团聚体空隙，这也是赤泥具有较大比表面积的主要原因。

图1-5 赤泥堆坝及长期堆放赤泥、新赤泥图

表1-1 赤泥一般物理特性表

物理特性	粒径（μm）	孔隙比	密度（g/cm^3）	比表面积（m^2/g）
参数值	0.005～0.075	2.53～2.95	2.7～2.9	31.75～85.92

表1-2 全球赤泥主要化学成分及含量 （质量分数，%）

成分	巴西	中国平果	德国	英国	土耳其	希腊	澳大利亚	印度
Fe_2O_3	45.60	26.90	44.80	36.31	39.84	42.50	35.20	54.80

续表

成分	巴西	中国平果	德国	英国	土耳其	希腊	澳大利亚	印度
Al_2O_3	15.10	26.80	16.20	23.43	20.24	15.60	20.00	14.80
TiO_2	4.29	7.30	12.33	5.97	4.15	5.90	9.20	3.70
Na_2O	7.50	—	4.00	12.36	9.43	2.40	7.50	4.80
SiO_2	15.60	13.10	5.40	18.25	15.27	9.20	11.60	6.40
CaO	1.16	23.50	5.22	4.38	1.80	19.70	6.70	2.50

注：其中“—”表示含量未知。

联合法赤泥和烧结法赤泥的矿物组成较为相似，主要为 $2CaO \cdot SiO_2$ 等活性矿物，钙水化石榴石、水合铝硅酸钠、赤泥矿、针铁矿等，拜耳法赤泥主要的物相结构为赤铁矿、水合铝硅酸钠、水化石榴石等。

全世界约 90%的赤泥是由拜耳法产生的。由于拜耳法需要使用过量的氢氧化钠溶液提取氧化铝，所以作为副产物产生的赤泥呈现强碱性。由于赤泥的碱性强且储存量大，处理需要大量资金，赤泥的处理价格甚至比氧化铝的价格贵 1%～2%。处理赤泥需要大量储存空间，一个年生产 100 万 t 的氧化铝厂在五年内需要大约 1km^2 的土地面积用于储存赤泥。赤泥具有毒性，对环境有潜在危害，由此产生的堆积问题和随之而来的环境污染问题是赤泥再利用急需解决的根本问题。堆积的赤泥由于其物理化学性能，对于土壤和水会造成一定的污染和损害。在 2010 年，匈牙利的 Ajka 氧化铝精炼厂发生溃坝洪水，赤泥泄漏污染土壤和水。此次事故共造成 150 余人受伤，3 人失踪，9 人死亡。近年来，很多研究人员对赤泥的回收利用给予了更多的关注，并取得了一些进展。

1.3.3 赤泥综合利用

“十二五”时期，我国印发《赤泥综合利用指导意见》等文件，将赤泥作为大宗工业固体废物重点推进；“十三五”时期，印发《工业绿色发展规划（2016—2020 年）》，明确指出到 2020 年，规模以上企业单位赤泥利用率从 2015 年的 4%增加到 10%。2021 年，十部门联合出台《关于“十四五”大宗固体废弃物综合利用的指导意见》，要求不断探索赤泥的更多规模化利用渠道；同年，国家发展改革委印发《“十四五”循环经济发展规划》，也继续引导赤泥综合利用规模化、集聚化、产业化发展。2022 年年初，工业和信息化部、生态环境部等八部门印发的《关于加快推动工业资源综合利用的实施方案》，再次重点提及赤泥综合利用问题。

赤泥中含有大量可回收利用的金属元素和相应的氧化物，这成为赤泥资源利用的基础，同时结合赤泥本身结构及性质的特点，如赤泥比表面积大、分散性好，具有广阔的应用前景。针对赤泥的资源化利用研究主要有以下几类：①生产建筑材料，包括混凝土、水泥、赤泥-粉煤灰免烧砖；②生产微晶玻璃、赤泥质陶瓷砖、烧胀陶粒；③赤泥填充聚氯乙烯材料；④用于路基材料及防渗材料；⑤生产硅钙肥等矿物缓释肥；⑥制备吸附材料，例如制备水处理吸附剂；⑦提取有价金属，通过浸出、磁选或离子交换膜等多种工艺方式回收绝大部分的钪、钛、铁和铝。

参考文献

[1] 陈静，程国繁．贵州铝土矿资源及其实物地质资料鳞选研究[J]．矿物学报，2022，42(4)：525-531.

[2] 陈喜峰，叶锦华，向运川．南美洲铝土矿资源勘查开发现状与潜力分析[J]．国土资源科技管理，2017，34(1)：106-115.

[3] 陈喜峰．中国铝土矿资源勘查开发现状及可持续发展建议[J]．资源与产业，2016，18(3)：16-22.

[4] 陈兴龙，龚和强．黔北铝土矿资源禀赋要素与开发利用战略探讨[J]．贵州地质，2010，27(2)：106-110.

[5] 冯安生，吴彬，吕振福，等．我国铝土矿资源开发利用"三率"调查与评价[J]．矿产保护与利用，2016，(5)：16-18.

[6] 盖静，孙志伟．豫渝铝土矿资源勘查开发利用的规划建议[J]．矿产保护与利用，2011，(3)：6-9.

[7] 何广武．世界铝土矿资源概述[J]．科技展望，2015，25(9)：228.

[8] 何海洲，杨志强，郑力．广西铝土矿资源特征及利用现状[J]．中国矿业，2014，23(5)：14-17，22.

[9] 李林松，金会心，刘文纪，等．铝土矿资源状况及高硫铝土矿脱硫方法[J]．广州化工，2021，49(17)：18-22.

[10] 马鸿文．工业矿物与岩石[M]．北京：地质出版社，2002.

[11] 马茁卉，范振林．浅议利用国外铝土矿资源的风险与策略[J]．中国金属通报，2010，(42)：18-19.

[12] 唐志阳．我国铝土矿资源开发利用中存在的问题与对策[J]．陶瓷，2014，(6)：9-12.

[13] 王贤伟．中国铝土矿资源产品需求预测及对策研究[D]．北京：中国地质大学(北京)，2018.

[14] 王祝堂，熊慧．世界铝土矿资源与分布[J]．轻合金加工技术，2014，42(9)：10.

[15] 杨卉芃，张亮，冯安生，等．全球铝土矿资源概况及供需分析[J]．矿产保护与利用，2016，(6)：64-70.

[16] 尹海鉴．铝土矿资源特征及矿业可持续发展研究[J]．内蒙古煤炭经济，2022(10)：153-155.

[17] 张军伟．中国铝土矿资源形势及对策[J]．价值工程，2012，31(21)：4-6.

[18] 朱生．铝土矿资源地质类型分布及开采技术探讨[J]．世界有色金属，2021(11)：31-32.

2 赤泥有价元素提取技术

矿产资源是当今社会和经济发展的重要物质基础与能源保障。我国矿产资源丰富，但由于人口众多，人均占有量还不到世界平均水平的一半。同时，我国正处于工业化的中期发展阶段，各种产业急速扩张，经济增长和矿产资源消费也同步增长。我国是各种矿石资源的进口大国，新建产能的逐步释放必将导致矿产资源消耗的进一步加快，更加大了对国外进口优质矿石资源的依赖程度。我国进口的优质铝土矿主要来自澳大利亚、几内亚、马来西亚、印度、巴西和印度尼西亚等国家。2018 年以来，我国铝土矿的年均进口量约为 5500 万 t，对外依存度为 45%，预计 2029 年之前优质铝土矿石的年均进口量将达到 7000 万 t，对外依存度将长期维持在 40%～50%。而我国再生资源的资源化水平却很低，大量资源被作为废弃物堆放而没有得到充分利用。

“十三五”以来，工业和信息化部强化顶层设计、系统把脉，先后制定实施了《“十三五”工业绿色发展规划》《绿色制造工程实施指南（2016—2020）》，发布了《工业节能管理办法》《工业固体废物资源综合利用评价管理暂行办法》等一系列规章制度，为我国工业绿色发展指明了方向，指出赤泥等大宗工业固体废物综合利用要加快向集聚化、规模化、高值化发展。

赤泥的主要成分为氧化铁、二氧化硅、氧化钙、氧化钠、氧化铝以及二氧化钛等，此外还含有一定量的稀土元素和微量放射元素。以赤泥资源化利用为目标，研究从赤泥中提取有价元素的工艺技术，确定具体工艺流程及产品质量指标，可在减少污染保护生态环境的同时，获得较好的经济效益，变废为宝。

其中，铁是赤泥中的主要有价金属元素，很多学者针对赤泥提铁进行了深入研究。目前较为成熟的工艺有两种，分别为直接还原提铁和焙烧-磁选法提铁。直接还原法是指铁矿石在低于熔化温度下还原成海绵铁的生产反应，其产品叫直接还原铁。一般试验方法为将赤泥直接或细磨后混合黏结剂或者添加剂制成团块，在高温下还原一定时间。还原产物冷却后破碎细磨，最后经磁选分离出金属铁粉。还原剂种类繁多，之后将以生物质还原为例展开具体介绍。焙烧-磁选法是将矿石置于焙烧炉中加热并在适宜的还原气氛中进行物理化学反应，使弱磁性铁矿物转变为强磁性铁矿物，其他杂质矿物的磁性在大多数情况下变化不大，再通过弱磁选即可以将强磁性的铁矿物分离出来。经实践证实，焙烧—磁化法是处理常规选矿难以分选提纯的低品位铁矿石的最有效的方法之一，最初由美国、德国和日本等国将其用于低品位铁矿石的回收利用。在有些国家，先将赤泥预焙烧，然后在较高温度的沸腾炉内进行还原，其目的是使赤泥中的非磁性的 Fe_2O_3 转变为磁性 Fe_3O_4。还原后经过冷却、粉碎后用湿式或干式磁选机分选，得到铁精矿含铁 60%～80%，全流程铁的回收率为 80%～90%，是一种含铁较高的高炉炼铁原料。下面将具体介绍两种提取铁的方法。

2.1 生物质中低温还原拜耳法赤泥提铁

生物质不仅是可再生绿色能源，而且分布广泛，资源丰富，廉价易得，生物质废弃物的总量每年可达 6.5 亿 t 标煤以上。近年来，生物质作为一种可再生的还原剂被应用于冶金中，其中生物质磁化还原赤泥因反应温度低，磁化效果好被广泛关注。因此，探讨生物质还原磁化赤泥对于节能减排、清洁生产及生态环境的改善都具有非常重大的意义。

以中国铝业山东分公司高铁拜耳法赤泥为例，探究还原磁化焙烧工艺最佳条件，并分析其机理，在此基础上，实现尾矿的综合利用。

2.1.1 原料特性

(1) 赤泥

本节所用赤泥为中国铝业山东分公司高铁拜耳法赤泥，经烘干粉磨后得粒径小于 0.08mm 的细粉，利用 X 射线荧光分析（XRF）对高铁拜耳法赤泥化学成分进行分析，其结果见表 2-1。高铁拜耳法赤泥铁含量较高，主要以 Fe_2O_3 形式存在，达到 37.98%，远高于普通赤泥，可利用价值颇高。赤泥中 Al_2O_3 和 SiO_2 含量分别为 22.97% 和 19.12%，铝硅比接近于 1。该赤泥烧失量为 4.26%。此外赤泥中还含有 Na_2O (12.08%)、CaO(2.60%)、TiO_2(3.24%) 等物质可以进行回收，实现废物综合利用。赤泥的矿相成分分析结果如图 2-1 所示，高铁拜耳法赤泥大量的铁主要以 Fe_2O_3 形式存在，同时还含有 SiO_2 等主要矿物。

表 2-1 高铁拜耳法赤泥主要化学成分 （质量分数，%）

化学成分	Fe_2O_3	Na_2O	MgO	Al_2O_3	SiO_2	P_2O_5	SO_3	K_2O	CaO	TiO_2	烧失量
含量	37.98	12.08	0.23	22.79	19.12	0.21	1.00	0.24	2.60	3.24	4.62

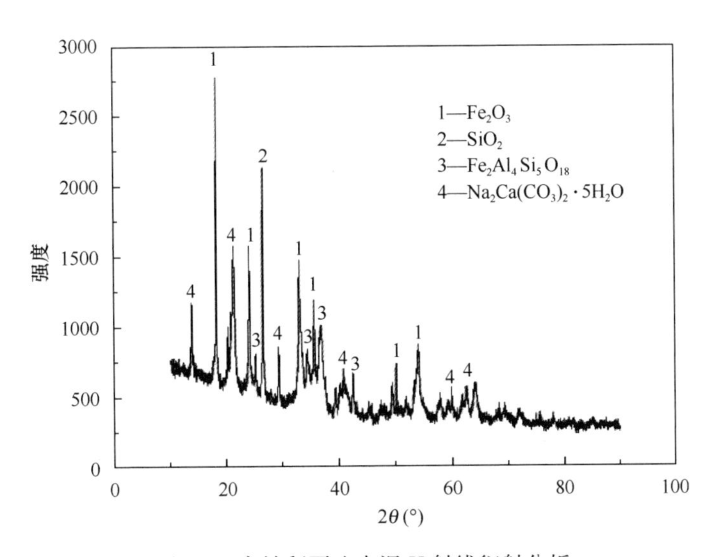

图 2-1 高铁拜耳法赤泥 X 射线衍射分析

（2）生物质

本节用生物质基还原剂为松木锯末，取自北京市昌平区某家具加工厂。将所选原料经自然风干、破碎，再烘干（105℃）后经粒径小于0.25mm的筛子筛分。生物质松木锯末的元素分析采用标准《煤的工业分析方法》（GB/T 212—2001）和《煤中全硫的测定方法》（GB/T 214—2007）进行分析，工业分析根据ASTM E 1755—2015标准进行分析，分析结果见表2-2。生物质松木锯末C、H、O三种元素为主要元素，分别为43.08%、6.41%、32.24%，此外还含有少量的N、S等元素。从生物质松木锯末工业分析中可以看出挥发分较多，占到62.95%，含有一定量的水分和固定碳分别为13.92%、19.20%，灰分含量相对较少。

表2-2　松木锯末的主要元素分析和工业分析　　（质量分数，%）

元素分析					工业分析			
C_{ad}	H_{ad}	O_{ad}	N_{ad}	S_{ad}	水分	挥发分	固定碳	灰分
43.08	6.41	32.24	0.32	0.10	13.92	62.95	19.20	3.93

（3）烟煤

本节所用的煤基还原剂是烟煤，取自石家庄，将所用烟煤烘干（105℃）、破碎、磨粉后得到粒径小于0.08mm的烟煤。对烟煤的成分进行了分析，分析结果见表2-3。粒度小于200目的烟煤占到85.88%，100～200目的占到13.98%，粒度大于100目的很少。烟煤成分中固定碳占大部分为53.77%，其次挥发分含量为28.33%，烟煤的结焦性能表现为结块。将烟煤燃烧之后的灰分利用X射线荧光分析（XRF）对其化学成分进行分析，结果见表2-3。烟煤灰分中Si含量较高主要以SiO_2形式存在，达到39.195%，烟煤中Fe_2O_3和Al_2O_3的含量分别为26.28%和25.19%，铁铝比接近1。此外烟煤中还含有CaO（3.95%）、TiO_2（1.33%）、MgO（0.80%）等物质。

表2-3　烟煤成分分析结果　　（质量分数，%）

粒度（目）			成分				结焦性能
−200	−200～+100	+100	湿度	灰分	挥发分	固定碳	
85.88	13.98	0.14	1.88	16.02	28.33	53.77	结块

2.1.2　研究方法

采用中低温还原-磁选工艺处理高铁拜耳法赤泥以实现对赤泥中铁的提取。称取一定质量的高铁拜耳法赤泥配加一定比例的还原剂，混合均匀后造块，以生物质松木锯末和烟煤为还原剂，采用管式炉在一定条件下对试块进行还原焙烧试验，还原试验试块冷却后对焙烧矿进行磨矿，然后采用湿式磁选机对焙烧矿中磁性物质和非磁性物质进行磁选分离试验，最后进行尾矿提取有用无机组分的综合利用研究。主要的工艺流程如

图 2-2所示。

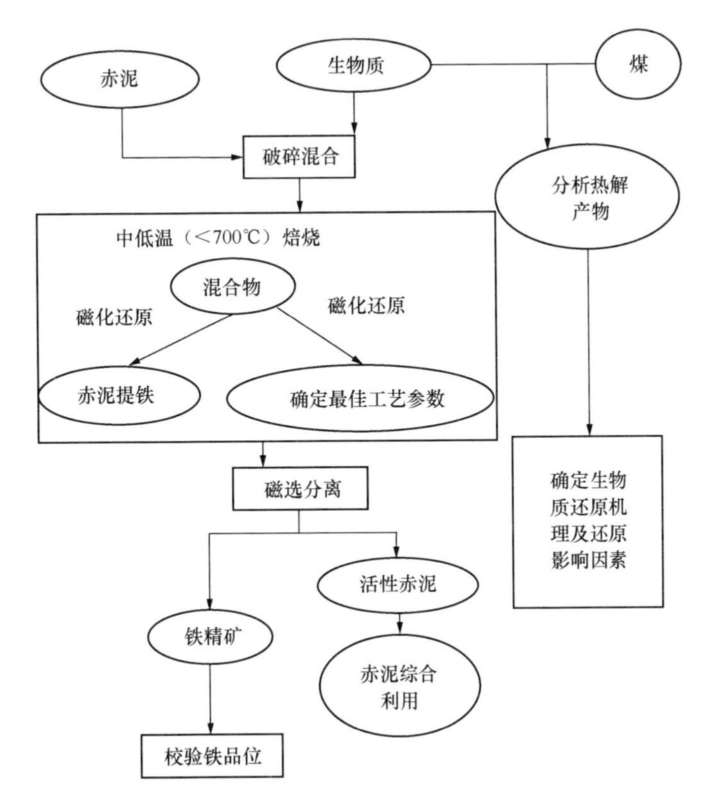

图 2-2　铁提取技术路线图

具体试验主要包括四步：

（1）磨矿

先将高铁拜耳法赤泥用颚式破碎机破碎至粒度<2mm，仪器型号为 PE60×100，然后称取 500g 破碎的赤泥按一定的磨矿浓度放置于水泥试验磨中磨至一定粒度。水泥试验磨的型号为 SYM-500×500，生产厂家为无锡建筑器材厂。

（2）造块

将干燥均匀的高铁拜耳法赤泥与还原剂按一定的质量比进行混合均匀，然后在 20N 压力下压制成 ϕ8mm×8mm 圆柱状试块。

（3）还原焙烧

焙烧还原试验在管式炉中进行，如图 2-3所示。试验前首先确认管式炉密封性是否完好，然后将压制成型的试块置于坩埚中一同放入管式炉一侧。向管式炉通入 100mL/min的高纯度氮气，待管式炉内空气排尽以后将氮气流量改为 80mL/min，随后升温待达到试验还原温度后在氮气气氛保护条件下迅速将装有试块的坩埚推入到炉膛中心位置，待保温还原所需时间后将坩埚推向炉膛冷端冷，在氮气保护下冷却到室温。

（4）磁选

采用湿选式磁选机对焙烧矿进行磁选。磁选后将磁性物质和非磁性物质分别进行沉淀然后用过滤装置进行过滤，最后烘干分别收集两种物质。

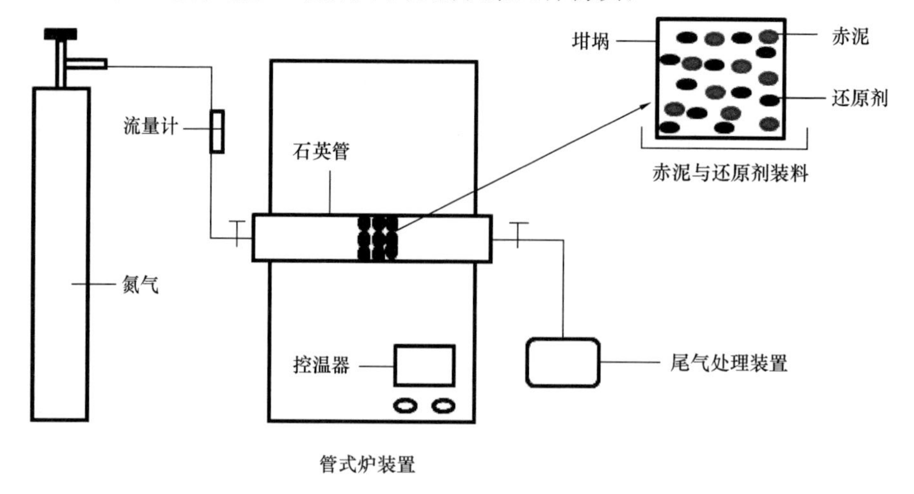

图 2-3　生物质磁化焙烧装置示意图

2.1.3　生物质松木锯末与烟煤还原焙烧高铁拜耳法赤泥对比试验

本节首先对生物质基和煤基分别焙烧还原高铁拜耳法赤泥就还原温度、还原时间、还原剂用量 3 个影响因素进行对比试验研究。焙烧还原试验在管式炉中进行。管式炉采用硅碳棒为加热元件，最高使用温度为 1200℃，控制精度为±1℃。试验前首先确认管式炉密封性是否完好，然后将拜耳法赤泥和生物质以一定比例混合均匀后用模具在 20MPa 压力下压制成型，随后将试块置于坩埚中一同放入管式炉一侧。向管式炉通入大流量的 99.999%氮气，待管式炉内空气排尽以后将通入的氮气流量改为 80mL/min，随后对管式炉升温，待达到试验所需温度后，在氮气气氛保护下迅速将装有原料试块的坩埚推入炉膛中心位置，保温达到试验所需时间后，迅速将坩埚推向炉膛冷端，在氮气保护下冷却到室温，然后分析焙烧矿中 TFe 和 FeO 含量。还原度 R 的计算方法见公式（2-1）：

$$R=\frac{w(\mathrm{FeO})}{w(\mathrm{TFe})}\times 100\% \qquad (2\text{-}1)$$

式中，$w(\mathrm{FeO})$ 为还原焙烧高铁拜耳法赤泥中 FeO 的质量分数（%）；$w(\mathrm{TFe})$ 为还原焙烧高铁拜耳法赤泥中全铁的质量分数（%）。

在理想焙烧情况下高铁拜耳法赤泥中的 Fe_2O_3 能够全部还原成 Fe_3O_4，此时还原焙烧效果最好，焙烧矿磁性最强。计算得到焙烧高铁拜耳法赤泥的还原度为 42.8%，以此标准作为衡量焙烧还原情况。如果 $R>42.8\%$，说明发生过还原，焙烧矿中有一部分 Fe_3O_4 已反应生成 FeO；若 $R<42.8\%$，说明赤泥

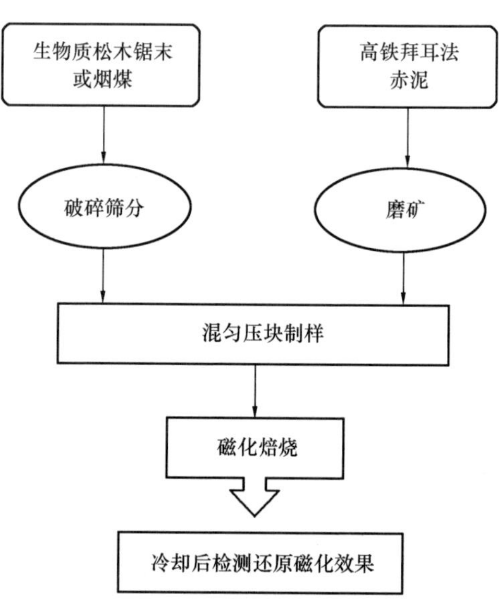

图 2-4　还原焙烧试验流程图

还原不彻底还有一部分 Fe_2O_3 未还原成 Fe_3O_4。研究采用如图 2-4 所示试验流程。

1. 还原条件对还原效果的影响

（1）还原温度对还原效果的影响

生物质松木锯末和烟煤的还原温度区间设定在 500～900℃之间。生物质松木锯末用量为高铁拜耳法赤泥用量的 20%，在此温度区间用两种还原剂分别还原拜耳法赤泥，还原时间设定为 30min，结果如图 2-5 所示。可以看出，还原温度对于还原效果的影响很大，还原度（还原效果）随还原温度的升高而增加。松木锯末作为生物质还原剂在 600～700℃时还原度 R 达到 42.8%，即松木锯末在 650℃左右可以将赤泥完全磁化，之后 700℃时还原度 R 已经达到了 55%，说明已经发生了过还原有 FeO 产生。烟煤作为还原剂在 900℃时还原度快速上升，说明发生过还原，生成了 FeO 或者金属铁。生物质松木锯末最佳还原温度为 600～700℃，烟煤在还原温度 800～900℃对赤泥的磁化效果最好。本试验分别选择 600℃和 800℃作为下一步焙烧时间的还原温度。

（2）还原时间对还原效果的影响

同样取还原剂用量为高铁拜耳法赤泥用量的 20%，生物质松木锯末与烟煤还原温度分别设定为 600℃和 800℃，在 20～60min 时间范围内磁化焙烧赤泥，步长为 10min。结果如图 2-6 所示。可以看出，还原时间对高铁拜耳法赤泥磁化还原效果的影响很大，随着还原时间的增加赤泥磁化还原效果越明显，还原度越高。与生物质还原赤泥相比较，还原时间对烟煤还原赤泥的影响较大。烟煤作为还原剂在 800℃条件下焙烧 40min 左右能达到最佳还原度，生物质松木锯末作为还原剂在 600℃的条件下焙烧 30min 左右能达到最佳还原度。

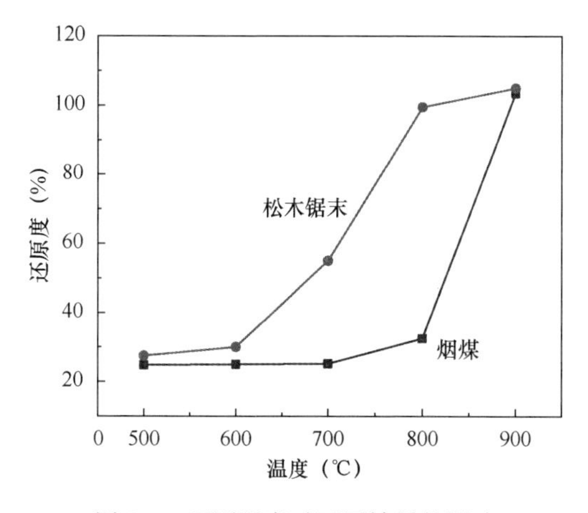

图 2-5 还原温度对还原效果的影响

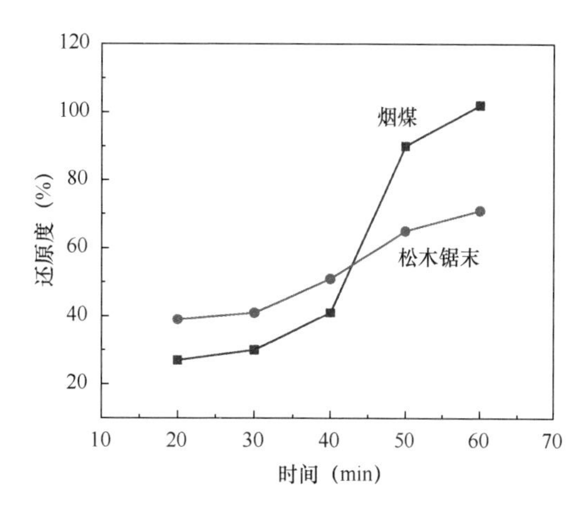

图 2-6 还原时间对还原效果的影响

（3）还原剂用量对还原效果的影响

在前面试验所确定的最佳还原条件下，使用不同量的还原剂磁化还原赤泥。取还原剂用量为高铁拜耳法赤泥质量分数的 10%～30%范围内，然后分别将生物质松木锯末和烟煤在确定的最佳还原条件下磁化还原高铁拜耳法赤泥。生物质松木锯末和烟煤作为还原剂对赤泥磁化效果的影响，结果如图 2-7、图 2-8 所示。可以看出，还原剂用量对赤泥的磁化效果有一定的影响，随着还原剂用量的增加，还原度随之增大，说明赤泥磁化效果越好。在600℃焙烧30min的条件下，生物质用量为高铁拜耳法赤泥的20%时达到最佳效果，即10g赤泥配2g生物质基还原剂还原效果最好。在800℃焙烧40min条件下烟煤用量为高铁拜耳法赤泥的15%，即每10g赤泥配1.5g烟煤还原剂还原效果最好。

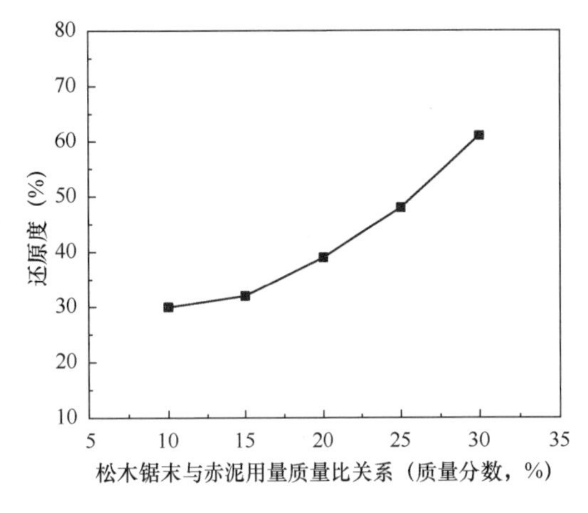

图2-7　生物质松木锯末用量对还原效果的影响

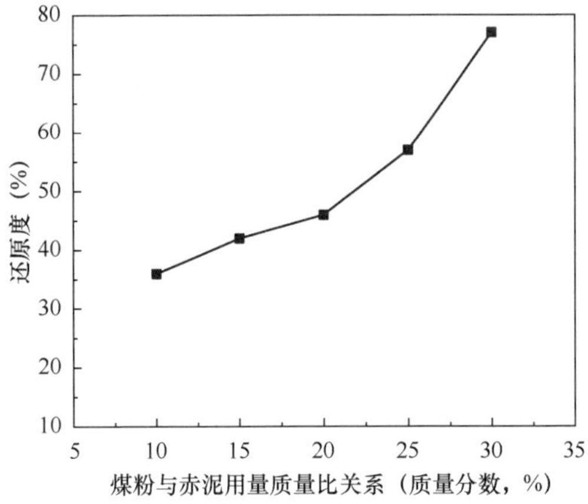

图2-8　烟煤用量对还原效果的影响

2. 焙烧矿SEM和EDS分析

通过对生物质中低温还原高铁拜耳法赤泥的扫描电镜图（SEM）和X射线能谱（EDS）分析，研究高铁拜耳法赤泥颗粒表面的形态变化和化学元素组成的变化对深入了解生物质中低温还原高铁拜耳法赤泥反应还原过程具有重要的意义。

通过SEM观察焙烧矿的形貌，如图2-9所示。可以发现焙烧矿中的矿物呈无序分散状态，结构较疏松，不规则间隙较大，焙烧后产生磁性物质中的铁以相对较大的颗粒存在，原因可能是在降温过程中与脉石等镶嵌包裹产生一些相对较大的颗粒。这种情况可能会影响到精矿的品位。

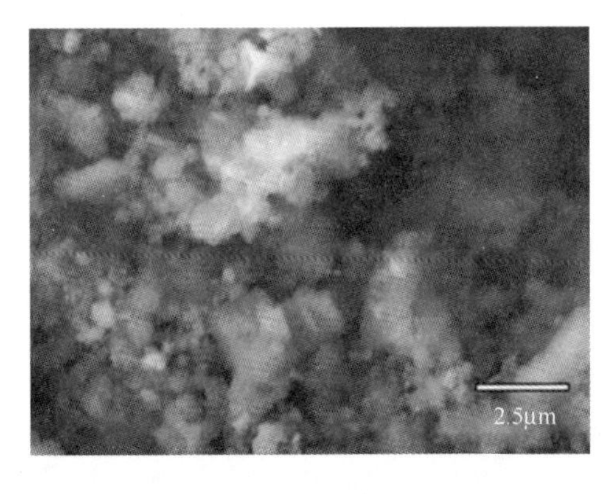

图2-9　SEM分析图（一）

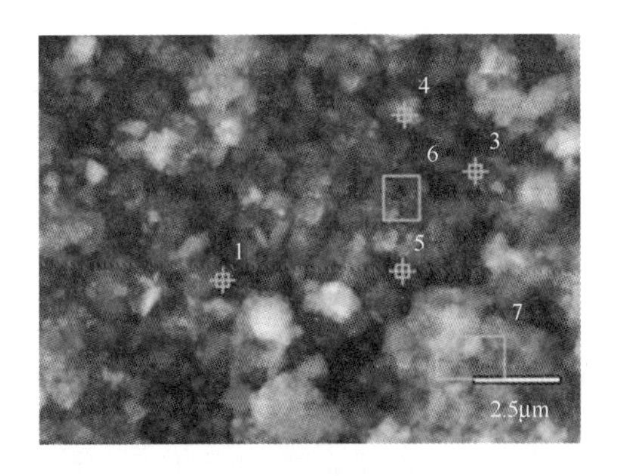

图2-10　SEM分析图（二）

从图2-10中多标记点区域的EDS分析结果如图2-11所示。可以看出，图2-10中标记3、标记4区域主要元素组成为Fe和O，因此该区域的主要矿物组成为铁的氧化物，同时还含有 C、Al、Si、Na 等其他元素，说明该区域的矿物成分比较复杂。

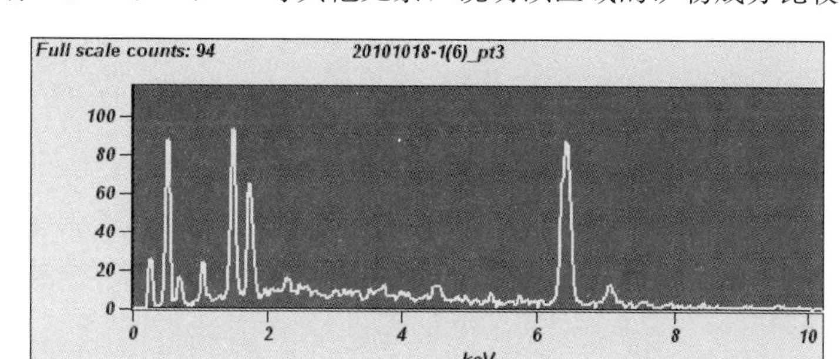

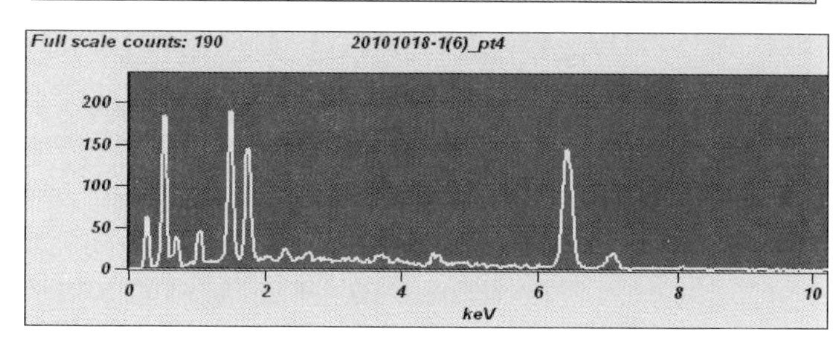

Weight %

	C-K	O-K	Na-K	Al-K	Si-K	S-K	Cl-K	Ca-K	Ti-K	Fe-K	Mo-L
20101018-1(6)_pt1	19.95	44.27	6.79	8.49	5.45				0.79	13.21	1.07
20101018-1(6)_pt3	11.10	26.30	4.59	11.79	8.01				1.47	36.75	
20101018-1(6)_pt4	13.50	27.55	5.36	11.14	9.08		0.52		1.65	31.20	
20101018-1(6)_pt5	25.66	42.94	4.93	7.74	5.32	0.37		0.57	0.54	11.92	
20101018-1(6)_pt6	15.81	34.46	7.26	9.56	6.68	0.50		0.50	1.00	24.24	
20101018-1(6)_pt7	17.20	43.03	4.83	7.91	8.05			0.35	1.10	17.52	

Atom %

	C-K	O-K	Na-K	Al-K	Si-K	S-K	Cl-K	Ca-K	Ti-K	Fe-K	Mo-L
20101018-1(6)_pt1	30.22	50.35	5.37	5.72	3.53				0.30	4.30	0.20
20101018-1(6)_pt3	22.11	39.34	4.78	10.46	6.83				0.73	15.75	
20101018-1(6)_pt4	25.41	38.93	5.27	9.33	7.31		0.33		0.78	12.63	
20101018-1(6)_pt5	37.08	46.58	3.72	4.98	3.29	0.20		0.25	0.20	3.70	
20101018-1(6)_pt6	27.08	44.31	6.50	7.29	4.89	0.32		0.26	0.43	8.93	
20101018-1(6)_pt7	27.24	51.16	4.00	5.57	5.45			0.17	0.44	5.97	

图 2-11 EDS 分析图

3. 焙烧矿成分分析

焙烧矿的矿相成分分析结果如图 2-12、图 2-13 所示，分别为生物质松木锯末在其最佳还原条件下还原赤泥焙烧矿 X 射线衍射和烟煤在其最佳还原条件下还原赤泥焙烧 X 射线衍射。

从图 2-12、图 2-13 中可以看出，两者的焙烧矿中都含有大量的 Fe_3O_4，说明生物质松木锯末和烟煤都能够有效地将高铁拜耳法赤泥中的 Fe_2O_3 还原成磁性 Fe_3O_4。生物质松木锯末在 600℃下还原高铁拜耳法赤泥焙烧矿中磁性 Fe_3O_4 含量与烟煤在 800℃下

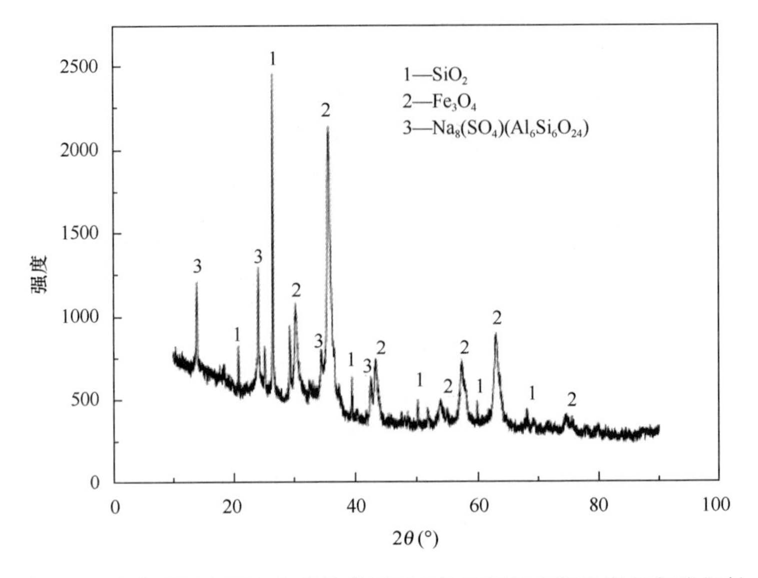

图 2-12 生物质松木锯末在其最佳还原条件下还原赤泥焙烧 X 射线衍射

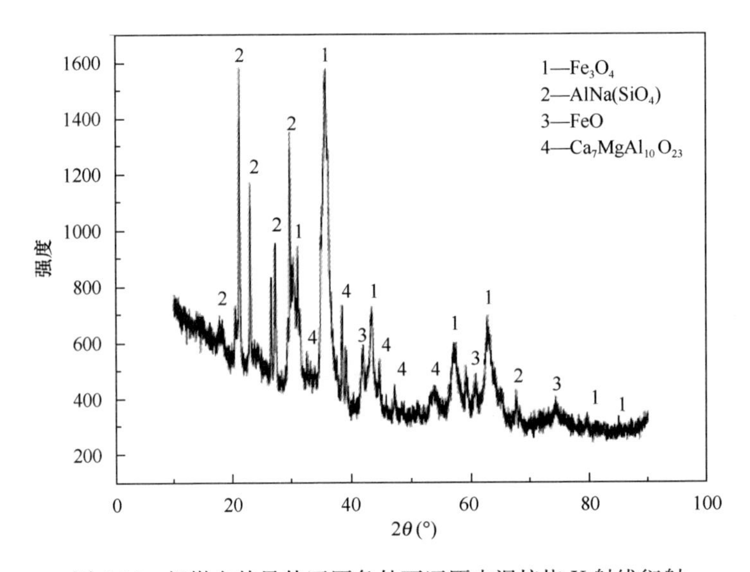

图 2-13 烟煤在其最佳还原条件下还原赤泥焙烧 X 射线衍射

还原高铁拜耳法赤泥焙烧矿中磁性 Fe_3O_4 含量相差无几。可见生物质松木锯末能够有效地代替烟煤在中低温条件下还原高铁拜耳法赤泥。生物质还原焙烧赤泥符合国家节能减排政策，有很好的发展前景。

通过生物质和烟煤在相同的工艺条件下分别还原拜耳法赤泥的试验研究表明生物质代替煤还原拜耳法赤泥具有较好的发展前景。松木锯末作为还原剂可以在 600℃左右完全磁化还原高铁拜耳法赤泥，松木锯末作为还原剂比烟煤作为还原剂还原高铁拜耳法赤泥所用的还原温度低、还原时间短而且还原效果好。生物质还原拜耳法赤泥的最佳磁化焙烧工艺参数为：还原温度 600℃，还原时间 30min，松木锯末用量为高铁拜耳法赤泥质量分数的20%。

2.1.4 生物质中低温还原高铁拜耳法赤泥机理研究

本小节从对生物质中低温还原高铁拜耳法赤泥的还原剂的热化学分析、动力学分析、还原产物分析三个方面研究生物质中低温还原高铁拜耳法赤泥的机理。首先通过还原剂热化学分析对还原高铁拜耳法赤泥过程进行研究；然后根据试验数据进行还原剂中低温还原高铁拜耳法赤泥反应的动力学分析；最后通过研究还原产物成分研究还原剂还原赤泥反应过程，为生物质中低温还原高铁拜耳法赤泥的工艺研究提供了理论基础。试验时分别将锯末和烟煤放入氧化铝坩埚中，同时通入高纯氮气（流量为100mL/min）作保护气体。升温范围为10～1100℃，升温速度为10℃/min。

1. 热重分析

（1）生物质松木锯末热重分析

试验所用松木锯末原料热解的热重分析曲线如图2-14所示。可以看出生物质热解的大体过程，根据TG曲线和DTG曲线的特征将生物质的热解过程大致分为4个阶段。

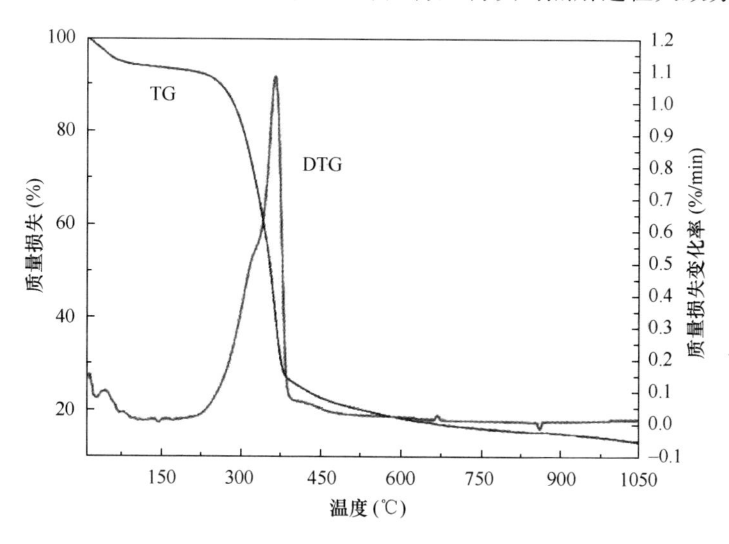

图2-14 生物质松木锯末热解的热重分析曲线

① 第1阶段（T_i～150℃）：T_i为初始温度，此阶段为松木锯末脱表面水阶段。所用松木锯末本身含有一定量的水分，在此温度区间内，水分从松木锯末表面蒸发表现为TG曲线的轻微下降和DTG曲线的一个小峰，总质量损失为1%～5%。

② 第2阶段（150～250℃）：此阶段为松木锯末脱结合水阶段。在此温度范围内，TG曲线呈缓慢下降趋势，相对应DTG曲线比较平缓。

③ 第3阶段（250～375℃）：此阶段为松木锯末热解的主要反应阶段，总质量损失达到约70%。在此温度范围内松木锯末中的半纤维素和纤维素发生了初级分解，初级焦逐渐形成；木质素结构中的C—O键和C—C键有部分断裂，有少量低分子挥发性物质生成。

④ 第4阶段（375℃～T_n）：T_n为最终热解温度，此阶段为松木锯末后期热解阶段。

在此阶段 TG 和 DTG 曲线逐渐趋于平缓，此时质量损失为 2%～10%。该阶段为松木锯末中木质素的继续分解以及初级焦的分解逐渐形成稳定的石墨结构的多孔性焦的过程。

(2) 烟煤热重分析

试验所用烟煤原料热解的热重分析曲线如图 2-15 所示。可以看出烟煤热解的大体过程，根据 TG 曲线和 DTG 曲线的特征将烟煤的热解过程大致分为 4 个阶段。

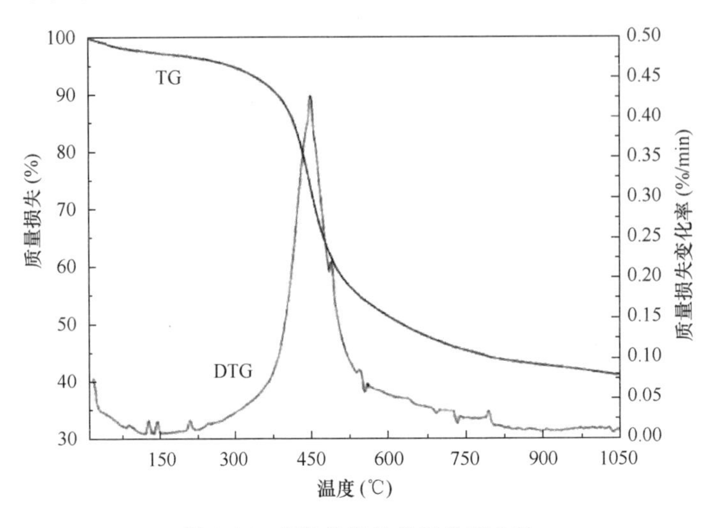

图 2-15　烟煤热解的热重分析曲线

① 第 1 阶段（T_i～150℃）：此阶段为烟煤脱表面水阶段。烟煤中含有一定量的水分，在此温度区间内，水分从烟煤表面蒸发，表现为 TG 曲线的小幅下降和 DTG 曲线的一个小峰，总质量损失为 2%～5%。

② 第 2 阶段（150～300℃）：此阶段主要是脱除烟煤中一些氢键等非共价键断裂引起的小分子，主要是烷基芳烃的传递和释放过程，以及甲烷等一些气体的放出。

③ 第 3 阶段（400～700℃）：此阶段烟煤质量损失较为严重达到 50%以上，这一阶段以解聚和分解反应为主，形成半焦，生成和排出大量挥发物（煤气和焦油）。从 DTG 曲线上可以看出，在 400～600℃温度范围内有个明显的峰。此时说明此阶段热解反应最为激烈，产生大量的焦油和煤气。

④ 第 4 阶段（600～1100℃）：此阶段 TG 和 DTG 曲线相对比较平缓，主要反应以缩聚反应为主，半焦逐渐变成焦炭。析出少量焦油，同时有一定量的煤气再次放出。这个二次脱气阶段容易让被还原物发生过还原。

2. 还原剂热解动力学分析

生物质松木锯末和烟煤热解过程可以用以下化学方程表示：

$$A_{(s)} \longrightarrow B_{(s)} + C_{(l)} + D_{(g)} \tag{2-2}$$

式中，A 为还原剂原料；B 为还原剂热解固体产物，包括固定碳和灰分；C 为还原剂热解液态产物；D 为还原剂热解气态产物。由于试验全程在氮气保护条件下进行的，可以假设还原剂热解产生的挥发分及时被氮气带走不发生二次反应。松木锯末和烟煤热解产物一般被人们视为一级反应。本文采用改良的 Coats-Redfern 积分法和 Doyle 积分法。

热解反应中还原剂的质量损失速率可以表示为：

$$\frac{d\alpha}{dt} = Kf(\alpha) \tag{2-3}$$

$$\alpha = \frac{m_0 - m}{m_0 - m_j} \tag{2-4}$$

式中，α 为 t 时刻的相对质量损失率；$f(\alpha) = 1 - \alpha$（一级反应）；m_0、m 和 m_j 分别为试样的起始质量、t 时刻试样的质量和试样的最终质量；K 为反应速率常数，其值依赖于反应温度 T，它们的关系可以用 Arrhenius 方程表示：

$$K = Ae^{-\frac{E}{RT}} \tag{2-5}$$

式中，E 为表观活化能，kJ/mol；A 为频率因子，min^{-1}（一级反应）；R 为气体常数，kJ/(mol·K)；T 为反应温度，K。

结合式（2-4）和式（2-5）得到方程：

$$\frac{d\alpha}{dt} = Ae^{-\frac{E}{RT}}(1-\alpha) \tag{2-6}$$

在恒定程序升温速率条件下，升温速率 $\beta = dT/dt$，将 β 代入式（2-6）中得到：

$$\frac{d\alpha}{dT} = \frac{A}{\beta}e^{-\frac{E}{RT}}(1-\alpha) \tag{2-7}$$

对式（2-7）积分得：

$$\int_0^\alpha \frac{d\alpha}{1-\alpha} = \frac{A}{\beta}\int_{T_0}^T e^{-\frac{E}{RT}}dT \tag{2-8}$$

对式（2-8）右边积分，并令 $w = -\frac{E}{RT}$ 则得到：

$$\frac{A}{\beta}\int_{T_0}^T e^{-\frac{E}{RT}}dT = \frac{AE}{\beta R}h(w) \tag{2-9}$$

式中，$h(w) = \left(-\frac{e^w}{w}\right) + \int_{-\infty}^{w}\frac{e^w}{w}dw$，将 $h(w)$ 展开成：

$$h(w) = \frac{e^w}{w^2}\left(1 + \frac{2!}{w} + \frac{3!}{w^3} + \cdots\right) \tag{2-10}$$

通常使用展开式计算前两项即可，整理后得到：

$$\frac{A}{\beta}\int_{T_0}^T e^{-\frac{E}{RT}}dT = \frac{ART^2}{\beta E}\left(1 - \frac{2RT}{E}\right)e^{-\frac{E}{RT}} \tag{2-11}$$

令 $F(\alpha) = \frac{A}{\beta}\int_{T_0}^T e^{-\frac{E}{RT}}dT = -\ln(1-\alpha)$ 代入式（2-11）中得到：

$$-\frac{\ln(1-\alpha)}{T^2} = \frac{AR}{\beta E}\left(1 - \frac{2RT}{E}\right)e^{-\frac{E}{RT}} \tag{2-12}$$

两边取对数得：

$$\ln\left[\frac{-\ln(1-\alpha)}{T^2}\right] = \ln\left[\frac{AR}{\beta E}\left(1 - \frac{2RT}{E}\right)\right] - \frac{E}{RT} \tag{2-13}$$

对于一般的热解反应，$1-\frac{2RT}{E}\approx 1$，所以式（2-13）可以简写为：

$$\ln\left[\frac{-\ln(1-\alpha)}{T^2}\right]=\ln\frac{AR}{\beta E}-\frac{E}{RT} \tag{2-14}$$

由式（2-14）可以看出式的左侧与右侧的$\frac{1}{T}$成 $y=ax+b$ 的线性关系，直线的斜率为$\frac{E}{R}$，截距为 $\ln\frac{AR}{\beta E}$，从而可以求出 E 和 A 的值。

将 200～600℃温度范围内松木锯末和烟煤的热重数据计算得到的 α，代入式（2-14）左边 $\ln\left[\frac{-\ln(1-\alpha)}{T^2}\right]$，然后对$\frac{1000}{T}$作图。松木锯末和烟煤还原拜耳法赤泥的一级动力学拟合曲线如图 2-16、图 2-17 所示。

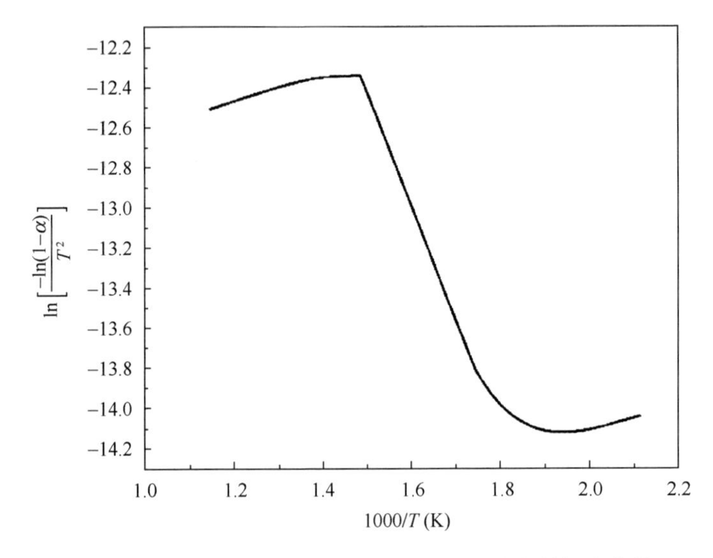

图 2-16　生物质松木锯末还原赤泥的一级动力学拟合曲线

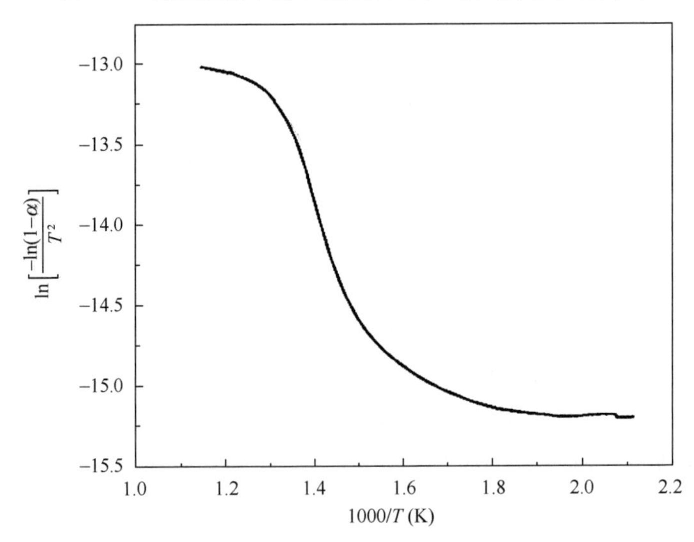

图 2-17　烟煤还原赤泥的一级动力学拟合曲线

根据一级动力学拟合曲线将温度范围分为 3 段，分别为：300～400℃、410～500℃、510～600℃，对各个温度段各自进行一级动力学拟合曲线，根据直线的斜率和截距求出生物质松木锯末和烟煤还原拜耳法赤泥的活化能 E 和指前因子 A。表 2-4 为生物质松木锯末和烟煤还原拜耳法赤泥的动力学参数。

表 2-4 生物质松木锯末和烟煤还原拜耳法赤泥的动力学参数

还原剂	升温速度（℃/min）	热解温度区间（℃）	活化能 E（kJ/mol）
生物质（松木锯末）	10	300～400	11.98
		410～500	63.63
		510～600	6.90
烟煤	10	300～400	55.41
		410～500	−2.98
		510～600	−5.84

由表 2-4 可以看出 300～400℃温度区间内，生物质松木锯末热解所需的活化能比烟煤热解所需的活化能要低很多，所以生物质松木锯末在该温度区间内比较容易发生热解反应。在 300～600℃区间内，生物质松木锯末热解的表观活化能均为正值，说明在此区间内生物质松木锯末热解为吸热反应；而烟煤热解 400℃以后表观活化能小于零，表现为放热反应。

3. 还原剂热解产物分析

（1）生物质热解产物分析

从图 2-14 生物质松木锯末热解热重分析曲线图中可以看出，生物质松木锯末质量损失较为严重的温度区间为 250～375℃，这个温度区域主要是生物质松木锯末中的纤维素、半纤维素、木质素的分解，产生气体（CO、CO_2、H_2、CH_4 等）和液体产物焦油等挥发分。生物质松木锯末的整个热解过程中气体产物约 35%，其中 CO 和 CO_2 约各占 30%，H_2 仅占 2%左右，其余为少量的 CH_4 和 C_nH_m。液体产物约 40%，主要为烃类和有机含氧化合物，其余为固体产物，主要有木炭和少量灰分。

生物质松木锯末还原高铁拜耳法赤泥主要分成两个阶段：分别为挥发性炭还原和非挥发性炭还原。两个还原过程的时间随着还原温度的增加而减少。第一阶段主要受气体扩散的影响，第二阶段炭气化占主导地位。

（2）烟煤热解产物分析

从图 2-15 烟煤热解热重分析曲线可以看出，烟煤热解最大失重温度区间为 350～650℃。在这个温度区间内烟煤发生热解反应主要以解聚和分解为主，形成半焦，生成大量挥发分（煤气和焦油）。经实验室研究表明在 500℃左右气体排出明显增多，同时伴有大量焦油排出，在 600℃左右浓度达到最大。其中烟煤热解产生的挥发分能够大约达到 65%，其中煤气包括气态烃和 CO、CO_2 等；焦油主要成分是复杂的芳香和稠环芳香化合物，剩下的为固态产物主要包括固定碳和灰分。

综上所述，通过对比分析，生物质松木锯末快速热解开始温度为 250℃，在 350℃

时热解速率最快，400℃以后热解缓慢进行，此时松木锯末质量损失较大产生大量的还原性产物；而烟煤快速热解开始温度为375℃，在450℃时热解速率最快，650℃以后热解缓慢进行，此时烟煤产生大量还原性产物。锯末热解在400℃左右产生大量还原性产物参加赤泥的还原，而烟煤热解在650℃左右产生大量还原性产物参加赤泥的还原。由此可知生物质松木锯末还原赤泥比烟煤还原赤泥总体温度要低200℃左右。

动力学研究表明，300～400℃温度范围内松木锯末热解表观活化能比烟煤热解表观活化能小得多，而且在此温度范围内松木锯末可以发生主要的热解反应产生主要的还原产物。所以松木锯末要比烟煤容易发生热解反应。

2.1.5 生物质还原高铁拜耳法赤泥磁选试验研究

磁选试验指根据矿物中不同成分含有的磁性大小差异，利用磁力来分选出具有不同磁性的矿物。在进行磁选试验过程中将磁选矿物放入磁选机后，磁选矿物内部将受到两种不同的力，即磁选机产生的电磁力和其他的外部机械力（重力、流体阻力、摩擦力、离心力和颗粒间的吸引力等），电磁力将矿物中具有较强磁性的矿物吸附出来固定在磁力最强部位，其他没有磁性或者磁性较弱的矿物随流体介质被一同分离出来，达到矿物分选的目的。

磁选试验中影响磁选效果的因素主要有两个，即磨矿细度、磁场强度。磨矿细度直接影响矿物的粒度，随着磁选矿的粒度逐渐减小，矿物中磁性物质和非磁性物质越容易分离，磁选过程中磁性矿物的吸附效果会更加明显。不过相应的粒度越小，磁选矿中越容易夹杂非磁性或者弱磁性矿物，从而降低磁选矿品位。所以矿物粒度越小，磁选效果不一定越好。

同样的道理，磁场强度越大的情况下矿物中强磁性、弱磁性物质将同时被吸附住，这样很难做到矿物分离，降低磁选矿品位，不能达到预期效果。相反磁场强度较小的情况下，会有大部分磁性物质不能被吸附，造成资源浪费，所以选择适当的磁场强度是需要研究的问题。

生物质松木锯末和烟煤还原高铁拜耳法赤泥对比试验研究选定最佳还原条件为：还原温度600℃，还原时间30min，生物质用量为高铁拜耳法赤泥用量质量分数的20％，高铁拜耳法赤泥粒度＜0.08mm（＞80％）。根据此工艺得到磁选所需焙烧矿，每次磁选称取5g焙烧矿进行磁选试验。

（1）磁选电流对磁选精矿产率和精矿品位的影响

采用湿式磁选管对焙烧矿进行磁选试验，根据磁化焙烧试验确定的最佳工艺条件，将粒径小于0.08mm的原矿在还原温度600℃、还原时间30min、还原剂用量为赤泥用量质量分数20％的条件下进行焙烧，由此工艺得到的焙烧矿全铁品位为46.76％。首先将焙烧矿进行磨矿1min，磁选矿磨矿细度为－0.074mm占60％，在进行磁选试验时每次称取5g焙烧矿，加入适量水润湿进行磁选试验。选定所用电流为0.4A、0.6A、0.8A、1A，不同电流条件下产生不同的磁场强度。随着电流的增加，磁场强度也随之增加。试验结果如图2-18、图2-19所示。

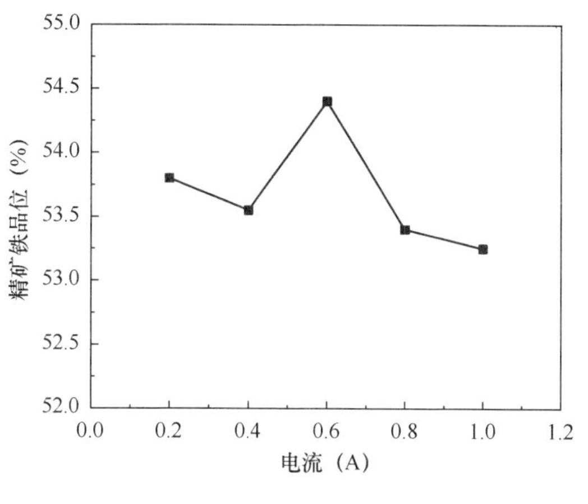

图 2-18 磁选电流对精矿铁品位的影响

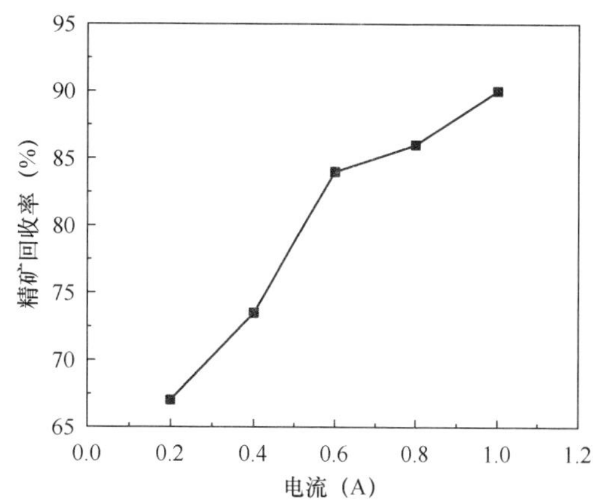

图 2-19 磁选电流（磁场强度）对精矿回收率的影响

由图 2-18 可以看出，随着磁选电流的增加，精矿铁品位先增加后下降，拐点出现在电流为 0.6A，此时精矿的铁品位为 54.46%，铁品位得到一定的提高。随着磁选电流的增加，精矿回收率逐渐增加。由图 2-19 可知，在电流为 0.6A 的时候精矿回收率增加速率降低，此时精矿回收率为 84.32%。为选择合适的磁选电流得到磁场强度对磁选精矿产率和精矿铁品位的影响将两者综合考虑结果如图 2-20 所示。由图 2-20 可知随着磁选电流的增加，精矿铁品位出现先增加后下降的趋势，精矿回收出现增加的趋势。综合精矿铁品位和精矿回收率，认为磁选电流在 0.6A 时较为合适，此时精矿铁品位 54.46%，精矿回收率为 84.32%。

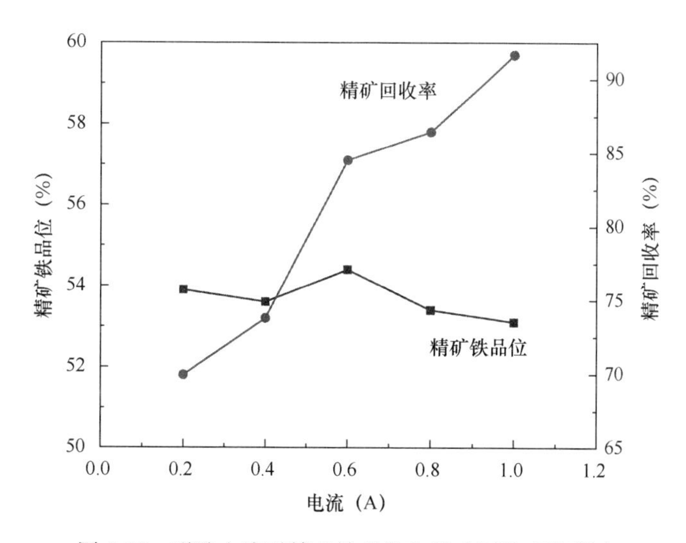

图 2-20 磁选电流对精矿铁品位和精矿回收率的影响

（2）磨矿细度对磁选精矿回收率和精矿铁品位的影响

首先对焙烧矿进行磨矿，由于每次磁选试验所用焙烧矿为 5g 试样量较少不宜采用球磨机进行磨矿工作，因此采用手动进行磨矿。试验采用玛瑙研钵对焙烧矿进行磨矿，磨矿时间为 1～5min，每次间隔 1min。选用磁选电流为 0.6A，在相同的磁选设备条件下对磨细的焙烧矿进行磁选试验，得出磨矿细度对精矿铁品位和精矿回收率的影响，结果如图 2-21、图 2-22 所示。

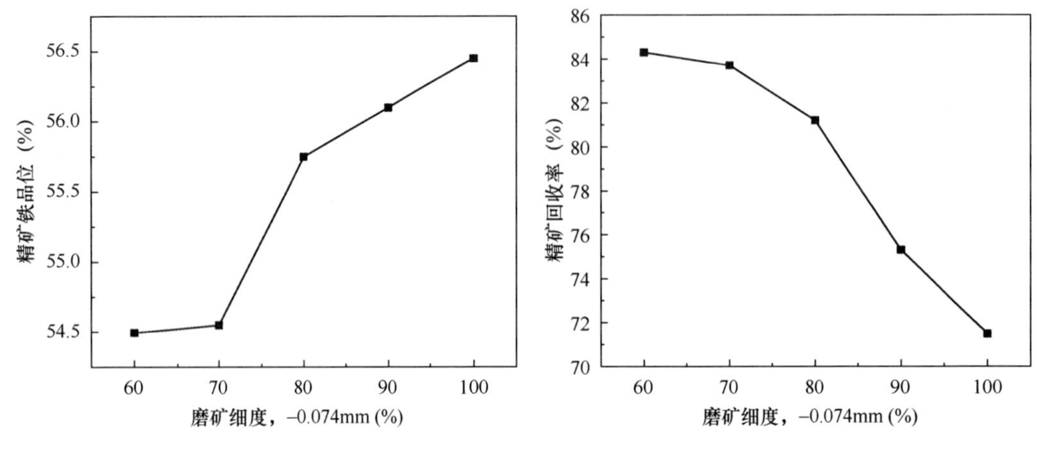

图 2-21　磨矿细度对精矿铁品位的影响　　　　图 2-22　磨矿细度对精矿回收率的影响

从图 2-21 中可以看出随着磨矿时间的增加，精矿铁品位逐渐提高。在磨矿时间为 3min、磁选矿磨矿细度－0.074mm 的占 80％时精矿铁品位增长率出现拐点，此时精矿铁品位为 55.78％。从图 2-22 中可以看出，随着磨矿时间从 1min 增加至 5min，精矿回收率呈现逐渐降低的变化趋势。为了更好地了解磨矿细度对精矿铁品位和精矿回收率的影响，结果如图 2-23 所示。

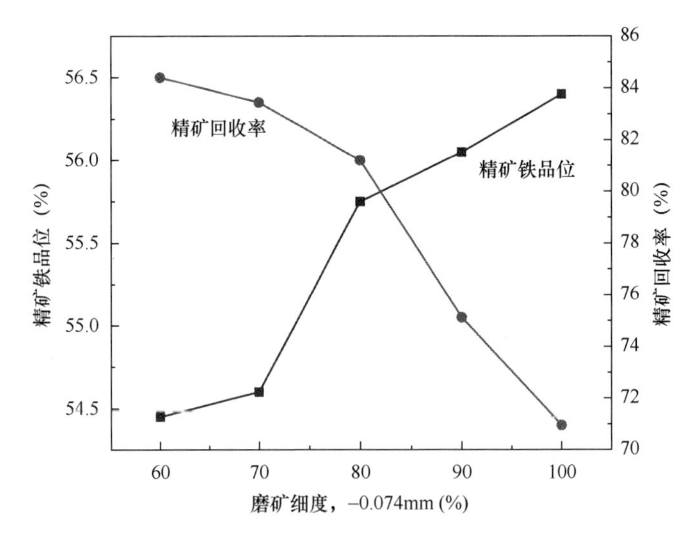

图 2-23　磨矿细度对精矿铁品位和精矿回收率的影响

由图 2-23 所示，随着磨矿时间的增加，精矿铁品位呈逐渐提高的趋势，精矿回收率呈逐渐降低的趋势，综合考虑选择磨矿时间为 3min，磁选矿磨矿细度为－0.074mm 的占 80％，此时精矿铁品位为 55.78％，精矿回收率为 81.26％。

磁场强度和磨矿细度对磁选效果有很大的影响。随着磁场强度的增加精矿铁品位呈先提高后降低的趋势，精矿回收率呈逐渐增加的趋势；随着磨矿时间的增加精矿铁品位呈逐渐提高的趋势，精矿回收率呈逐渐降低的趋势，可以得出磁选矿细度越细，精矿铁品位越高，精矿回收率越低。这是因为焙烧矿细度越细焙烧矿解离程度越高，使得一部分难以磁选的矿物被水冲走从而降低精矿回收率。

通过生物质松木锯末和烟煤在相同的工艺条件下分别还原高铁拜耳法赤泥的试验研究，表明生物质基代替煤基还原高铁拜耳法赤泥具有较好的发展前景。松木锯末作为还原剂比烟煤作为还原剂还原高铁拜耳法赤泥所用的还原温度低、还原时间短而且还原效果好。生物质还原拜耳法赤泥的最佳磁化焙烧工艺参数为：还原温度 600℃，还原时间 30min，松木锯末用量为高铁拜耳法赤泥用量质量分数的 20％。

松木锯末在 400℃左右热解产生大量还原性产物参与高铁拜耳法赤泥的还原，而烟煤在 650℃左右热解产生大量还原性产物参与高铁拜耳法赤泥的还原。由此可知，生物质松木锯末还原赤泥比烟煤还原赤泥总体温度要低 250℃左右。

动力学研究表明，300～400℃温度范围内松木锯末热解表观活化能比烟煤热解表观活化能小得多，而且在此温度范围内松木锯末可以发生主要的热解反应，产生主要的还原产物。所以松木锯末要比烟煤容易发生热解反应。

综合考虑磁选的最佳条件为：磁选所用电流为 0.6A，磨矿时间为 3min，磁选矿磨矿细度为－0.074mm 的占 80％。此时磁选精矿铁品位和精矿回收率效果较好。经过对焙烧矿进行磁选处理得到的精矿铁品位为 55.78％，精矿回收率为 81.26％。

2.2 煤基焙烧-磁选法

我国在 20 世纪 80 年代末期开始进行赤泥选铁的研究，起步较晚。主要以拜耳法赤泥为原料，通过“还原焙烧-磁选回收”的工艺流程回收铁。关于还原剂的选择、焙烧条件以及磁选梯度等因素，科研人员们做了大量的研究。

广西冶金研究院以煤炭作为还原剂，对平果铝土矿拜耳法赤泥进行了还原炼铁的研究，将拜耳法赤泥与煤炭混合制团后进行干燥，接着进行还原焙烧，最终通过磁选得到高品位的海绵铁，铁的回收率为 87％，海绵铁中铁含量为 84％，金属化率达到 91.5％，可用于替代废钢用作炼钢原料。有研究利用焦炭作为还原剂，与赤泥混合，比例为 15∶80 时，在 1150℃下焙烧 1.5h，磁选强度 0.9kT 条件下富集得到了 56.5％的铁精矿，一次回收率可达到 63.3％，其余铁元素可经酸浸后回收。与此同时，稀土元素也在分离渣中得到了富集，经酸浸后分离稀土元素，提高了资源利用效率。在焦炭作为还原剂的情况下，添加碳酸钠作为助剂，有效提高了赤泥中铁的回收率。在赤泥、碳酸钠和焦炭的质量比为 5∶5∶1，1000℃焙烧温度下烧结 60min 后经过磁选得到的精选矿，所含杂质极少，主要为单质铁，且铁的回收率达到了 80％以上，品位在 70％以上。

拜耳法赤泥磁选选铁工艺是目前较为成熟且已经形成产业规模的项目之一，尤其是近年来经过科研人员的不断探索和改进，赤泥磁选工艺已经在实际应用中形成了相当的规模且产生了较好的社会效益和较大的经济效益。通过强磁场磁选，赤泥中的氧化铁得以富集，形成具有一定品位的精品矿。赤泥经过磁选得到的铁精矿中，氧化铁含量达到70％以上，可以直接作为钢铁行业的炼铁原料。磁选选铁工艺主要有两种工艺流程，一种是“先选铁后分砂”流程，另一种是“先分砂后选铁”流程。

“先选铁后分砂”流程，就是先将赤泥浆稀释后送进磁选机，再将磁选后得到的精矿和尾矿分别送进精矿旋流器和尾矿旋流器，旋流后的溢流进入高效沉降槽，旋流后的底流分别送进精矿立盘过滤机和尾矿立盘过滤机进行固、液分离，分别得到铁精矿和高铁砂。基本流程如图 2-24 所示。

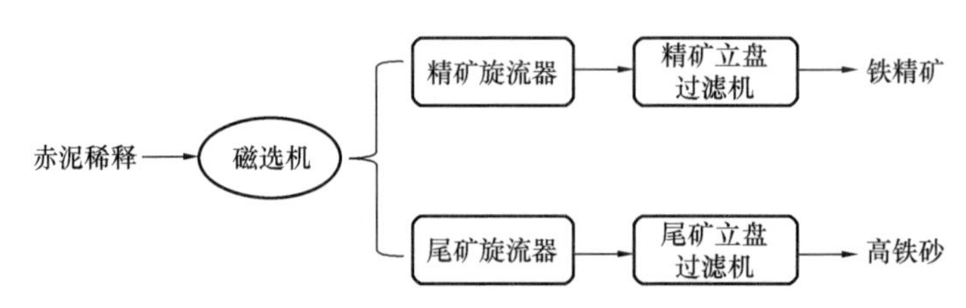

图 2-24 “先选铁后分砂”赤泥磁选铁工艺流程

生产实践中发现，利用此流程得到的产品铁精矿氧化铁品位提升较为有限，品位不高。尤其是原料赤泥中氧化铁含量分布不均匀或偏低时，“先选铁后分砂”工艺得到的铁精矿氧化铁含量会出现达不到 65％质量标准要求的情况。主要原因是原料赤泥中细泥部分在磁选过程中会被夹杂进精矿旋流器中，导致氧化铁含量下降。因此，这种方法仅适用于原料赤泥氧化铁含量较高且稳定的情况。但其优点是工艺流程简单，只需要一次稀释及一次旋流分级即可。

“先分砂后选铁”流程，就是先将赤泥浆料稀释后送入旋流器进行旋流分级（可以有效降低赤泥浆料中细泥在磁选时夹杂的影响），旋流后的底流经过再次稀释之后由磁选机磁选，磁选后的精矿和尾矿分别进入精矿旋流器和尾矿旋流器，旋流后的溢流进入高效沉降槽，旋流后的底流分别进入精矿立盘过滤机和尾矿立盘过滤机进行固、液分离，分别得到铁精矿和高铁砂。基本流程如图 2-25 所示。

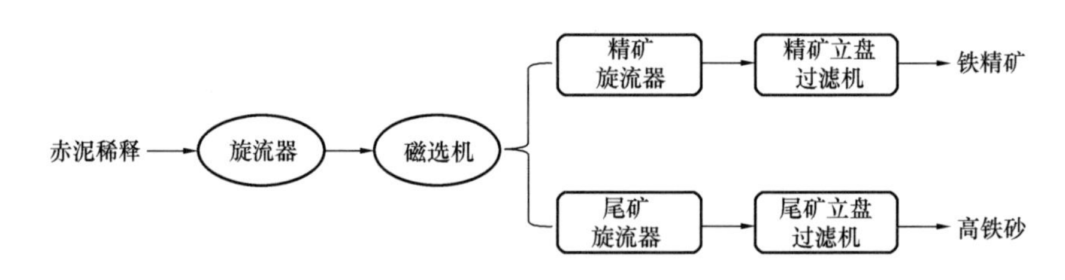

图 2-25 “先分砂后选铁”赤泥磁选铁工艺流程

“先分砂后选铁”的赤泥磁选铁工艺流程特点是进入磁选阶段的细泥量较少，夹杂程度低，在处理氧化铁含量较低的赤泥时，中间产物铁精矿的氧化铁含量提高较多，最终产品容易满足质量标准要求；但缺点也显而易见，工艺流程复杂，需要多次稀释和旋流分级，能耗较高，成本增加。由于氧化铝矿成分含量容易出现波动，所以磁选选铁工艺流程以“先分砂后选铁”流程作为第一选择。

由于赤泥具有碱性高、粒度细、矿物成分复杂等特点，使用常规选矿方法难以获得较好指标。国内外大量研究表明，采用还原焙烧-磁选的方法能有效从赤泥中回收铁。当铁精矿市场价格较高时，品位在30%以上的极难选含铁物料，通过深度还原直接回收金属铁微粉具有经济可行性。当铁精矿价格较低时，这样的含铁物料可作为铁资源战略储备。如果将原始赤泥进一步预富集再进行深度还原磁选，可进一步降低金属铁微粉的生产成本。因此本节对预富集-深度还原-磁选分离提铁的技术路线进行探索研究。

2.2.1 原料特性

试验所采用的赤泥为中国铝业山东分公司拜耳法溶出所得残渣。该赤泥为粒度较细的土状物，外观呈砖红色，质地较脆。对其进行了荧光分析，见表2-5。赤泥中 Fe_2O_3 含量最高，达61.48%，其次为 Al_2O_3，为17.16%，而 SiO_2、Na_2O、TiO_2、CaO的含量相对较低，分别为7.33%、5.81%、3.92%和2.67%，其他元素的含量都在1%以下。其主要杂质为 Al_2O_3，其他有害杂质如S、P等元素的含量相对较少，除铁外，其他可以回收的金属元素含量很少。

为进一步准确确定赤泥中各种元素的含量，根据表2-5的测试结果对其进行了化学多元素分析。其化学成分是在粒度小于0.074mm的情况下测定的，分析结果见表2-6。

表2-5 拜耳法赤泥的荧光分析 （质量分数，%）

成分	Fe_2O_3	Al_2O_3	SiO_2	Na_2O	TiO_2	CaO	SO_3	Cr_2O_3	MgO
含量	61.48	17.16	7.33	5.81	3.92	2.67	0.51	0.30	0.14
成分	K_2O	P_2O_5	MnO	PbO	ZnO	NiO	CuO	Cl	Ga_2O_3
含量	0.14	0.12	0.12	0.08	0.06	0.05	0.05	0.05	0.01

表2-6 拜耳法赤泥的化学多元素分析 （质量分数，%）

成分	TFe	Al_2O_3	SiO_2	Na_2O	CaO	TiO_2	K_2O_5	MgO	S	P
含量	37.1	17.10	7.64	4.28	1.69	1.83	0.4	0.09	0.17	0.068

拜耳法赤泥的化学多元素分析结果表明，赤泥中TFe含量为37.1%，Al_2O_3 和 SiO_2 的含量分别为17.10%和7.64%。可见，所用赤泥样品的铁含量比较高，这与该拜耳法赤泥的原铝土矿中含铁较高的特点相一致，其次是 Al_2O_3 和 SiO_2 等杂质，另外还含有少量的CaO和 Na_2O，S和P等有害元素的含量很低，分别为0.17%和0.068%，其他成分也相对较少。Al_2O_3 和 SiO_2 等杂质均来自铝土矿原矿，CaO有可能是在铝土矿溶出过程中为提高一水硬铝石的浸出率而随原矿加入的石灰所致，Na_2O 则可能主要来自于处理铝土矿时所用的NaOH循环母液。

为确定拜耳法赤泥的物相组成，采用X射线衍射技术对赤泥进行了分析，如图2-26所示。可以看出，赤泥中的铁元素主要以六方结构的赤铁矿（Hematite）和斜方结构的针铁矿（Goethite）的形式存在，并且赤铁矿在赤泥物相中所占的比重相对较大。由于该赤泥的铝土矿原矿中也含有赤铁矿和针铁矿，因此我们推断，赤泥中的赤铁矿一部分是由原铝土矿经拜耳法处理后残留下来的，另一部分可能是浸出过程中由针铁矿脱水而来。而赤泥中的针铁矿则可能是原铝土矿经拜耳法处理后残留所得。从表 2-6 中我们了解到赤泥中 Al_2O_3 和 SiO_2 的含量相对较高，分别为 17.10%和 7.64%，即衍射图 2-26中很明显的三水铝石（Gibbsite）峰和石英（Quartz）峰，由于原铝土矿中的二氧化硅、三氧化二铝与氢氧化钠反应会生成难溶的铝硅酸钠，所以在图 2-26 中还出现了铝硅酸钠（Sodium Aluminum Silicate）峰。

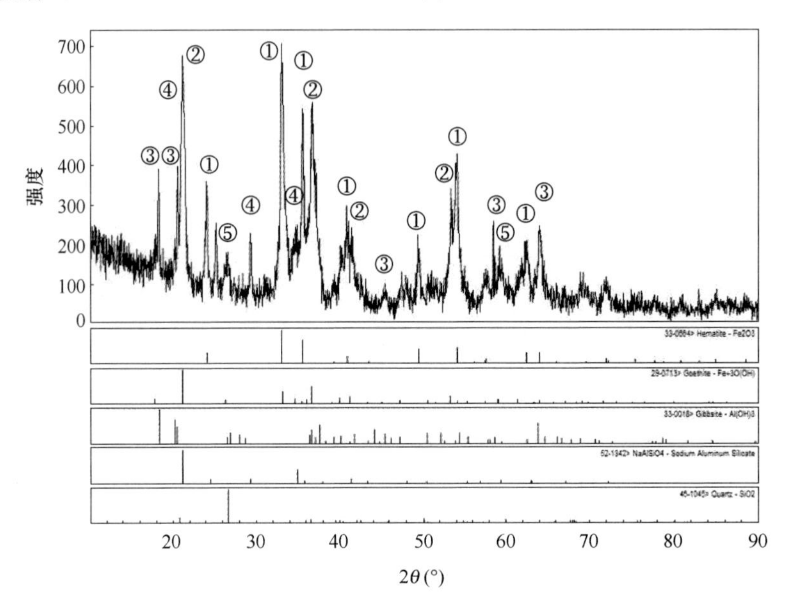

图 2-26　拜耳法赤泥的 X 射线衍射图

注：① Hematite（赤铁矿）；② Goethite（针铁矿）；③ Gibbsite（三水铝石）；④ Sodium Aluminum Silicate（铝硅酸钠）；⑤ Quartz（石英）

2.2.2　研究方法

以山东典型拜耳法赤泥为研究对象，采用磁选、浮选、深度还原焙烧等技术联合分选赤泥中的铁，进行拜耳法赤泥提铁联合流程的探索研究。主要研究思路如下：

（1）进行拜耳法赤泥的工艺矿物学研究：测定赤泥中铁、硅、铝等主要元素的含量，获得相应金属矿物以及脉石矿物的赋存状态、粒度分布等矿物学性质，为赤泥提铁提供理论指导。

（2）进行拜耳法赤泥预富集研究：通过比较磁选、浮选等多种方法对富集效果的影响，确定最佳的预富集方法以及相应的工艺参数，为后续的深度还原研究提供原料。

（3）进行预富集精矿深度还原-磁选过程研究：以预富集精矿为原料，加入还原剂和黏结剂，混匀后给入对辊压球机制备含碳球团，然后进行深度还原-磁选试验，考察还原温度、还原时间、还原剂用量、磨矿细度、磁场强度等因素对还原产物金属化率和金属铁微粉的铁品位和铁回收率的影响，得出最佳工艺条件。

（4）最后，通过 XRD 和 SEM-EDS 等方法考察还原时间和还原剂用量对含碳球团深度还原过程中铁与脉石矿物物相和形态的影响，查明深度还原机理。

开展对赤泥的深度提铁及尾渣综合利用研究，不仅可以使赤泥中的铁元素得以最大限度回收，缓解我国铁精矿紧缺、需大量进口铁矿石的局面，解决钢铁行业废钢短缺、缩短炼钢流程等问题，还可减轻水泥行业在能源、资源、环境等方面的压力，同时还会成为国家新的经济增长点，并对扩大国家资源量，拓宽就业渠道，促进清洁生产，实现环境保护，建立循环经济模式和社会的可持续发展也具有重要的意义。

2.2.3 山东赤泥预富集精矿深度煤基还原-磁选预试验

对赤泥进行粒度分析可知，山东赤泥中大于 0.074mm 的含量为 55.23%，小于 0.074mm 的含量为 44.77%。该赤泥粒度较粗，若直接进行强磁选，会造成设备堵塞，影响选矿结果。因此首先对山东赤泥进行重选，即按粒度粗细分级，将其分为大于 0.074mm 的和小于 0.074mm 两个粒度级别。粗粒部分经棒磨机磨矿后进行强磁选，细粒部分直接进行强磁选。

（1）细粒赤泥的强磁选试验：每次试验取 45g 细粒赤泥，加水调整矿浆浓度为 5% 左右，给入强磁选机，改变背景场强进行磁选。结果表明，当背景场强为 636.62kA/m 和 954.93kA/m 时，精矿铁品位均较高，但当背景场强为 954.93kA/m 时，铁回收率较高，因此山东细粒赤泥强磁选别适宜的背景场强为 954.93kA/m。

（2）粗粒赤泥的强磁选试验：试验每次取粗粒赤泥 55g，磨矿浓度约为 70%，改变磨矿时间，将磨好的矿浆用 0.074mm 筛进行筛分，确定小于 0.074mm 的含量，并以小于 0.074mm 的含量为磨矿细度的标准，由磨矿细度与磨矿时间的关系可知小于 0.074mm 的含量 65%、75%、85%、95%分别对应的磨矿时间为 5.1min、6.15min、6.9min、9.45min。因此，改变磨矿时间分别为 5.1min、6.15min、6.9min、9.45min（即磨矿细度分别为小于 0.074mm 的含量为 65%、75%、85%、95%），进行强磁选，为了简化选别流程，生产过程中可将粗粒赤泥磨细后的产物和细粒赤泥合并一起进行强磁选，得到预富集精矿。因此将粗粒赤泥的强磁选别的背景场强定为细粒赤泥的适宜强磁选别场强，即 954.93kA/m，当磨矿细度小于 0.074mm 的含量为 65%时，精矿铁品位和铁回收率最高，因此粗粒赤泥的适宜磨矿细度小于 0.074mm 的含量应为 65%。

综上所述，可以得到山东赤泥粗细分级-强磁分选流程，其中粗粒赤泥的磨矿细度小于 0.074mm 的含量为 65%，强磁选别的背景场强为 954.93kA/m。预富集精矿铁品位为 52.89%，铁回收率为 59.85%。

通过重复上述粗细分级-强磁试验 90 次获得一批山东赤泥预富集精矿，其主要化学成分分析结果见表 2-7，XRD 图谱如图 2-27 所示，SEM-EDS 分析如图 2-28 所示。大量重复试验结果与单次试验结果会有较小的差别，由表 2-7 可知，山东赤泥预富集精矿的 TFe 为 51.52%。由图 2-27 可知，山东赤泥预富集精矿中铁的物相主要是针铁矿和赤铁矿，而主要的脉石矿物为石英。由图 2-28 可知，山东赤泥预富集精矿中赤铁矿分布较为集中，粒度均匀，富集效果较好，脉石矿物主要为石英，与 XRD 分析结果一致。

表 2-7 山东赤泥预富集精矿主要化学成分分析结果 （质量分数，%）

成分	TFe	Al_2O_3	SiO_2	CaO	Na_2O	K_2O	MgO	MnO	TiO_2	P	烧失量
含量	51.52	6.15	4.57	1.20	0.84	0.34	0.78	0.35	1.95	0.10	9.52

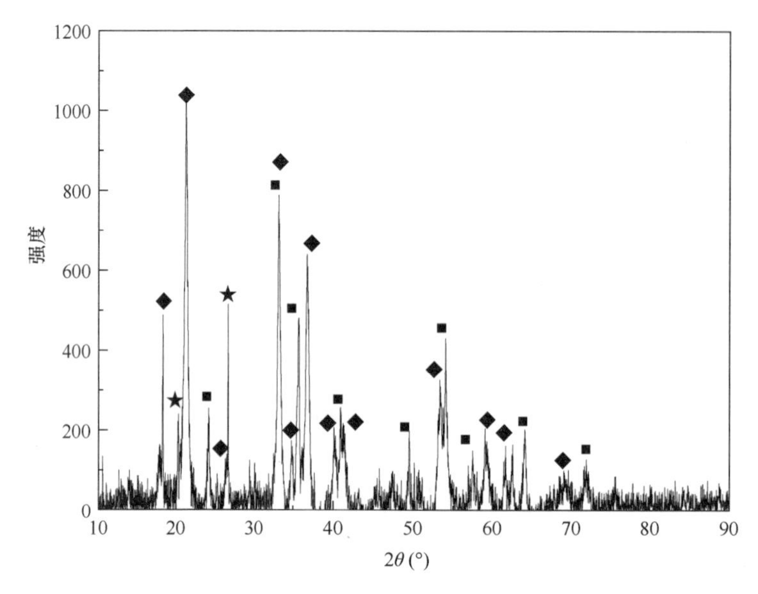

图 2-27　山东赤泥预富集精矿的 XRD 图谱

◆—针铁矿；■—赤铁矿；★—石英

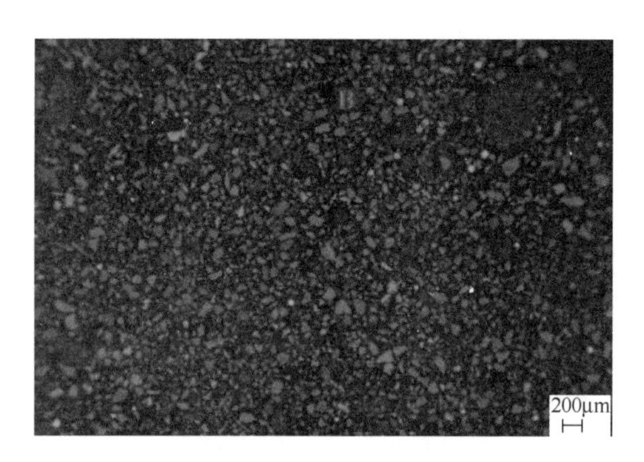

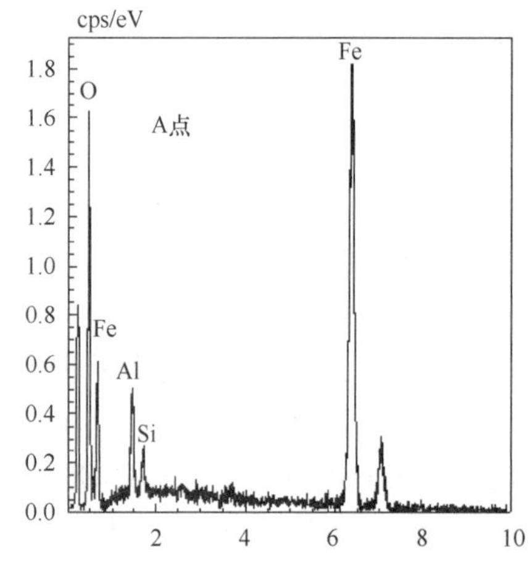

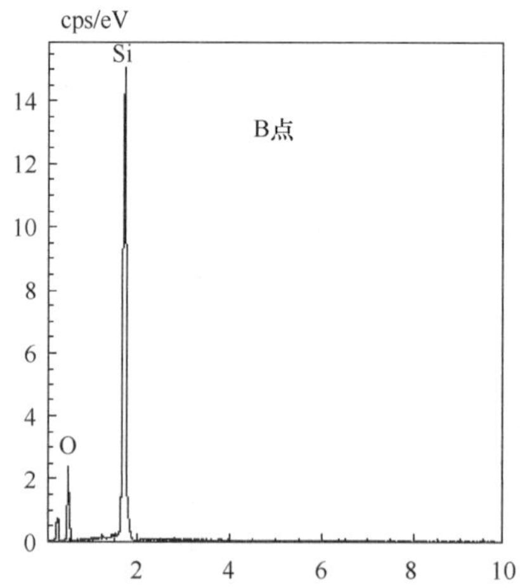

图 2-28　山东赤泥预富集精矿的 SEM 图和 A 点、B 点能谱分析

本节对拜耳法赤泥含碳冷固球团深度还原试验进行研究，考察应用冷固球团技术处理拜耳法赤泥进行深度还原对还原铁粉产品指标的影响。本节应用松原烟煤作为试验用的还原剂。含碳冷固球团采用数显液压压力实验机压制。该数显液压压力实验机的型号是 YES-100，最大试验力 300kN。模具用于把混合好的散矿压制成型。压制好的含碳冷固球团为圆柱形，圆柱高度由物料质量决定，直径为 29mm，上、下面为凸面，凸面球直径为 30mm。

试验所用还原剂为产于吉林松原的烟煤，经对辊破碎机破碎至 1mm 以下，其工业分析结果见表 2-8。考虑到原料的运输成本等问题，同时由于山西和河北煤炭行业较为发达，因此分别取来自山东铝业股份有限公司附近的惠民烟煤、山西的天脊褐煤和来自河北唐山的开滦烟煤进行了考察。四种煤的成分比较见表 2-9。松原烟煤的固定碳含量高于天脊褐煤和开滦烟煤，低于惠民烟煤，但惠民烟煤的挥发分含量较低，而综合考虑有效还原成分（挥发分+固定碳），可以发现由于天脊褐煤含有较多的水分，开滦烟煤含有较多的灰分，因此这两种煤的有效还原成分较低。惠民烟煤的含量和松原烟煤的含量接近，因此当山东铝业股份有限公司采用惠民烟煤作为还原剂来还原拜耳法赤泥精矿时，本次试验采用松原烟煤作为还原剂可以很好地模拟生产现场的情况，具有一定的实际意义。

表 2-8　烟煤的工业分析结果　（质量分数，%）

成分	固定碳	水分	灰分	挥发分	磷含量	硫含量
含量	67.83	1.48	12.02	18.45	0.004	0.028

表 2-9　松原烟煤与其他几种煤的成分比较　（质量分数，%）

煤种	固定碳	水分	灰分	挥发分	挥发分+固定碳
松原烟煤	67.83	1.48	12.02	18.45	86.28
惠民烟煤	75.58	0.82	11.26	12.34	87.92
天脊褐煤	48.29	16.03	6.77	28.91	77.20
开滦烟煤	51.07	0.84	24.61	23.48	74.55

将预富集精矿、还原剂和黏结剂给入对辊压球机制备的含碳球团的落下强度为 10.2 次/0.5m，抗压强度为 172.75N/个，分别进行以下试验。

（1）还原剂用量试验

在深度还原过程中，为使铁的氧化物得到充分的还原，必须向系统提供充足的还原剂，使其形成良好的还原气氛，才能将铁从其氧化物中充分还原。我们以探索试验的结果为基础，进行了还原剂的用量试验，以确定其合理用量。试验条件如下：取 20g 赤泥，不使用添加剂，焙烧温度 1300℃，焙烧时间 60min，快速升温，焙烧产物自然冷却，采用一段磨矿，磨矿浓度 70%，磨矿时间 20min，磨矿细度小于 0.074mm 的占 90%，一段磁选，磁场强度 111.44kA /m，变化还原剂的用量。当还原剂的变化量分别为 1g、2g、2.5g、3g、4g、5g 和 6g（分别占总料配量的 4.8%、9%、11%、13%、16.6%、20%、23%）时，试验结果如图 2-29 所示。本试验主要考察还原铁粉中 TFe 的品位和铁的回收率，为叙述方便，上述指标统称为还原铁粉指标。

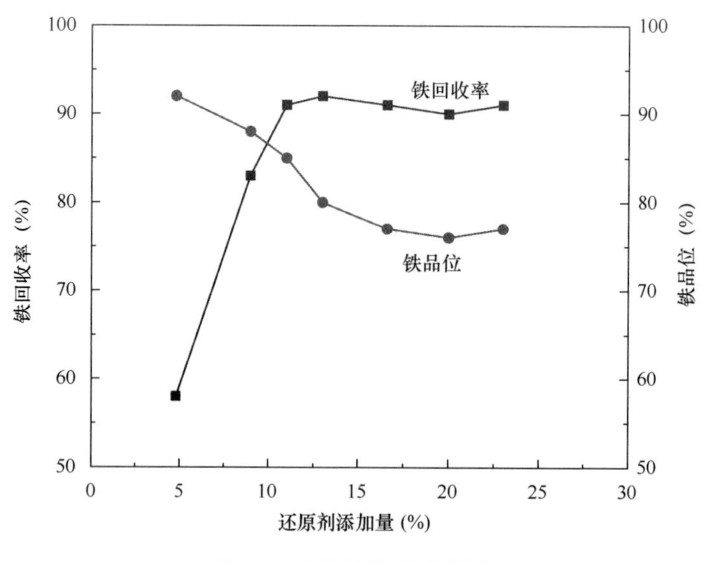

图 2-29　还原剂用量的影响

还原剂用量对焙烧效果的影响十分明显。当还原剂用量为 4.8%的时候，铁的品位最高，达 91.53%，但回收率最低，只有 58.22%。随着还原剂用量的增加，还原铁粉的品位逐渐降低，其回收率则呈现出随还原剂用量增加而增加的趋势，且在还原剂用量由 4.8%增加至 11%的过程中，回收率显著增大，从 58.22%增至 90.53%，当还原剂用量为 13%的时候，铁回收率达到 91.25%，之后增长趋势趋于平缓，甚至有些下降。这说明增加还原剂有利于铁回收率的提高，但过量的还原剂对铁品位有不利影响。

在深度还原过程中，一般认为还原剂越多，还原速率越快，所用的还原时间也越短。但并非还原剂用量越大越好，一方面是对资源和能源的浪费；另一方面，必然增加体系中杂质成分的含量，使得 SiO_2 和 Al_2O_3 等成分在高温下与 FeO 接触发生化学反应，生成稳定的 $2FeO \cdot SiO_2$、$2FeO \cdot Al_2O_3$ 和 $2FeO \cdot 2Al_2O_3 \cdot 5SiO_2$ 等复杂化合物，并夹杂在还原铁粉中，致使还原铁粉的品位降低。而且，还原剂越多，其消耗所占据的空位或者气孔量则越多，阻碍铁晶粒间的连晶程度，使得铁晶粒微小，不利于后续磨矿过程中还原铁粉与脉石矿物的单体解离。所以在试验过程中，当配碳量较高时，焙烧产物经过棒磨机湿磨后的产物比较黏稠，还原铁粉与脉石矿物的单体解离效果不是很好，还原铁粉指标降低。还原剂越少，赤泥中的深度还原反应则越不彻底，当还原剂用量为 4.8%时，还原铁粉的品位虽然很高，但其回收率却很低。综合考虑各种因素的影响，选取还原剂用量为 11%。

（2）还原温度和还原时间试验

在深度还原反应过程中，为使铁的氧化物得到充分还原，还必须向系统提供充足的热量，而且深度还原的焙烧温度不仅直接影响到赤泥的还原速度和还原效果，对铁晶粒的兼并长大也有着十分重要的影响。因此，还有必要考察还原焙烧温度因素对试验结果的影响。本小节通过进行不同还原焙烧温度的试验，考察还原温度对试验结果的影响。试验条件如下：赤泥 20g，还原剂 11%，不使用添加剂，焙烧时间 60min，快速升温，焙烧产物自然冷却，采用一段磨矿，磨矿浓度 70%，磨矿时间 20min，磨矿细度小于 0.074mm 的占 90%，一段磁选，磁场强度 111.44kA/m，变化还原焙烧温度。当还原温度的变化量为 1000℃、1050℃、1100℃、1150℃、1200℃、1250℃、1300℃ 和 1350℃时，试验结果如图 2-30 所示。可以看出，在还原焙烧温度从 1000℃上升到 1250℃这个过程中，还原铁粉的各项指标都有不同程度的提升。还原铁粉的品位在 1200℃以前提升幅度不大，1200℃以后上升比较明显，当还原温度为 1250℃时达到 85.05%，之后略有下降；而还原铁粉的回收率在 1250℃以前呈现明显的上升趋势，在 1250℃时达到最高，为 90.95%，之后开始下降。

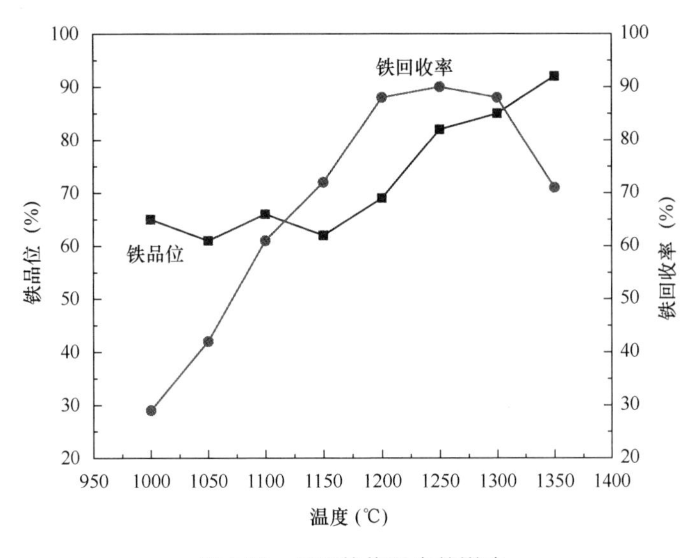

图 2-30 还原焙烧温度的影响

由此可见，还原温度对赤泥的还原效果影响很大，提高温度有助于赤泥的还原。还原温度在 1250℃前对该赤泥的还原效果提升比较显著，1250℃以后则对赤泥的还原分选效果提高不明显。当还原温度较低时，由于还原动力不足，铁的氧化物还原效果较差，还原出来的金属铁颗粒微小，没有形成铁的连晶体，而且后续磁选过程的还原铁粉中夹杂脉石矿物也会造成铁的流失，所以产品的指标较差；而由于铁氧化物的还原限制环节通常是 FeO→Fe 过程，该反应伴随着强吸热过程，因此反应温度提高，有利于还原反应的进行，而且反应温度提高后，煤的活性也会提高，布多尔反应更加剧烈，气相内 CO 浓度提高，增强了还原动力，一定程度上加速了还原反应的进行，促进了产品的金属化，形成铁的连晶，有利于渣铁分离，因此产品的指标得到提高。

当 $T>530$℃(843K) 时，还原反应中的主要反应为：

$$FeO(s)+CO(g) \longrightarrow Fe(s)+CO_2(g) \tag{2-15}$$

$$C(s)+CO_2(s) \longrightarrow 2CO(g) \tag{2-16}$$

$$FeO(s)+C(s) \longrightarrow Fe(s)+CO(g) \quad \Delta rGm=158970-160.25T(J/mol) \tag{2-17}$$

反应式（2-17）即为还原反应，式中的 Gibbs 自由能关系式 $\Delta rGm=158970-160.25T$ 表明还原反应起始于 719℃，由于该反应为强吸热反应，故提升还原温度有利于还原反应速度的加快。当还原温度升高后，还原剂的反应活性得到提高，反应器内的CO浓度增大，还原气氛增强，有利于反应式（2-15）向正方向进行；同时，反应式（2-16）随温度升高而进行，体系内CO_2的浓度很低，因而反应式（2-15）的ΔrGm的负值很大，使反应式（2-17）更易向右进行。

但还原温度也并不是越高越好，温度太高则赤泥间会产生软化和熔化，形成液相。液相会堵塞赤泥间的微小孔隙，影响碳气化反应的内扩散过程，导致还原动力学条件恶化，不利于反应的进行，还原效果变差。同时，温度过高还会导致FeO与赤泥中的SiO_2、Al_2O_3等杂质生成铁橄榄石和铁尖晶石等物质，该类复杂化合物的活化能比简单化合物高很多，很难再还原，导致还原效果下降。

在本小节试验中，还原温度为1350℃时的产品品位最高，但由于在该温度下赤泥产生了部分熔融还原反应，固结现象较为严重，且焙烧产物中出现大量肉眼可见的铁粒，为后续的破碎、磨矿过程增加了困难，不利于磁选分离，导致其回收率的大幅度降低。综合考虑能耗、产品的性能、后续工艺处理等因素，确定还原焙烧温度为1250℃。

确定了还原剂用量和还原焙烧温度，为使深度还原反应达到优化效果，必须保证有合适的还原时间，使深度还原反应进行得比较彻底。通过进行不同还原时间的试验，考察还原焙烧时间对试验结果的影响。试验条件如下：赤泥20g，还原剂11%，不使用添加剂，还原焙烧温度1250℃，快速升温，焙烧产物自然冷却，采用一段磨矿，磨矿浓度70%，磨矿时间20min，磨矿细度小于0.074mm的占90%，一段磁选，磁场强度111.44kA/m，变化还原焙烧时间。当还原焙烧时间为20min、40min、60min、90min和120min时，试验结果如图2-31所示。

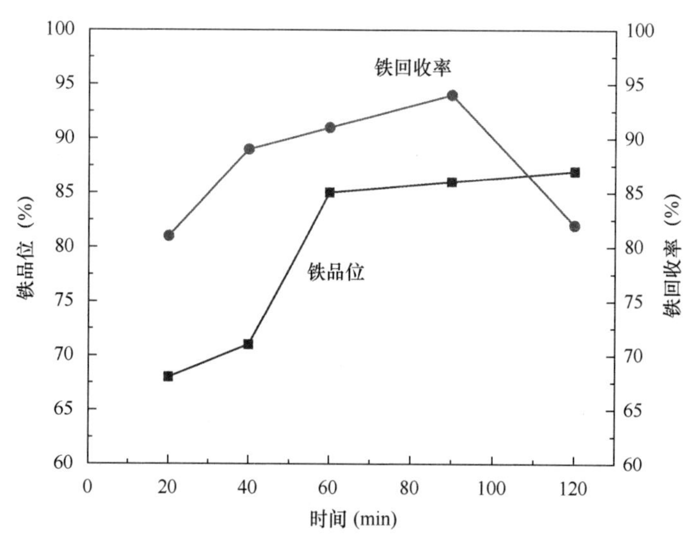

图2-31　还原焙烧时间的影响

从图2-31中可以看出，还原铁粉的品位随着还原焙烧时间的增加而呈现出明显的上升趋势，而其回收率随着还原焙烧时间的增加，在90min前呈上升趋势，在90min后略有下降。在还原焙烧时间为20min时，还原铁粉的品位为68.91%，回收率为

80.86%；还原焙烧时间增加到 60min 时，还原铁粉的品位和回收率分别达到了 85.45%和 90.64%，均得到了较大提升。而当还原焙烧时间超过 60min 后，还原铁粉各项指标的变化开始趋于平缓，还原时间为 90min 时，还原铁粉的回收率缓慢达到最优值，之后开始下降，而其品位则继续平缓上升。

在深度还原过程中，伴随着一系列复杂的物理、化学反应，铁氧化物中的铁逐步被还原出来，而还原焙烧时间直接影响着赤泥中铁氧化物的还原情况，从而影响所得还原铁粉的品位和回收率。若还原焙烧时间不足，铁的氧化物就没有充足的时间被还原；而还原焙烧时间过长，则会导致系统的还原气氛减弱，从而使所得还原铁粉二次氧化，与此同时，过长的还原焙烧时间还会导致焙烧产物中的铁粒生长过大、焙烧产物发生熔融结块等现象的发生，增加了破碎和磨矿难度，导致后续的磁选效果降低。

当还原焙烧时间为 120min 时，焙烧产物熔融结块现象比较严重，其对应的还原铁粉产品中开始出现许多肉眼可见的小铁珠和较大的铁粒连生体。这说明延长还原焙烧时间有利于铁颗粒的长大，还原的铁不断迁移、兼并和长大，并连接成片状、条状、网格状等较大的微小铁粒，这些大颗粒的铁粒和脉石等杂质夹杂在一起，对后续的磨矿、磁选作业增加了困难，且造成了不必要的能源浪费；而当还原焙烧时间为 90min 时，还原铁粉的品位和回收率都为最好，但和还原焙烧时间为 60min 时的还原铁粉指标相比，提升并不是很明显，所以综合考虑能耗、产品的性能、后续工艺处理等各项试验因素，最终确定还原焙烧时间为 60min。

（3）赤泥深度还原焙烧产物的磁选试验

要使赤泥深度还原焙烧产物中被还原富集出来的金属铁和脉石等杂质达到单体充分解离，磨矿细度试验是必不可少的重要环节之一。经磨矿后单体解离的金属铁进行磁选分离的效果则受磁场强度的直接影响。因此，确定磨矿过程的磨矿细度和磁选过程的磁场强度十分重要。采用前述试验所确定的还原焙烧优化条件：赤泥 20g，还原剂 11%，不使用添加剂，还原焙烧温度 1250℃，还原焙烧时间 60min，采用快速升温方式，焙烧产物自然冷却。为考察磨矿细度和磁选条件的影响，进行了磨矿细度和磁场强度试验。磨矿试验采用的设备为实验室型湿式棒磨机，由于磨矿细度由磨矿时间来决定，故通过试验确定了磨矿细度与磨矿时间的关系曲线，试验采用一段磨矿，磨矿浓度 70%，磨矿时间分别为 5min、10min、15min、20min、25min、30min，试验结果如图 2-32 所示。

从图 2-32 中可以看出，随着磨矿时间的延长，磨矿细度逐渐提高。当磨矿时间从 5min 增大到 30min 时，磨矿产品中小于 0.074mm 的含量从 71.39%增加到 98.87%，磨矿时间大于 15min 后，磨矿产品中小于 0.074mm 的含量均达到 90%以上。在以上的磨矿时间与磨矿细度条件下，进行了磨矿细度对还原铁粉品位和回收率的影响试验，试验采用磁场强度为 111.44kA/m，试验结果如图 2-33 所示。从图 2-33 中我们可以看出，当磨矿时间为 5min 时，还原铁粉的回收率较高，达 95.6%，但其品位却很低，只有 69.5%，此时的磨矿细度小于 0.074mm 的含量仅在 71.39%左右，磨矿不充分，单体解离度不高，所以所得还原铁粉的品位很低。而随着磨矿时间的延长，焙烧产物不断被磨细，矿石的单体解离度不断提高，金属铁与脉石等杂质得到充分分离，铁的品位持续

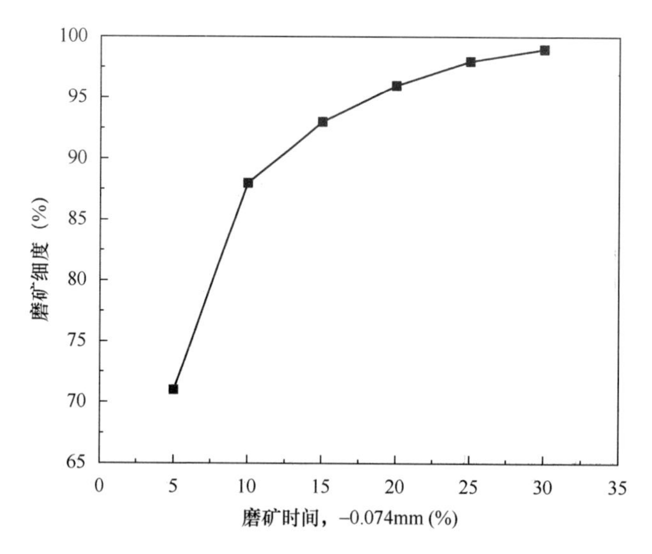

图 2-32　磨矿时间与磨矿细度的关系曲线

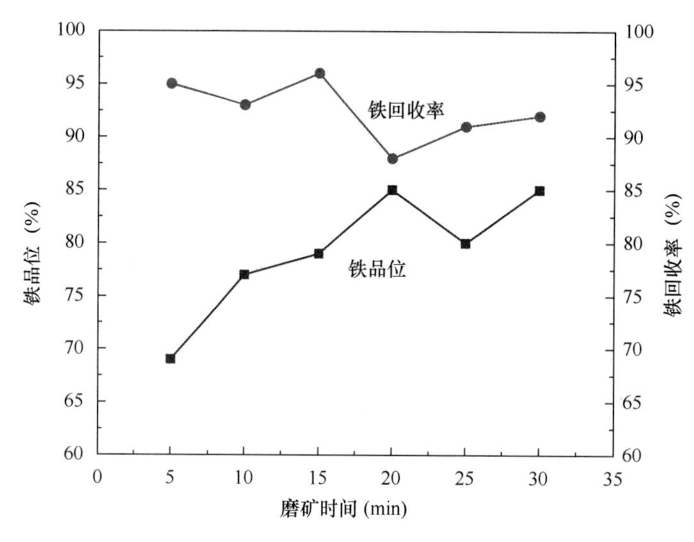

图 2-33　磨矿时间对品位和回收率的影响

提高。在图 2-34 中，当磨矿时间延长到 20min 时，还原铁粉的品位由 69.50%提高到 84.80%，之后略有下降。综合考虑，最后确定磨矿时间为 20min，其对应的磨矿细度为小于 0.074mm 含量 95.66%。

为确定磁场强度对还原铁粉品位和回收率的影响，进行了磁场强度试验。取磨矿时间为 20min，其对应的磨矿细度小于 0.074mm 含量为 95.66%，其他试验条件同上，变化磁场强度为：44.58kA/m、66.86kA/m、89.15kA/m、111.44kA/m、132.14kA/m、155.22kA/m，试验结果如图 2-34 所示。

从图 2-34 中我们可以看出，随着磁场强度的增加，还原铁粉的品位总体呈下降趋势，而其回收率则表现出明显的上升趋势。在磁场强度为 44.58kA/m 时，还原铁粉的品位为 86.49%，回收率为 76.96%；当磁场强度增加到 111.44kA/m 时，还原铁粉的

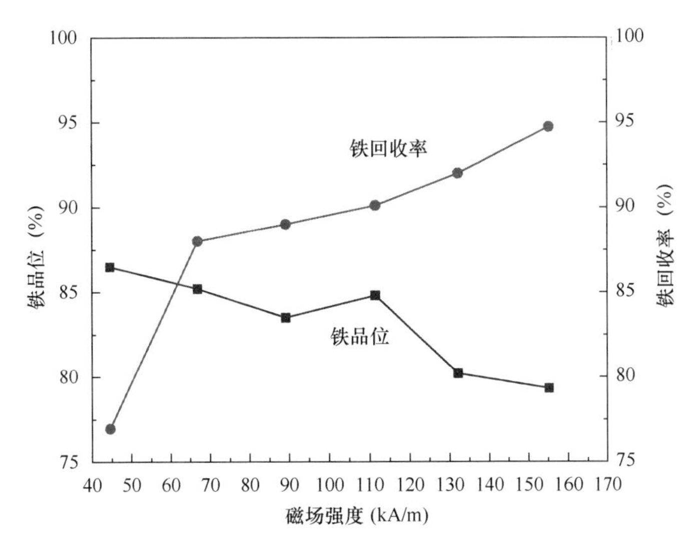

图 2-34 磁场强度对品位和回收率的影响

品位下降到 85.66%，回收率提升到 90.36%。而当磁场强度增加到 155.22kA/m 时，还原铁粉的品位降到 79.32%，同时铁回收率提升到了 94.73%。

由此可见，适当降低磁场强度可以提高还原铁粉的品位，但还原铁粉品位提高的幅度并不很大，还不能使产品的品位直接达到 90%以上；而磁场强度的增加则可以提高还原铁粉的回收率，在本次试验中，当磁场强度从 44.58kA/m 增加到 155.22kA/m 时，还原铁粉的回收率从 76.96%提升到了 94.73%，增幅达 23.09%。

综合考虑试验条件、试验效率、能耗、产品的性能、后续工艺处理等因素，最后确定磁场强度为 111.44kA/m。

（4）添加剂种类和用量对还原效果的影响

所考察添加剂的种类主要有：CaO、$CaCO_3$、CaF_2、Na_2CO_3、K_2CO_3 和 Li_2CO_3，采用单独使用一种或多种添加剂组合的方式。所使用添加剂的纯度较高，都在 95%以上，呈粉末状或颗粒状，粒度均在 4mm 以下。试验条件为：取 20g 赤泥（赤泥粒度小于 2mm），还原剂用量为 11%，还原温度 1250℃，还原焙烧时间 60min，快速升温，焙烧产物自然冷却，采用一段磨矿，磨矿浓度 70%，磨矿时间 20min，磨矿细度小于 0.074mm 大于 90%，一段磁选，磁场强度 111.44kA/m，以 CaO 为添加剂，变化添加剂的用量。当添加剂的添加量为 0%、2.5%、5%、10%、15%和 20%时，观察铁品位。

试验发现，使用添加剂 CaO 对拜耳法赤泥的还原效果有一定的促进作用。当 CaO 用量从 0%提高到 2.5%时，磁选所得还原铁粉的品位从 85.66%提高到了 86.86%，铁的回收率从 90.36%提高到 91.55%，当 CaO 用量提高到 5%时，铁的品位和回收率均达到最佳值，分别为 88.23%和 91.97%，而随着 CaO 用量的继续增加，还原铁粉的品位和回收率则呈现出随 CaO 用量增加而降低的趋势。CaO 对拜耳法赤泥的还原效果有一定的促进作用，但还达不到铁品位和回收率同时高于 90%的指标，若采用 CaO 为赤泥强化还原效果的添加剂，则其合适的添加量为 5%，不宜超过 5%。

不同的 $CaCO_3$ 用量对拜耳法赤泥的还原有不同的影响效果。随着添加剂 $CaCO_3$ 用量的增加，在添加量达10%之前，铁的品位总体呈现出上升趋势，而其回收率的变化幅度则不是很大，当添加剂用量为10%时，还原铁粉的品位达87.12%，回收率达92.56%；当添加剂用量高于10%后，铁的品位开始大幅度下降，而铁回收率的变化幅度则不是很大，总体呈现出随 $CaCO_3$ 用量的增加而升高的趋势。试验结果说明，$CaCO_3$ 对拜耳法赤泥的还原效果有一定的促进作用，但还达不到铁品位和回收率同时高于90%的指标，若采用 $CaCO_3$ 为强化赤泥还原效果的添加剂，则其合适的添加量为10%，不宜超过10%。

CaF_2 对拜耳法赤泥的还原效果影响很大。不同的 CaF_2 用量对其还原效果的作用也不尽相同，随着 CaF_2 用量的增加，铁的品位总体呈现出随 CaF_2 用量的增加而升高的趋势，其提升幅度在 CaF_2 用量为5%之前较大，当 CaF_2 用量为0%时，铁的品位为85.66%，当 CaF_2 用量增加到5%时，铁的品位提升到了91.31%，当 CaF_2 用量大于5%时，铁的品位继续提升，但提升幅度开始降低，当 CaF_2 用量为20%时，铁的品位最高，为93.47%；而随着 CaF_2 用量的增加，铁的回收率在 CaF_2 用量为10%之前总体呈现出随 CaF_2 用量增加而升高的趋势。当 CaF_2 用量大于10%之后，由于 CaF_2 的助熔作用，该条件下的赤泥开始出现熔融还原反应，当 CaF_2 用量为20%时，固结现象比较严重，且焙烧产物中出现大量肉眼可见的铁粒，为后续的破碎、磨矿过程增加了困难，不利于磁选分离，最终导致铁回收率呈现出大幅度降低的趋势。CaF_2 对拜耳法赤泥的还原效果影响很大，可以实现铁品位和回收率同时高于90%的指标。虽然 CaF_2 的用量在10%时的还原铁粉指标最好，但其提升幅度与用量为5%时相比并不是很大，所以综合考虑试验条件、试验效率、工艺能耗、产品性能、后续处理等因素，若采用 CaF_2 为强化赤泥还原效果的添加剂，则其合适的添加量为5%。

Li_2CO_3 对拜耳法赤泥的还原效果影响很大。不同的 Li_2CO_3 用量对其还原效果的作用也不尽相同，随着 Li_2CO_3 用量的增加，铁的品位总体呈现出随 Li_2CO_3 用量增加而升高的趋势，其提升幅度在 Li_2CO_3 用量为5%之前不是很明显，在 Li_2CO_3 用量为5%和15%之间时提升较大，当 Li_2CO_3 用量大于15%时，其提升幅度又趋于平缓。其中，Li_2CO_3 用量为15%时，铁的品位为91.83%，当 Li_2CO_3 用量为20%时，铁的品位最高，为92.36%；而铁的回收率在 Li_2CO_3 用量为10%之前，总体呈现出随 Li_2CO_3 用量的增加而缓慢升高的趋势，当 Li_2CO_3 用量为10%时，铁的回收率最高，为91.29%，当 Li_2CO_3 用量大于10%之后，由于 Li_2CO_3 的助熔作用，此条件下的赤泥开始出现熔融还原反应，固结现象比较严重，在焙烧产物中开始出现大量肉眼可见的细铁粒，较大铁粒的粒径可达1～5mm，为后续的破碎、磨矿过程增加了困难，不利于磁选分离，最终导致铁回收率呈现出大幅度降低的趋势，当 Li_2CO_3 用量为20%时，熔融现象尤为明显，虽然该条件下铁的品位最高，但其回收率却降低到了77.12%。Li_2CO_3 对拜耳法赤泥的还原效果影响很大，可以实现铁品位和回收率同时高于90%的指标。综合考虑试验条件、试验效率、成本与能耗、产品的性能、后续工艺处理等因素，若采用 Li_2CO_3 为强化赤泥还原效果的添加剂，则其合适的添加量为15%。

K_2CO_3 对拜耳法赤泥的深度还原有一定的影响作用，不同的 K_2CO_3 用量对其还原效果的作用也不同。随 K_2CO_3 用量的增加，铁的品位在 K_2CO_3 的添加量达15%之前呈上升趋势，之后则开始下降；而铁的回收率在 K_2CO_3 的添加量达10%之前呈上升趋势，之后则开始下降。其中，当 K_2CO_3 的用量为10%时，铁品位为89.38%，铁回收率为91.49%；当 K_2CO_3 用量为15%时，铁品位为90.70%，铁回收率为88.26%。综合考虑试验条件、试验效率、成本与能耗、产品性能、后续处理等因素，若采用 K_2CO_3 为赤泥强化还原效果的添加剂，则其合适的添加量为10%。

综上所述，山东赤泥提铁联合流程的最佳工艺参数为：首先通过粗细分级-强磁选工艺，可以获得铁品位为52.89%、铁回收率为59.85%的预富集精矿。以预富集精矿为原料，进行深度还原-磁选试验。通过一系列试验考察了不采用添加剂时，还原剂用量、还原温度、还原时间、升温方式、冷却方式、还原焙烧产物的磨矿细度和磁选过程的磁场强度对还原焙烧过程的影响，最终确定了拜耳法赤泥深度还原-磁选工艺提铁的优化工艺条件为：当用松原烟煤为还原剂，还原剂用量11%，还原温度1250℃，还原时间60min，快速升温，焙烧产物自然冷却，采用一段磨矿，磨矿浓度70%，磨矿时间20min，磨矿细度小于0.074mm的大于90%，一段磁选，磁场强度111.44kA/m，可以获得铁品位为91.6%、铁回收率为95.05%的还原铁粉。

2.3 赤泥中稀有金属提取技术

目前，国内外赤泥有价金属回收主要有还原炼铁、焙烧还原、磁选、酸浸出几种方法，回收工艺的选择取决于赤泥中有价金属的品位，国内多使用磁选和酸浸出等回收其中的Fe元素；赤泥中除了含有大量的铁元素以外，还含有钛、钪、镓、镧等稀有元素。

张江娟研究了从拜耳法赤泥中回收二氧化钛的方法，先用盐酸酸浸拜耳法赤泥使铁和钛分离，再用硫酸酸解前一步浸出后的残渣得到钛白，结果显示钛的回收率达到91%。李亮星等研究了从拜耳法赤泥中回收钛的方法，最终确定使用浓硫酸分解法提取钛，在最佳工艺条件下，钛浸出率可以达到97%，浸出液中钛的质量浓度可达29.9g/L。柯胜男等通过试验对从赤泥中回收镓进行了工艺研究，在最佳工艺温度160℃、浓度12mol/L、时间为4h、液固比为7的条件下，镓的浸出率可达到90%。罗宇智等研究了从拜耳法赤泥中提取钪的方法，采用了硫酸熟化浸出钪，在最佳工艺条件下，钪的浸出率可达91%以上。徐璐等将赤泥酸浸后得到浸出液，将浸出液中的 Fe^{3+} 使用还原铁粉还原后，先使用磷酸酯进行萃取，再用NaOH反萃取，钪萃取率达97%。王克勤等使用盐酸对赤泥进行二段浸出，对浸出液浓缩处理后进行钛、铁、钙的去除，最后进行三级萃取，萃取率95. 67%，反萃取率97.23%，V_2O 纯度98.5%，回收率82.69%。从赤泥中提取稀有金属元素，提取效率、回收率、浸出率均较好，但是由于工艺复杂，提取金属多为酸浸、萃取法，对设备腐蚀较大，耗酸量较大，存在二次污染风险，萃取剂成本较高，大部分在学术研究阶段。

参考文献

[1] 张宏雷. 生物质热解还原制备一氧化锰的研究[D]. 北京：北京工业大学，2013.

[2] 汪永斌，朱国才，池汝安，等. 生物质还原磁化褐铁矿的试验研究[J]. 过程工程学报，2009，9(3)：508.

[3] 降文萍. 煤热解动力学及其挥发分析出规律的研究[D]. 太原：太原理工大学，2014.

[4] COATS A W，REDFERN J P. Kinetic parameters from thermogravimetric data. Nature，1964，201(4914)：68.

[5] WEI R，CANG D，BAI Y，et al. Reduction characteristics and kinetics of iron oxide by carbon in biomass[J]. Ironmaking Steelmaking，2016，43(2)：144.

[6] 刘述仁. 还原焙烧—磁选法回收拜耳法赤泥中铁的研究[D]. 昆明：昆明理工大学，2014.

[7] 经文波，梁涛. 赤泥提铁研究[J]. 河南冶金，2022，30(2)：1-3，56.

[8] 柳佳建，陈伟，周康根，等 . 赤泥中铁的回收利用研究进展[J]. 矿产保护与利用，2021，41(3)：70-75.

[9] 李亮星，黄茜琳. 从赤泥中提取钛的试验研究[J]. 湿法冶金，2011，30(4)：323，325.

[10] 柯胜男，王海芳，龙哲青，等. 氧化铝赤泥酸浸富集回收镓的新工艺研究[J]. 科学技术与工程，2016，16(5)：41-44.

[11] 王克勤，李生虎. 氧化铝赤泥盐酸浸出回收钒的试验研究[J]. 稀有金属与硬质合金，2012(6)：5-8.

3 赤泥脱碱与碳中和技术

3.1 赤泥中碱成分的分析

根据氧化铝生产方法的不同，赤泥可分为拜耳法、烧结法和联合法三种。由于铝土矿产地不同，国内外生产氧化铝所采取的方法也不同，得到的赤泥也不尽相同，其中，拜耳法产量约占世界总产量的90%以上。拜耳法赤泥是强碱 NaOH 溶出铝土矿产生的废渣，氧化铝、氧化铁、碱含量比烧结法、联合法高。不同工艺排出赤泥的化学成分不同，我国和世界部分赤泥的化学成分见表3-1。

表3-1 赤泥化学成分及含量分析 （质量分数，%）

工艺	产地	成分						
		SiO_2	Al_2O_3	Fe_2O_3	CaO	TiO_2	Na_2O+K_2O	灼减
烧结法	山东	22.00	6.40	9.02	41.90	3.20	3.10	11.70
	中州	21.36	8.76	8.56	36.01	2.64	3.98	16.26
	山西	21.43	8.22	8.12	46.80	2.90	2.80	8.00
	贵州	25.90	8.50	5.00	38.40	4.40	3.30	11.10
联合法	郑州	20.50	7.00	8.10	44.10	7.30	2.90	8.30
	山西	20.50	9.20	8.10	45.63	2.90	3.35	8.06
拜耳法	平果	12	18	23	15	6	5	—
	山东	18	22	40	2	—	8	—
国外拜耳法	美国	11～14	16～20	30～40	5～6	10～11	6～8	10～11
	日本	14～16	17～20	39～45	—	2.5～4	7～9	10～12

赤泥中含有大量可导致烧结砖"泛霜"的碱性物质（主要为CaO、MgO、Na_2O、K_2O），这些碱性物质主要是在氧化铝生产工业中利用高浓度含碱母液浸泡或是外加大量Na_2CO_3的方法从铝土矿提取氧化铝产生，但受经济技术等条件限制，部分碱性物质未能完全回收而残留在赤泥中，外排或堆存过程中出现盐析出情况。

拜耳法赤泥可以看作是以铝硅酸盐矿物为主的碱性混合物，赤泥的主要化学组成中Al_2O_3、Fe_2O_3、SiO_2、Na_2O、CaO占赤泥总质量的50%以上。组成与结构受到原料、生产条件等多种因素的影响，一般认为有三种形态，即方钠石型硅渣（Sodalite，$Na_2O \cdot Al_2O_3 \cdot xSiO_2 \cdot nH_2O$）、钙霞石型硅渣（Cancrinite，$Na_2O \cdot Al_2O_3 \cdot xSiO_2 \cdot yCaCO_3 \cdot nH_2O$）和水化石榴石型硅渣［Hydrogarnet，$3CaO \cdot Al_2O_3 \cdot xSiO_2 \cdot (6-2x)H_2O$］。

长铝公司赤泥中总碱含量（$R_2O=Na_2O+K_2O$）一般为3.18%～4.17%，其中化学碱为2.19%～3.18%，晶格吸附碱为1.4%～1.6%，附着碱为1.3%～1.8%。晶格吸附碱含量少，且不易除去，附着碱含量也少，采用过滤法可以除去，对于含量较多的化学碱即可以采用常压石灰脱碱法除去。邢明飞将中州铝厂烧结法赤泥按堆存时间划分为新赤泥、一年期赤泥、两年期赤泥、三年期赤泥、多年期赤泥。通过分析中州铝厂各年期烧结法赤泥化学与矿物组成，分析赤泥中可能造成“泛霜”的可溶解碱性金属和非金属离子的含量，确定赤泥潜在“泛霜”物质成分，为研究“泛霜”提供依据。中州铝厂烧结法赤泥浸溶液pH为12.19～12.87，R_2O（Na_2O、K_2O）含量为1.72%～4.61%，CaO含量为26.54%～29.90%，MgO含量为1.17%～2.22%。这些碱性物质在赤泥堆存过程中不断地从赤泥中泛出，形成大片的“泛霜”区域。图3-1(a)为一年期烧结法和图3-1(b)为多年期烧结法赤泥坝体表面照片，从图中可以看到大量白色碱性物质布满赤泥大坝的表面，赤泥虽历经多年堆存，但“泛霜”现象依然存在，“泛霜”坝体表面植物无法生长，这也从侧面反映出烧结法赤泥虽然经历多年雨水冲淋，但其中仍含有大量的碱性物质。为研究赤泥中碱性物质总量与可溶性碱的含量，邢明飞将未经浸泡和经过浸泡9d的新赤泥、一年期赤泥、两年期赤泥、三年期赤泥、多年期赤泥等作为样品，进行烘干、磨碎、过0.5mm筛，样品采集完毕后经浸泡处理，分别依次加入10mL HCl、1mL HNO_3、1mL $HClO_4$，待反应完全后，置于MDS-2002A型微波消解仪中进行消解。消解完毕定容到100mL容量瓶中静置，然后使用原子吸收分光光度计测量K、Na、Ca、Mg浓度，具体结果见表3-2。

(a) 一年期

(b) 多年期

图3-1 不同期烧结法赤泥坝体泛霜照片

表3-2 赤泥中各碱性物质元素含量 （质量分数，%）

名称	氧化钾，K_2O	氧化钠，Na_2O	氧化钙，CaO	氧化镁，MgO
未浸泡新赤泥	1.02	3.26	29.11	2.22
未浸泡一年期	1.10	2.09	29.90	1.52
未浸泡两年期	1.37	3.24	26.60	1.60
未浸泡三年期	1.39	0.33	29.40	1.17
未浸泡多年期	1.42	0.51	26.54	2.01

续表

名称	氧化钾，K_2O	氧化钠，Na_2O	氧化钙，CaO	氧化镁，MgO
浸泡新赤泥	0.44	0.56	25.39	2.11
浸泡一年期	0.12	0.26	29.11	1.54
浸泡两年期	0.26	0.27	24.73	1.56
浸泡三年期	0.20	0.36	27.91	1.07
浸泡多年期	0.30	0.33	26.08	1.26

赤泥应用于建筑材料时，表面形成“霜”状白色沉淀，“泛霜”现象严重影响了其资源化利用。赤泥的综合利用方法虽多，但由于赤泥自身碱和钙含量高，如果盲目增大利用量，会使生产的赤泥产品“泛霜”，质量不达标或者在利用过程中造成碱污染。因此赤泥在原料中的利用率不高，远远小于赤泥的产生量，不能真正解决赤泥大量堆存的问题。经国内外研究人员研究，目前常用的方法有碱法脱碱和酸法脱碱。其中碱法脱碱主要包括石灰水热法、常压脱碱法、石灰纯碱烧结法；酸法脱碱主要为酸浸出法、工业“三废”中和法。此外，还有盐浸出法、生物法等脱除方法，但由于技术支撑或成本、能耗问题，并未大规模普及（表 3-3）。

表 3-3 烧结法赤泥泛霜物质分析 （质量分数，%）

名称	种类	分子式	外观特征	微观形态	赤泥中含量
可溶性“泛霜”物质	钠盐	$NaCO_3$、NaCl、$NaNO_3$	肉眼观测主要为白色薄层状、薄膜状、雪花状，结构疏松、易碎	主要呈粒状或致密块状几何体	0.33～3.26
	钾盐	$KHCO_3$、KCl、KF			1.02～1.42
不可溶性“泛霜”物质	钙盐	$CaCO_3$	肉眼观测主要为灰白色透镜状、块状或粒状，结构紧密、坚硬	主要呈棒状、放射状、钟乳状、豆状	26.54～29.90
	镁盐	$MgCO_3$			1.17～2.22

（1）石灰水热法

石灰水热法是赤泥中加入石灰高压条件下溶出赤泥，为了降低赤泥中碱含量，在拜耳法赤泥中加入石灰乳进行碱化，脱钠率为 50%～60%。但是反应在釜中升温所需时间长，存在溶出液量大、碱回收成本高的缺点。生成的钙离子在水热条件下与含有钠元素的盐物质充分反应，生成低浓度、在碱液中稳定存在的化合物进入赤泥，后续仍需对赤泥利用加以研究。

（2）石灰、纯碱烧结法

将石灰、纯碱、赤泥混合，在 1000℃以上高温下烧结，赤泥中的氧化物转化成铝酸钠以及含钠的铁酸盐。控制适当的条件，铝酸钠溶于水进入溶液，铁酸盐等以沉淀形式分离，从而使氧化钠和氧化铝得到回收。

（3）酸浸出法

针对赤泥中碱含量较大的问题，可以采用浓酸浸出法来实现赤泥的脱碱，作为酸浸出剂有盐酸、硫酸等酸性试剂，酸液处理后的赤泥残渣主要为二氧化硅，可以加工成颜料、净化剂、肥料等。

（4）工业“三废”酸性中和法

石油工业、化学工业生产过程中产生的“三废”（废水、废气、废渣）多为酸性，可以用来处理铝厂赤泥，以中和其碱性，达到综合利用的目的。例如，使用含 SO_x、NO_x、PO_x、HF、CO_2 废气，刘作霖将 CO_2 气体通入赤泥浆液中反应，可以脱去赤泥中的碱。工业“三废”酸性中和法，为解决赤泥的含碱量高、降低“三废”对环境的污染，提供了一个新途径。

（5）盐浸出法

采用某些无机盐溶液或其酸性盐溶液作为添加剂，以溶解赤泥中的 Na_2O，使含有钠元素物质得到转化，并加以提取处理。研究利用一种海水中的无机盐处理赤泥脱碱，可使赤泥中 Na 从 7694mg/L 降至 78.9mg/L，脱碱率达 90%。但赤泥过滤处理在一定温度下（90℃）进行，才可以达到预期的脱碱效果。

（6）常压石灰脱碱法

现有赤泥脱碱处理方法中，石灰常压脱碱得到普遍认可。李小雷等采用常压石灰脱碱法对赤泥进行脱碱研究。通过考察不同因素对脱碱效果的影响，优化条件下，赤泥中碱含量可由 8.2%降至 0.5%，脱碱效果明显。杨久俊利用相同方法，对拜耳法赤泥的碱回收利用机理作了研究，赤泥中的碱性物质结构中含有钠元素，通过处理，石灰中的钙离子取代赤泥中的钠，使钠元素以离子形式进入溶液，以此达到赤泥脱碱目的。

3.2 酸性气体的赤泥脱碱技术

3.2.1 CO_2 用于赤泥脱碱技术

1. 碳中和-CO_2 捕获技术研究

2021 年《国务院关于加快建立健全绿色低碳循环发展经济体系的指导意见》要求全方位全过程推行绿色规划、绿色设计、绿色投资、绿色建设、绿色生产、绿色流通、绿色生活、绿色消费，使发展建立在高效利用资源、严格保护生态环境、有效控制温室气体排放的基础上，统筹推进高质量发展和高水平保护，建立健全绿色低碳循环发展的经济体系，确保实现碳达峰、碳中和目标，推动我国绿色发展迈上新台阶。

2020 年，中国政府在第七十五届联合国大会上宣布：“中国将提高国家自主贡献力度，采取更加有力的政策和措施，二氧化碳排放力争于 2030 年前达到峰值，努力争取 2060 年前实现碳中和。”从我国能源领域碳排放发展情况分析，我国碳排放主要集中在电力、交通和工业三大行业，碳排放占比分别约为 41%、28%和 31%。据相关报告数据测算，我国由化石能源消费产生的碳排放总量为 100 亿吨左右。其中，煤炭消费产生的二氧化碳排放量占 75%左右。碳中和背景下煤炭的消费和占比下降将成为必然趋势，煤炭行业未来的发展需要积极主动转型。碳排放控制计划首要针对目标就是燃煤电厂，对于燃煤电厂而言，保证供电量的同时，减少二氧化碳的排放，必须通过针对性的减排技术以实现减碳目标。

目前，针对化石燃料电厂的碳排放的捕获技术主要有3种，即燃烧后捕捉系统、燃烧前捕捉系统和富氧燃烧系统。燃烧后捕捉系统是将燃料电厂排放的烟气进行吸收或吸附，再由分离除杂系统对收集到的烟气进行净化处理，之后将处理后的 CO_2 气体进行封存或二次利用。针对我国量大面广的小型工业锅炉，燃烧后捕捉是现有主要的利用途径。目前，捕获分离烟气中 CO_2 的方法有吸收法、吸附法、膜分离法和低温蒸馏法等。其中，工业中运用最多的是使用碱性物质对其进行处理吸收，由于处理原料的不同，以及不同地区燃煤情况不同，CO_2 处理效果也不尽相同，但由于投资大、能耗高，我国大多数发电厂、水泥厂、化工厂、冶炼厂并未推广。

在开展 CO_2 用于脱碱研究中，首先对赤泥原料进行成分、结构分析，从表3-4可知，所用赤泥中含量最多的是 Al_2O_3、Fe_2O_3 和 SiO_2，而且这三种物质占总质量的70%以上，Na_2O 含量占赤泥成分的10.26%。

表3-4 赤泥的化学组成 （质量分数，%）

组成	Al_2O_3	SiO_2	Fe_2O_3	Na_2O	CaO	TiO_2
含量	18.37	29.11	24.56	10.26	3.17	1.29

注：Al_2O_3 与 SiO_2 质量比(A/S)为0.63，Na_2O 与 SiO_2 质量比(N/S)为0.35。

通过X射线衍射（XRD）图谱（图3-2）分析结果发现，拜耳法赤泥中的化学组成元素多以矿物形式存在，拜耳法赤泥中主要的矿物有方钠石、赤铁矿、针铁矿、石英、方解石等，不同生产方法生产的赤泥其矿物组成不同，并影响赤泥的物理化学性质。其中，赤泥泛碱的主要物质为方钠石结构，此外还包括附着的可溶性盐类。

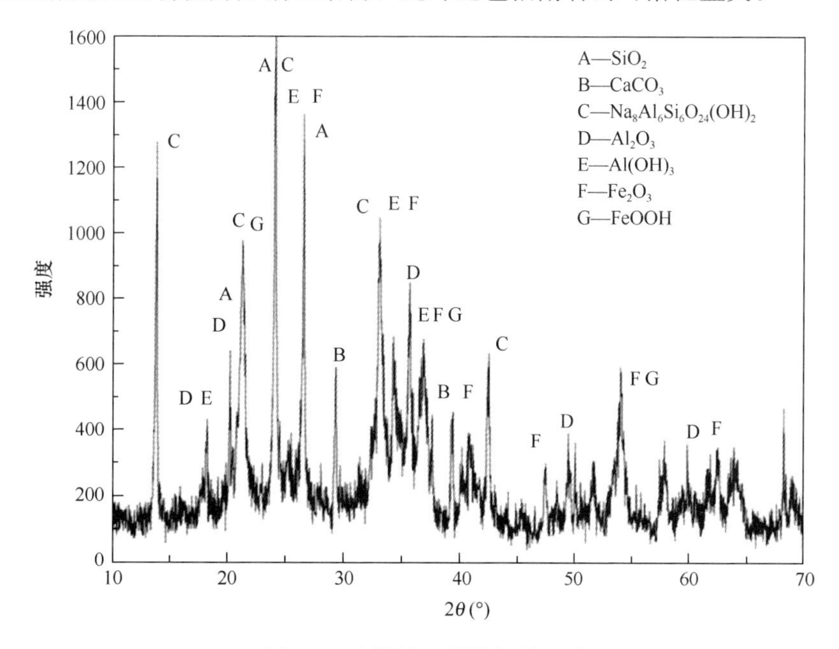

图3-2 赤泥的X射线衍射图谱

利用激光粒度仪对赤泥粒径分布作分析，如图3-3所示。赤泥原样主要分为两种粒径范围：0.2～100μm 和 200～400μm。研究采用日本日立公司 S-4800 型号的扫描电子显微镜对材料的微观形貌进行观察，样品测试前先喷金，然后观察。如图 3-4 所示，赤泥样品整体形貌不规则，呈现网络状、簇状，结构复杂，以大小不一的粒径团聚在一起。

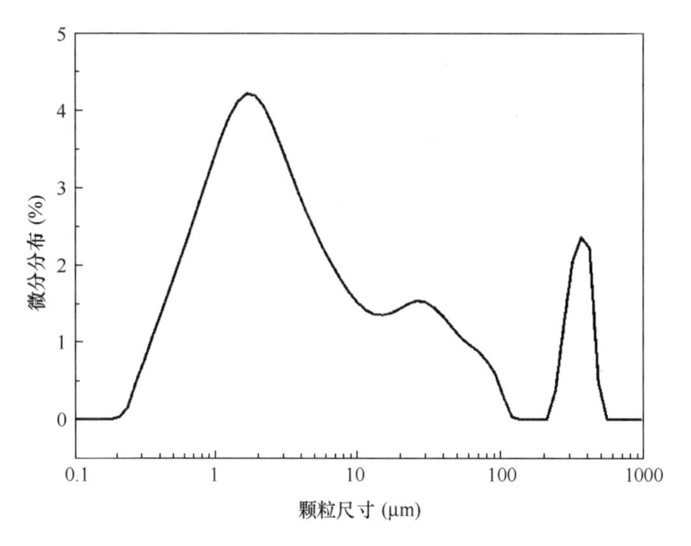

图 3-3　拜耳法赤泥粒径分析图

(a) 2μm　　(b) 200nm

图 3-4　拜耳法赤泥 SEM 图

2. 赤泥脱碱协同脱碳研究

研究 CO_2 与赤泥反应过程中的各项工艺参数：气体流量、反应温度、时间、循环次数及优化，研究分析赤泥吸收 CO_2 的反应机理等，以期达到酸性气体的吸收和赤泥的高脱碱率，反应结束后对得到的固-液混合物，通过火焰光度法测定赤泥碱含量，流程图如图 3-5 所示。

脱碱率是通过测定反应前后固相赤泥中碱性物质（以 $Na_2O\%$ 计）并通过计算得到。脱碱率公式见式（3-1）：

$$Na_2O = \frac{C_t - C_0}{C_0} \tag{3-1}$$

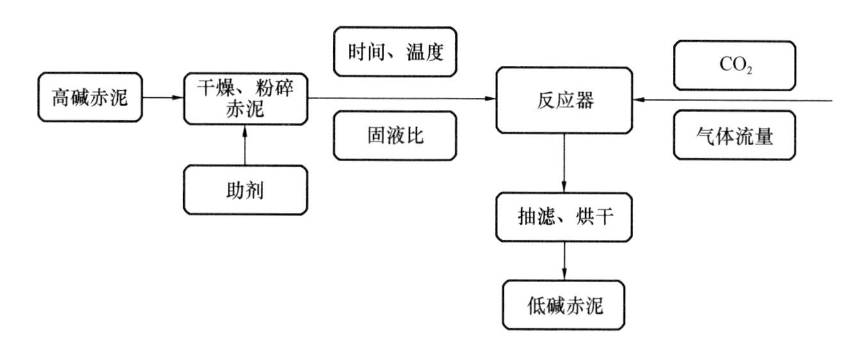

图 3-5 CO_2 用于赤泥脱碱的流程图

式中，C_t 为处理后赤泥中的碱含量；C_0 为初始赤泥中的碱含量。

选择 Na_2O 含量为主要考察指标，反应过程的时间、温度、CO_2 浓度、固液比为影响因素，并各取四个水平进行正交试验，正交试验因素水平见表 3-5。通过分析，得出赤泥脱碱的主要影响为 CO_2 浓度，其次为固液比，反应温度、时间较前两者影响小。

表 3-5 以 Na_2O 含量为考察指标的正交试验结果表

序号	反应时间 A（h）	反应温度 B（℃）	CO_2 浓度 C（$\times10^{-6}$）	固液比 D（g/mL）	空列 E	Na_2O 含量（质量分数，%）
1	1(0.5)	1(40)	1(0.2)	1(1∶3)	1	4.42
2	1	2(60)	2(0.4)	2(1∶5)	2	6.3
3	1	3(80)	3(0.6)	3(1∶7)	3	7.1
4	1	4(100)	4(1.0)	4(1∶10)	4	7.82
5	2(1)	1	2	3	4	7.1
6	2	2	1	4	3	6.3
7	2	3	4	1	2	6.94
8	2	4	3	2	1	5.32
9	3(1.5)	1	3	4	2	6.91
10	3	2	4	3	1	7.52
11	3	3	1	2	4	6.02
12	3	4	2	1	3	6.32
13	4(2)	1	4	2	3	7.7
14	4	2	3	1	4	5.82
15	4	3	2	4	1	6.63
16	4	4	1	3	2	5.92
M_{1j}	25.64	26.13	22.66	23.5	23.89	
M_{2j}	25.66	25.94	26.34	25.34	26.07	

续表

序号	反应时间 A(h)	反应温度 B(℃)	CO_2 浓度 C(×10^{-6})	固液比 D(g/mL)	空列 E	Na_2O 含量（质量分数，%）
M_{3j}	26.77	26.69	25.15	27.62	27.42	
M_{4j}	26.07	25.38	29.98	27.66	26.76	
m_{1j}	6.41	6.53	5.67	5.88	5.97	
m_{2j}	6.4	6.49	6.59	6.34	6.52	
m_{3j}	6.69	6.67	6.29	6.91	6.86	
m_{4j}	6.52	6.35	7.50	6.92	6.69	
R_j	0.29	0.32	1.83	1.04	0.89	

注：M、m 为不同水平因素的总和、平均值，R 为数据极差。

（1）时间对赤泥脱碱的影响

赤泥中碱剩余量随反应时间增加而不断下降，时间从 0.5h 到 2.5h，Na_2O 含量从质量分数 10.26%降低到 6.2%，如图 3-6 所示。这是由于随着时间的增加，赤泥碱性物质在水溶液中逐步溶解，赤泥中可溶性物质首先溶解到水中，CO_2 气体进入溶液中，与碱性物质的反应过程中，CO_2 对赤泥可溶性的碱性物质起作用，对赤泥中不溶性碱性物质结构破坏作用较小。赤泥中大部分内部结合的碱性物质并未被破坏，赤泥中剩余碱含量质量分数为 6.2%仍很高，赤泥的脱碱率在 39.5%，脱碱率较低。

（2）流量对赤泥脱碱的影响

赤泥中碱剩余量（以 Na_2O%计）随 CO_2 流量增加而不断下降，CO_2 流量从 0.2L/min 增大到 1.0L/min，Na_2O 含量从质量分数 8.2%降低到 5.98%，如图 3-7 所示。这是由于随着 CO_2 在反应体系中的增加，CO_2 对赤泥中不溶性碱性物质结构有一定破坏作用，赤泥碱性物质在酸性溶液中不断溶解，但仍有一部分赤泥中不溶性碱物质稳定存在，未被 CO_2 改变其结构。赤泥中剩余碱含量降低到质量分数 5.9%左右时，增加 CO_2 流量对赤泥脱碱效果不明显。

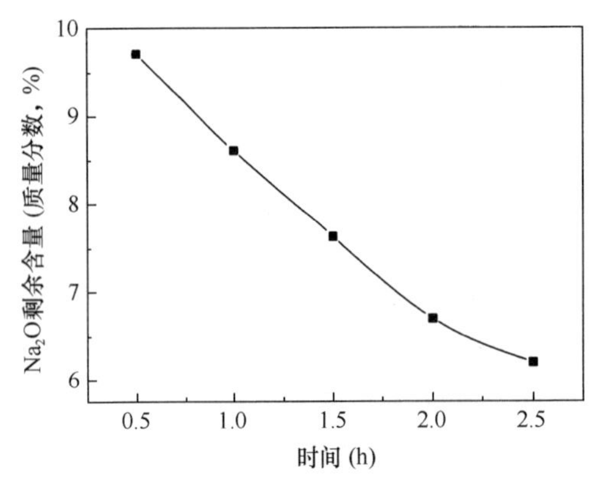

图 3-6　反应时间对赤泥脱碱的影响

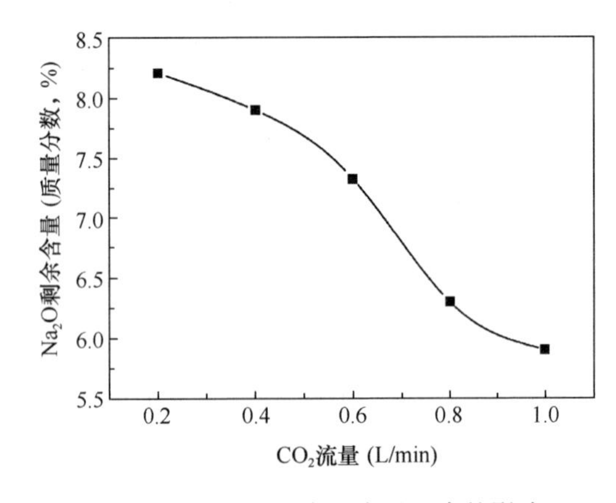

图 3-7　CO_2 流量在反应过程中的影响

CO_2 对赤泥脱碱，属于气、液、固三相反应，气流量对反应过程有影响。当气体流量较小时，CO_2 缓慢溶解在反应体系中，溶解到体系中气体量较少，不能够与赤泥中碱性物质充分接触，赤泥脱碱效果较差；气体流量增加对反应体系有一定促进效果，能使 CO_2 与赤泥中碱性物质接触反应，赤泥碱含量降低；当气体流量过大时，气体在体系中存在时间较短，对赤泥脱碱效果较差。

（3）温度对赤泥脱碱的影响

反应时间在 2h、CO_2 流量在 1.0L/min 的前提下，赤泥中碱剩余含量随温度升高而不断下降：在 80℃，赤泥中 Na_2O 剩余含量为质量分数 6.7%，升高温度到 100℃，对赤泥脱碱的剩余碱含量反而在一定程度回升，考虑到实际能耗问题，选在温度 80℃，如图 3-8 所示。分析这种趋势，原因是升高温度可提高各反应物的活性，加快反应中赤泥与气体的溶解速率，使反应程度加大，在初始阶段，赤泥中的碱性物质能够释放到溶液中，随温度升高，碱含量有所降低，当温度增加到 100℃，气体的溶解度随温度升高而降低，赤泥与气体接触面积减少，不足以达到脱碱目的，同时，赤泥是铝土矿高温熔炼中产生的废渣，温度升高，赤泥结构发生变化，对赤泥脱碱有不利影响。

（4）固液比对赤泥脱碱的影响

固定时间、CO_2 流量和温度条件下，赤泥中碱剩余量（以 Na_2O%计）整体趋势是随赤泥与水的固液比降低先下降后升高，在赤泥与水的固液比为 1∶7 时，剩余 Na_2O 含量降低到质量分数 6.5%，如图 3-9 所示。这是由于赤泥固液比为 1∶3 时，赤泥未完全在水溶液溶解，部分碱物质与 CO_2 接触较少，反应不充分，赤泥剩余含碱量仍较高，随着液体增加，当固液比为 1∶5 时，反应最终的赤泥剩余碱含量与固液比为 1∶3 时相当，脱碱效果不明显，赤泥中碱性物质只有小部分溶解到水中；当固液比增加到 1∶7，赤泥能够与 CO_2 接触反应的面积增大，赤泥剩余碱含量降低到 6.6%。继续增加液体量，赤泥中的碱性物质被稀释，与 CO_2 反应的接触降低，影响气液传质过程，且反应体系中单位容积中的赤泥中碱浓度降低，影响反应速率。

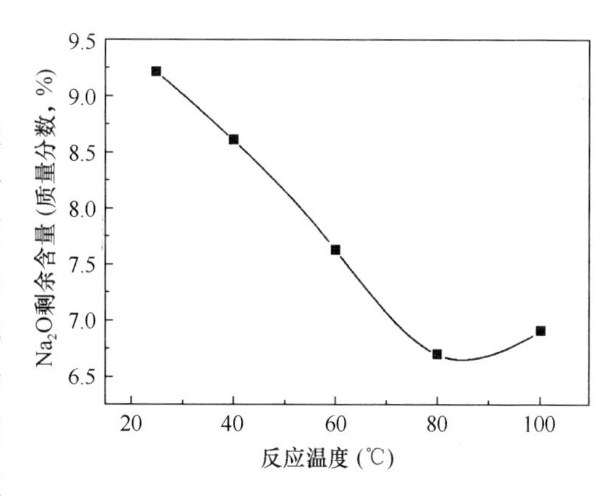

图 3-8 温度对赤泥脱碱的影响

（5）助剂添加量对赤泥脱碱的影响

在相同条件下，加入盐酸对赤泥有较好脱碱效果。反应过程中，加入盐酸体积在 1～2mL 时，反应后赤泥碱剩余量在 6%（质量分数）；当盐酸加量为 3～4mL 时，赤泥中碱剩余含量在 4%和 2%，如图 3-10 所示。说明盐酸体积用量在 4mL，对赤泥脱碱影响显著；继续增加盐酸体积用量，对赤泥脱碱影响不明显，碱剩余量保持在 2%。发生这种现象原因是，盐酸能够对赤泥的表面结构改性，盐酸体积加入量在 1～2mL，赤泥中碱性物质结构并未被盐酸破坏，赤泥脱碱效果不明显。但盐酸加量在 4mL 以上时，盐酸与赤泥反应形成凝胶，对赤泥脱碱有影响。

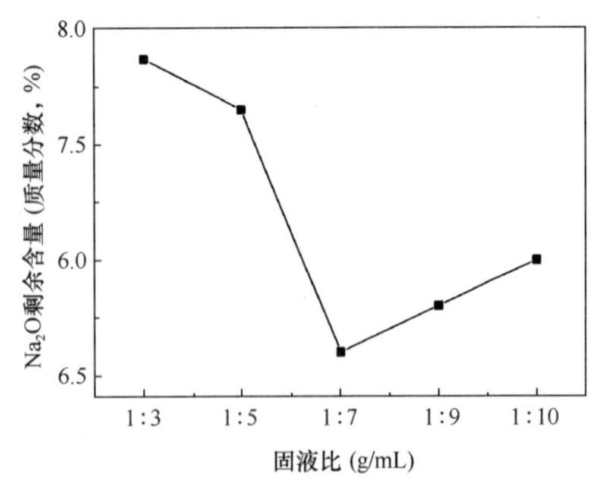

图 3-9　赤泥与水的固液比对赤泥脱碱的影响

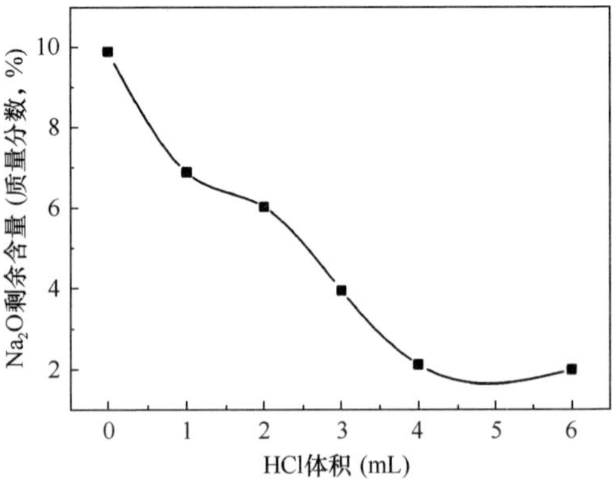

图 3-10　助剂添加量对赤泥脱碱影响

(6) 处理次数对赤泥脱碱的影响

循环次数在 3 次后，赤泥中碱剩余量（以 Na_2O%计）先下降后保持在 3.7%。这是由于 CO_2 第一次处理赤泥过程中，赤泥中碱物质只有小部分溶解并与 CO_2 接触反应，赤泥剩余含碱量仍较高，如图 3-11 所示。第二、三次处理赤泥后，赤泥中碱性物质降低到 4.5%、3.7%。如图 3-12 所示，赤泥中剩余碱性物质溶解到水中，在循环过程中，第一次反应体系中 pH 由 11 降低到 8，第二、三次，反应体系中 pH 变化由 7 升高到 8，说明赤泥中碱性物质，部分再次释放到溶液中，赤泥中还存在碱性物质，能溶解到水中，经过 CO_2 处理，反应体系的 pH 由 8 降低到 7，赤泥中碱性物质能再次缓慢溶解于溶液中，因 CO_2 溶解性和赤泥碱性可溶性物质的释放，赤泥碱性物质有一定程度降低。

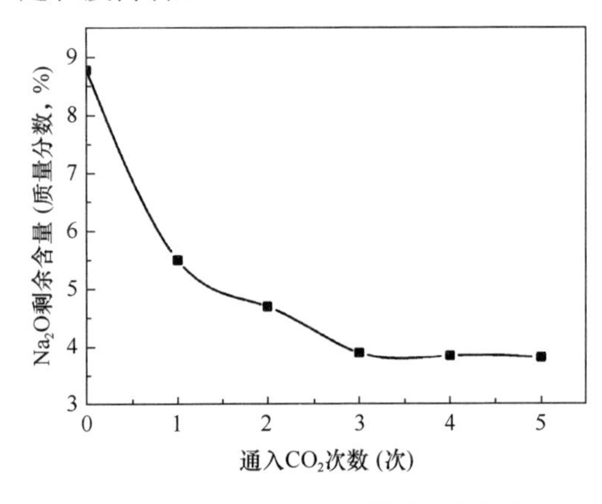

图 3-11　循环次数对赤泥脱碱的影响

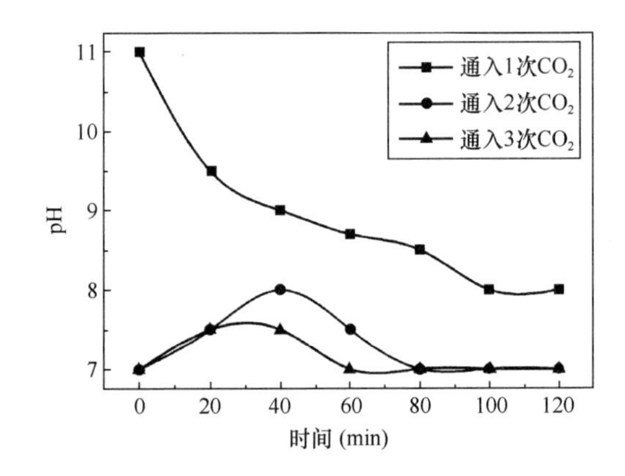

图 3-12　处理过程中 pH 的变化

(7) 赤泥脱碱前后的 XRD 分析

由拜耳法赤泥原料在脱碱前后的 XRD 图（图 3-13）可以看出，赤泥在脱碱过程中，物相组成变化较小，赤泥经过处理后，晶型结构没有变化，强度有变化，即反应过程的赤泥中含水硅铝酸钠（$Na_2O \cdot Al_2O_3 \cdot 1.7SiO_2 \cdot 2H_2O$）的物相成分结构，没有被 CO_2 破坏。因此单一 CO_2 处理赤泥脱碱，脱碱率在 42%，而加入低浓度盐酸作为助剂，主要是将赤泥浆液中的碱性中和，同时一定程度减少赤泥中结构性含碱物质，可有效降

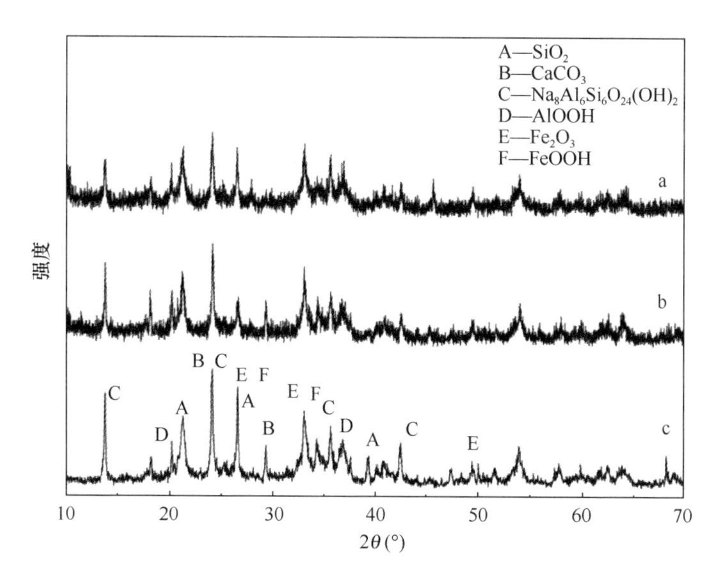

图 3-13 不同的赤泥的 XRD 图

（a 为盐酸/CO_2 处理后赤泥；b 为 CO_2 处理后赤泥；c 为赤泥原样）

低赤泥中的碱含量。

3. 反应机理分析

根据试验结果及相关的测试，分析 CO_2 用于赤泥脱碱的机理，如图 3-14 所示。赤泥中部分碱性物质是以附着形式盐类存在。经过 CO_2 处理后，赤泥中内部结合结构没有被 CO_2 破坏，只有赤泥外部的可溶性盐类溶解，与 CO_2 反应，赤泥中碱含量经过处理后依旧偏高。

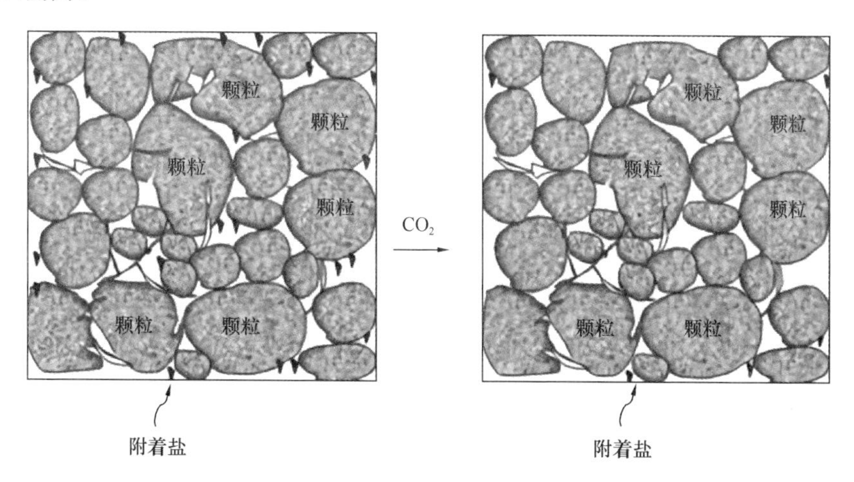

图 3-14 CO_2 用于赤泥脱碱的机理图

3.2.2 模拟烟气处理赤泥脱碱技术

自 20 世纪 80 年代初以来，随着我国经济持续迅速发展，城市化进程加快，煤炭消耗量以每年 3%～9%的递增率大幅度增加，我国大气环境受到了严重污染，其中以

SO_2 和烟尘污染最为严重，成为世界上大气环境污染最严重的国家。目前，对大气环境中污染物来源分析表明，由于工业生产排放的废气，比如冶金、窑炉与锅炉、机电制造业，还有大量汽修喷漆、建材生产窑炉燃烧排放的废气，属于产生雾霾的诱因之一。我国属于煤烟型污染，其中 SO_2 和烟尘等污染物主要来自煤炭燃烧。煤炭燃烧排放的 SO_2、烟尘和 CO_2，分别占总排放量的 90%、70%和 85%，而燃煤工业锅炉排放的 CO_2 占煤炭燃烧排放量的 30%。我国煤炭燃烧排放 SO_2 的主要污染源有燃煤电厂、燃煤工业锅炉、燃煤工业窑炉和民用小煤炉，它们排放的 SO_2 分别占煤炭燃烧 SO_2 总排放量的 40%、25%、5%和 20%。可见，控制燃煤工业锅炉 SO_2，对控制我国大气 SO_2 污染具有极其重要的意义。

我国燃煤过程中 SO_2 排放量连续多年超过 2000 万 t，电厂锅炉和燃煤工业锅炉 SO_2 排放量约占全国 SO_2 排放量的 70%，居世界首位，而且 SO_2 在很大程度上对环境及人体造成危害。

研究团队研究了模拟烟气与赤泥反应过程中的各项工艺参数（气体浓度、反应温度、时间、固液比）及优化，研究分析反应过程中的机理等，具体流程如图 3-15 所示。

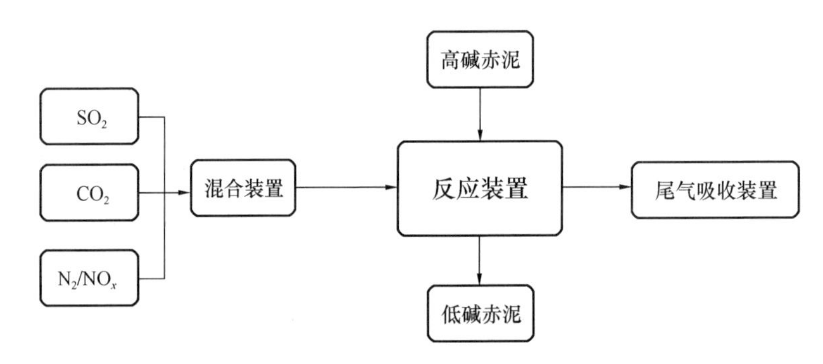

图 3-15 模拟烟气对赤泥脱碱流程图

1. 参数分析研究

选择 Na_2O 含量为主要考察指标，反应过程时间、温度、SO_2 浓度、固液比为影响因素，并各取四个水平进行正交试验，正交试验因素水平见表 3-6。在此过程中，反应时间、温度对赤泥脱碱的影响大，固液比、SO_2 浓度的影响相对前两者小。

表 3-6 以 Na_2O 含量为考察指标的正交试验结果表

序号	反应时间 A (h)	反应温度 B (℃)	SO_2 浓度 C ($\times10^{-6}$)	固液比 D (g/mL)	空列 E	Na_2O 含量 (%)
1	1(0.5)	1(40)	1(0.2)	1(1∶3)	1	4.42
2	1	2(60)	2(0.4)	2(1∶5)	2	2.3
3	1	3(80)	3(0.6)	3(1∶7)	3	2.1
4	1	4(100)	4(0.8)	4(1∶10)	4	3.32
5	2(1)	1	2	3	4	2.1

续表

序号	反应时间 A(h)	反应温度 B(℃)	SO_2 浓度 C($\times10^{-6}$)	固液比 D(g/mL)	空列 E	Na_2O 含量 (%)
6	2	2	1	4	3	2.3
7	2	3	4	1	2	0.94
8	2	4	3	2	1	1.32
9	3(1.5)	1	3	4	2	1.91
10	3	2	4	3	1	0.52
11	3	3	1	2	4	1.02
12	3	4	2	1	3	3.32
13	4(2)	1	4	2	3	0.7
14	4	2	3	1	4	0.82
15	4	3	2	4	1	0.63
16	4	4	1	3	2	0.92
M_{1j}	12.14	9.13	8.96	9.5	7.19	
M_{2j}	6.66	5.94	8.33	5.9	6.07	
M_{3j}	6.77	4.69	6.15	5.64	8.42	
M_{4j}	3.07	8.88	5.48	8.16	7.26	
m_{1j}	3.04	2.28	2.24	2.38	1.80	
m_{2j}	1.67	1.49	2.08	1.48	1.52	
m_{3j}	1.69	1.17	1.54	1.41	2.11	
m_{4j}	0.77	2.22	1.37	2.04	1.82	
R_j	$R_1=2.77$	$R_2=1.11$	$R_3=0.87$	$R_4=0.97$	$R_5=0.59$	

(1) 时间对赤泥脱碱的影响

赤泥中碱剩余量（以 Na_2O%计）随反应时间增加而不断下降，（利用模拟烟气与单一气体处理趋势相同）利用模拟烟气对赤泥的脱碱效果较好。时间为 0.5h，Na_2O 含量从 10.26%降低到 5.5%；1.5h 后赤泥脱碱率到 90%，赤泥剩余碱含量在 1%以下。利用模拟烟气处理赤泥脱碱趋势与单一气体对赤泥脱碱效果趋势类似，由于随着时间的增加，赤泥碱性物质在水溶液中逐步溶解，可溶性物质首先与烟气中 SO_2、CO_2 反应，同时烟气中少量的 SO_2 对赤泥中不溶性碱性物质结构有较好的破坏作用，考虑实际烟气的排放问题等，反应时间在 1.5h（图 3-16）。

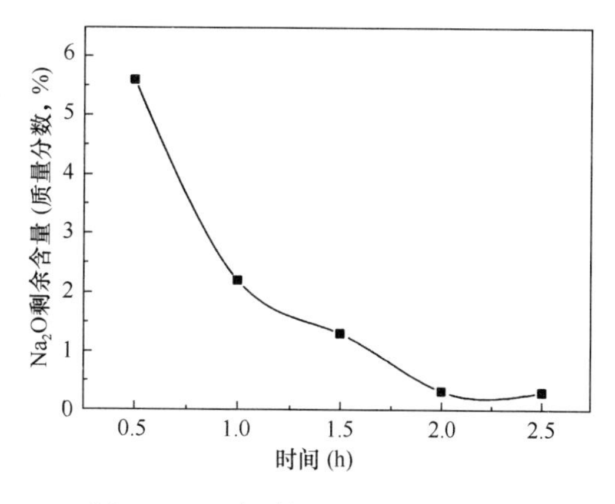

图 3-16 反应时间对赤泥脱碱的影响

（2）SO_2 浓度对赤泥脱碱的影响

赤泥中碱剩余量随 SO_2 流量（即浓度）增加而不断下降，SO_2 流量从 2000×10^{-6} 增大到 6000×10^{-6}，Na_2O 含量可降低到 1%以下。当利用模拟烟气处理赤泥脱碱，SO_2 浓度在 4000×10^{-6}（约 0.4%，体积分数），赤泥剩余碱含量可以降低到 1%。这是由于随着 SO_2 在反应体系中的增加，SO_2 对赤泥中不溶性碱性物质结构有一定破坏作用，赤泥碱性物质在酸性溶液中不断溶解；但仍有一部分赤泥中不溶性碱物质稳定存在，被 SO_2 改变其结构，赤泥剩余碱含量降低到 0.3%左右；考虑实际烟气中 SO_2 浓度含量，SO_2 浓度选择在 4000×10^{-6}，赤泥的脱碱率在 90%以上。由图 3-17 可以看出，当 SO_2 浓度在 4000×10^{-6} 时，反应过程中，SO_2 气体浓度在 4000×10^{-6} 上下波动，30min 后，SO_2 出口浓度（即 SO_2 输出）开始从零增加到 400×10^{-6}，说明赤泥在反应初期，碱性较大，能够全部吸收 SO_2，反应一定时间后，赤泥中的碱性物质与 SO_2 反应达到饱和，SO_2 出口浓度增大（图 3-18）。

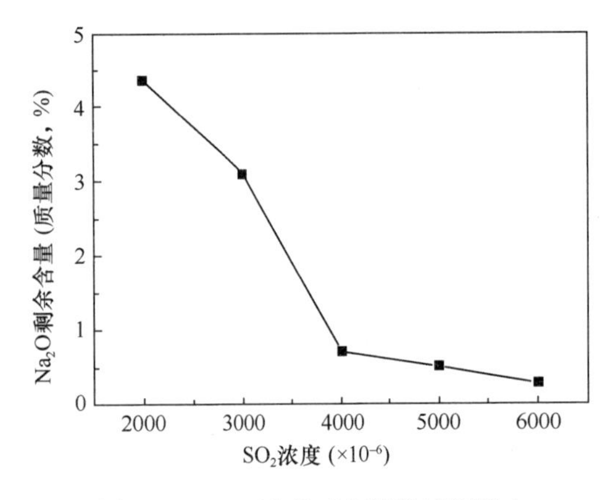

图 3-17　SO_2 浓度对赤泥脱碱的影响

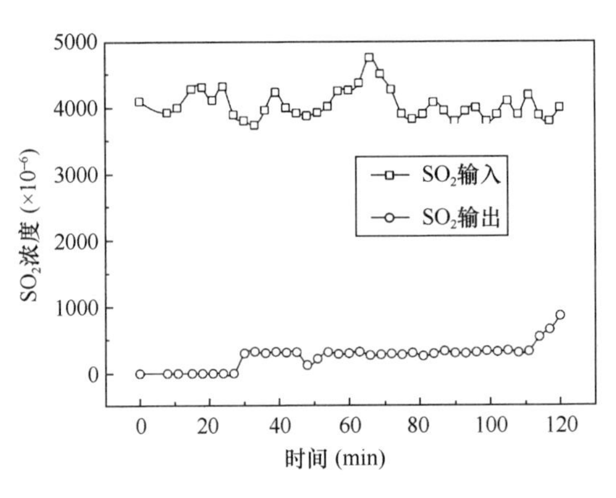

图 3-18　反应过程中 SO_2 浓度变化

（3）温度对赤泥脱碱的影响

研究反应时间在 2h，SO_2 浓度在 4000×10^{-6} 条件下，赤泥中碱剩余量随温度升高而不断下降，在 80℃，赤泥中 Na_2O 剩余含量为质量分数 1.5%，升高温度到 100℃，对赤泥脱碱的碱剩余量有微小回弹，考虑实际能耗问题，选在温度在 80℃（图 3-19）。分析这种趋势原因是升高温度可提高各反应物的活性，加快反应中赤泥与气体的溶解速率，使反应程度加大，在初始阶段，赤泥中的碱性物质能够释放到溶液中，碱含量有所降低，但是气体的溶解度随温度升高而降低，实际反应的气体量减少，赤泥与气体接触面减少。

（4）固液比对赤泥脱碱的影响

研究发现固定在时间 1.5h，SO_2 浓度 4000×10^{-6}，温度 80℃的条件下，赤泥中碱剩余量随赤泥与水的固液比降低先下降后升高，在赤泥与水固液比在 1∶3 时，剩余 Na_2O 含量降低到 2.1%。这是由于赤泥在固液比为 1∶3 时，赤泥在水中溶解，浓度较大，SO_2 溶于水，形成亚硫酸，比 CO_2 酸性较强，与赤泥接触反应，随着液体增加，继续增加液体量，气体与赤泥反应的接触降低，赤泥剩余碱含量会有小幅度上升，但赤泥的剩余碱含量在质量分数 3%左右（图 3-20）。

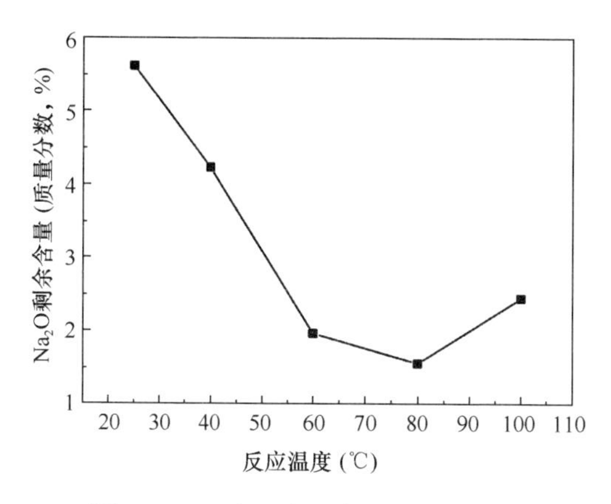

图 3-19 反应温度对赤泥脱碱的影响

图 3-20 赤泥与水固液比对赤泥脱碱的影响

(5) 赤泥脱碱前后的 XRD 分析

赤泥在脱碱过程中，物相组成中的铝、钙、铁等进行了反应。由图 3-21 可以看出，赤泥经过处理后，晶型结构发生变化，强度有变化，即反应过程中赤泥中含水硅铝酸钠（$Na_2O \cdot Al_2O_3 \cdot 1.7SiO_2 \cdot 2H_2O$）的物相成分结构被 SO_2 破坏，其中，方钠石的峰值在 14°消失，说明赤泥中方钠石的晶型发生改变，转变为其他形式物质，被释放到溶液中，与 SO_2 反应，赤泥脱碱率可达 80%以上。

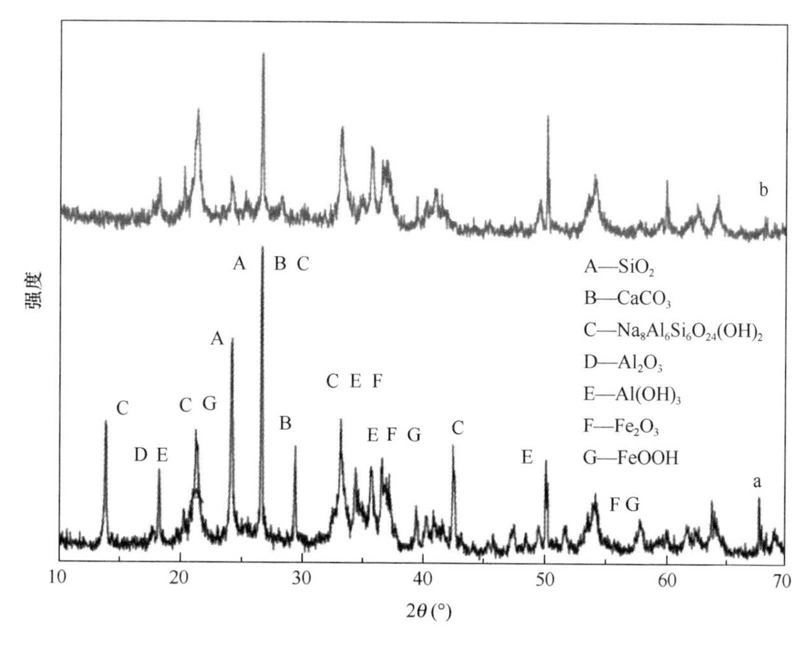

图 3-21 赤泥脱碱前后的 XRD 图谱

（a 为原样赤泥；b 为模拟烟气处理后赤泥）

(6) 赤泥脱碱前后的 SEM 分析

由赤泥脱碱前后的 SEM 图（图 3-22）看出，经过模拟烟气处理，赤泥原样样品的簇状变疏松，形状没有明显变化，且赤泥的表面变光滑，说明赤泥经过模拟烟气处理后

图 3-22　赤泥经模拟烟气处理后 SEM 图

（a）反应前，－2μm；（b）反应前，200nm；（c）反应后，－2μm；（d）反应后，－200nm

表面形貌发生改变，即反应过程中 SO_2 对赤泥结构有一定的表面改性作用。

（7）赤泥脱碱前后的粒径分析

拜耳法赤泥粒径分布广泛，赤泥经过模拟烟气处理，赤泥总体粒径变小，缩小到 0.1～100μm 范围内（图 3-23），说明反应过程中，赤泥在溶液中不断溶解，并且结构

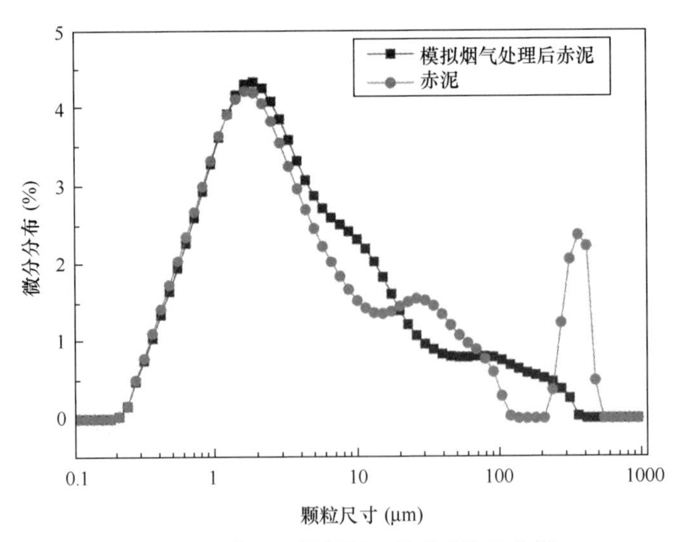

图 3-23　赤泥经模拟烟气处理后粒径分析

被 SO_2 和 CO_2 所破坏，赤泥中的碱性物质脱落而整体粒度变小。

2. 反应机理分析

模拟烟气对赤泥脱碱的过程是离子反应。赤泥溶解到水中，部分可溶性盐如偏铝酸钠溶解到水中，烟气通入反应体系中与溶液中的碱反应，同时，赤泥中难溶性碱性物质如 $Na_2O \cdot Al_2O_3 \cdot 1.7SiO_2 \cdot 2H_2O$ 与烟气中酸性接触，不断溶解，其中 Na^+ 不断释放到溶液中，以此达到赤泥脱碱的目的。主要反应如式（3-2）～式（3-6）：

$$2NaOH(aq) + SO_2 \longrightarrow Na_2SO_3(aq) + H_2O \tag{3-2}$$

$$Na_2SiO_3(aq) + H_2O + SO_2 \longrightarrow Na_2SO_3(aq) + H_2SiO_3 \tag{3-3}$$

$$NaAlO_2(aq) + SO_2 + 2H_2O \longrightarrow Na_2SO_3 + Al(OH)_3 \tag{3-4}$$

$$Na_2O \cdot Al_2O_3 \cdot 1.7SiO_2 \cdot 2H_2O + 2SO_2 + H_2O \longrightarrow 2NaHSO_3 + Al_2O_3 \cdot 1.7SiO_2 \cdot 2H_2O \tag{3-5}$$

$$SO_3^{2-}(aq) + Ca^{2+}(aq) \longrightarrow CaSO_3(s) \tag{3-6}$$

因烟气中含有 CO_2 成分，对赤泥碱性物质有一定的脱除作用。除反应式（3-5）外，CO_2 与其他物质同样反应。如图 3-24 所示，在反应过程中，赤泥颗粒在溶液中不断溶解，在与气体接触过程中，赤泥颗粒粒径不断减小，其中赤泥的碱性物质如 $Na_2O \cdot Al_2O_3 \cdot 1.7SiO_2 \cdot 2H_2O$ 能较好地溶解，并分散到溶液中，到达赤泥脱碱的效果。

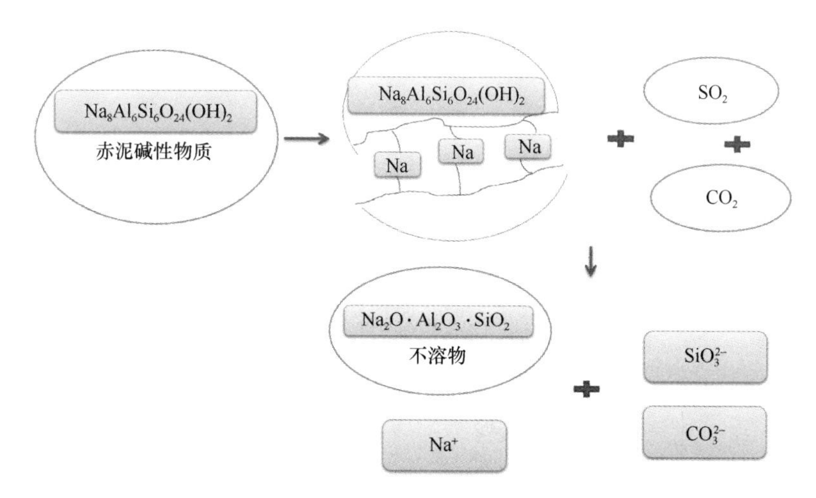

图 3-24　模拟烟气处理赤泥脱碱的机理示意图

3.2.3　模拟烟气联合电石渣处理赤泥脱碱

电石-乙炔工艺生产 PVC 树脂过程中会有大量的电石渣浆排出，每 1t 电石和水反应产生的湿电石浆约为 6t，其中含水为 60%～80%，折合成干电石渣为 1t 左右。电石渣的主要成分是氢氧化钙（占 64%～67%），是高碱性物质，pH 可达 14，比赤泥的碱性还要高。故电石渣问题成为影响 PVC 生产厂规模扩大、生产发展的主要制约因素。电石渣主要是在聚氯乙烯（PVC）、乙炔、聚乙烯醇等化工产品的生产过程中产生的废渣，主要成分是氢氧化钙，每生产 1t 乙烯气体就会产生 3 倍左右的电石渣。

目前电石渣的回收利用主要有以下几个方面：作为建材和路基原料、废气与废水的处理、生产普通化工产品等。在一定程度取得了电石渣资源化利用的效果，缓解了电石渣对环境的污染。采用电石渣生产水泥是目前综合利用电石渣的主要途径。与石灰石相比，电石渣的分解热低、钙含量高，单位熟料烧成热耗下降约 1/3。国内将电石渣替代石灰石进行配料，采用电石渣料浆与其他水泥生料浆混合或电石渣经压滤、与其他原料成球后煅烧，热耗很高。随着水泥工业的技术进步，机立窑和湿法窑被淘汰。对电石渣利用的生产工艺以湿磨干烧法和新型干法为主。电石渣代替石灰作电厂脱硫剂、固硫剂，研究表明燃烧温度为 800℃，钙硫物质的量比为 2.2 时，电石渣固硫率可达到 76.2%，固硫效果与石灰相当，脱硫效率高达 98%。电石渣用于工业废水处理，可以降低成本，实现以废治废。电石渣可用于中和酸性废水和电镀废水。由以上电石渣的不同用途看出，电石渣与石灰利用效果类似，利用电石渣中的有效成分氢氧化钙，为代替石灰用于赤泥脱碱提供了可行方案。

1. 研究方案设计

研究采用不同方式对赤泥进行脱碱研究：（1）单一电石渣用于赤泥脱碱；（2）两步法处理赤泥脱碱。具体流程如图 3-25 所示，主要研究了电石渣用于赤泥脱碱的各项工艺参数（电石渣添加量、反应温度、时间、固液比）及优化，研究分析其反应机理等；在此基础上，研究模拟烟气联合电石渣对赤泥脱碱的效果。

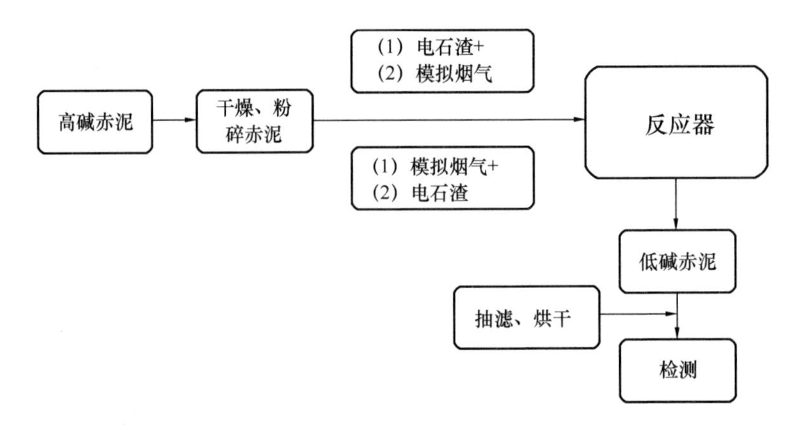

图 3-25　模拟烟气联合电石渣处理赤泥脱碱流程图

2. 参数分析研究

（1）时间对赤泥脱碱的影响

赤泥中碱剩余量随反应时间增加而不断下降，利用电石渣对赤泥脱碱与模拟烟气处理赤泥趋势类似。反应时间为 0.5h，Na_2O 含量最低可以从 10.26%降低到 3.1%；反应 2.5h 后，赤泥剩余碱量可以降低到 2%，反应基本达到稳定（图 3-26）。在同一电石渣添量下，赤泥剩余碱量随反应时间增加而不断下降。电石渣添加量在 5%时，由 10.26%降低到 4.2%，电石渣含量增加，脱碱率在 50%，电石渣添量在 10%时，赤泥剩余碱量从 10.26% 降低到 3.1%。由于随着时间的增加，赤泥碱性物质在水溶液中逐步溶解，电石渣中有效成分氢氧化钙对赤泥碱性物质结构中的钠有置换作用，

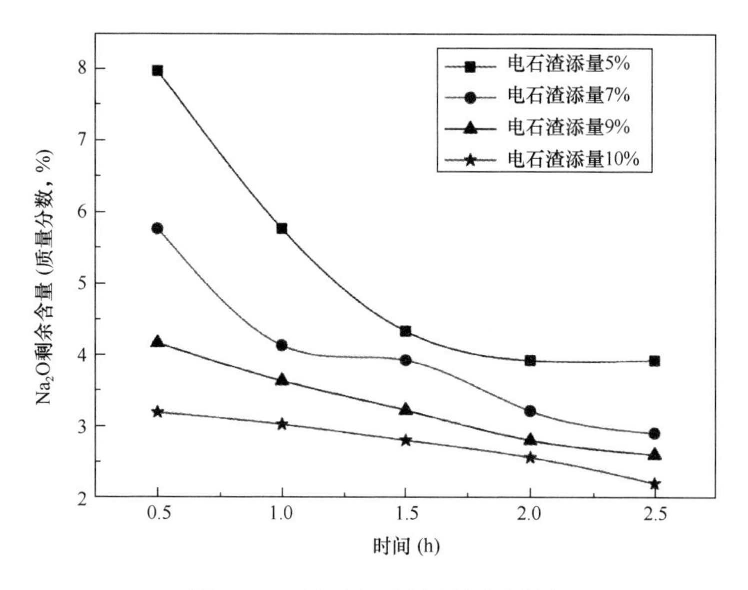

图 3-26 反应时间对赤泥脱碱的影响

取代赤泥中碱性物质结构中的 Na 元素，使得其以离子形式进入溶液，以此达到脱碱目的。

(2) 电石渣添加量和温度对赤泥脱碱的影响

电石渣含量由 5%增加到 10%，赤泥的剩余碱含量随温度升高呈现降低趋势。当电石渣含量在 5%时，温度从 25℃增加到 100℃，赤泥剩余碱含量由 7.5%降低到 2.5%(图 3-27)；在 100℃时，赤泥中的剩余碱含量在 2.5%，电石渣添加量增大，电石渣中有效成分氢氧化钙能够与赤泥中碱性物质接触，且钙离子半径比钠离子半径大，能够对赤泥中的钠起到置换作用。

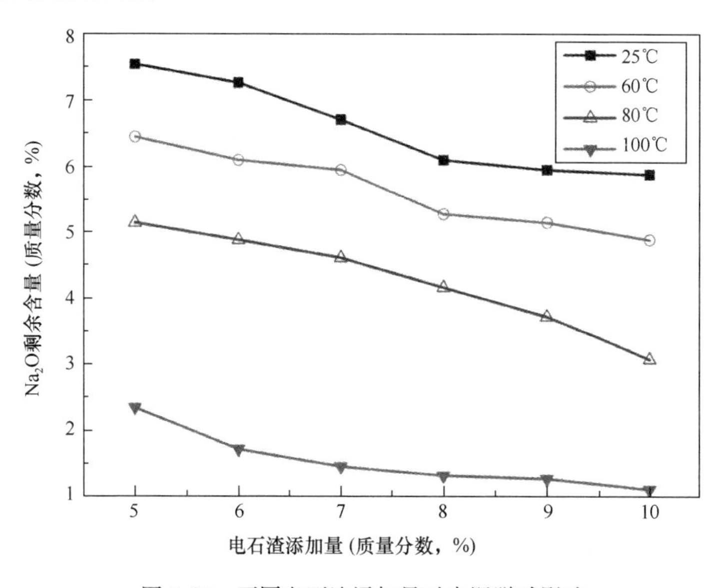

图 3-27 不同电石渣添加量对赤泥脱碱影响

添加量在10%，随温度升高，赤泥碱剩余含量呈现降低趋势，即由6.5%降低到1%。温度升高，有利于反应物活化能提高，对反应有促进作用。

(3) 固液比对赤泥脱碱的影响

赤泥中碱剩余量随赤泥与水的固液比的降低先下降后升高，在赤泥与水的固液比为1∶5时，剩余Na_2O含量降低到3.2%（图3-28）。这是由于赤泥在固液比为1∶3时，赤泥未完全在水溶液溶解，部分碱物质与电石渣接触较少，反应不充分，赤泥剩余含碱量仍较高；随着液体量的增加，赤泥中碱性物质可以有部分溶解到水中，增加接触反应的面积，降低到6.2%；继续增加液体量，赤泥中的碱性物质被稀释，电石渣中有效成分与赤泥接触降低，影响气液传质过程。

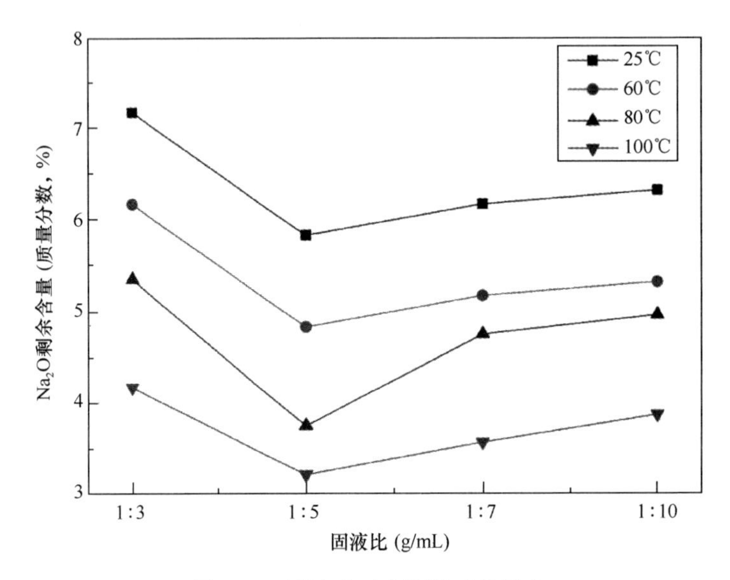

图3-28　固液比对赤泥脱碱的影响

(4) 烟气联合电石渣处理赤泥脱碱的研究

在不同温度下，电石渣联合模拟烟气对赤泥脱碱有一定降低效果。利用电石渣处理赤泥脱碱，赤泥剩余碱含量由6.2%降低到3.4%；联合模拟烟气处理赤泥脱碱性，赤泥剩余碱含量在1.5%。温度升高，对反应有促进效果，赤泥剩余碱含量呈降低趋势。温度在100℃，模拟烟气联合电石渣处理赤泥，赤泥剩余碱含量在1%以下（图3-29）。升高温度可提高各反应物的活性，可对赤泥碱脱除有促进效果。两步法处理赤泥脱碱，可以达到赤泥剩余碱含量1.0%。

(5) 反应前后的XRD对比图

赤泥在脱碱过程中，物相组成中的铝、钙、铁等进行了反应。由图3-30看出，赤泥经过处理后，晶型结构发生变化，强度有变化，即反应过程中赤泥中含水硅铝酸钠($Na_2O \cdot Al_2O_3 \cdot 1.7SiO_2 \cdot 2H_2O$)的物相成分结构，因电石渣引入，取代其中的钠元素，方钠石的峰值在14°减弱，在12°出现钙铝硅酸盐类矿物，说明赤泥中方钠石的晶型发生改变，转变为其他形式物质，方钠石中钠以离子形式被释放到溶液中，赤泥脱碱率可达80%以上。

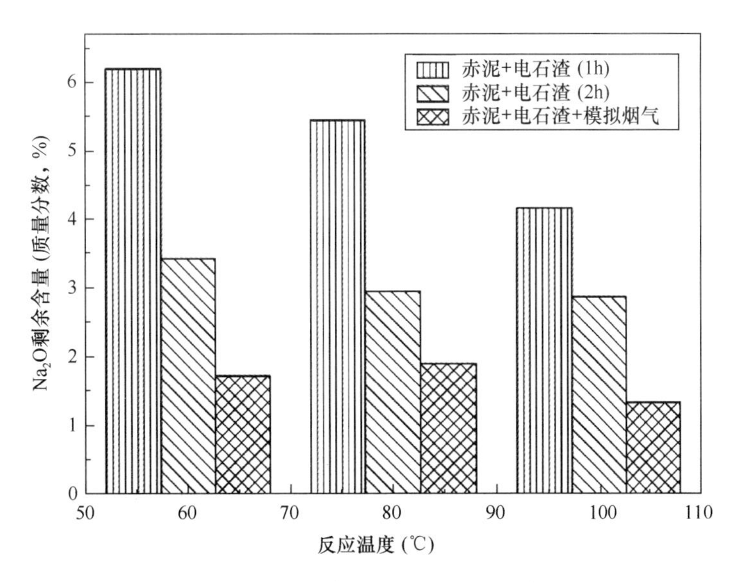

图 3-29 烟气联合电石渣对赤泥脱碱影响

3.3 赤泥脱碱工艺设计及中试

3.3.1 燃煤烟气处理赤泥脱碱工艺设计思路

在燃煤锅炉脱硫方面，国内外研究烟气脱硫技术的有很多，按阶段处理可分为燃烧前、燃烧中和燃烧后脱硫。燃烧前脱硫包括洗煤、煤气化、液化以及利用机械电磁等物理技术对煤进行处理，分为物理法、化学法和微生物法等。在煤燃烧过程中，通过加入石灰石或白云石作脱硫剂，其主要成分碳酸钙、碳酸镁等受热分解生成氧化钙、氧化镁，与烟气中二氧化硫反应生成硫酸盐，随灰分排出。当煤硫分大于 1.5%时，采用以湿式石灰石-石膏法烟气脱硫工艺为主的工艺；当煤硫分小于 1.5%时，采用低 NO_x 燃烧器＋ SCR 脱硝工艺＋活性焦脱汞（当煤中汞含量分析超标时，加此工艺）＋旋转喷雾半干法烟气脱硫工艺＋布袋除尘器工艺，脱除 NO_x、SO_2、SO_3、粉尘、细颗粒以及汞等。采用旋转喷雾半干法烟气脱硫工艺主要是达到节能、降耗及节省投资运行费用的效果。赤泥脱碱前后的 XRD 对比图如图 3-30 所示。

现有研究技术较多是关于燃烧后烟气脱硫技术，即 Flue gas desulfurization (FGD)。按脱硫剂的种类划分，可将燃烧后脱硫分为：以 $CaCO_3$（石灰石）、MgO、Na_2SO_3、NH_3、有机碱为脱硫剂的脱硫。按吸收剂和脱硫产物在脱硫过程中的干湿状态，可分为湿法、干法和半干（半湿）法，具体对比优劣势见表 3-7。湿法脱硫主要是通过酸碱中和反应，生成亚硫酸盐或硫酸盐，从而将烟气中的二氧化硫脱除。在世界各国现有的烟气脱硫技术中，湿法脱硫约占 85%，以湿法脱硫为主的国家有日本（约占 98%）、美国（约占 92%）和德国（约占 90%）。

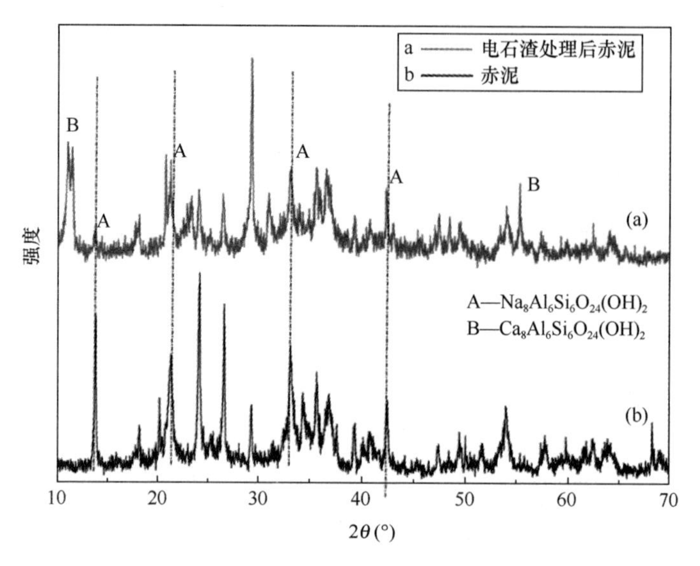

图 3-30　赤泥脱碱前后的 XRD 对比图

表 3-7　不同工艺方法对比

类别	代表性工艺	主要优缺点
湿法烟气脱硫技术（WFGD）	湿式石灰石/石膏洗涤工艺	优点：脱硫反应速率快、SO_2 吸收与产物的生成均在中低温状态下进行、脱硫效率高； 缺点：设备复杂、腐蚀严重，造成二次污染、费用高
干法烟气脱硫技术（DFGD）	炉内喷钙、炉后增湿活化脱硫工艺（LIFAC）	优点：烟气脱硫过程无明显降温，利于排放后扩散，无废液二次污染； 缺点：反应速率慢，脱硫效率及脱硫剂利用率低
半干法烟气脱硫技术（SDFGD）	旋转喷雾干燥工艺（SDA）	优点：兼具 WFGD 和 DFGD 技术的某些特点； 缺点：设备要求高，产生二次污染

目前针对燃煤烟气中二氧化硫（SO_2）的吸收方法主要为石灰石法，其原理是以石灰石（主要成分为 $CaCO_3$）为吸收剂，配成浆液喷淋，与烟气逆向接触，生成的亚硫酸钙在浆液池内与鼓入的空气反应，进一步被氧化为硫酸钙后排出喷淋塔，再经脱水后生成石膏产品。氧化铝生产过程中产生的赤泥成分含有碱性物质，可与 SO_2 发生很强的反应，同时由于氧化铝生产的特点，外排赤泥的粒度也很小，完全符合烟气脱硫过程的粒度要求。将赤泥与含硫烟气这两种原本对环境污染严重的物质进行综合治理，以废治废，对于氧化铝生产过程中的废气、废渣治理具有非常重大的意义。

本研究组前期在实验室开展了以模拟烟气处理赤泥脱碱的试验。通过混合 SO_2、CO_2、N_2 气体的方法，形成模拟烟气，对赤泥脱碱的工艺进行优化，确定反应时间小于 1.5h，赤泥与水固液比为 1∶5～1∶7 效果较好。模拟烟气中 SO_2 对赤泥脱碱作用较好，赤泥的脱碱率在 80%以上。本设计是在试验的基础上，参考石灰石湿法脱硫吸收塔的设计而完成。燃煤烟气赤泥脱碱工艺设计的吸收塔为喷淋塔，喷淋塔的尺寸设计包括喷淋塔的直径和高度设计。喷淋塔是赤泥脱碱（烟气脱硫）的核心部件，脱硫能否安全运行主要在于喷淋塔的设计是否合理。要实现脱硫系统安全稳定运行，就必须对喷淋塔系统进行详细的计算，包括喷淋塔的尺寸设计计算、喷淋层及喷嘴的配置设计以及与之相配套的结构和设备的选择等。实际排放的燃煤烟气中同时含有 SO_2、CO_2 等气体成分，CO_2 与 SO_2 相比较，CO_2 的水溶性、反应活性较差，因此本章暂不考虑 CO_2 影响。设计利用燃煤烟气对拜耳法赤泥进行脱碱工艺，并对脱碱反应过程中的工艺参数进行优化，研究分析反应过程中的机理。

3.3.2 二氧化硫产生量和脱除量计算

二氧化硫产生量计算公式见式（3-7）：

$$C = 1.7 \times B \times S/V \tag{3-7}$$

式中，C 为 SO_2 浓度；B 为耗煤量；S 为含硫率；V 为烟气量。

含硫率为 0.8%的煤的 SO_2 浓度估算为：

每 1t 煤燃烧产生的 SO_2 量：$1.7\times1\times0.008=0.0136$(t)，理论数值：每 1t 煤大约产生烟气 10000m^3，燃烧含硫率 0.8%的煤时，锅炉原烟气中二氧化硫浓度约为：$0.0136/10000=1360(mg/m^3)$。

脱硫效率计算见公式（3-8）：

$$\varphi = \frac{C_0 - C_1}{C_0} \times 100\% \tag{3-8}$$

式中，C_0 为燃煤烟气初始 SO_2 浓度；C_1 为烟气分析仪记录的喷淋塔出口 SO_2 浓度。

3.3.3 滨州邹平 10t 燃煤锅炉处理赤泥脱碱工艺流程设计

根据已有实验室数据，设计了赤泥脱碱放大试验工艺流程图（图 3-31）。结合滨州

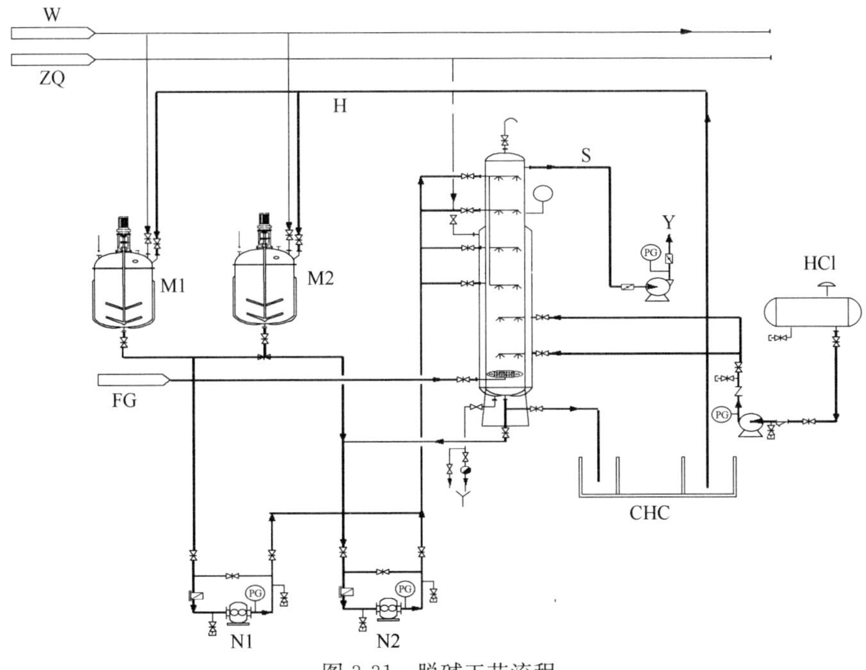

图 3-31 脱碱工艺流程

W—工艺水；ZQ—蒸汽；FG—烟气；H—碱液回流用；S—管道；Y—处理后烟气；M1、M2—混料釜；CHC—陈化池；HCl—盐酸罐；N1、N2—泥浆泵

邹平 10t 燃煤锅炉产生的烟气，滨州现场 10t 燃煤锅炉产生蒸汽用于产品生产、滚筒烘干及厂区供暖等，产生总烟气量约为 30000m³/h，经过水磨除尘处理、水洗后排空。脱碱试验在喷淋塔中实现，具体工艺过程：考虑喷淋塔中气-液接触时间短及反应连续性，设置两个混料罐（地上）M1/M2，并需两个泥浆泵输送赤泥浆液到喷淋塔(耐碱)。

1. 喷淋塔设计

根据滨州邹平 10t 现场条件估算，设计喷淋塔各项参数见表 3-8。

表 3-8　喷淋塔计算结果

序号	参数	单位	数值
1	烟气流量 Q	Nm^3/h	3600
2	烟气中 SO_2 浓度	mg/Nm^3	1360
3	烟气温度	℃	150
4	液体流量	m^3/h	3
5	喷淋塔直径	m	1
6	液泛因子	—	0.65
7	气液流动参数	—	0.022
8	喷淋层数	层	4
9	塔高	m	～10

现取塔内烟气上升流速为 1.2m/s，计算塔径见公式（3-9）：

$$D = 2\times\sqrt{\frac{Q}{3600u\pi}} = 1000\ (\text{mm}) \tag{3-9}$$

喷淋塔设计如图 3-32 所示，设计四层塔板，每层塔板设计为“十”字形，喷淋塔顶部有阻水板，表 3-9 所示喷淋塔设计中各参数尺寸。

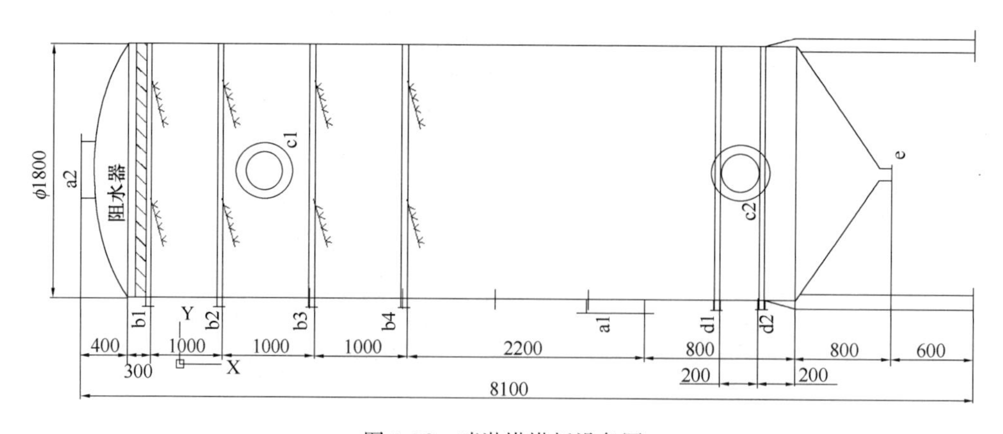

图 3-32　喷淋塔塔板设备图

表 3-9 喷淋塔中各符号意义

序号	公称直径	压力	连接面尺寸及标准	连接面形式	用途
a1	DN600	PN1.6	HG/T 20592～20635—2009	FF	进风口
a2	DN600	PN1.6	HG/T 20592～20635—2009	FF	出风口
b1-b4	DN50	PN1.6	HG/T 20592～20635—2009	FF	喷淋口
c1/c2	DN500	PN1.6	HG/T 20592～20635—2009	FF	人孔
d1/d2	DN50	PN1.6	HG/T 20592～20635—2009	FF	加料口
e	DN125	PN1.6	HG/T 20592～20635—2009	FF	出料口

2. 燃煤烟气处理赤泥脱碱中试试验设计方案

以 10t 燃煤锅炉为基础进行赤泥脱碱放大试验，其中涉及三个平行试验，对比燃煤烟气处理赤泥脱碱效果，如图 3-33 和图 3-34 所示。

图 3-33 现场实物图及对应设备放置

1、2—赤泥浆料搅拌罐；3—赤泥喷淋塔；4—烟气进气管道；
5—脱碱赤泥沉降池，6—酸罐；7—烟囱

图 3-34 现场实物图及对应编号（喷淋塔进出口）

1—赤泥浆液进料口；2—赤泥浆液出料口；3—助剂进料口

（1）赤泥浆料的一次性喷淋脱碱

水管加入一定量水到混料罐，高度超过搅拌罐中上部搅拌浆位置，开动搅拌，使用叉车将赤泥粉料 800kg 加入搅拌罐中，搅拌 20min，形成均匀赤泥浆料；将赤泥浆料过滤后用上料泥浆泵打入喷淋塔中，通过喷淋与烟气反应，取下部出料口样品，检测脱碱赤泥碱含量。喷淋后底部浆料排入出料池备用。结束全过程后，改变烟气进口管道，先关闭烟气进口，后关闭搅拌进料。

（2）赤泥浆料循环喷淋脱碱

赤泥浆料一次喷淋脱碱后，喷淋塔下部取样检测脱碱赤泥；将上料泥浆泵放入出料池中，将一次喷淋赤泥浆料再次打入喷淋塔喷淋与烟气反应。喷淋后底部浆料排入出料池备用，取下部出料口样品，检测脱碱赤泥的 pH 和碱含量。

（3）赤泥浆料喷淋加酸脱碱

方案类似赤泥浆料的一次性喷淋脱碱过程，在（1）的基础上进行如下操作：赤泥浆料喷淋后期，使用上料泥浆泵将盐酸泵入到喷淋塔底部，随着浆液从喷淋塔底部排到沉降池中，控制酸泵阀门，检测过程中 pH 变化；盐酸泵入一定量后，关闭酸泵进料阀门，将上料泥浆泵放入出料池中，将出料池中脱碱赤泥浆料再次泵入脱硫塔喷淋循环出料。

3.3.4 中试试验研究及结果分析

中试试验以滨州邹平 10t 锅炉为基础，烟气总流量为 30000m^3/h，进入喷淋塔气体流量为 3600m^3/h，塔内烟气上升流速取为 1.2m/s，赤泥浆液的量 3.0m^3/h。利用 10t 燃煤锅炉排出的烟气对赤泥进行脱碱处理研究，同时对烟气中的 SO_2 浓度进行检测，试验通过赤泥浆料一次喷淋、循环喷淋和喷淋加酸三种不同方式对赤泥进行脱碱研究。

1. 不同喷淋方式对赤泥脱碱效果影响

通过赤泥一次性喷淋、赤泥循环喷淋和赤泥喷淋加酸三种方式进行赤泥脱碱试验，检测脱碱过程中浆液的 pH 变化，如图 3-35 所示。赤泥一次性从喷淋塔喷淋进入沉降

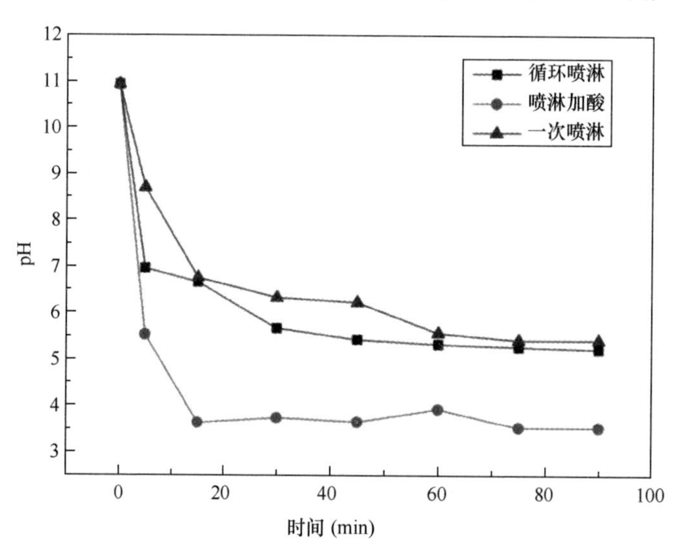

图 3-35 不同喷淋方式过程中浆液 pH 变化

池，过程中 pH 由原始 10.94 降低到 8.79，60min 后 pH 降低到 5.43，并维持 5.4 左右。

循环喷淋初始阶段浆液因部分可溶性碱在一次喷淋中未完全反应，经循环喷淋，可增加浆液中碱性物质与烟气 SO_2 的反应次数，30min 后浆液 pH 降低至 5.4。喷淋加酸过程因盐酸的加入，pH 变化明显，降至 3.53，因考虑盐酸用于赤泥脱碱，对赤泥中的铁、铝元素尽量较少浸出，且在酸性环境下，赤泥中碱性物质变为可溶性盐，反而对烟气中 SO_2 的脱除有抑制作用。

2. 反应过程中 pH 与赤泥中碱含量关系

试验记录分析一次喷淋过程中赤泥浆液在 1h 内 pH 变化，pH 随反应喷淋时间降低，在较短时间内 pH 从 10.59 到 8.79，如图 3-36 和图 3-37 所示，因为赤泥浆液与烟气中的 SO_2 接触反应，喷淋过程中，SO_2 与可溶性碱物质反应，喷淋前赤泥通过配浆使可溶性碱溶解到液体中，同时，烟气经过喷淋塔底部，与从喷淋塔上部下降的赤泥浆液混合，赤泥浆液的 pH 降低，但是检测到的赤泥中碱含量（以 Na_2O 计算）仍然较高，在喷淋塔中烟气停留与赤泥接触时间越长，脱碱效果较好。因赤泥中的碱性物质溶解到水中，增加悬浮液中反应物之间的接触，剩余碱含量增加，部分通过喷淋塔时，未与烟气反应，pH 在 8～9 波动。反应 40min 后，pH 降低到 6.5，赤泥中的 Na_2O 降低到质量分数 3.5%，脱碱率为 65.89%。因为赤泥中以结构碱存在的碱性物质较难分解，赤泥中剩余 Na_2O 降低到质量分数 1%以下较为困难。通过喷淋加酸的方式脱碱，浆液 pH 降低到 3，赤泥中剩余碱含量可降低到质量分数 0.40%，脱碱率达到95.45%。

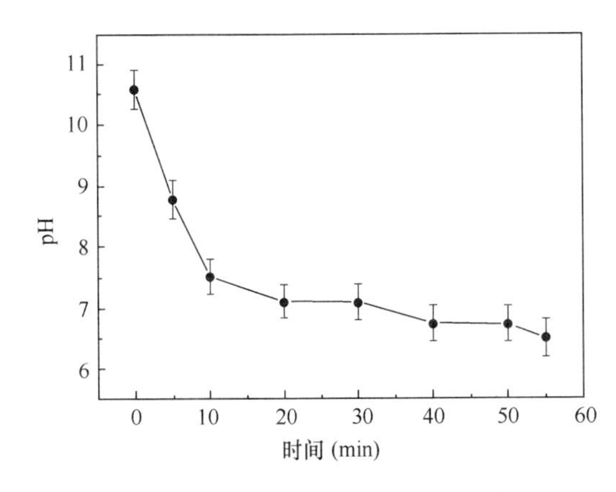

图 3-36　反应过程中赤泥浆液 pH 变化

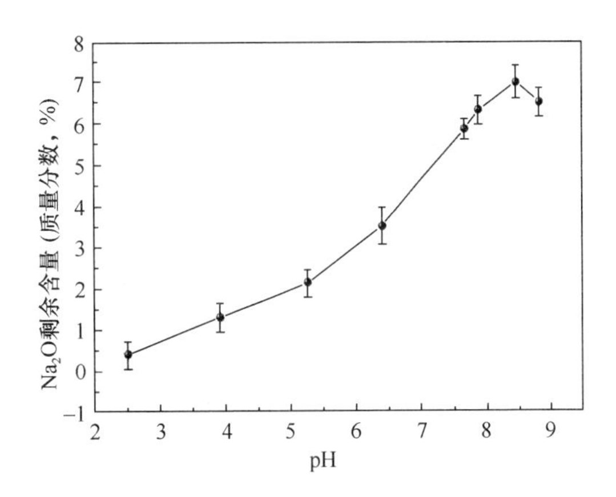

图 3-37　反应体系中剩余 Na_2O 含量与 pH 关系

3. 赤泥脱碱过程中烟气中 SO_2 浓度变化

在赤泥脱碱试验同时，考察了反应过程中进出喷淋塔的 SO_2 浓度变化，如图 3-38 所示，初始 SO_2 浓度检测值是 1360mg/m^3，随着赤泥浆液喷淋进入，赤泥浆液与 SO_2 接触反应，通过喷淋塔后 SO_2 浓度在 120mg/m^3 波动，在极短时间内 SO_2 浓度极快地降低，去除率达到 91.2%。

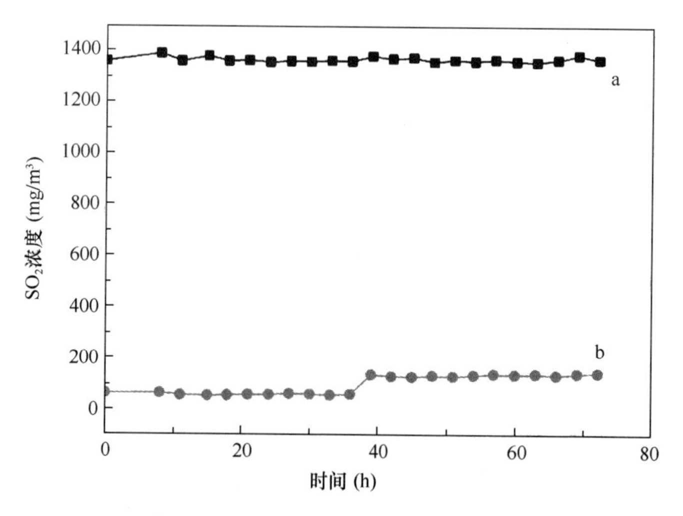

图 3-38 进出喷淋塔的 SO_2 浓度变化图

（a—进口；b—出口）

4. 反应前后赤泥物相变化

试验过程中，针对赤泥反应变化做分析，如图 3-39 所示，反应后赤泥中的主要物相是勃姆石 AlOOH(D)、赤铁矿 Fe_2O_3(E)、针铁矿 FeOOH(F)、石英 SiO_2(A)、三水铝矿 $Al(OH)_3$(G)、方钠石[$Na_8Al_6Si_6O_{24}(OH)_2$](C)、方解石 $CaCO_3$(B)，在脱碱过程中，赤泥中的主要物相是勃姆石(D)、赤铁矿 Fe_2O_3(E)、针铁矿 FeOOH (F)、石英 SiO_2(A)。

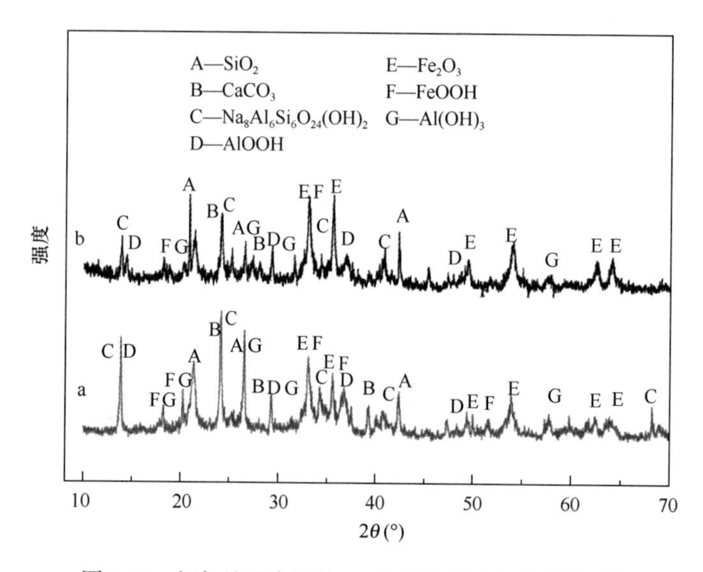

图 3-39 烟气处理赤泥前 a、处理赤泥后 b 的 XRD 图

原赤泥主要的矿物有方钠石、赤铁矿、针铁矿、石英、方解石等，不同生产方法生产的赤泥其矿物组成不同，并影响赤泥的物理化学性质。反应后三水铝矿 $Al(OH)_3$ 变

化不明显，方钠石物相改变。赤泥泛碱的主要物质为方钠石结构，此外还包括附着的可溶性盐类。

5. 脱碱前、后赤泥样品的形貌分析

赤泥脱碱前、后的形貌如图 3-40 所示。经过燃煤烟气处理，赤泥原样样品的簇状变疏松，形状没有明显变化，且赤泥的表面变光滑。说明赤泥经过燃煤烟气处理后表面形貌改变是反应过程中 SO_2 对赤泥结构有一定的表面改性作用。

图 3-40　赤泥脱碱前后形貌对比图

(a) 反应前：—2μm；(b) 反应后：—2μm；(c) 反应前：—200nm；(d) 反应后：—200nm

参考文献

[1] ZHANG Y H, ZHANG A Z, ZHEN Z C, et al. Red mud/polypropylene composite with mechanical and thermal properties[J]. Journal of Composite Materials, 2011, 45(26): 2811-2816.

[2] 苏泽林，王东波，黄纤晴，等．高碱性拜耳法赤泥碳酸化脱碱及其机理研究[J]. 硅酸盐通报，2020，39(5)：1547-1552.

[3] 王涛，李望，朱晓波，等．钙基水热浸出赤泥脱碱试验及机制分析[J]. 硅酸盐通报，2022，41(7)：2368-2375.

[4] 王新珂．赤泥烟气脱碱及其产物应用研究[D]. 北京：中国地质大学(北京)，2018.

[5] 王志，韩敏芳，张以河，等．拜耳法赤泥的湿法碳化脱碱工艺研究[J]. 硅酸盐通报，2013，32(9)：1851-1861.

[6] 邢明飞．中州铝厂多年期赤泥“泛霜”物质分析及制备赤泥烧结砖研究[D]. 焦作：河南理工大学，2010.

[7] 张成林，王家伟，刘华龙，等．赤泥脱碱技术研究现状与进展[J]. 矿产综合利用，2014(2)：11-14，36.
[8] 张利祥．拜耳法赤泥硫酸铁脱碱研究[D]. 昆明：昆明理工大学，2020.
[9] 张以河，王新珂，吕凤柱，等．赤泥脱碱及功能新材料研究进展[J]. 环境工程学报，2016，10(7)：3383-3390.

4 赤泥脱硫固硫材料及灰渣利用

4.1 赤泥基燃煤固硫剂及固硫灰渣胶凝材料研究

4.1.1 赤泥基燃煤固硫剂研究意义

1. 洁净煤燃烧与燃煤脱硫固硫

治理大气污染，仅仅考虑治污设备和技术的提高是难以实现的。想要控制 SO_2 的污染现状，在能源与大气环境问题方面，应采用一系列的科学且比较综合的治理技术，比如使用清洁的燃料，抛弃传统小燃烧锅炉，促进应用添加了固硫剂的型煤，使用清洁的水煤浆，广泛采用清洁循环流化床燃烧技术以及烟气脱硫技术。这些都是目前治理燃煤 SO_2 排放比较高效实用的方法。要想控制 SO_2 的排放就要控制煤炭燃烧行业的 SO_2 的排放，而燃煤脱（固）硫技术是减少大气中 SO_2 的最普遍也是最基本的方法和途径。全世界范围内，比较广泛的脱（固）硫技术主要包括燃烧前脱硫、燃烧中脱（固）硫和燃烧后脱硫（烟气脱硫）三种技术。这三种脱（固）硫方法，各自有优缺点。燃烧前脱硫存在工艺简单但效率低的问题，燃烧后脱硫虽然效率高但设备及成本的要求高，故燃烧中固硫是比较符合我国现状的一种脱硫方法。因此对燃烧中脱硫的固硫剂的研究也越来越多。钙基、镁基、钠基和钾基是目前国内外使用普遍且用量较大的几类固硫剂。

氧化铝行业副产赤泥处理的问题已经成为世界难题，随着氧化铝需求量的增大，副产赤泥的量也不断增加。拜耳法赤泥的碱性固硫成分多，且赤泥的颗粒比较细小，比表面积较大，如果利用其特性，并配以天然矿物材料联合使用，制备出具有助燃-催化-固硫协同作用的赤泥固硫剂，与燃煤锅炉所排放的 SO_2 发生固硫反应，减少外排浓度，并且在高温时，赤泥中的含量较高的 Al_2O_3、SiO_2 等成分会和固硫产物在高温时反应转变为硅酸盐固熔体，覆盖在固硫产物表面，可减少固硫产物的高温再分解的现象，提高赤泥固硫效率。这就为拜耳法赤泥综合利用开辟了新途径，既可解决赤泥的处理问题，也可解决燃煤工业 SO_2 污染的问题，以废治废，实现赤泥的综合资源化利用。

2. 燃煤固硫灰渣的利用

利用固硫剂和燃煤中 SO_2 反应后生成的硫酸盐会留在渣中，这就意味着此技术会产生更多的固体废渣，这就造成了燃煤行业的二次污染。近年来，为了消除燃煤行业的二次污染，大量关于如何处理脱硫废渣的研究正在进行。相比烟气的脱硫产物脱硫石膏的应用，流化床燃煤固硫灰渣的应用受限，流化床的灰渣利用方式较多，然而由于灰渣性状各有不同，而导致在实际工业应用中存在很大的问题，常被当作废物处理，限制了流化床燃烧技术在我国的发展。

近年来，固硫灰渣少部分被用以替代粉煤灰，然而国内大量试验研究发现流化床固硫灰渣中的 CaO、$CaSO_4$ 和 $Ca(OH)_2$ 等成分含量高，能够提供大量的钙，可以将其替代钙肥，用于酸性土壤中，不仅可以增加农作物产量，也可以调节酸性土壤的 pH 值。除此以外，由于其含有多种在植物生长过程中所需要的各种营养元素，比如镁、钾、磷、铁、锰、钼、硼、铜、锌等，故可以将它作为土地的覆盖材料。加之研究发现，固硫灰渣自身有一定的自硬性和火山灰化活性，利用其特性将其当作填充材料用于废坑井填充，加上其自身的碱性，还可用于处理矿井中的酸性废水。而且，利用流化床固硫灰渣的特性，加入某些废弃尾矿，将其作为灌浆材料来固化处理废弃尾矿，既治理了环境，又解决了二次污染的问题，还使得固化体的抗压强度增加。而在固化的整个过程中，考虑到固硫灰渣的活性问题，会向其中加入某些碱性激发剂来激发固硫灰渣的活性，提高了整体的胶结性能。

由于固硫灰渣含有较多硫，并且在燃烧中还有未燃尽的碳，研究提出将其用于烧结制备烧结砖或者陶粒，SO_2 含量以及烧失量都不会影响这两种材料的性能，对其也没有特殊的要求，并且固硫灰渣中的没有燃尽的碳也可以得到充分利用。此外，固硫灰渣也有用于建造材料行业，比如砖瓦掺和料，这样利于对于原料成本的降低，且减少了黏土矿物的使用，是一种比较好的利用途径。但是上述方法存在一定的缺点，在这个过程会出现二次污染的问题。

大量学者研究发现导致固硫灰渣综合利用比较困难的原因主要是高含量的 f-CaO。固硫灰渣在预水化处理后，f-CaO 会和水发生水化反应转变成 $Ca(OH)_2$，然后在后期利用中就降低了利用的效率。利用 CERCHAR 水化法处理固硫灰渣后，当水泥中的固硫灰渣添加量为 15%时，跟全使用水泥相比较，差别不大，甚至超过了全使用水泥的抗压强度，在膨胀性能方面与全使用水泥相比也有显著的改善。还有研究者不使用水泥，利用流化床固硫灰渣与粉煤灰以一定比例混合均匀制备混凝土，这也为固硫灰渣的利用处理提供更多的选择。

在我国，近几年对固硫灰渣的应用研究工作逐渐增多。流化床固硫灰渣粒径的大小与砂粒的粒径相差不大，常将其当作砂粒使用，且其在制备道路混凝土方面有一定优点，特别对于缺少天然砂的地方来说。它与普通火力发电厂所产生的废渣（粉煤灰、渣）存在相同之处，同时也有相当大的差异性，这样也导致了其在综合利用方式上既有一定的共同之处也有很大的差异性。

目前，固硫产物-固硫灰渣的处理也缺乏较为合理的利用方式，阻碍了燃煤固硫技术的进一步推广发展。考虑到火力热电厂所排的普通粉煤灰存在着自硬性和火山灰化活性，加入一定量的碱性激发剂，并复配一定比例的吸附剂，研制开发出高效的油田废钻井液无害化处理剂。这样整个过程将不产生二次污染，整个工艺设备简单易行，且无任何废弃物排出，成本低，能耗小，实现了赤泥的清洁化高附加值综合利用。

4.1.2 赤泥基燃煤固硫剂研究技术方案及路线

1. 赤泥基燃煤固硫和制备胶凝材料的研究思路

以拜耳法赤泥为主固硫剂，以白云石、水镁石、蛭石天然矿物材料作为固硫添加剂，利用单因素试验来优化固硫剂的配方，研制出一种赤泥-矿物协同固硫剂。同时选择合适的调质剂，调质活化拜耳法赤泥，以提高其固硫效果。同时也研究了温度、时间、煤粉粒径、通气量等对拜耳法赤泥固硫率的影响，设计如图4-1赤泥基固硫剂研究技术路线图所示。

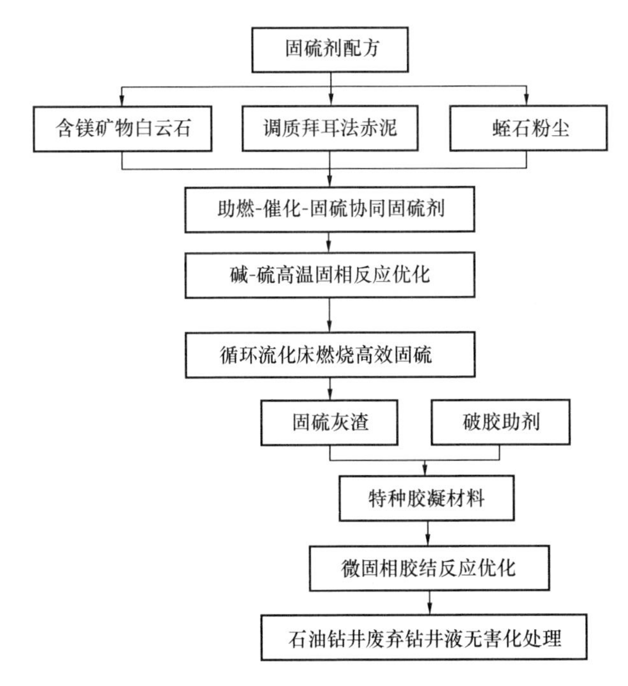

图4-1 赤泥基固硫剂研究技术路线图

2. 燃煤固硫试验研究

以河南郑州铝厂的拜耳法赤泥、辽宁丹东亿龙高科新材料公司的白云石和水镁石为主要原料开展研究，如图4-2和图4-3所示。拜耳法赤泥的高碱性和高含量的固硫成分都为赤泥固硫提供了可能，经过调质处理，并辅以天然矿物材料制得复合固硫剂，采用单因素试验来优化复合固硫剂的配方，制备出高效拜耳法赤泥-矿物协同固硫剂。

(1) 赤泥的调质试验

将拜耳法赤泥浸泡在一定浓度的调质剂溶液中，24h后，放入80℃的烘箱中恒温干燥12h，取出，研磨筛分，留用。

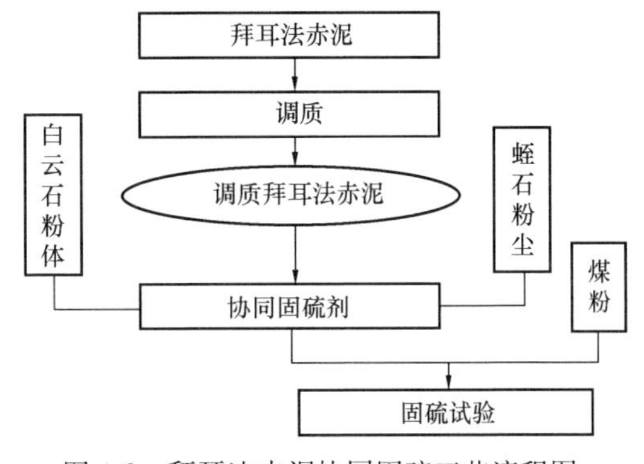

图4-2 拜耳法赤泥协同固硫工艺流程图

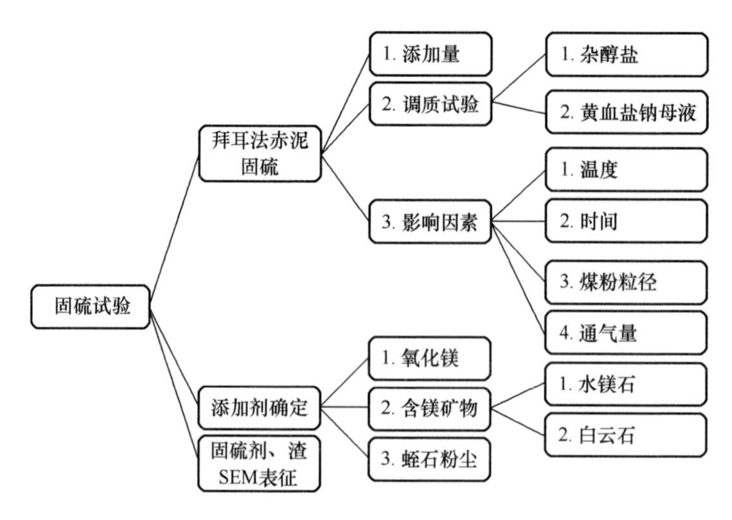

图 4-3　固硫试验框架设计图

（2）固硫试验

整个燃煤固硫试验的主要仪器选用管式炉，在一定时间内将管式炉升温到一定的温度（试验温度主要选择 950℃）后，用燃烧舟称取一定量的煤样（邹平煤与固硫剂按一定配比混合制得），缓慢将其推入管式炉内，并用空气泵通入空气后得煤样。

（3）煤样全硫含量的测定

煤中的全硫含量关系着固硫剂的添加量，对固硫效果起着至关重要的作用，是燃煤固硫试验重要的数据，也是必须要测定的数据。根据国家标准《煤中全硫的测定方法》（GB/T 214—2007），煤中全硫含量的测定方法有艾士卡试剂法、库仑滴定法及高温燃烧中和法。在这三种方法中，艾士卡试剂法是煤中全硫含量测定的主要方法也是基准方法，其测定结果的准确性较高。采用艾士卡试剂法测定了试验主要原料邹平煤的全硫分含量，根据标准称取 1g 干燥的煤样（细粉）与制得的艾士卡试剂充分混合覆盖，在高温灼烧后，通过反应，煤中的硫会生成硫酸盐，以沸水浸取，调整合适的酸碱性，然后在浸取液中加入 10％的氯化钡溶液，浸取液中的硫酸根与加入的钡离子结合生成硫酸钡沉淀。最后根据所得的硫酸钡的质量通过公式反算出煤中全硫的含量。根据试验研究测得所用邹平煤的全硫含量 1.685％，根据煤的硫分分级标准，邹平某电厂用煤属于中硫煤。

（4）煤灰渣硫含量的测定

固硫剂和酸性气体二氧化硫发生固硫反应后，邹平煤的大部分硫分会转变为硫酸盐而留在煤灰渣中，故只需要分析测定出煤灰渣中的硫含量，就能计算出固硫率。在煤灰渣中硫主要都是以硫酸盐或者亚硫酸盐的形式存在。因此可以采用硫酸钡重量法测定硫含量，以硫酸钡沉淀的质量来计算煤灰渣的硫含量，计算公式见式（4-1），煤灰渣中硫含量（％）：

$$S_{a,d}=\frac{0.1374\times(m_1-m_2)}{m} \tag{4-1}$$

式中，$S_{a,d}$为灰渣的硫含量，％；m_1为硫酸钡质量，g；m_2 为空白测定时硫酸钡的质量，g；0.1374 为硫酸钡换算为硫的系数；m 为试样的质量，g。

（5）固硫率的计算

研究采用的是化学分析的方法分析硫含量，通过测定煤灰中和煤中的全硫含量，计算出固硫率 η，见式（4-2）：

$$\eta=\frac{m_2\times S_{a,d}}{m_1\times S_{t,ad}}\times 100\% \tag{4-2}$$

式中，η 为固硫率，%；m_1 为试验煤样质量，g；m_2 为燃烧后灰渣总质量，g；$S_{a,d}$ 为灰渣的硫含量，%；$S_{t,ad}$ 为试验煤样的全硫含量，%。

3. 拜耳法赤泥及其固硫特性

（1）赤泥的矿物特征

郑州中原铝厂的拜耳法赤泥中各种元素见表 4-1。从表中可知赤泥中含有大量的金属氧化物，特别是 Al_2O_3、CaO、Fe_2O_3 和 Na_2O。固硫反应的进行主要是利用拜耳法赤泥的高含量的金属氧化物，因而用赤泥固硫理论可行。

表 4-1 郑州拜耳法赤泥成分 （质量分数，%）

组分	Al_2O_3	CaO	SiO_2	Fe_2O_3	Na_2O	MgO	水分	灼减
含量	24.35	19.96	18.12	7.79	5.54	1.47	0.87	14.25

分析赤泥 XRD 图，确定试验所选用的拜耳法赤泥的主要物相组成（图 4-4）。从图中可以看出，拜耳法赤泥中矿物组成较为复杂，从拜耳法赤泥的化学成分分析中知道赤泥的氧化铝和二氧化硅分别达到了 24.35%和 18.12%的含量，比较高，衍射图中是很明显的三水铝石峰。

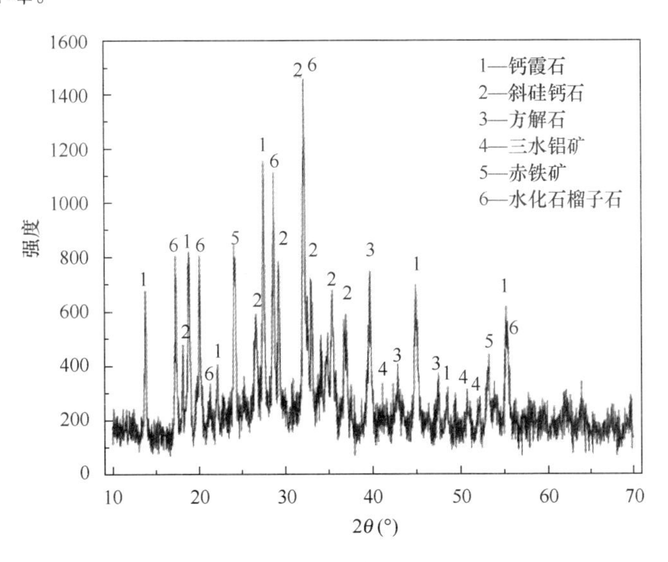

图 4-4 郑州赤泥的 XRD 图

从以往的研究中可以发现，燃煤固硫反应的影响因素有很多，其中时间、燃烧温度、掺入量（Ca/S、Mg/S 等）均是主要影响因素，所以本燃煤固硫试验研究从时间、燃烧温度、掺入量等方面研究了拜耳法赤泥的固硫特性。

（2）拜耳法赤泥添加量对固硫性能的影响

掺入量（Ca/S、Mg/S 等）是影响燃煤固硫效果非常重要的因素，且不同的添加量会导致固硫效果差异很大。试验中以拜耳法赤泥为固硫剂，考察了不同量的拜耳法赤泥（设计质量分数 5%、10%、15%和 20%）对燃煤固硫效果的影响。从图 4-5 中可以看出，以拜耳法赤泥作为固硫剂，随着拜耳法赤泥添加量的增加，其固硫率也显著增加，但是随着赤泥添加量的大幅度增加，会影响煤的热值，同时会导致最后灰渣的量大大增加。后续试验选择拜耳法赤泥掺入量为 10%。

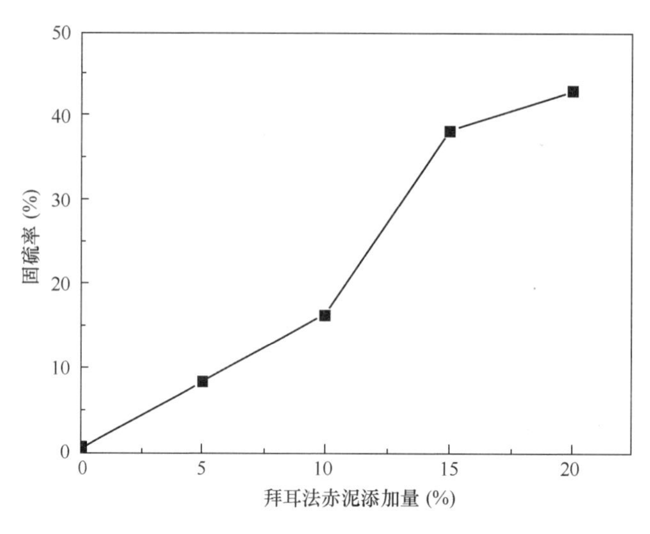

图 4-5 拜耳法赤泥添加量对固硫率的影响

（3）拜耳法赤泥的调质影响

试验研究发现，拜耳法赤泥自身的固硫率并不高，添加 20%的拜耳法赤泥，固硫率最高才 42.83%。为了提高赤泥的固硫率，对其进行调质活化，在试验中选用了杂醇盐、黄血盐钠母液作为其活化调质剂，把二者稀释不同倍数，研究稀释后不同质量浓度杂醇盐、黄血盐钠母液对拜耳法赤泥固硫效果的影响。从表 4-2 和表 4-3 中可以看出，50%的杂醇盐溶液调质赤泥，其固硫率可以提高 7%，但是杂醇调质后的赤泥存在不易烘干、不易粉碎、掺入煤中存在混合不均匀的缺点。而 10%的黄血盐钠母液溶液调质拜耳法赤泥，可以使其固硫率提高 13%。

表 4-2 杂醇盐溶液浓度的影响 （质量分数，%）

杂醇盐溶液浓度	10	30	50
硫含量	0.88	1.17	1.68
固硫率	12.06	17.87	23.54

表 4-3 黄血盐钠母液浓度的影响 （质量分数，%）

黄血盐钠母液浓度	10	20	30
硫含量	1.88	1.21	1.22
固硫率	29.85	20.58	18.48

从扫描电镜图可以看出，950℃焙烧后，经杂醇盐［图 4-6(b)］和黄血盐钠母液［图 4-6(c)］调质处理的拜耳法赤泥微观形貌发生了改变，且经过黄血盐钠母液调质处理后的拜耳法赤泥在焙烧后的微观形貌变化更显著。同样条件下未调质处理的拜耳法赤泥颗粒［图 4-6(a)］出现了团聚黏结的现象，颗粒整体的界限不甚清晰，也不利于 SO_2 气体的扩散，与固硫剂接触时间减短，从而不利于固硫反应的进行，而经过调质处理后，固硫剂的微观形貌发生了改变，调质后的赤泥在 950℃焙烧后，比较蓬松，这样的微观结构更利于气体的扩散，从而提高拜耳法赤泥固硫。

(a) (b) (c)

图 4-6 调质对固硫剂表面形貌的影响的扫描电镜图（放大 10000 倍）

（a）未调质处理；（b）50%的杂醇盐溶液调质处理；（c）10%黄血盐钠母液调质处理

（4）燃煤温度对固硫率的影响

在整个固硫试验中，煤炭的燃烧温度也是影响固硫效果的至关重要的因素。图 4-7 所示是燃烧温度对拜耳法赤泥固硫效果的影响。拜耳法赤泥在 750～1050℃内随着温度的升高，固硫效率是降低的。特别是当煤炭燃烧温度低于 950℃时，其固硫率在 40%以上，然而当该温度超过 950℃，固硫效率却仅有 20%左右。这主要是因为温度高于 950℃时，会使得固硫产物 $CaSO_4$ 再次分解，重新放出 SO_2，固硫率随之减小，固硫效果不佳，另一方面由于拜耳法赤泥钠碱的存在，会出现烧结的现象，致使其微结构中的孔隙堵塞，固硫剂与 SO_2 接触困难，从而使得固硫率下降。由于所研制的固硫剂是用于循环流化床，循环流化床的炉温一般都在 900～950℃，而在我国，循环流化床的炉温会稍微偏高一些，一般会在 950℃。因此，在后面的试验中，拜耳法赤泥为主要固硫剂的试验温度设置为 950℃。

（5）燃烧时间对固硫效果的影响

对于燃煤固硫试验来说，存在很多影响因素。除了温度以外，时间也是一个直接的影响因素。在试验研究中，选取了 15min、30min、45min 以及 60min 四个时间，探索了不同的停留时间对固硫剂固硫试验的影响。试验结果如图 4-8 所示，随着停留时间的增加，固硫率呈现逐渐降低的趋势，特别是在高温段随着时间增加，会导致固硫产物分解率增加，从而导致固硫率的下降。因此，在试验中，对于停留时间的确定，在升温过程中，特别是低温时，时间最好尽量加长，这样可以有利于固硫剂和燃煤所释放的二氧化硫接触充分，固硫反应更为彻底，固硫剂也能更好地起到固硫作用。而在升至高温时，由于固硫产物会发生分解反应，因此，高温时需要尽可能减短停留时间，确定试验的停留时间为 15min。

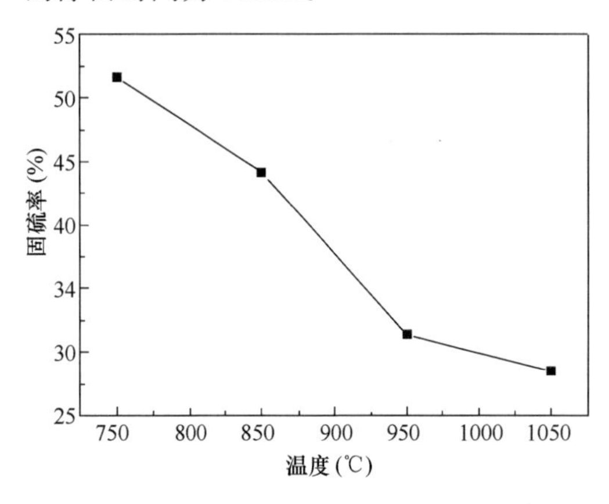

图 4-7　煤炭燃烧温度对固硫率的影响

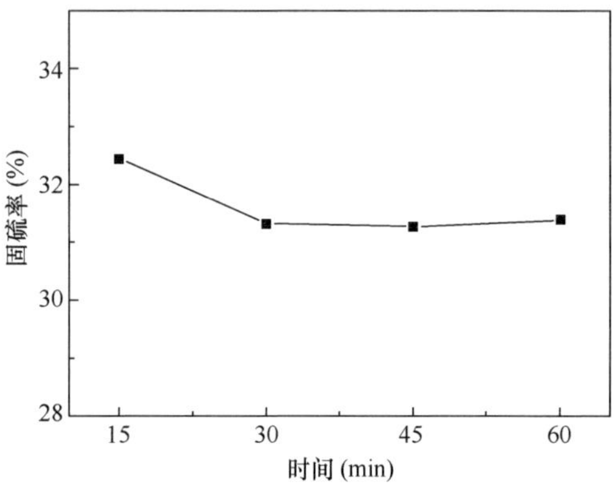

图 4-8　燃烧时间对固硫率的影响

（6）通气量的影响

空气不足时，会导致煤不能充分燃烧，而空气流通较快，会导致煤燃烧释放二氧化硫的速度加快。因此，通气量的大小会影响煤炭燃烧充分与否及固硫率效率高低。试验研究中，分别选取 1.5L/min 、3L/min、4.5L/min 三组通气量，探索了不同的通气量对固硫率试验的影响，试验结果见表 4-4。由表中的试验结果可知，随着通气量的不断增加，固硫率会随之逐渐降低。主要是因为通气量增大，空气流通速率增加，使得煤中 SO_2 释放速度加快，与固硫剂接触时间不够，燃煤固硫反应不佳，固硫率逐渐下降。因此在试验过程中，固硫试验通气量选择 1.5L/min，也就是说，在保证使煤充分燃烧的前提下，尽量使得通气量小。

表 4-4　通气量对固硫率的影响

试验	通气量 （L/min）	固硫率 （%）
1	1.5	34.24
2	3	35.04
3	4.5	33.78

（7）煤粉粒径的影响

先利用 120 目、160 目、180 目及 200 目分样筛筛选出三份粒径范围不同的煤，120 目以下、160～180 目及 200 目以上，然后在燃煤固硫试验中，探索不同粒径的煤固硫率的变化。试验结果显示，固硫率会随着煤粉粒径减小而逐渐增大，特别是在煤粉的粒径达到 200 目以上时，固硫率最大可以达到 34.24%，而煤粉粒径在 120 目以下时，其固硫率低，只有 23.44%，这主要是因为煤粉颗粒的大小决定了固硫反应接触面积的大小，煤粉粒径越大，会导致颗粒之间的接触面积变小，且不利于煤粉燃烧，这样就会使得煤燃烧不充分，固硫率低。反之，如果煤样的粒径越小，煤粉着火就更加容易，且细小煤粉颗粒接触表面积增加，与细的赤泥固硫剂能够均匀混合，接触更充分。因此相对而言，煤样颗粒越小就越容易取得较好的固硫效果。

（8）固硫助剂对赤泥固硫性能的影响

从以上研究可以看出，如果不加入其他固硫助剂，单一的拜耳法赤泥并不能达到预期效果，有必要向其中添加一定量的添加剂来提高整体固硫率。因此利用天然矿物材料作为固硫添加剂，制备复合高效的燃煤固硫剂，针对固硫助剂的固硫效果进行了研究。

① MgO 对固硫效果的影响

在试验中，固定燃烧温度为 950℃，停留时间为 15min，通气量为 1.5L/min。在煤样中添加固定量的拜耳法赤泥即 10%拜耳法赤泥为主要固硫剂，同时分别添加 1%、2%、3%的固硫助剂 MgO，研究不同掺量的 MgO 对固硫效果的影响。图 4-9 表示的是不同添加量的化学试剂 MgO 对燃煤固硫率的影响。与没有添加 MgO 的相比，MgO 的加入显著提高了煤炭燃烧的固硫效率，并且随着 MgO 的添加量的增大，固硫率先增加后减少，而试验结果显示在 MgO 添加量为 1%时，固硫效率可以达到最大，为 46.56%。而在燃煤固硫反应的过程中，MgO 是固硫成分，不仅自身可以与 SO_2 反应，将硫转变成硫酸镁留在煤渣中，提高了固硫效率。此外，在固硫的过程中，MgO 的存在，催化燃煤固硫反应，改善了拜耳法赤泥的固硫效率，提高固硫率。

② 水镁石对固硫效果的影响

由上述研究结果可知，氧化镁的加入可以改善固硫效果，提高固硫率。而在天然矿物中，有许多含镁矿物存在，加之这些矿物中还含有少量其他固硫成分，因而在后续研究中，利用天然含镁矿物（水镁石和白云石两种天然矿物）替代纯 MgO 作为固硫添加剂。

水镁石是存在的含镁最高天然矿物，其成分主要是氢氧化镁。由氧化镁的试验可知，氧化镁的存在，可以促进燃煤固硫，提高固硫率。因此在同样的试验条件下（燃烧温度为 950℃，停留时间为 15min，通气量为 1.5L/min），且在煤样中添加固定的 10%拜耳法赤泥为主要固硫剂，并加入不同量的水镁石粉体，研究水镁石的添加量对燃煤固硫效果的影响。其结果如图 4-10 所示。从整体趋势上来看，水镁石的添加量的增加，固硫率也随之增加，当水镁石添加量为 1%、2%、3%、4%时，固硫率依次为 36.48%、36.83%、41.16%、44.43%，而当水镁石添加量为 4%时，固硫率高达 44.43%。950℃时，水镁石分解的 MgO 能与 SO_2 反应，且能催化、促进固硫反应，固硫率增加。

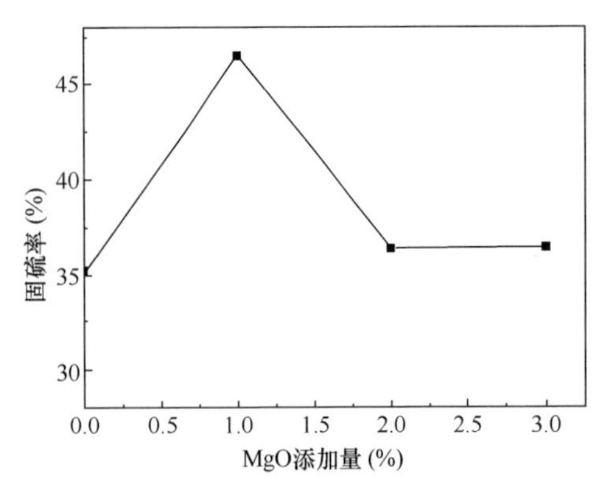

图 4-9　MgO 添加量对固硫率的影响

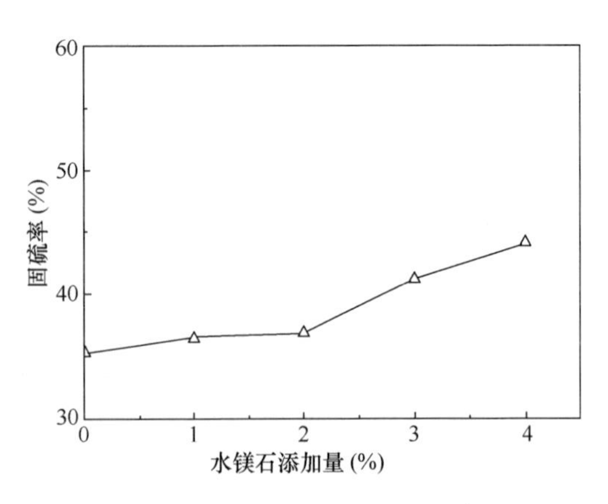

图 4-10　水镁石矿物添加量对固硫率的影响

③ 白云石对固硫效果的影响

白云石是碳酸盐含镁矿物，主要化学成分是 $CaMg(CO_3)_2$。当固定燃烧温度为 950℃，停留时间为 15min，通气量为 1.5L/min 的前提下，在煤样中添加 10%拜耳法赤泥为主要固硫剂，并同时加入 1%、2%、3%、4%的白云石，探索其分别对燃煤固硫效果的影响。白云石矿物的添加改善固硫效果十分显著。如图 4-11 所示，随着天然矿物白云石粉体的增加，固硫率随之增大，分别为 40.27%、36.40%、54.58%、67.70%，并且加入白云石的固硫剂的固硫效果比水镁石的固硫效果更佳，在白云石的添加量为 4%时，固硫率可以高达 67.70%左右，明显比同比例添加量的水镁石的固硫率提高了 20%左右，这主要是由于在 950℃时，白云石分解的 CaO 和 MgO 均能与 SO_2 反应，能催化、促进煤粉的燃烧和整个固硫反应，使固硫率增加。并且白云石是碳酸盐矿物，其不仅为固硫剂提供了一部分钙源，且白云石在高温下会分解，对高温下赤泥的烧结现象有一定的改善作用。

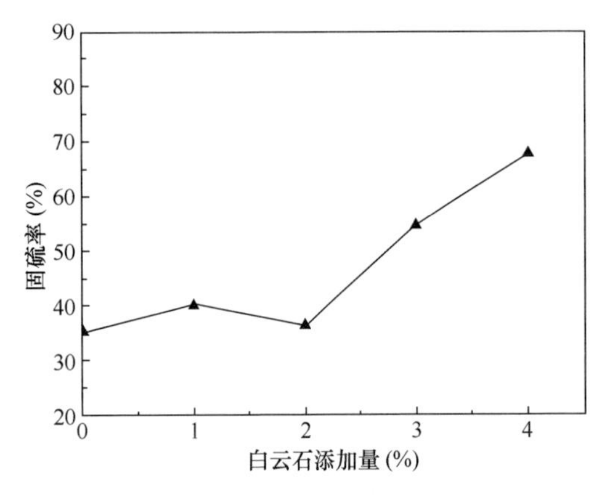

图 4-11　白云石矿物添加量对固硫率的影响

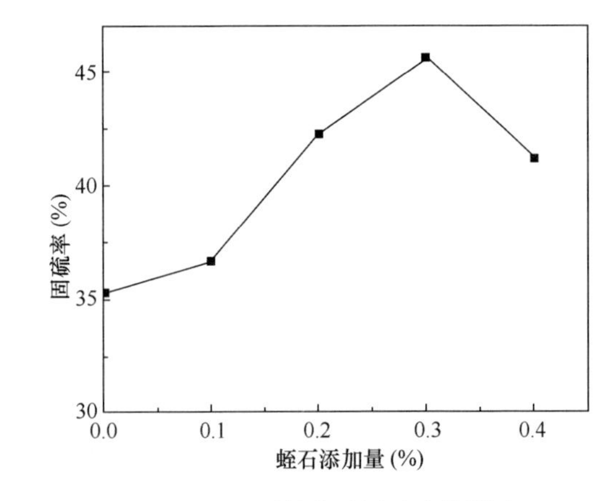

图 4-12　蛭石粉尘对固硫率的影响

④ 蛭石对固硫率的影响

除了含镁矿物以外，还存在很多天然矿物可以改善提高燃煤固硫率，比如蛭石。很多研究表明，蛭石的加入很大程度上可以促进燃煤固硫，提高固硫效率，但是蛭石矿物是层状矿物，韧性较强很难粉碎，不利于固硫剂的混合，也就是说不能够很好地和煤粉混合均匀，且粉碎蛭石将会增加一定的经济成本、时间成本和劳动力成本。因此，在试验中，选择了蛭石膨胀后的粉体，其颗粒较细，比表面积大，这样利于固硫剂与煤粉均匀地混合在一起，促进燃煤固硫反应的进行，提高固硫率，同时也解决了使用蛭石做固硫助剂存在的问题。试验中，在同样的试验条件（燃烧温度为 950℃，停留时间为 15min，通气量为 1.5L/min）下，在煤样中添加 10%拜耳法赤泥为主要固硫剂，以蛭石粉代替蛭石作为燃煤固硫助剂，研究了不同添加量的蛭石粉（0.1%、0.2%、0.3%、0.4%）对固硫效率的影响。根据试验结果（图 4-12），蛭石粉对固硫效果有很好的促进作用，但是过多的加入会导致固硫效率下降。蛭石粉为 0.1%、0.2%、0.3%、0.4%时，固硫率依次为 36.66%、42.23%、45.56%、41.19%。蛭石粉的颗粒粒径较小，具有较高的比表面积，在固硫反应中加大了二氧化硫和固硫剂表面的接触面积。而且蛭石粉尘的进一步膨胀，致使固硫剂蓬松松散，利于空气进入，从而促进固硫产物 $CaSO_4$ 的生成。但是蛭石本身是一种阻燃隔热材料，当蛭石粉加入量过多，会导致煤粉传热不均，燃烧不充分，使得固硫率减小。

⑤ 双组分固硫助剂对固硫效果的影响

上述研究发现单一组分的固硫添加剂的燃煤固硫试验结果达不到理想的固硫效果，然后选择了多种矿物材料作为添加剂，组成水镁石-白云石复合助剂、白云石-蛭石复合助剂两组混合的配比进行了固硫试验，研究其复合对固硫效果的影响。

在固定燃烧温度为 950℃、停留时间为 15min、通气量为 1.5L/min、煤样中添加 10%拜耳法赤泥为主要固硫剂的试验条件下，白云石和水镁石总添加量为 4%，设计了不同的四个水镁石和白云石的比例（4∶0，3∶1，2∶2，1∶3，0∶4），研究两者不同复配比对燃煤固硫效果的影响。根据试验结果表 4-5 和图 4-13，加入水镁石-白云石的复合固硫添加剂，在不同质量比时，会存在一定的差异，随着白云石所占比重的增加，固硫效果越来越好，当水镁石和白云石质量比为 0∶4 时，白云石和水镁石复合使用反而没有单使白云石的固硫效果好，可能是因为白云石能为固硫剂提供足够的氧化钙，并且水镁石在高温时会迅速分解出大量的水汽，有一定的阻燃作用，阻碍煤粉燃烧，影响煤粉的燃烧效果，进而影响最终的固硫效果。因此，单独使用白云石固硫效果比复合水镁石和白云石的效果更好。

表 4-5 不同质量比的水镁石-白云石对固硫率的影响 （分量分数，%）

复配比例	4∶0	3∶1	2∶2	1∶3	0：4
固硫率	44.13	49.47	54.42	62.7	67.7

由水镁石和白云石复合固硫的试验可知，白云石固硫效果比水镁石-白云石复合固硫效果好，因此研究白云石-蛭石粉作为复合固硫添加剂的试验效果。试验中，燃烧温度为 950℃、停留时间为 15min、通气量为 1.5L/min、煤样中添加 10%拜耳法赤泥为主要固硫剂的试验条件下，考虑蛭石阻燃隔热性质的影响，设计了四个白云石和蛭石粉尘的比例（40∶1，40∶2，40∶3，40∶4，40∶5）对固硫的影响。其结果如表 4-6 和图 4-14 所示。从图 4-14 中可以明显看出，加入白云石-蛭石粉的复合固硫添加剂，在不

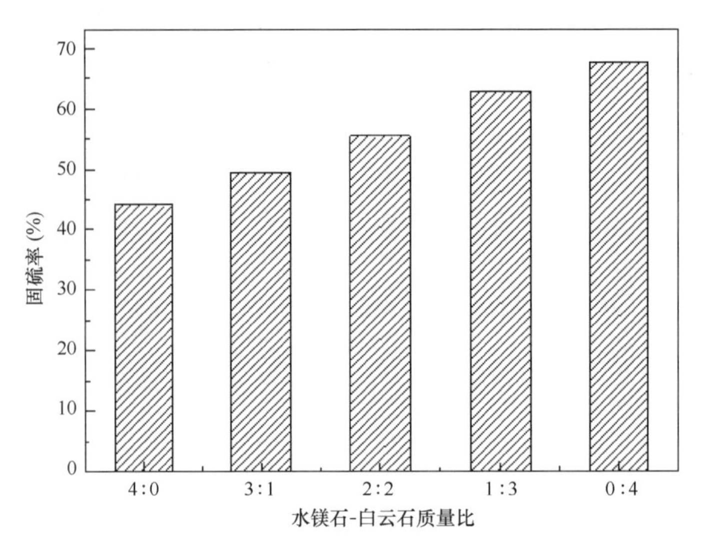

图 4-13　不同质量比的水镁石-白云石对固硫率的影响

同质量比时，会存在较大的效果差异。随着质量比的减小，固硫效果呈现先增加后减小的趋势；当白云石-蛭石粉尘质量比为 40：3 时，固硫效果最好，固硫率达到了 74.98%。白云石的加入不仅提供和二氧化硫反应所需要的固硫成分，且白云石的存在可以改善赤泥高温烧结的现象，促进固硫反应的进行。而蛭石粉尘的加入为固硫反应的发生提供了更大的接触面积，促进固硫反应，提高固硫率。因此，研制出一种新的高效复合型的固硫剂（拜耳赤泥：白云石：蛭石粉尘=70：28：2）。

表 4-6　不同质量比的水镁石-白云石对固硫率的影响　　（质量分数，%）

复配比例	40：0	40：1	40：2	40：3	40：4
固硫率	67.7	71.20	73.61	74.98	64.42

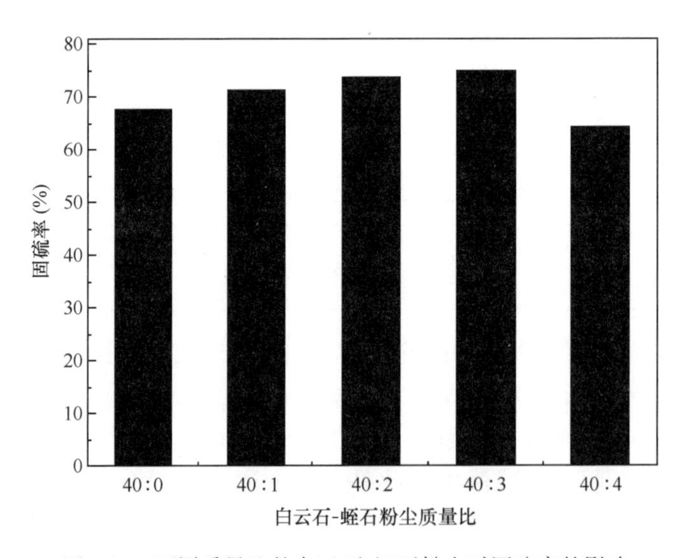

图 4-14　不同质量比的白云石-蛭石粉尘对固硫率的影响

通过对温度、停留时间、通气量、煤粉粒径添加物质等对拜耳法赤泥固硫效果的影响研究结果发现，无添加助剂时，温度是所有因素中燃煤固硫最大的影响因素，在燃烧温度为950℃，停留时间为15min，通气量为1.5L/min的试验条件下，拜耳法赤泥10%的添加量的固硫率可以达到34.24%。但是加入白云石和蛭石时，固硫率可以达到73.61%。

4. 固硫剂对燃煤性能的影响

(1) 固硫剂对燃煤发热量的影响

试验发现，拜耳法赤泥复合白云石及蛭石粉尘有良好的燃煤固硫效果，但是由于煤粉中加入了复合型固硫剂不仅会使产生的固硫灰渣量增加，而且也会使煤的热值发生变化，见表4-7。在下面的试验中，利用弹式量热计，探索了赤泥-矿物协同固硫剂（拜耳赤泥：白云石：蛭石粉=70：28：2）的不同添加量对燃煤发热量的影响。

表4-7 固硫剂不同添加量对燃煤热量的影响

固硫剂添加量(%)	煤粉发热量(J/g)	发热量提高率(%)	新煤样发热量(J/g)
0	22402.59	0	22402.59
15	23130.10	3.24	20113.13
18	22831.64	1.92	1948.85
20	22107.66	−1.31	18423.05
23	22076.96	−1.45	17948.73
25	22051.66	−1.57	17641.33

从表4-7中的试验结果可知，一定添加量的固硫剂是可以提高煤粉发热量的，如表中15%和18%的添加量，均使煤的发热量增加，那是因为所制得的固硫剂中含有很多金属氧化物，比如氧化铁，这类氧化物高温时会催化煤的燃烧反应，但是同时，固硫剂的加入会使得同样质量的煤样中，未添加固硫剂的煤含量高于添加了固硫剂的煤样，而由于固硫剂催化作用而增加的这部分发热量补偿不了缺少的这部分热量，使得新制得的煤样的整体发热值下降趋势，因此，在实际应用中，选择了18%的添加量。

(2) 固硫剂对燃煤发热影响的原因分析

为了进一步探索固硫剂的添加对邹平煤燃烧性能的影响，对所制得的煤样和原邹平煤做了热分析（TG-DSC），如图4-15和图4-16所示。图4-15(a)是原邹平煤的热分析图，在308.8℃时，原邹平煤热失重TG呈现显著下降趋势，煤粉着火燃烧，而在加入固硫剂（质量分数，18%）的煤样TG图［图4-15(b)］中，302.5℃时就出现了煤样着火燃烧的反应，将原煤着火点降低了大约6℃。且从图4-16中可以发现当加入固硫剂后，热反应后剩余量（34.2%）比原煤（17.5%）大，那是由于固硫剂灰分、固硫产物都留在煤残渣中。此外，加入固硫剂后，煤燃烧变成了两段式燃烧，大约在615.4℃时，又出现了一次TG曲线的显著变化，未燃尽的碳在高温时继续分解所致。

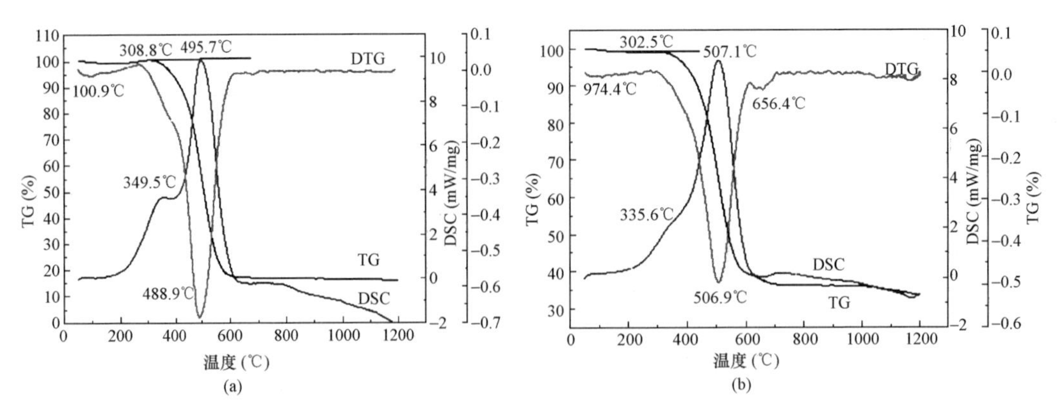

图 4-15 未加入和加入固硫剂的邹平煤的热分析图

（a）未加入固硫剂；（b）加入固硫剂

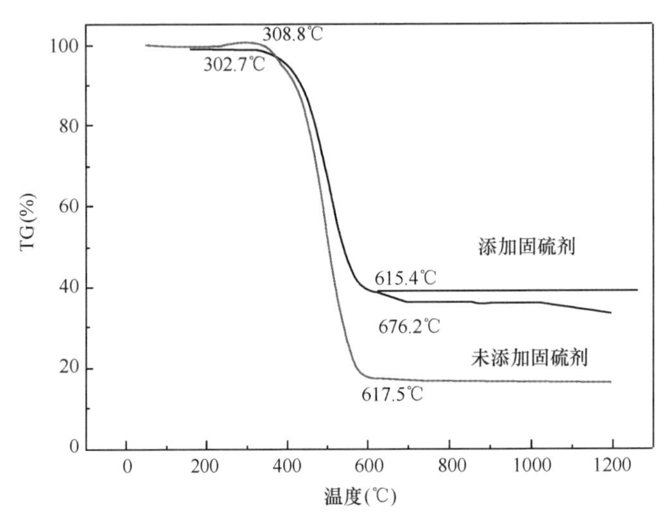

图 4-16 固硫剂对煤燃烧性能影响

5. 不同来源拜耳法赤泥的影响

为了探索不同的拜耳法赤泥之间的差异性对试验结果的影响，分别选择了两种拜耳法赤泥进行试验研究，山东魏桥铝电公司拜耳法赤泥及郑州中原铝厂拜耳法赤泥。魏桥拜耳法赤泥成分分析见表 4-8。在 950℃燃烧温度，停留时间 15min，空气流通量 1.5L/min 的相同试验条件下，探索不同的拜耳法赤泥配成上述复合固硫剂 SFG01（调质山东赤泥∶白云石∶蛭石粉尘为 70∶28∶2）和 SFG02（调质郑州赤泥∶白云石∶蛭石粉尘为 70∶28∶2）的固硫试验效果，见表 4-9。

表 4-8 山东魏桥拜耳法赤泥成分 （质量分数，%）

成分	Fe_2O_3	Al_2O_3	SiO_2	Na_2O	CaO	TiO_2
含量	19.96	24.86	21.03	16.02	2.27	1.53

表 4-9 不同拜耳法赤泥的影响 （质量分数，%）

固硫剂种类	添加量	固硫率
SFG01	18	72.00
SFG02	18	82.00

从表 4-8 中可以发现，魏桥的拜耳法赤泥与郑州的拜耳法赤泥相比，明显其钙含量低，钠含量高，不同的拜耳法赤泥的固硫效果不同，这可能主要是由于赤泥的成分上的差异所导致的，特别是钙含量上的差异，有研究发现，钙基的固硫剂比其他固硫剂的效果都好，因此，在燃煤固硫的过程中，所选用的拜耳法赤泥最后是高钙的拜耳法赤泥，而对于低钙的拜耳法赤泥在做固硫剂时，可以选择适当加入含钙量高的物质，以补偿整体固硫剂的钙。

4.1.3 赤泥基协同固硫剂中试试验

1. 赤泥基协同固硫剂制备试验

将拜耳法赤泥经过一系列工艺：压滤、烘干、研磨、调质、均质，中试制备了 3000kg 具有不同调质处理方法和不同协同固硫助剂配伍的两种拜耳法赤泥基协同固硫剂 SFG-1 和 SFG-2，成品赤泥基协同固硫剂的元素分析结果见表 4-10。其钙元素含量分别为 24.5%和 30.4%。

表 4-10 等离子发射光谱法（iCAP）分析的赤泥基协同固硫剂化学组分 (g/kg)

样品名称	SFG-1	SFG-2
Ca 含量	245	304
Al 含量	63.5	32.5
Fe 含量	32.3	63.8
Na 含量	30.3	15.7
Me 含量	9.22	8.82

2. 赤泥基协同固硫剂锅炉燃烧试验

将制备出的 3000kg 中试赤泥基协同固硫剂 SFG-1/SFG-2 成品，在山东滨州市的链条式燃煤锅炉上进行了不同掺加比例下的固硫试验。在不影响锅炉燃烧热值的先决条件下，分别在低硫煤中预混掺加 5%、10%、15%的赤泥协同固硫剂，观察锅炉燃烧情况、炉渣结瘤形貌，并与不加固硫剂的情况进行对比。在国家煤炭质量监督检验中心进行的固硫灰渣的化学成分分析结果如图 4-17 所示。从图 4-17 可以看出，在含硫 0.32%

(a)

(b)

(c) (d)

图 4-17　固硫灰渣形貌变化比较

(a) 加入固硫剂；(b) 没有固硫剂；(c) 加入固硫剂；(d) 没有固硫剂

的低硫煤中掺加 15%的 SFG-2 协同固硫剂，对煤的燃烧热值影响不大，而固硫率可达到 87.5%，将大大减轻后续烟气喷淋脱硫的压力。其固硫灰渣形貌呈大块瘤样，明显有别于不加固硫剂时的松散粒样。

4.2　固硫灰渣制备油田废弃钻井液固化剂试验研究

固硫灰渣是燃煤固硫过程中所产生的固体废弃物，一般会有石英、赤铁矿、Ⅱ-$CaSO_4$和 f-CaO 等物质，有时还会存在部分燃煤固硫时所加入未反应完的固硫剂，固硫灰渣含量较为复杂。目前人们对其进行研究发现其具有不同于粉煤灰的矿物组成及性质——水自硬性和火山灰化活性。

采用固硫剂脱除燃煤过程中所产生的 SO_2，将会产生大量的废渣，为了消除燃煤行业二次污染，此方面的研究越来越多。但由于性质不稳定等原因，固硫灰渣的应用仍然没有烟气脱硫产物脱硫石膏的应用广泛，且其利用方式不够合理，研究不够深入，缺乏行之有效的应用方式。在我国更是这种情况，固硫灰渣常被当作普通的热电厂的煤灰渣使用，甚至是作为废物弃置处理，限制了流化床燃烧这种技术的进一步发展，如果能够找寻一种合理的资源化利用方式，是有着比较重要的意义的。

4.2.1　固硫灰渣特性分析

1. 固硫灰渣的组成和形貌分析

试验所选取的固硫灰渣为邹平煤中添加 18%的固硫剂（拜耳法赤泥：白云石粉：蛭石粉尘=70：28：2），在 950℃，停留时间 15min，通气量 1.5L/min 的条件下所得到的燃煤固硫灰渣。图 4-18 为该灰渣的 XRD 及 SEM 图，从 XRD 图中可以看出灰渣中，主要的固硫产物为 $CaSO_4$，且 $CaSO_4$衍射峰较强，含量较多。$Ca_2Al_2SiO_7$的存在，可以覆盖在固硫产物硫酸钙的表面，减少其高温分解，提高固硫率。而从扫描电镜图中可以看出，固硫灰渣整体比较蓬松，呈团状，且存在大量的孔隙，这样的结构利于燃煤

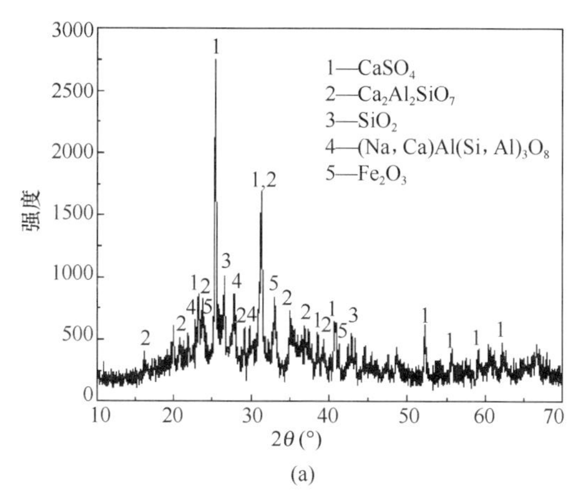

图 4-18　固硫灰渣的 XRD 图和 SEM 图

（a）XRD 图；（b）SEM 图

固硫反应的进行，从而固硫效果提高。

2. 固硫灰渣化学成分

研究所选用的固硫灰渣取自山东和实验室自制。由于山东的固硫灰渣颗粒较大，需要先对其进行处理，必须破碎磨细后才能进行试验。表 4-11 中是所使用的固硫灰及固硫渣的主要化学组分，表 4-12 中是这三种原料各自的标准稠度需水量及 28d 抗压强度的测定结果（1—电厂固硫灰，2—电厂固硫渣，3—自制固硫渣）。从表 4-11、表 4-12 中分析可知，整体上固硫灰渣的成分大同小异，SO_3 的整体含量均比普通所选用的粉煤灰高，这就使其应用方式上和粉煤灰存在一定差异。且其标准稠度用水大，28d 抗压强度也大，说明该原料具有较好的水自硬性，是废钻井液无害化处理剂比较合适的原料，将其用于废钻井液处理剂不仅可以改善水泥的缺点，减少水泥的使用量。特别是利用赤泥固硫灰渣，可以实现赤泥高附加值清洁利用，但是由于其含量差距还是较大，在试验研究中需要研究这三种原料的影响。

表 4-11　固硫灰渣的化学组分及含量　　（质量分数，%）

编号	SiO_2	TiO_2	Al_2O_3	Fe_2O_3	CaO	MgO	K_2O	Na_2O	SO_3
1	39.03	1.34	42.20	4.11	6.09	0.83	0.63	0.16	4.05
2	43.44	1.28	39.54	3.61	7.57	0.78	0.74	0.16	1.99
3	33.14	2.28	38.82	2.45	10.22	4.00	0.84	3.15	4.27

表 4-12　各自的标准稠度需水量及 28d 抗压强度

名称	1	2	3
标准稠度用水（%）	0.5	0.38	0.41
28d 抗压强度（MPa）	1.2	0.3	0.8

3. 固硫灰渣的矿物组成

图 4-19、图 4-20 分别是山东固硫灰、固硫渣以及实验室自制固硫渣的 X 射线衍射结果。从图中可以看出，硬石膏、石英、赤铁矿是其主要的矿物组成，与粉煤灰的矿物

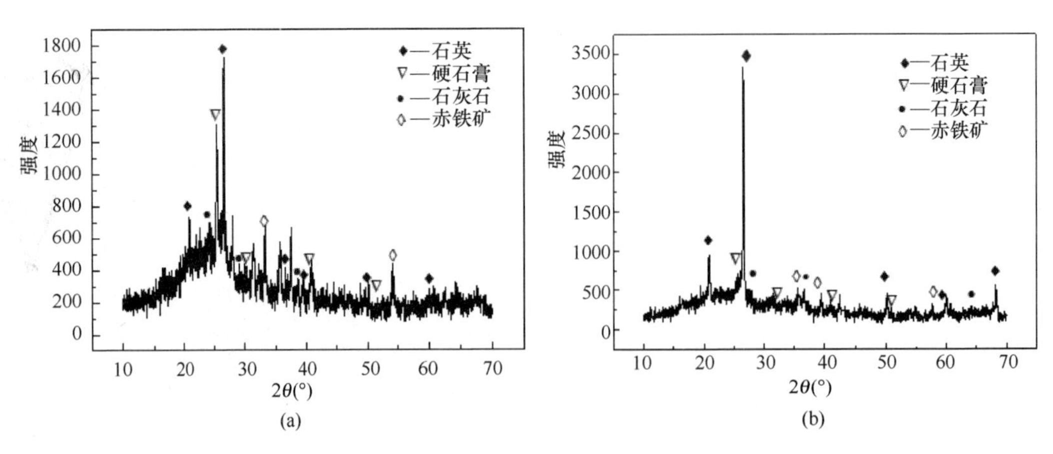

图 4-19 山东热电厂固硫灰和固硫渣 XRD 图

（a）固硫灰 XRD 图；（b）固硫渣 XRD 图

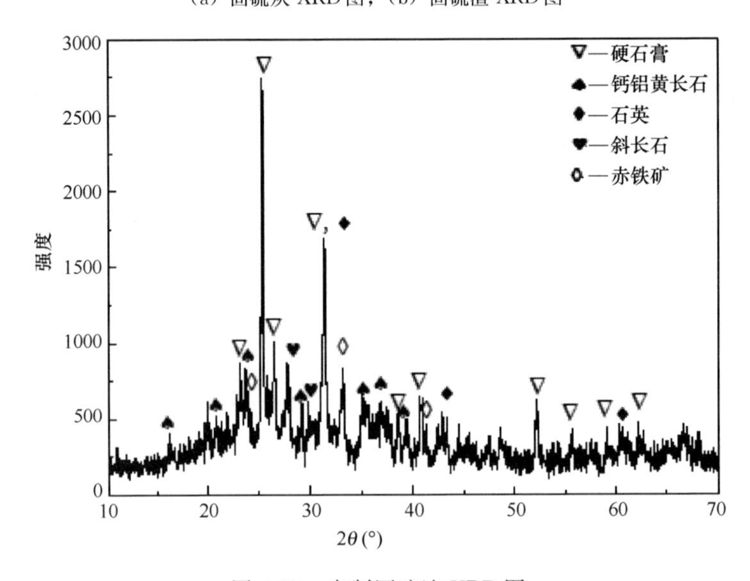

图 4-20 自制固硫渣 XRD 图

组成差异性很大，因此也决定了其在利用方式上和粉煤灰存在很大的差距，而且由于它是煤与固硫剂的反应产物，致使硬石膏的矿物物相在 XRD 图谱中较为明显。

4.2.2 废弃钻井液及其性能

1. 废弃钻井液基本性质

在石油钻井中，钻井液是钻井作业中的重要组分，而在使用过程中，常加入许多化学试剂，包括有机试剂、无机试剂等，来稳定钻井液的基本性质，使钻井作业顺利进行。由于钻井液循环过程中会把地层中岩屑带至地面，存在地层中的某些重金属离子也进入钻井液中，因此由于加入化学试剂及从底层中带来的重金属离子，使得废弃钻井液有一定的毒性，会对周围环境造成很大的影响，如果不对其进行处理，会污染周边环境，甚至影响后期施工。例如未处理的废弃钻井液会导致地表水和地下水的大面积污染，影响人们正常的生活。由于钻井液中加入大量的化学助剂，且它会使地层中的重金属流入，如果不处理就直接排放，这些重金属离子会富集于土壤中，这就给土壤净化造成很大的压力，且土壤中的重金属离子过高会导致土壤性状改变，最终致使植物生长受到影响甚至受到限制，也影响了农作物的生长。

由于废弃钻井液往往碱性高，含盐量大，且钻井过程中会有部分石油流入其中，这些成分会直接导致土地质量变差，出现板结等现象。科研工作者很早以前就发现了废弃钻井液的危害及严重破坏性，对此也有很多研究，目前对于水基废弃钻井液的处理主要依靠水泥的固化处理，但是水泥是高能耗产品，且在这方面的用量较大，急需开发新的废弃钻井液无害化处理剂，所选用的无害化处理剂应该首选那些原料及处理成本低，而且工艺简单、操作方便、处理效果好的。

2. 试验模拟废钻井液

实验室配置模拟废弃钻井液，是在高搅拌杯中加入 500mL 水、1.5g 无水 Na_2CO_3、25g 钻井液用一级钠化膨润土，在高速搅拌机下快速搅拌 60min，并在室温下养护 24h 后，再高速搅拌 5min，并向其中加入化学处理剂。分别缓缓加入 1%的磺化酚醛树脂（SMP）、1%的褐煤树脂（SPNH）、0.2%的包被剂水解聚丙烯酰胺（IND30）。

表 4-13　模拟废弃钻井液性能参数

模拟钻井液性能	密度 (g/cm³)	表观黏度 AV (MPa·s)	塑性黏度 PV (MPa·s)	API 滤失量 FL (mL/30min)	固含量 (%)
参数	1.12	20	16	8	8.09

表 4-14　废弃钻井液浸出液毒性

性能参数	COD (mg/L)	色度（度）	油含量 (mg/L)	SS (mg/L)	pH
自配废钻井液	2410	1480	2800	1664	9.3
GB 8978—1996	150	80	10	150	6～9

表 4-13 和表 4-14 的数据表明，自配的废钻井液的黏度比较高，没有游离水，且颜色较深，其浸出液 COD、色度、油含量、悬浮物含量等指标都严重超标，如果不处理就直接进行排放，周围环境会受其破坏。由于整体超标严重，如果想通过一般处理就达到排放标准，可能比较难，故需要研制处理效果好且处理方便、成本低廉的优良的无害化处理剂。

4.2.3　废弃钻井液固化试验方法

称量 150g 自配的高污染废弃钻井液，将其倒入高搅拌杯中，并向其中加入一定配比的无害化处理剂，搅拌到均匀。最后将此固化物分三次均匀装入模具中，使废弃钻井液把模具充满，1d 后脱模，7d 后测试其抗压强度及浸取试验。

浸取试验的标准方法是模拟雨水浸淋试验方法。根据国家环境保护标准《固体废物 浸出毒性浸出方法 水平振荡法》（HJ 557—2010）对固化体进行浸泡试验。在废弃钻井液中加入无害化处理剂固化处理后，一般的自然条件状态下，固化体的雨水浸淋应该在静止不动的状态下发生。在试验中将固化 7d 后的固化体，放进一定大小的烧杯中，然后取样品与蒸馏水的质量比例为 1∶10，加入定量的蒸馏水作为浸取液浸泡固化体，由于蒸馏水的加入，会对固化体的强度有些许影响，整个试验中需要观察经过蒸馏水浸泡后的固化体强度变化。1d 后，经过过滤可以得到浸出液，并通过测定浸出液的化学耗氧量、色度、悬浮物含量、pH 值及石油类含量的大小来判断无害化试验效果，具体测试标准方法见表 4-15。

表 4-15　浸出液中各组分的分析方法

项目	测定方法	方法来源
pH	玻璃电极法	GB/T 9724—2007
色度	稀释倍数法	GB 11903—1989
COD_{CT}	快速消解分光光度法-重铬酸钾法	HJ/T 399—2007/HJ 828—2017
石油类	紫外分光光度法	HJ 637—2018
悬浮物含量	重量法	GB 11901—1989

4.2.4　废弃钻井液无害化处理试验研究

废钻井液中存在很多种类的化学添加剂，是一个稳定的胶体悬浮体系，且整个体系稳定、黏稠、无游离的水分存在，比较难处理，需要进行大量深入的试验研究。对其进行固化是一种处理方法。其中固化剂原料选择是重点，为了得到更为合适的固化剂配方，首先通过大量的探索性试验，初步判断和筛选出最佳组合。从大量的固化剂原料中，选择了固硫灰渣、电石渣、生物炭、氯氧镁混合物以及聚合氯化铝这几种廉价而且处理效果较好的材料作为无害化处理剂的基本组成部分，为使这 5 种成分在无害化处理中发挥最大的效用，优化其配方，制得了效果较佳的处理剂。

（1）电石渣添加量对试验效果的影响

固硫灰渣虽然有很好的自硬性和火山灰化活性，但是在使用过程中，需要添加一定的激发剂才能发挥作用。电石渣是高钙含量的强碱性废弃物，pH 甚至可以达到 12 以上，其主要成分是 $Ca(OH)_2$，含量基本上均在 90%以上。利用电石渣强碱性，将电石渣作为固硫灰的激发剂，分别研究 2%、3%、4%、5%的电石渣对固化试验效果的影响，确定电石渣的最佳加量。试验中 100mL 废钻井液加入固硫灰 5g，生物炭的用量为 1g，氯氧镁混合物的用量为 2g，聚合氯化铝的用量为 1g。改变电石渣的用量对废弃钻井液进行固化处理，结果如图 4-21、图 4-22 所示。

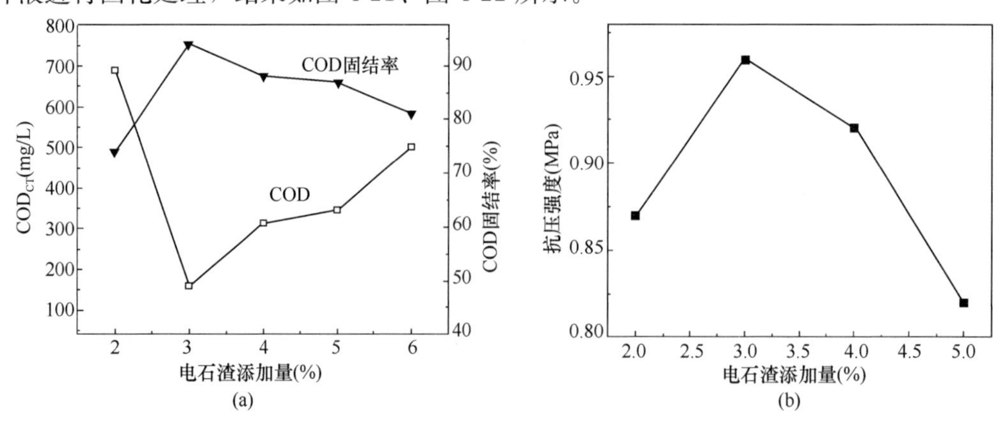

图 4-21　电石渣用量对 COD 和抗压强度的影响

电石渣量的增加，直接使抗压强度先增加后降低，COD_{CT}先减小后增大，pH一直升高，这是因为电石渣是一种强碱性的工业固体废物，当其添加量过大时，富余的氢氧化钙留在固化块体中，浸泡时较为松散且特别容易被溶解，致使整体pH值升高，降低了固化体的强度，固化效果直接变差。从最终的结果中可以看出，电石渣的添加量3%为最佳，此时，所得的浸出液的COD_{CT}最小，COD_{CT}固结率最大，抗压强度也达最大。也就是说，此时为最合适的添加量，激发反应较为彻底。表4-16是在电石渣添加量为3%时，固化体浸出液的分析结果，以这些数据来评价3%电石渣的固化效果。从表4-16中可以看出，除了pH之外，其他指标均已经达到石油类污水综合排放二级标准。

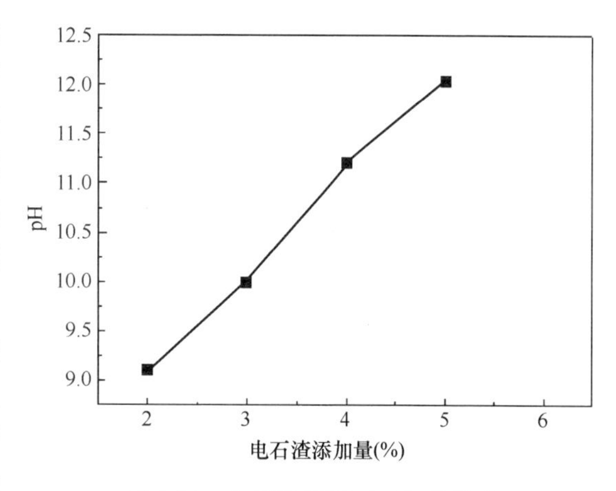

图4-22 电石渣用量对pH的影响

表4-16 电石渣固化效果评价

电石渣添加量（%）	pH	色度（度）	悬浮物含量（mg/L）	含油量（mg/L）
3	10	4	40.00	4.62

（2）固硫灰添加量对试验效果的影响

在整个研究中，固硫灰是整个无害化处理制备胶凝材料最主要也是最重要的部分。固硫灰是在煤炭燃烧过程中由于加入固硫剂而生成含有较高固硫产物，而后排出炉外的固体废弃物。它具有一定的火山灰化活性和自硬性，排放量大，在性质上区别于粉煤灰，且不同地方的固硫灰还存在一定的差异性，因此现在对火山灰资源化利用的探索较多，但仍然缺乏资源化利用。

本试验利用固硫灰的火山灰化活性和自硬性，将电石渣用作固硫灰的激发剂，分别研究3%、5%、7%及9%添加量的固硫灰对废弃钻井液无害化处理的试验效果的影响，确定其最佳添加量。试验中，每100mL废钻井液加入电石渣3g、生物炭1g、氯氧镁混合物2g、聚合氯化铝1g，通过改变固硫灰的添加量，来探讨固硫灰对油田废弃钻井液进行固化处理的效果，结果如图4-23、图4-24所示。

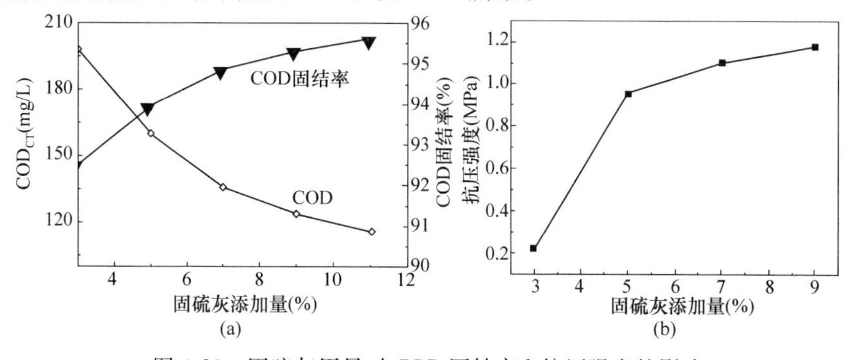

图4-23 固硫灰用量对COD固结率和抗压强度的影响

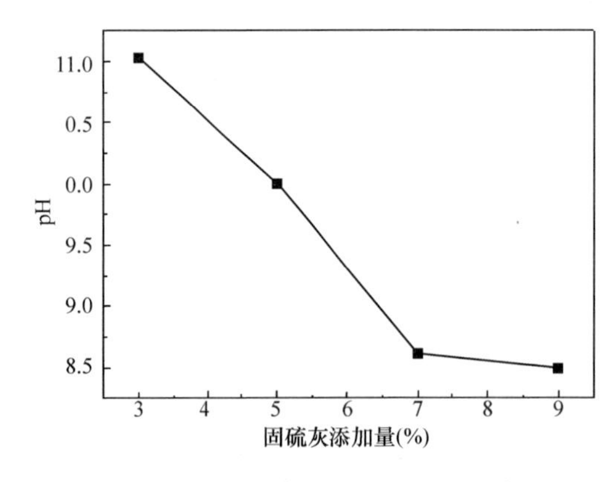

图 4-24 固硫灰用量对 pH 的影响

固硫灰的固化规律与电石渣存在一定差异。增大固硫灰添加量，抗压强度增加，COD_{CT}减小，pH 一直降低，从结果中可以看出，固化体的最大抗压强度可以达到 1.83MPa，浸出液 COD_{CT}最低可至 116mg/L。表 4-17 是在固硫灰添加量为 9%时，固化体浸出液的分析结果，以这些数据来评价 9%固硫灰的固化效果。从表 4-17 中可以看出，色度、pH、悬浮物含量等指标已经满足了排放标准要求。固硫灰是以 CaO 和 SO_3 为主要成分，具有强吸水性、水化膨胀性和自硬性的表面疏松多孔粉体材料。在试验中，往废钻井液中加入了以固硫灰为主要成分制成的固化材料，固硫灰的疏松多孔结构和一定的火山灰活性，可以用于吸附废弃钻井液中的易溶于水的有害物质，并胶凝固定于其中，固硫灰与水作用发生水化反应后会产生较高的强度，这样不仅解决了固硫灰直接使用所带来的问题，也为废弃钻井液的无害化处理提供了理想的固化胶结材料。

表 4-17 固硫灰固化效果评价

固硫灰渣添加量（%）	pH	色度（度）	悬浮物含量（mg/L）	含油量（mg/L）
9	8.47	8.00	40.00	16.06

（3）生物炭添加量对试验效果的影响

生物炭是一种新型的环保材料，具有大的比表面积、强吸附性及吸水性等特性，常被用于废气处理、污水处理等环境污染方面，近年来受到广泛的关注。在研究中，利用了生物炭的强吸水性及吸附性，吸收废弃钻井液中多余的水分及有害物质，此外，生物炭是一种非常好的土壤调理成分，如果将其用于处理废弃钻井液，不仅可以达到无害化处理的目的，实现废弃钻井液的土壤化固化，而且生物炭的存在对于土壤有较好的改良作用。在试验中研究了 1%、2%、3%及 4%的生物炭添加量对无害化处理试验效果的影响，确定其最佳添加量。在试验中，每 100mL 废钻井液中，加入固硫灰 9g，电石渣的用量为 3g，氯氧镁混合物用量为 2g，聚合氯化铝添加了 1g。研究了生物炭的添加量对废弃液进行固化处理效果，其结果如图 4-25、图 4-26 所示。

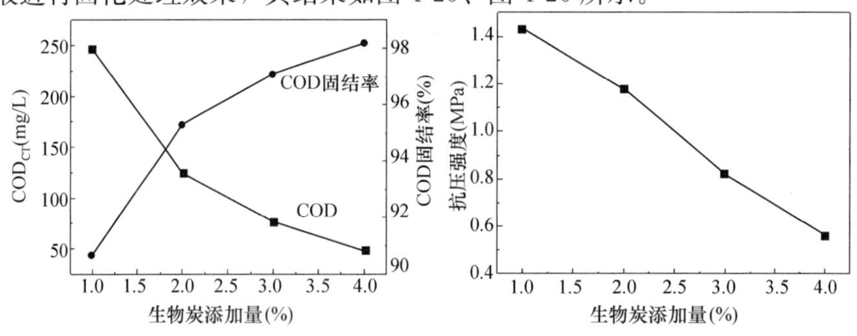

图 4-25 生物炭添加量对 COD 固结率和抗压强度的影响

从图 4-25 和图 4-26 可以看出，当试验中生物炭的量增加，抗压强度减小，COD_{CT}大大减小，pH 呈现先升高后降低的趋势。从结果中可以得出结论，在生物炭添加量为 4%时效果最好，浸出液COD_{CT}最低，固化体的最低抗压强度可以达到要求 0.56MPa。表 4-18 是在生物炭最佳添加量 4%时，固化体浸出液的具体指标分析结果，以这些数据来评价 4%生物炭的固化效果，可以看出，色度、pH 值、悬浮物含量均已满足排放要求。虽然生物炭添加量的加大，可以更好地固化吸附有害物质，利于无害化处理，但是由于生物炭不具有胶结效果，过多的加入会导致整体固化强度下降，由于在试验中，希望是废弃钻井液无害化处理，将土壤固化，并不要求太高的固结强度，固化体的抗压强度只要满足基本要求大于 0.3MPa 即可，因此综上，在试验中选择了生物炭 4%的添加量。

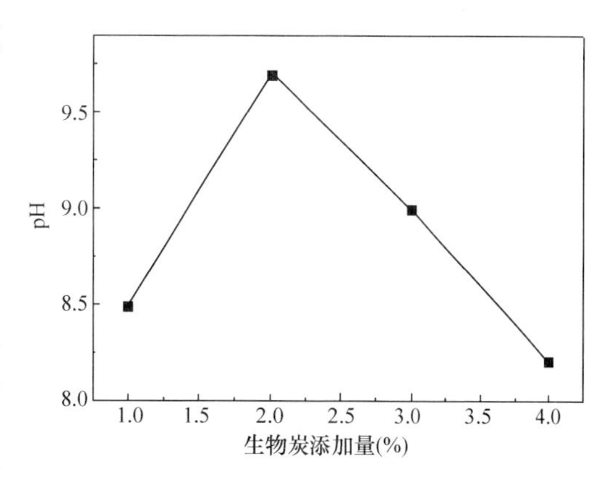

图 4-26　生物炭用量对 pH 的影响

表 4-18　生物炭固化效果评价

生物炭添加量（%）	pH	色度（度）	悬浮物含量（mg/L）	含油量（mg/L）
4	8.20	8.00	40.00	0.63

（4）氯氧镁混合物添加量对试验效果的影响

从氯氧镁水泥的研究可以知道，氯氧镁混合物可以缩短固化时间，增加早期强度，因此，在无害化处理剂的研究中，氯氧镁混合物常被用作废弃钻井液固化剂的原料。但是由于单用氯氧镁混合物存在原料用量大、费用较高等原因，因此不宜采用。考虑到这个缺点，合理利用其优点，将其适当加入原有的废钻井液无害化处理剂，以希望使固化时间短，并且固化体的早期强度高、达到较为理想的无害化处理效果。在试验中研究了 1%、1.5%、2%及 2.5%的氯氧镁混合物对无害化处理试验效果的影响，确定其最佳加量。

试验每 100mL 废钻井液中，加入固硫灰 9g，电石渣的用量为 3g，生物炭用量为 4g，聚合氯化铝用量为 1g，试验中通过改变氯氧镁混合物的添加量对废弃钻井液进行固化处理，结果如图 4-27 和图 4-28 所示。从图 4-27、图 4-28 可以看出，随着氯氧镁混

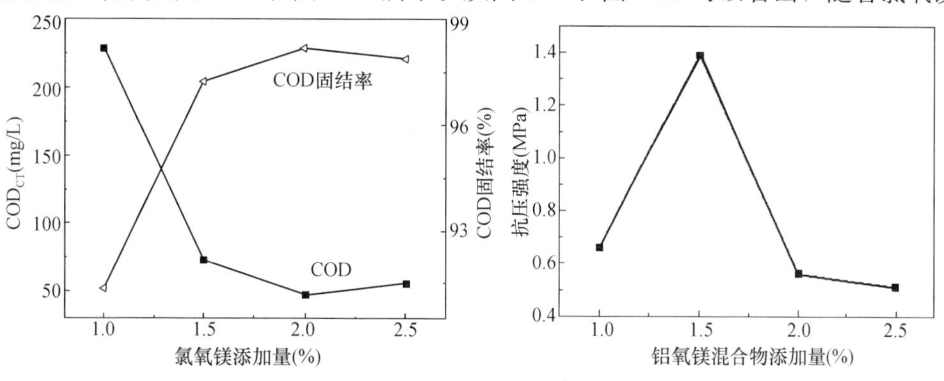

图 4-27　氯氧镁混合物用量对 COD 固结率和抗压强度的影响

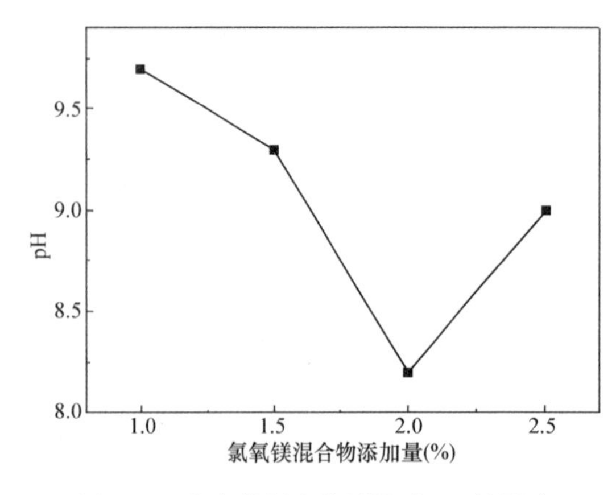

图 4-28　氯氧镁混合物用量对 pH 的影响

合物的添加量的增加，抗压强度减小，COD_{CT}减小，pH 先降低后升高，从结果中可以看出，在氯氧镁混合物添加量为 2%时，浸出液 COD_{CT}最低可至 48mg/L，固化体的抗压基本复耕要求。表 4-19是在氯氧镁混合物添加量为 2%时，pH 值也降到最低，达到固化体浸出液的分析结果，以这些数据来评价 2%氯氧镁混合物的固化效果。可以看出，色度、pH 值、悬浮物含量及含油量均已满足污水综合排放的排放要求。氯氧镁混合物是国外常用的废钻井液固化剂，加入氯氧镁混合物，可以提高固化体早期强度，缩短固化时间，促进无害化处理效果，但是过多地加入会导致残留在固化体中氢氧化镁和游离的氯离子含量增多，导致固化体松散，进而抗水性减弱，无害化处理效果变差，因此在试验中选择了 2%的添加量。

表 4-19　氯氧镁混合物固化效果评价

氯氧镁混合物添加量（%）	pH	色度（度）	悬浮物含量（mg/L）	含油量（mg/L）
2	8.47	8.00	23	0.62

（5）聚合氯化铝添加量对试验效果的影响

聚合氯化铝（PAC）也叫作碱式氯化铝，常用于石油化工行业水处理方面。废钻井液一般为中性偏碱性，PAC 在碱性环境中，聚合度和盐基度提高，可生成氢氧化铝沉淀或铝盐。在试验中研究了不同添加量（0%、0.5%及 1%）的聚合氯化铝对废钻井液无害化处理试验效果的影响，确定其最佳添加量。试验每 100mL 废钻井液加入固硫灰 9g，电石渣的用量为 3g，生物炭用量为 4g，氯氧镁混合物用量为 2g，试验中设计合适的聚合氯化铝的添加量，研究了聚合氯化铝的添加量对废弃钻井液固化处理效果的影响，如图 4-29 和图 4-30 所示。

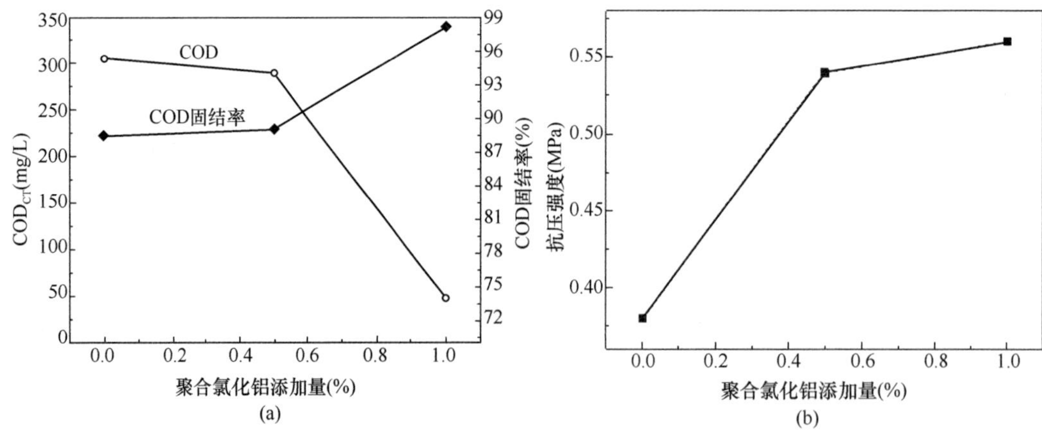

图 4-29　聚合氯化铝用量对 COD 固结率和抗压强度的影响

通过添加0%、0.5%及1%的聚合氯化铝，研究对固化效果的影响，从结果可知适量的聚合氯化铝具有显著无害化处理效果。当增加聚合氯化铝时，抗压强度增加，降低了浸取液的COD_{CT}，COD固结率增加，pH减小。聚合氯化铝是一种无机高分子絮凝剂，常被用于石油化工行业的污水处理方面。其作用机理是：会与水中的胶体颗粒物发生电中、桥联，使稳定的胶体体系发生变化，脱稳，胶体颗粒物大量快速地絮凝，较大的絮团产生并且迅速沉淀下来。聚合氯化铝的加入可以将废钻井液中胶体颗粒产生电中和，破坏废钻井液胶体体系，使胶体脱稳，进而快速团聚沉淀，并吸附体系有害物质，进一步提高无害化处理效果。从结果中可以看出（图4-29），在聚合氯化铝添加量为1%时，浸出液COD_{CT}最低可至48mg/L，固化体的抗压强度可以达到基本复耕要求。表4-20是聚合氯化铝添加量为1%时，固化体浸出液的分析结果，以这些数据来评价2%聚合氯化铝的固化效果，可以看出，色度、pH值、悬浮物含量及含油量均已满足污水综合排放的排放要求，因此在试验结论中选择了聚合氯化铝1%的添加量。

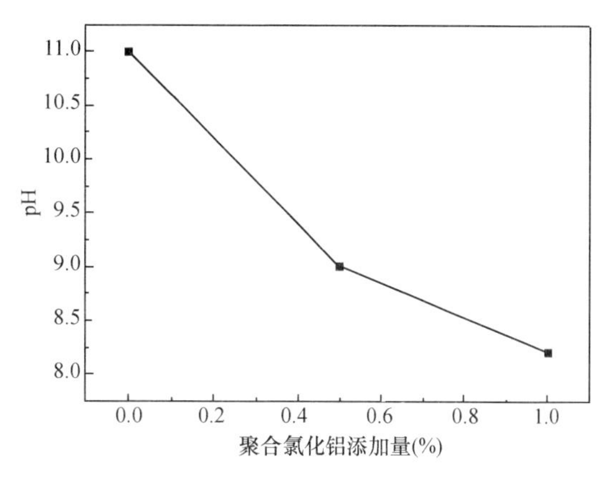

图4-30　聚合氯化铝用量对pH的影响

表4-20　聚合氯化铝固化效果评价

聚合氯化铝添加量（%）	pH	色度（度）	悬浮物含量（mg/L）	含油量（mg/L）
1	8.47	8.00	23	0.62

（6）废钻井液复合无害化处理剂及效果

通过单因素试验确定了优选配方，最佳的无害化处理剂配方及加量为：100mL废钻井液加入9g的固硫灰渣、3g的电石渣、4g的生物炭、2g的氯氧镁混合物以及1g的聚合氯化铝，无害化处理效果表征见表4-21。加入定量的无害化处理剂，可以达到良好的无害化处理效果，所优选配方固化体的抗压强度达到了0.56 MPa，从表4-21中可以看出，处理后的浸出液的主要污染物浓度满足国家标准《污水综合排放标准》（GB 8978—1996）中第二类石油类污染物允许排放的浓度，而且原料中的固硫灰渣及电石渣都是工业废弃物，达到了以废治废的目的，并且也降低了处理钻井废钻井液的成本。

表4-21　优选配方浸出液分析结果

参数	COD（mg/L）	色度（度）	油含量（mg/L）	SS（mg/L）	pH	抗压强度（MPa）
自配钻井液	48	8	0.62	23	8.8	0.56
国家标准值	150	80	10	150	6～9	

（7）不同固硫灰渣对无害化处理的影响研究

由于不同地区的煤炭性质的差异性、所选用锅炉的不同以及所选用固硫剂及其用量的差异性，固硫灰渣的含量存在很大的波动性。而在废钻井液无害化剂的研究中，固硫灰渣是主要的原料，而COD是无害化处理的主要标准。为了探索不同的固硫灰渣对无害化试验的影响，在原有的研究基础上，研究了三种不同的灰渣（电厂的固硫灰、渣及实验室自烧制的固硫渣）对COD及抗压强度的影响，来判断其处理效果的差距。在试验中研究了3%、5%、7%及9%的不同固硫灰、渣对废钻井液无害化处理试验效果的影响。试验每100mL废钻井液，加入电石渣的用量为3g，生物炭用量为4g，氯氧镁混合物用量为2g，聚合氯化铝添加量为1g，通过改变灰渣的添加量及种类对废弃钻井液进行固化处理，结果如图4-31所示。

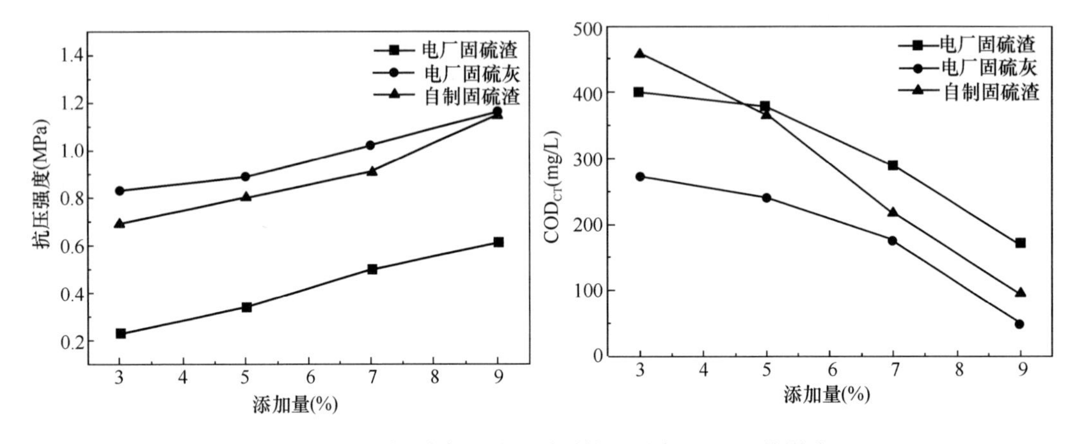

图4-31　不同固硫灰、渣用量对抗压强度和COD的影响

从图4-31可以看出，当增大三种固硫灰、渣的量时，它们的抗压强度均增大，COD_{CT}减小。当三种固硫灰、渣的添加量达到9%时，均已达到了废弃钻井液无害化处理要求。由于固硫灰、渣应用的最大难题就是其差异性大，而其差异性主要是在化学成分含量上，因此在实际中需要考虑对其中SO_3等含量无要求的应用。而从在废钻井液中的无害化处理应用可以看出，固硫灰、渣的差异性对它影响不太大。除了固硫渣和灰之间由于渣的粒径较大，吸水性相较固硫渣也有一定的区别，但是对废钻井液无害化处理仍然有处理效果，主要是由于加入的固硫灰、渣颗粒具有疏松多孔结构和一定的火山灰活性，吸附并固定废钻井液中的易溶于水的有害物质，而且在试验中先实现了固硫灰、渣的水化，这样对于其应用上存在的难点也得以解决，固硫灰、渣水化后产生的较高的后期强度，也为废弃钻井液的无害化处理提供了理想的固化胶结效果。

通过筛选试验以及5组单因素，将固硫灰、渣用于制备废弃钻井液无害化处理用高性能材料。通过研究它与电石渣、生物炭、聚合氯化铝等配制的复合胶凝固化剂固化废钻井液获得的固结物，确定了优选配方，100mL钻井废钻井液加入9g的固硫灰、渣，3g的电石渣，4g的生物炭，2g的氯氧镁混合物以及1g的聚合氯化铝。最佳配方固化体的抗压强度为0.56MPa，其浸出液的污染物浓度符合国家标准《污水综合排放标准》（GB 8978—1996）第二类石油类污染物所允许的排放要求，而且原料中的固硫灰、渣及电石渣都是工业废弃物，达到了以废治废的目的，并且也降低了处理钻井废钻井液的成本。

参考文献

[1] 刘伟，粘丽娜，周波，等．赤泥制备新型燃煤脱硫剂工业应用[J]. 山东冶金，2019，41(2)：40-42.

[2] 丁绍兰，张咪，王明．赤泥释硫规律及氧化钙-金属盐协同固硫技术的研究[J]. 陕西科技大学学报，2017，35(4)：21-26＋48.

[3] 王明．铝厂赤泥脱碱固硫制备烧结砖研究[D]. 西安：陕西科技大学，2015.

[4] 洪玉明．新型脱硫剂的试验研究及应用[J]. 轻金属，2015(2)：14-15＋24.

[5] 刘洪涛，韩奎华，李辉，等．赤泥调质石灰石用作循环流化床锅炉固硫剂的研究[J]. 热力发电，2012，41(9)：7-11.

[6] 王雪，包新华，郑爱新．赤泥对煤炭燃烧固硫作用的研究[J]. 粉煤灰综合利用，2010(6)：23-25.

[7] 赵改菊，路春美，田园，等．赤泥的固硫特性及其机理研究[J]. 燃料化学学报，2008(3)：365-370.

[8] 赵改菊，路春美，田园，等．氧化铝厂赤泥剂的固硫反应动力学特性研究[J]. 煤炭转化，2007(3)：53-57.

[9] 谢星乐．二氧化硫污染控制方法综述[J]. 新疆化工，2010(1)：7-8.

[10] 张朝晖，马雪地．固硫剂的研究现状[J]. 中国资源综合利用，2009，27(11)：13-14.

[11] 张凝凝，姜英，许德平．燃煤高温固硫技术研究现状[J]. 煤质技术，2010(1)：8-10.

[12] 戴胜财，郑万兰．流化床燃烧条件下过渡金属氧化物的催化固硫研究[J]. 煤化工，2011(1)：31-34.

[13] 耿曼，石林，龚爱华．天然矿物制备固硫剂的实验研究[J]. 化工矿物与加工，2007(2)：22-25.

[14] 王文龙，施正伦，骆仲泱，等．流化床脱硫灰渣的特性与综合利用研究[J]. 电站系统工程，2002，18(5)：19-21.

[15] 周风山，刘阳，胡应模，等．一种调质拜耳法赤泥-矿物材料协同燃煤固硫剂：201410098805.4[P]. 2014-11-15.

5 赤泥基脱硝材料

5.1 氮氧化物处理研究现状

5.1.1 氮氧化物的来源、危害及政策

氮氧化物（NO_x）主要由化石燃料的燃烧产生，约占 NO_x 排放总量的 90%。从燃料燃烧的源头区分，NO_x 的排放分为固定源和移动源两种。固定源主要有工业锅炉、民用灶炉，移动源主要是指机动车等，另外含氮产品的生产也会排放一定量的 NO_x，硝酸厂也难免会有 NO_x 的泄漏。NO_x 主要有以下危害：①NO_x 对人体及动物的致毒作用，一氧化氮（NO）与血红蛋白的结合能力十分强，比氧与血红蛋白的结合能力强数十万倍。长期暴露在氮氧化物环境中还容易引发支气管炎和肺气肿等病症。②NO_x 会对植物有一定的损害作用。③NO_x 是形成酸雨、酸雾的主要因素之一，燃料高温燃烧产生的 NO_x 排放到大气后大部分转化成 NO，可以与空气中水分子作用形成酸雨或者酸雾。④NO_x 与碳氢化合物形成光化学烟雾，这里碳氢化合物一般指 VOC（volatile organic compound）。VOC 的作用则使 NO 不消耗 O_3 便转变成 NO_2，从而使臭氧富集。光化学烟雾对所有生物都有严重的危害。⑤NO_x 亦参与臭氧层的破坏，大气层中 N_2O 能转化为 NO，从而破坏臭氧层。短期内我国以煤炭为主的能源结构保持不变，而且大部分发电机组以煤炭为主，目前的格局致使我国氮氧化物的排放不容忽视。尤其是近年来日益增长的汽车使用量，其排放的 NO_x 总量不可小觑。随着我国工业的迅猛发展及汽车使用总量的大幅增加，在新的能源格局尚未形成的形势下，NO_x 的排放日益增加，引起的环境问题日益严峻，故有效减少甚至消除 NO_x 已经迫在眉睫。

在 NO_x 消除治理方面，日本于 20 世纪 70 年代率先对 NO_x 实施措施进行治理。之后随着各个国家对 NO_x 污染及危害的重视，相继将 NO_x 的排放及控制纳入法律并出台了一系列政策法规，建立相关的排放标准。近年来虽然发达国家能源消耗量持续增加，但其 NO_x 排放总量基本保持稳定，这与严格执行 NO_x 排放标准，并采取相关措施有效地控制 NO_x 排放不无关系。近年来，随着我国经济和工业的快速发展，相应的环保政策和策略与世界的进一步接轨。根据《中华人民共和国环境保护法》《中华人民共和国大气污染防治法》，燃气锅炉项目执行的大气污染物特别排放限值为颗粒物 $10mg/m^3$、二氧化硫 $35mg/m^3$、氮氧化物 $50mg/m^3$。

5.1.2 氮氧化物控制技术

目前应用的控制氮氧化物主要有以下三种：燃烧控制技术、炉内喷射技术和烟气脱

硝技术。其中前两种技术是通过控制燃烧过程中 NO_x 的生成量来减少 NO_x 的排放量，简单易行，经济投资少，适合用于初步控制 NO_x 的排放；第三种方法是针对已经产生的废气中的 NO_x 进行治理。具体内容见表 5-1。

表 5-1　脱硝技术汇总表

名称	主要内容	优势
燃烧控制技术	燃烧控制技术主要通过在燃料燃烧过程中改变燃料的燃烧条件及燃烧器的结构来降低 NO_x 的排放，是目前应用最广泛、操作相对简单、经济可行并且有效的技术之一	通过燃烧控制技术一般可使烟气中的 NO_x 排放量降低 20%～60%
炉内喷射技术	炉内喷射脱硝技术是燃烧燃料时在炉膛上部喷射特定的材料，使其在一定的温度条件下将生成的 NO_x 进行还原，从而降低 NO_x 的排放量。炉内喷射技术包括喷水、喷二次燃料和喷氨等	采用炉内喷射技术一般可使 NO_x 排放量降低 30%～70%。它存在着如何将 NO 氧化为 NO_2 和部分非选择性反应的问题。简单易行，经济投资少，适合用于初步控制氮氧化物的排放
烟气脱硝技术	燃烧后对排放出来的废气进行脱硝处理，是目前控制 NO_x 排放最有效的方法。烟气脱硝就是烟气处理脱硝技术，可分为湿法脱硝技术和干法脱硝技术	选择性催化还原法、选择性非催化还原法是目前应用较为广泛的烟气脱硝技术

5.1.3　氮氧化物的选择性催化还原（SCR）技术

选择性催化还原（SCR）技术是在氧气（O_2）存在的条件下，还原组分优先与烟气中的 NO_x 发生反应，生成无害的氮气（N_2）和水（H_2O）的技术。SCR 脱硝法是目前世界上最主流的去除氮氧化物的方法，主要选择 NH_3、一氧化碳（CO）以及烃类化合物为化学还原剂。目前脱除氮氧化物的技术中研究最多、应用最广泛的是以 NH_3 为还原剂的脱硝技术，即 NH_3-SCR 技术，反应机理如图 5-1 所示。

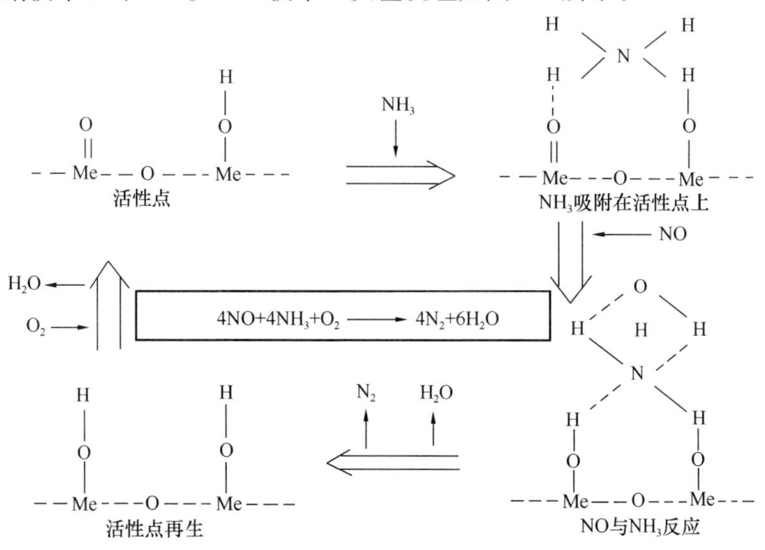

图 5-1　NH_3-SCR 反应机理图

鉴于催化剂的活性温度不同，NH_3-SCR 脱除技术分成高温、中温和低温催化剂三种。一般高温是指温度大于 350℃，中温介于 200～350℃之间，低温不超过 200℃。NH_3-SCR 脱硝工艺的主要反应方程式（5-1）为：

$$4NH_3 + 4NO + O_2 \longrightarrow 4N_2 + 6H_2O \tag{5-1}$$

NH_3-SCR 催化剂在实际应用中的工艺流程配置图如图 5-2 所示。

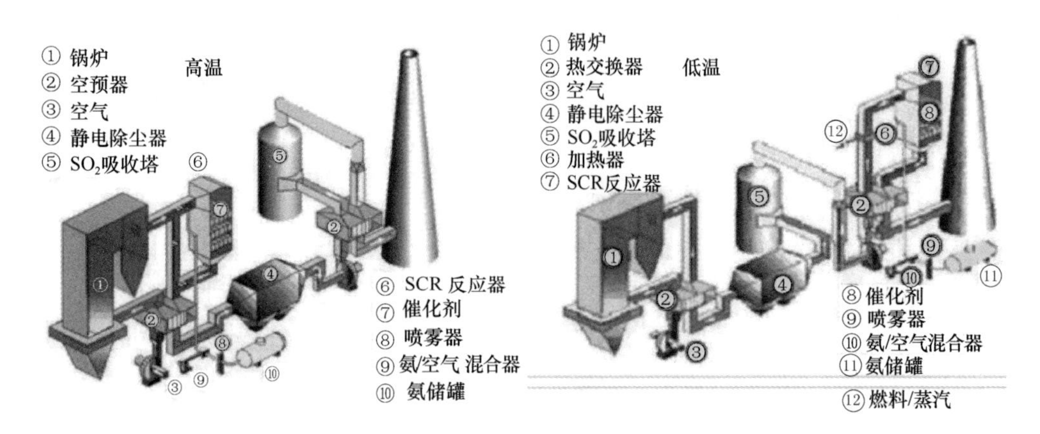

图 5-2　高温/低温 NH_3-SCR 配置工艺流程图

5.2　催化脱硝材料研究

5.2.1　催化脱硝材料的研究

催化脱硝技术是一种有效的净化 NO_x 的技术，而催化脱硝材料的研究最为关键。目前研究并应用较多的四种催化脱硝材料分别是贵金属催化脱硝材料、金属氧化物催化脱硝材料、分子筛催化脱硝材料、碳基脱硝材料。

1. 贵金属催化脱硝材料

贵金属催化材料是研究较早的脱硝材料之一，由于其具有较高的催化活性和稳定性，早在 20 世纪 70 年代就得到广泛应用。贵金属催化材料一般是将 Pt、Rh、Pd、Ir 等活性组分负载于不同的载体上而得，此类催化材料多应用在汽车尾气净化领域中，对 NO_x 的脱除方法主要有直接催化分解法、催化氧化法、催化还原法等。用于催化还原 NO_x 的贵金属催化材料，多为在沸石、氧化铝、氧化硅、钛白粉（TiO_2）和二氧化锆（ZrO_2）等常用载体上负载 Pt、Pd、Rh、Au 等贵金属而得。目前对贵金属催化材料的研究已经取得很大进展，并且部分研究成果已实现工业化，成功应用于汽车尾气净化领域。但仍然存在以下几个问题：①价格昂贵；②有效活性温度范围窄；③抗水、抗硫性能差。因此，拓宽活性温度范围、提高抗水、抗硫性能等，将是该类催化材料的发展目标。

2. 金属氧化物催化脱硝材料

金属氧化物催化脱硝材料拥有较高的消除 NO_x 活性，与贵金属催化材料相比具有更高的抗氧性以及较低的成本，因此引起了研究者的广泛关注。目前研究较多的金属氧化物材料主要分为负载型金属氧化物材料和复合型金属氧化物材料。负载型金属氧化物催化材料在消除 NO_x 反应中的应用极为广泛，常见的负载型金属氧化物催化材料一般为 V_2O_5 系、Fe_2O_3 系、CuO 系、Mn_2O_3 系等。复合金属氧化物催化材料主要分为水滑石及类水滑石复合金属氧化物催化材料、钙钛矿及类钙钛矿型复合金属氧化物催化材料两大类。水滑石类催化材料的层间阴离子交换性高、热稳定性好、比表面积大特点显著，可以用稀土元素、过渡金属、贵金属等对其进行改性处理，故无论是作为催化材料还是作为载体，对 NO_x 的消除都具有很高的催化活性。钙钛矿型复合氧化物价格低廉、热稳定性高，且具有较多的表面氧空位和较强的离子可调变性，可用于汽车尾气中的 NO_x 消除。目前的制备方法有溶胶凝胶法、柠檬酸法、陶瓷烧结法、共沉淀法等。复合金属氧化物不仅可以通过调变金属离子改善催化剂组成，提高其催化性能，而且其成本比贵金属材料低，活性高，抗中毒能力强，应用前景广阔。

3. 分子筛催化脱硝材料

分子筛催化脱硝材料是一种具有微孔结构的硅铝材料，具有独特的三维交叉结构，对催化消除 NO_x 具有较高的活性。目前研究较多的分子筛有 ZSM-5、MOR 沸石、镁碱沸石、USY 和 beta 分子筛，可以参与交换的金属离子有 Mn、Cu、Co、Pd、Fe、Ir、Ce、V 等，其中研究最多的是 Cu-ZSM-5。对于分子筛催化材料，载体和活性组分类别、制备方法、负载量等因素都会影响催化材料的性能。大量研究表明，Cu、Co、Ni、Fe 等过渡金属元素通过离子交换法负载于 ZSM 或 Y 沸石制备的催化材料，对催化分解 NO 有活性。在催化还原 NO 反应中以 beta 分子筛为载体的催化材料稳定性及活性较高，其中研究最多的是 Co-beta 催化体系。关于此类催化材料催化还原 NO 的反应机理一般认为遵循 Langmuir-Hinshelwood 机理：NH_3 和 NO 同时吸附在催化材料表面上，NO 被氧化为硝酸盐、NO_2 等物质，然后再与吸附在邻近酸位上的 NH_3 发生反应生成某种中间物质，再与 NO 反应产生 N_2 和 H_2O。虽然反应细节方面仍然存在争议，但普遍认为 NO 氧化为 NO_2 是制约催化反应速率的关键步骤。影响分子筛催化材料性能的因素有多种，如分子筛的 Al/Si 比、孔容及孔径特性、交换金属离子的特性及其交换率等。此外，通过向分子筛中添加稀土、碱土金属离子的手段提高催化材料的催化性能。分子筛催化材料实现工业化需要解决的最大难题是其水热稳定性及抗硫性问题，而工业废气的温度普遍较高，且多含有 H_2O 和 SO_2，提高分子筛催化材料的抗水和抗 SO_2 中毒性能是研究的重点。

4. 碳基脱硝材料

碳基催化材料种类多，具有孔结构种类多样、化学性能稳定、有较高吸附能力的优势，是催化去除 NO_x 的理想材料之一。目前研究较多的碳类催化材料有活性炭（AC）、碳纳米管（CNT）、活性焦、活性炭纤维（ACF）等，现阶段的研究多致力于改性碳基催化材料，而后负载不同活性组分，从而达到提高催化性能和寿命的目的。活性炭（AC）脱硝材料采用吸附技术、炽热炭还原技术、催化还原法技术等消除氮氧化物。AC 的大比表面积利于金属分散，可以通过硝酸、双氧水等对其表面改性，改善其活性和稳定性。AC 材料来源广，成本低，在催化脱硝领域有很好的应用前景。活性炭纤维（ACF）具有直径小、比表面积大、吸脱附速度快、孔结构丰富等特点，而且 ACF 表面含有丰富的含氧含氮官能团，不仅有利于对 NO 吸附，还可以作为还原材料还原 NO。对 ACF 改性主要是通过改变其物理空隙结构和表面化学官能团的方法，以提高其催化脱除 NO_x 的活性。碳纳米管（CNT）由于特殊的结构和形貌特征，在催化脱硝方面有较多的应用。碳基材料具有良好的稳定性、较高的比表面积、自身孔结构丰富、原料易得且价格便宜、可以再生循环利用的特点，成为脱硝催化材料的又一研究热点。碳材料在 O_2 存在的条件下会导致对活性炭（AC）的无用消耗量增加，进而影响 NO_x 的去除效率，故如何降低无用炭的大量消耗，降低炭用量是今后碳基催化材料研究的方向。

5.2.2 赤泥作为催化剂的研究及应用

在处理大气污染物方面，赤泥被用于研究甲烷催化燃烧，从含硫废气中回收硫，去除挥发性有机化合物（VOC），选择性催化还原 NO_x，处理含有氯化氢（HCl）、一氧化碳（CO）、二噁英的废气，炼焦炉气及其气化产品的热气清洁等领域。Lamonier 等研究了赤泥及赤泥负载 Cu 的催化剂用于选择性催化还原 NO_x。试验分别在有氧条件和无氧条件下进行。试验之前，两种催化剂均在氦气（He）气流中干燥或用氢气（H_2）还原。此外，还研究了 NO 还原的可能副产物 N_2O 随温度的变化。还原试剂选择 NH_3，因为 NH_3 在有氧条件下与 NO 反应。NO 的催化还原在 500℃干燥的赤泥及 500℃下用 H_2 还原的赤泥上分别进行，从试验结果可以看出后者的活性开始于 100℃左右，而前者的活性始于约 250℃。归结原因可能是铁氧化物的还原致使催化剂有更高的活性。

5.2.3 整体式脱硝催化剂研究现状

国内研究的脱硝催化剂主要是颗粒状或粉状的催化剂来研究不同配方比例以及反应温度、时间等条件对催化剂性能的影响。但是粉状或颗粒状的催化剂在实际工程运用中会造成床层压降大、不易更换、利用率低等缺点，特别是用于工厂锅炉中烟道气 NO_x 的脱除，烟道气中的飞灰和水汽很容易使催化剂板结、床层堵塞，给实际操作带来很多不便。现如今的 SCR 工业运行中主要是采用整体式 SCR 脱硝催化剂。

整体式 SCR 脱硝催化剂的孔隙率大，压降低，脱硝效率高，易于装配。目前整体式脱硝催化剂主要有三类：板式脱硝催化剂、波纹式脱硝催化剂、蜂窝式脱硝催化剂。板式脱硝催化剂和波纹式脱硝催化剂属于涂覆型催化剂，不同之处是板式脱硝催化剂的骨架是金属板，波纹式脱硝催化剂的骨架是陶瓷；而蜂窝式脱硝催化剂不仅有涂覆型的也有掺杂型的，是工业运行中使用最多的整体脱硝催化剂。实物如图 5-3 所示。这三种

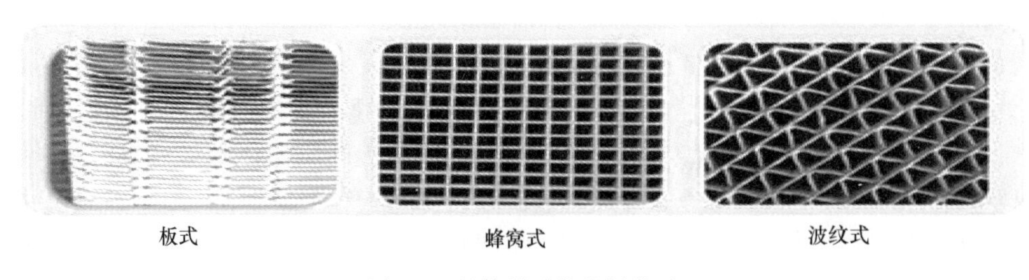

图 5-3 整体脱硝催化剂类型

类型的整体脱硝催化剂的特点见表 5-2。

表 5-2 三种类型整体脱硝催化剂比较

催化剂类型	制备方式	特点	应用情况
蜂窝式脱硝催化剂	挤压成型，催化剂整体充满活性组分	体积小，比表面积大，耐磨性好，可循环利用	占据市场 80% 市场份额
波纹式脱硝催化剂	波纹状陶瓷为载体，表面涂覆活性组分	比表面积介于蜂窝式与板式之间，质量较轻，自动化程度较高，活性组分比蜂窝式少 70%	适用于含尘量少的环境
板式脱硝催化剂	金属作为骨架载体，表面涂覆活性组分	催化剂体积较大，生产自动化程度高，活性组分比蜂窝式少 50%	适用于各种环境

日本率先在 20 世纪 70 年代开始投入使用整体式 SCR 脱硝技术，随后美国和欧洲的一些发达国家开始研究并投入使用。国内对 SCR 技术的研究与国外相比存在一定差距。目前国内生产整体式脱硝催化剂的厂家大多从国外引进相关技术和设备，造成催化剂的成本和造价较高，制约着我国脱硝事业的进程。近些年，国家对脱硝事业的重视度不断增加，不断制定相关法律政策，所以我国脱硝事业的前景相当广阔。这也势必要求我们不断开发高活性、高性能、低成本的整体式脱硝催化剂。表 5-3 是国内的一些生产厂家以及技术来源。

表 5-3 国内整体式催化剂厂家

生产厂家	催化剂类型	技术来源
江苏万德	蜂窝式	浙江大学、南京工业大学
重庆远达	蜂窝式	美国科美特克
浙江海亮	蜂窝式	浙江大学
山东三融环保	蜂窝式	德国 LLB
江苏龙源	蜂窝式	日本触媒
北京中天环保	蜂窝式	香港巴斯夫

近些年来，国内众多专家学者为了赶超国外的整体式脱硝催化剂的技术，做了大量的研究工作，在多孔陶瓷表面涂覆活性组分制备脱硝催化剂取得了一定的研究成果。刘振宇等以商品堇青石蜂窝陶瓷为骨架，以高比表面积的 γ-Al_2O_3 为载体，以 CuO 为活性组分制备了蜂窝脱硝催化剂。研究结果表明堇青石蜂窝陶瓷经过 5% 的硝酸处理过后，铝溶胶的涂覆率和牢固度都有所增加；铝溶胶的选择对催化剂性能也有影响，以拟薄水铝石制备的溶胶比 $AlCl_3$ 制备的铝溶胶和 γ-Al_2O_3 制备的铝溶胶性能要好；催化剂的比表面积和孔结构不是影响催化剂活性的主要因素；Al_2O_3 的负载量不会影响催化剂的活性，但是会影响其稳定性；虽然 Na_2O 的添加会负面影响催化剂的脱硝活性，但是会增加催化剂的脱硫效率，研究结果表明当 CuO 的含量为 6%，Na_2O 的含量为 3% 时，催化剂的脱硝效率达 90%，脱硫效率也在很高的水平之上。田柳青等在商品堇青石蜂

窝陶瓷表面，先涂覆一层氧化铝涂层然后再涂覆一层 TiO_2，随后负载 V-W 活性组分，制备涂覆型的脱硝催化剂在 350～450℃的脱硝效率达 90%以上。研究表明，催化剂之所以有这么高的活性主要是因为钛铝复合载体带来的高比表面积和高孔容。钛铝复合载体不仅提高了催化剂的脱硝效率而且增加了催化剂的物理机械性能。

5.3 赤泥基蜂窝多孔功能材料的制备及性能研究

5.3.1 蜂窝多孔材料国内外研究现状

与传统颗粒状多孔载体相比，蜂窝多孔材料具有更高的比表面积和优质的物理化学稳定性，特别适用于汽车尾气的处理、烟道气的净化、过滤材料、催化剂载体、蓄热体以及红外辐射燃烧板等方面。

1. 蜂窝多孔材料被应用于烟气及汽车尾气的净化处理方面

工业革命以后，大气污染问题成为人类必须面对的全球性问题。研究人员除了从污染源头来治理大气污染，还设法研究开发了多种净化技术来处理排放的重污染废气。随着技术的进步，人们发现蜂窝多孔材料因具有耐高温、耐腐蚀、高化学稳定性及高通透性等优良特点，被广泛用于烟道气中颗粒的过滤、废气中酸性成分的去除工作。火力发电过程中原料燃烧不充分，排出的气体中含有大量的氮氧化物及硫氧化物，有的电厂装备了静电沉降器且选用低硫煤作为原料，可以从源头上减少硫氧化物的排放，但是低硫煤因含硫量太少，锅炉燃烧过程中产生的灰尘无法有效地去除，致使锅炉堵塞，为解决此问题需在工艺流程中加入硫，等于在污染源方面未得到有效解决且成本过高。在尽量控制污染源头的基础上，研究人员已经逐渐将研究重点转移到废气处理上，如何充分地利用蜂窝多孔材料的特性来解决废气处理问题。

国外的 Applied 公司联合其他公司共同研究新科技，采用熔融石英陶瓷材料挤压制备出一种新型蜂窝多孔陶瓷。该公司针对低硫煤不能产生足够硫的弊端，结合公司自身已成熟的蜂窝多孔陶瓷的挤压成型技术，依据催化原理，采用自制多孔陶瓷材料作为催化剂载体攻克了废气处理中的难题。将研制的新型蜂窝多孔陶瓷材料应用到工艺中去，能使低硫煤产生足够的三氧化硫，无须再添加硫，降低了成本。同时，新型蜂窝多孔材料作为载体负载催化剂需在高温环境下才发挥作用，而新型材料在整个过程中化学稳定性很高，不会和催化剂相互作用，保证了催化剂不受污染。蜂窝多孔陶瓷材料还经常被应用到汽车尾气的过滤及催化反应中。汽车尾气在排出时温度较高，因此需要热稳定性好、特别能耐久的蜂窝多孔材料，且需在材料载体上负载有良好催化活性的催化剂才能有效去除废气中的氮氧化物和硫氧化物。以脱硝为例，研究人员通过蜂窝多孔材料作为催化剂的载体，在废气排出时，通过 SCR 反应将 NO_x 转化成为 N_2。作为汽车尾气处理的最优一关，蜂窝多孔材料充当小型反应器，其孔结构和孔径分布可按不同汽车的需要进行调节，在催化燃烧器时保证材料的耐高温稳定性，烟气中的颗粒物不阻塞孔道是保证蜂窝多孔材料寿命的重要因素。

2. 蜂窝多孔材料被用作过滤材料

过滤技术是人类掌握的传统水处理技术，后来又发展到过滤气体等，随着科技的进步，研究人员开始选用更先进的材料来装备过滤装置。蜂窝多孔陶瓷材料作为过滤介质成为研究的热点，具备耐强酸强碱、耐急冷急热性能强、抗菌及不易降解、化学稳定性好、无毒、机械强度高、渗透率高及比表面积大等特点，解决了传统过滤介质不能耐高温高压、怕强酸碱介质和有机溶剂等过滤难题，自净能力出众、易清洗、可循环利用且使用寿命长。吴建峰等利用固体废弃物赤泥制备出一种多孔环保陶瓷滤球，机械强度达到0.799kN、气孔率达到50%、耐酸性86%、耐碱性99%、可耐800℃高温，多孔环保陶瓷滤球的性能参数经检测完全达到且优于国家标准。王平升等以赤泥为主要原料，研究制备出多孔陶粒滤料，对含油废水处理效果明显。试验结果为：利用赤泥制备多孔陶粒的过程中，焙烧温度是整个制备工艺的重要影响因素，选取最佳焙烧温度区间是研究过程的重要工作。利用赤泥作为多孔陶粒的原料，既有效地消耗了工业废渣，又制得低成本的环保多孔陶粒，实现经济环保双收益。

3. 蜂窝多孔材料被应用于催化剂载体

我国每年汽车增长的数量占到全球汽车增长数量的一半，汽车总量也排世界前列。目前，发达国家趋向于在汽车尾气处理过程中采用三元催化剂，由外壳、载体和催化剂三部分构成，而载体的研究是三元催化剂的最关键要素。蜂窝多孔陶瓷材料凭借其化学稳定性强、耐酸碱性强、高比表面积、无毒、机械强度高及通透率高等特点，被公认为载体的最佳选择。因蜂窝多孔材料比表面积大且具备催化功能，且负载具有活性组分的催化剂后，通过选择性催化还原的方法（SCR）对特定气体进行催化处理，蜂窝多孔材料的作用可显著提高通过其孔道气体的转化率和反应速率。作为载体，蜂窝多孔材料的制备工艺是技术的核心。在载体表面负载具备催化功能的催化剂，一般含有铂、铑、钯等贵金属及稀土元素等，可将排气中的CO、CH_x、NO_x 等有害组分，通过催化反应转化成 CO_2、H_2O 和 N_2 等无害的气体，达到国家规定的排放标准。催化剂负载于蜂窝多孔材料表面，并二次浸渍保证催化剂完全负载于孔隙中，蜂窝多孔材料在使用时，因长时间被酸性气体腐蚀，渗透在孔隙中的催化剂外露，继续催化气体反应，催化剂的寿命延长。

4. 蜂窝多孔材料被应用于蓄热体

国内炼钢过程中的高温炉放散率的平均值为13.72%，能量总计为 7.61×10^{13} kJ，如能充分利用，相当于节约260万t标煤。国内工业利用废气余热主要采用片状换热器、管式换热器、辐射换热器以及热管换热器等，这些设备的热回收率在26%～50%之间，不能有效地利用废热。而国外对热量的利用采用蓄热燃烧技术，即采用蓄热式热交换器加热燃烧空气的燃烧方式，95%以上的温度效率和85%以上热回收率，使废气排放温度仅为150～200℃。蓄热燃烧技术的关键之处是高性能蓄热体的制备技术及性能优化，开发高性能的蓄热体成为我国大力研究的主要方向。目前，蓄热体的性能好坏主要受传热特性、维护的难易性、压力损失特性等指标来衡量。传统的蓄热体主要是陶瓷小球，但是其蓄热效果并不好，研究发现蜂窝多孔陶瓷材料单位体积的导热能力比陶瓷小球蓄热体高出5倍，且其抗压强度高。在蓄热式燃烧器内，在同一断面积设定同一燃烧容量，蜂窝多孔陶瓷体的压力损失仅为陶瓷小球的 1/3。由于蜂窝多孔材料内部孔道顺畅，通透性强，气流经过孔道时不会存在流动的滞流区、低速区，结构特点导致灰尘难以堵塞孔道或堆积，使用过程中无须经常维护，增加工作效率。蜂窝多孔材料的传热性能主要受其管壁薄及孔距小影响，与陶瓷小球等其他蓄热体相比，能迅速储备及散出巨大热量。百格孔的蜂窝多孔材料与内径 20mm 的陶瓷小球的蓄热能力比较，结果表明蜂窝多孔材料的蓄热面积是陶瓷小球的 7 倍，可达到 95%以上的温度效率和 85%以上热回收率。因此，在我国大力开发、推广蜂窝陶瓷蓄热体的蓄热燃烧技术，可有效解决能源浪费问题且具有可观的社会经济效益。

5. 蜂窝多孔材料被应用于红外辐射燃烧板

红外辐射材料是一种具备光热转换功能的新型材料，该种材料的化学成分以氧化铁、氧化铜、氧化钴和氧化锰等过渡态的金属氧化物为主，在高载能波段有很强的发射率，发挥着黑体红外辐射的特性。蜂窝多孔陶瓷作为一种耐高温的环保材料，已经被应用在灶具及燃烧器上面，高密度孔可促进充分燃烧，属于红外辐射燃烧材料的代表。红外线灶具的燃烧能比大气式灶具的燃烧能多一种辐射能，可占燃烧能的 50%～60%，红外辐射能穿透加热物质，辐射作用使液化气充分燃烧，产生的热量易于被吸收，热效率高，烟气中的有害气体低，95%碳氢化合物可转化为无害气体。对流传热是大气式灶具最基本的燃烧能类型，对流热受温差、停留时间关系影响较大，因停留时间短，造成大量对流热能浪费，燃烧能不能被充分利用，故热效率偏低。研究表明，红外线灶具好于大气式灶具的优点可总结为以下几点：第一，热效率高，高效节能高出 20%，即可节能 20%左右。第二，环保，烟气中的有害成分（NO_x）含量明显降低。第三，洁净卫生，多孔材料的表层为燃烧区域，无可见火焰，避免了其他材料助燃时的析碳现象，可保持厨房及被加热灶具的清洁，属于绿色燃具。第四，安全性能好，不会因风吹雨淋熄灭。由于红外线燃烧板面积大、火孔多，辐射板表面燃烧，不会出现火焰脱离现象，燃气因辐射板表面的高温会重新被点燃，且抗风能力强。

6. 小结

蜂窝多孔材料的应用领域都会涉及在高温环境下工作，虽然蜂窝多孔材料本身具备良好的耐高温特性，但是极限温度不可避免，所以蜂窝多孔材料的耐高温性一直是研究人员研究测试的重点。以国内自行研制生产的泡沫陶瓷为例，耐温范围在 1100～1300℃之间，但其面对的燃烧温度一般会超过 1500℃，在这种恶劣环境下使用寿命非常有限。长时间的高温工作，会导致蜂窝多孔材料的孔道变形、堵塞、通透性下降、抗压能力下降及耐腐蚀性降低等一连串的问题。由于蜂窝多孔材料涉及领域广，市场对其质量及各项参数要求更高，因此，对蜂窝多孔材料耐高温性的研究是今后工作的重点，使其具有更好的应用前景。

蜂窝多孔材料在陶瓷、化工、电力、水泥等重工业有着广阔的应用前景。蜂窝多孔材料在工业中常被用作催化剂载体、高温炉窑蓄热体材料等。在我国有 12 万个以上的高温燃烧锅炉，这些工业窑炉及高温炉产生的废气量大，污染性废气排放量超出国家排放标准，对工业废气的处理工作成为现阶段的重点研究课题。研究人员利用高比表面的蜂窝多孔材料作为载体，负载各种催化剂对气体进行过滤及化学反应处理，可将烟气中的 CO、NO_x、CH_x 等有毒有害气体通过化学反应转化为 CO_2、H_2O、N_2 等无毒气体，进而达到净化气体的作用。蜂窝多孔材料相对于传统的陶瓷球蓄热体，增大了受热面积、流通接触面积，减小了流通阻力，具备更好的蓄热功能，因此也被广泛用作高温炉窑蓄热式换热蓄热体的研究。我国大型工业窑炉在燃烧时不够充分，燃烧过程中会产生大量的粉尘颗粒和焦油，极易造成蜂窝多孔材料孔道的堵塞，导致换热蓄热体无法正常发挥作用且排气不够通畅。为切合我国在工业窑炉的实际情况，设计研究更适合的蓄热式换热器成为研究重点。研究人员对蜂窝多孔材料的蓄热体展开了大量工作，发现利用莫来石制备的蜂窝多孔材料性能及蓄热效果突出，可应用于高温工业炉窑蓄热式换热器。

研究资料表明，发达国家多使用蜂窝多孔材料制造汽车净化器和微粒捕捉器，用于控制汽车尾气排放。国外的蜂窝多孔陶瓷材料的壁厚达到 0.2～0.5mm 精细结构，蜂窝单元间距在 1～3mm 范围内，蜂窝多孔材料的换热面积为 $1000m^2/m^3$ 以上。目前，全球最大规模的两个蜂窝多孔材料的生产制造公司是日本 NGK 公司和美国康宁公司，两大公司因堇青石原材料易取得且价格便宜，均采用堇青石来制备蜂窝多孔载体，生产过程中工艺技术简单易实现，测试性能满足业界所需标准。

5.3.2 蜂窝多孔材料的特性

蜂窝多孔材料有三种孔径类型：孔径低于 2nm（微孔蜂窝多孔陶瓷材料），孔径介于 2～50nm 之间（介孔蜂窝多孔陶瓷材料），孔径 50nm 以上（宏孔蜂窝多孔陶瓷材料）。按照成孔剂类型和孔道结构的不同，蜂窝多孔材料有三类：泡沫蜂窝多孔陶瓷材料、粒状陶瓷烧结体和蜂窝多孔陶瓷材料。蜂窝多孔材料的蜂巢结构对材料整体的机械强度、显气孔率、吸水率、体积密度、比表面积及使用寿命等有重要影响。为了改进蜂窝多孔材料的整体性能、提高机械强度和增加使用寿命，研究人员对其孔密度正交调试，加厚蜂窝多孔材料体外包皮厚度及外孔壁外包皮的角度。此外，蜂窝多孔陶瓷材料的通道形状对比表面积、开孔率等也有重要影响。

不同研究领域的具体应用不同，对蜂窝多孔陶瓷材料的要求也不相同，但蜂窝多孔材料具备以下相同的性能特点：稳定的化学及热性能，耐酸、耐碱的蜂窝多孔材料不容易发生热变形、氧化现象、化学变化等，不会引起二次污染；渗透率高，显气孔率达到 80%且孔径分布均匀；抗压性能优越，外部压力作用不会造成形变和孔径变形；良好的自净性能，无异味，能避免再污染；表面结构独特，比表面积超高，能吸附过滤大量微小的颗粒物，对气液介质有选择透过性；使用寿命及再生性强，过滤功能可循环发挥作用。蜂窝多孔材料作为新型功能材料，具备以上突出的性能确保了其在广泛的科学研究领域中有较强的竞争力及应用优势。

5.3.3 蜂窝多孔材料的制备

在不同的应用研究领域，研究人员选择氧化铝、堇青石及莫来石等作为蜂窝多孔材料的原材料。制备工艺过程是影响蜂窝多孔材料特定形状和结构的决定性因素。目前，常见的五种蜂窝多孔材料制备工艺包括挤出成型工艺、有机泡沫浸渍工艺、发泡工艺、添加成孔剂工艺及颗粒堆积工艺，这五种制备工艺制得的蜂窝多孔材料制品都展示出各自独特的应用价值。

（1）挤压成型工艺，即将蜂窝多孔原材料从模具中挤压而出，定型得到材料制品。该工艺流程步骤如下：准备或合成原料→原料混合→挤压成型→干燥→焙烧→成品。目前，国外挤压成型工艺以美国和日本公司较为成熟，已研制出高达600孔/in^2和900孔/in^2（1in＝2.54cm）的高密度孔结构蜂窝多孔材料。国内自行研制并投入生产的蜂窝多孔材料挤出成型模具可达400孔/in^2的规格，国内研究人员也已着手研究600孔/in^2挤出成型模具，现已取得了初步成果。

（2）有机泡沫浸渍工艺，即将原材料浸渍于有机聚合物中，待混合物干燥后，将其在高温下焙烧，有机物在高温下燃烧掉呈现出串联的孔道结构，得到的蜂窝多孔材料孔道不规整。

（3）发泡工艺，即在陶瓷浆料中添加能发生化学反应的化学组分，发泡过程中产生气体量很大，气体在浆料中占据体积产生大量泡状泡沫，然后通过干燥和焙烧制得蜂窝多孔材料。目前，常用的发泡剂有碳酸钙、硫化物和硫酸盐混合物、双氧水及聚氨酯塑料等。发泡工艺的优点在于其机械强度良好、易控制孔径及样品整体结构、显气孔率高，适用于闭气孔蜂窝多孔材料的制备。制备此种蜂窝多孔材料的缺点是选材难、工艺难控制。

（4）添加成孔剂工艺法，即在准备浆料的同时，将成孔剂均匀地掺杂在浆料中，浆料颗粒与成孔剂黏合堆积紧密后，通过干燥、高温焙烧，烧成蜂窝多孔材料。通过添加成孔剂工艺制得的蜂窝多孔材料的显气孔率可调性强：成孔剂的添加量影响材料的显气孔率的高低；成孔剂颗粒粒度影响材料的孔径及孔型。为了提高气孔率，经常选择有机和无机两类成孔剂。有机成孔剂包括高分子聚合物、天然纤维、木屑等；无机成孔剂包括煤粉、碳粉、石灰石、碳酸盐等。成孔剂的添加量及类型还会影响到蜂窝多孔材料的强度问题，因此选择合适的成孔剂是试验研究工艺的重点。在制备蜂窝多孔材料时，焙烧温度和焙烧时间是影响材料气孔率及机械强度的重要因素。相对于其他制备工艺，添加成孔剂工艺的焙烧温度过高不会使蜂窝多孔材料中的小气孔消失，温度可控性强。此方法可容易筛选出适当的焙烧温度及时间，保证制品的机械强度及显气孔率不受太大影响。添加成孔剂工艺的优点在于烧制的样品气孔率高，又具有很好的机械强度，孔体积大，工艺简单，可制成多种气孔结构的陶瓷制品；缺点是气孔不均匀。

（5）颗粒堆积工艺，即在配好的坯料中添加粒径更小的同相颗粒，微细颗粒在烧结温度下更易液化，从而使坯料聚集起来，其线性关系表明坯料粒径越大，蜂窝多孔材料的孔体积越大。

5.3.4 涂覆型蜂窝脱硝催化剂

以赤泥为原材料制备的蜂窝陶瓷抗压强度较高，热稳定性较好，蜂窝内壁是由很多的孔道构成，压降小，适合作为烟气处理催化剂的骨架结构。但是蜂窝陶瓷表面需要涂覆一层高比表面积的载体以便更好地负载活性组分。近些年来文献报道高比表面积载体主要包括锐钛矿型 TiO_2、γ-Al_2O_3、分子筛等，报道的活性组分主要包括 V_2O_5、

MnO_2、CeO_2、CuO 等；但是实际应用的脱硝催化剂用的载体和活性组分主要还是 TiO_2 和 V_2O_5。TiO_2 作为载体，其抗中毒性、抗结碳性和抗 SO_2 性比其他载体性能更好；V_2O_5 作为活性组分其脱硝活性、N_2 选择性和抗中毒性能也优于其他活性组分。所以研究选用 TiO_2 涂覆液涂覆赤泥蜂窝陶瓷作为载体负载活性组分，制备以 V 为活性组分的赤泥蜂窝脱硝催化剂，并研究 TiO_2 含量、V_2O_5 含量、WO_3 含量对脱硝活性的影响。

1. 筛选载体和活性组分

研究选择 γ-Al_2O_3 溶胶、TiO_2 溶胶、γ-Al_2O_3～TiO_2 混合溶胶做成的载体涂层分别负载了活性组分 CuO、V_2O_5，然后进行脱硝性能对比测试，活性如图 5-4 所示。由图可以看出 CuO 和 V_2O_5 作为活性组分制备的催化剂在测定的温度区间内的活性差别较大。以 V_2O_5 为活性组分制备的催化剂普遍比以 CuO 为活性组分制备的催化剂活性高；二者均在 300℃左右活性达到最大值；当以 V_2O_5 为活性组分时，负载在 γ-Al_2O_3、TiO_2、γ-Al_2O_3～TiO_2 三种载体中时可以看出以 TiO_2 为载体，以 V_2O_5 为活性组分制备的整体脱硝催化剂的活性最好。故本试验选用 TiO_2 作为载体，V_2O_5 作为活性组分。

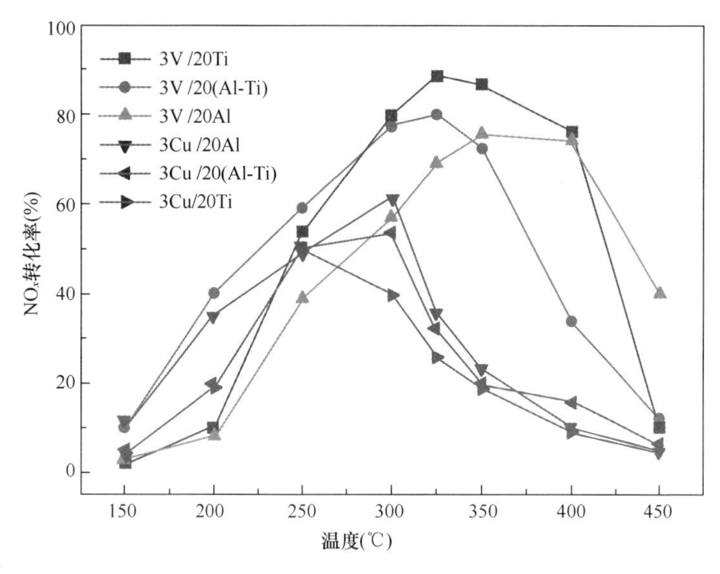

图 5-4 不同载体负载不同活性组分的活性对比图

2. TiO_2 载体含量的确定

图 5-5 和图 5-6 给出不同 TiO_2 负载量加相同含量活性组分（3%V_2O_5）的催化剂在不同温度下对 NO_x 的还原性能和选择性能。由图可知，随着反应温度的增加，催化剂的活性先升高后降低。催化剂的脱硝效率在超过一定温度后会下降是因为在温度较高的情况下，催化剂的 N_2 选择性发生了改变，将 NO_x 转化成 NO_2、N_2O，而非选择性还原成 N_2。当 TiO_2 负载量为 10%时，催化剂脱除 NO_x 的效率在 30%，脱硝效率如此低的主要原因是：TiO_2 的涂覆量小，在赤泥蜂窝陶瓷表面形成的涂层不能完全覆盖赤泥蜂窝陶瓷表面，而赤泥蜂窝陶瓷表面的碱金属含量较高，会削弱 V_2O_5 的活性；而且较小的 TiO_2 涂覆量不能提供很高的比表面积，活性组分不能很好地分散。随着 TiO_2 含量

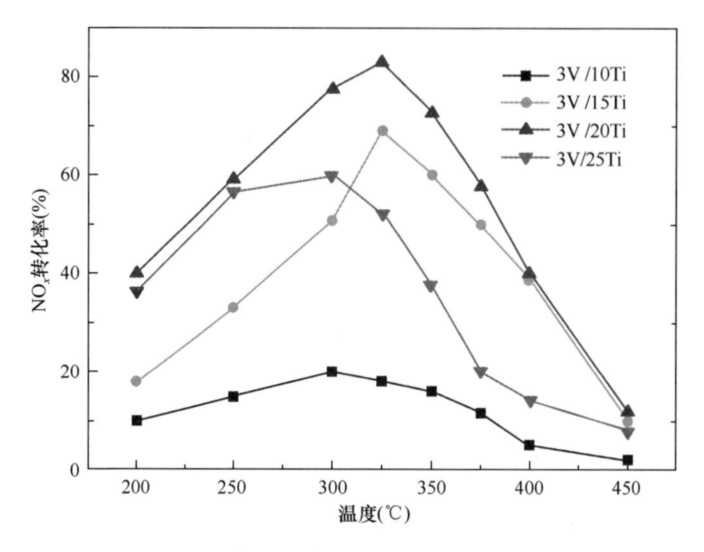

图 5-5　不同 TiO_2 涂覆量对催化剂活性影响图

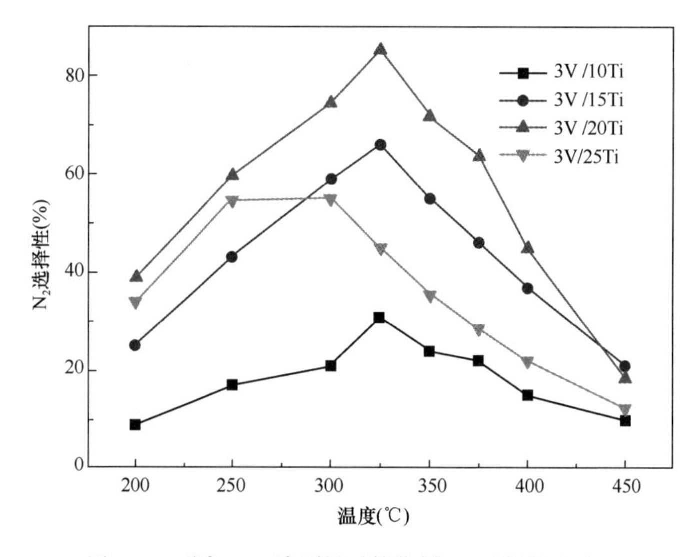

图 5-6　不同 TiO_2 涂覆量对催化剂 N_2 选择性影响图

增加到 15%时，脱硝活性增加到 67.5%。TiO_2 含量增加到 20%时，催化剂脱除 NO 的效率在 325 ℃时最大为 85.5%。高含量的 TiO_2 涂层为催化剂活性组分提供了高比表面积，活性组分得以更好、更稳定的分散，提高了利用率，降低了活性组分与赤泥蜂窝陶瓷表面的碱金属氧化物的相互作用。随着 TiO_2 负载量的继续增加，当 TiO_2 负载量为 25%时，催化剂在 300 ℃时的脱硝效率为 55.5%，脱硝效率大大降低，这主要是因为蜂窝陶瓷表面的 TiO_2 涂覆量过多以至于造成一些孔道有堵孔现象，反应气与活性组分的接触面减少，活性组分的利用率大大降低。

3. 活性组分 V_2O_5 含量的确定

图 5-7 和图 5-8 给出了 TiO_2 载体含量 20%负载不同含量的 V_2O_5 制备的催化剂的 NO_x 脱除效率对比图和 N_2 选择性对比图。随着钒含量的增加，催化剂的活性呈现先增

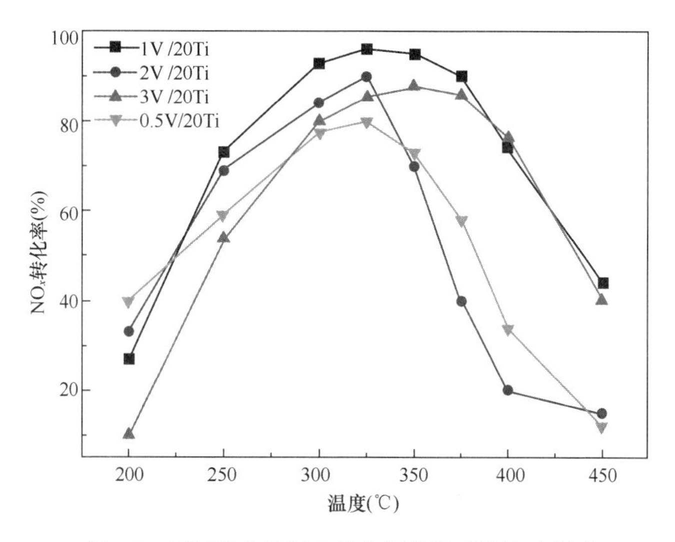

图 5-7　不同钒含量制备催化剂的脱硝活性对比图

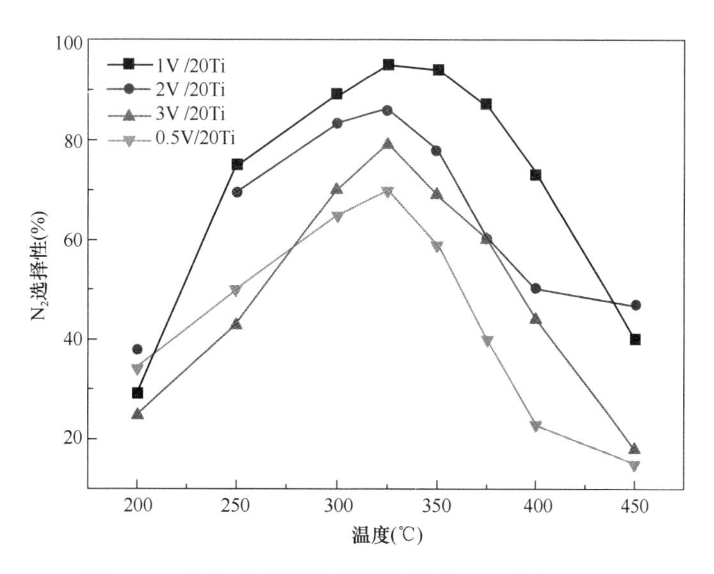

图 5-8　不同钒含量制备的催化剂对 N_2 选择性对比图

加后减少的趋势。当活性组分含量为 0.5%时，制备的催化剂在 325℃的脱硝活性为 67%，随着钒含量的增加，催化剂的脱硝效率增大，当活性组分含量为 1%时，制备的催化剂的脱硝效率达到最大值，在 325℃高达 96%，在 300～375℃的温度范围内，脱硝效率均在 90%以上。随着钒含量的继续增加，催化剂的活性呈下降的趋势。当活性组分含量增加到 3%时，催化剂的最高脱硝效率降低到 80%，这主要是因为随着活性组分含量的增加，活性组分在载体表面的分散性降低，活性组分氧化物之间的相互作用增加，V_2O_5 的利用率大大降低。所以研究确定 V_2O_5 的最佳负载量为 1%。

5.4 赤泥负载不同金属氧化物催化剂的制备及脱硝性能测试

NH_3-SCR 技术的核心是选择优良的催化剂，到目前为止，研究过的催化剂根据活性组分或载体种类的不同可分为负载型贵金属催化剂、离子交换的分子筛催化剂和负载型金属氧化物三大类。负载型贵金属催化剂在催化反应中表现出很高的低温 SCR 活性，并且具有较强的热稳定性，但成本高、操作温度窗口窄、耐硫性能差且对 NH_3 有一定的氧化作用；离子交换的分子筛催化剂引起了很多研究者的关注，尤其是在高、中温段 NH_3-SCR 催化剂体系的开发中，该类催化剂主要被尝试用于移动源 NO_x 的脱硝净化过程，通常具有良好的热稳定性、较宽的操作温度窗口且废弃后方便处理。总体来说，其低温性能较差，且各类分子筛都有其不适应性；对于负载型金属氧化物催化剂，它可以结合各类金属氧化物的优点而表现出较好的脱硝性能。负载型金属氧化物催化剂一般常用的活性组分为钒、铜、钴、钼、镍、铁、锰、铈等的氧化物。

5.4.1 赤泥改性负载不同金属氧化物催化剂的制备

1. 采用酸消化-碱沉淀法对赤泥进行预处理

将铝厂的原始赤泥和提钠处理赤泥在马弗炉中 550℃焙烧 6h 后分别标记为 RM 和 TRM。对赤泥进行酸消化-碱处理：分别将铝厂的赤泥和铝厂提钠处理后的赤泥依次经过酸消化和碱液处理。将处理后的样品在马弗炉中 550℃焙烧 6h 后，分别标记为 PRM 和 PTRM。

2. 制备负载不同金属氧化物的赤泥催化剂

选用浸渍法制备赤泥催化剂，选取活性组分前驱体，分别与预处理后的赤泥混合，得到赤泥催化剂前驱体，通过焙烧方式得到最终赤泥脱硝催化剂。

5.4.2 脱硝活性测试装置及检测

催化剂的活性测试是在图 5-9 所示的催化装置上进行的。将催化剂置于 U 形管中，两端用石英砂传热，铂铑热电偶直接插入催化剂床层控制反应温度。反应器出口气体中 NH_3 和 N_2O 经过 180℃控温的红外光谱仪配备的气体池采集数据，监测 NH_3 和 N_2O 的浓度，从红外出来的反应气经过 NO_x 分析仪，监测出口气体中 NO_x（NO、NO_2）的浓度。为了排除 NH_3 对试验数据的干扰，并且吸收反应气中的水汽，在 NO_x 分析仪前放置含浓磷酸吸收瓶，吸收尾气中的 NH_3 和 H_2O。

在实验室催化平台上进行催化剂的活性评价，测试温度范围为 100～400℃。反应模拟的气氛组成为：500mg/L NO/He、500mg/L NH_3/He、5.3% O_2/He，平衡气为 He，NH_3-SCR 催化反应所用的催化剂为 20～40 目。常压条件下气体总流速为 100mL/min。催化装置出口的反应气首先经过红外气体池，监测 NH_3 和 N_2O 的浓度，气体之后经过 NO_x 分析仪，检测反应气中的 NO、NO_2、NO_x 浓度，最后经 NO_x 分析仪的排空口排空。反应后的气体在进入 NO_x 分析仪器前先经过浓磷酸吸收瓶，目的在于吸收反应中过量的 NH_3 及反应生成的 H_2O，以避免 NH_3 在烟气分析仪中氧化导致

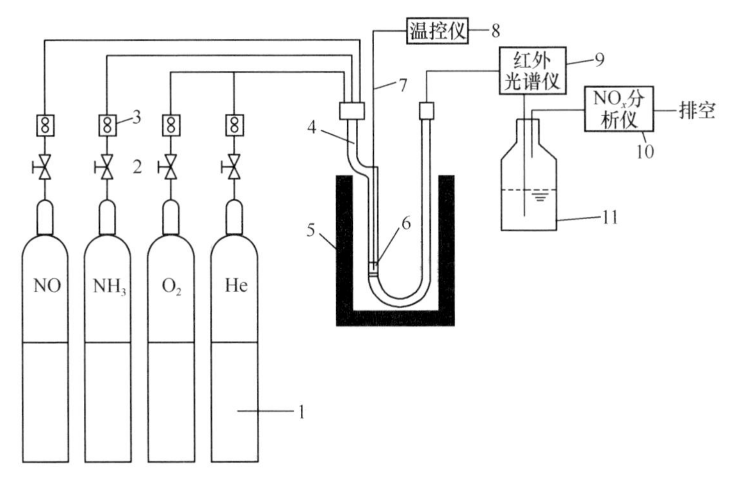

图 5-9 脱硝活性测试装置示意图

1—气体钢瓶；2—减压阀；3—质量流量计；4—石英反应管；

5—电阻炉；6—催化剂；7—热电偶；8—温控仪；

9—红外光谱仪；10—氮氧化物分析仪；11—红外气体池

NO_x 的数据不准确。在测试脱硝性能之前，催化剂样品需要筛分 20～40 目，在 200℃，He 气氛中预处理 30min，目的在于除去催化剂样品表面的杂质。待样品冷却至室温后，通入反应气体，用 NO_x 分析仪监测反应器出口 NO_x 浓度，待其浓度数值稳定后，程序升温至预设的温度，用红外光谱仪监测出口的 NH_3 和 N_2O 的数据，并用 NO_x 分析仪记录反应器出口的 NO、NO_2、NO_x浓度。NO_x 的转化率和 N_2 的选择性计算公式为式（5-2）和式（5-3）。

$$NO_x\text{ 转化率}(\%)=\frac{[NO+NO_2]_{in}-[NO+NO_2]_{out}}{[NO+NO_2]_{in}}\times 100\% \tag{5-2}$$

$$N_2\text{ 选择性}(\%)=\frac{[NO]_{in}+[NH_3]_{in}-[NO_2]_{out}-2[N_2O]_{out}}{[NO]_{in}+[NH_3]_{in}}\times 100\% \tag{5-3}$$

其中，下标 in 和 out 分别表示稳态条件下进气口和出气口浓度。

5.4.3 不同载体对催化剂活性的影响

对 RM、PRM、TRM 和 PTRM 四种赤泥载体进行活性评价，对比赤泥预处理前后样品脱硝性能的区别，筛选出适合做脱硝催化剂载体的样品。其结果如图 5-10 所示，随着反应温度的升高，RM 和 TRM 在全温度段（150～400℃）没有任何脱硝活性。预处理后的两种赤泥（PRM 和 PTRM）随着反应温度的增加，对氮氧化物的转化率提高，当温度达到 300～350℃之间时，表现出了最高的脱硝转化率；在 350℃以上的温度，样品没有活性。四种赤泥的催化活性顺序依次为 PTRM＞PRM＞TRM＝RM。结果表明，赤泥本身没有任何的脱硝活性，但是经过预处理后，都表现了一定的脱硝活性，其中 PTRM 在 300℃和 350℃分别表现出最高转化率峰，数值为 42.1%、3.42%。

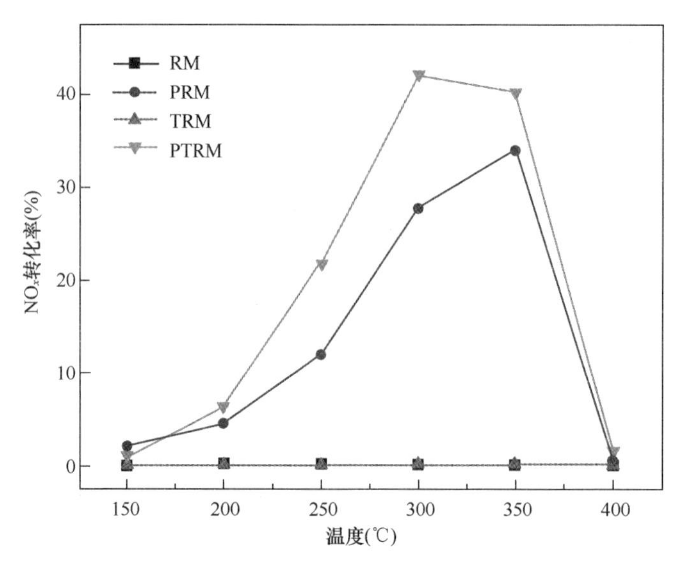

图 5-10　赤泥载体的 NH_3-SCR 活性

5.4.4　不同活性组分对催化剂活性的影响

为了筛选出更好的脱硝催化剂，研究对同种赤泥载体（PRM）同一含量的不同活性组分的金属氧化物赤泥催化剂进行了脱硝性能测试，结果如图 5-11 所示。随着反应温度的升高，所有催化剂的活性都增加，除 5Mo/PRM 以外的样品都在 300℃表现出了其最高的脱硝活性，而 5Mo/PRM 在 350℃呈现了其最好的性能。PRM 自身的脱硝活性，可以发现在 PRM 上负载 Mo 和 Ni 对催化剂不但没有促进作用，反而降低了赤泥的脱硝活性；在 PRM 上负载 Co 略微提高了其脱硝活性，但是提高幅度极小。Cu 和 V 的负载大大提高了催化剂的脱硝活性，其中 5Cu/PRM 在 300℃时达到其最高转化率

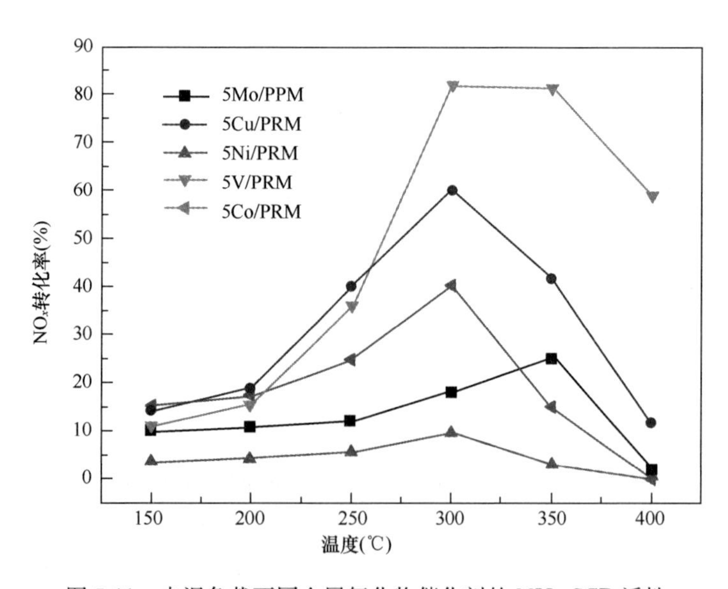

图 5-11　赤泥负载不同金属氧化物催化剂的 NH_3-SCR 活性

60.2%，5V/PRM在300℃时达到其最高转化率82.1%。五种赤泥催化剂的催化活性顺序依次为5V/PRM>5Cu/PRM>5Co/PRM>5Mo/PRM>5Ni/PRM。结果表明，铜氧化物和钒氧化物的负载对赤泥的脱硝性能有着很大的提高。

5.5 负载钒、铜赤泥脱硝催化剂的活性及选择性测试

对一系列负载氧化钒的PRM和PTRM脱硝催化剂进行性能评价，其结果如图5-12和5-13所示。对于一系列的xV/PRM来说，如图5-12（a）所示，所有样品在200～350℃之间随着反应温度的升高，负载氧化钒的预处理赤泥催化剂对NO_x的转化率也增高，当温度高于350℃时，所有样品的NO_x转化率开始下降。在200～300℃之间的温度范围内，3V/PRM表现出了最高的脱硝转化率；在300～375℃之间的温度范围内，5V/PRM表现出了最高的脱硝转化率；当温度高于375℃时，2V/PRM则表现出了最高的脱硝转化率。对于xV/PRM，当V量从1%上升到5%时，3V/PRM表现出了在整个反应温度段较高的脱硝活性（375℃时转化率为86.2%）催化剂的脱硝转化率随V含量的变化波动不大。xV/PRM系列样品的N_2选择性如图5-12（b）所示，催化剂的N_2选择性与NO_x转化率随温度呈现一样的变化趋势。在温度低于300℃时，3V/PRM表现出了最高的N_2选择性；在300～375℃之间的温度范围内，5V/PRM表现出了最高的N_2选择性；当温度高于375℃时，2V/PRM则表现出了最高的N_2选择性（400℃时转化率为88.9%）。对于xV/PRM，当V量从1%上升到5%时，N_2选择性随着V含量的变化有10%左右的波动，3V/PRM在整个反应温度段表现出了较高的N_2选择性，催化剂的N_2选择性受V含量的影响不大，在350～450℃之间都保持较高的N_2选择性。

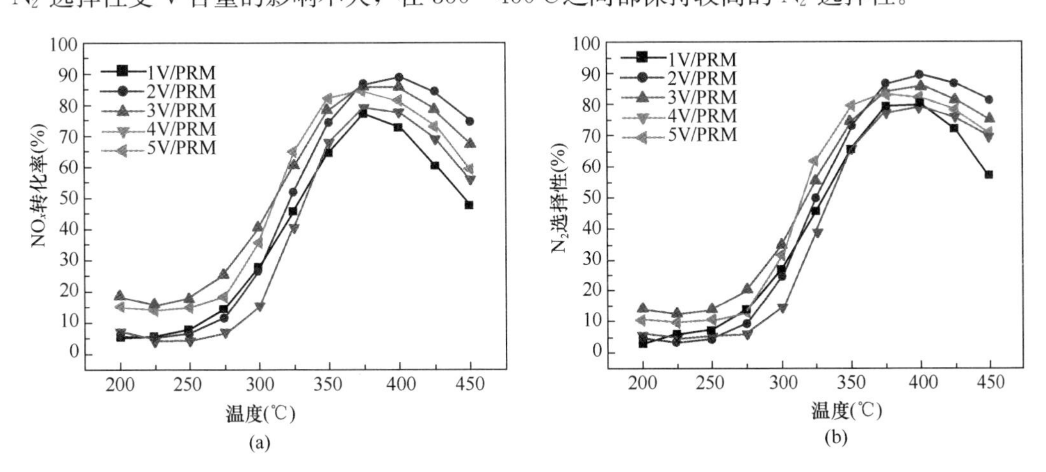

图5-12 xV/PRM催化剂的NH_3-SCR活性和选择性

对于一系列的xV/PTRM来说，如图5-13（a）所示，所有样品在200～350℃之间随着反应温度的升高，负载氧化钒的预处理提钠赤泥催化剂对氮氧化物的转化率也相应升高；当温度高于350℃时，1V/PTRM和5V/PTRM的NO_x转化率开始下降，而2V/PTRM、3V/PTRM和4V/PTRM的转化率相对稳定（55%～65%）。在200～450℃之间的反应温度范围内，相比其他催化剂，1V/PTRM表现出了最高的脱硝转化

率，最高可达 85.9%（375℃）。催化剂的转化率顺序为 1V/PTRM>5V/PTRM>4V/PTRM>2V/PTRM>3V/PTRM。随着 V 含量的增加，NO_x 转化率变化趋势不明显且规律性不强，同一温度点除 1V/PTRM 外的其他四种催化剂相差不超过 10%，1V/PTRM 在整个反应温度段呈现最好的脱硝活性。xV/PTRM 系列样品的 N_2 选择性如图 5-13（b）所示，催化剂的 N_2 选择性与 NO_x 转化率随温度呈现类似的变化趋势。催化剂的选择性顺序为 1V/PTRM>5V/PTRM>4V/PTRM>2V/PTRM>3V/PTRM。所有样品在 200～350℃之间随着反应温度的升高，负载氧化钒的预处理提钠赤泥催化剂的 N_2 选择性也相应升高；当温度高于 400℃时，1V/PTRM 和 4V/PTRM 的 N_2 选择性开始下降，而 2V/PTRM、3V/PTRM 和 5V/PTRM 的 N_2 选择性在 400℃以上相对稳定，维持在 55%～70%之间。在 200～450℃之间的反应温度范围内，相比其他催化剂，1V/PTRM 表现出了最高的 N_2 选择性，最高可达 86.8%（375℃）。随着 V 含量的增加，催化剂的 N_2 转化率变化趋势不明显且规律性不强，1V/PTRM 在整个反应温度段呈现最高的 N_2 选择性。

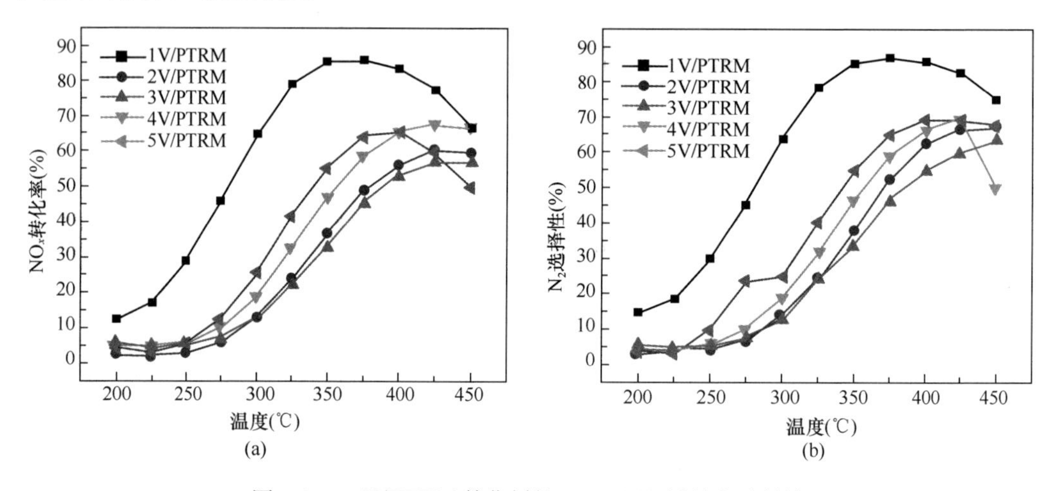

图 5-13　xV/PTRM 催化剂的 NH_3-SCR 活性和选择性

对于一系列的 xCu/PRM 来说，如图 5-14（a）所示，所有样品在 150～300℃之间

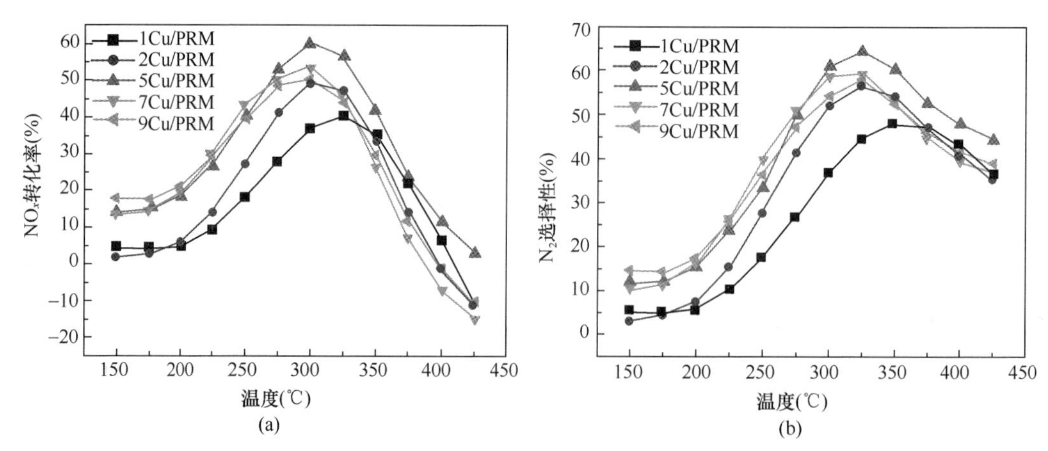

图 5-14　xCu/PRM 催化剂的 NH_3-SCR 活性和选择性

随着反应温度的升高，负载氧化铜的预处理赤泥催化剂对 NO_x 的转化率也增高，当温度高于 325℃时，所有样品的 NO_x 转化率开始下降。在低于 200℃的温度范围内，9Cu/PRM 表现出了较高的脱硝转化率；在 200～250℃之间的温度范围内，7Cu/PRM 表现出了较高的脱硝转化率；当温度高于 275℃时，5Cu/PRM 则表现出了最高的脱硝转化率。对于 xCu/PRM，当 Cu 量从 1%上升到 5%时，催化剂的 NO_x 转化率有明显的提高；继续增加 Cu 含量（7Cu/PRM 和 9Cu/PRM），催化剂的脱硝转化率没有明显提高且在高温段（大于 300℃）转化率下降明显。催化剂的 NO_x 转化率顺序为 5Cu/PRM>7Cu/PRM=9Cu/PRM>3Cu/PRM>1Cu/PRM。5Cu/PRM 在整个反应温度呈现段最高的脱硝转化率（300℃时转化率可达 60.2%）。xCu/PRM 系列样品的 N_2 选择性如图 5-14（b）所示，催化剂的 N_2 选择性的变化趋势与 NO_x 转化率的变化趋势一致。催化剂的 N_2 选择性顺序为 5Cu/PRM>7Cu/PRM=9Cu/PRM>3Cu/PRM>1Cu/PRM，5Cu/PRM 在整个反应温度呈现最高的 N_2 选择性（325℃时转化率为 64%）。

对于一系列的 xCu/PTRM 来说，如图 5-15（a）所示，所有样品在 200～325℃之间随着反应温度的升高，负载同氧化物的预处理提钠赤泥催化剂对 NO_x 的转化率也相应升高；当温度高于 375℃时，所有样品的 NO_x 转化率开始下降。7Cu/PTRM 在全反应温度段表现出最高的脱硝转化率。催化剂的 NO_x 转化率顺序为 7Cu/PTRM>9Cu/PTRM>5Cu/PTRM>3Cu/PTRM>1Cu/PTRM。从 NO_x 转化率结果我们可以看到，xCu/PTRM 系列的催化剂随 Cu 含量的增加，NO_x 转化率呈现先升高再降低的趋势；当 Cu 负载量达到 7%时 NO_x 转化率最高，最高在 350℃时可达 81.4%，相比 PTRM 提高了 40%。xCu/PTRM 系列样品的 N_2 选择性如图 5-15（b）所示，催化剂的 N_2 选择性与 NO_x 转化率随温度呈现相似的变化趋势。催化剂的 N_2 选择性顺序为 7Cu/PTRM>9Cu/PTRM>5Cu/PTRM>3Cu/PTRM>1Cu/PTRM，7Cu/PTRM 在全反应温度段表现出最高的 N_2 选择性。从 N_2 选择性结果我们可以看到，xCu/PTRM 系列的催化剂随 Cu 含量的增加，N_2 选择性呈现先升高再降低的趋势；当 Cu 负载量达到 7%时 N_2 选择性最高，最高在 325℃时可达 80.8%。

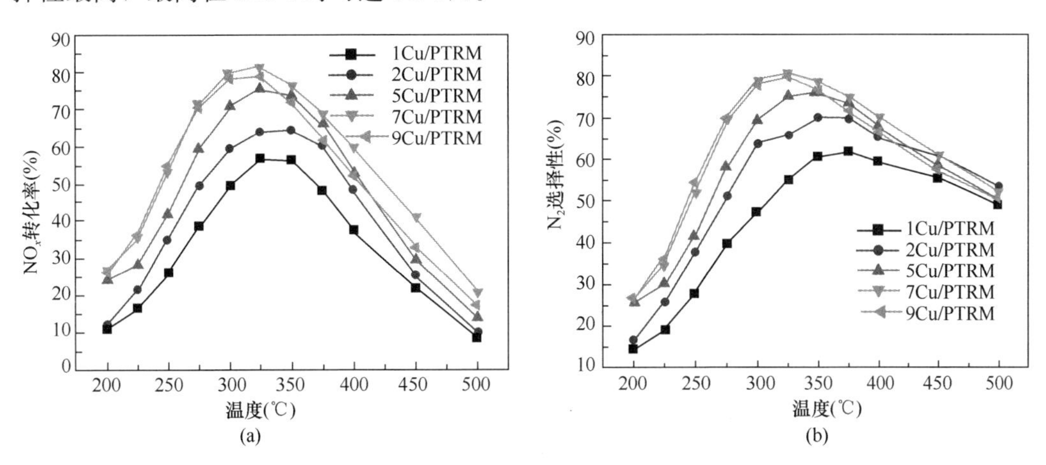

图 5-15 xCu/PTRM 催化剂的 NH_3-SCR 活性和选择性

5.6 负载锰（Mn）、铈（Ce）赤泥脱硝催化剂的活性及选择性测试

采用酸消化-碱沉淀法对赤泥进行活化处理，其中利用盐酸、硝酸、硫酸分别进行活化处理，得到活化赤泥（ARM）。主要在富氧（O_2 含量为5.3%）条件下模拟烟气组成考察单一负载锰、单一负载铈及锰-铈共负载的赤泥脱硝催化剂的活性及选择性，确定催化剂的最佳负载量及配比关系，筛选出性能最优的催化剂。对比研究了不同焙烧温度、浸渍顺序及载体对催化剂消除 NO_x 性能的影响。

5.6.1 活性组分含量对催化剂活性及选择性的影响

1. Mn 的含量对催化剂脱硝性能的影响

对一系列 Mn 负载的赤泥脱硝催化剂进行活性评价，其结果表明（图 5-16），随着反应温度的升高，Mn 负载的赤泥催化剂对氮氧化物的转化率提高，且高于活性赤泥本身。在富氧和低温 120～400℃条件下，Mn/ARM 催化剂的催化活性顺序依次为 14% Mn/ARM～10%Mn/ARM>5%Mn/ARM>9%Mn/ARM>1%Mn/ARM>ARM。活性赤泥负载 Mn，不仅提高了其在低温条件下的催化活性（尤其在 250℃左右），而且拓宽了其活性温度窗口，这表明 Mn 的负载提高了赤泥催化还原 NO_x 反应的性能。在 120～225℃区域内，赤泥脱硝催化剂的活性随着 Mn 负载量的增加而呈现上升趋势，温度高于 225℃之后，赤泥脱硝催化剂的活性随温度的增加而呈现下降趋势，并且 9% Mn/ARM 催化剂的活性降低最为明显，5% Mn/ARM、10% Mn/ARM 与 14% Mn/ARM 的活性大致相同，优于其他催化剂的活性。

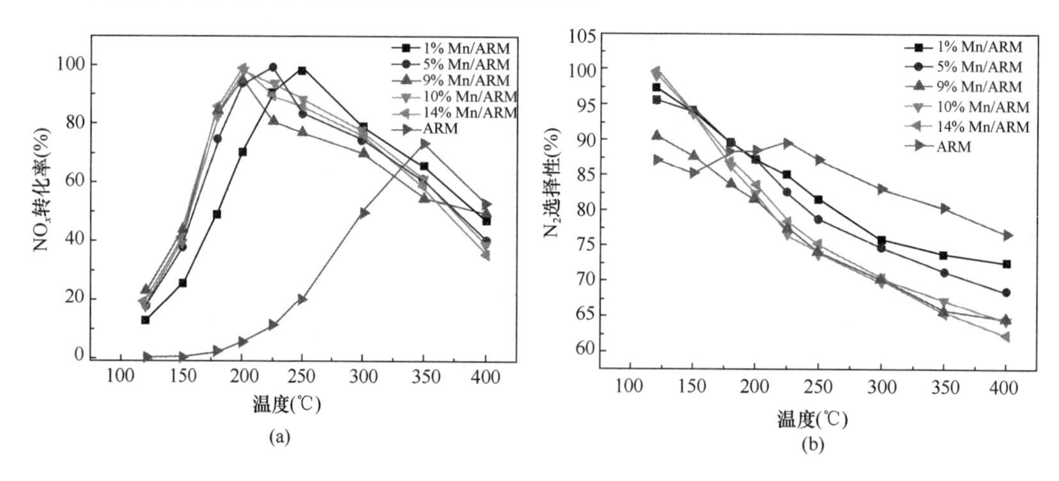

图 5-16 锰负载量对赤泥脱硝催化剂活性的影响

由 Mn/ARM 催化剂的脱硝选择性图可知随着 Mn 负载量的增加赤泥，选择性依次下降，活性赤泥的选择性维持在 80%～90%之间，催化剂的选择性顺序为 1% Mn/ARM>5%Mn/ARM>14%Mn/ARM>10%Mn/ARM>9%Mn/ARM。

由图 5-16 可知 Mn 的负载量为 5%、10%、14%时，Mn/ARM 催化剂在 225℃催

化脱硝活性达99%，选择性分别为82%、76%、75%，10%Mn/ARM的最佳活性温度为200℃。由此可知Mn的负载量增加可以显著提高赤泥的催化活性，但是随着Mn负载量的增加，赤泥的脱硝活性变化不明显，而且高负载量提高了赤泥脱硝催化剂的成本，因此综合脱硝催化剂活性、选择性及催化剂的成本，赤泥的最佳Mn负载量为10%。

2. Ce的含量对催化剂脱硝性能的影响

Ce负载的赤泥脱硝催化剂活性及选择性结果如图5-17所示，结果表明Ce负载的赤泥脱硝催化剂的活性随着反应温度的升高而提高，且均高于活性赤泥的活性。温度低于300℃时，赤泥脱硝催化剂的活性随着Ce负载量的增加而增加；温度高于300℃之后，Ce/ARM催化剂的活性逐渐下降，当Ce负载量达到9%之后，继续增大Ce的量，催化剂的活性几乎不变。Ce/ARM催化剂的催化活性顺序依次为14%Ce/ARM～10%Ce/ARM～9%Ce/ARM>5%Ce/ARM>1%Ce/ARM>ARM。活性赤泥负载Ce，不仅提高了其在低温下的催化活性（尤其在300℃），而且其活性温度范围增大。推测Ce的负载改变了赤泥催化还原NO_x反应的活化能，增加了赤泥的活性位。

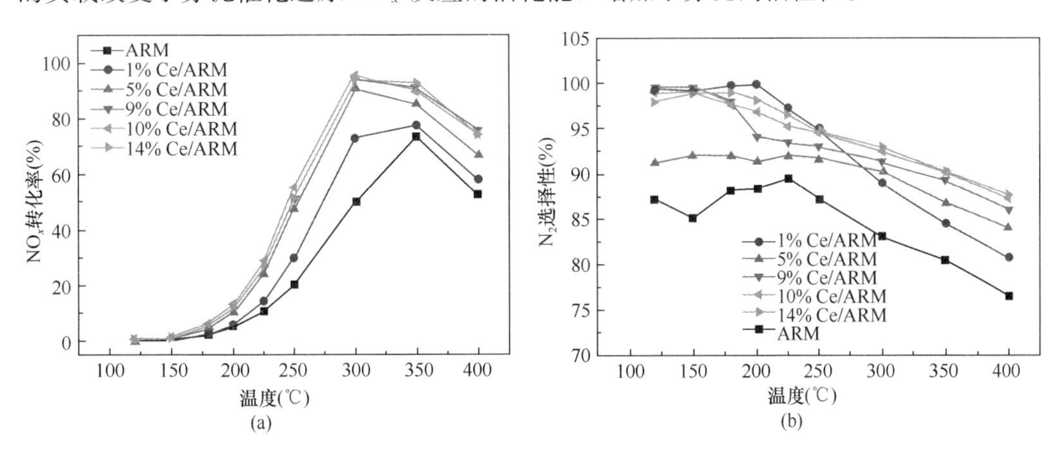

图5-17 Ce负载量对赤泥脱硝催化剂活性的影响

对于Ce/ARM催化剂的脱硝选择性，结果表明催化剂的选择性随着温度的升高而下降，其选择性优于ARM的选择性，Ce/ARM催化剂的选择性顺序从高到低依次为14%Ce/ARM～10%Ce/ARM>9%Ce/ARM>5%Ce/ARM>1%Ce/ARM>ARM，Ce负载的赤泥脱硝催化剂选择性维持在80%～100%之间。

Ce负载的赤泥脱硝催化剂负载量为9%、10%、14%时，在300℃催化脱硝活性达90%以上，选择性分别为91%、92%、93%。由此可知Ce的负载量增加可以显著提高赤泥的催化活性及选择性，但是随着Ce负载量的增加，赤泥的脱硝活性变化不明显，而且高负载量提高了赤泥脱硝催化剂的成本，因此综合脱硝催化剂的活性与选择性，结合催化剂成本，可知赤泥的Ce负载量在10%为佳。

3. Mn-Ce配比对共负载赤泥催化剂脱硝性能的影响

鉴于单一负载的Mn可以提高赤泥的低温催化活性，单负载Ce有利于提高赤泥催化剂的高温催化活性，催化剂优化负载量为10%，因此在单负载赤泥的经验基础上合成了一系列 MnCe 共负载的赤泥脱硝催化剂：1%Mn-9%Ce/ARM、5%Mn-5%Ce/ARM、9%Mn-1%Ce/ARM。通过负载的 Mn 与 Ce 的质量比，研究脱硝催化剂的性能，MnCe 共负载的赤泥催化剂的催化脱硝性能如图 5-18 所示。

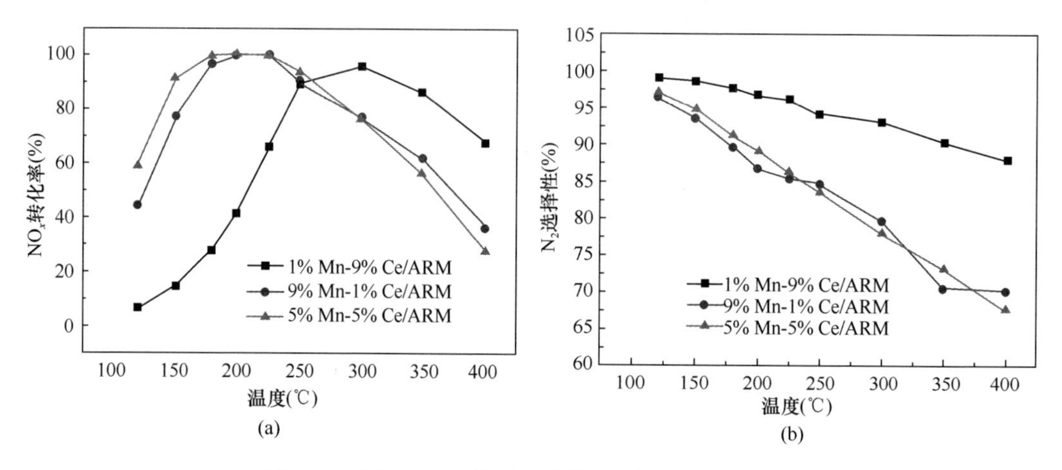

图 5-18　Mn、Ce 含量对赤泥脱硝催化剂活性的影响

图 5-18 展示了 Mn 和 Ce 配比对 Mn-Ce/ARM 催化剂活性及选择性的影响，结果表明在温度范围为 120～400℃时，NO_x 的转化率随着 Ce 和 Mn 的负载量的增加而升高，当 Ce 和 Mn 的负载量达到 5%时，NO_x 的转化率达到最高。随着 Mn 的负载量继续增加，NO_x 的转化率改善不明显。推测在 Ce 或 Mn 的负载量较大时（>5%），Mn-Ce/ARM 催化剂上的金属活性位凝聚，使金属活性位在催化剂表面分布不均，从而降低了 NO_x 的转化率。

Mn、Ce 共负载的赤泥脱硝催化剂反应活性明显高于单一负载的脱硝催化剂性能，而且反应温度窗口被拓宽。通过变化锰、铈的质量比，可以看出低温度情况下 5%Mn-5%Ce/ARM 的催化性能优于 1%Mn-9%Ce/ARM 和 9%Mn-1%Ce/ARM，1%Mn-9%Ce/ARM 催化剂中高温活性优于 5%Mn-5%Ce/ARM 和 9%Mn-1%Ce/ARM，三种催化剂的选择性随反应温度的升高呈现下降趋势，其中 1%Mn-9%Ce/ARM 的选择性最佳，120～400℃温度段内选择性均在 90%以上，对于 5%Mn-5%Ce/ARM 和 9%Mn-1%Ce/ARM 而言，催化剂的选择性变化基本保持一致，相差不大。

综上所述，对于催化剂低温性能而言，赤泥脱硝催化剂选择 5%Mn-5%Ce/ARM 为最佳，180～225℃范围内，其催化活性均在 90%以上，其选择性均维持在 85%以上，具有潜在的应用价值。

5.6.2　不同酸化赤泥载体对催化剂脱硝性能的影响

三种酸化处理的赤泥，其结构表征结果相近，为了考察酸的选择对催化剂活性的影响，用盐酸、硝酸、硫酸处理的活性赤泥为载体制备了 5%Mn-5%Ce/ARM（HCl）、5%Mn-5%Ce/ARM（HNO_3）、5%Mn-5%Ce/ARM（H_2SO_4）催化剂，其催化脱硝活性及选择性如图 5-19 所示。

从图 5-19 可知，在 120～225℃范围内，随着温度的升高，催化剂的脱硝活性均呈

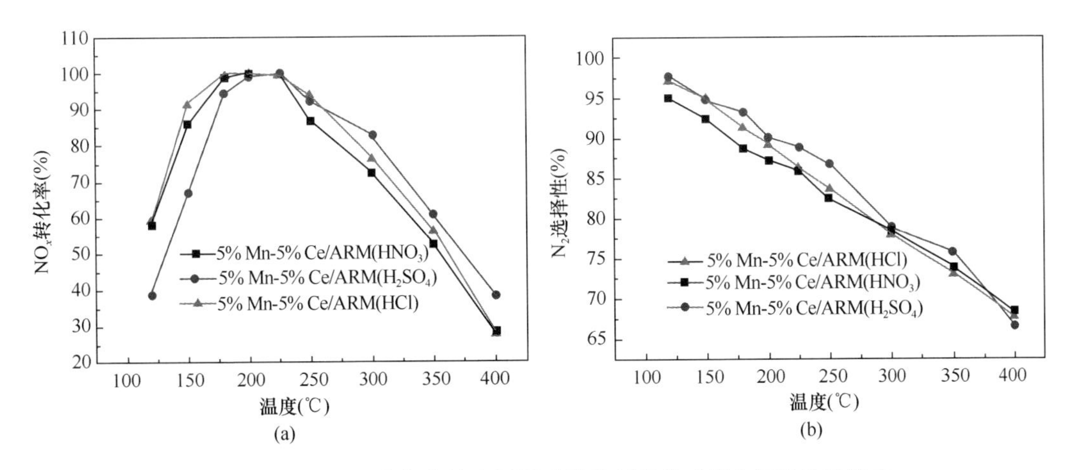

图 5-19 Mn、Ce 共负载的赤泥脱硝催化剂载体对催化剂活性的影响

现上升趋势，5%Mn-5%Ce/ARM（HCl）、5%Mn-5%Ce/ARM（HNO_3）的催化活性优于 5%Mn-5%Ce/ARM（H_2SO_4）催化剂；在 225～400℃范围内，催化剂的活性均呈现下降趋势，三种催化剂的活性相差不大，5%Mn-5%Ce/ARM（H_2SO_4）活性略优于 5%Mn-5%Ce/ARM（HCl）和 5%Mn-5%Ce/ARM（HNO_3）的催化活性。对于选择性，在 180～250℃范围内，三种催化剂的选择性均在 80%以上，最高时转化率高达 99%。三种催化剂的选择性在 120～400℃范围内大体一致，其选择性随着温度的上升呈现缓慢下降趋势，对 N_2 的选择性均维持在 65%以上。

综上所述，尽管活化赤泥的过程中选用了不同的酸消化赤泥，对赤泥催化剂的性能影响不大，鉴于盐酸消化的赤泥含有 Cl^-，而且 Cl^- 对催化剂的脱硝过程具有抑制作用，对赤泥活化过程的滤饼清洗要求高，硫酸活化的赤泥催化剂活性略低于其他两种催化剂，故研究的赤泥催化剂均选择硝酸酸化的活性赤泥为载体。

5.6.3 催化剂焙烧温度对脱硝活性及选择性的影响

本研究考察了不同焙烧温度对赤泥催化剂 5%Mn-5%Ce/ARM 脱硝性能的影响，其脱硝活性及选择性如图 5-20 所示。在 120～225℃范围内，随着温度的升高脱硝催化

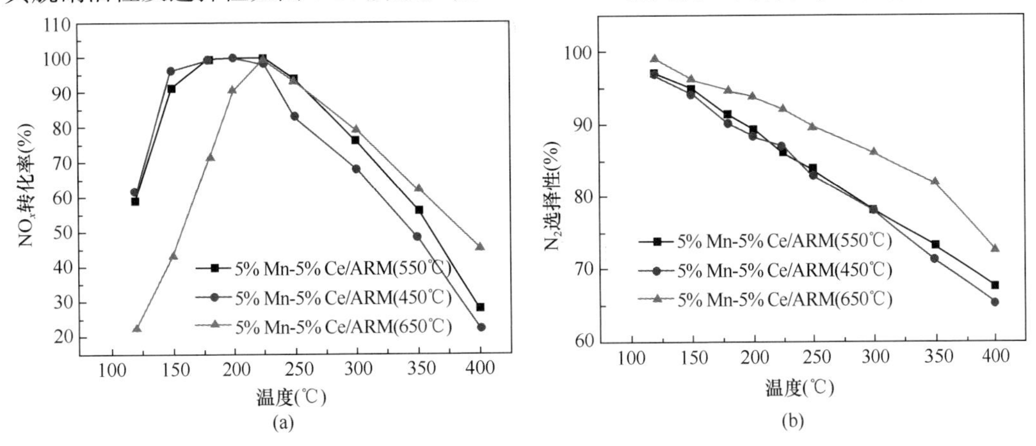

图 5-20 Mn、Ce 共负载赤泥脱硝催化剂的不同焙烧温度对催化剂活性的影响

剂的活性逐渐升高，450℃与550℃焙烧的赤泥脱硝催化剂的性能相差不大，明显优于650℃焙烧的赤泥脱硝催化剂的性能，三种催化剂在225℃时脱硝转化率均为99%；在225～400℃范围内，脱硝催化剂的活性呈现不同的下降趋势，其中550℃与650℃焙烧的催化剂的活性优于450℃焙烧的催化剂。对于催化剂的选择性，在120～450℃范围内均呈现下降趋势，其中650℃焙烧的催化剂活性选择性最高，450℃与550℃焙烧的催化剂选择性基本无差别。鉴于650℃焙烧的催化剂活性温度窗口窄，225～450℃范围内450℃焙烧的催化剂活性最低，赤泥脱硝催化剂最佳焙烧温度为550℃。

5.6.4 浸渍顺序对催化剂的活性及选择性的影响

根据Yang等的报道，在NH_3-SCR中，Ce/Mn＝1（质量分数）的Mn-Ce/ARM催化剂显示了较好的催化活性，结合对Mn、Ce共负载的赤泥催化剂的研究，Mn、Ce共负载的催化剂5%Mn-5%Ce/ARM性能最佳。因此在本研究中，制备了一系列不同浸渍顺序的Ce/Mn＝1的Mn-Ce/ARM催化剂：5%Mn-5%Ce/ARM、5%Mn/5%Ce/ARM、5%Ce/5%Mn/ARM，考察浸渍顺序对催化剂活性及选择性的影响，结果如图5-21所示。

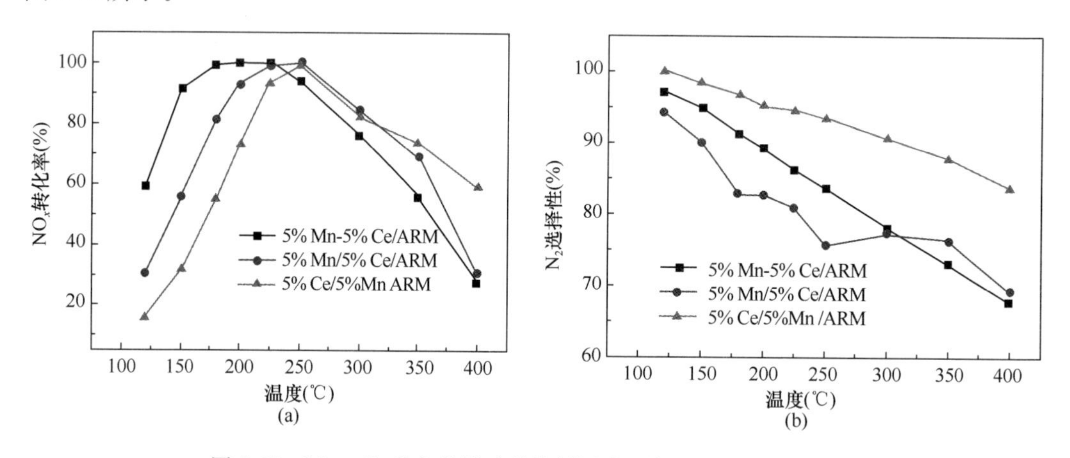

图5-21　Mn、Ce共负载脱硝催化剂浸渍顺序对催化性能的影响

在120～250℃温度区间内，催化剂的活性随着温度的增加而增加，其中三种催化剂的活性顺序为：5%Mn-5%Ce/ARM＞5%Mn/5%Ce/ARM＞5%Ce/5%Mn/ARM。在250～400℃温度范围内，催化剂的活性随温度的增加而下降，其中5%Ce/5%Mn/ARM的活性优于5%Mn-5%Ce/ARM，5%Mn/5%Ce/ARM的催化活性介于两者之间，推测原因为后负载Ce，可使Ce分散在催化剂的表面，因此其选择性高，与之前的Ce/ARM催化剂的选择性结果一致。三种催化剂的选择性，随着温度的上升呈现不同程度的下降趋势，选择性大小顺序为：5%Ce/5%Mn/ARM＞5%Mn-5%Ce/ARM＞5%Mn/5%Ce/ARM。

综上所述，鉴于5%Mn-5%Ce/ARM催化剂的活性温度窗口宽，而且在150～300℃范围内催化剂的转化率维持在80%以上、对N_2的选择性在80%以上，因此共负载的Mn、Ce的催化剂5%Mn-5%Ce/ARM性能最好。推测5%Mn-5%Ce/ARM催化活性最高的原因可能为共负载过程中，Mn 与 Ce 之间存在协同作用，有利于提高催化剂的活性，而对于分步浸渍的锰铈赤泥脱硝催化剂，Mn、Ce 之间的相互作用弱，导致了其活性低于共浸渍的赤泥脱硝催化剂的活性。

5.6.5 赤泥脱硝催化剂的结构形貌分析

1. 比表面积及孔结构分析

表 5-4 列出了以活化赤泥为载体，负载不同量 Ce 和 Mn 的赤泥催化剂的比表面积及孔结构测试结果。活化赤泥的比表面积为 228.00m^2/g，当活化赤泥上负载了活性组分 Ce 或 Mn 后，催化剂的比表面积都有一定程度的下降，且催化剂的比表面积随着活性组分负载量的增大而降低。

表 5-4 Mn、Ce 负载的赤泥脱硝催化剂的比表面积及孔结构特性

样品名称	BET 比表面积（m^2/g）	孔容（cm^3/g）	孔径（nm）
ARM	228.00	0.35	5.85
1%Mn/ARM	175.93	0.36	8.38
5%Mn/ARM	168.19	0.36	8.96
9%Mn/ARM	148.17	0.30	8.11
1%Ce/ARM	164.67	0.33	7.97
5%Ce/ARM	161.81	0.35	9.00
9%Ce/ARM	150.17	0.29	8.01
1%Mn-9%Ce/ARM	134.15	0.24	7.30
5%Mn-5%Ce/ARM	131.95	0.22	7.63
9%Mn-1%Ce/ARM	132.81	0.24	7.60

对 Mn/ARM 催化剂，其比表面积的大小顺序依次为 ARM＞1%Mn/ARM＞5%Mn/ARM＞9%Mn/ARM；对 Ce/ARM 催化剂，其比表面积的大小顺序依次为 ARM＞1%Ce/ARM＞5%Ce/ARM＞9%Ce/ARM。其中 9%Mn/ARM 催化剂的孔容低于 1%Mn/ARM 和 5%Mn/ARM，说明负载 Mn 堵塞了一部分催化剂孔道，与对 9%Ce/ARM 的分析结果一致；与之前催化剂的活性研究结果“继续增加催化剂的负载量，其活性增加”不明显一致。

对 Mn、Ce 共负载的赤泥脱硝催化剂，其比表面积及孔容、孔径相差不大，结合单负载催化剂的比表面积变化，说明催化剂的比表面积及孔结构与催化剂的负载量有关。据此推测如果继续增加活性组分的负载量，催化剂的比表面积降低，不利于活性组分的分散，进而影响催化剂的 SCR 活性及选择性。结合 SCR 活性测试结果与 BET 结果，分析表明催化剂的比表面积大小并非对催化剂活性有决定性作用。

图 5-22 显示了 5%Mn-5%Ce/ARM 的吸附等温曲线和孔径分布图，这个催化剂的吸附等温曲线属于Ⅳ型等温线，表明孔分布范围大，以介孔居多。其中 5%Mn-5%Ce/ARM 催化剂的孔径主要分布在 2～20nm，呈明显的双孔径分布，该催化剂在孔径为 3.4nm 和 7.0nm 处均有较丰富的孔分布。小孔有利于提高催化剂的比表面积，孔尺寸

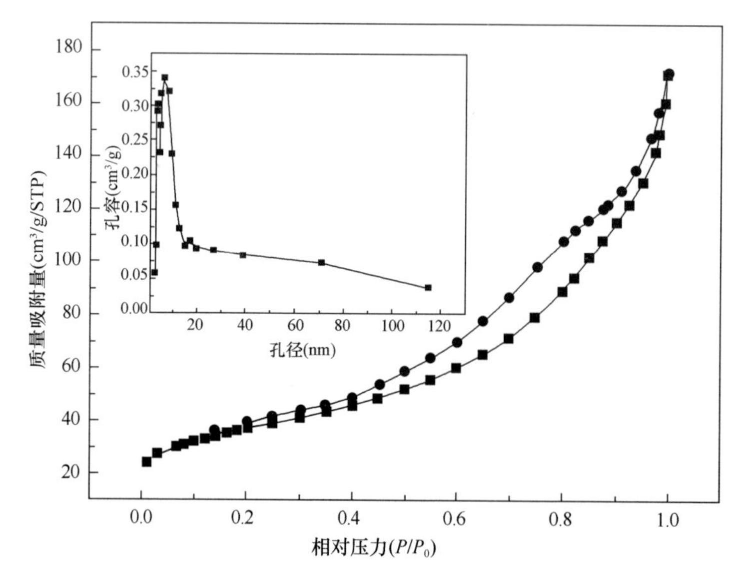

图 5-22　5%Mn-5%Ce/ARM 催化剂的吸脱附曲线

及孔容积大小中等，有利于反应分子的吸附与脱附，利于催化剂活性的提高。

2. 形貌分析

为了观察赤泥脱硝催化剂的表观结构及形貌特征，对赤泥催化剂做了扫描电镜（SEM）表征，并对其表面元素进行了 X-射线能谱（EDX）分析，结果如图 5-23 所示。观察赤泥催化剂的表观形貌，Mn 负载与 Mn、Ce 共负载的催化剂表面都是分布着大小

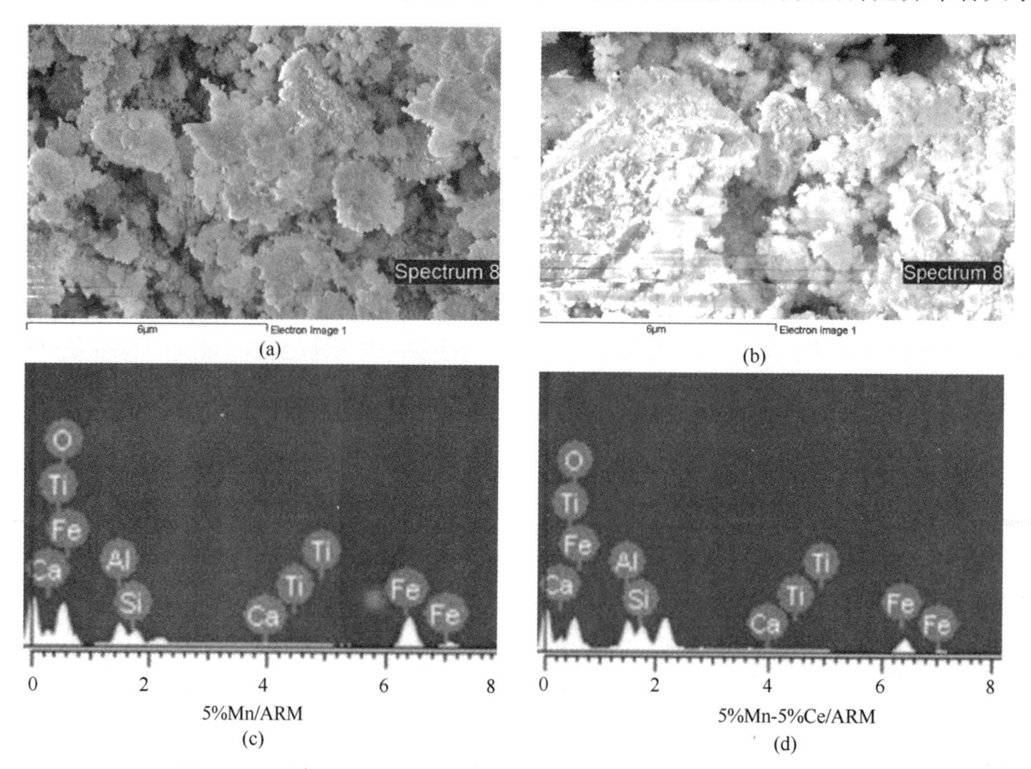

图 5-23　5%Mn/ARM 和 5%Mn-5%Ce/ARM 催化剂的 SEM 图谱

颗粒不均一的颗粒，这些颗粒导致了催化剂的比表面积大小不同。结合 EDX 图谱，结果表明催化剂表面大颗粒一般是 Fe 和 Ti 组分，其次为 Al 和 Si 组分，小颗粒成分大部分为 Fe。

3. 热重结果分析

活化赤泥制备的赤泥脱硝催化剂 5%Mn-5%Ce/ARM 的热失重与差热分析（TG-DTA）曲线如图 5-24 所示，由图可以看出 5%Mn-5%Ce/ARM 从室温加热至 1000℃的整个过程总失重为 35%，分为三个梯度。180℃之前的失重为 10%，180～280℃范围内失重为 18%，280～900℃失重约为 7%，其中在 180℃和 280℃左右有明显质量变化。赤泥催化剂在温度超过 550℃左右之后质量几乎未发生变化。

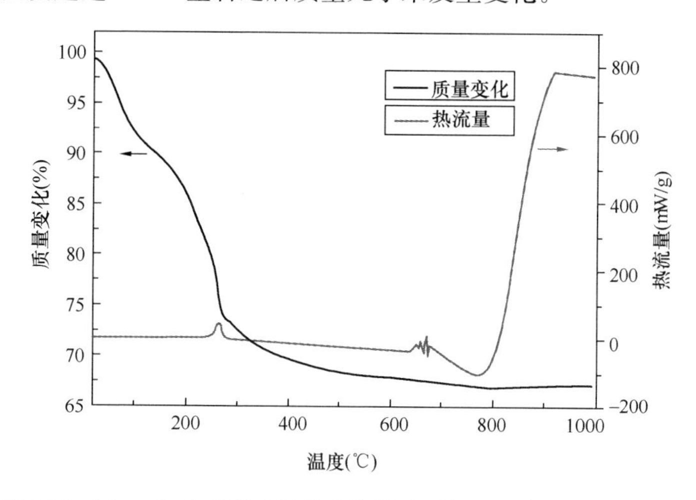

图 5-24　Mn、Ce 负载的赤泥脱硝催化剂 5%Mn-5%Ce/ARM 热重图

活化赤泥在 50～180℃的低温区间内，失重变化主要对应催化剂组分的吸附水和结构水的脱除；在 180～280℃温度区间内，催化剂存在明显的失重现象，根据催化剂的物相组成可以推测，主要是活性组分前驱体醋酸锰、硝酸铈的分解所致；当温度超过 550℃之后，催化剂质量变化几乎为零。催化剂在 250℃存在一个明显的放热峰，对应着明显的质量变化，表明此温度下催化剂失去结合水和结构水。在 650～800℃之间存在一个明显的吸热峰，继续加热温度超过 800℃，存在一个明显的放热峰，但此温度区间内催化剂的质量并未发生变化。结果表明温度超过 650℃，赤泥负载的 Mn、Ce 催化剂出现了熔融态，温度超过 800℃，催化剂出现烧结现象，说明催化剂的焙烧温度不宜超过 650℃。

参考文献

[1] YANG S X, ZHANGYH, YU J M, et al. Antibacterial and mechanical properties of honeycomb ceramic materials incorporated with silver and zinc[J]. Materials & Design, 2014, 59: 461-465.

[2] 李彬，吴恒，王枝平，等．碱性固废赤泥脱硫脱硝研究进展[J]．硅酸盐通报，2019，38(5)：1401-1407，1419.

[3] 吕红波．挤出成型赤泥蜂窝材料工艺和性能研究[D]．济南：济南大学，2015.

[4] 汤琦．赤泥负载金属氧化物催化剂的制备及其脱硝性能研究[D]．济南：济南大学，2015.

[5] 魏旭东．原位改性赤泥制备 NH_3-SCR 催化剂及以脱硫灰为添加剂回收赤泥中铁的应用研究[D]. 上海：上海应用技术大学，2020.

[6] 吴建锋，丁培，徐晓虹．富赤泥陶瓷清水砖的研制[J]. 武汉理工大学学报，2007，29(2)：22-25.

[7] 吴建锋，黄香魁，徐晓虹，等．赤泥质多孔陶瓷滤料气孔率的调控研究[J]. 武汉理工大学学报，2010，32(18)：24-28.

[8] 杨绍鑫．赤泥基蜂窝多孔功能材料的制备及性能研究[D]. 济南：济南大学，2014.

[9] 赵红艳．赤泥负载锰铈脱硝催化剂的制备及性能研究[D]. 济南：济南大学，2013.

6 赤泥基抗菌材料

微生物是室内空气污染的一个重要组成部分。室内环境的封闭、空调的使用、室内建筑或装饰的化学污染物和饲养宠物等，导致室内微生物污染很严重。我国实施的《室内空气质量标准》（GB/T 18883—2022）中把室内生物性污染与放射性污染、化学性污染共同列为室内环境三大污染物质。加拿大一项调查表明，室内空气质量问题中 21%是由于微生物污染造成的。据调查，过敏性皮炎患者 50%左右是由于室内空气中螨虫引起的，能引起呼吸道感染的病毒迄今为止已知的有 200 种之多，这些感染的发生绝大部分是通过室内空气传播的，其症状可从隐性感染发展到威胁生命。

室内环境中的微生物污染物质包括细菌、真菌、病毒和尘螨等，这类有害微生物种类繁多，且来自多种源头。根据上述资料，结合我国目前城市人均占有面积，国家标准中规定室内空气细菌含量撞击法测试时≤4300CFU/m^3，世界卫生组织指出，空气中细菌含量在 700～1800CFU/m^3 时，存在明显的空气感染的危险因素；当空气中细菌含量≤1800CFU/m^3 时，就会安全很多，国家标准《室内空气质量标准》（GB/T 18883—2022）规定室内空气环境中细菌总数≤1500CFU/m^3 为合格。

6.1 矿物吸附抗菌材料特性

天然多孔矿物材料孔隙发达、比表面积大，因此具有很高的过滤和吸附性能，例如具有微孔的沸石和中孔的硅藻土等，其吸附性能在工业上得到大规模的应用，沸石具有微孔结构，吸附性能非常高，因此在工业上被大规模地用来作吸附剂；硅藻土具有中孔结构，在啤酒工业上大量使用的过滤剂就是硅藻土，啤酒的质量与硅藻土的孔隙结构和对啤酒的过滤效果有着直接的关系。

多孔矿物发达的表面具有从溶液中吸附某些溶质或吸附气体的功能，多孔矿物材料表面吸附是由其表面力把其他微小物质吸附到矿物材料表面或界面处，并减少矿物表面多余的自由能过程，矿物表面能呈现一定的化学力是由于矿物表面结构通过重组效应使材料表面被离子化，矿物材料表面存在着一定量的荷电粒子，因此矿物表面还呈现出一定的静电引力，化学力和静电引力共同作用形成了材料的表面力。蒙脱石、沸石、麦饭石、硅藻土、海泡石等矿物材料内部具有大量的空穴和孔道结构特征，这些多孔矿物材料具有较大的比表面积和表面能，表面相对比较粗糙，材料本身的应力场是由其特殊的分子结构形成的巨大的静电引力产生的，当材料内部的孔道和空穴一旦出现“空缺”，材料表面就会显示出优异的吸附功能，能吸附水中的油类物质和部分有机物质，实现水体环境的初步净化。多孔矿物材料的比表面积决定着材料的吸附性能，内表面积大小对多孔材料吸附性能的影响远大于外表面积的影响，天然沸石的比表面积高达 100～500 m^2/g，被大量应用于重金属吸附、氨氮吸附和放射性元素固定等工业生产中，具有重要的工业应用价值。

6.1.1 矿物材料在抗菌剂载体中的研究应用现状

近十几年来，抗菌矿物材料是矿物材料学的一个研究热点，在载体、抗菌剂及制备工艺等方面的研究都取得了较大进步。其中抗菌剂是指少量加入到其他材料中即可产生抗菌功能的物质。在实际应用时，通常采用物理吸附或离子交换的方法将抗菌剂（如金属离子）负载到多孔材料的微孔内，使抗菌剂与矿物紧密结合，最后再缓慢释放出来。因此作为抗菌剂载体的无机非金属矿物材料需要有一定的孔层结构、良好的吸附性和较大的阳离子交换量，以利于抗菌离子的加载，同时较大的比表面积对细菌也有一定的吸附作用。许多天然矿物材料都是理想的载体，而且我国非金属矿资源丰富，价格低廉，因此以矿物为载体的抗菌材料可以得到广泛的应用。20 世纪 90 年代，中国科学院化学研究所的工程塑料国家工程研究中心开发出了低成本、耐候性能好的载银及银锌复合抗菌沸石，并在海尔家电产品中首先应用。目前，已经成功用于抗菌功能矿物材料制备的主要矿物有沸石、蒙脱石、羟基磷灰石、海泡石等。研究人员用离子交换反应制得的载银量为 1.19%抗菌沸石，通过抗菌试验验证了抗菌沸石对大肠杆菌、金黄色葡萄球菌、绿脓杆菌和白色念珠菌均具有较好的抑制作用，且具有重复抗菌性能。林海等以沸石为原材料，制备抗菌吸附材料，将其用于处理大肠菌群浓度较高的市政污水厂二级出水，投加量为 0.5 g/L 时，杀菌率为 95.64%。王彦波等以天然硅酸盐蒙脱石为材料，负载了具有生物修复功能的复合益生菌，包括光合细菌、芽孢杆菌和酵母菌。发现蒙脱石对益生菌的吸附能力随着 pH 值的升高而逐渐降低，随着离子浓度的升高而降低，随着温度的升高而呈现出先升高后降低的趋势，当温度为 30℃时，吸附率最高为 89.74%。韩秀山等研究了蒙脱石对细菌的吸附作用，研究表明蒙脱石对大肠杆菌、霍乱弧菌、空肠弯曲菌、金葡菌和轮状病毒都有较好的吸附作用，且对表面带有粒编码蛋白（CS31A）的致病性带电病原菌有固定清除作用，对细菌的吸附力强弱与其带电性有关。应伟等研究了羟基磷灰石（HA）对大肠杆菌的吸附作用，研究表明 HA 对大肠杆菌的吸附率超过 95%。王长平等用 $AgNO_3$ 溶液制备了载 Ag 海泡石抗菌粉体，研究发现载 Ag 海泡石抗菌粉体对大肠杆菌有较好的抑制作用，抗菌离子含量越高，抗菌性能越好。

6.1.2 抗菌蜂窝多孔材料

大自然中微生物的地位非常重要，人类与微生物之间的联系与冲突始终是科学研究的重要课题。人类的生活水平随着科技进步大大提高，对衣食住行的要求也更加注重。高科技带来的高度物质文明影响着人类对生活质量的高要求，从而研究开发与人类生活息息相关的各类抗菌剂及其应用型抗菌功能材料成为一项重要课题。现阶段人类对健康的重视，强烈地刺激了抗菌剂及应用型抗菌材料制品的市场需求，拥有较好的广阔市场前景。

目前广泛应用的无机抗菌材料主要是离子型抗菌材料（负载银、铜、锌等抗菌离子）和二氧化钛光催化活性材料，对载银抗菌剂的研究主要集中在以磷酸锆、玻璃、磷酸钙、沸石、硅胶、磷酸钛盐为载体的抗菌剂方面。银的化学性质非常活泼，在紫外光的照射下非常容易变色，严重影响了其在部分制品中的应用。载银抗菌剂易变色的缺点是由银离子与载体结合力弱，导致银离子易于溶出后被氧化，产生变色。羟基磷酸锆表面存在多孔结构，比表面积很大，具有较强的吸附力，化学稳定性高，且能够耐 800℃高温，大大增强了载体与银离子之间的结合力，所以能够使被负载的银离子产生很好的缓释作用，增强了载银抗菌剂的耐紫外光照和抗菌力持久等性能。

抗菌剂按广义定义划分，包括三大类：天然抗菌剂、有机抗菌剂、无机抗菌剂。其中无机抗菌剂主要包括金属离子型抗菌剂、光催化型抗菌剂和金属氧化物型抗菌剂。通常将抗菌金属离子负载于无机多孔性载体材料上来制得无机抗菌剂，用到的载体材料有沸石、玻璃、磷灰石、磷酸钙、磷酸锆等。金属离子型抗菌剂是以含有抗菌性能金属阳离子为主，如银离子、锌离子等，其中银及其化合物用得最多。此类金属离子抗菌剂主要负载于载体上发挥作用，常用的载体类型可分为硅酸盐系、氧化钛系、硅胶系、沸石系、磷酸钙系等。通过物理吸收或离子交换等方法将无机抗菌成分（各类无机氧化物和无机金属盐类的金属离子）固定在载体上而制成的抗菌剂。抗菌效果以金属阳离子破坏细菌细胞膜的能力区分，对已研究金属的抗菌性能排序为：Ag＞Co＞Ni＞Al＞Cu＞Zn＞Fe＞Mn＞Sn＞Ba＞Mg＞Ca，杀菌性能的次序为：Ag＞Cu＞Fe＞Sn＞Al＞Zn＞Co。

抗菌蜂窝多孔材料是将筛选的耐高温抗菌剂与蜂窝原料按比例混合均匀，得到样品坯料，然后按照试验设计的特定升温曲线焙烧得到的。抗菌剂与坯料混合后，含有的锌离子或银离子存在于制品的表面，杀菌效果好且对人体无不良作用。金属离子的抗菌作用，主要是因为其在较低的浓度下（尤其是 Zn^{2+} 、Ag^{+} ，在 0.05mol/L 浓度时），就能结合细菌细胞中的蛋白质，导致蛋白质变质失活，无法提供细胞所需能量，细菌随即死亡，然后这些金属离子在细胞内部不停游离，循环往复，直到将所有细菌杀死。吴建锋等首先采用溶胶-凝胶法制备了无机抗菌剂，然后将无机抗菌剂混入陶瓷浆料中，焙烧制得抗菌陶瓷，结果表明，抗菌陶瓷灭菌率达 99.9%，其抗菌性及抗菌持久性优良。

6.2 矿物吸附微生物的机理

6.2.1 表面电性吸附机理

影响矿物表面吸附细菌量的因素很多，例如：范德华力、静电引力、亲/疏水力及矿物表面的粗糙程度等都会影响吸附的细菌量，当吸附体系 pH 介于 5.5～6.0 之间时，起主导作用的是静电引力，研究表明由于细菌的等电点（pI）一般介于 2～5 之间，革兰氏阴性菌介于 4～5 之间，而革兰氏阳性菌介于 2～3 之间。当吸附体系的 pH 值高于等电点，细菌就会显示出负电荷，四氧化三铁磁颗粒表面同时表现出 Lewis 酸和 Lewis 碱的双重特性，放入酸性环境中，四氧化三铁磁颗粒显示出正电荷，因此，矿物体系 pH 介于 5.5～6.0 之间时，四氧化三铁磁颗粒显示出正电荷，而细菌显示出负电荷，正负电荷进行相吸，显著增加了吸附率。此外，纳米材料与块体材料相比具有更多的离子空穴和边角，因此具有更大的吸附量。超细磁颗粒的强磁响应性能强、比表面积大、易于分离等优点，使其具有巨大的吸附容量，广泛应用于非特异性细菌的吸附分离和富集方面。

6.2.2　表面缺陷吸附机理

研究发现某些细菌在矿物表面的吸附有一定的选择性，细菌易于吸附在有缺陷的矿物表面，而且矿物晶格的走向和形状等对细菌的吸附性能都有很大的影响，矿物进行有效吸附反应的重要部位是其解理面。根据这一理论，硫化矿物浮选，例如，方铅矿在｛001｝面上存在完全的立方解理，｛001｝面因此是浮选吸附面（图 6-1）；黄铁矿的解理面虽然也存在平行于｛001｝的面（图 6-2），但是解理非常不明显，因此可以随意选择浮选吸附面。将某种细菌作为浮选药剂时也容易吸附在矿物材料的解理面上，因此可以得出结论：对吸附效果有较大影响的是其解理面，对于解理不完全的黄铁矿，其吸附面比方铅矿更为丰富，因此容易产生相对较多的细菌进行表面吸附所需要的吸附位置；方铅矿的吸附面只有平行于｛001｝面的一个解理面，因而吸附面相对黄铁矿少很多，导致在方铅矿表面的吸附效果较差。由此可见，影响细菌在两种矿物上选择性吸附的重要原因是矿物解理面的丰富与否。

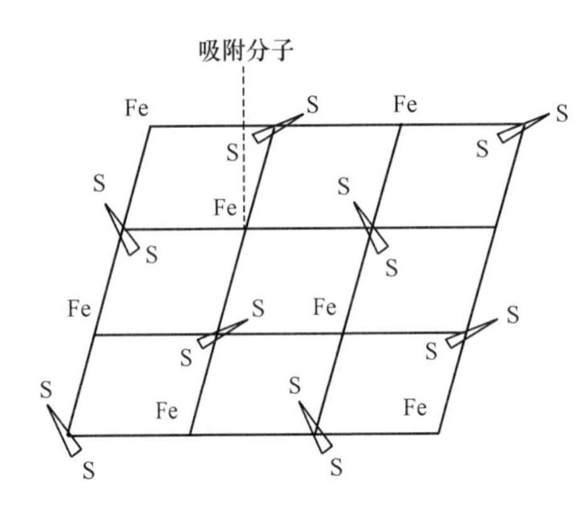

图 6-1　黄铁矿的｛001｝解理面结构

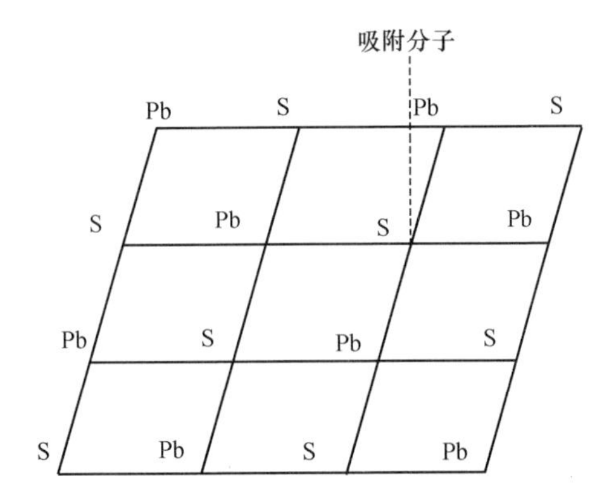

图 6-2　方铅矿的｛001｝解理面结构

6.2.3　化学键合吸附机理

细菌的细胞壁及外膜性质影响着与矿物间的吸附性能，细胞内膜与其他细胞器对于吸附几乎不产生影响，外膜结构性能直接影响到矿物与细菌间的吸附速度和黏结速度。细菌外膜上存在大量的菌丝，通过对细菌进行红外光谱分析也发现，其外膜存在着许多活性基团，如—SH、—OH、—NH_2 等，这些基团属于多糖或蛋白质等大分子，如果这些大分子在矿物表面吸附的长度大于双电层厚度的两倍，它们就会以桥联作用的形式牢固吸附在矿物表面。该类细菌会通过键合作用在黄铁矿表面发生强烈的吸附，但不会在方铅矿表面发生明显吸附。

6.3 赤泥基主动吸附材料的研究

研究团队利用赤泥作为细菌吸附材料，通过对赤泥进行改性，探索改性赤泥在液体中主动吸附细菌的情况，提高改性赤泥在空气中的吸菌率。分别对赤泥进行了酸碱性改性和煅烧改性处理，并进行了主动吸附细菌试验。探讨了不同 pH 对酸化赤泥主动吸附细菌的影响，同时探讨了不同煅烧温度对煅烧赤泥主动吸附细菌能力的影响。

6.3.1 酸化赤泥的制备及主动吸附微生物研究

1. 赤泥酸化改性和抗菌检测

赤泥经干燥、筛分得到 325 目赤泥干粉，配置赤泥悬浊液，通过加入 1mol/L 的 HCl 溶液，调解赤泥悬浊液的 pH 值分别调至 9、8、7、6、5、4、3，得到 7 种酸化赤泥。图 6-3 给出了酸化赤泥主动吸附微生物试验的流程。

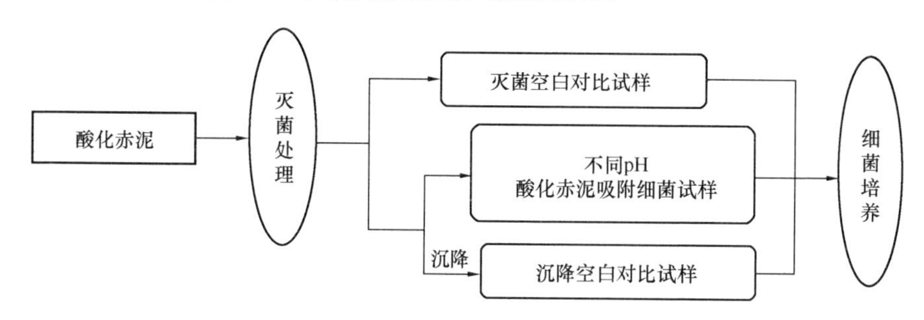

图 6-3 酸化赤泥主动吸附微生物试验流程

将酸化赤泥放入培养皿中，与装有培养基的培养皿一起置于压力蒸汽灭菌锅中进行灭菌处理。灭菌温度设为 121 ℃、压力设为 1.1 个标准大气压，灭菌 30min。冷却后将酸化赤泥和培养皿取出，快速移入超净操作台中。

取 0.5g 已灭菌处理的酸化赤泥，放在培养基上，得灭菌酸化赤泥空白对比试样。将灭菌空白对比试样置于生化培养箱中进行细菌培养，验证酸化赤泥是否灭菌完全。生化培养箱温度设定为 37℃，湿度设定为 60%，培养 18h。

酸化赤泥的吸附细菌试验在所选定的实验室中进行，分别取 7 个不同 pH 的已灭菌酸化赤泥各 1.5g 平铺于已紫外线灭菌的白纸上，厚度不超过 1mm。在空气中静置吸附 2h，得到 7 个不同 pH 的酸化赤泥的吸附试样。将 7 个吸附试样分别放在 7 个培养皿的培养基上，置于生化培养箱中进行细菌培养。

为了验证试验的可靠性，将只装入培养基的培养皿暴露于实验室空气中，同酸化赤泥样品一起进行试验，得沉降空白对比试样。将沉降空白试样与赤泥吸附试样同时置于生化培养箱中进行细菌培养。

2. pH 对赤泥表面电荷密度的影响

(1) 赤泥表面电荷密度的测定

将赤泥搅拌成悬浊液，对赤泥悬浊液进行酸碱电位滴定试验。将赤泥悬浊液的 pH

值分别滴定至12、11、10、9、8、7、6、5、4、3、2。根据酸液或碱液的滴定用量，可计算出赤泥的表面活性—OH数量和表面电荷密度，具体操作如下：将325目赤泥干粉7.5g置于250mL蒸馏水中，电子搅拌器将其搅成悬浊液，测得悬浊液的初始pH值为10.2。准备两份悬浮液。其中一份赤泥悬浊液用1mol/L标准HCl溶液滴定，滴入适量酸，搅拌3min，趁悬浊液尚未沉淀时用玻璃棒蘸取少量悬浊液，用pH试纸测pH值，直至达到试验设定的pH值（10、9、8、7、6、5、4、3、2）时滴定结束。另一份赤泥悬浊液用1mol/L标准NaOH溶液滴定，滴入适量碱，搅拌3min，趁悬浊液尚未沉淀时用玻璃棒蘸取少量悬浊液，用pH试纸测pH值，直至达到试验设定的pH值（12、11）时滴定结束。

赤泥表面活性—OH的数量可通过式（6-1）或式（6-2）确定。

$$N^1 = \frac{n_2}{2m} \tag{6-1}$$

$$N^2 = \frac{n_2}{2A} \tag{6-2}$$

式中，N为赤泥颗粒表面活性—OH总量，mol；n_2为滴定赤泥表面活性—OH所用的HCl的量，mol；m为赤泥的质量，kg；A为赤泥的总表面积，m^2。

赤泥颗粒的表面电荷是由赤泥表面活性—OH脱附或吸附H^+形成的，通过酸碱电位滴定可以获得表面电荷。由赤泥悬浊液的滴定曲线图及公式（6-3）计算得到赤泥颗粒表面电荷密度（σ）。

$$\sigma = F(C_{HCl} - C_{NaOH} + [OH^-] - [H^+])/A \tag{6-3}$$

式中，σ为表面电荷密度，C/cm^2；F为法拉第常数，96485C/mol；C_{HCl}为滴定所需HCl的浓度，mol/cm^3；C_{NaOH}为滴定所需NaOH的浓度，mol/cm^3；$[H^+]$为悬浊液用pH试纸测得H^+浓度，mol/cm^3；$[OH^-]$为悬浊液用pH试纸测得OH^-浓度，mol/cm^3；A为单位体积悬浊液中赤泥的总表面积，m^2/cm^3。

（2）pH值对赤泥表面电荷密度影响

将两份赤泥悬浊液分别使用1mol/L标准HCI溶液和1mol/L标准NaOH溶液滴定。将赤泥悬浊液的pH值分别滴定至12、11、10、9、8、7、6、5、4、3、2。HCl溶液滴加量对赤泥pH值的影响如图6-4所示。图中当HCl溶液为负值时，实际操作中滴加的是NaOH溶液。

赤泥悬浊液的滴定曲线分别在HCl滴加量为8mL和67mL时出现了拐点，将滴定曲线分成三个区域，如图6-4所示。在zone 1中，pH值在4.7～10.2区间变化时，滴加的HCl先与悬浊液中游离—OH反应，使悬浊液pH值下降。当pH值达到7后，pH值下降速率增快，滴定曲线快速进入另一个区域（zone 2），此时几乎所有自由—OH都被中和。赤泥悬浊液pH值在3～4区间变化时，消耗了52.2mL的HCl，较其他pH值变化区间消耗量大得多。这有可能是HCl与赤泥表面大量的活性—OH反应，使得pH值的变化速度变慢、悬浊液pH值出现平台。滴定曲线中zone 3的赤泥悬浊液pH值下降是由—OH反应完全后滴加的H^+快速累积所致。赤泥表面活性—OH在滴定曲线的第一个拐点（zone 1/zone 2）开始与HCl反应，并在zone 2的末端反应完全。

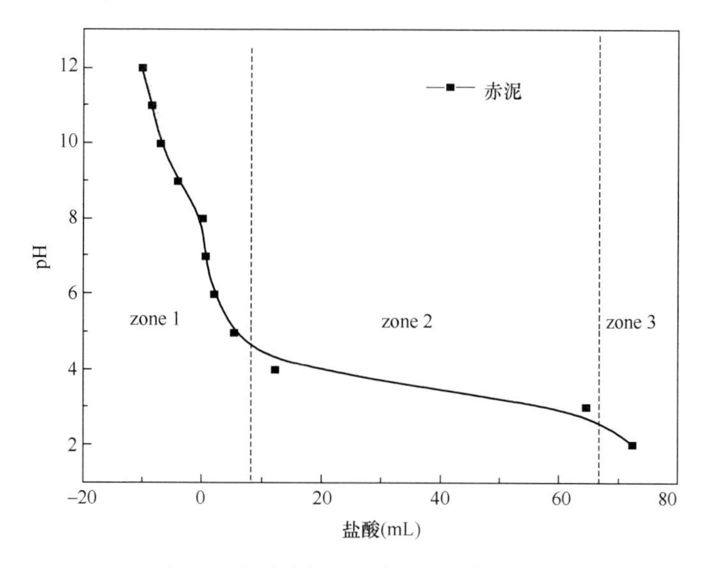

图 6-4　盐酸滴加量对赤泥 pH 值的影响

因此赤泥表面活性—OH 的数量可通过 zone 2 及式（6-1）或式（6-2）确定，赤泥颗粒表面活性—OH 的数量见表 6-1。

表 6-1　赤泥颗粒表面活性—OH 的总量

zone 2 pH 值	HCl 用量	赤泥颗粒表面活性—OH 总量	
3～4	52.20（mL）	3.48（mol/kg）	2.50×10^{-4}（mol/m²）

赤泥颗粒的表面电荷是由赤泥表面脱附活性—OH 或吸附 H^+ 形成的，通过酸碱电位滴定可以计算表面电荷。由赤泥悬浊液的滴定曲线图及公式（6-3）计算得到赤泥颗粒表面电荷密度（σ），见表 6-2，并绘制成电荷密度曲线，如图 6-5 所示。

表 6-2　不同 pH 值下的赤泥表面电荷密度

pH 值	滴加 HCl 的量（mL）	浓度（mol/mL）	表面电荷密度（C/m²）
2	72.30	2.89×10^{-4}	61.84
3	64.30	2.57×10^{-4}	56.75
4	12.10	4.84×10^{-5}	10.70
5	5.30	2.12×10^{-5}	4.70
6	2.10	8.40×10^{-6}	1.86
7	0.60	2.40×10^{-6}	0.53
8	0	0	0
9	−4.13	4.13×10^{-5}	−9.14
10	−7.13	7.13×10^{-5}	−15.76
11	−8.63	8.63×10^{-5}	−18.88
12	−10.13	1.01×10^{-4}	−20.21

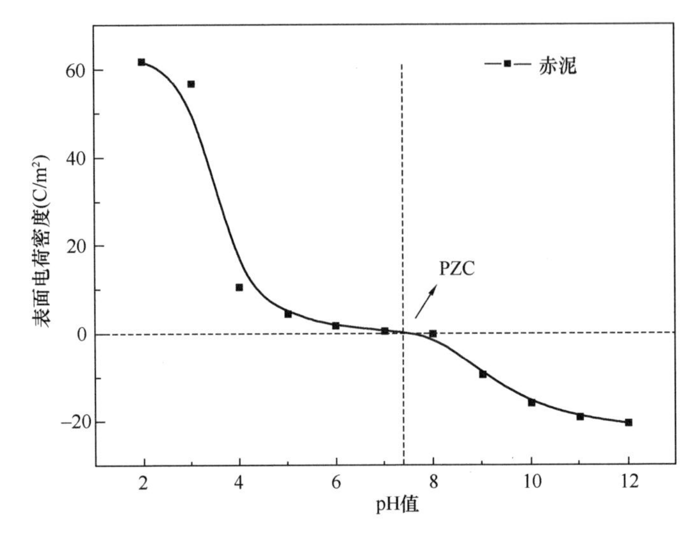

图 6-5　赤泥的表面电荷密度曲线

赤泥颗粒表面电荷受悬浊液 pH 值影响，当 pH 值在 6～8 之间变化时，赤泥颗粒表面电荷密度接近零。此 pH 值即零电点，记作 PZC。当体系 pH 值低于 PZC 值时，赤泥颗粒表面带正电荷。当体系 pH 值高于 PZC 值时，赤泥颗粒表面带负电荷。当赤泥的 pH 值＜6 时，赤泥颗粒表面带正电荷；当赤泥的 pH 值＞8 时，赤泥颗粒表面带负电荷。

（3）pH 值对赤泥主动吸附微生物的吸附量的影响

不同 pH 值赤泥的吸附量如图 6-6 所示。通过大量试验发现，pH 值对赤泥的吸附性能具有决定性的影响。用盐酸酸化处理赤泥，随着赤泥 pH 的降低，赤泥的吸附量迅速下降。当 pH＞8 时，赤泥的吸附量仍维持在较高的水平，吸附量大于 200CFU/dm^2；当 pH＜6 时，赤泥基本丧失了主动吸附微生物的功能。

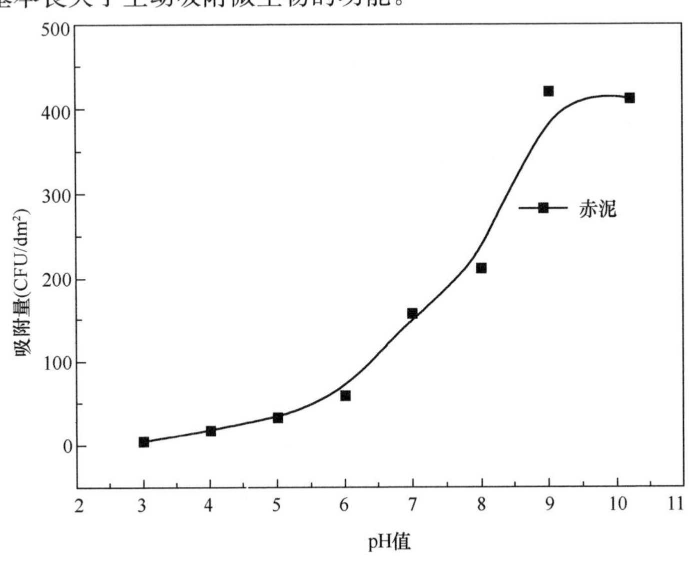

图 6-6　不同 pH 值赤泥的吸附量

（4）pH 影响赤泥主动吸附微生物性能的机理分析

溶液 pH 值大小能改变矿物表面和微生物细胞的电性能，从而影响矿物材料表面和细胞之间的作用力。此外，矿物表面的羟基化程度和细胞的絮凝性也受溶液的 pH 影响，矿物材料对细胞的吸附性能会受到这些因素的严重影响，这几个因素的变化，从微观上影响了矿物表面和细胞之间的静电作用力大小，宏观上改变了矿物材料表面的吸附效果。

赤泥本身具有强烈的吸附空气中微生物的功能，赤泥的 pH 和表面电荷对赤泥的吸附率有着明显的影响。用盐酸酸化处理赤泥，随着赤泥 pH 的降低，赤泥表面负电荷减少正电荷增加，赤泥的吸附量迅速下降。当 pH＞8 时，带负电荷的赤泥的吸附率仍维持在较高的水平，吸附量大于 200CFU/dm^2；当 pH＜6 时，带正电荷的赤泥基本丧失了主动吸附微生物的功能。

6.3.2 煅烧赤泥的制备、表征及主动吸附微生物研究

赤泥在 300～700℃温度下煅烧活化，制备了 5 种活化赤泥。在 700 ℃下煅烧时，赤泥中的 $CaCO_3$ 分解产生 CO_2，产生孔洞，导致比表面积有所增加，样品表面粗糙，对大肠杆菌的吸附率在 2h 内达到 90%以上，而 600 ℃以下煅烧赤泥的吸附率在 2h 内只能达到 70%左右。通过对自然沉降法、吹风机吹菌法、电风扇吹菌法和空气微生物收集泵采集法进行对比发现，空气微生物收集泵采集法对于密闭容器中细菌的收集效果最好，空气中吸附细菌试验则采用这种收集方法。在 700℃下通过高温煅烧制备了煅烧赤泥和赤泥抗菌剂，将其分别放置在密闭容器中进行吸附细菌试验，在 700℃下煅烧后的赤泥，可以在密闭空气中主动吸附一定量的细菌，吸附率在 2h 内达到 60%～70%；700℃下煅烧后的赤泥抗菌剂，不但可以主动吸附细菌，而且能够将接触到的细菌杀死，赤泥抗菌剂的吸附率在 2h 内达到 90%以上。

1. 煅烧赤泥的制备和表征

赤泥干燥、过 325 目筛后置于箱式电阻炉中进行煅烧处理，煅烧温度分别设定为 300℃、400℃、500℃、600℃和 700℃，煅烧时间均为 2h，再将 5 个样品置于空气中冷却 5min，立即转移到超净操作台中，这样即得到 5 个不同煅烧温度下的煅烧赤泥样品。

赤泥的高效性能是由毛细管孔径直接决定的，按照 Kdvin 定律，一定孔径的毛细管产生的引力压力差可以用式（6-4）表示。

$$\Delta P = \frac{4\tau\cos\theta}{d} \tag{6-4}$$

式中，ΔP 为毛细管引力压力差，kPa；τ 为液体表面张力，N/m^2；θ 为润湿角，°；d 为毛细管孔径，m。

从式（6-4）可知，当液体性能确定时，毛细管孔径决定了毛细管的引力，赤泥内部的毛细管孔径主要是由赤泥内部骨料的尺寸来决定，其粒径与最大孔径几乎成正比。因此，选择合适粒径的赤泥材料即可控制其内部毛细管孔径。另外，煅烧温度对孔径变化也有一定的影响。

2. 煅烧赤泥主动吸附微生物试验

图 6-7 给出了煅烧赤泥主动吸附微生物试验流程。煅烧赤泥的吸附细菌试验在选定试验场所中进行，高温煅烧时赤泥中原带的细菌已被杀死，即认定为煅烧赤泥已作灭菌处理。分别取 5 个不同煅烧温度的煅烧赤泥各 2g 平铺于已紫外线灭菌的白纸上，厚度不超过 1mm。在实验室空气中静置吸附 2h，得到 5 个不同煅烧温度的煅烧赤泥的吸附试样。将 5 个吸附试样分别放在 5 个培养皿中的培养基上，置于生化培养箱中进行细菌培养。

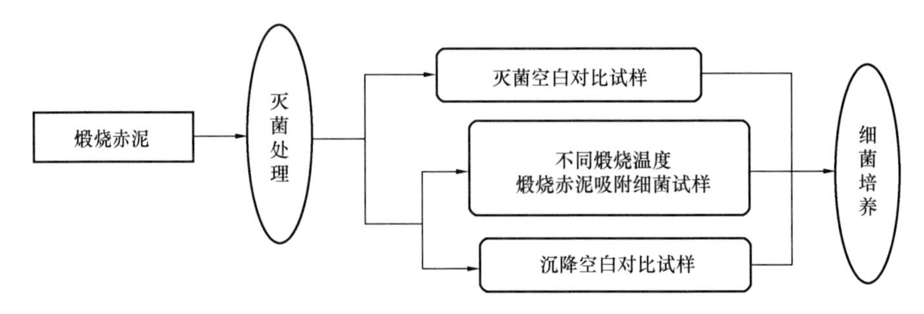

图 6-7　煅烧赤泥主动吸附微生物试验流程

为了验证空气中自然沉降的细菌对煅烧赤泥吸附细菌的影响，将培养基暴露于试验场所空气中，同煅烧赤泥样品一起进行试验。沉降 2h 后，得沉降空白试样，将沉降空白试样置于生化培养箱中进行细菌培养。

3. 煅烧温度对赤泥主动吸附微生物功能的影响

(1) 煅烧温度对赤泥物相的影响

赤泥主要由 SiO_2、$CaCO_3$、Na_2O、Al_2O_3、Fe_2O_3 组成，具体含量见表 6-3。

表 6-3　不同温度下赤泥的主要化学成分　　　　(质量分数，%)

样品	$CaCO_3$	SiO_2	Na_2O	Al_2O_3	Fe_2O_3
105℃下干燥赤泥	26	12	2	7	17
300℃下煅烧赤泥	18	20	3	10	24
700℃下煅烧赤泥	6	30	5	15	23

将干燥并过 325 目筛的赤泥、300℃煅烧赤泥和 700℃煅烧赤泥进行 X 射线衍射 (XRD) 物相分析，如图 6-8 所示，图中标识出了 $CaCO_3$ 的特征峰。在 105℃下干燥后的赤泥，$CaCO_3$ 含量为 26%，$CaCO_3$ 的特征峰较为明显，强度较高；300℃煅烧后 $CaCO_3$ 占赤泥总量的 18%；700℃煅烧后 $CaCO_3$ 占赤泥总量的 6%，$CaCO_3$ 特征峰强度较低。

有研究表明，赤泥煅烧在 600℃之前主要将吸附水、结晶水和有机质去除；700℃左右发生 $CaCO_3$ 的吸热分解反应 $CaCO_3 \longrightarrow CaO + CO_2\uparrow$，在 700℃左右充分保温后，使 $CaCO_3$ 分解反应充分进行，可形成气孔。可以看出 700℃煅烧的赤泥，$CaCO_3$ 含量大大减少，说明 $CaCO_3$ 大量分解，有气孔形成。

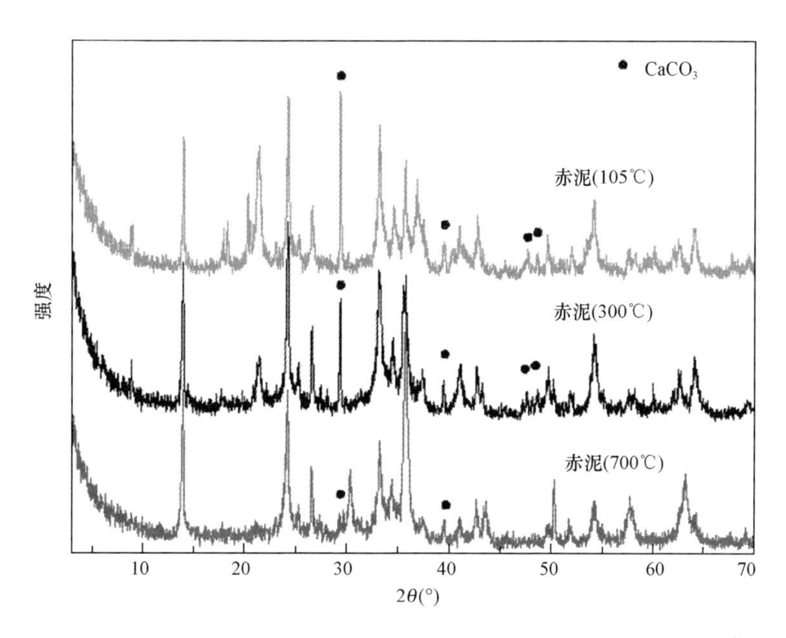

图 6-8 不同温度下赤泥的 XRD 图

(2) 煅烧温度对赤泥表面性质的影响

煅烧温度主要影响赤泥的比表面积、孔容和孔径大小。具体数据见表 6-4。通过对赤泥比表面积的测定发现，105℃干燥过后的赤泥比表面积为 14.13m^2/g，300℃下煅烧的赤泥比表面积为 15.24m^2/g，700℃下煅烧的赤泥比表面积为 17.53m^2/g，比表面积明显增大。这也证实了是由于 $CaCO_3$ 分解，产生了气孔，使得比表面积增大。所以在 700℃下煅烧过的赤泥的物理吸附能力有所提高，可使得细菌吸附率明显提升。同时通过 SEM 也可以看出，700℃煅烧后的赤泥表面孔洞结构更加明显，表面更加粗糙。煅烧后赤泥的表面形态如图 6-9 所示。

表 6-4 不同温度下煅烧赤泥的表面性质

样品	BET 比表面积（m^2/g）	孔容（cm^3/g）	孔径大小（nm）
105℃下干燥赤泥	14.13	0.05	13.43
300℃下煅烧赤泥	15.24	0.06	14.09
700℃下煅烧赤泥	17.53	0.07	16.00

从图 6-9 中可以看出，(b)、(d) 的表面均比 (a)、(c) 的要疏松，表面十分粗糙。700℃煅烧的赤泥，样品表面产生了许多孔隙，孔洞结构更加明显，比表面积增加。XRD 和比表面积的测试也证实了上述结论。

(3) 煅烧温度对赤泥主动吸附微生物的吸附率的影响

分别将 300℃、400℃、500℃、600℃和 700℃的煅烧赤泥进行微生物吸附试验，其吸附率的具体数据见表 6-5～表 6-9，吸附率与时间关系如图 6-10 所示。

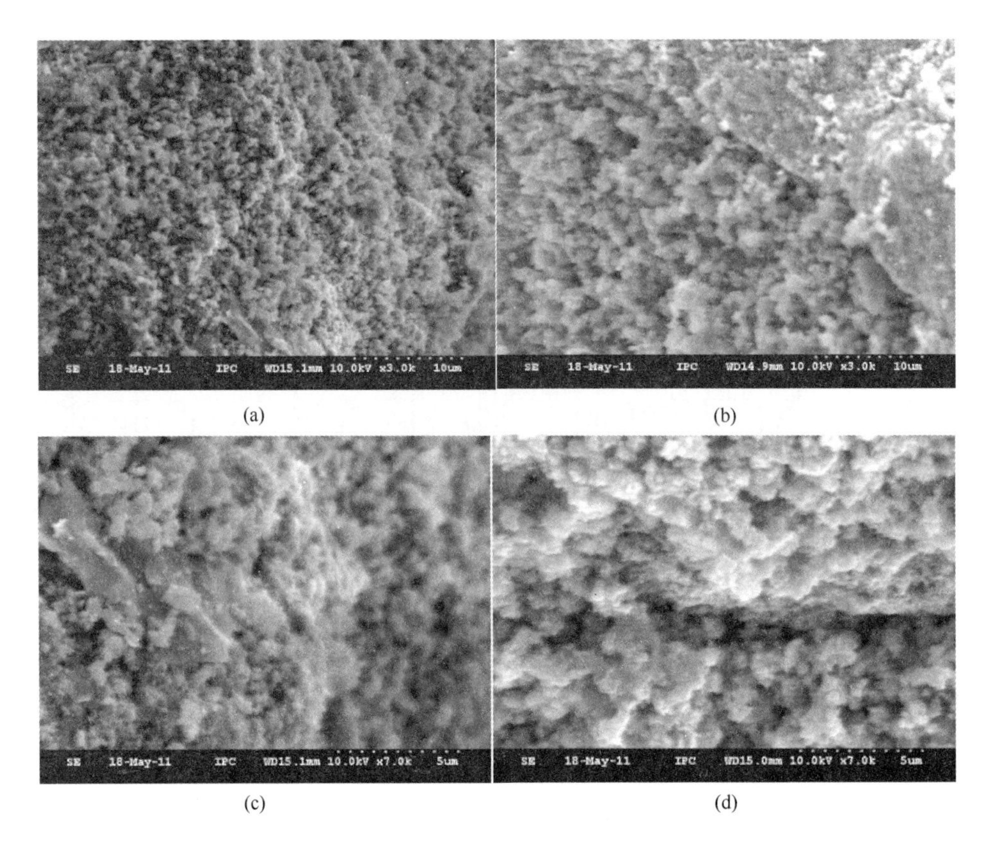

图 6-9 不同温度下煅烧赤泥的 SEM

（a）300℃煅烧赤泥放大 3000 倍；（b）700℃煅烧赤泥放大 3000 倍；

（c）300℃煅烧赤泥放大 7000 倍；（d）700℃煅烧赤泥放大 7000 倍

表 6-5 300℃煅烧赤泥的吸附率

编号	吸附时间（min）	细菌数（个）	吸附率（%）
1	0	32	—
2	10	27	15.6
3	20	26	18.8
4	30	24	25.0
5	40	20	37.5
6	50	23	28.1
7	60	22	31.1
8	90	19	40.6
9	120	20	31.1

表 6-6 400℃煅烧赤泥的吸附率

编号	吸附时间（min）	细菌数（个）	吸附率（%）
1	0	33	—
2	10	28	15.2
3	20	26	21.2
4	30	24	27.3

续表

编号	吸附时间（min）	细菌数（个）	吸附率（%）
5	40	22	33.3
6	50	18	45.5
7	60	22	33.3
8	90	21	36.4
9	120	18	45.5

表 6-7　500℃煅烧赤泥的吸附率

编号	吸附时间（min）	细菌数（个）	吸附率（%）
1	0	29	—
2	10	25	13.8
3	20	23	20.7
4	30	20	31.0
5	40	17	41.4
6	50	19	24.5
7	60	17	41.4
8	90	15	48.3
9	120	18	37.9

表 6-8　600℃煅烧赤泥的吸附率

编号	吸附时间（min）	细菌数（个）	吸附率（%）
1	0	36	—
2	10	32	11.1
3	20	29	19.4
4	30	26	27.8
5	40	23	33.3
6	50	22	38.9
7	60	19	47.2
8	90	20	44.4
9	120	20	44.4

表 6-9　700℃煅烧赤泥的吸附率

编号	吸附时间（min）	细菌数（个）	吸附率（%）
1	0	35	—
2	10	26	25.7
3	20	20	42.9
4	30	15	57.1
5	40	8	77.1

续表

编号	吸附时间（min）	细菌数（个）	吸附率（%）
6	50	8	77.1
7	60	9	75.0
8	90	10	72.2
9	120	8	77.1

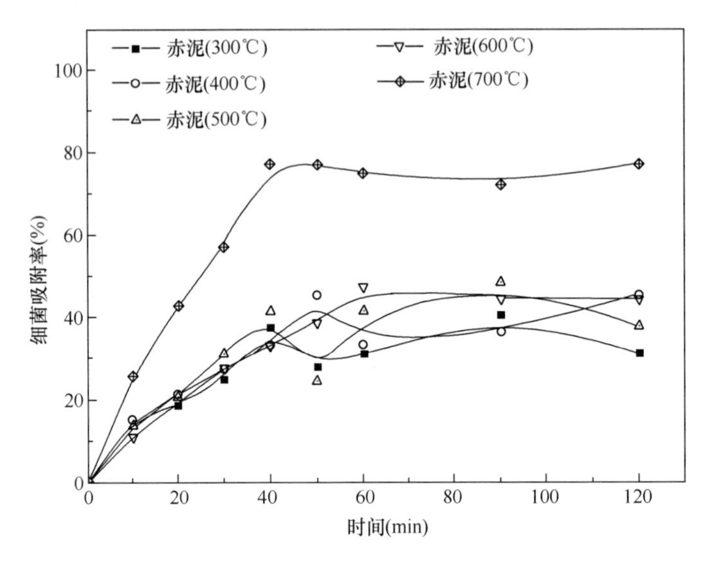

图 6-10　不同温度下煅烧赤泥在空气中的细菌吸附率

从图 6-10 中可以看出，700℃煅烧赤泥的吸附率可达到 75%，40min 达到吸附平衡。由图中可见，600℃、500℃、400℃和 300℃煅烧赤泥的吸附率没有明显的区别，饱和吸附率均约为 45%。700℃煅烧赤泥的吸附率较 600℃、500℃、400℃和 300℃煅烧赤泥的吸附率有明显的提高，约提高了一倍。700℃煅烧赤泥吸附前后细菌生长情况如图 6-11 所示。

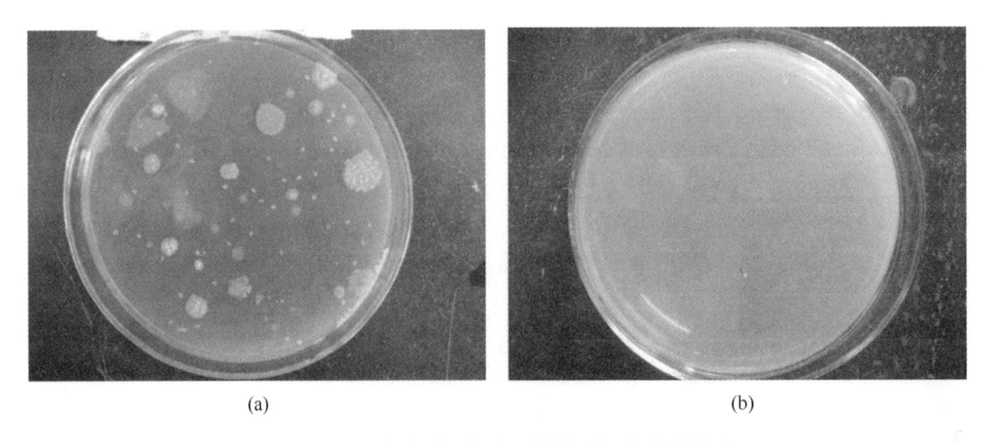

图 6-11　700℃煅烧赤泥吸附前后细菌生长情况

（a）吸附前；（b）吸附后

（4）煅烧温度影响赤泥主动吸附微生物功能的机理分析

通过 XRD 分析，在 700℃煅烧后的赤泥中方解石发生吸热分解 $CaCO_3 \longrightarrow CaO + CO_2\uparrow$，煅烧过程中在 700℃左右充分保温后，$CaCO_3$ 分解反应充分进行，可形成气孔。通过含量的测定，700℃煅烧的赤泥中 $CaCO_3$ 含量从 26%降到 6%，含量大大减少，说明 $CaCO_3$ 分解，上述反应发生，有气孔形成，使得比表面积增大。700℃煅烧赤泥的吸附率较 600℃、500℃、400℃和 300℃煅烧赤泥的吸附率提高了约一倍。由于方解石的吸热分解反应 $CaCO_3 \longrightarrow CaO + CO_2\uparrow$，700℃煅烧赤泥表面产生了许多孔隙，孔洞结构更加明显，比表面积增加，其对细菌的吸附率达到 75%，吸附 40min 左右达到吸附平衡。

6.4 赤泥基主动吸附杀菌功能器件研究

近年来，随着人们生活水平的不断提高，装修业日益兴起，室内空气污染也越来越严重，每天平均 90%的时间因工作和生活待在室内，全世界每年有 280 万人因装修污染而死亡，30%的建筑物都存在着过量的空气污染物，严重危害着居住者的身体健康。

室内空气微生物的净化处理方法主要有催化氧化净化、臭氧净化、吸附净化、负离子净化、涂料净化、等离子体放电催化、植物净化等。目前，广泛应用于室内空气净化的吸附剂主要有活性炭纤维和粒状活性炭，活性炭的选择性很高，能够清除环境中 ppm（10^{-6}）级含量的有害物质，而且方便操作、净化效果好，适合净化室内空气中的 H_2S、SO_2、NH_3 和 NO_x 等挥发性污染物。

20 世纪 90 年代以来，光催化技术用于消除空气中的 VOCs 的研究和应用得到普遍重视，该技术具有操作简便、可连续工作、反应条件温和、能耗低、可减少二次污染等优点。光催化反应降解 VOCs 的原理是在光电转换过程中进行氧化还原反应，光催化反应能将有机污染物充分高效地氧化分解为 CO_2、H_2O 等无机小分子，从而达到消除 VOCs 的目的。从某种意义上来说光催化技术是一种良好的空气净化技术，但是光催化空气净化技术本身也有问题，光催化反应净化效率有待提高，无法达到大规模的使用要求，反应过程中会产生有害副产物。

臭氧对所有真菌、病菌、霉菌、原虫及卵囊具有杀灭效果，且杀菌速度快，也是一种常用的杀菌净化技术，杀菌效率是氯的 300～600 倍，是紫外线灭菌的 3000 倍。但是臭氧本身的强氧化性会对人体产生负面影响，后果不容忽视，室内臭氧浓度较低时无法起到有效的净化效果，但是浓度过高时却会对人体产生致病性危害，这就使臭氧净化技术的应用受到制约。如何控制臭氧浓度，尤其是在有人存在状态下利用低浓度的臭氧杀菌，是应用臭氧净化技术所必须解决的问题。

空气负离子是大气中的原子或中性分子，在电离源的强烈作用下，其外层电子通过脱离原子核的束缚变成自由电子，这些自由电子很快附着在原子或气体分子上，最容易附在水分子和氧分子上，变成空气负离子。空气负离子能在一定程度上降低空气中污染物的浓度，从而起到净化空气污染物的作用。负离子净化空气时主要有三方面的作用：①通过氧化还原反应分解大气中的污染物质，与香烟等产生的活性氧和氮氧化物进行结合；②负离子能够与空气中的病毒、细菌、尘粒、烟雾等生物悬浮污染物相结合，结合后使其变成重离子沉降下来，起到净化空气的作用，如果室内空气中负离子浓度达到2万个/cm^3以上，该空间的空气中的飘尘就会减少98%；③负离子能有效消除装修污染，能够与室内附着在天花板和墙壁上的臭气源分子发生化学反应。西欧等国家曾经提出在普通建筑材料中添加纳米光催化材料使其增加光催化空气净化功能的解决方案，国内的科研人员也在进行光催化净化空气纳米涂料的研究。

6.4.1 赤泥功能器件的主动吸附除菌研究

研究团队在300℃和700℃下分别对功能赤泥进行发泡和煅烧处理，制备成多孔器件，对该赤泥功能器件的杀菌性能和除菌性能进行测试。将该功能器件制备成室内空气净化器的一个功能抽屉，可以起到除菌的效果，能够显著降低室内细菌量，起到净化室内环境的目的。图6-12给出了300℃和700℃赤泥功能器件不同放置时间的吸附除菌试验流程。300℃和700℃赤泥功能器件不同放置时间的吸附除菌试验分别在自制的除菌试验装置中进行。

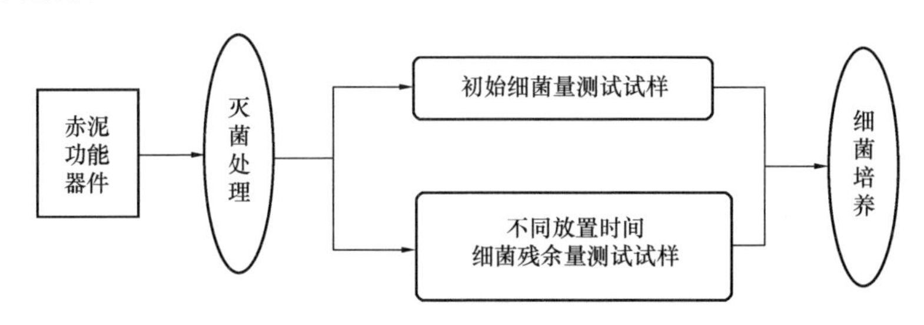

图6-12 赤泥功能器件不同放置时间的吸附除菌试验流程

赤泥功能器件制备的高温煅烧过程中，功能赤泥中原带的细菌已被杀死，可认定为赤泥功能器件已作灭菌处理，煅烧后冷却5min转入超净操作台，即开始赤泥功能器件吸附除菌试验。

将除菌实验箱与实验室空气交换1h，使实验箱内外细菌量一致。将实验箱上的通气窗关闭，把实验箱密闭，连入空气微生物采样泵，将6个培养基放入采样泵收集器中，接通电源，收集封闭实验箱空气中的细菌，即得6个密闭空间初始细菌量测试试样。将6个培养基置于生化培养箱中进行细菌培养。生化培养箱温度设定为37℃，湿度设定为60%，培养48h。

再次将实验箱的空气和外界交换1h，认为实验箱内外细菌量一致。放入300℃功能赤泥器件，分别静置密闭箱体10min。而后连入空气微生物采样泵，将6个培养基放入采样泵收集器中，接通电源，收集封闭实验箱空气中的现有细菌，即得6个300℃功能赤泥器件吸附10min后密闭空间细菌残余量测试试样。将6个培养基置于生化培养箱中进行细菌培养。生化培养箱温度设定为37℃，湿度设定为60%，培养48h。

打开实验箱的通风窗，取出300℃功能赤泥器件，将实验箱中空气重新通风交换1h，重复上述吸附和采样操作。将300℃功能赤泥器件放入实验箱，分别吸附20min、30min、40min、50min、60min、70min、80min、90min、120min，采样，得9组300℃

功能赤泥器件不同放置时间的密闭空间细菌残余量测试试样。将 9 组试样置于生化培养箱中进行细菌培养。生化培养箱温度设定为 37℃，湿度设定为 60%，培养 48h。

将 10 组共 60 个 300℃赤泥功能器件不同放置时间的细菌残余量测试试样在生化培养箱中培养 48h 后取出，分别从同一组 6 个试样培养皿底部直接数出该试样培养出的细菌数。取该组试样 6 个培养皿的细菌数的平均值为自制除菌实验箱密闭空间中的细菌量。700℃赤泥功能器件不同放置时间的吸附除菌试验流程同于 300℃赤泥功能试验流程。

将吸附前的初始细菌量与吸附后的细菌残余量进行比较，减少的细菌量认为被功能赤泥器件吸附除去。则功能赤泥器件的除菌率公式见式（6-5）。

$$RD = \frac{BC - RS}{BC} \times \frac{BV}{AV} \tag{6-5}$$

式中，RD 为功能赤泥的除菌率，%；BC 为除菌前实验箱中的初始细菌量，CFU/dm^2；RS 为除菌后实验箱的细菌残余量，CFU/dm^2；BV 为实验箱的体积，dm^3；AV 为赤泥功能器件的体积乘以 100，dm^3；$\frac{BV}{AV} \leqslant 5$。

6.4.2 赤泥功能器件材料性能测试

1. 赤泥功能器件的材料物相分析

图 6-13 给出了赤泥功能器件的 X 射线衍射谱（XRD）。赤泥功能器件中存在明显的锌离子的衍射峰，赤泥功能器件的衍射峰与功能赤泥的衍射峰基本相同，在赤泥功能器件的制备过程中，发泡剂和助剂并没有影响到赤泥功能器件各组分的结晶。

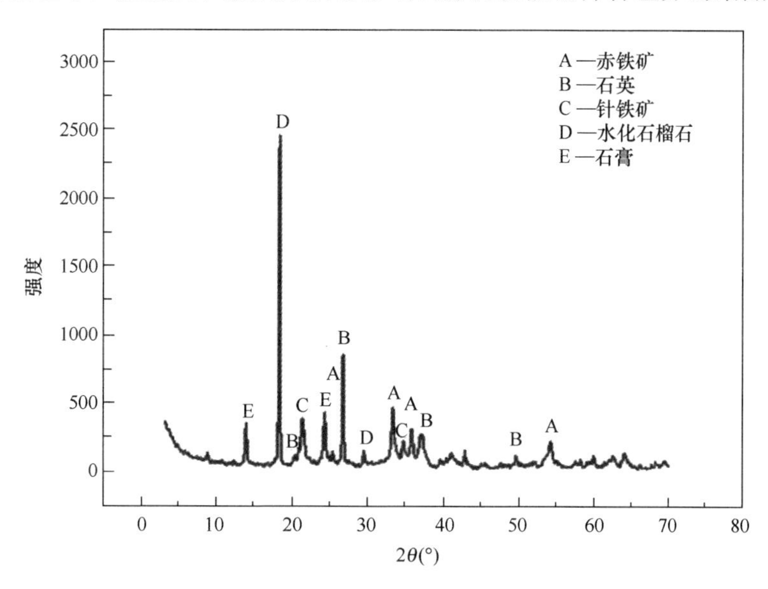

图 6-13 赤泥功能器件的 XRD 图谱

2. 赤泥功能器件的表面性质分析

不同温度煅烧所得的赤泥功能器件的表面性质具体数据见表 6-10。

表 6-10　不同温度煅烧所得的赤泥功能器件的表面性质

样品	BET 比表面积（m^2/g）	孔容（cm^3/g）	孔径（nm）
105℃干燥的功能赤泥	14.13	0.05	13.43
300℃煅烧功能赤泥器件	18.36	0.07	16.39
700℃煅烧功能赤泥器件	26.64	0.09	20.12

赤泥功能器件的比表面积随着煅烧温度的升高而增加。300℃煅烧赤泥功能器件的BET 比表面积较干燥赤泥上升了 29.9%；而 700℃煅烧赤泥功能器件的 BET 比表面积与干燥赤泥相比增大了 88.5%。孔容的变化趋势等同于比表面积的变化趋势。随着温度的升高而孔容增大，且煅烧温度越高，孔容增加越多。相应地，孔径变化显现出了与比表面积、孔容相同的变化规律。

赤泥功能器件的制备过程中，加入碳酸氢钠为发泡剂。碳酸氢钠在 67℃开始分解，在 103℃有一个吸热峰，在 138℃有一个最大的吸热峰，到 156℃分解结束。碳酸氢钠分解产物为 CO_2 和水蒸气，发气量 276mL/g，大概占粉体总质量的 3.5%。实际上碳酸氢钠的真正发气量只能达到理论值的 50%。为了提高其发气量，可加入弱酸（如硬脂酸、油酸）作发泡助剂，使分解彻底。赤泥功能器件的制备使用硬脂酸为发泡助剂。

赤泥功能器件的煅烧加工温度远远超过了碳酸氢钠的分解温度，然而煅烧温度越高，比表面积、孔容和孔径的数据依然升高。在赤泥功能器件的制备过程中，比表面积、孔容和孔径的增大可归结为两个因素造成的：一是碳酸氢钠分解产生气体的鼓撑作用，另一个是功能赤泥中原有的有机物的损失。煅烧温度越高，更多的有机物分解，不但增加了分解后气体的产量，而且更多的有机物原有的柱撑作用丧失，从而产生了更大的比表面积、孔容和孔径。

3. 赤泥功能器件的 SEM 分析

肉眼观察赤泥功能器件，表面分布有很多气孔。使用 SEM 观察其表面形态，图 6-14给出了赤泥功能器件 SEM 图。由图 6-14 可见，表面有大量的锌离子充满了赤泥

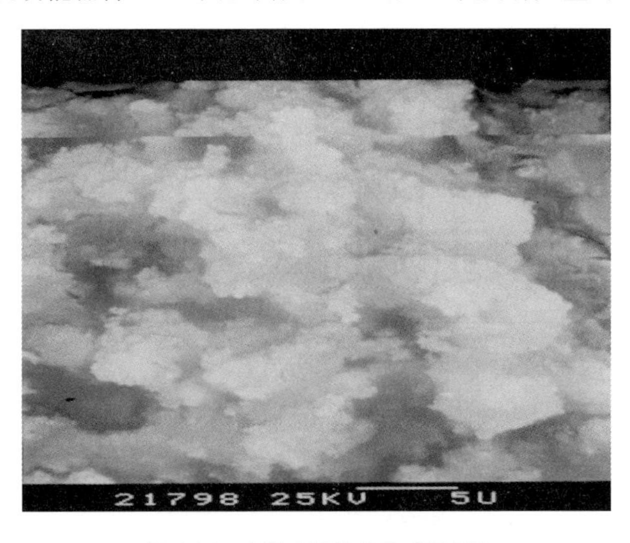

图 6-14　赤泥功能器件的 SEM 图

的空隙，这与功能赤泥的 SEM 相似。通过试验分析得出，功能赤泥与赤泥功能器件的在较大放大倍数下的表面形态没有明显的差别。发泡剂碳酸氢钠和助剂对其表面微观形貌没有明显影响。

6.4.3 赤泥功能器件的除菌性能分析

利用振荡法对赤泥功能器件的杀菌性能进行测试。将赤泥功能器件取 10g 与对照样分别装入一定浓度的试验菌液的三角烧瓶中，恒温振荡器（摇床）的温度设定为 38℃ ±2℃，连续振荡 24h，测定三角烧瓶内菌液在振荡前及振荡一定时间后的活菌浓度，计算抑菌率，以此评价试样的抗菌效果。

表 6-11 和表 6-12 分别给出了 300℃和 700℃煅烧赤泥功能器件密闭实验箱空气中不同吸附时间后细菌培养的数量，并计算出了相应吸附时间的赤泥功能器件的除菌率。图 6-15 是吸附时间和煅烧温度对赤泥功能器件的主动吸附除菌率的影响趋势图。由表 6-11、表 6-12和图 6-15 可见，随着吸附时间的增长，300℃和 700℃煅烧的赤泥功能器件的除菌率均逐渐增大。吸附除菌 60min 后，赤泥功能器件的吸附基本达到饱和状态，此时的除菌率高达 93.8%。300℃和 700℃煅烧的赤泥功能器件均具有优异的除菌效果，相比而言，700℃煅烧的赤泥功能器件的除菌率优于 300℃煅烧的赤泥功能器件的除菌率。

表 6-11 300℃煅烧的赤泥功能器件的除菌率

编号	吸附时间（min）	细菌数（个）	除菌率（%）
1	0	32	—
2	10	28	12.5
3	20	23	28.1
4	30	18	43.8
5	40	4	87.5
6	50	3	90.6
7	60	2	93.8
8	90	2	93.8
9	120	1	96.9

表 6-12 700℃煅烧的赤泥功能器件的除菌率

编号	吸附时间（min）	细菌数（个）	除菌率（%）
1	0	35	—
2	10	28	20.0
3	20	18	48.6
4	30	5	85.7
5	40	3	91.4
6	50	2	94.3
7	60	2	94.3
8	90	1	97.1
9	120	1	97.1

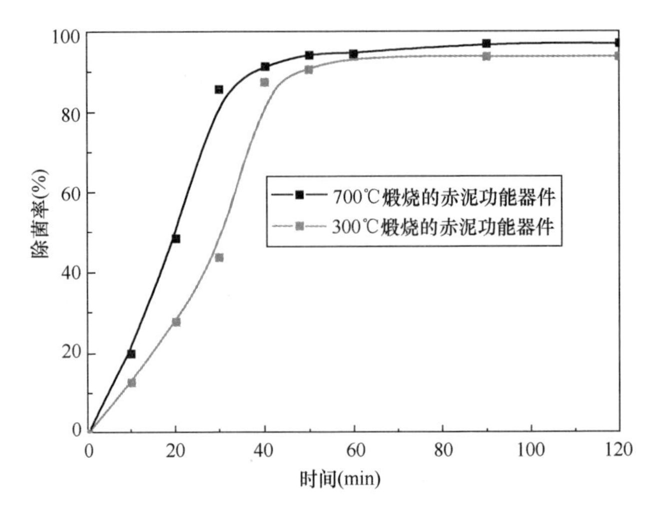

图 6-15　吸附时间和煅烧温度对赤泥功能器件的主动吸附除菌率的影响

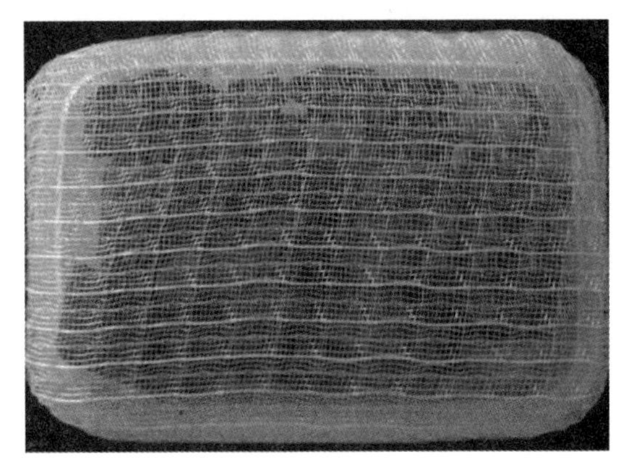

图 6-16　具有主动吸附并杀灭微生物功能的器件

模拟空气净化器中的功能器件，制备出的空气净化器功能抽屉，如图 6-16 所示。功能抽屉用尼龙过滤网封住，上下通透。抽屉中填入制备的赤泥功能器件。空气从抽屉上面吹入，穿过赤泥功能器件从下方出来。空气中的微生物在经过赤泥功能器件时可被微孔吸附并杀死，从而达到空气净化的目的。

在实际使用过程中，需做定期活化处理，将抽屉中的功能器件取出，采用高温烘干的方法，将吸附进入孔洞的细菌除去，重新赋予赤泥功能器件较大的比表面积和孔隙率。100℃以上烘干 30min 即可，冷却后将赤泥功能器件重新装入功能抽屉，重新安装在空气净化器上，从而实现了空气净化器功能抽屉的循环利用。

6.5　赤泥负载抗菌蜂窝多孔材料

利用赤泥作为原材料制备一种新型的蜂窝多孔材料，赤泥较低的成本及制备工艺的操作安全简易成为新型蜂窝多孔材料的最大优势，此类蜂窝多孔材料可以作为一种新型载体广泛应用到治理废气废水造成的环境污染。抗菌蜂窝多孔材料的制备是在自制蜂窝载体基础上添加 Zn 系、Ag 系及复合抗菌剂完成。试验通过平板计数法和振荡法检测了抗菌型蜂窝多孔材料对大肠杆菌的抗菌性能。

6.5.1　负载抗菌剂的蜂窝多孔材料制备

首先，按照抗菌剂制备方法制备出耐高温的 Zn 系、Ag 系和 Zn-Ag 系抗菌剂，将粉碎、球磨和过筛的赤泥与成孔剂混合，然后称取不同剂量的Zn系抗菌剂（自制）加入蜂窝原料中，均匀混合。制备过程中水添加量为干原料量的33.3%左右，制备好的含有抗菌剂的蜂窝多孔材料在烘箱中120℃干燥2h，然后在程序升温下焙烧至1075℃。研究中抗菌型蜂窝多孔材料的抗菌性能测试按《家用和类似用途电器的抗菌、除菌、净化功能 抗菌材料的特殊要求》（GB 21551.2—2010）来准确测试。图6-17为抗菌检测的准备及操作步骤。

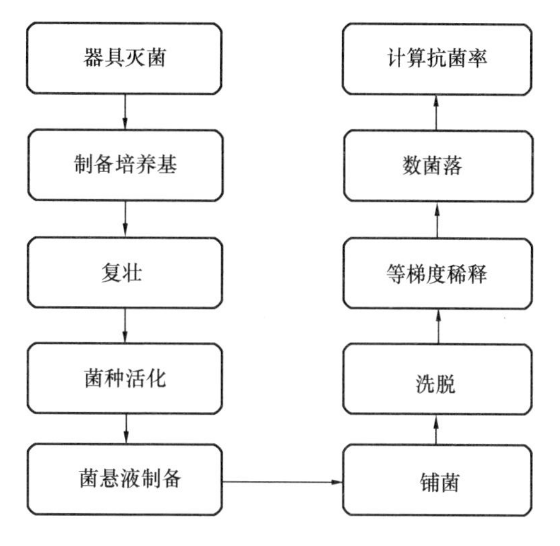

图6-17 抗菌检测的准备及操作步骤

按以下公式计算抗菌率：

$$R=(B-A)/B\times 100\% \qquad (6\text{-}6)$$

式中，R为抗菌率，%；A为试验样品平均回收菌数，CFU；B为空白对照样品平均回收菌数，CFU。

注：抗菌率≥90%，确定样品具备抗菌性能。

6.5.2 抗菌性能分析

研究中采用的细菌为大肠杆菌，以《家用和类似用途电器的抗菌、除菌、净化功能 抗菌材料的特殊要求》（GB 21551.2—2010）规定的测试操作要求进行抗菌性能测试。测试结果显示，负载有抗菌剂的蜂窝多孔材料有很好的除菌效果。图6-18展示了蜂窝多孔材料的除菌示意图。

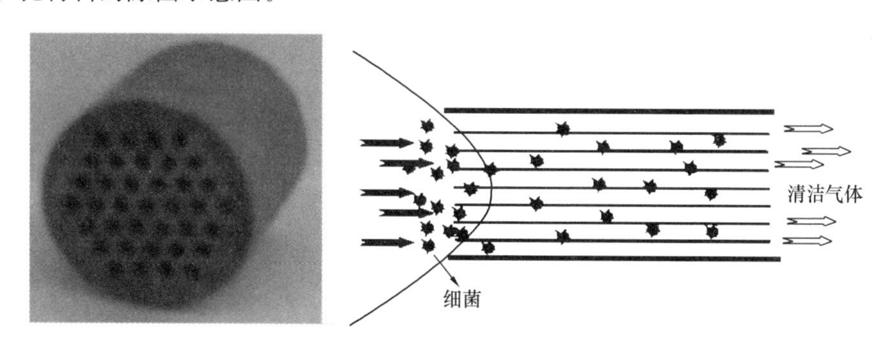

图6-18 蜂窝多孔材料的除菌示意图

随着抗菌剂添加量的增加，抗菌剂在蜂窝多孔材料单位体积内的分布更广泛，抗菌剂也就更有机会接触到细菌并将其杀死，从而起到更好的杀菌效果。大量抗菌剂的加入虽然能提高杀菌效果，但是考虑到成本问题，本试验将进行抗菌剂定量分析，选择最合适的添加量。

研究采用平板计数法来计算样品的抗菌率，图6-19～图6-21展示了不同抗菌剂对大肠杆菌的抗菌率。图6-22为利用平板计数法，测定不同含量的抗菌剂对大肠杆菌作用效果图。从图6-19中，我们可以看到Zn^{2+}抗菌剂的添加量达到5%时，抗菌率达到

98.9%，说明样品有很好的抗菌效果。测试结果也解释了，蜂窝多孔材料中 Zn^{2+} 抗菌剂对带有相反电荷的大肠杆菌起作用，将其杀死。在金属离子中，Ag^{+} 的抗菌性能比 Zn^{2+} 抗菌性能强。图 6-20 展示了载 Ag^{+} 抗菌剂的抗菌蜂窝多孔材料的抗菌效果，含 Ag^{+} 抗菌剂量为 0.5%的抗菌蜂窝多孔材料抗菌性能优于含 Ag^{+} 抗菌剂量为 0.3%的样品，当 Ag^{+} 抗菌剂添加量达到 1.0%时，抗菌率达到 98.7%。相对于锌系抗菌剂来说，银系抗菌剂价格昂贵，势必提高抗菌蜂窝多孔材料的制备成本。考虑到抗菌效果及制备成本等多方面的原因，可以设计将两种抗菌剂按一定配比测试。银、锌离子的抗菌蜂窝多孔材料也具备良好的抗菌性能，当 0.3% Ag^{+} 抗菌剂的样品中添加 5.0%、6.0%的 Zn^{2+} 抗菌剂时，蜂窝多孔材料的抗菌率分别达到了 98.9%、99.5%；考虑到蜂窝多孔材料的制备成本，载 Ag^{+} 抗菌剂为 0.3%更有优势（图 6-21、图 6-22）。

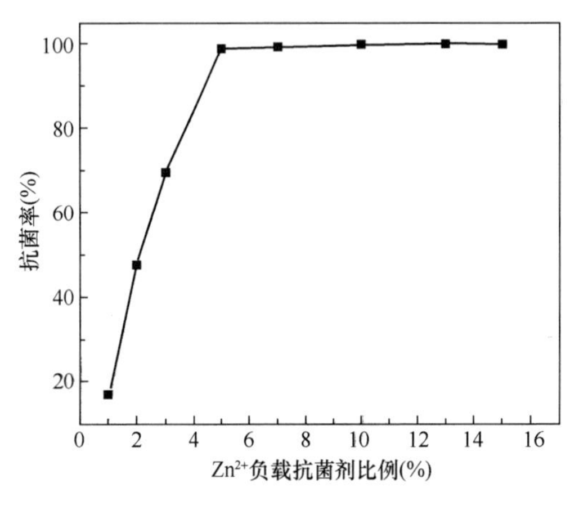

图 6-19　载 Zn^{2+} 抗菌蜂窝多孔材料的抗菌率变化图

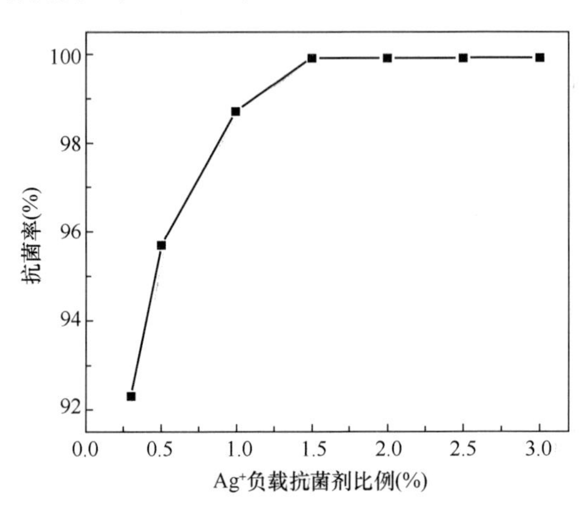

图 6-20　载 Ag^{+} 抗菌蜂窝多孔材料的抗菌率变化图

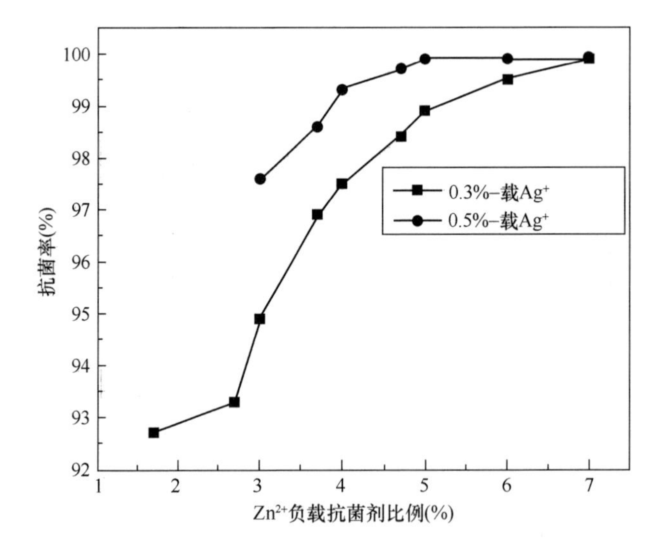

图 6-21　载 $Ag^{+}+Zn^{2+}$ 抗菌蜂窝多孔材料的抗菌率变化图

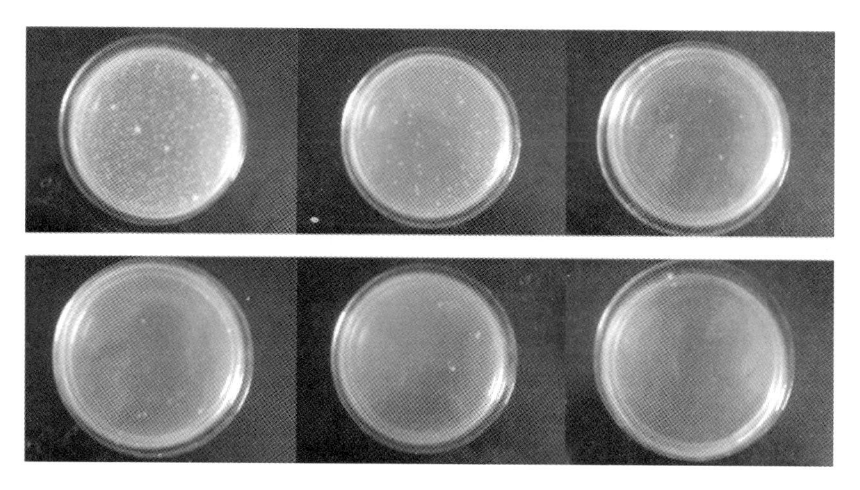

图 6-22　不同含量抗菌剂对大肠杆菌杀菌效果图

6.5.3　形貌和结构分析

通过 SEM 图可以直观地观察到蜂窝表面的表面特征，本试验通过 EDX 对蜂窝多孔材料中的元素进行了分析。图 6-23 为载 Zn^{2+} 的蜂窝多孔材料电镜图，从 EDX 图中可以明显找到 Zn 元素的存在。图 6-24 为载 Ag^{+} 的蜂窝多孔材料电镜图，从 EDX 图中可以明显找到 Ag 元素的存在。图 6-25 为载 Zn^{2+} 和 Ag^{+} 的蜂窝多孔材料电镜图，从

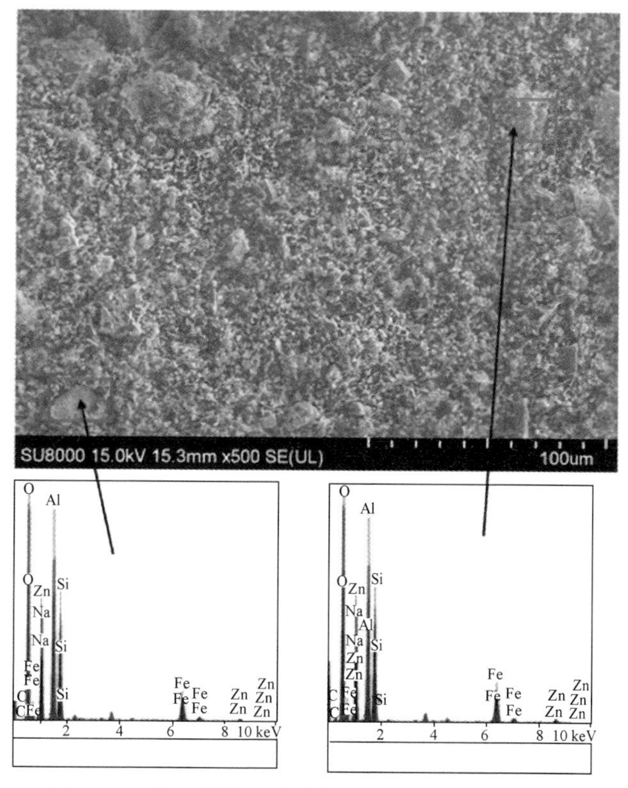

图 6-23　载 Zn^{2+} 蜂窝多孔材料的 SEM 图及 EDX 图

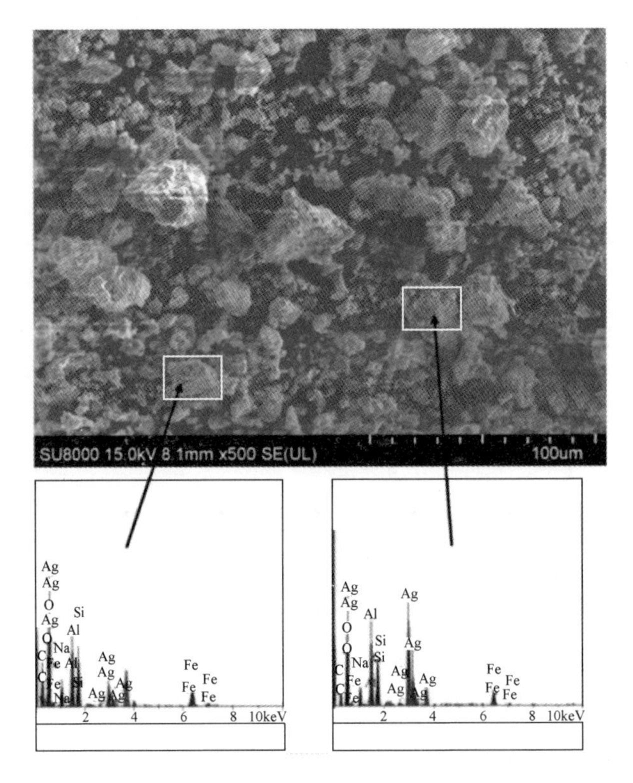

图 6-24　载 Ag^+ 蜂窝多孔材料的 SEM 图及 EDX 图

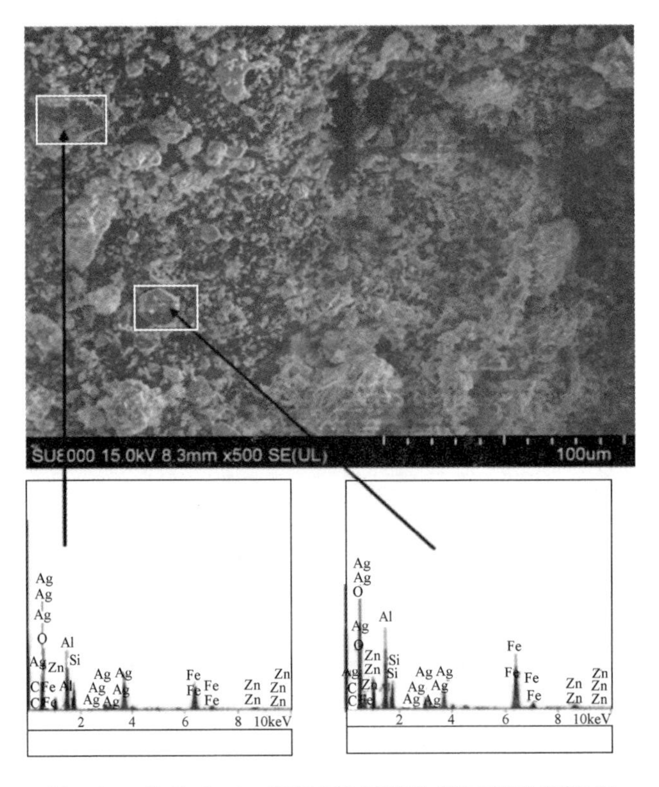

图 6-25　载 Zn 和 Ag 蜂窝多孔材料的 SEM 图及 EDX 图

EDX 图中可以明显找到 Zn 和 Ag 元素的存在。

试验通过 XRD 测试分析了蜂窝多孔材料的晶相构成，进一步反映出蜂窝多孔材料中金属元素的存在情况。图 6-26 为抗菌蜂窝多孔材料的 XRD 图，Ag 的衍射特征峰 2θ 值为 38.1°、44.3°、64.5°、77.5°，分别对应的面心立方晶体银的布拉格反射为 (111)、(200)、(220)、(311)。

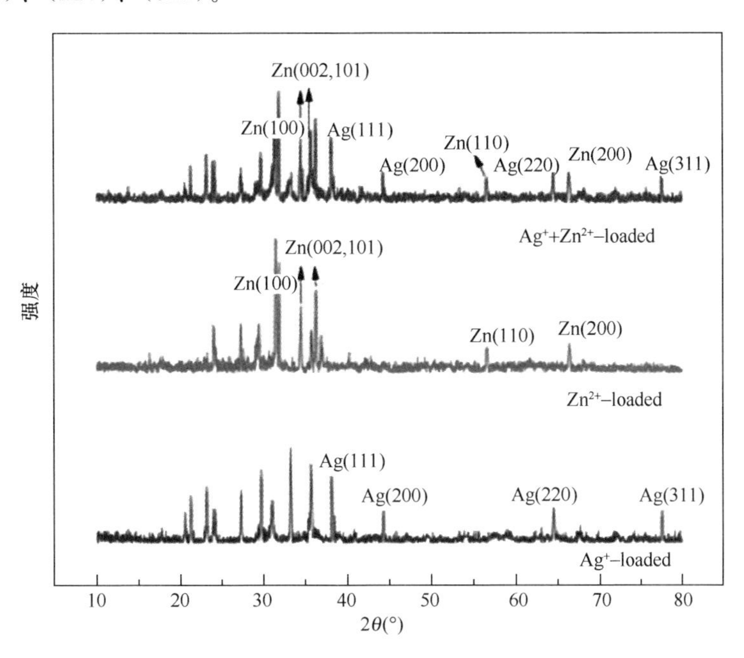

图 6-26 抗菌蜂窝多孔材料的 XRD 图

Zn 的衍射特征峰 2θ 值为 31.77°、34.42°、36.25°、56.60°、66.38°，分别对应的面心立方晶体锌的布拉格反射为 (100)、(002)、(101)、(110)、(200)。从图 6-26 中观察到在三种抗菌蜂窝多孔材料中均找到了对应的特征峰，样品经过多次 XRD 测试均得到相同的峰值，说明 Ag^{+} 和 Zn^{2+} 均匀地分布在蜂窝多孔材料中。

赤泥基蜂窝多孔材料作为抗菌功能材料载体的可操作性。由试验结果可得，依据《家用和类似用途电器的抗菌、除菌、净化功能 抗菌材料的特殊要求》(GB 21551.2—2010) 抗菌性能的测试标准，载银和锌离子的抗菌蜂窝多孔材料也具备良好的抗菌性能，当 Ag^{+} 抗菌剂按 0.3%、0.5%的添加量测试，含 Ag^{+} 抗菌剂量为 0.5%的抗菌蜂窝多孔材料抗菌性能优于含 Ag^{+} 抗菌剂量为 0.3%的样品；而当 0.3%Ag^{+} 抗菌剂的样品中添加 5.0%、6.0%的 Zn^{2+} 抗菌剂，蜂窝多孔材料的抗菌率分别达到了 98.9%、99.5%。考虑到蜂窝多孔材料的制备成本，载 Ag^{+} 抗菌剂为 0.3%更有优势。综上所述，抗菌蜂窝多孔材料的抗菌率能达到 99.9%。抗菌蜂窝多孔材料的抗压强度、显气孔率、吸水率相对于普通蜂窝多孔材料载体来说，均在正常范围内波动，对蜂窝多孔材料的性能影响不大。通过扫描电子显微镜（SEM）和 X 射线衍射分析（XRD）对蜂窝多孔材料的结构和物相分析，进一步证明抗菌蜂窝多孔材料具备抗菌性能的事实。

参考文献

[1] 中华人民共和国国家质量监督检验检疫总局，中国国家标准化管理委员会. 家用和类似用途电器的抗菌、除菌、净化功能 抗菌材料的特殊要求：GB 21551.2—2010[S]. 北京：中国标准出版社，2011.

[2] RICHARD W, BELL. Zinc forms in compost and red mud-amended bauxite residue sand[J]. J Soils Sediments，2011，11：101-114.

[3] SHIBU ZHU，MAN JIANG，JIANHUI QIU，et al. Theoretical analysis of fracture of tetra-needle like ZnO whisker in polymer composite[J]. Journal of Applied Polymer Science，2011，120：2767-2771.

[4] 李辉，孔庆媛，万毅，等. 室内空气净化技术的研究与探讨[J]. 林业机械与木工设备，2010，38(5)：30-33.

[5] 林海，郭丽丽，江乐勇. 抗菌吸附材料的制备及其在再生水处理的应用[J]. 北京科技大学学报，2010，32(5)：644-649.

[6] 芦珊珊，侯文龙，宋卫堂. 3 种介质对黄瓜枯萎病原菌的吸附除菌效果[J]. 中国农业大学报，2010，15(2)：1-4.

[7] 杨绍鑫. 赤泥基蜂窝多孔功能材料的制备及性能研究[D]. 济南：济南大学，2014.

[8] 张以河，王新珂，吕凤柱，等. 赤泥脱碱及功能新材料研究进展[J]. 环境工程学报，2016，10(7)：3383-3390.

[9] 甄志超. 净化空气中微生物用赤泥及多孔矿物材料研究[D]. 北京：中国地质大学(北京)，2013.

7 赤泥水处理材料及矿物复合肥

7.1 赤泥制备絮凝剂现状

7.1.1 絮凝剂分类及研究现状

絮凝剂添加的主要作用是利用化学药剂把水中稳定分散的微细污染物转化为亚稳定型并且将其聚集成易于分离的凝絮、絮凝体或絮团。絮凝剂主要包括无机絮凝剂、有机絮凝剂、微生物絮凝剂和复合絮凝剂，见表 7-1。传统的聚合氯化铝的制备工艺较为复杂，对设备的要求比较高，因此，研究以低成本原料制备聚合氯化铝的生产工艺流程，减少设备的损耗和生产成本，具有重要的现实意义。

表 7-1 不同絮凝剂情况比较

名称	成分划分	常用类型	优缺点
无机絮凝剂	无机低分子絮凝剂	铝盐：硫酸铝、氯化铝、铝酸钠 铁盐：氯化铁、硫酸亚铁、硫酸铁	优点：操作简单； 缺点：投加量大、腐蚀性大、残渣多、絮凝不理想
	无机高分子絮凝剂	聚合氯化铝、聚合硫酸铁、聚合硅酸铁	优点：比低分子絮凝剂处理沉降速率快、效果好、价格低； 缺点：与有机絮凝剂比，用量大、污泥量大、絮凝速度慢
有机絮凝剂	天然高分子絮凝剂	淀粉、甲壳素、木质素等	优点：无毒、成本低、可生物降解； 缺点：易受到酶的影响发生降解
	人工合成高分子絮凝剂	聚丙烯酰胺、聚乙烯酰胺等，根据电荷不同，分为阳离子、阴离子、非离子、两性离子	优点：用量少、污泥量少、絮凝能力强； 缺点：存在“二次污染”风险
微生物絮凝剂	微生物菌体分泌物	蛋白质、糖蛋白、多糖、纤维素等	优点：高效、无毒、易生物降解； 缺点：成本高，产量低
复合絮凝剂	无机-有机复合	铝系、铁系、铝铁系	优点：絮凝效果好，投加量少； 缺点：成本、制备过程存在一定问题

1. 无机絮凝剂

无机絮凝剂中铝系絮凝剂是目前普遍应用的一类絮凝剂，主要包括聚硅酸铝、聚氯化铝、聚硫酸铝等。铁系絮凝剂与铝系絮凝剂的作用原理类似，铁离子与铝离子具有相同的价态。目前普遍应用的铁系絮凝剂有聚氯化铁、聚硅酸铁、聚硫酸铁。根据电中和能力和聚集作用的不同，无机高分子絮凝剂可分为阳离子型和阴离子型。阳离子型主要为铝铁盐类的聚合物，阴离子型主要为聚硅酸盐类。与无机低分子絮凝剂相比，无机高分子絮凝剂性能更好，同时比有机絮凝剂成本低，具有很好的应用价值。目前，应用最广泛的是聚合氯化铝（PAC），但其自身的稳定性并不理想，产生的污泥量较大，为后续处理带来了困难，对环境保护非常不利。

2. 有机絮凝剂

有机絮凝剂包括天然高分子类、表面活性剂类、人工合成有机高分子絮凝剂。天然高分子絮凝剂包括木质素衍生物类、淀粉衍生物类和甲壳质衍生物类絮凝剂等。有机高分子絮凝剂品种多，具有性能优良、沉降速度快等特点，但是成本高，而且其水解或降解的产物有毒。人工合成的高分子絮凝剂的特点是分子量大，可以携带多种官能团，因此其在水中的伸展度较好，絮凝效果好，在水处理的各个环节都能发挥优越的性能。例如国内的研究人员制备的脱色絮凝剂中引入了印染废水中染料的针对性官能团，可以与染料分子或离子发生络合反应，达到较好的沉淀效果，对于可溶性的染料的去除率可以达到85%，对色度的去除率可达到90%以上。因合成方式的不同，大致可分为4种类型絮凝剂，包括阴离子型、阳离子型、非离子型和两性型絮凝剂。

3. 复合絮凝剂

将两种或两种以上的无机或有机絮凝剂组分通过化学反应制备得到复合絮凝剂，达到优势互补的效果。王海峰使用高铁赤泥和工业废盐酸为原料，常压下制取聚合氯化铝铁絮凝剂（PAFC），工艺上可行，液固比、温度、反应时间对浸出率均有影响，研究浸出优化工艺条件为液固比3.5，温度85℃，浸出时间3h。研究表明，复合絮凝剂聚硅酸铝铁能广泛用于处理造纸、印染、生活污水等，而且其处理污水的效果要优于单一的聚合氯化铝、聚合硫酸铁。利用粉煤灰生产高效絮凝剂在日本和西欧的一些国家已实现了工业化规模生产。大量研究利用固体废弃物（如粉煤灰、赤泥等含有铝、铁元素的物质）制备复合絮凝剂，很有意义。

7.1.2 赤泥絮凝剂研究利用现状

基于赤泥自身结构特性，已有研究利用赤泥净化硫化氢废气，作为吸附剂吸附水体阴离子、重金属和非金属有毒离子、染料。Gupta V K利用活化赤泥吸附水中的铅离子和六价铬离子，通过对赤泥改性合成混凝剂来处理污水也是非常重要的研究方向。Orescanin V等采用质量分数30%的稀硫酸对赤泥进行活化后合成聚硅酸盐絮凝剂，对工业废水中的重金属离子去除有较好效果。庞世花等通过向盐酸活化后的赤泥浸取液中适量添加铝酸钙的方法，制得了一种高效的聚合氯化铝铁絮凝剂。朱秀珍利用赤泥和粉煤灰为原料，制备聚合氯化铝铁絮凝剂，通过盐酸酸浸分别得到赤泥酸浸液和粉煤灰酸浸渣，并加入碳酸钠调聚制备得到复合型絮凝剂，浊度、色度、COD的去除率分别达到96.53%、71%、85.2%。刘曦等将粉煤灰和赤泥经HCl改性，制得复合絮凝剂PAFC，用于模拟含磷废水的除磷研究，在PAFC投加量为180mg/L时磷去除率达到97.55%。

7.2 絮凝原理

絮凝过程包括絮凝剂的分散扩散、电中和凝聚质稳、吸附、絮凝及絮体形成等阶段。主要的絮凝原理有：压缩双电层理论、吸附-电中和作用、吸附-桥联作用和沉淀物网捕-卷扫作用。具体过程为：首先絮凝剂在溶液中溶解扩散，形成的水解离子会被胶体表面的异号离子所吸附，进而中和胶体表面的离子。这会使胶体扩散层压缩，ζ电位降低，胶体稳定性下降，到达一定程度后，颗粒物间会相互碰撞，桥连形成“胶粒-高分子-胶粒”结构的絮凝体，从而沉降下来。在这个过程中也存在大量的絮状物聚合体网捕卷带水中的细小胶粒，从而达到共同沉淀的目的。在传统的水处理工艺中絮凝是作为沉淀、过滤等分离过程的前处理技术，其主要目的是构成易于分离的粗大絮团。实际上，近代水处理工艺中只要在混合、凝聚脱稳或生成微细絮体后即可以吸附在颗粒物界面上完成絮凝分离过程。

（1）压缩双电层作用

根据DLVO理论，加入含有高价态正电荷离子的电解质时，高价态正离子通过静电引力进入到胶体颗粒表面，置换出原来的低价正离子，这样双电层仍然保持电中性，但正离子的数量却减少了，也就是双电层的厚度变薄，胶体颗粒滑动面上的ξ电位降低。当ξ电位降至0时，称为等电状态，此时排斥势垒完全消失。ξ电位降至某一数值使胶体颗粒总势能曲线上的势垒$E_{max}=0$，胶体颗粒即发生聚集作用，此时的ξ电位称为临界电位ξ_k。

（2）吸附-电中和

胶体颗粒表面吸附异号离子、异号胶体颗粒或带异号电荷的高分子，从而中和了胶体颗粒本身所带部分电荷，减少了胶粒间的静电引力，使胶体颗粒更易于聚沉。驱动力包括静电引力、氢键、配位键和范德华力等。

（3）吸附架桥作用

分散体系中的胶体颗粒通过吸附有机物或无机高分子物质架桥连接，凝集为大的聚集体而脱稳聚沉，分为长链高分子架桥和短距离架桥。

① 胶粒与不带电荷的高分子物质发生架桥，涉及范德华力、氢键、配位键等吸附力。

② 胶粒与带异号电荷的高分子物质发生架桥，除范德华力、氢键、配位键外，还有电中和作用。

③ 胶粒与带同号电荷的高分子物质发生架桥，“静电斑”作用。

（4）网捕-卷扫作用

投加到水中的铝盐、铁盐等混凝剂水解后形成较大量的具有三维立体结构的水合金属氧化物沉淀，当这些水合金属氧化物体积收缩沉降时，像筛网一样将水中胶体颗粒和悬浊质颗粒捕获卷扫下来。

7.3 赤泥多元复合絮凝剂研究

7.3.1 赤泥无机絮凝剂的制备及性能研究

1. 赤泥中铝/铁元素利用及提高浸出率试验研究

拜耳法赤泥中含有50%左右的氧化铝和氧化铁，而铝/铁元素是制备絮凝剂的主要原料。因此利用赤泥制备絮凝剂的第一步首先是将赤泥中的铝/铁浸出，利用五种方案对赤泥进行酸浸，通过测试酸赤泥中铝/铁的浸出率，优选出其中一种方案，并对其反应条件进行优化，最终确定赤泥酸浸最佳方案。

对五种酸浸试验方案的优选，五种方案分别为：①只用盐酸；②只用硫酸；③先用盐酸，后用硫酸；④先用硫酸，后用盐酸；⑤盐酸＋硫酸。利用 Al 和 Fe 的浸出率来考察酸浸效果，根据分析结果优选出盐酸酸浸和混酸酸浸两种方案。利用这两种酸浸液制备无机絮凝剂，通过无机絮凝剂的性能评价，选择盐酸酸浸为最佳酸浸方案。盐酸与赤泥的反应时间、反应温度和固液比都对 Al 和 Fe 的浸出率有影响。盐酸酸浸的最佳工艺条件为：固液比为1∶3，反应温度为90℃，反应时间为2h。

2. 赤泥无机絮凝剂制备试验原理和方案

研究以赤泥酸浸液为原料，通过添加调聚剂，使酸浸液中的Al/Fe离子聚合形成无机絮凝剂，试验过程中考察了调聚剂种类、反应温度、pH值和反应时间对絮凝剂絮凝性能的影响，并通过制备的絮凝剂的性能和形态分布两方面来分析。

在加热和搅拌的条件下，将调聚剂加入到赤泥酸浸液中发生聚合反应，首先酸浸液中多余的酸会被中和，随着调聚剂的继续加入，pH值升高，Fe（Ⅲ）和 Al（Ⅲ）发生水解反应，如式（7-1）和式（7-2）所示，进一步反应，随着羟基的聚合，铝和铁的聚合形式出现，反应如式（7-3）所示：

$$2AlCl_3 + nH_2O \longrightarrow Al_2(OH)_nCl_{6-n}^- + nCl^- + nH^+ \tag{7-1}$$

$$2FeCl_3 + mH_2O \longrightarrow Fe_2(OH)_mCl_{6-m}^- + mCl^- + mH^+ \tag{7-2}$$

$$xAl_2(OH)_nCl_{6-n}^- + yFe_2(OH)_mCl_{6-m}^- \longrightarrow Al_{2x}Fe_{2y}(OH)_{xn+ym}Cl_{6x-xn+6y-ym}^- \tag{7-3}$$

首先量取100mL赤泥酸浸液放入1000mL三口烧瓶中，并将三口烧瓶放入电加热恒温油浴锅中；然后加入一定量的调聚剂，反应温度为25～100℃，搅拌反应2～12h后，冷却至室温，得到红棕色液体无机絮凝剂。对得到的赤泥无机絮凝剂进行处理硅藻土模拟水效果评价和形态分布分析。在聚合反应过程中，调聚剂的种类、pH值、反应温度和反应时间都对絮凝剂的性能产生显著的影响。因此，为了得到性能良好的絮凝水处理样品，对过程影响因素进行条件优化。

3. 赤泥无机絮凝剂影响因素分析

（1）调聚剂的选择

在酸浸液中加入调聚剂是为了中和溶液中的酸并且引发 Fe^{3+} 和 Al^{3+} 的水解和聚合。在本试验中，选择 NaOH、$Ca(AlO_2)_2$ 和 CN 作为调聚剂，NaOH 能够快速反应，但是价格也相对较高；$Ca(AlO_2)_2$ 作为调聚剂不仅能调节溶液的碱化度还能够提高絮凝剂的铝含量，从而提高絮凝剂的性能，但是 $Ca(AlO_2)_2$ 与酸浸液的反应速率较低；CN 是一种共调聚剂，不仅能调高铝含量，还可以提高速率。利用三种调聚剂制备的无机絮凝剂的性能如图 7-1 所示。

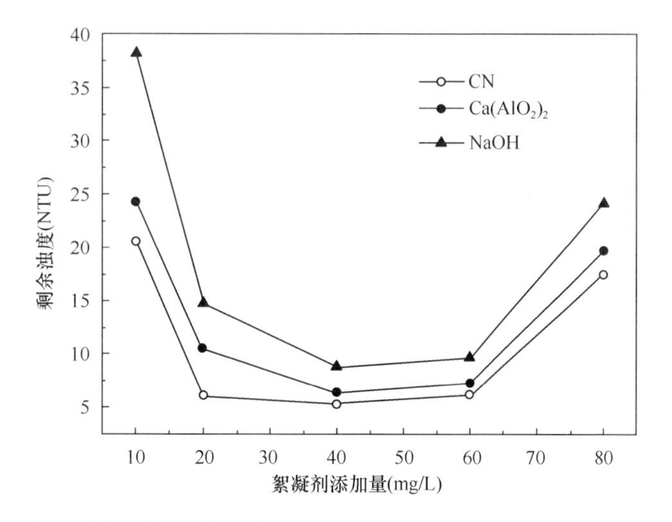

图 7-1 利用不同调聚剂制备的赤泥无机絮凝剂的添加量对浊度去除效果的影响

从图 7-1 可以看出，选择 CN 作为调聚剂制备的絮凝剂的性能高于 NaOH 和 $Ca(AlO_2)_2$调聚剂制备的絮凝剂的性能，而且使用 $Ca(AlO_2)_2$ 作为调聚剂制备的絮凝剂的性能高于利用 NaOH 制备的絮凝剂的性能。当絮凝剂添加量从 10mg/L 增加到 40mg/L 时，剩余浊度随着絮凝剂添加量的增加而减小；当絮凝剂添加量高于 60mg/L 时，剩余浊度随着絮凝剂添加量的增加而增大。对于每一个添加量，使用 CN 作为调聚剂都比使用 NaOH 和 $Ca(AlO_2)_2$ 调聚剂制备的絮凝剂的性能要好。产生这种结果的原因可能是因为 CN 不仅提高了铝含量，而且还提高了产品质量。

（2）pH 的影响

为了考察 pH 值对絮凝剂性能的影响，对反应混合物的 pH 值控制在 2.20～2.70，其他反应条件保持不变。不同 pH 无机絮凝剂的除浊效果和 Fe-Al 形态分布如图 7-2 所示。

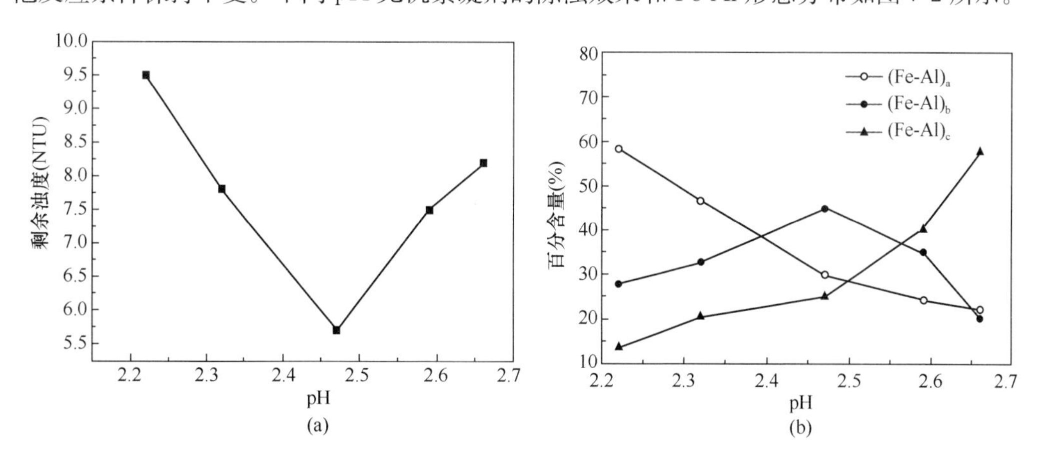

图 7-2 pH 值对絮凝剂的除浊性能和 Fe-Al 形态分布的影响

从图 7-2（a）中可以看出，pH 值对赤泥无机絮凝剂的除浊效果有重要的影响。剩余浊度随着 pH 值的升高（2.20～2.47）而下降，在 pH 值为 2.47 时，絮凝剂的性能最好。

从图 7-2(b)中可以看出，pH 值对赤泥无机絮凝剂的 Fe-Al 形态分布也有重要的影响。当 pH＜于 2.47 时，$(Fe\text{-}Al)_b$形态的百分含量随着 pH 值的升高而增大；当 pH＝2.47时，$(Fe\text{-}Al)_b$形态的百分含量最大；在 pH＞2.47 的范围内，随着 pH 值的升高，$(Fe\text{-}Al)_b$形态的百分含量减小并且$(Fe\text{-}Al)_c$形态的百分含量增大，因此 pH 值的最佳条件为 2.47。当 pH＝2.47 时，最佳的 Fe-Al 形态种类分布为$(Fe\text{-}Al)_a$为 30.1％、$(Fe\text{-}Al)_b$为 45.5％和$(Fe\text{-}Al)_c$为 24.4％。在 pH＝2.47 处，剩余浊度达到最小而$(Fe\text{-}Al)_b$形态的百分含量达到最大值，说明$(Fe\text{-}Al)_b$形态对浊度的去除起到重要的作用。

（3）反应温度的影响

为了考察反应温度对絮凝剂性能的影响，无机絮凝剂制备试验中，控制反应温度的范围为 20～100℃，并且保持制备絮凝剂的其他条件不变。在不同反应温度下制备的无机絮凝剂的絮凝性能及 Fe-Al 形态分布如图 7-3 所示。

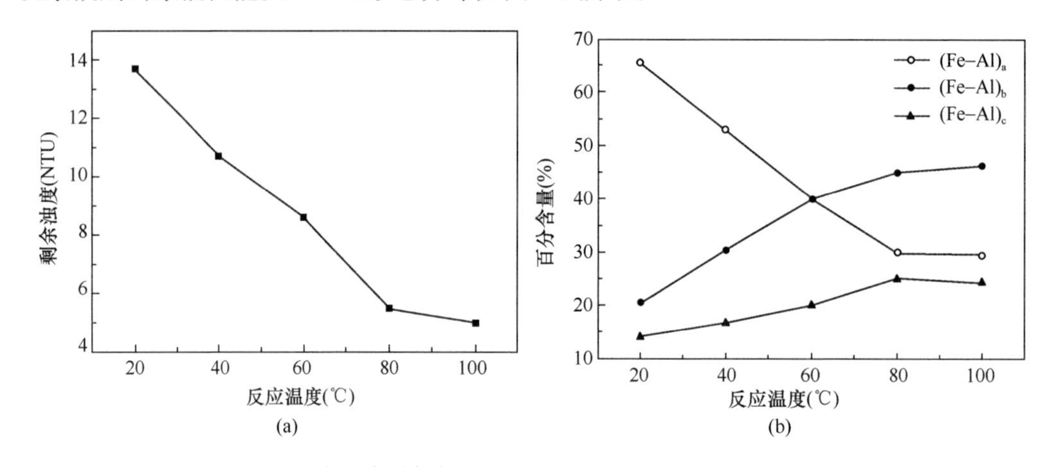

图 7-3　反应温度对絮凝剂的除浊性能和 Fe-Al 形态分布的影响

从图 7-3（a）可以看出，当反应温度在 20～80℃范围时，剩余浊度随着反应温度的升高而减小，而且继续升高温度到 100℃，剩余浊度并没有明显变化。

从图 7-3（b）可以看出，当反应温度在 20～80℃范围时，$(Fe\text{-}Al)_b$和$(Fe\text{-}Al)_c$形态的百分含量也随着温度的升高而升高，当温度继续升高至 100℃时并没有明显变化。

从试验结果得出，反应温度影响絮凝剂的性能，因为它影响反应速率和反应程度。通常，较高的反应温度能够促进 Fe^{3+} 和 Al^{3+} 的水解和聚合，使更多的$(Fe\text{-}Al)_a$形态转变为$(Fe\text{-}Al)_b$形态和$(Fe\text{-}Al)_c$形态。但另一方面，过高的反应温度(＞80℃)对反应程度并没有明显加强，而且造成能源浪费，制备赤泥无机絮凝剂的最佳反应温度为 80℃。

（4）反应时间的影响

为了考察反应时间对絮凝性能的影响，无机絮凝剂制备试验中，控制反应时间的范围为 0～12h，并且保持制备絮凝剂的其他条件不变。在不同反应时间下制备的无机絮凝剂的絮凝性能及 Fe-Al 形态分布如图 7-4 所示。

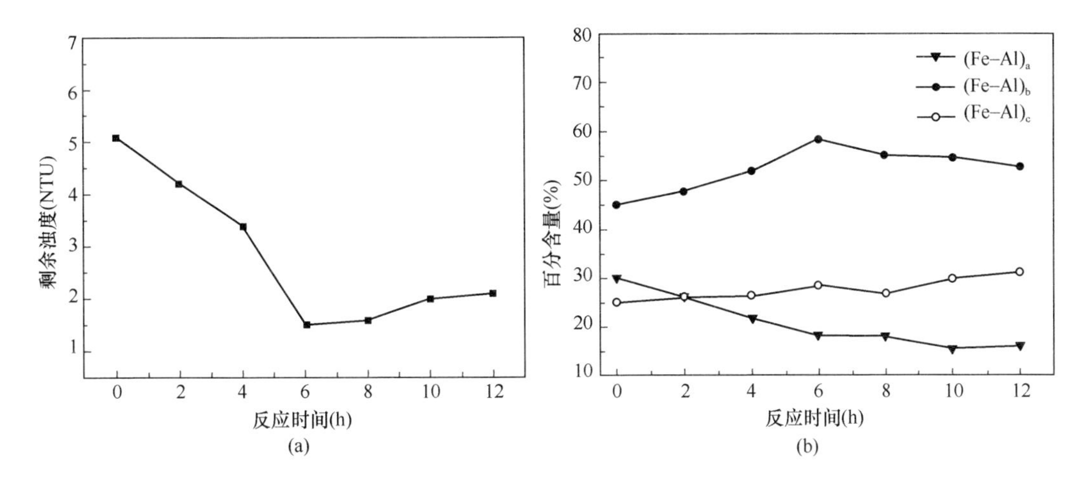

图 7-4 反应时间对絮凝剂的除浊性能和 Fe-Al 形态分布的影响

从图 7-4（a）中可以看出，当反应时间范围为 0～6h 时，剩余浊度随着反应时间的增长而减小，当反应时间大于 6h 时，剩余浊度随反应时间的增长而增大。当反应时间为 6h 时，絮凝剂的除浊效果最好。

图 7-4(b)显示，当反应时间范围为 0～6h 时，$(Fe\text{-}Al)_b$形态的百分含量随着反应时间的增长而增大，当反应时间大于 6h 时，$(Fe\text{-}Al)_b$形态的百分含量随反应时间的增长而减小。在整个反应时间范围内，$(Fe\text{-}Al)_c$形态的百分含量随着反应时间的增长而增大并且$(Fe\text{-}Al)_a$形态随着反应时间的增长而减少。产生这种现象的原因是 Fe^{3+} 和 Al^{3+} 首先形成最有絮凝效果的$(Fe\text{-}Al)_b$形态，接着随着反应时间的增长进而形成不利于浊度去除的$(Fe\text{-}Al)_c$形态。$(Fe\text{-}Al)_b$形态越多，絮凝剂的性能越好。当反应时间为 6h 时，絮凝剂的浊度去除效果最好。

（5）赤泥无机絮凝剂的结构和形貌分析

在最佳工艺条件下制备的无机絮凝剂通过 XRD、IR 和 SEM 分析其结构和形貌。图 7-5～图 7-7 分别为赤泥无机絮凝剂的 XRD 图谱、赤泥无机絮凝剂和 PAC 的 FT-IR 谱图以及赤泥无机絮凝剂和 PAC 的 SEM 照片。

从图 7-5 分析可知，赤泥无机絮凝剂中主要含有 NaCl 和 $AlCl_3 \cdot 6H_2O$ 两种晶体物质，也明显看出 XRD 图谱中含有许多杂峰，说明无机絮凝剂中含有非晶物质；同时，$FeCl_3$ 的特征峰并没有出现，而在 $2\theta=18.4°$、$29.8°$、$66.4°$、$75.5°$处出现的特征峰并没有对应的化合物。这些结果说明 Fe^{3+} 和 Al^{3+} 可能聚合形成了一种新的物质，这种物质不存在 XRD 图谱或者并没有一个确切的分子式。这种推断说明赤泥无机絮凝剂的制备生成了新的化学物质而不是一种简单的原材料的混合。

如图 7-6 所示，（a）和（b）谱图很相似，两个谱图在 3200～3650cm^{-1}（无机絮凝剂在 3390cm^{-1}，工业 PAC 在 3430cm^{-1}）范围内都有一个宽大的吸收峰，这个峰是由—OH的伸缩振动引起的。无机絮凝剂在 1628cm^{-1}处和工业 PAC 在 1636cm^{-1}处的峰是由吸附水或者是聚合、结晶水的弯曲振动引起的。无机絮凝剂在 1098cm^{-1}处和工业 PAC 在 1090cm^{-1}处的峰认为是由 Fe-OH-Fe 或 Al-OH-Al 的不对称的伸缩振动引起的，

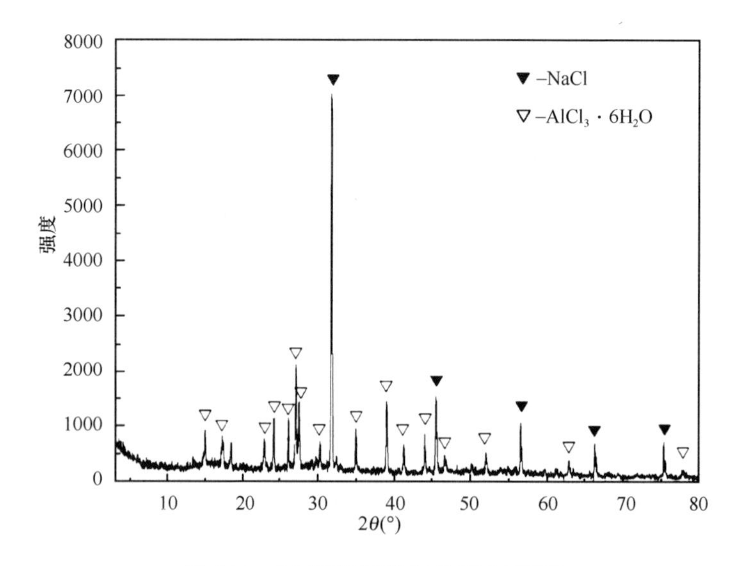

图 7-5　赤泥无机絮凝剂的 XRD 图谱

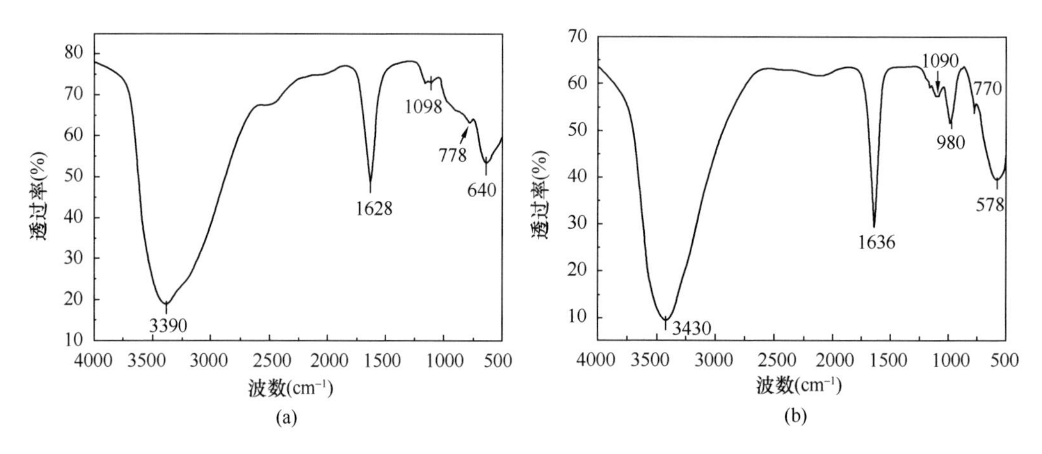

图 7-6　赤泥无机絮凝剂和工业 PAC 的 FT-IR 谱图

（a）赤泥无机絮凝剂；（b）工业 PAC

由于工业 PAC 含有一些 Fe 杂质，所以工业 PAC 中也有含 Fe 的物质存在。无机絮凝剂在 778cm^{-1}和 640cm^{-1}两处以及工业 PAC 在 770cm^{-1}和 578cm^{-1}两处的峰可能分别是由 Fe-OH 和 Al-OH 的弯曲振动引起。

如图 7-7 所示，利用赤泥制备的无机絮凝剂具有粗糙的表面，背脊和褶皱覆盖在表面。与工业 PAC 相对光滑的表面相比，相对粗糙的表面形貌使赤泥无机絮凝剂具有更好的网捕卷扫的能力，絮凝性能更好。

7.3.2　赤泥多元絮凝剂的制备及性能研究

在无机絮凝剂中加入阳离子聚合物、矿物材料等原料，制成复合型多元絮凝剂后，该种絮凝剂将两者的优点有效地结合，对水中胶粒具有较强的电中和作用，使胶粒脱稳，同时还有吸附架桥作用。不仅提高絮凝效果，降低成本，还可以降低投加量的同时

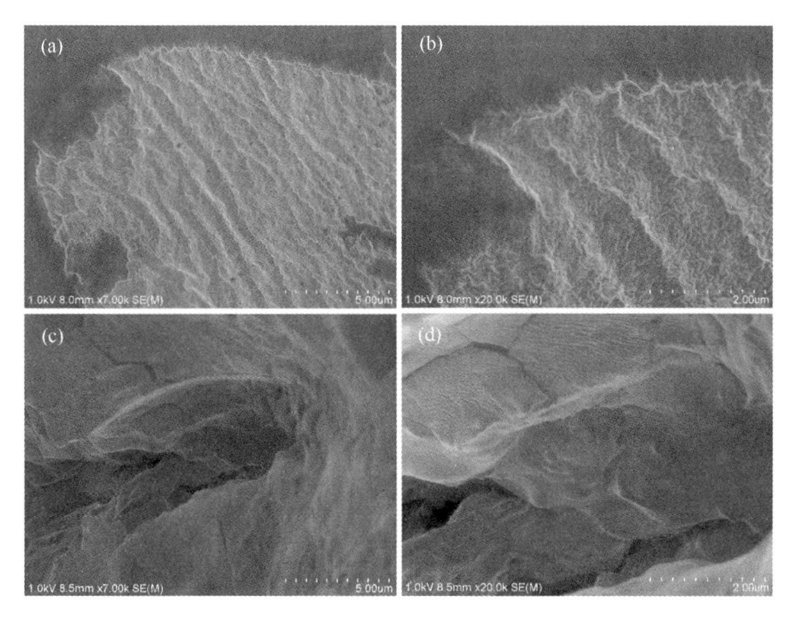

图 7-7 (a)、(b) 赤泥无机絮凝剂和 (c)、(d) 工业 PAC 的 SEM 照片

减少污泥生成，并增加了稳定性以及应用范围。

赤泥多元絮凝剂制备过程为：制备多元絮凝剂的矿物材料，阳离子聚合物进行优选，然后将优选出的矿物材料和阳离子聚合物依次加入到无机絮凝剂中进行复合，制备得到多元絮凝剂。通过响应面分析方法（RSM）研究了矿物材料添加量、阳离子聚合物添加量和反应温度对多元复合絮凝剂性能的影响，以确定制备赤泥多元复合絮凝剂的优化工艺条件。

1. 多元絮凝剂制备过程影响因素分析

（1）矿物材料种类对稳定性的影响

通过考察不同种类矿物材料制备的赤泥多元复合絮凝剂的稳定性，选择用于多元絮凝剂的最佳矿物材料，稳定性见表 7-2。

表 7-2 矿物材料种类与添加量对稳定性的影响 （固含量，%）

序号	无机絮凝剂	矿物 A	矿物 B	矿物 C	静置后状态
1	99	1	—	—	出现分层
2	97	3	—	—	出现分层
3	95	5	—	—	出现分层
4	99	—	1	—	出现沉淀
5	97	—	3	—	出现沉淀
6	97	—	—	3	较均匀
7	95	—	—	5	较均匀
8	97	1	—	2	出现分层
9	96	2	—	2	出现分层

由表7-2可知，当赤泥多元絮凝剂中含有矿物A时，会使产品分层，上层析出黄色液体；当含有矿物B时，会出现沉淀；当单独使用矿物C时，所得的多元絮凝剂较稳定，因此后续试验选择矿物C为赤泥多元絮凝剂制备的矿物材料。

（2）阳离子聚合物种类和含量对絮凝性能及稳定性的影响

本试验选择阳离子聚合物A、B和C作为赤泥多元絮凝剂中有机絮凝剂部分，对阳离子聚合物A、B和C的絮凝性能做了比较。

表7-3中4号方案为阳离子聚合物A、B和C按照1∶1∶1复配的产物，三者混合后，静置12h后会出现白色的小颗粒。由于复配产物的不稳定，因此复配产物不作为后续选择对象。从上述数据可知，通过剩余浊度、沉降时间和絮体外观综合比较得出：三种阳离子聚合物的絮凝性能由高到低依次为：B、A、C，其中聚合物C形成的絮体较小，所以优先考虑聚合物B和聚合物A作为赤泥多元絮凝剂中有机絮凝剂部分。

表7-3　不同阳离子聚合物絮凝性能比较

序号	聚合物浓度（10^{-6}）	沉降时间（s）	剩余浊度（NTU）	絮体外观
1	聚合物A（5）	180	10.6	絮体较大，矾花出现较快
2	聚合物B（5）	140	6.4	絮体较大，矾花出现较快
3	聚合物C（5）	250	12.7	絮体较小，矾花出现较快
4	A∶B∶C（5）	180	6.5	絮体较大，矾花出现较快

分别用这三种阳离子聚合物与赤泥无机絮凝剂和矿物C制备赤泥多元絮凝剂，其稳定性能见表7-4。

表7-4　矿物材料种类与加量对稳定性的影响　　（固含量，%）

序号	无机絮凝剂	聚合物A	聚合物B	聚合物C	矿物C	静置后状态
1	97	1	—	—	5	较稳定
2	96	2	—	—	5	较稳定
3	95	3	—	—	5	黏度较大
4	98	—	1	—	5	明显分层
5	97	—	2	—	5	明显分层
6	97	—	3	—	5	明显分层
7	95	—	—	1	5	较稳定
8	97	—	—	2	5	较稳定
9	96	—	—	3	5	黏度较大

聚合物C在三元体系中会使体系出现分层，加入聚合物A、聚合物C不会影响到多元絮凝剂的稳定性，但是当聚合物A、聚合物C的含量超过3%时，体系黏度会增加，静置后不易流动，加量过低时，又会降低产物的絮凝性能。从稳定方面考虑，聚合物B不适合用来制备赤泥多元絮凝剂。综合以上两组数据，选用聚合物A作为赤泥多元絮凝剂中有机絮凝剂部分。

2. 响应曲面法（RSM）优化赤泥多元絮凝剂制备条件

（1）响应曲面试验设计和方法

为了使赤泥多元絮凝剂的性能达到最好，拟采用中心交叉设计（CCD）对影响赤泥多元絮凝剂性能的这三个因素（矿物 C 的添加量、聚合物 A 的添加量和反应温度）进行试验设计。通过三因素五水平的响应曲面法有效快速地对影响因素及它们之间的交互作用进行分析，并确定一个最佳的反应条件。根据式（7-4）确定的响应曲面试验的因素水平及编码见表 7-5，CCD 的试验设计见表 7-6。

根据 CCD 确定响应曲面总的试验次数（N）为：

$$N = 2^K + 2K + n_0 \tag{7-4}$$

式中，K 为考察的独立因子数，这里为 3；n_0为中心点的重复试验次数，这里为 6；$2K$ 为轴点的实际试验次数。

表 7-5　响应曲面的试验因素水平设计

变量	范围和水平				
	−2	−1	0	1	2
X_1，矿物 C（质量分数，%）	0	2	4	6	8
X_2，聚合物 A（质量分数，%）	0	1	2	3	4
X_3，温度（℃）	20	40	60	80	100

表 7-6　中心交叉设计的设计矩阵及响应值

运行	因素			响应曲面	
	凹凸棒（质量分数，%）	聚合物 A（质量分数，%）	温度（℃）	剩余浊度（NTU）	COD（mg/L）
1	0	−2	0	30.5	358.0
2	0	0	0	10.7	348.0
3	−1	−1	1	13.4	316.0
4	1	1	1	1.2	327.0
5	0	0	0	2	300.0
6	1	1	−1	4.6	337.0
7	−1	1	−1	1.9	304.0
8	1	−1	1	9.2	311.0
9	−1	−1	−1	8.7	279.0
10	0	0	0	2.9	254.0
11	−1	1	1	0	311.0
12	0	0	0	8.7	301.0
13	1	−1	−1	9.7	308.0
14	2	0	0	7.2	313.0
15	0	0	−2	7.3	301.0
16	−2	0	0	1.7	303.0

续表

运行	因素			响应曲面	
	凹凸棒（质量分数，%）	聚合物A（质量分数，%）	温度（℃）	剩余浊度（NTU）	COD（mg/L）
17	0	2	0	0	299.0
18	0	0	0	5.6	277.0
19	0	0	2	0.6	300.0
20	0	0	0	6.9	266.0

本研究中使用的响应曲面法的响应曲面，是指近似表示 n 个设计变量与假设响应 Y 的关系的曲面。这里假设响应能够用 n 个设计变量的二次多项式近似，则响应的表达式（7-5）为：

$$Y=\beta_0+\Sigma\beta_i\chi_i+\Sigma\beta_{ii}\chi_i^2+\Sigma\beta_{ij}\chi_i\chi_j \tag{7-5}$$

式中，Y 为预响应值，本试验为剩余浊度及剩余化学需氧量（COD）值；β_0 为截距；β_i 为线性系数；β_{ii} 为平方系数；β_{ij} 为交互作用系数；χ_i 和 χ_j 为独立变量的编码。本研究利用 Design-Expert 进行试验方案结果的回归和优化。

（2）RSM 数学模型的建立

RSM 的方差分析（ANOVA）见表 7-7 和表 7-8，ANOVA 显示了模型相关的显著性。相关系数（R^2）均大于 0.99，说明模型预测值和试验值的一致性很好。P 值用于检测每个相关系数的显著性。P 值越小，系数的相关性越显著，说明模型越可靠；P 值均小于 0.0001。

表 7-7　响应曲面二次方程的 ANOVA（剩余浊度）

来源	自由度	平方和	均方	F 值	P 值
回归	9	206.75	22.97	418.89	<0.0001
残余值	10	0.55	0.055		
失拟项	5	0.22	0.043	0.65	0.6788
纯误差	5	0.33	0.067		
总计	19	207.30			
相关系数	0.9974				
修正后相关系数	0.9950				

表 7-8　响应曲面二次方程的 ANOVA（剩余 COD）

来源	自由度	平方和	均方	F 值	P 值
回归	9	13056.86	1450.76	334.73	<0.0001
残余值	10	43.34	4.33		
失拟项	5	10.01	2.00	0.30	0.8937
纯误差	5	33.33	6.67		
总计	19	13100.20			
相关系数	0.9967				
修正后相关系数	0.9937				

（3）矿物 C、聚合物 A 和反应温度对除浊性能的相互影响

① 保持其中一个因素在零水平，另外两个变量在试验范围内变化进行多元絮凝剂制备试验，并用含油废水测试其除浊性能，剩余浊度的等高线图如图 7-8 所示。

图 7-8（a）的等高线为椭圆形，且椭圆的长轴沿矿物 C 的轴，这表明聚合物 A 比矿物 C 在设计范围内更有影响力。从图 7-8（a）中还可以看出，聚合物 A 和矿物 C 在

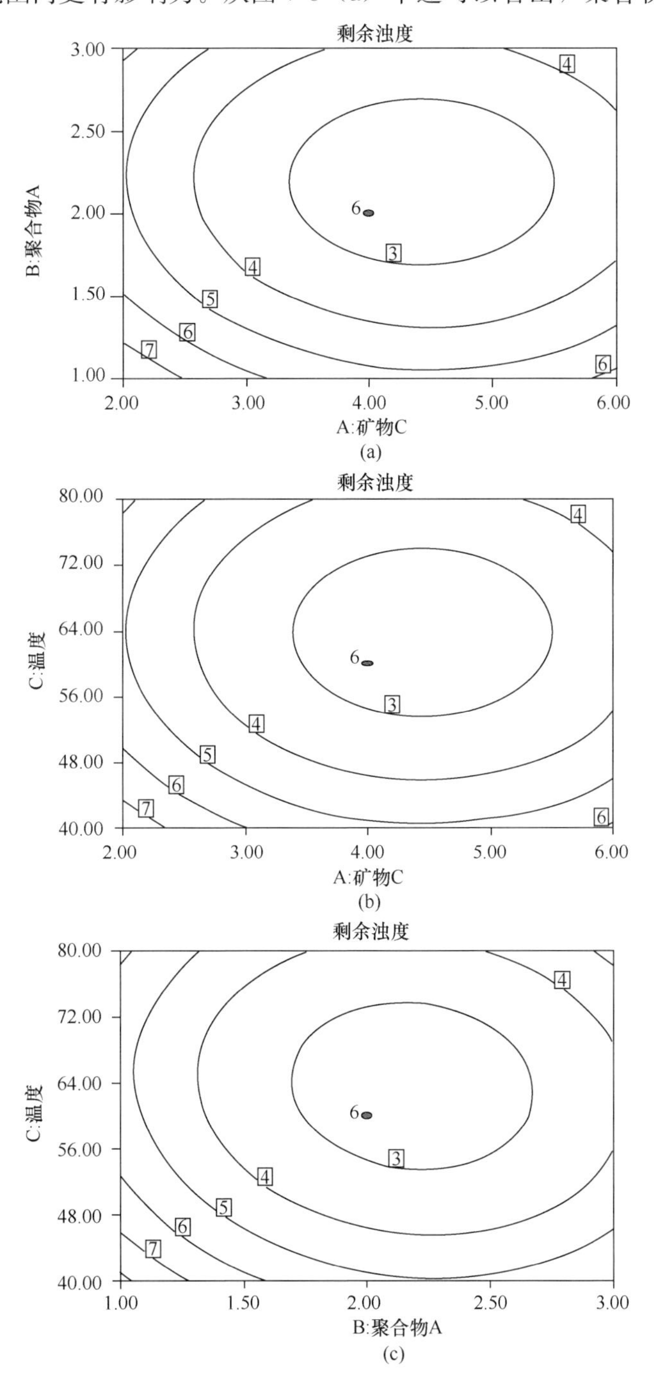

图7-8　矿物 C、聚合物 A 和反应温度对除浊性能影响的等高线图

较低值时，除浊性能不好，随着聚合物 A 和矿物 C 含量的逐渐增加，剩余浊度持续下降，直到最低值 2.5NTU，然后逐渐增加。当剩余浊度达到最小值时，聚合物 A 和矿物 C 的含量分别为 4.4%和 2.2%。

图 7-8（b）显示的是矿物 C 与反应温度对除浊性能的相互影响。椭圆的长轴沿矿物 C 轴运行，说明在设计范围内反应温度是比 ATP 有影响力。从图中可以看出，矿物 C 与反应温度在较低的值时，剩余浊度显著升高。随着矿物 C 含量与反应温度的逐渐增加，响应值持续下降，直到最低值 2.5NTU，然后逐渐增加。当剩余浊度达到最小值时，矿物 C 的含量和反应温度分别为 4.4%和 64℃。

图 7-8（c）显示的是聚合物 A 与反应温度对除浊性能的相关影响。椭圆的长轴沿聚合物 A 轴运行，说明在设计范围内反应温度比聚合物 A 对除浊性能更有影响。当聚合物 A 含量与反应温度在较低值时，剩余浊度较高。当聚合物 A 的含量和反应温度分别为 2.2%和 64℃时，剩余浊度达到最低值 2.5NTU。

② 保持其中一个因素在零水平，另外两个变量在试验范围内变化进行多元絮凝剂制备试验，并用含油废水测试其除浊性能，剩余 COD 值的等高线图如图 7-9 所示。

图 7-9（a）和（b）中椭圆的长轴沿矿物 C 轴，这表明在设计范围内聚合物 A 和反应温度比矿物 C 对絮凝剂的去除 COD 性能更有影响力。当矿物 C 的含量大于 5%时，其对去除 COD 性能影响很小，这与对除浊效果的影响是一致的。

从图 7-9（c）中可以看出，聚合物 A 对去除 COD 性能有显著影响，而且表现出了对除浊性能影响的相同趋势，当聚合物含量和反应温度分别为 2.2%和 67℃时，剩余 COD 值最小。

随着聚合物 A 含量的增加，处理废水效果也越来越好，这是因为聚合物 A 是一种带正电荷的具有阳离子性能的聚合物，阳离子聚合物的引入可以改善铝铁絮凝剂的电荷中和性能，从而提高其絮凝能力。聚合物含量越高，絮凝剂的电中和性能和吸附架桥性能越好，但是当聚合物 A 含量到达一定程度后，处理效果变差，主要是因为聚合物 A 具有很强的架桥卷扫能力，在无机絮凝剂的电中和和聚合物 A 的吸附架桥达到平衡之前，无机絮凝剂被聚合物沉降下来。因此，最佳聚合物 A 的最佳含量为 2%。

反应温度在 60℃时，较高的温度有利于聚合物 A 的分散和溶解提高絮凝性能。但是当温度过高时絮凝剂的稳定性不好，当温度到达 100℃时，絮凝剂出现絮状不溶物，导致絮凝性能变差。原因可能是较高的温度造成聚合物 A 分子溶胀，流动性变差。因此，最佳反应温度选择 60℃。

矿物 C 被改性后其表面有机碳含量增加，疏水性能得到改善。当使用多元絮凝剂处理废水时，矿物 C 表面的长碳链通过氢键和范德华力对废水中的有机物发挥吸附架桥和网捕卷扫的作用，使分散在废水中的胶体离子进一步聚集，吸附层更加牢固和紧密，而且能够加速沉降速度，絮凝性能得到提高。但是，当矿物 C 含量增加到一定程度后，处理效果变差，主要是因为絮凝剂之间的作用力减弱，而且过量的矿物 C 可能残留在溶液中，影响处理效果。因此矿物 C 的最佳添加量为 4%。

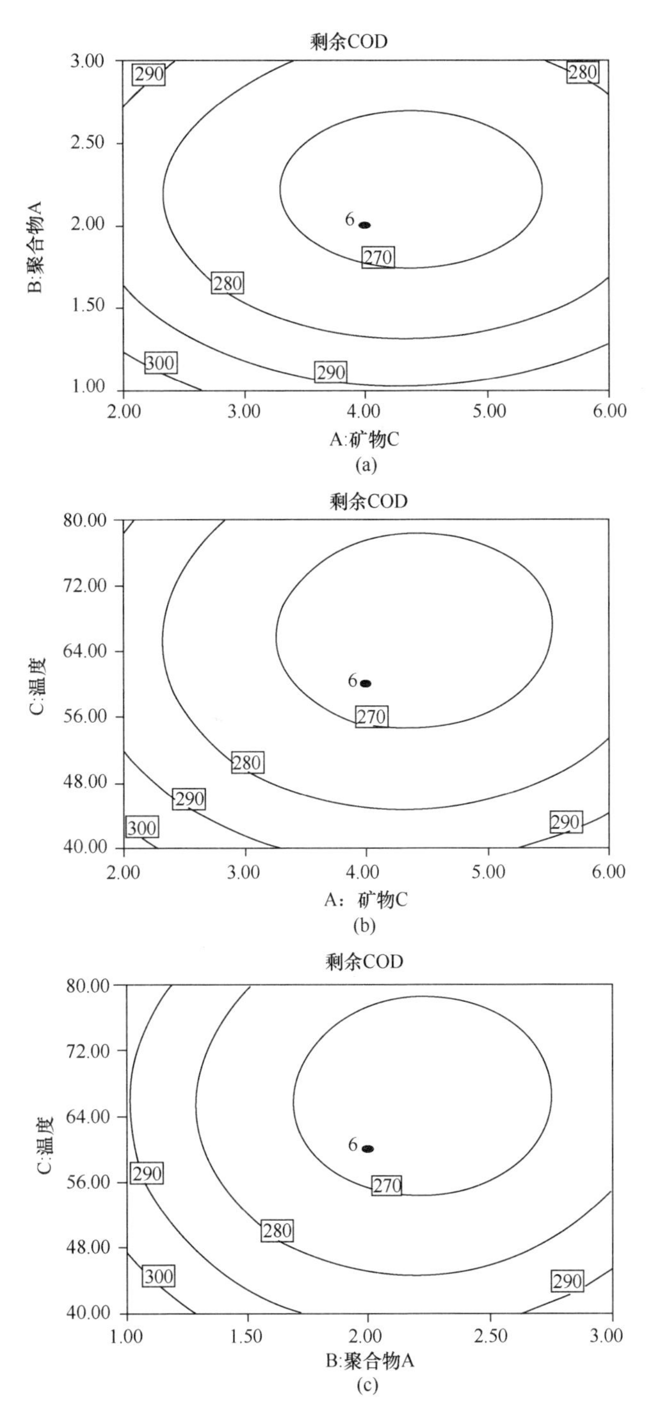

图 7-9 矿物 C、聚合物 A 和反应温度对去除 COD 性能影响的等高线图

7.3.3 赤泥多元絮凝剂处理油田废水和印染废水试验研究

1. 油田废水处理试验研究

油田废水处理就是采用各种方法将废水中的有害物质除去或降低至达标水平，使废

水得以利用。因此，废水的利用目的不同，其处理要求也就不同，将废水作为注水水源和作为配制聚合物的水源的处理要求也是不一样的。目前，油田废水现行的处理技术，主要以达到能够将废水回注为目的，而并没有考虑配制聚合物的要求，因此，一些效果较好的油田废水处理技术，虽然满足废水回注要求，但并不满足废水配制聚合物的要求，仍可能会导致配制聚合物严重降黏，为此，要解决油田废水配制聚合物的问题，必须充分认识油田废水处理现状。

对于含油废水的处理方法和技术，国内外研究机构一直在不懈地进行深入研究，其目标是要除去废水中的油类、有机物（COD）、悬浮物、硫化物、细菌等。各国广泛采用气浮法去除废水中悬浮态乳化油，同时结合生物法降黏有机物。日本学者研究出用电絮凝剂处理含油废水，用超声波分离乳化液，用亲油材料吸附油。近几年发展用膜法处理含油废水，滤膜被制成板式、管式、卷式和空心纤维式。美国还研究出动力膜，将渗透膜做在多孔材料上，应用于水处理。其处理手段大体以物理方法分离，以化学方法去除，以生物法降黏。含油废水处理难度大，往往需要多种方法组合使用，如重力分离、离心分离、气浮法、化学法、生物膜法、吸附法等。

（1）絮凝剂添加量对含油废水处理效果的影响

本研究针对的含油废水水样取自于辽河油田，原水 pH＝6，浊度为 124NTU，COD 为 534mg/L。赤泥絮凝剂添加量对含油废水浊度处理效果如图 7-10 所示，对含油废水 COD 处理效果如图 7-11 所示。随着絮凝剂添加量的逐渐增加，废水剩余浊度逐渐减小，但是当絮凝剂添加量大于 80mg/L 时，剩余浊度减小缓慢，到添加量为 100mg/L 时，剩余浊度达到最小，再增加絮凝剂的添加量时，剩余浊度增大。

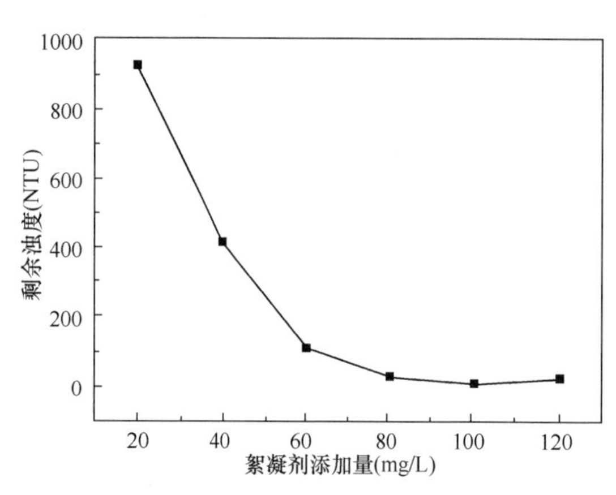

图 7-10　赤泥多元絮凝剂添加量对含油废水浊度处理效果

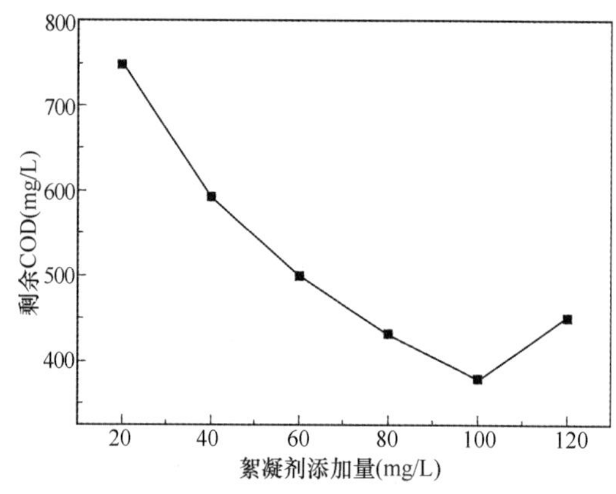

图 7-11　赤泥多元絮凝剂添加量对含油废水 COD 处理效果

随着絮凝剂添加量的逐渐增加，废水剩余 COD 逐渐减小，当絮凝剂添加量大于 80mg/L 时，COD 减小缓慢，到添加量为 100mg/L 时，COD 达到最小，再增加絮凝剂的添加量时，COD 增大。

因此，当絮凝剂添加量为 100mg/L 时，浊度和 COD 值都达到最小。

（2）反应温度对含油废水处理效果的影响

絮凝温度对含油废水浊度处理效果（图 7-12）和对含油废水 COD 处理效果（图 7-13）趋势相同，最小值对应的反应温度也相同。随着反应温度的逐渐升高，废水剩余浊度和剩余 COD 值先逐渐减小再逐渐增大，当反应温度为 60℃时，浊度和 COD 值都达到最小。温度的升高有利于絮凝剂的扩散和溶解，能更好地发挥絮凝性能，但是如果温度过高就会使聚合物发生溶胀，导致絮凝性能降低。因此选择絮凝温度为 60℃。

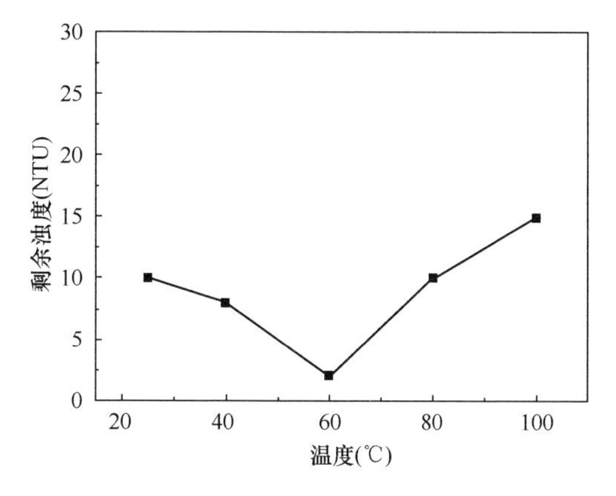

图 7-12　反应温度对含油废水浊度处理效果

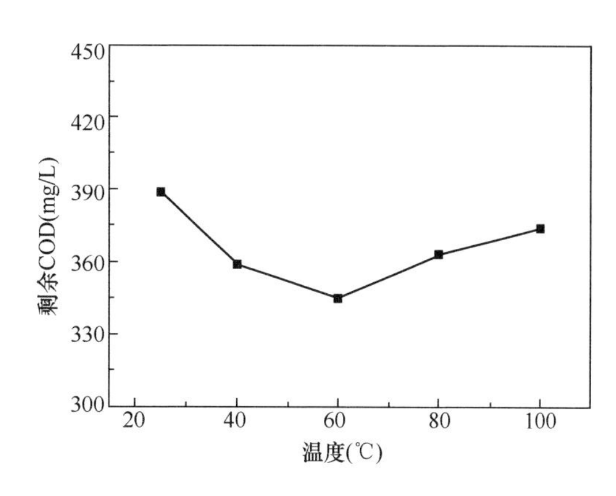

图 7-13　反应温度对含油废水 COD 处理效果

（3）沉降时间对含油废水处理效果的影响

沉降时间对含油废水浊度处理效果（图 7-14）和对含油废水 COD 处理效果（图 7-15）趋势相同。随着沉降时间的逐渐增长，废水剩余浊度和剩余 COD 值逐渐减小，当沉降时间大于 30min 时，剩余浊度值和 COD 值变化不明显。结果表明，30min 后絮体基本沉降完全，剩余浊度和 COD 都趋于稳定。

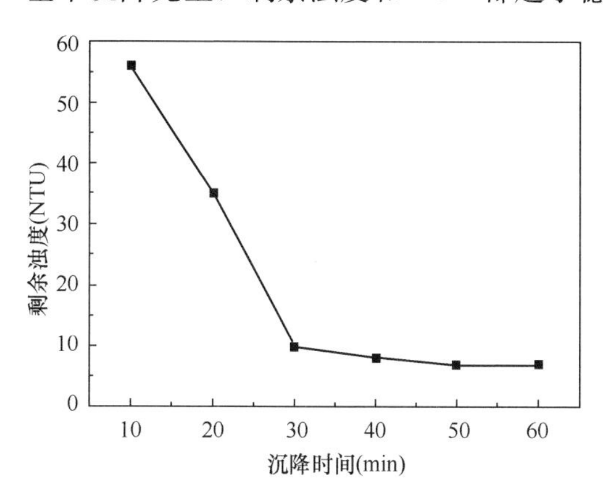

图 7-14　沉降时间对含油废水浊度处理效果

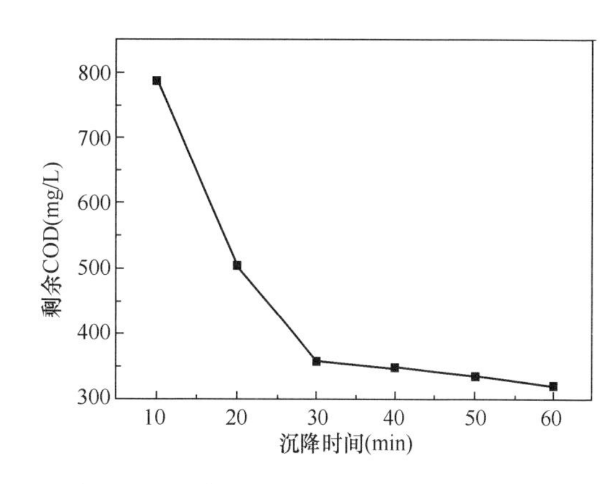

图 7-15　沉降时间对含油废水 COD 处理效果

综上所述，赤泥多元絮凝剂对含油废水处理的最佳条件为：絮凝剂添加量为 100mg/L，反应温度为 60℃，沉降时间为 30min。

（4）多元絮凝剂和工业 PAC 对含油废水处理效果的对比

多元絮凝剂和工业 PAC 对含油废水浊度处理效果如图 7-16，多元絮凝剂和工业 PAC 对含油废水 COD 处理效果如图 7-17 所示。

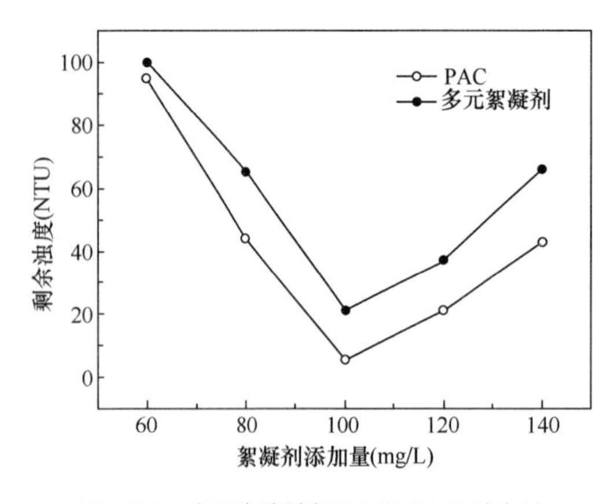

图 7-16　多元絮凝剂和工业 PAC 对含油废水浊度处理效果

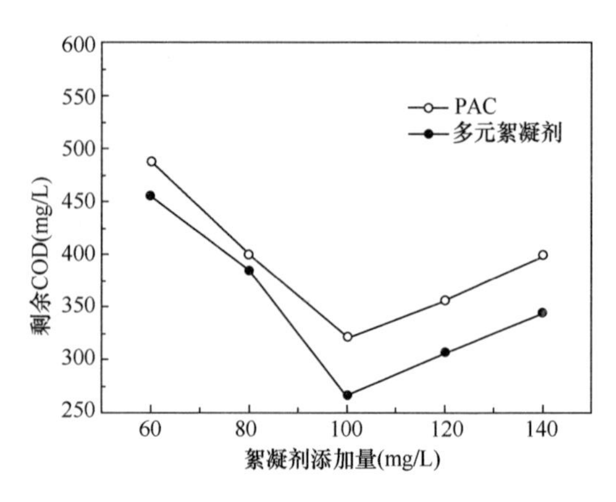

图 7-17　多元絮凝剂和工业 PAC 对含油废水 COD 处理效果

由图 7-16 可知，多元絮凝剂与工业 PAC 具有相同的趋势，随着絮凝剂添加量的逐渐增大，剩余浊度先减小后增大。在絮凝剂添加量小于 100mg/L 时，剩余浊度随添加量的增加而减小；当絮凝剂添加量大于 60mg/L 时，剩余浊度不再减小而是增大；在添加量为 100mg/L 时，剩余浊度为最小值。在絮凝剂添加量为 60～140mg/L 时，多元絮凝剂的除浊性能均比工业 PAC 要好。

由图 7-17 可知，随着絮凝剂添加量的逐渐增大，剩余 COD 值先减小后增大，在絮凝剂添加量小于 100mg/L 时，剩余 COD 值随添加量的增加而减小，当絮凝剂添加量大于 100mg/L 时，COD 值不再减小而是增大，在添加量为 100mg/L 时，COD 值为最小值，这与去除浊度的趋势一样。在絮凝剂添加量为 60～140mg/L 时，多元絮凝剂的除浊性能均比工业 PAC 要好。当絮凝剂添加量为 100mg/L 时，多元絮凝剂和 PAC 对含油废水的 COD 去除率分别为 50.2%和 39.9%，对浊度去除率分别为 95.6%和 83.1%。

2. 多元絮凝剂对印染废水的处理效果

此印染废水水样取自于山东某纺织厂，原水 pH 为中性，浊度为 52NTU，COD 为 1366mg/L，用赤泥多元絮凝剂与工业 PAC 进行效果对比，结果如图 7-18 和图 7-19 所示。

由图 7-18 可知，多元絮凝剂与工业 PAC 具有相同的趋势，随着絮凝剂添加量的逐渐增大，剩余浊度先减小后增大，在絮凝剂添加量小于 800mg/L 时，剩余浊度随添加量的增加而减小，当絮凝剂添加量大于 800mg/L 时，剩余浊度不再减小而是增大，在添加量为 800mg/L 时，剩余浊度有最小值。在絮凝剂添加量为 600～1000mg/L 时，多元絮凝剂的除浊性能均比工业 PAC 要好。

由图 7-19 可知，多元絮凝剂与工业 PAC 具有相同的趋势，随着絮凝剂添加量的逐渐增大，剩余 COD 值先减小后增大，在絮凝剂添加量小于 800mg/L 时，剩余 COD 随添加量的增加而减小，当絮凝剂添加量大于 800mg/L 时，剩余 COD 不再减小而是增大，在添加量为 800mg/L 时，COD 为最小值。但是，在整个试验范围内时，多元絮凝剂的 COD 去除效果均比工业 PAC 要好。当絮凝剂添加量为 800mg/L 时，多元絮凝剂

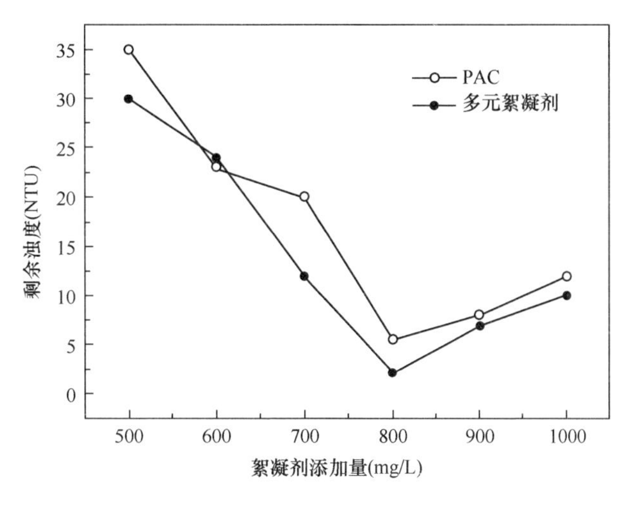

图 7-18　多元絮凝剂和工业 PAC 对印染废水浊度处理效果

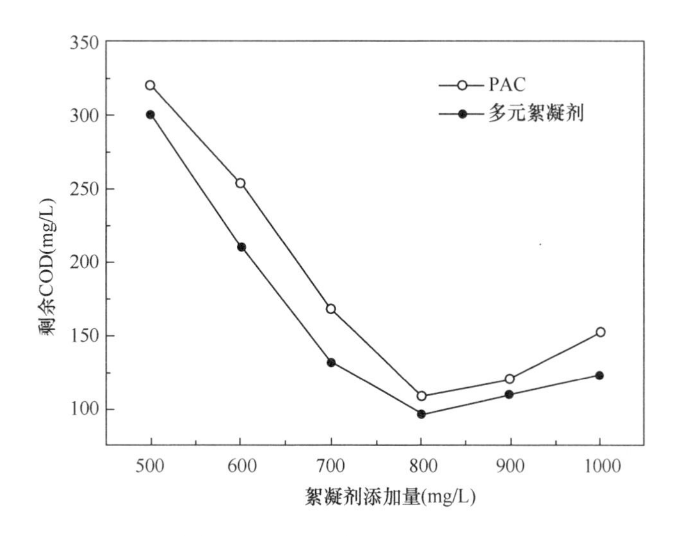

图 7-19　多元絮凝剂和工业 PAC 对印染废水 COD 处理效果

和 PAC 对印染废水的 COD 去除率分别为 92.9%和 92.0%，对浊度的去除率分别为 93.0%和 89.4%。

7.4　利用脱碱赤泥与粉煤灰制备多元絮凝剂的研究

7.4.1　赤泥、粉煤灰综合利用方案设计

以脱碱赤泥与粉煤灰为原料，利用脱碱赤泥与粉煤灰通过不同配比制备多元絮凝剂，研究不同混合方式的铝铁酸浸浸出率，并对制备的多元絮凝剂絮凝性能进行分析研究。反应参数包括原料比例、调聚剂的种类、阳离子聚合物-聚二甲基二烯丙基氯化铵（PDMDAAC）pH 值等都对絮凝剂的性能产生显著影响。为了得到性能良好的絮凝剂产品，对这些影响因素进行条件优化，研究方案过程如图 7-20 所示。

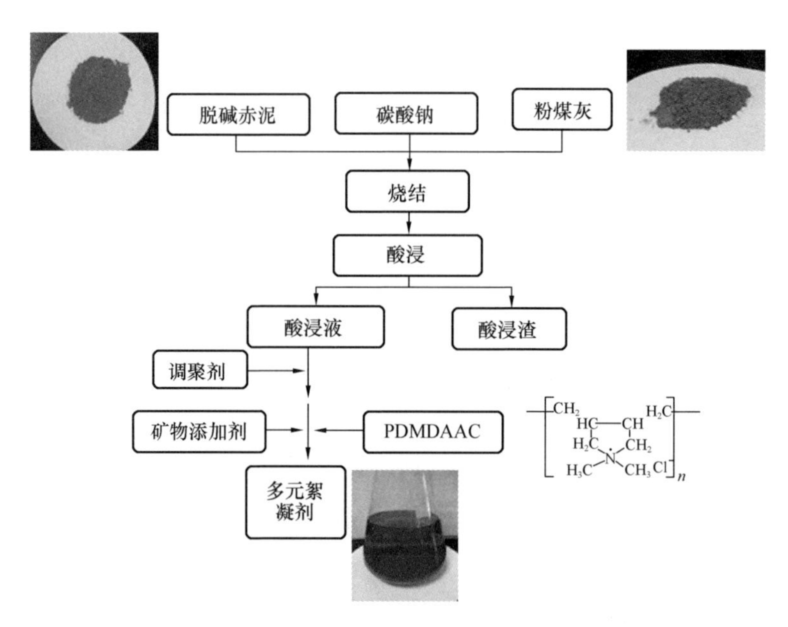

图 7-20　以脱碱赤泥、粉煤灰制备多元絮凝剂流程图

7.4.2　脱碱赤泥与粉煤灰不同改性方式对多元絮凝剂效果影响

1. 脱碱赤泥与粉煤灰共混酸浸试验

表 7-9 为粉煤灰与脱碱赤泥混合烧结并制备多元絮凝剂时酸浸液的铝/铁浸出率。当加入一定量的脱碱赤泥，铝/铁浸出率得到提高，铁浸出率甚至可达 50%以上。当粉煤灰∶脱碱赤泥为 1∶3 时，铝/铁浸出率较高，铝元素浸出率为 33.49%，铁元素浸出率为 65.68%，赤泥在其中发挥的作用与单一使用碳酸钠改性时相对较高。综合来看当粉煤灰∶脱碱赤泥为 1∶3 时铝/铁的浸出效果最好。

表 7-9　粉煤灰与脱碱赤泥混合物酸浸液的铝/铁浸出率

粉煤灰∶脱碱赤泥	铝元素浸出率（%）	铁元素浸出率（%）
3∶1	22.98	19.89
1∶3	33.49	65.68
1∶1	31.69	55.42
2∶1	24.54	28.37
1∶2	29.56	45.23

2. 赤泥、粉煤灰、碳酸钠共混酸浸

表 7-10 为改性粉煤灰与脱碱赤泥制备多元絮凝剂时酸浸液的铝/铁浸出率。由此表可以看出当加入一定量的脱碱赤泥，铝/铁浸出率得到大幅提高，铁浸出率甚至可达 90%以上。当碳酸钠∶粉煤灰∶脱碱赤泥为 1∶1∶3 时，铝/铁浸出率较高，铝元素浸出率为 49.36%，铁元素浸出率为 91.37%，与相同比例下未加入赤泥的原料制备的酸浸液浸出率相比，铝元素浸出率提高了 37.67%，铁元素浸出率提高了 68.95%。铝/铁

元素作为构成多元絮凝剂的主要元素，对絮凝性能有直接影响，所以铝/铁浸出率较高的酸浸液所制备的多元絮凝剂絮凝效果也更好。加入脱碱赤泥可以有效提高絮凝剂中铝/铁元素的含量，在合适的比例下改性粉煤灰与脱碱赤泥协同作用可以获得很高的铝/铁浸出率。表 7-10 中所示浸出率与絮凝剂絮凝效果所相吻合，综合来看当碳酸钠：粉煤灰：脱碱赤泥为 1：1：3 时铝/铁的浸出效果较好。

表 7-10 改性粉煤灰与脱碱赤泥共混酸浸的铝/铁浸出率

Na_2CO_3：粉煤灰：脱碱赤泥	铝元素浸出率（%）	铁元素浸出率（%）
1：5：0	14.30	29.99
2：5：0	27.80	26.80
1：1：0	11.69	22.42
1：5：15	27.36	98.63
1：1：3	49.36	91.37

3. 不同原料制备的多元絮凝剂的絮凝效果

（1）粉煤灰与脱碱赤泥制备的多元絮凝剂的絮凝效果

多元絮凝剂原料为粉煤灰与脱碱赤泥 900℃烧结 2h，并按流程图制备所得。选定此组试验中絮凝剂添加量范围为 0～100μL。絮凝试验结果如图 7-21 所示。由图可以看出，当粉煤灰与脱碱赤泥为 1：3 时絮凝效果最好。15min 后浊度由原始浊度 557.4NTU 降为 29.8NTU，未加入絮凝剂的空白样品浊度为 64.22NTU；30min 后浊度降为 19.36NTU，此时空白样品浊度为 39.32NTU；30min 后浊度基本不变化，此絮凝剂浊度去除率为 50.76%。

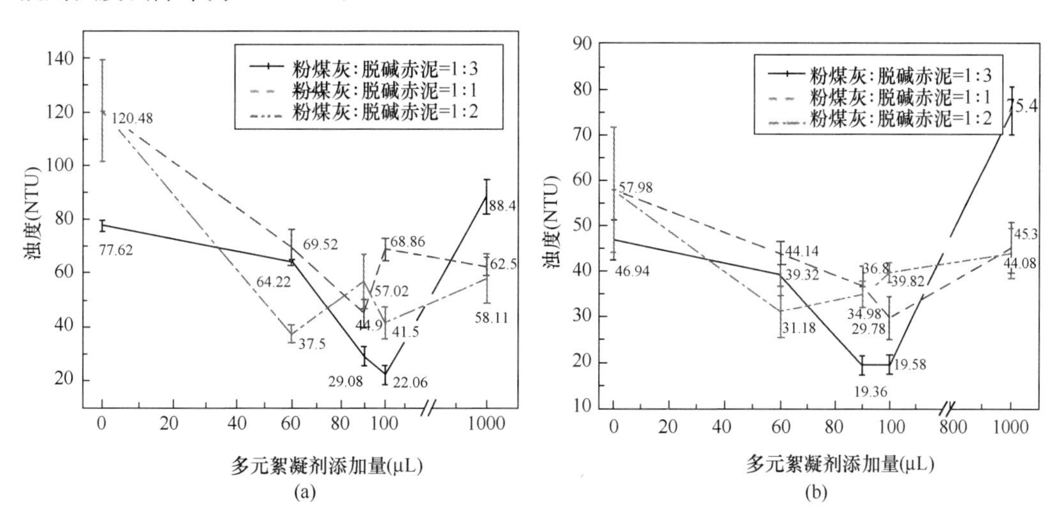

图 7-21 以粉煤灰和脱碱赤泥为原料制备多元絮凝剂的去浊效果

（a）15min；（b）30min

（2）改性粉煤灰制备的多元絮凝剂絮凝效果

多元絮凝剂原料为碳酸钠改性粉煤灰，碳酸钠与粉煤灰以一定比例在 900℃时烧结 2h，并按照流程图制得多元絮凝剂。

当碳酸钠与粉煤灰的比例为 5.3∶15，6.63∶15 时制备的多元絮凝剂絮凝效果较好（图 7-22）。添加量为 90μL，使用该絮凝剂沉降 15min 后浊度由起始的 593.2NTU 降至 4.00NTU，此时空白样品浊度为 133.4NTU。30min 后降至 1.13NTU，空白样品浊度为 93.46NTU。碳酸钠对粉煤灰进行改性时，碳酸钠与粉煤灰中的二氧化硅的比值为 1∶1改性效果最好。

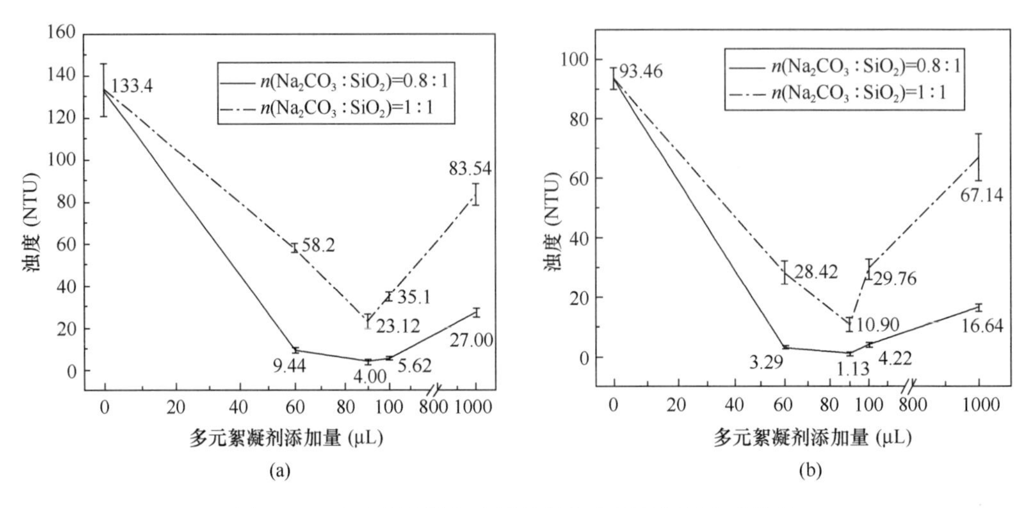

图 7-22　以改性粉煤灰为原料制备多元絮凝剂去浊效果

（a）15min；（b）30min

（3）改性粉煤灰与脱碱赤泥制备的多元絮凝剂絮凝效果

多元絮凝剂原料为改性粉煤灰与脱碱赤泥混合，由图 7-23 看出，当碳酸钠、粉煤灰、脱碱赤泥的比例为 1∶1∶3 时效果更好，同时发现絮凝剂用量均是 90μL。沉降 15min 浊度可由起始的 683.6NTU 降至 4.68NTU，空白样品为 107.8NTU；沉降 30min 后浊度降为 0.67NTU，此时空白样品为 53.84NTU，浊度去除率达 98.8%。由图 7-23 可以看出碳酸钠对粉煤灰的改性是十分必要的，单独以改性粉煤灰制备的絮凝剂和改性后的粉煤灰与脱碱赤泥混合制备的絮凝剂絮凝性能都十分优异，均可达 98%以上。

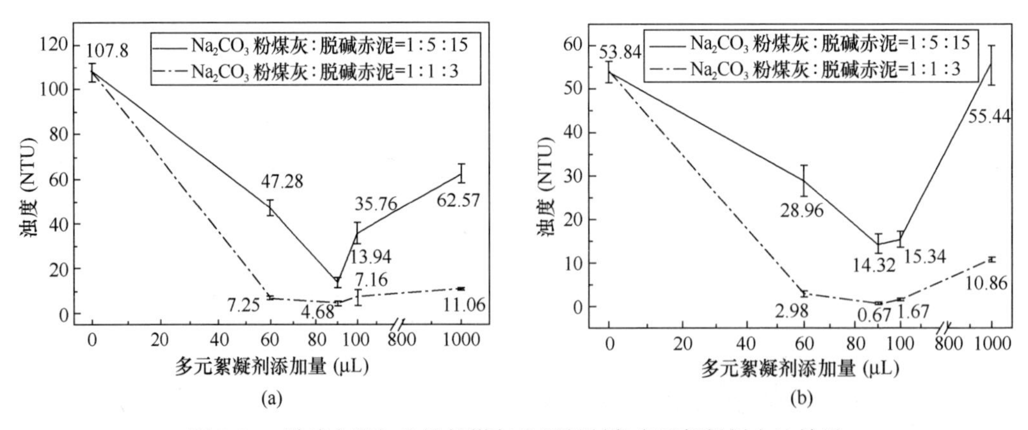

图 7-23　脱碱赤泥与改性粉煤灰为原料制备多元絮凝剂去浊效果

（a）15min；（b）30min

（4）多元絮凝剂样品形貌表征

从图 7-24 中看出，絮凝剂样品表面有大量的褶皱结构，在图 7-24（b）中大量褶皱形态出现，这为样品提供了较好的吸附位点，进而提高对水体中絮状体的絮凝效果。

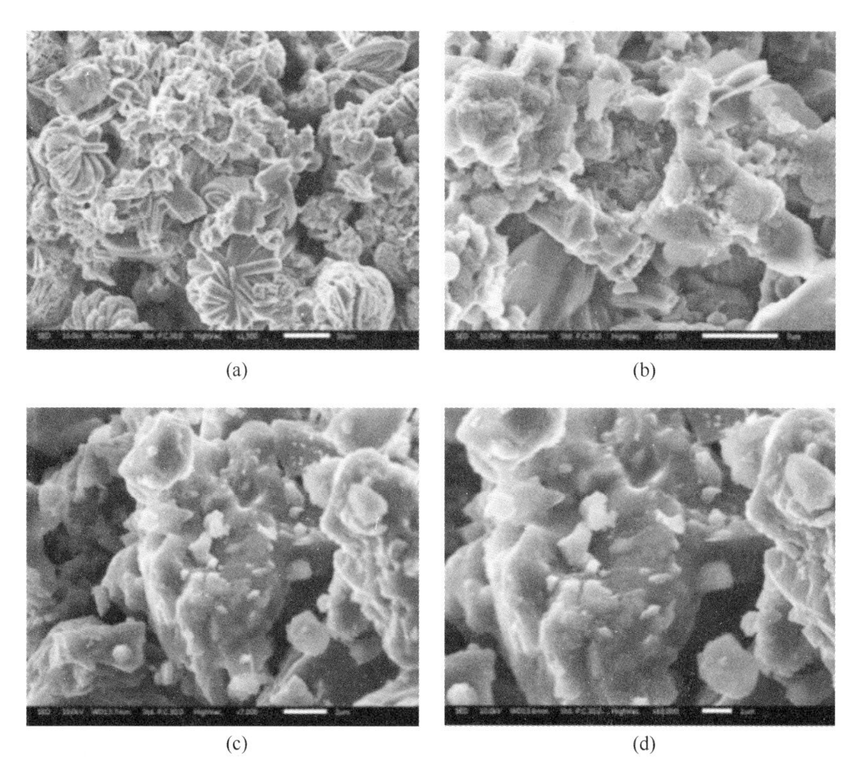

图 7-24　脱碱赤泥和粉煤灰制备样品的 SEM 图

（a）10μm；（b）5μm；（c）2μm；（d）1μm

从图 7-25 中看出，利用改性粉煤灰制备的多元絮凝剂样品，呈现不规则形态，样品是含有凹凸棒和絮凝剂复合后样品，凹凸棒样品分散于絮凝剂样品中。（a）中颗粒长度在微米级别；（b）中絮凝剂表面附着大量铝系与铁系絮凝剂和聚合物的颗粒。表面粗糙，存在大量褶皱，附着细小片状物，这些均有利于吸附悬浊物。

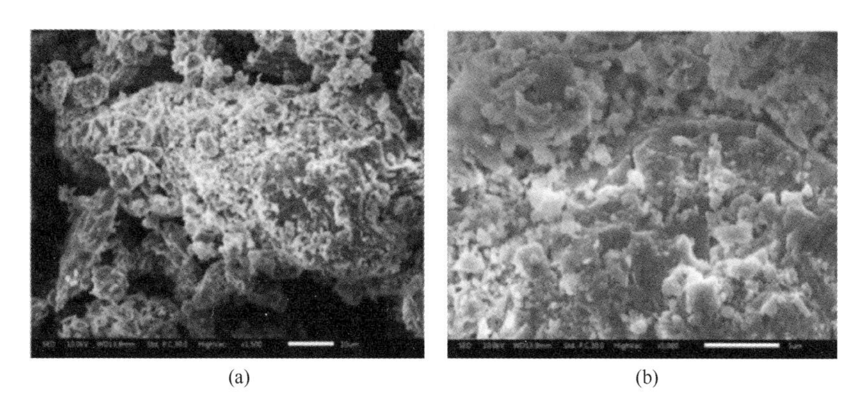

图 7-25　粉煤灰和碳酸钠制备样品的 SEM 图

(a) 10μm；(b) 5μm；(c) 2μm；(d) 1μm

从图 7-26 看出，颗粒间通过桥接形成大颗粒，增加了自身质量，加速絮凝，表面粗糙，固定吸附的悬浊质，沉淀稳定。(d) 中有序排列的凹凸棒石单晶构成的晶体束上附着铝铁盐颗粒，晶体束在水中分散形成的网状结构更迅速、更完整，网捕能力发挥更好，在水中快速形成胶状物质，从而较大程度上发挥了多元絮凝剂的絮凝性能。

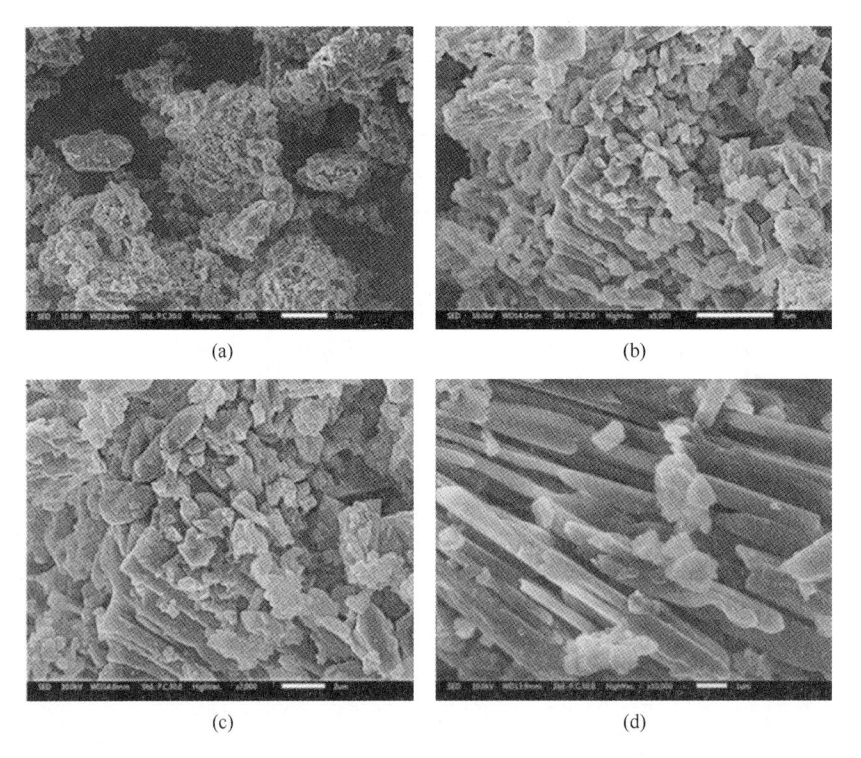

图 7-26　脱碱赤泥与改性粉煤灰制备样品的 SEM 图

(a) 10μm；(b) 5μm；(c) 2μm；(d) 1μm

7.5 利用脱碱赤泥制备多元絮凝剂中试研究

7.5.1 脱碱赤泥多元絮凝剂制备

以脱碱赤泥为原料，通过酸浸得到酸浸液和酸浸渣，酸浸液中再添加调聚剂，使酸浸液中的 Al、Fe 离子聚合形成无机絮凝剂，再加入高分子、矿物材料等原料，制成多元絮凝剂，该种絮凝剂将两者的优点有效地结合。试验过程中考察酸浸过程铝和铁浸出效果、pH 等对絮凝剂絮凝性能的影响，同时探讨制备多元絮凝剂过程时添加不同高分子助剂对硅藻土模拟水的去浊效果的影响，具体流程如图 7-27 所示。在聚合反应过程中，助剂的种类、pH 等都对絮凝剂的性能产生显著的影响。对得到的多元絮凝剂进行处理硅藻土模拟水效果评价，因此，为了得到性能良好的絮凝剂产品，对这些影响因素进行条件优化。

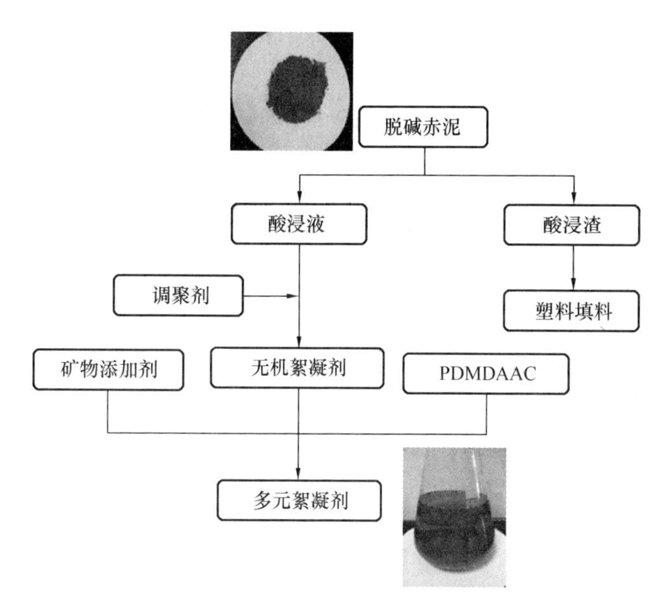

图 7-27 脱碱赤泥制备多元絮凝剂流程图

7.5.2 多元絮凝剂制备放大试验

结合龙口、滨州的燃煤烟气脱碱的现场工艺，在赤泥脱碱的基础上，设计了以脱碱赤泥为原料，按图 7-28 实验室制备多元絮凝剂流程图进行放大设计。

1. 龙口以脱碱赤泥为原料制备多元絮凝剂工艺流程设计

多元絮凝剂制备工序：设计将原料加入反应釜（体积 $3m^3$，外径 1750mm），酸液输送到反应釜中进行酸浸，经压滤机压滤、分离固液，滤液经管道输送至絮凝工序，加入絮凝调聚剂和矿物添加剂后调聚得到液体多元絮凝剂，固体经烘干干燥后筛分装袋，放入粒料库待用。

2. 滨州以脱碱赤泥为原料制备多元絮凝剂工艺流程设计

（1）以2t燃煤锅炉处理后的脱碱赤泥为原料设计

以2t燃煤锅炉为基础，燃煤烟气处理后排出的脱碱赤泥，输送到板式压滤（F1001），用于制备多元絮凝剂的原料，开始制备多元絮凝剂工序流程。

① 调和釜（R1）中加入盐酸或混酸，考虑混合后酸的挥发，使用混料罐（M2）（地上）将混酸按比例混合后，经泵输送到R1釜。脱碱赤泥的排出量与混酸的输入量按比例加入（R1）釜中。

② R1釜酸浸后混合物经板式压滤（F1002）后，F1002中的酸度与R1釜中混合物酸度相同；液体再次进酸浸调和R1釜，添加调聚剂、矿物反应。工作压力：常压；介质：酸性介质。

③固体副产物（主要为酸浸渣）进入洗涤釜（R2）。工作压力：常压；介质：酸性介质；工作温度：常温。经过板式压滤（F1003）再次压滤，F1003的酸度与R2釜中的物质相同。固体即为白炭黑，烘干后，装袋，液体返回酸浸R1釜，作为酸液补充，也可输送到混料罐M2作为液体补充。

（2）以10t燃煤锅炉处理后的脱碱赤泥为原料设计

以10t燃煤锅炉处理后的脱碱赤泥为原料，制备出多元絮凝剂，具体工艺路线如图7-28所示。

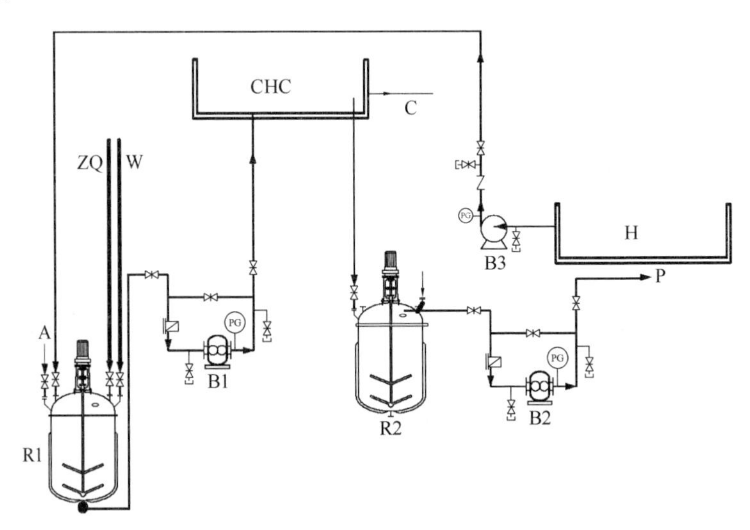

图7-28 多元絮凝剂制备流程图

R1、R2—酸浸釜，A—赤泥进料，B1、B2、B3—耐酸泵，W—工艺水，ZQ—蒸汽，CHC—陈化池/沉降池，H—盐酸罐，C—白炭黑，P—多元絮凝剂样品

① 盐酸经盐酸池由耐酸泵抽入到酸浸釜（R1）中，后加入脱碱赤泥。脱碱赤泥的加入量与盐酸的输入量按比例加入。

② 酸浸釜（R1）酸浸后混合物经耐酸泵抽取到陈化池/沉降池中，固液分离。

③ 液体产物再次进入调和釜（R2），添加调聚剂、矿物等在一定条件下进行调和反应。工作压力：常压；介质：酸性介质。

现场操作过程与实验室有一定差别，其中现场使用 62.8m^3 酸浸釜（R1、R2），尺寸为直径 4m、高度 5m，如图 7-29 所示。需先将盐酸泵入到酸浸釜中，通过测量酸浸釜中酸的液位高度，计算酸的体积用量。

反应设备

沉降池

图 7-29　絮凝剂制备过程中反应釜和沉降池实物图

脱碱赤泥称重、分批加入，避免赤泥集中加入使得局部与盐酸接触剧烈反应，影响反应中赤泥的转化。开启搅拌后，将一定量的脱碱赤泥加入酸浸反应釜中反应，4h 时间后使用泥浆泵将以上步骤中的浆液泵入沉降池沉降；将上层清液泵入调和反应釜，开启搅拌，同步加入助剂调聚反应，得到液体絮凝剂，通过滚筒干燥得到固体絮凝剂。部分絮凝剂制备现场图片如图 7-30 所示。

液体絮凝剂

固体絮凝剂

图 7-30　制备多元絮凝剂现场样品实物图

7.5.3　现场赤泥多元絮凝剂评价

根据以 10t 燃煤锅炉处理后的脱碱赤泥为原料进行放大试验制备多元絮凝剂，根据流程，通过调和釜反应后得到多元絮凝剂为原始絮凝剂样品，对其和工业聚合氯化铝进行对比分析评价。

1．原始絮凝剂样品的处理效果评价

将脱碱赤泥制备的多元絮凝剂按不同体积添加到100mL硅藻土模拟水中，处理硅藻土模拟水效果，如图7-31所示。对比15min和30min处理条件下不同加量的多元絮凝剂处理硅藻土模拟水效果：在15min测试发现多元絮凝剂加量小于0.4mL，浊度可由462NTU降低到10NTU以下，30min后浊度测试又进一步降低；加量0.1mL时较为明显；而未加入多元絮凝剂时，硅藻土模拟水浊度自然降低到98NTU。

2．工业聚合氯化铝（PAC）与多元絮凝剂的处理效果对比

（1）多元絮凝剂与PAC液体样品的测试效果

以10t燃煤锅炉处理后的脱碱赤泥为原料进行放大试验制备出液体多元絮凝剂，取2mL多元絮凝剂稀释到80mL水中，再按不同体积添加到100mL待测硅藻土模拟水中，测试30min后水样浊度，原始浊度为530NTU。通过自然沉降，硅藻土模拟水浊度降低到112NTU。脱碱赤泥制备的多元絮凝剂浊度可由530NTU降低到2.3NTU，浊度去除率最高达到99.5%。但加量大于0.6mL后，液体显示浅黄色。与工业聚合氯化铝PAC对比，多元絮凝剂效果与PAC浊度去除效果相当，如图7-32所示。

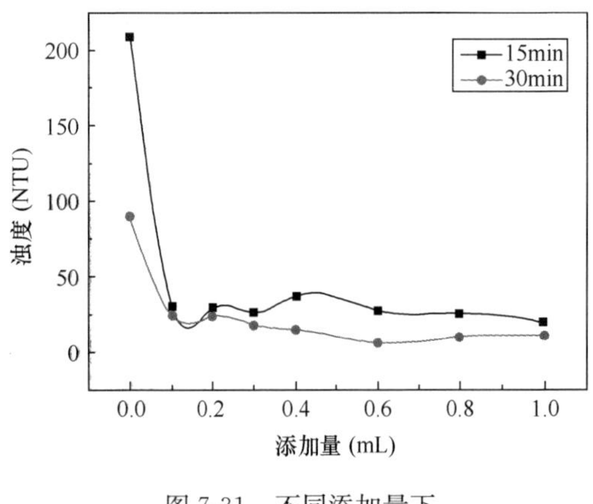

图7-31　不同添加量下模拟水的浊度去除效果

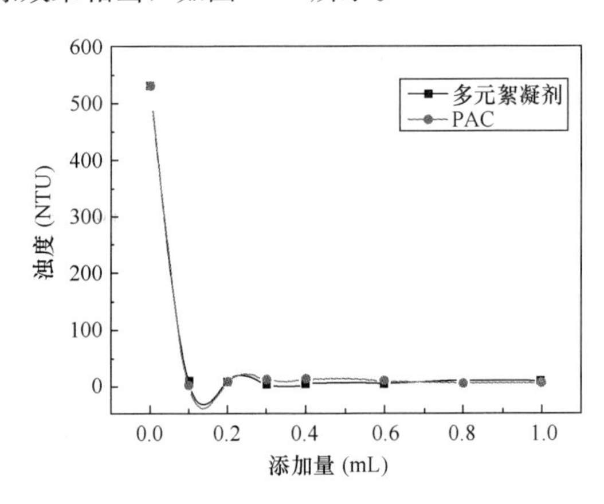

图7-32　多元絮凝剂和工业PAC浊度去除效果比较

（2）工业聚合氯化铝与多元絮凝剂固体样品加量在0.1～1mL的浊度测试效果

分别取0.8g工业PAC样品和多元絮凝剂固体样品，溶解到80mL水中，再分别量取不同体积（0.1～1mL）添加到模拟硅藻土待测液。如图7-33所示，15min（a）、30min（b）浊度测试效果对比，原硅藻土模拟水的浊度为530NTU，空白未加入絮凝剂自然沉降后浊度为109NTU。

加入多元絮凝剂，硅藻土模拟水15min浊度小于25NTU，去除率达到95%；30min浊度小于10NTU，去除率在98.0%以上。多元絮凝剂加量在0.8mL以上，30min后浊度增加，且模拟水颜色呈现浅黄色，对硅藻土模拟水处理产生不利影响。同时发现，多元絮凝剂、工业PAC加量为0.1mL时，对硅藻土模拟水处理有较好作用。

在此基础上，研究了絮凝剂和PAC添加量在10～90μL时，15min、30min对硅藻土模拟水的浊度效果对比，如图7-34所示。原硅藻土模拟水的浊度为530NTU，空白

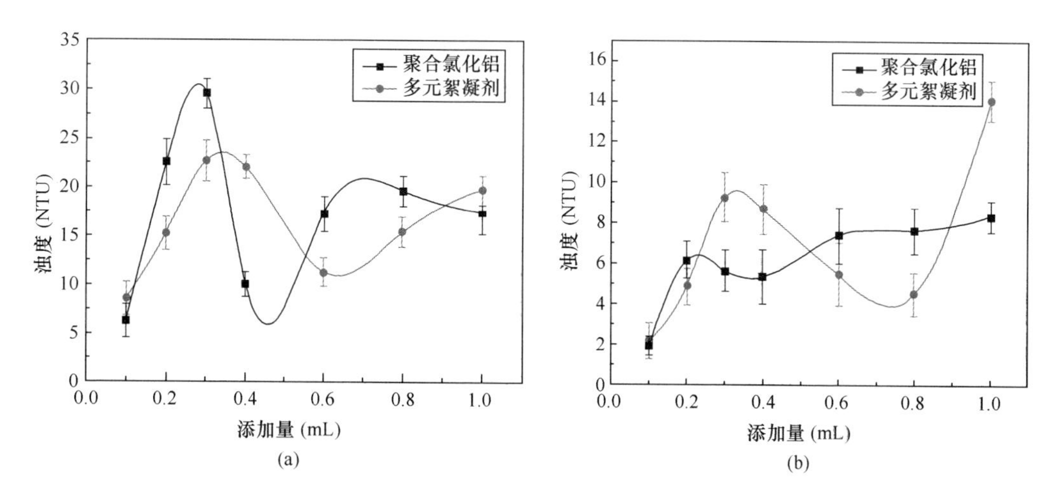

图 7-33 添加絮凝剂在 15min 和 30min 后硅藻土模拟水浊度测试效果

（a）15min；（b）30min

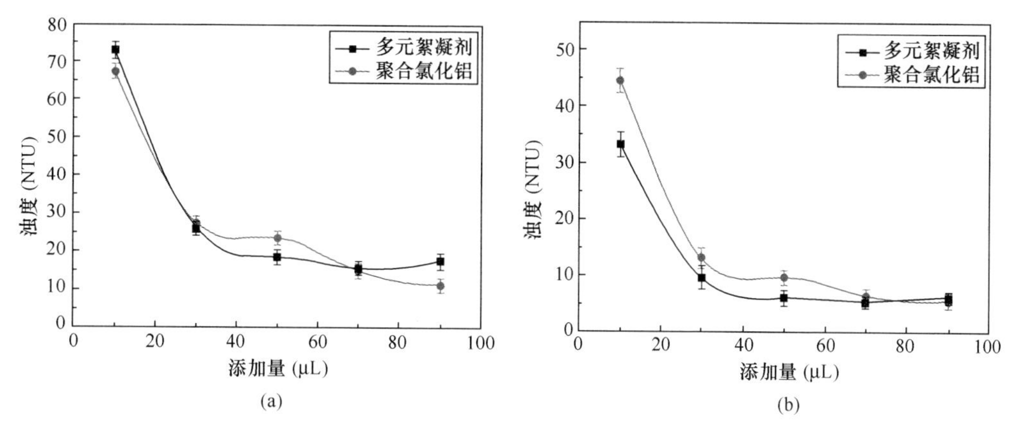

图 7-34 絮凝剂添加量在 10～90μL 范围，硅藻土模拟水在 15min 和 30min 后浊度测试效果

（a）15min；（b）30min

未加入絮凝剂自然沉降后浊度为 109NTU。多元絮凝剂和工业 PAC 去除浊度效果类似，都可较好地降低模拟水的浊度，模拟水的浊度随着添加量增加而降低，添加量在 40μL 后两者变化幅度不大，15min 后浊度降低到 20NTU 以下，30min 后剩余浊度小于 10NTU，达到较好的处理效果，多元絮凝剂加量为 90μL 时处理效果较好。

3. 多元絮凝剂的形貌和结构分析

在现场工艺条件下制备的多元絮凝剂通过扫描电镜分析形貌，图 7-35 为多元絮凝剂和工业 PAC 的 SEM 照片。图 7-35（a）、（b）是利用脱碱赤泥制备多元絮凝剂，表面粗糙；工业 PAC 即图 7-35（c）、（d）相对粗糙和含有褶皱的表面形貌使絮凝剂具有更好的网捕卷扫的能力，絮凝性能更好。

为更好地研究絮凝剂结构，通过絮凝剂的红外图发现，如图 7-36 所示，在 3387cm^{-1}有一个宽的吸收峰，可能由羟基的伸缩振动引起。在 2109cm^{-1}的峰可能是由

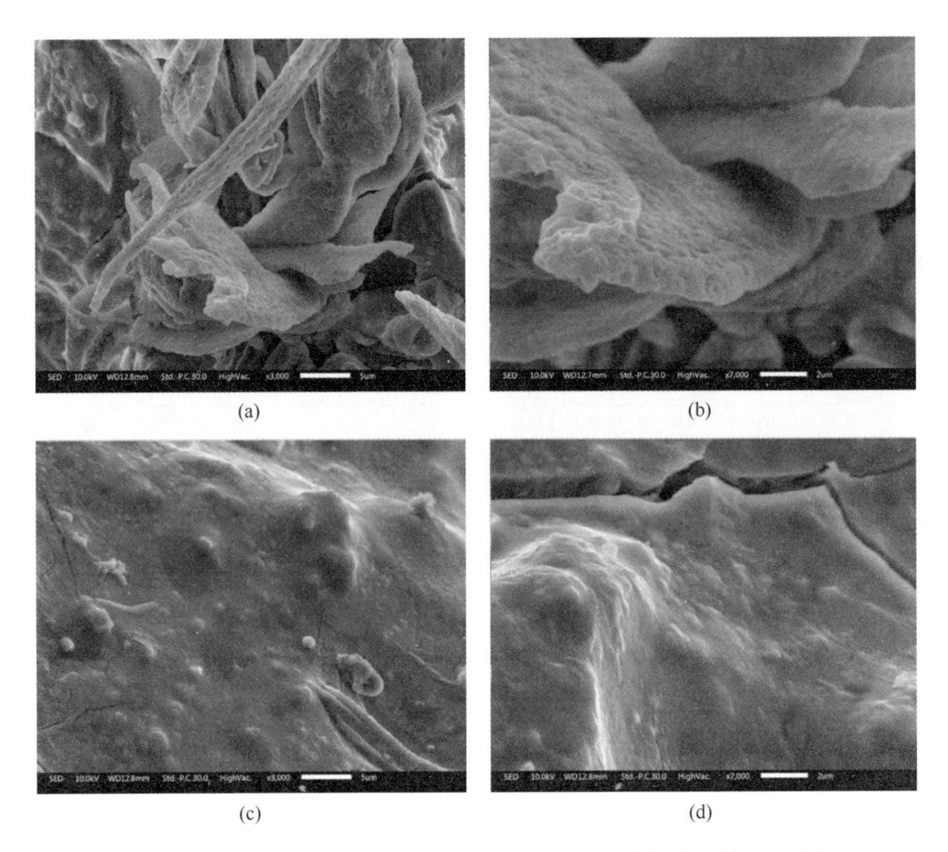

图 7-35　利用脱碱赤泥制备多元絮凝剂和工业聚合氯化铝的 SEM 图

(a)（b）多元絮凝剂；(c)（d）工业聚合氯化铝

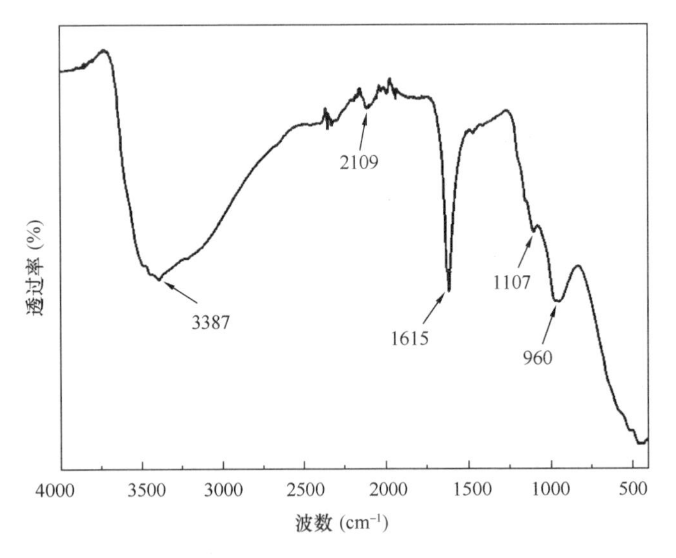

图 7-36　制备的多元絮凝剂红外图谱

C=N 的伸缩振动引起。在 1615cm^{-1} 由吸附水或结晶水的弯曲振动引起。在 1107cm^{-1} 是由 Fe-OH-Fe 或 Al-OH-Al 的机械振动引起，而在 960cm^{-1} 的吸收峰可能由 Al-OH 弯曲振动引起。

多元絮凝剂中起主要作用的是铝、铁形成的含羟基类结构，通过不同键合形式，形成网络状结构，对模拟水中的颗粒起到絮凝作用。试验过程中，针对脱碱赤泥、酸浸渣和制备的多元絮凝剂结构进行分析，如图 7-37 和表 7-11 所示。反应过程中脱碱赤泥中的主要物相是软水铝石[AlO(OH)]、赤铁矿(Fe_2O_3)、针铁矿[FeO(OH)]、三水铝石[$Al(OH)_3$]、方钠石($Na_6[Al_6Si_6O_{24}]$ $NaF_x \cdot H_2O$)、方解石($CaCO_3$)和锐钛矿(TiO_2)。在制备絮凝剂过程中，方钠石物相消失，多元絮凝剂中物相主要形式为岩盐(NaCl)、三水铝矿($Al(OH)_3$)和赤铁矿(Fe_2O_3)。

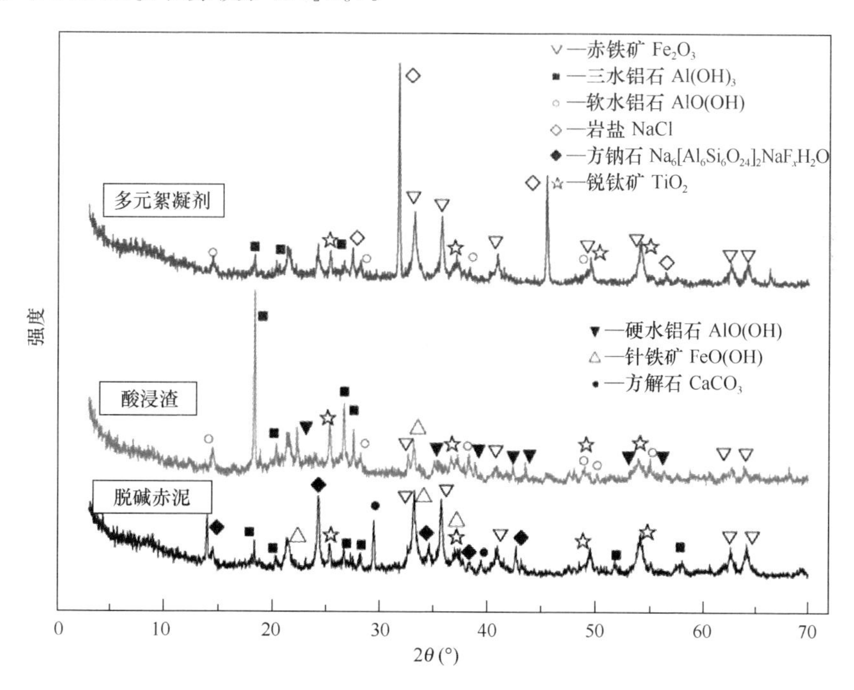

图 7-37 制备多元絮凝剂过程的物相变化

表 7-11 脱碱赤泥及产物的矿物成分分析结果 (%)

名称	酸浸渣	脱碱赤泥	多元絮凝剂
锐钛矿	6	6	6
赤铁矿	6	23	23
软水铝石	5	7	8
硬水铝石	9	—	—
三水铝石	68	18	19
针铁矿	6	7	9
岩盐	—	—	36
方解石	—	12	—
方钠石	—	27	—

4. 絮凝机理分析

为了使分散的硅藻土颗粒产生絮凝物，需为粒子提供足够的动能以克服内在的能量障碍。部分原因是由双层压缩（电荷中和机理）或凝结剂吸附到颗粒表面（桥接机制），如图 7-38 所示。当添加小剂量絮凝剂后胶粒分散结合形成长链，单个链通过“桥接”形式，连接到两个或两个以上的颗粒，比如（1）和（2）。当絮状物的长度足够大，超过有效范围的胶体粒子之间产生排斥力，絮体之间的支链可以发生离开桥接较大的絮体的作用继续连接成长链，形成大分子的“链状”结构，从水体中沉降出来，达到絮凝的效果。

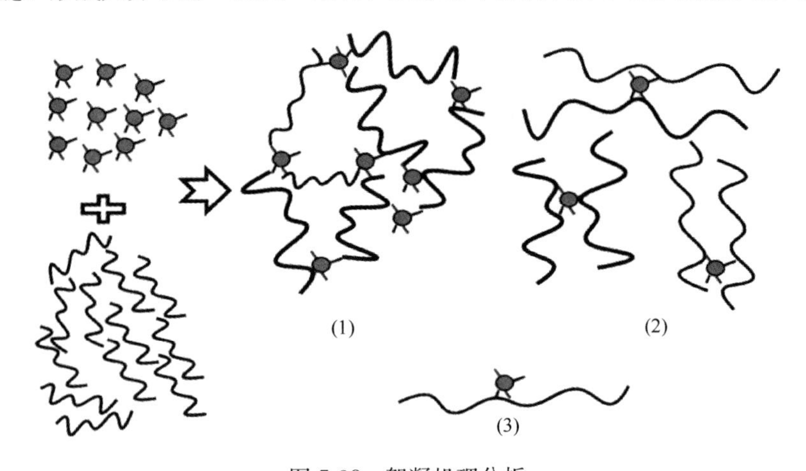

图 7-38　絮凝机理分析

（1）网状；（2）双链式；（3）单链式

5. 多元絮凝剂技术及经济效益分析

利用脱碱赤泥综合利用制备絮凝剂，作为水处理的产品出售，暂按每 1 年产 300t 絮凝剂和 30t 白炭黑进行分析。若使用废酸，按照盐酸（25%）价格 200 元/t，而按照成品盐酸（37%）550 元/t，絮凝剂售价 700 元/t 计算，白炭黑售价 2500～3000 元/t，可带来可观的经济效益。

按设计工艺流程间歇式反应，按消耗赤泥 0.5t/d，生产液体多元絮凝剂 1t/d 核算，成本估算见表 7-12。调聚剂 1 和调聚剂 2 均为 0.025t，矿物添加剂 20kg。调聚剂 1、调聚剂 2 价格为 2500 元/t 和 600 元/t，矿物添加剂 1500 元/t，高分子添加剂价格 9000 元/t。进行计算可知，使用废酸、成品酸制备多元絮凝剂，预计每天原材料成本分别为 398 元/t 和 583 元。

表 7-12　原料价格一览表

名称	用量（t）	单价（元/t）	总价（元）
赤泥	0.5	—	—
废盐酸/成品盐酸	1/0.7	200/550	200/385
调聚剂 1	0.025	2500	62.5
调聚剂 2	0.025	600	15
矿物添加剂	0.02	1500	30
高分子添加剂	0.01	9000	90
合计	—	—	398/583

7.6 赤泥土壤改良矿物复合肥

7.6.1 赤泥在土壤改良方面的研究

国内外已经有很多学者研究赤泥在土壤改良剂和肥料方面的应用。赤泥和土壤混合物作为垃圾填埋场覆盖表层物，当混合土壤添加量大于20%时，毒性没有明显变化，但是保水性明显提高。同时研究人员也对赤泥作为酸性砂质土壤改良剂进行了初步探索。石灰和赤泥可用于重金属污染土壤的修复，当赤泥的添加量为3%或5%，土壤的pH值升高，可溶性的重金属含量明显降低。活化赤泥吸附废水中的磷酸根，吸附磷酸盐后的赤泥能成为一种潜在的磷肥，为赤泥的利用提供了一种非常好的途径。

国内对赤泥在土壤改良剂及肥料研究方向早在20世纪80年代就已经有人开展了相关研究，蔡德龙以赤泥为主要原料，通过一定的肥料添加剂生产出肥料，田间试验结果表明该肥料施用后，花生增产率在10%以上，为今后利用赤泥作肥料提供了成熟工艺，同时为在黄河冲积平原花生产区推广赤泥基肥料积累了经验。之后分别开展了赤泥肥料在玉米、水稻等作物上的试验，也取得较好的效果。进入21世纪，赤泥在土壤修复及肥料方面的应用速度有所放缓，通过球磨机对赤泥球磨细化，细化活化后其活性硅和活性钙的总含量可达50%以上，且含有适量的Mg、P、K等植物所需的养分，春季水稻试验田试验表明，水稻增产约15%，且成熟早、病虫害少、抗倒伏等特点显著。南方许多稻田运用赤泥等作为改良剂改善土壤，降低水稻中Cd的含量。

7.6.2 赤泥酸浸渣与水镁石烧结制备矿物缓释肥研究

随着铝土矿资源日益枯竭，作为聚合铝铁絮凝剂的主要原料，铝土矿价格逐年上升。赤泥是氧化铝工业产生的废渣，其中含有大量的Fe_2O_3、Al_2O_3和SiO_2等，Fe_2O_3和Al_2O_3含量一般可达到20%～30%，所以赤泥可作为无机絮凝剂聚合氯化铝铁的潜在原料。许多学者和科研机构利用赤泥作为主要原料，通过酸浸的方式，制备各种形式的絮凝剂。

本节介绍了利用赤泥制备多元絮凝剂产生的副产赤泥酸浸渣（以下简称赤泥酸浸渣）为原料来开展矿物复合肥的研究。以水洗预处理后的赤泥酸浸渣提供硅源，水镁石提供镁源，加以助熔剂K_2CO_3在一定的温度下烧结制备出$K_2MgSi_3O_8$为主要矿物成分的缓释肥，同时对其溶出性能及缓释性能进行了研究。

1. 赤泥絮凝剂副产物——酸浸渣

利用酸浸赤泥制备聚合铝铁絮凝剂方面的应用已经有很多报道。利用30%的硫酸对赤泥进行酸浸制备聚硅酸盐絮凝剂，对工业废水和浊度的去除效果非常明显。运用盐酸酸浸赤泥后，加入赤泥或氢氧化钠对酸浸液调聚制备聚合硫酸铁（PAFC），当pH=3.5时，PAFC的碱化度为85.55%，其中铝、铁的氧化物占60.73%。同时，也有通过盐酸酸浸赤泥和铝矾土制备复合无机铝铁絮凝剂的研究，与市售聚合氯化铝絮凝剂相比，磷酸盐的去除率从4.90%提高到10.40%。利用拜耳法赤泥为原料，通过酸浸得到赤泥酸浸液，与高分子聚合物和矿物材料进行复配，得到一种新型的多元复合絮凝剂。钱翌等采用硫酸酸浸制备了聚合硫酸铝铁絮凝剂，并与聚合氯化铝和聚合氯化铁的效果进行了对比，其对废水 COD 去除率达到 82.70%，总磷的去除率可达到 87.40%。

虽然赤泥制备絮凝剂的研究已经有很多报道，但是目前研究仅仅集中于利用酸浸液，对副产的酸浸渣的利用，国内外很少见报道。文献中仅有对赤泥酸浸制备絮凝剂之后的酸浸渣用于丁苯橡胶补强材料的报道，除此之外尚未见其他方面的应用研究报道。赤泥酸浸渣主要产生工艺如图 7-39 所示。

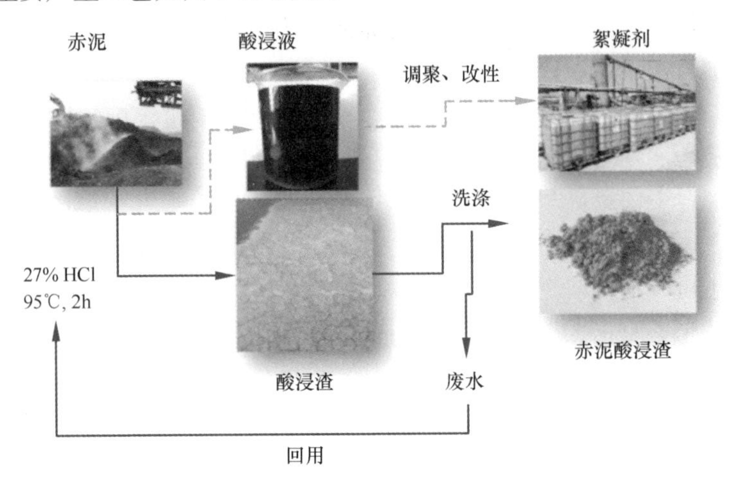

图 7-39　赤泥酸浸渣产生主要过程

2. 赤泥酸浸渣基矿物缓释肥的制备工艺流程

将水洗处理后的赤泥酸浸渣、水镁石和碳酸钾按照 $K_2MgSi_3O_8$ 矿物理论配比混合均匀，在马弗炉进行烧结，马弗炉升温速率为 10℃/min，保温一段时间后自然冷却，磨细进行肥效测试，其具体制备工艺如图 7-40 所示。

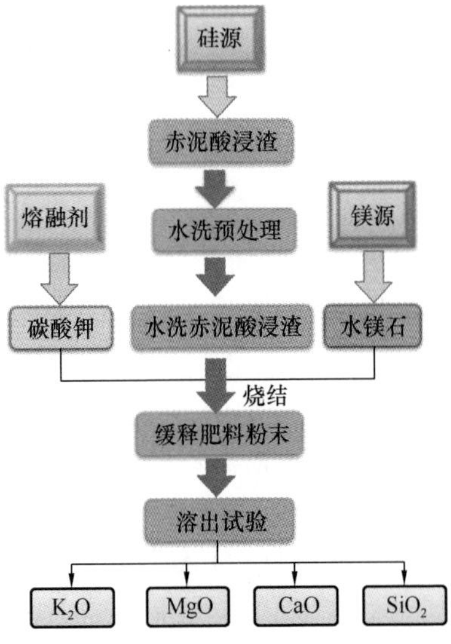

硅源
赤泥酸浸渣
熔融剂
水洗预处理
镁源
碳酸钾
水洗赤泥酸浸渣
水镁石
烧结
缓释肥料粉末
溶出试验
K_2O　MgO　CaO　SiO_2

图 7-40　赤泥酸浸渣制备矿物缓释肥料试验流程图

3. 赤泥酸浸渣成分分析及预处理

现场赤泥酸浸渣浆体主要理化性质见表 7-13。从表中可以看出，赤泥酸浸渣浆液是一种固含量较低，且酸性极强的浆体，不能直接用于本研究，为方便后续分析，赤泥酸浸渣浆液在 100℃烘干。

运用 XRF 分析了烘干后赤泥酸浸渣的化学组成，结果见表 7-14，未经处理的赤泥酸浸渣中含有大量的 Cl 元素成分。Cl 含量过高，会对植物生长产生副作用，最后制备的缓释肥料应用受到限制，所以设计对其进行水洗预处理，经过抽滤、烘干、粉碎、过 100 目标准筛，得到预处理后的赤泥酸浸渣。对水洗预处理后的赤泥酸浸渣进行化学组成分析，二氧化硅的含量显著提高，同时 Cl 含量也明显降低，可以为制备的缓释肥料提供硅源。分析矿物组成（表 7-15）可以看出，水洗过程主要除去的是盐岩，即 NaCl 成分，水洗后赤泥酸浸渣中显示主要矿物成分是三水铝石，其次为石英，占 10%，根据水洗后 SiO_2 含量 40.63%，说明水洗后赤泥酸浸渣中 SiO_2 大部分呈无定形形式存在。

表 7-13　赤泥酸浸渣浆体物理性质

原料	固含量（%）	pH	颜色	性状	密度（g/cm^3）
酸浸渣	<30	<0	淡黄色	浆状	≈2.1

表 7-14　赤泥酸浸渣及水处理酸浸渣的化学组成　（质量分数，%）

成分	SiO_2	Al_2O_3	CaO	Fe_2O_3	TiO_2	K_2O	MgO	Cl	Na_2O	P_2O_5	烧失量
赤泥酸浸渣	9.58	14.17	4.01	8.89	3.10	0.12	0.23	16.90	3.21	0.15	39.24
水洗后	40.63	20.10	1.47	9.9	9.18	0.275	0.245	1.87	0.333	0.476	15.01

表 7-15　赤泥酸浸渣及水处理酸浸渣的矿物组成　（质量分数，%）

矿物	锐钛矿	赤铁矿	软水铝石	硬水铝石	三水铝石	针铁矿	岩盐	赤铁矾	石英
酸浸渣	6	—	5	—	26	—	45	19	—
水洗后	6	6	5	9	58	6	—	—	10

4. 赤泥酸浸渣基矿物缓释肥制备最佳条件研究

将干燥粉碎后的赤泥酸浸渣、水镁石与碳酸钾按 $K_2MgSi_3O_8$ 理论值进行物料配比混合，研磨均匀，取上述样品进行 TG-DTA 测试。测试温度为室温至 1000℃，N_2 氛围升温速率为 20℃/min。测试结果如图 7-41 所示。从图中可以看出 TG 曲线在 160℃、267℃、377℃和 910℃出现了四个质量损失阶段，质量变化分别为 8.64%、3.04%、5.85%和 15.45%。第一段是由于混合粉体中物理吸附水的损失，第二阶段是由于混合粉体中结晶水的损失，第三阶段主要是水镁石中 $Mg(OH)_2$ 发生分解生成 MgO，失去 H_2O 逸出导致。第四阶段是由于铝土矿酸浸渣与碳酸钾的反应和碳酸钾自身分解产生

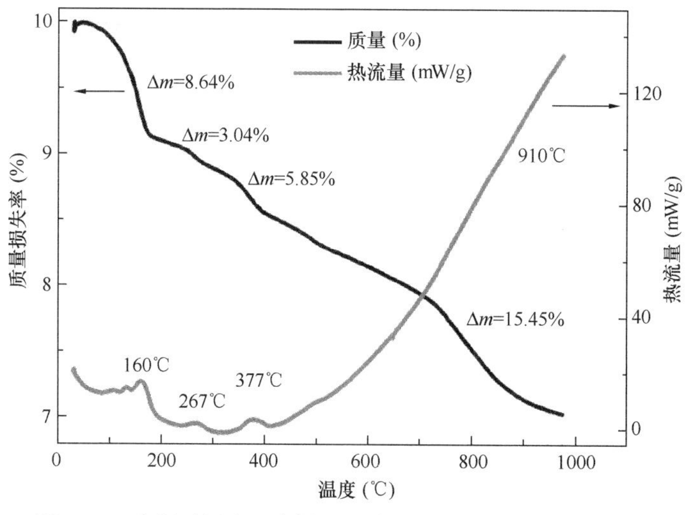

图 7-41　赤泥酸浸渣、水镁石和碳酸钾混合粉体 TG-DTA 图

的质量变化。从图中可以看出第四阶段质量损失最明显，达到 15.45%，推测应该是第四阶段发生主要反应，且反应温度在 750～1000℃范围内进行。

分别研究了如图 7-42 不同温度赤泥酸渣基矿缓释肥料的烧结情况。对图中（a）未烧结样品、（b）800℃、（c）900℃、（d）950℃、（e）1000℃和（f）1050℃温度下烧结 4h 的样品进行了 XRD 分析。随着烧结温度的升高，烧结产物的物相发生了相应的变化。未煅烧之前，混合粉体中的主要物相为一水铝石、水镁石、二氧化硅和二氧化钛。800℃时，反应未完全，物相主要为赤泥酸浸渣中含有的二氧化钛，其余物质大部分为非晶态形式存在。当温度达到 900℃时，二氧化钛衍射峰消失，出现了 $K_2MgSi_3O_8$（PDF 10-0030）和钾霞石 $KAlSiO_4$（PDF 50-0437）的特征峰，但此时钾霞石 $KAlSiO_4$ 的特征峰比较明显。当温度升高至 1000℃时，此时 $K_2MgSi_3O_8$ 特征峰明显，钾霞石 $KAlSiO_4$ 的特征峰变弱。进一步升高温度，出现了 $KAlO_2$ 的衍射峰，说明温度进一步升高不利于 $K_2MgSi_3O_8$ 的生成。综上，选择 1000℃最优煅烧温度，烧结得到的产物命名为 RF-1000。

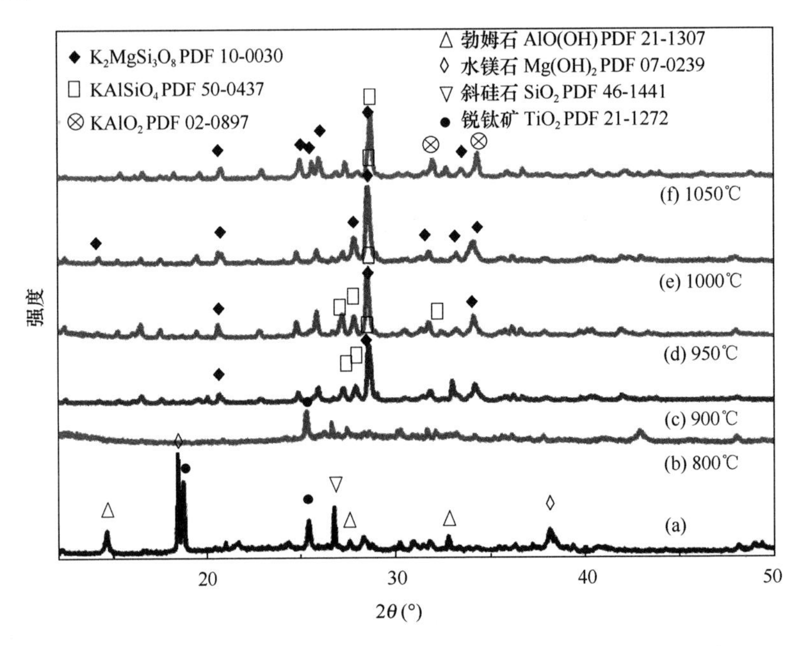

图 7-42　不同温度赤泥酸浸渣基矿物缓释肥料烧结样品的 XRD 谱图

（a）未烧样品；（b）800℃；（c）900℃；（d）950℃；（e）1000℃；（f）1050℃

5. 赤泥酸浸渣基矿物缓释肥制备原理

试验设计以水洗预处理后的赤泥酸浸渣提供硅源，水镁石提供镁源，加以助熔剂 K_2CO_3 在一定的温度下烧结制备出 $K_2MgSi_3O_8$ 为主要物相的缓释肥料，依据上述最优条件下制备样品 RF-1000，可推断出主要发生的反应如下：

$$3SiO_2\ (\text{amorphous}) + Mg(OH)_2 + K_2CO_3 \xlongequal{\quad} K_2MgSi_3O_8 + CO_2\uparrow + H_2O\uparrow \tag{7-6}$$

试验主要发生的反应过程为：

首先水镁石中主要成分 $Mg(OH)_2$ 在 350℃左右时会失去结晶水，生成 MgO，此阶段主要发生反应如公式（7-7）：

$$Mg(OH)_2 = MgO + H_2O \tag{7-7}$$

高温下，无定形 SiO_2 在 K_2CO_3 存在情况下与 MgO 发生反应，生成 $K_2MgSi_3O_8$，其即为缓释肥料的主要物相成分，此阶段发生反应如下：

$$3SiO_2\ (amorphous) + MgO + K_2CO_3 = K_2MgSi_3O_8 + CO_2\uparrow \tag{7-8}$$

同时，无定形的 SiO_2 也会与 Al_2O_3 发生相似的反应，生成钾霞石 $KAlSiO_4$，发生反应如下：

$$2SiO_2\ (amorphous) + Al_2O_3\ (amorphous) + K_2CO_3 = 2KAlSiO_4 + CO_2\uparrow \tag{7-9}$$

6. 赤泥酸浸渣基矿物缓释肥的溶出试验

运用 XRF 分析 RF-1000 中化学组成，结果见表 7-16，可见 RF-1000 中 K_2O 含量达到 20.33%，SiO_2 含量为 26.55%，MgO 含量达到 9.86%，且 CaO 含量达到 5.17%。

表 7-16　RF-1000 的化学组成　（质量分数，%）

化学组成	SiO_2	K_2O	Al_2O_3	MgO	CaO	Fe_2O_3	TiO_2	LOSS
含量	26.55	20.33	15.53	9.86	5.17	4.41	4.12	5.44

制备的缓释肥料，依照中华人民共和国农业行业标准《土壤调理剂 钙、镁、硅含量的测定》（NY/T 2272—2012）和《土壤调理剂 磷、钾含量的测定》（NY/T 2273—2012）两个土壤调理剂的方法，对上述制备的矿物缓释肥料进行肥效的测定。

依据上述方法，选择 100℃ 烧结样品 RF-1000 为研究对象，分别用蒸馏水、0.50mol/L 盐酸（HCl）溶液和 20g/L 柠檬酸溶液对样品进行溶出试验，试验结果如表 7-17和图 7-43 所示。在 0.50mol/L 盐酸溶液和 20g/L 柠檬酸溶液中，样品的溶出性明显好于蒸馏水，且在 0.50mol/L 盐酸溶液中溶出性最好。清水中溶出效果较差是由于样品本身是碱性的，当处在蒸馏水中时，溶液呈碱性，Mg 和 Ca 分别是以 $Mg(OH)_2$ 和 $Ca(OH)_2$ 沉淀的形式存在，过滤后将很少留在滤液中，所以导致溶出液中 MgO 和 CaO 的浓度很低。酸性条件下，溶出效果明显好，但是样品在 0.50mol/L 盐酸溶液明显比在 20g/L 柠檬酸溶液溶出效果好，这是由于 0.50mol/L 盐酸溶液的 pH 值为 0.2，而 20g/L 柠檬酸溶液的 pH 值为 2.0，酸性越强，样品的溶出效果越明显。同时溶出试验后，残余物质的质量也与溶出效果趋势相对应，盐酸酸浸后样品质量损失 79.53%，柠檬酸为 65.38%，而蒸馏水中仅为 10.23%。

表 7-17　RF-1000 在不同溶液中溶出效果

溶剂	K_2O (g/L)	MgO (g/L)	CaO (g/L)	SiO_2 (g/L)	Al_2O_3 (g/L)	溶解率 (%)
蒸馏水	0.18	0.01	0.01	0.24	0.14	10.23
0.50mol/L HCl	1.31	0.42	0.01	0.87	0.31	79.53
20g/L 柠檬酸	1.10	0.39	0.01	0.62	0.24	65.38

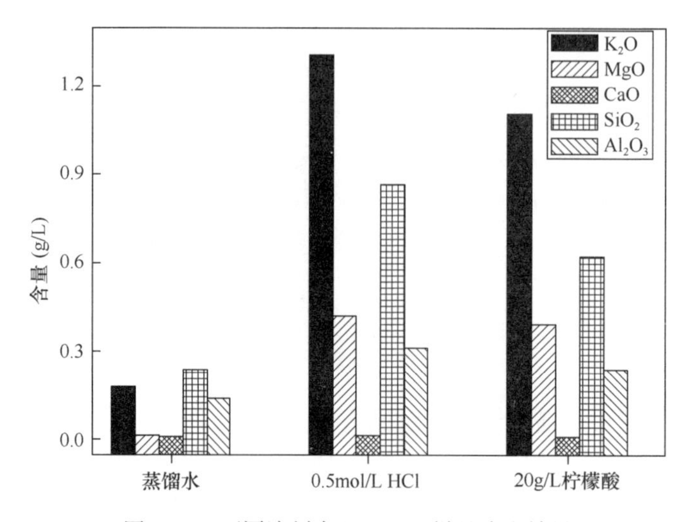

图 7-43　不同溶剂中 RF-1000 样品溶出效果

7. 赤泥酸浸渣基矿物缓释肥组成与结构表征

对 0.50mol/L 盐酸溶液溶出前后的 RF-1000 样品进行了 XRD 分析，结果如图 7-44 所示。溶出之前 RF-1000 主要物相为 $K_2MgSi_3O_8$（PDF 10-0030）和钾霞石 $KAlSiO_4$（PDF 50-0437），经过 0.5mol/L 盐酸溶液溶出后，$K_2MgSi_3O_8$ 和 $KAlSiO_4$ 消失，说明 $K_2MgSi_3O_8$ 和 $KAlSiO_4$ 在盐酸溶液中发生了分解，同时出现了钛铁矿 $Fe_3Ti_3O_{10}$（PDF 43-011）和镁橄榄石 Mg_2SiO_4。钛铁矿和镁橄榄石应该为样品在烧结过程就产生的，但由于相对含量较低，通过 XRD 分析，没有发现其特征峰；经过盐酸溶出之后，相对含量增加，XRD 分析出现了其明显的特征峰。

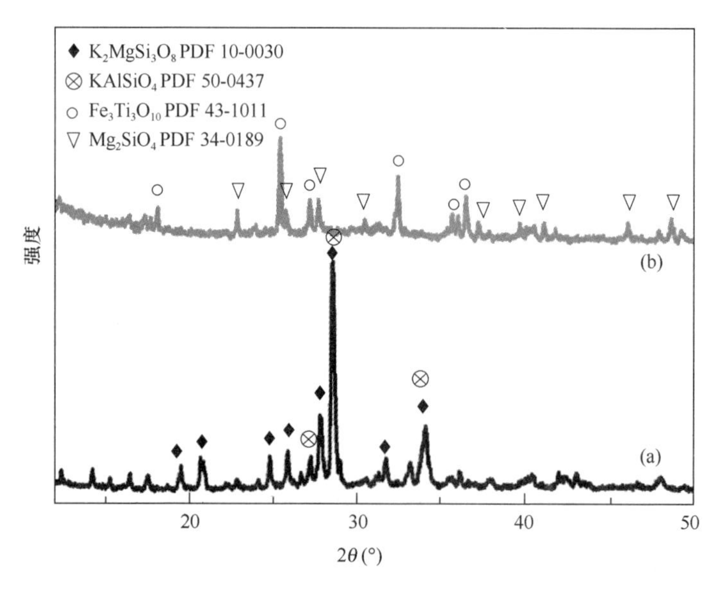

图 7-44　(a) RF-1000 和 (b) 0.50mol/L 盐酸溶液溶出后 RF-1000 XRD 谱图

分别对 0.50mol/L 盐酸溶液溶出前后的 RF-1000 样品进行了 SEM 测试，从图 7-45 可以看出，RF-1000 样品颗粒表面较经过盐酸溶出试验的样品光滑，且棱角分明。经过盐酸溶出试验之后，颗粒表面明显粗糙，且出现非常明显的孔洞结构，说明盐酸溶出过程中有大量的物质溶解或分解进入到溶液中。

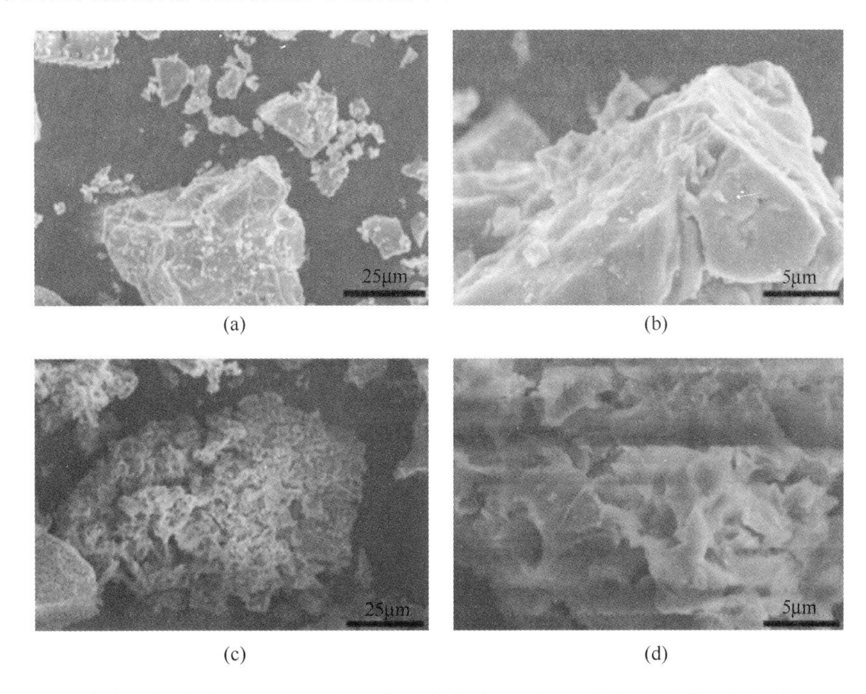

图 7-45　RF-1000 和 0.50mol/L 盐酸溶液溶出后 RF-1000 的 SEM 图
(a)(b)RF-1000；(c)(d)RF-1000(0.5mol/L 盐酸溶液)

对 RF-1000 盐酸溶出前后的样品进行孔径分布和比表面积的测试，结果见表 7-18。从表中可以看出，经过盐酸溶出之后，RF-1000 颗粒粒径变化不明显，但是比表面积和孔隙率增大明显，体积密度减小。结合 RF-1000 溶出前后的 XRD 分析，可以分析其原因是经过盐酸溶出试验之后，$K_2MgSi_3O_8$ 和 $KAlSiO_4$ 在盐酸溶液中发生了分解，以液体的形式进入到了滤液中，导致颗粒出现孔洞，表面粗糙，进而导致比表面积增大，孔隙率增大。

表 7-18　RF-1000 盐酸溶出前后的孔径分布与比表面积

样品	颗粒尺寸(μm)	比表面积(m^2/g)	堆密度(g/cm^3)	孔隙率(%)
RF-1000	30～120	45.40	4.10	4
RF-1000(0.5mol/L HCl 处理)	25～115	73.40	2.30	13

8. 赤泥酸浸渣基矿物缓释肥的缓释性能

分别取 1d、3d、5d、7d、10d、14d、28d、42d、56d 和 84d 的样品，移入容量瓶中定容，用 ICP 测试 K_2O、MgO、CaO 和 SiO_2。从图 7-46 可以看出，RF-1000 在 1d 时，K_2O 累计释放 6.98%，SiO_2 累计释放 3.44%；28d 时，累计释放分别达到 56.12%

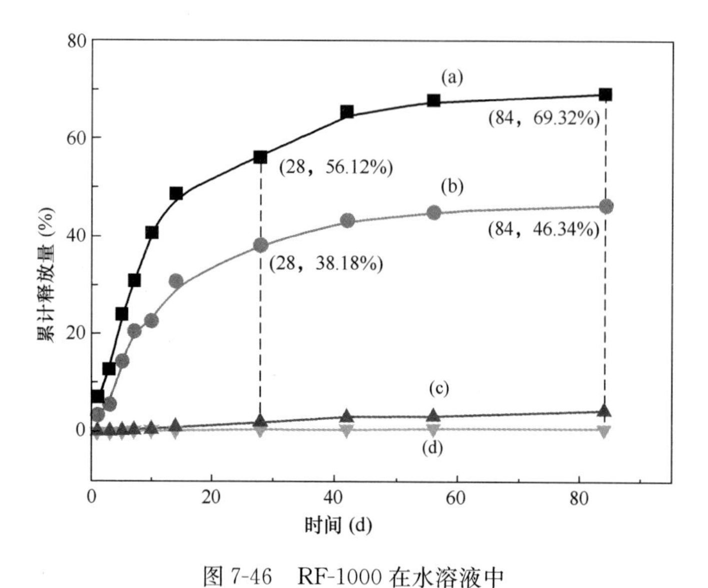

图 7-46 RF-1000 在水溶液中

(a) K_2O，(b) SiO_2，(c) CaO 和 (d) MgO 84 天累计释放量

和 38.18%；当 84d 时，K_2O 累计释放 69.32%，SiO_2 累计释放 46.34%。MgO 和 CaO 由于在碱性溶液中以沉淀形式存在，溶出率较低，但是当作为肥料使用时，在植物根系酸性条件下，其能以离子的形式存在，被植物吸收。

为探究其缓释机理，对不同缓释天数取样的 pH 值进行了测试，结果如图 7-47 所示。随着缓释的不断进行，缓释肥料中有效成分 $K_2MgSi_3O_8$ 不断分解，K 以 K^+ 形式溶到水溶液中，$K_2MgSi_3O_8$ 中的 Mg-O-Si 和 Si-O-Si 四面体被破坏，Mg^+ 在碱性条件下水化为 $[Mg(OH)_3]^-$，Si 水化为 $[H_2SiO_4]^{2-}$ 形式，$[Mg(OH)_3]^-$ 和 $[H_2SiO_4]^{2-}$ 形成 Mg-Si 的沉淀。这是制备的缓释硅肥在水溶液中 SiO_2 和 MgO 含量比较低的原因。作为缓释肥料时，这种 Mg-Si 的共同体很容易在植物根系的弱酸环境下发生分解，释放出有效的 Mg 和 Si，有效成分如 K_2O、SiO_2、MgO 和 CaO 等，释放过程中不断有 OH^- 进入

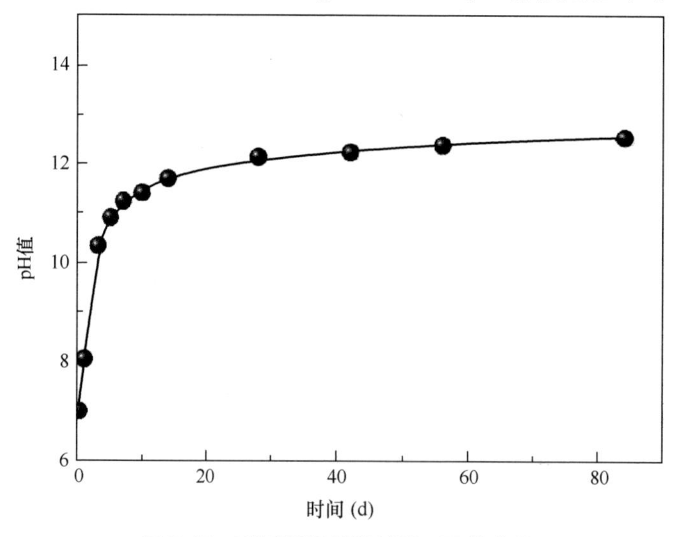

图 7-47 不同缓释天数溶液 pH 值变化

到溶液中，导致溶液 pH 值不断升高。其主要缓释机理见式(7-10)所示：

$$K_2MgSi_3O_8+(n+1)H_2O=\!=\!=2K^++MgO\cdot 3SiO_2\cdot nH_2O+2OH^- \quad (7\text{-}10)$$

9. 赤泥酸浸渣基矿物缓释肥重金属溶出试验

对原料赤泥酸浸渣和制备的 RF-1000 样品进行重金属检测测试，利用 ICP 对其肥料进行典型重金属 Hg、As、Cd、Pb、Cr 含量进行测定，同时也对 RF-1000 在水中释放 84d 后的溶液进行重金属检测，测定结果见表 7-19。赤泥中重金属普遍含量较高，其中 Cr 含量达到 726mg/kg，但经过酸浸过程后，各项典型重金属指标明显减小，各项指标已经达到国家对肥料中重金属含量的标准。经过试验制备的 RF-1000 典型重金属含量进一步降低，含量远远小于国家肥料标准的相关指标，在水中 84d 的溶出液中，典型重金属中最高的 As 溶出比例为 24.84%，只有 2.05mg/kg，远远低于国家现有肥料对重金属的指标，表明利用赤泥酸浸渣制备的肥料重金属指标是满足国标中对肥料中重金属的要求。

表 7-19 RF-1000 典型重金属含量与溶出率及国家肥料标准对比

样品	Hg (mg/kg)	As (mg/kg)	Cd (mg/kg)	Pb (mg/kg)	Cr (mg/kg)
赤泥	0.012	14.7	2.64	38.2	726
赤泥酸浸渣	0.075	20.7	0.45	3.66	116
RF-1000	0.013	8.32	0.18	1.09	24.6
RF-1000 在水中 84d 溶出液	0.0021	2.05	0.0032	0.008	1.23
重金属溶出比例	16.15%	24.84%	1.78%	0.73%	5.00%
GB/T 18877—2020	≤5	≤50	≤10	≤150	≤500
NY/T 525—2021	≤2	≤15	≤3	≤50	≤150

参考文献

[1] LU R R, ZHANG Y H, ZHOU F S, et al. Novel polyaluminum ferric chloride composite coagulant from Bayer red mud for wastewater treatment [J]. Desalination & Water Treatment, 2014, 52(40-42): 7645-7653.

[2] MA X, MA H W, YANG J. Sintering preparation and release property of $K_2MgSi_3O_8$ slow-release fertilizer using biotite acid-leaching residues as silicon source[J]. Industrial & engineering chemistry research, 2016, 55(41): 10926-10931.

[3] WANG X K, ZHANG Y H, LU R R, et al. Novel multiple coagulant from Bayer red mud for oily sewage treatment [J]. Desalination & Water Treatment, 2014, 54(3): 690-698.

[4] 胡攀. 铁尾矿及赤泥铝土矿酸浸渣制备矿物缓释肥及性能研究 [D]. 北京：中国地质大学(北京), 2017.

[5] 陆荣荣. 赤泥多元絮凝剂的制备及性能研究 [D]. 北京：中国地质大学(北京), 2013.

[6] 马曦. 钾长石综合利用制备缓释钾肥的实验研究 [D]. 北京：中国地质大学(北京), 2013.

[7] 王新珂. 赤泥烟气脱碱及其产物应用研究[D]. 北京：中国地质大学(北京), 2018.

[8] 张以河，陆荣荣，周风山，等. 一种利用赤泥制备多元絮凝剂联产复合白炭黑的方法：2013100111449.3[P]. 2014-11-09.
[9] 中华人民共和国国家质量监督检验检疫总局. 缓释肥料：GB/T 23348—2009[S]. 北京：中国标准出版社，2009.

8　赤泥矿物复合材料

8.1　赤泥/聚丙烯（PP）复合材料制备研究

8.1.1　研究背景

近年来，赤泥用作塑料填料的利用方式被广泛研究和使用，产生了重要的经济价值和社会意义。聚丙烯（PP）作为一种常见的热塑性塑料，由于易加工、性能好等特点，在多个领域被广泛应用。随着工业技术的进步和环保意识的提高，以赤泥和聚丙烯为主要原料制备出的复合材料应用在汽车制造、建筑材料等工业领域。研究表明，赤泥填充到PP中可以有效提高材料的力学性能和热稳定性，促进PP的结晶，在提高材料性能的同时，有效降低了经济成本，促进了赤泥的资源化利用。

由于赤泥和聚丙烯本身的相容性并不好，简单地混合容易使赤泥在基体内部产生团聚，不能有效提高材料的性能。因此，在赤泥/PP复合材料的制备中，对赤泥的改性处理显得非常重要。目前，对赤泥的改性处理主要是使用硅烷偶联剂、钛酸酯偶联剂、马来酸酐接枝等方式。改性后的赤泥与PP的相容性得到明显改善，与未改性相比在赤泥添加量、材料力学性能和热稳定性方面都有所提高。

本研究团队从事有关赤泥/PP复合材料的制备和研究，并采用钛酸酯偶联剂对赤泥进行表面处理，研究了赤泥含量与表面改性对复合材料力学、热学性能的影响，制备出了具有良好性能的赤泥/PP复合材料。

8.1.2　制备试验及测试方法

制备过程：将赤泥放置在鼓风干燥箱中140℃下进行烘干，烘干后研磨并过150目筛。将赤泥与质量分数1%的钛酸酯偶联剂在高速混合机中处理25min，使赤泥得到充分的改性处理。将纯聚丙烯（k7726型）分别与改性前后的赤泥混合，通过双螺杆挤出机、切粒机挤出造粒，采用注射成型工艺制备不同赤泥含量的赤泥/PP复合材料。制备的复合材料中赤泥含量分别为0%、5%、10%、15%、20%、30%。

8.1.3　研究结果分析

1. 粒料中赤泥含量分析

赤泥/PP粒料在600℃下恒温30min，其中的PP完全烧蚀掉，可以根据粒料的残留量来确定造粒后粒料中赤泥的含量。改性前后赤泥/PP粒料中赤泥的含量见表8-1。从表8-1可以看出，赤泥的实际含量稍微低于理论值，这是由于赤泥粉料与PP颗粒混合时相容性能差，在造粒过程中难免会引起赤泥粉料的损失，因此实际含量低于理论值，为达到试验的目的，造粒过程中应该使赤泥的损失尽量小。而改性后粒料中赤泥的含量有所升高，表明偶联剂处理改善了赤泥与 PP 的界面性能，提高了赤泥和 PP 的相容性。这主要是偶联剂在赤泥表面发生化学作用，使赤泥表面由亲水性变成亲油性，从而提高了与 PP 的结合程度，减少了赤泥的损失量。

表 8-1　改性前后赤泥/PP 粒料中赤泥的含量　　（质量分数，%）

赤泥理论含量	粒料的残留量	
	改性前	改性后
5	4.39	4.78
10	7.70	9.69
15	13.71	14.56
20	19.84	18.64
30	28.51	29.85

2. 粒料的熔体流动性能分析

熔体流动速率是指热塑性材料在一定的温度和压力下，熔体每 10min 通过标准模口的质量。塑料的熔体流动性与加工性能关系非常密切，熔体指数可用来表征同一工艺流程制成的高聚物性能的均匀性，并对热塑性高聚物进行质量控制，作为加工性能的参考。从图 8-1 可以看到，随着赤泥加入量的提高，熔体的流动性能下降，经过改性后的赤泥/PP 粒料的熔体指数比同配比未改性的粒料高，经过改性后熔体的流动性能得到提高，钛酸酯偶联剂的表面改性改善了赤泥与 PP 之间的相容性，降低了熔体黏度。

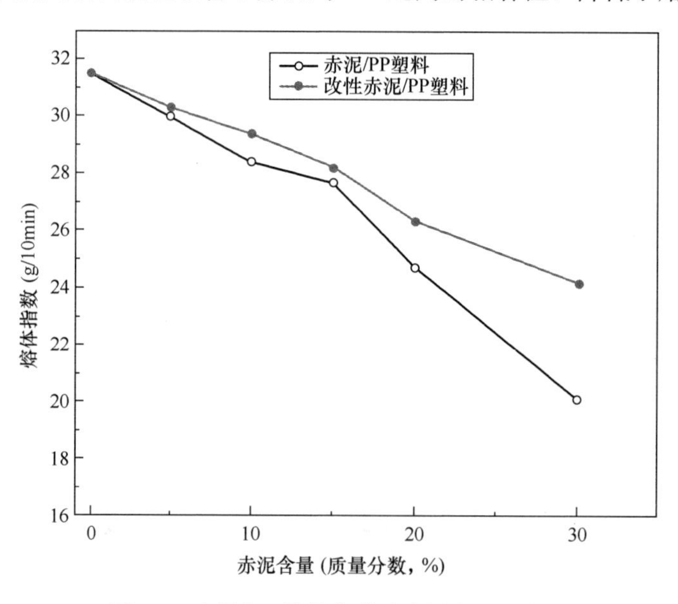

图 8-1　赤泥/PP 熔体指数随赤泥含量的变化

3. 复合材料力学性能

一般认为，采用钛酸酯偶联剂对赤泥进行表面处理，有利于改善赤泥与 PP 基体间的界面相容性，使赤泥在基体中能得到更为有效的分散，从而使应力集中区实现良好的分散，促使复合材料力学性能的提高。

由图 8-2（a）可以看到，随着赤泥加入量的提高，赤泥/PP 复合材料的拉伸强度呈上升趋势，当赤泥添加量为质量分数 15%时，达到最大值，比纯 PP 提高 4.7%。随着赤泥添加量的进一步增加，拉伸强度呈下降趋势，当添加量为质量分数 30%时，拉伸强度下降了 10.4%。这是由于赤泥的加入能够抑制基体分子链的滑动。在低填充量时，粒子随基体产生变形和位移的可能性较大，产生的应力集中较小，拉伸强度有所提高。随着基体中赤泥含量的增多，基体内的裂纹含量增加，且粒子增多后，分散困难，易产生更多缺陷，容易引起基体损伤，使复合体系的性能变差，拉伸性能降低。改性后的赤泥/PP 复合材料的拉伸强度比同添加量未改性的复合材料有所提高，当赤泥含量为质量分数 15%时，比纯 PP 提高 6.3%，30%时提高了 2.8%。改性使赤泥与 PP 的相容性变好，改善了赤泥在基体间的分散性，抑制大裂纹的产生，减少了材料内部缺陷的形成，有利于材料拉伸强度的提高。

如图 8-2（b）所示，随着赤泥含量的增加，试样的断裂伸长率降低，赤泥与 PP 界面结合强度较低。在低赤泥添加量时，粒子对于基体内部分子链的移动阻碍较小，断裂伸长率较高，随着赤泥含量的增加，粒子的阻碍作用越强，导致伸长率降低。改性处理使赤泥与 PP 相容性的变好，一定程度上提高了断裂伸长率。

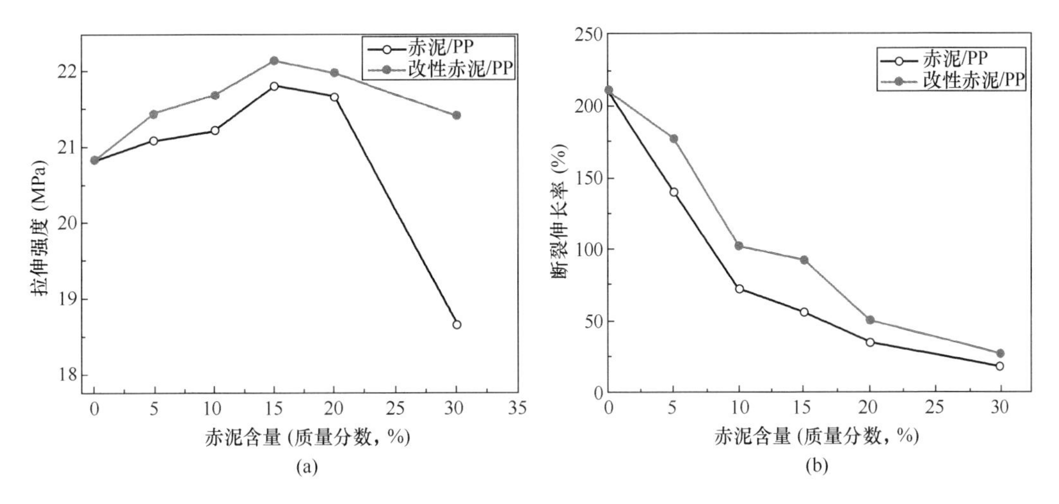

图 8-2　赤泥/PP 复合材料的拉伸强度和断裂伸长率随赤泥含量变化情况

（a）拉伸强度；（b）断裂伸长率

由图 8-3（a）可以看出，随着赤泥含量的提高，复合材料的冲击强度下降。这是由于赤泥颗粒与基体的界面性质不同，相容性较差，在材料中的分散性能较差，赤泥颗粒分散在基体中，起到了分割基体的作用，使材料形成了一些类似微裂纹的缺陷。当试样承受冲击荷载时，这些微裂纹会随之扩展，引起材料的脆化，导致冲击强度下降。并且随着添加量的增大，粒子对基体的连续性破坏加大，裂纹及其他的缺陷大幅增加。另一方面赤泥颗粒的团聚也趋于增强，导致冲击强度进一步下降。

如图 8-3（b）所示，赤泥改性后的复合材料的简支梁冲击强度在赤泥添加量为质量分数 5%时达到最大，比纯 PP 提高了 3%，然后随着赤泥加入量的提高下降，但是

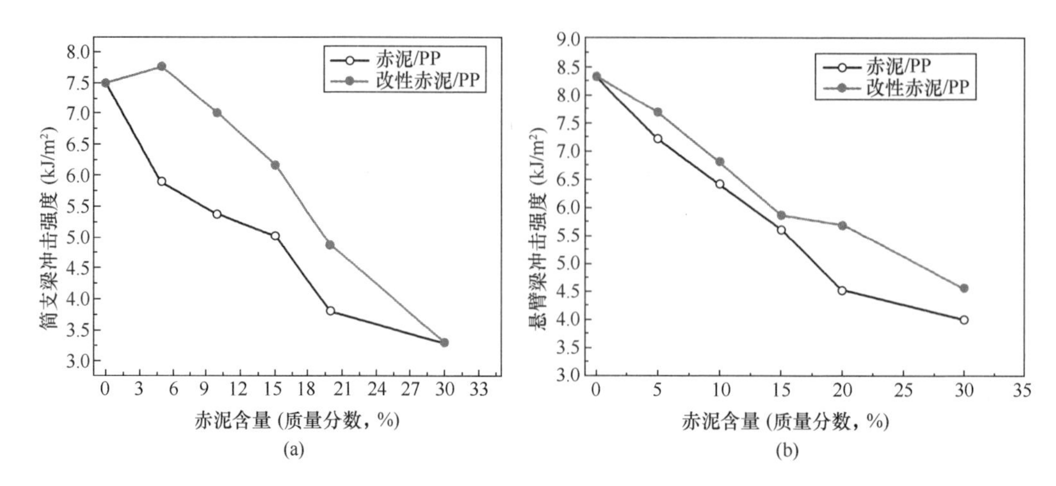

图 8-3 赤泥/PP 复合材料的简支梁冲击强度和悬臂梁冲击强度随赤泥含量变化情况

（a）简支梁冲击强度；（b）悬臂梁冲击强度

比未改性的赤泥/PP 复合材料有所提高。这是由于赤泥的表面改性改善了赤泥与 PP 基体之间的相容性，加强了赤泥与 PP 基体的界面结合性能，并且使赤泥的分散性能得到提高，因此使其冲击性能得到提高。但是可以看到的是，尽管对赤泥进行了表面处理，赤泥颗粒与 PP 之间的界面相互作用仍然较弱，对基体的连续性破坏较大，对冲击强度产生了不利的影响。

由图 8-4 可以看出，随着赤泥加入量的提高，复合材料的弯曲强度以及弯曲模量升高，改性赤泥/PP 复合材料的弯曲强度高于未改性的复合体系，赤泥添加量为质量分数 30%时，改性后材料的强度比改性前提高了 13%，比纯 PP 提高 40%。这是由于赤泥加入后，由于刚性颗粒的存在，产生应力集中效应，当材料受到缓慢的应力时，能够产生银纹并通过银纹的支化而吸收能量，使基体裂纹扩展受阻和钝化，从而改善复合材料的弯曲强度。赤泥的改性改善了其与基体之间的界面性能，增大了接触面积，减小了大裂纹的产生，使材料受力时能够产生更多的微裂纹，从而吸收更多的能量，提高了材料的弯曲强度。

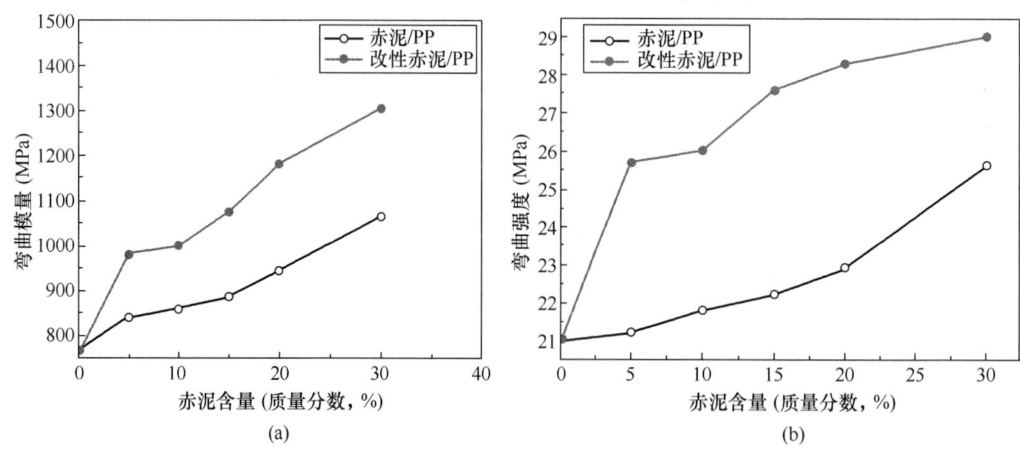

图 8-4 赤泥/PP 复合材料的弯曲模量和弯曲强度随赤泥含量变化情况

（a）弯曲模量；（b）弯曲强度

4. 复合材料热学性能

从图 8-5（a）可以看出，随着赤泥含量的增加，复合材料的维卡软化点温度升高。赤泥添加量达到质量分数 30%时，维卡软化点温度上升 3.4℃。而改性后赤泥添加量小于质量分数 30%时，温度上升不明显，最高只上升了 1.8℃。由图 8-5（b）看出，赤泥/PP 复合材料的热变形温度随着赤泥含量的升高而上升，在赤泥添加量达到质量分数 30%时，升高了近 16℃，改性后升高近 10℃。复合材料热性能较纯 PP 都有不同程度的提高，其原因可能是赤泥中所含成分的熔点都比较高，处于一定温度时，塑料基体虽然已开始软化变形，但无机粒子却仍保持着其形状，支撑着塑料基体。无机粒子散布在 PP 基体内部，使 PP 链段的运动受到限制，提高了分子链运动的阻力，宏观上表现为热性能的提高。赤泥改性后由于与 PP 的相容性变好，降低了分子链运动的阻力，从而表现出维卡软化点温度和热变形温度较改性前稍低。

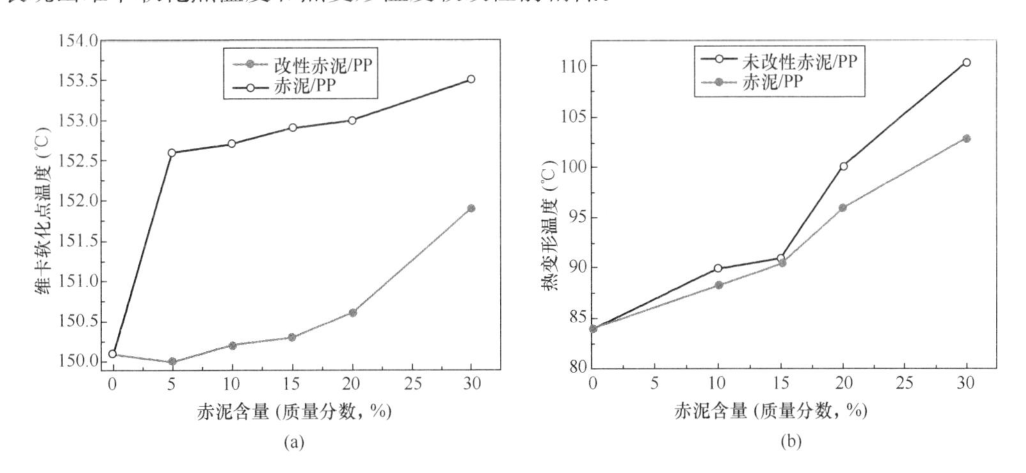

图 8-5　赤泥/PP 复合材料的维卡软化点温度和热变形温度随赤泥含量变化情况
（a）维卡软化点温度；（b）热变形温度

5. 复合材料色差测试

赤泥当中含有大量的铁红，加入到 PP 中能够使复合材料表现出红色，随着赤泥含量的提高，颜色越来越深。从图 8-6（a）可以看出，当加入少量赤泥后，复合材料的颜

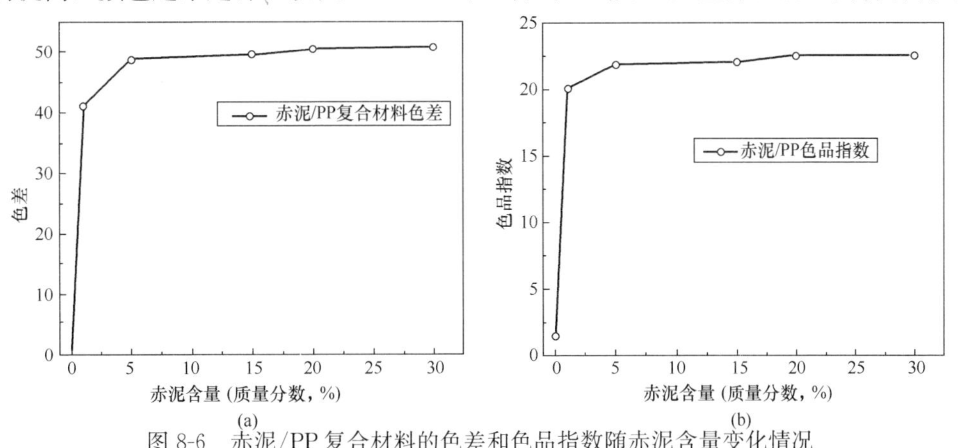

图 8-6　赤泥/PP 复合材料的色差和色品指数随赤泥含量变化情况
（a）色差；（b）色品指数

色变化非常大，当加入量超过5%时，随着赤泥的加入量，色差逐渐增大但是变化较慢，可见添加少量的赤泥就可以明显改变塑料制品颜色。从图8-6（b）可以看出，加入极少量的赤泥就可以明显提高复合材料的红度，这样就可以使用赤泥代替其他红色颜料，而同时不对复合材料的力学等性能造成较大影响。

8.1.4 研究结论

（1）采用一定粒度的赤泥改性聚丙烯塑料，复合材料的冲击强度、断裂伸长率随着赤泥加入量的提高而降低，拉伸强度随着赤泥含量的增加先升高后降低，当赤泥含量达到质量分数15%时，拉伸强度达到最大值。在试验含量范围内，弯曲强度以及弯曲模量随着赤泥的加入量的提高而升高，赤泥的加入能够提高复合材料的热性能，但影响不大。

（2）表面改性对于提高赤泥/PP复合材料的力学性能具有重要的影响，改性后复合材料的冲击强度、拉伸、弯曲强度等都比改性前有所升高，具有代替其他无机填料的潜力。

（3）赤泥的微量加入即能引起复合材料颜色的明显变化，在对颜色没有特定要求的应用方面具有重要的使用价值。

8.2 赤泥高分子（PBAT、LDPE、PBS）复合材料石头纸研究

8.2.1 石头纸研究现状

石头纸（Rich Mineral Paper）是一种集纸张和塑料的特点和性能于一体的新型材料，它主要是由天然碳酸钙粉体、聚乙烯及一些助剂的组合物经混合混炼、流延拉伸成型的复合成纸，其实质是高分子矿物复合材料。石头纸在外观上与普通纸张相似的同时还兼具了塑料和纸张的性能，不仅撕裂强度大、机械强度高、遮光性优良，而且能抗紫外线、经久耐用、经济环保。石头纸技术的诞生，不仅解决了传统造纸的污染给环境带来的危害，而且解决了塑料包装物的大量使用所造成的白色污染，以及对石油资源浪费的问题。

石头纸分为两大类：一类是纤维型石头纸，另一类是薄膜型石头纸。纤维型石头纸是用石头纸浆与普通纸浆配比，然后在圆网、长网造纸机上制成，由两种或两种以上不同的混熔树脂聚合而成。薄膜型石头纸一般采用内部“纸状化”方式，通过机械法处理合成树脂及填充料、添加剂等，然后在双轴定向的薄膜上形成空隙，从而得到表面具有多孔性结构、孔径极小的具有良好着墨性能的产品。目前市场上所使用的石头纸几乎全部是薄膜型石头纸。

薄膜型石头纸的制备工艺主要有延压法、流延法和双向拉伸法，其生产工艺核心技术在于石头纸造纸原料配比和涂布技术。根据一系列的专利可以推测石头纸目前的配方主要有两种：第一种为70份碳酸钙，20份聚乙烯或聚丙烯，10份胶黏剂；第二种为80份碳酸钙或其他矿物粉体，15份聚乙烯或聚丙烯，5份胶黏剂。在石头纸的涂布技

术方面，涂料配方包括成膜物质丙烯酸树脂和聚乙烯缩丁醛树脂，以及异丙醇、乙醇各占50%的混合溶剂。

石头纸在传统纸张安全性、物理性以及其他特性的基础上发展了防水、防雾、防油、防虫等性能，其耐撕性、耐折性也比传统纸更有优势。石头纸在生产过程中不需要用水，也不需要添加强碱、强酸、漂白粉以及众多的有机氯化物，省去了传统造纸工艺的蒸煮、洗涤、漂白等污染环节，从根本上杜绝了造纸过程中“三废”所产生的污染问题。同时由于其主要原料为价格低廉的矿石粉，所以成本比传统纸张低20%～30%，价格也低10%～20%。由于石头纸的优异性能与低廉的价格，被广泛应用在一次性生活消耗用品、文化用纸、建材装饰材料、包装材料等领域，有着极强的市场竞争力，具有很大的应用前景。

8.2.2 赤泥高分子（PBAT、LDPE、PBS）复合材料研究

本课题组进行了有关赤泥填充树脂制备石头纸的研究，分别探究了赤泥填充低密度聚乙烯（LDPE）、聚丁二酸丁二醇酯（PBS）、聚己二酸/对苯二甲酸丁二醇酯（PBAT）的力学性能和吹塑成膜性，在此基础上经过优选制备出了性能优良的赤泥/PBAT薄膜。

试验选取了三种工业级树脂LDPE、PBS、PBAT和三种偶联剂KH-550、KH-560、钛酸酯偶联剂-102，所用赤泥包括未脱碱赤泥和脱碱赤泥两种，其中未脱碱赤泥的主要化学成分见表8-2。

表8-2 未脱碱赤泥的主要化学成分 （质量分数，%）

化合物	Al_2O_3	Fe_2O_3	SiO_2	Na_2O	TiO_2	CaO
含量	31.97	20.93	15.39	13.16	4.24	1.13

（1）赤泥/LDPE复合材料及薄膜材料的制备

LDPE是由乙烯单体聚合而成的一种热塑性树脂，其成型加工性好，适合热塑性成型加工的各种成型工艺，LDPE主要用途是作薄膜类产品。

试验采用模压成型工艺制备赤泥/LDPE复合材料，探讨赤泥/LDPE复合材料的力学性能与成膜性。开炼机升温（前辊110℃，后辊100℃）后，将称量好的不同配比的赤泥（200目）与LDPE在开炼机开炼混合均匀，并将混好的材料在热压机上热压成100mm×100mm×1mm试样，然后裁成50mm×10mm×1mm的标准哑铃形样条，热压参数为：压力30N、温度150℃、时间5min。复合材料各组分含量见表8-3。

表8-3 赤泥/LDPE复合材料各组分含量 （质量分数，%）

序号	1	2	3	4	5
赤泥	10	20	30	40	50
LDPE	90	80	70	60	50

在复合材料制备试验的基础上，采用吹塑成型工艺制备赤泥/LDPE并探究其力学性能和稳定性。将称量好不同比例的赤泥与LDPE用挤出机造粒后在烘箱中（100℃）

烘干至恒重，然后再将烘干的赤泥/LDPE 粒料放入吹膜机中吹膜。赤泥与 LDPE 的配比见表 8-4。吹膜参数为：一段 130℃、二段 140℃、三段 140℃、机头温度 140℃、连接器 140℃。

表 8-4　赤泥/LDPE 薄膜制备配比表　　（质量分数,%）

序号	1	2	3	4
赤泥	0	2	5	10
LDPE	100	98	95	90

（2）赤泥/PBS 复合材料的制备

PBS 是由丁二酸和丁二醇经缩聚而成的树脂，呈乳白色，无臭无味，易被自然界的多种微生物或动植物体内的酶分解、代谢，最终分解为二氧化碳和水，是典型的可完全生物降解聚合物材料。PBS 强度比较高，具有优异的加工性能，也是常见的薄膜材料。

本研究测试了赤泥/PBS 复合材料的力学性能并探讨成膜性。采用模压成型工艺制备赤泥/PBS 复合材料。开炼机升温（前辊 120℃，后辊 115℃）后，将 50g 赤泥（200 目）与 50g PBS 在开炼机开炼混合均匀，并将混好的材料在热压机上热压成 100mm×100mm×1mm 试样，然后裁成 50mm×10mm×1mm 的标准哑铃形样条。热压参数为：压力 30N、温度 150℃、时间 5min。

（3）赤泥/PBAT 复合材料及薄膜材料的制备

PBAT 是已二酸丁二醇酯和对苯二甲酸丁二醇酯的共聚物，属于热塑性生物降解塑料。PBAT 兼具 PBA 和 PBT 的特性，既有较好的延展性和断裂伸长率，也有较好的耐热性和冲击性能。PBAT 的加工性能与 LDPE 非常相似，具有良好的成膜性，可用 LDPE 的加工设备吹膜。

试验探讨了赤泥/PBAT 复合材料的力学性能与成膜性。矿物粉体的颗粒大小直接影响着其比表面积的大小，进而影响了复合材料的界面结合力的大小，因此矿物粉体的粒径大小对复合材料的性能有着很大的影响。此外粉体的表面基团类型决定了矿物增强体与基体树脂之间的界面是以何种方式结合，对复合材料的力学性能也有很大的影响。试验通过 200 目、400 目赤泥与 PBAT 的复合和 KH-550、KH-560、钛酸酯-102 改性赤泥与 PBAT 的复合，讨论了不同赤泥粒径、不同偶联剂和不同赤泥种类对于赤泥/PBAT 复合材料的性能影响，试验原料配比见表 8-5。选择优化配方各制取 500g 复合材料并将其粉碎后用吹膜机吹膜，吹膜参数为：一段 180℃、二段 200℃、三段 200℃、机头 180℃、连接器 180℃。

表 8-5　赤泥/PBAT 复合材料原料配比

序号	a	b	c	d	e	f	g
PBAT（%）	50	50	50	50	50	50	50
赤泥（%）	50	50	50	50	50	0	0
脱碱赤泥（%）	0	0	0	0	0	50	50
粒径（目）	200	400	200	200	200	200	200
偶联剂	无	无	KH-560	KH-550	钛酸酯-102	无	KH-560

8.2.3 赤泥高分子矿物复合材料性能分析

1. 复合材料与薄膜力学性能测试

复合材料的力学性能测试主要包括拉伸强度、断裂伸长率及弹性模量。拉伸强度是指在拉伸试验中，试样直至断裂为止所受的最大拉伸应力，也称为抗拉强度，代表了材料产生最大均匀塑性变形的应力大小。断裂伸长率则是指试样在拉断时的位移值与原长的比值，以百分比表示。弹性模量是材料在弹性变形阶段内，正应力和对应的正应变的比值，它是衡量物体抵抗弹性变形能力大小的物理量。

（1）赤泥/LDPE

试验使用万能试验机对赤泥/LDPE复合材料及薄膜的拉伸强度、断裂伸长率、弹性模量进行了相应测试，具体测试结果见表8-6。

表8-6 赤泥/LDPE复合材料及薄膜的力学性能测试结果

样品类型	赤泥含量（%）	拉伸强度（MPa）	断裂伸长率（%）	弹性模量（MPa）
复合材料	10	11.16	68.52	330.86
	20	12.15	63.20	403.76
	30	13.49	27.88	533.75
	40	13.48	11.49	643.33
	50	14.01	6.51	860.58
薄膜	0	21.59	174	—
	2	20.49	122	—
	5	16.41	111	—
	10	11.55	107	—

注：“—”表示未测试。

从复合材料的力学测试结果可以看出，随着赤泥含量的增加，复合材料的断裂伸长率下降，拉伸强度与弹性模量增加。这是由于赤泥的加入破坏了材料的连续性，从而表现为复合材料的断裂伸长率不断下降。同时，矿物粉体对树脂基体具有补强作用，所以复合材料的拉伸强度随赤泥含量的增加而提高，弹性模量也随之增大，这与拉伸强度的变化规律相符。从复合材料力学测试结果来看，当未改性的赤泥填充量为质量分数50%时复合材料的力学性能很差，因此初步判断其不具备吹膜的可能性。

从薄膜的力学测试结果可以看出，随着赤泥含量的增加，薄膜的拉伸强度与断裂伸长率都在逐渐下降。薄膜的断裂伸长率下降是由于赤泥的加入破坏了低密度聚乙烯的连续性，而拉伸强度的下降还由于材料在成膜时赤泥对分子取向性的破坏。

（2）赤泥/PBS

当赤泥含量为质量分数50%时，赤泥/PBS复合材料的拉伸强度为21.35PMa、断裂伸长率为2.4%，此时复合材料的拉伸强度较高，但断裂伸长率很低，综合力学性能较差，因此该配方制成的赤泥/PBS复合材料不具备成膜可能性。

（3）赤泥/PBAT

试验制备的 7 组赤泥/PBAT 复合材料的断裂伸长率和拉伸强度结果如图 8-7 所示。从 a、b 两组对比可以发现，赤泥粒径的大小对复合材料的力学性能有一定影响，随着粒径的变小，复合材料的拉伸强度增大、断裂伸长率下降。拉伸强度增大是因为随着赤泥粒径的变小其比表面积增大，在相同含量的情况下赤泥与 PBAT 复合时界面接触面积增大，故具有更加明显的增强效果。赤泥的粒径变小也意味着相同质量的赤泥需要更多数目的赤泥，更多的赤泥颗粒会对树脂基体的连续性造成更多的破坏，因此会造成复合材料的断裂伸长率下降。

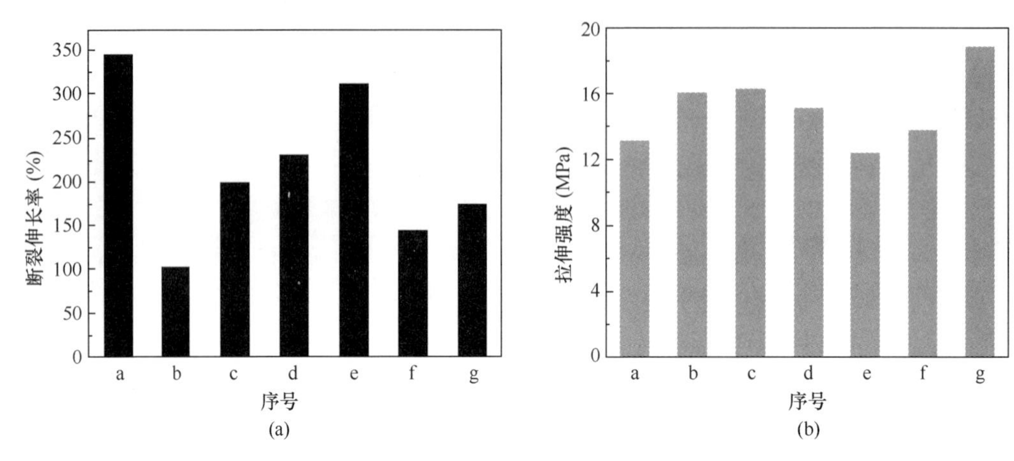

图 8-7 赤泥/PBAT 复合材料的断裂伸长率和拉伸强度

(a) 断裂伸长率；(b) 拉伸强度

对比 a、c、e、d 四组结果可以发现，偶联剂的加入对复合材料的力学性能有很大的影响。偶联剂改性赤泥与未改性的赤泥相比，所制成的复合材料断裂伸长率各有不同程度的下降，而拉伸强度则有不同程度的提高。拉伸强度的增加是由于偶联剂的加入增大了赤泥粉体与 PBAT 基体树脂的相容性与界面结合力；而断裂伸长率的下降则是偶联剂改性后的赤泥与未改性的赤泥相比具有更大的比表面积，更大程度地破坏了树脂基体的连续性。

对比 a 与 f、c 与 g 可以发现，赤泥的碱性对于赤泥/PBAT 复合材料的力学性能有很大的影响。相同情况下脱碱赤泥/PBAT 复合材料的力学性能明显优于未脱碱赤泥。这可能是由于在复合的过程中，赤泥中的碱性物质催化了 PBAT 的水解，造成了 PBAT 复合材料的分子链与分子量变小，从而力学性能下降。

综合力学性能测试结果，初步认为 1%KH-560 改性的赤泥与 PBAT 制成的复合材料和 1%KH-560 改性的脱碱赤泥与 PBAT 制成的复合材料成膜可能性较大。

2. 赤泥/LDPE 薄膜稳定性测试

塑料类材料的稳定性测试一般包括湿热老化性能测试、紫外光照老化测试、堆肥测试。根据薄膜在紫外光照老化、湿热老化条件下的力学性能变化测试了赤泥/LDPE 薄膜的稳定性：将裁好的哑铃形薄膜铺在白纸上，放入到紫外光照老化箱中，在室温条件下进行老化反应；将裁好的哑铃形薄膜铺在盘子中，放入湿热老化箱中，湿热老化参数为湿度 90%、温度 60℃。

(1) 湿热老化降解测试

图 8-8 (a) 中反映出赤泥/LDPE 薄膜的断裂伸长率在湿热老化箱中的老化变化规律比较复杂，但是可以看出赤泥添加量为 0%、2%的薄膜断裂伸长率变化趋势一致，5%、10%变化趋势一致，而且可以明显看出随着赤泥添加量的增加，薄膜在老化条件下的断裂伸长率变化幅度较小，赤泥的加入提高了薄膜材料抗老化性能。

图 8-8 (b) 中反映出赤泥/LDPE 薄膜的拉伸强度在老化条件下变化规律比较复杂，但是可以看出赤泥添加量为 0%、2%的薄膜拉伸强度变化趋势一致，5%、10%变化趋势一致，而且可以明显看出随着赤泥添加量的增加，薄膜在老化条件下的拉伸强度变化幅度较小，赤泥的加入提高了薄膜材料抗老化性能。

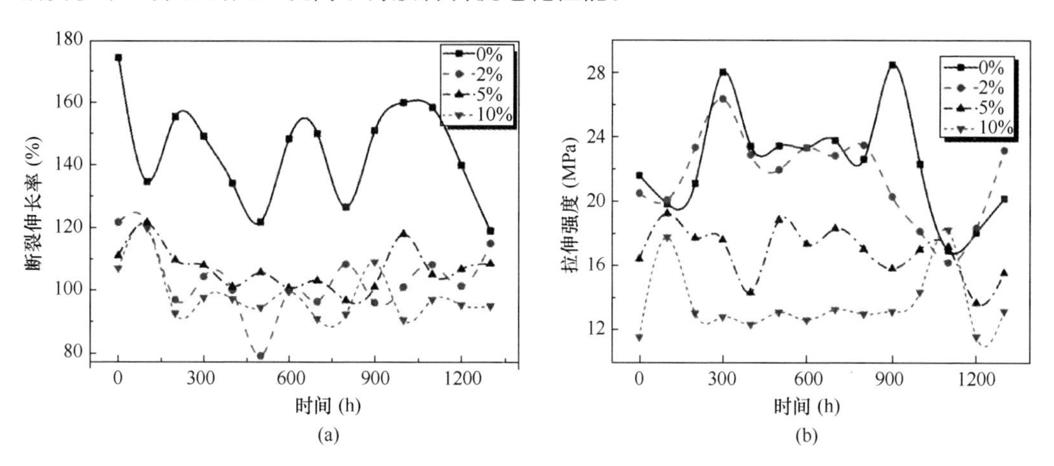

图 8-8 赤泥/LDPE 薄膜湿热老化断裂伸长率及拉伸强度变化

(a) 断裂伸长率；(b) 拉伸强度

(2) 紫外光照老化降解测试

从图 8-9 (a) 可以看出赤泥/LDPE 薄膜在紫外光条件下断裂伸长率变化规律比较复杂，可能是在紫外光下薄膜内部发生了复杂的化学反应。但也可看出 0%、2%、10%赤泥添加量的薄膜变化趋势一致，而且随着赤泥用量的增加，薄膜的断裂伸长率变

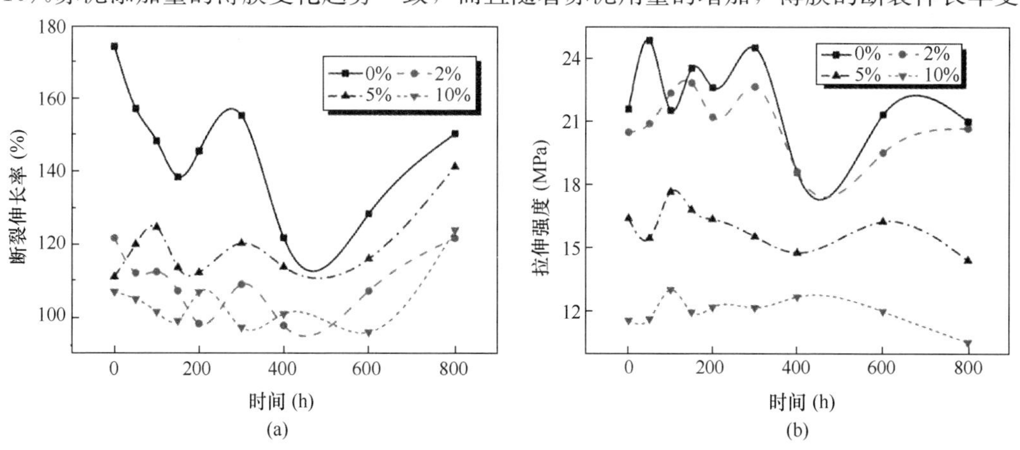

图 8-9 赤泥/LDPE 薄膜紫外光照老化断裂伸长率及拉伸强度变化

(a) 断裂伸长率；(b) 拉伸强度

化幅度趋小，赤泥增加了薄膜的抗紫外能力。

3. **复合材料微观结构表征**

(1) 赤泥/LDPE 复合材料断面的 SEM 微观形貌

赤泥/LDPE 复合材料断面的 SEM 微观形貌如图 8-10 所示。从图中可以看出赤泥在低密度聚乙烯树脂中分散比较均匀，但随着赤泥添加量的增加，团聚现象明显增多。赤泥颗粒剥落现象只有在赤泥添加量为 20%中出现，可能是由于混料不均匀的原因。总体来看，赤泥在低密度聚乙烯中分散性比较好。

(2) 赤泥/PBS 复合材料断面的 SEM 微观形貌

从图 8-11 中可以看出赤泥有团聚，但没有赤泥颗粒的脱落，表面赤泥与 PBS 树脂的界面结合力很强，这与赤泥/PBS 的拉伸强度较高和断裂伸长率低的宏观力学性能相符。

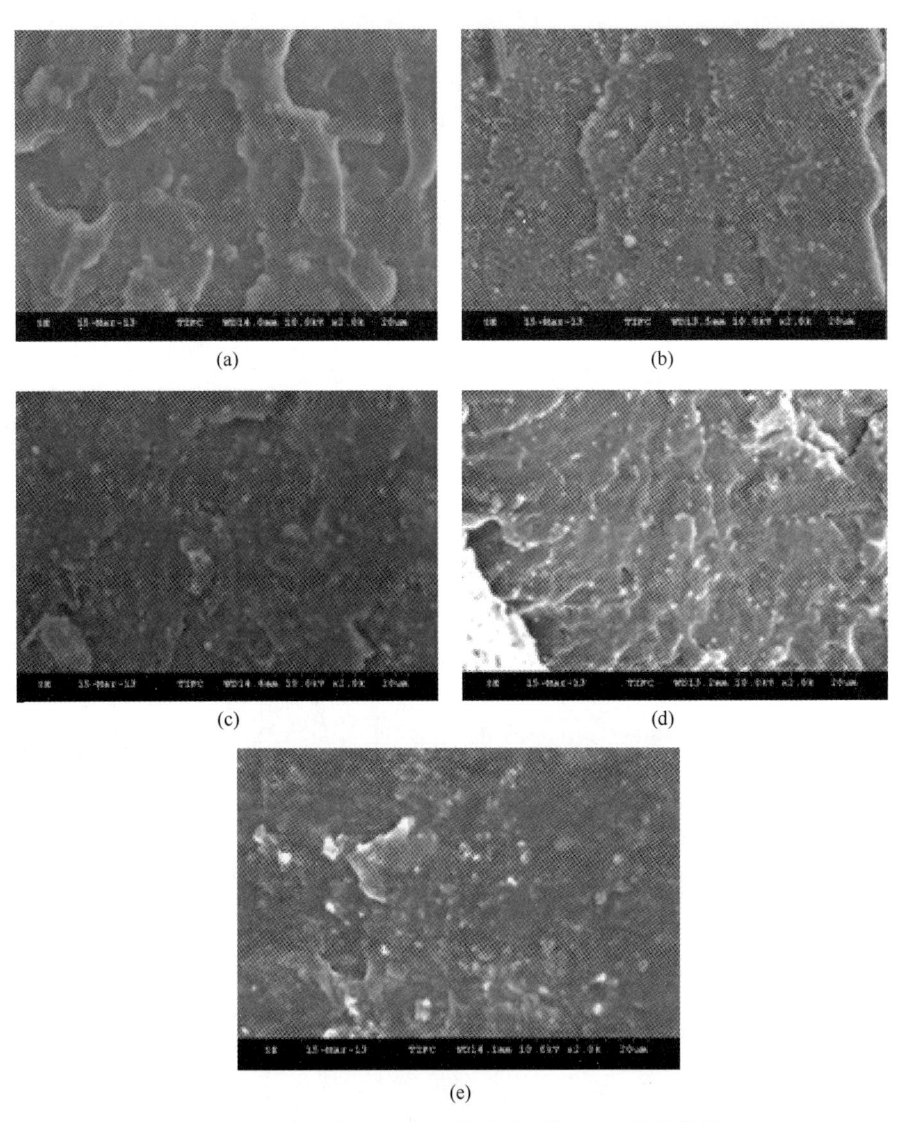

图 8-10 赤泥/LDPE 复合材料断面的 SEM 微观形貌

(a) 10%RM+LDPE; (b) 20%RM+LDPE; (c) 30%RM+LDPE; (d) 40%RM+LDPE; (e) 50%RM+LDPE

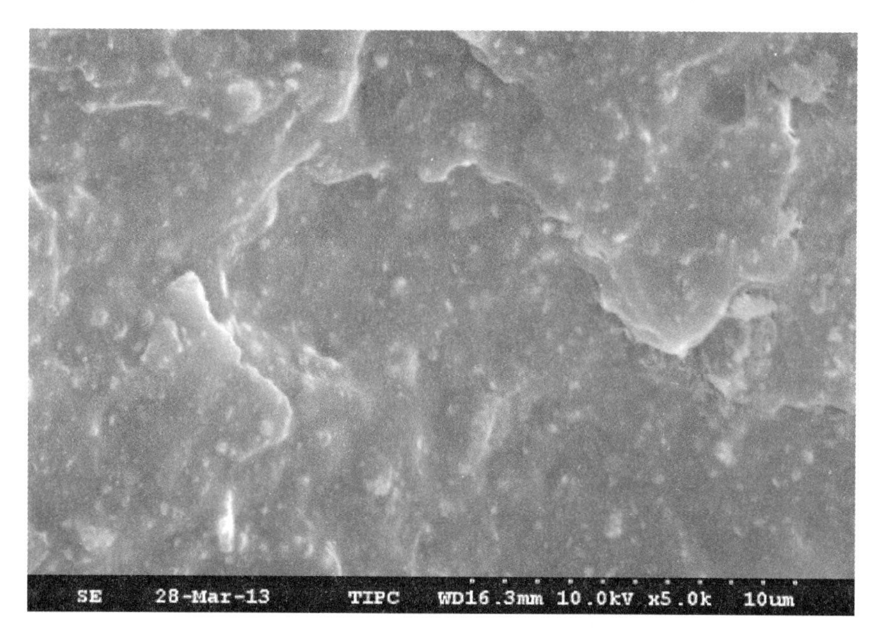

图 8-11 赤泥/PBS 复合材料断面的 SEM 微观形貌

(3) 赤泥/PBAT 复合材料断面的 SEM 微观形貌

赤泥/PBAT 复合材料断面的 SEM 微观形貌如图 8-12 所示。从图 8-12 中的 SEM 图片中可以看出赤泥在 PBAT 中分散性很好，并没有较大的团聚颗粒，但不能发现不同偶联剂改性的赤泥、不同粒径的赤泥在 PBAT 中分散性能的不同。

8.2.4 研究结论

为了研究赤泥制备石头纸的可能性，本课题组探究了赤泥填充 LDPE、PBS、PBAT 树脂复合材料的力学性能与成膜性能，分别讨论了树脂种类、偶联剂类型及赤泥粒径对复合材料的性能影响。主要研究结论如下：

(1) 制备研究赤泥/LDPE 复合材料发现，在赤泥添加量为 10%～50%的范围内随着赤泥添加量的增大，复合材料的拉伸强度不断上升、断裂伸长率不断下降。原因在于：随着赤泥添加量的增大，赤泥对 LDPE 的补强作用不断增大，故拉伸强度上升，而随着赤泥添加量的增加，对于 LDPE 树脂的连续性破坏程度加大因此断裂伸长率呈下降趋势。50%赤泥填充的 LDPE 复合材料的成膜差，赤泥添加量为 10%时成膜性较好。赤泥添加量在 0%～10%的范围内，赤泥的加入对于 LDPE 薄膜的稳定性有促进作用，且随着赤泥添加量的增加，赤泥/LDPE 的抗紫外、抗老化能力增加。

(2) 赤泥/PBS 复合材料的拉伸强度很高但断裂伸长率太低，在 50%赤泥填充的条件下不具备成膜可能性。

(3) 制备研究赤泥/PBAT 复合材料发现，赤泥的粒径大小对于赤泥/PBAT 复合材料的力学性能有很大的影响。随着赤泥粒径的变小，赤泥/PBAT 复合材料的拉伸强度上升、断裂伸长率下降。偶联剂的种类对于赤泥/PBAT 复合材料的力学性能有一定影响，研究表明偶联剂中 KH-560 效果最好。赤泥的种类对于赤泥/PBAT 复合材料的力

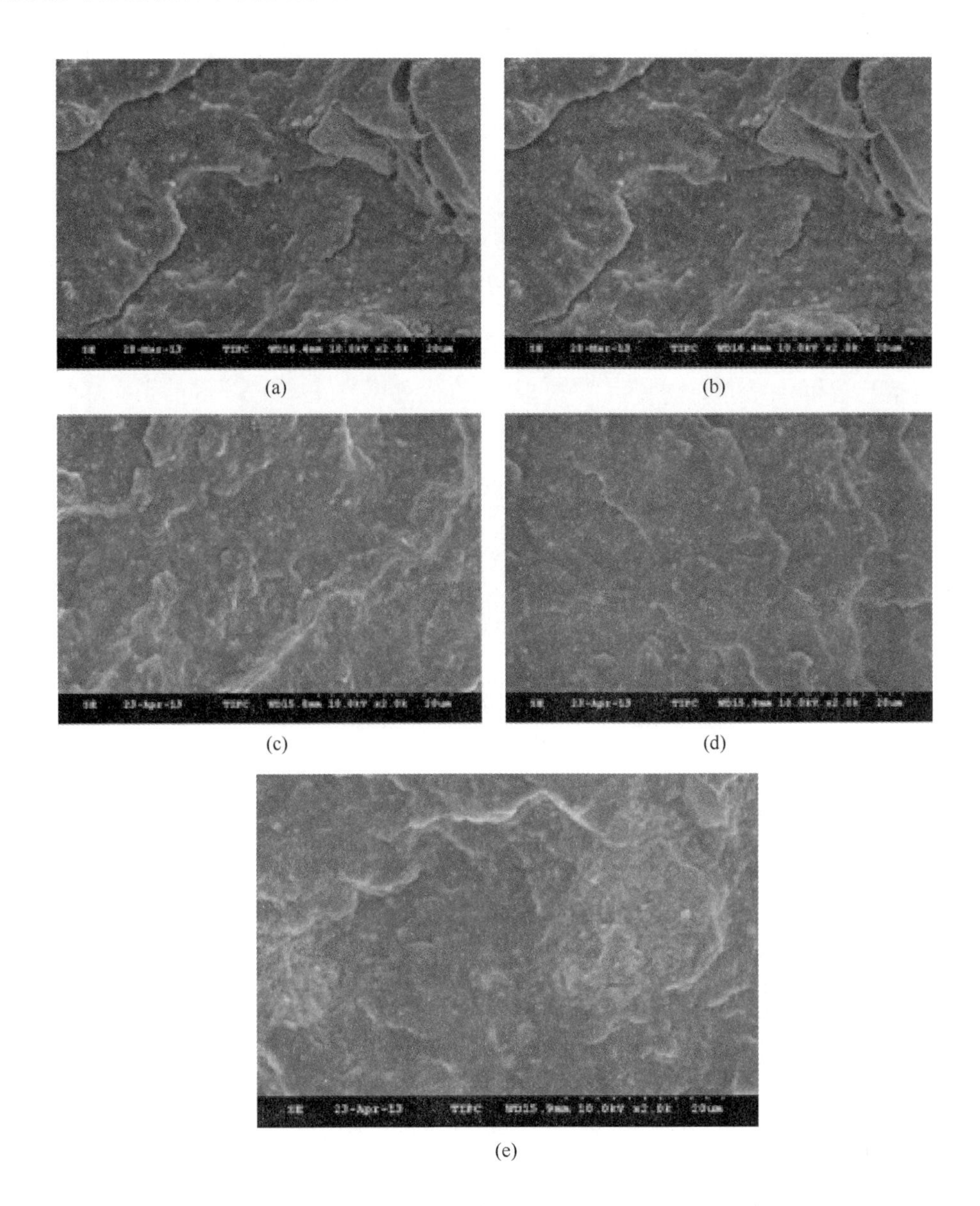

图 8-12 赤泥/PBAT 复合材料断面的 SEM 微观形貌

(a) 50%RM (200 目) +PBAT; (b) 50%RM (KH-560) +PBAT;

(c) 50%RM (KH-550) +PBAT; (d) 50%RM (钛-102) +PBAT; (e) 50%RM (400 目) +PBAT

学性能有明显的影响，相同条件下脱碱赤泥/PBAT 复合材料力学性能优于赤泥/PBAT 复合材料。

(4) KH-560 改性赤泥含量为 50%时，赤泥/PBAT 薄膜的拉伸强度为 4.92MPa，断裂伸长率为 109%；脱碱赤泥/PBAT 薄膜的拉伸强度为 9.18MPa，断裂伸长率为 124.6%。

8.3 宣纸废渣/赤泥/废 PE 复合板材制备与性能研究

8.3.1 研究背景

宣纸是我国文化的瑰宝，距今已有 1000 多年的历史。作为国家地理标志产品，宣纸不仅仅是一种产品，更是一种艺术品，代表了一种文化传承。我国对宣纸有着严格的定义，明确说明只有使用安徽泾县的原料制作生产出的纸张才能被称作“宣纸”。宣纸的主要原料是当地的青檀树皮和沙田稻草，根据原料的比例不同，生产的成品可以分为特净皮、净皮和棉料（图 8-13）。而常见的生宣、熟宣、半熟宣则是按照加工方式分类的。由此可见，不同种类的宣纸所用的原料比例和工艺都会有所区别。宣纸的制造工艺是非常复杂的，从选料到成品一共要经过 100 多道工序，主要包括原料加工、制浆、配料、制纸四个过程。由于宣纸在我国的独特地位，其生产中的关键技术也是严格保密的，这也使得与宣纸有关的研究主要集中在原料和成品性能，缺少在生产过程中原料特性的研究。

图 8-13　宣纸的主要原料

宣纸废渣是一种在宣纸制作过程中产生的固体废弃物，主要来源是生产过程中残余的原料和添加料，因此对宣纸废渣的研究要基于宣纸生产中原料的加工工艺。宣纸所需的原料青檀树和沙田稻草都是安徽泾县当地生长的植物，青檀树皮的纤维长度较长，沙田稻草的纤维长度稍短，不同长度纤维的结合使宣纸柔软的同时保证了一定的强度。纤维原料在制浆前还要经过多道程序，其核心工艺在于对纤维的碱蒸和漂白过程。传统的手工工艺是加入石灰乳缓慢蒸煮并长时间在阳光下自然漂白，而现代机械工艺则是加入一些化学添加剂缩短碱蒸和漂白的时间。在完成原料加工后，会根据要生产的宣纸类型制备纸浆，在完成抄纸后将夹杂废渣的污水进行排放。针对宣纸生产中产生的污水，在污水处理厂经过絮凝、过滤等处理后，达到排放标准的废水会直接排放，残余的废渣经过挤压后装袋堆积在空地上，如图 8-14 所示。从宣纸废渣产生的过程可以推断，宣纸废渣中主要存在植物纤维，由于在工艺中需要碱处理，因此宣纸废渣会呈一定的碱性。

废液絮凝

废渣收集

图 8-14 废液絮凝与废渣收集

受限于原料产量和环境问题，目前宣纸的年产量超过 1000 吨，但仍然会产生大量的宣纸废渣。由于缺少对宣纸废渣综合利用的研究，宣纸废渣长期以来以堆积处理的方式为主，对环境造成污染的同时也是对资源的浪费。宣纸废渣中存在宣纸生产过程中添加的化学原料，如漂白剂、纯碱、有机溶剂等，会污染堆放地区的土壤和水资源，部分被焚烧的宣纸废渣还会带来空气污染。因此，探索宣纸废渣的特性和利用方式显得尤为重要和紧迫。

目前国内外对赤泥作为填充物与塑料制备复合材料的相关研究和应用已经较为广泛，大量研究表明单一的赤泥与塑料形成的复合材料性能有所不足，因此需要在制备过程中对赤泥进行改性处理。但通过这种方式既增加了工艺程序又提高了成本，不能很好地满足固废综合利用的目的。因此，为了更好地提高材料的性能，许多学者开始研究在赤泥高分子复合材料中添加纤维的方式从而改善复合材料的性能。其中，植物纤维作为一种良好的增强材料被广泛使用。宣纸废渣含有丰富的植物纤维，因此探索宣纸废渣和赤泥对高分子复合板材的增强作用，对宣纸废渣的资源化利用具有重要意义。

本课题组开展了宣纸废渣/赤泥矿物复合板材的相关研究，通过对宣纸废渣微观形貌和组成成分的研究，提出将宣纸废渣作为高分子复合材料填料使用的思路，制备了具有良好力学性能和保温性能的复合板材。

8.3.2 宣纸废渣特性分析

1. 宣纸废渣的微观形貌

宣纸废渣来自安徽省泾县宣纸制造厂。未经处理的宣纸废渣为黄褐色固体颗粒，粒径大小不一。使用扫描电子显微镜对宣纸废渣的微观形貌进行观察，如图 8-15 所示。从图 8-15（a）、（b）可以看出宣纸废渣中存在纤维状和颗粒状两种形态的物质，这两种形态的物质团聚在一起。图 8-15（c）是宣纸废渣颗粒横截面的微观形貌，可以看出宣纸废渣中含有较多纤维状的物质，这些纤维状物质相互缠绕。从图 8-15（d）可以看出，纤维状物质表面并不光滑，附着有颗粒状物质，纤维粗细不一。根据相关文献和实地调研，宣纸的原料主要为植物，造纸过程中还会加入石灰等固体原料。此外，原料处理中可能会夹杂一些泥土。因此，通过对宣纸废渣微观形貌的观察可以初步判断出，宣纸废渣中两种形态物质可能是植物纤维和无机矿物颗粒，但仍需通过相关测试进一步验证。

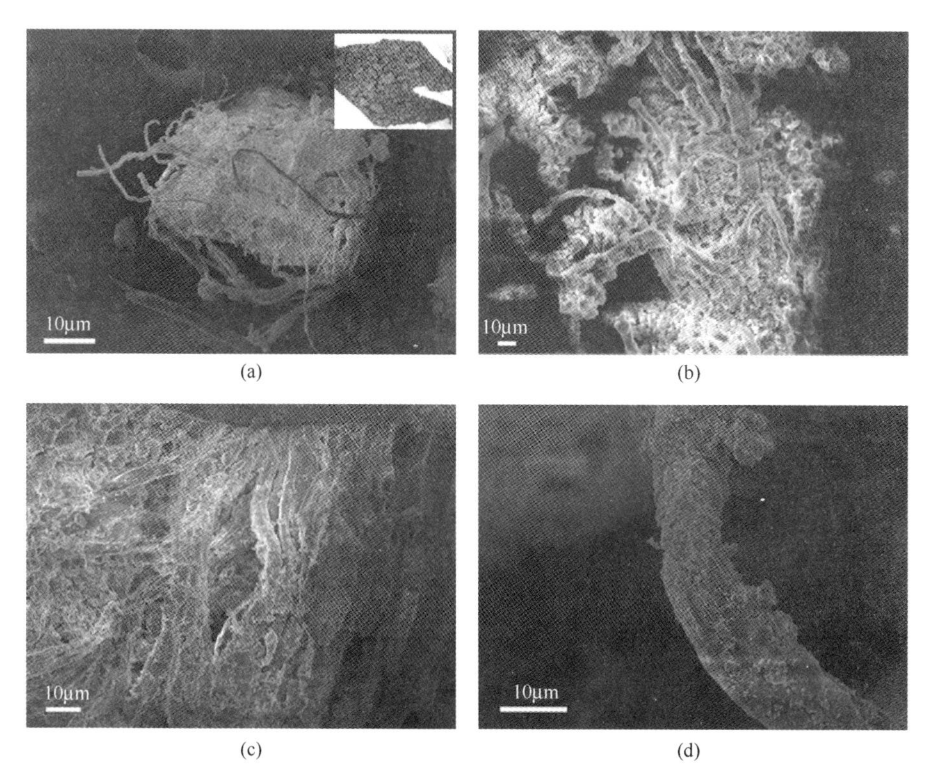

(a) (b) (c) (d)

图 8-15 不同放大倍数下宣纸废渣的 SEM 微观形貌

(a) 150 倍；(b) 500 倍；(c) 1000 倍；(d) 2000 倍

2. 宣纸废渣的主要成分

宣纸废渣的 X 射线衍射图如图 8-16（a）所示。根据宣纸废渣衍射图中的特征峰分析，在 23.10°、29.39°、36.00°、39.42°、43.18°、47.50°和 48.50°附近出现的特征峰说明宣纸废渣中存在方解石物相；在 14.94°、24.38°、30.16°、36.00°和 38.24°附近的特征峰说明宣纸废渣中存在水草酸钙石。从衍射图中可以看出，2θ 角在 10°～30°之间的峰相较于 30°～70°之间的峰表现出更多的非晶态，这种现象的原因应该是宣纸废渣中存在非晶态材料。例如，衍射图中出现在 20°～30°之间的特征峰说明宣纸废渣中存在无定形的 SiO_2，因此在衍射图中呈现出这种现象。

通过 X 射线荧光光谱分析宣纸废渣中除去烧失部分的剩余部分的化学成分，其分析结果如图 8-16（b）所示。结果表明，宣纸废渣中主要含有 CaO、SiO_2、Al_2O_3、Fe_2O_3、TiO_2和 ZnO。此外，通过 XRF 分析出宣纸废渣中存在一定量的 SiO_2，也印证了 XRD 图谱中出现的非晶相馒头峰表示存在无定形 SiO_2。

使用 FTIR 对宣纸废渣中有机物的成分进行进一步分析，其结果如图 8-16（c）。宣纸废渣中存在的植物纤维主要成分是纤维素，其红外光谱特征峰主要在 3400cm^{-1}、

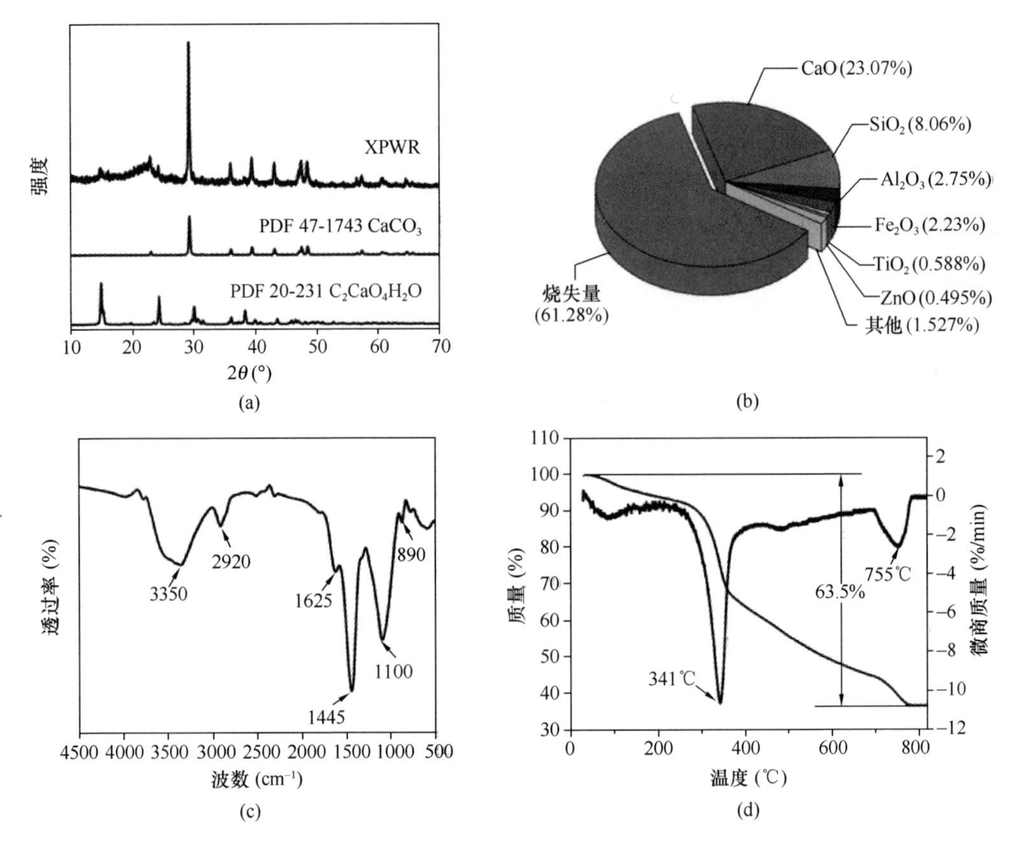

图 8-16　宣纸废渣成分分析

(a) XRD；(b) XRF；(c) FTIR；(d) TG-DTG

2900cm^{-1}、1600cm^{-1}、1400cm^{-1}、1100cm^{-1}、890cm^{-1}。其中，波数在 3400cm^{-1}左右的吸收峰表示 O—H 键的伸缩振动，2900cm^{-1}左右的吸收峰代表 C—H、C—CH_3、—CH_2—键的对称和不对称伸缩振动，1600cm^{-1}左右的吸收峰表示 C=O 键的伸缩振动，1400cm^{-1}左右的吸收峰代表结晶水中的 O—H，1100cm^{-1}左右的吸收峰为 C—O 键的伸缩振动和 O—H 的变形振动，890cm^{-1}左右的吸收峰则表示 β-葡萄糖酐键。从图 8-16（c）可以看出，宣纸废渣红外谱图的吸收峰与纤维素特征峰基本一致，这些吸收峰表现出纤维素中相关化学键的振动。因此可以推测出，宣纸废渣中有机物的主要成分为纤维素。

使用热重分析仪分析宣纸废渣在升温过程中质量与温度的关系，以此进一步分析宣纸废渣中有机质纤维的含量，结果如图 8-16（d）所示。从 TG 曲线可以看出，宣纸废渣的烧失量约为 63.5%。从 DTG 曲线可以看出，在 341℃和 755℃时宣纸废渣失重较快。这是由于宣纸废渣中的纤维素在 300～400℃时会快速热解炭化，从而造成大量失重，纤维素炭化后会在 700～800℃之间进一步分解。而方解石的分解温度在 850～900℃，草酸钙石在 500℃左右会分解产生少许 CO_2，在 850℃才会开始大量分解。因此，在试验温度范围内宣纸废渣质量的减少主要来自有机纤维的烧失，从而估计宣纸废渣中纤维含量在 63%左右。通过热重分析推测出的纤维含量数值也与 XRF 测试中样品燃烧损失的数值基本接近。

综合以上分析表征发现，宣纸废渣中包含无机矿物和有机纤维。其中无机矿物的主要成分为方解石和水草酸钙石，而有机纤维主要成分是纤维素，有机纤维含量约为63%。从宣纸废渣的微观形貌和组成成分的角度分析，由于宣纸废渣中存在一定含量的植物纤维和无机矿物颗粒，可以考虑将宣纸废渣作为增强填料在复合板材中使用。

8.3.3 宣纸废渣/赤泥/废 PE 复合板材的制备方法

宣纸废渣/赤泥/废 PE 复合板材的制备工艺如图 8-17 所示。提前准备好已烘干研磨的赤泥和宣纸废渣，使用电子计数秤按照试验配方分别称取赤泥、废 PE 和宣纸废渣，将称取后的原料放置在塑封袋内混合，配方见表 8-7。将混合后的原料放置在开炼机上加热混合，前后辊温度均为 160℃，开炼时间 10～15min，待原料混合均匀后取下备用。将开炼后的原料放置在模具中，使用平板硫化机模压成型，模压温度为 160℃，模压压强为 10MPa，保压时间 10min。根据样品测试所需分别制备拉伸样条 5 根、弯曲样条 5 根、样板 2 块。

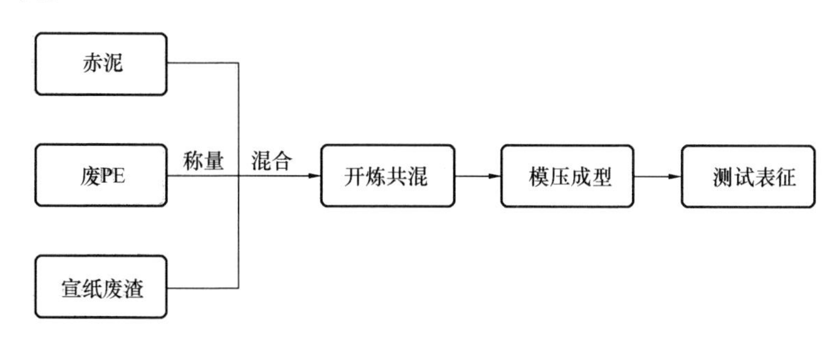

图 8-17 宣纸废渣/赤泥/废 PE 复合板材的制备工艺

表 8-7 宣纸废渣/赤泥/废 PE 复合板材配方设计 （质量分数，%）

样品编号	宣纸废渣	赤泥	废 PE
RW-2	0	40	60
XRW-1	20	40	60
XRW-2	30	40	60
XRW-3	40	40	60
XRW-4	50	40	60
XRW-5	60	40	60

注：宣纸废渣添加量是基于赤泥和废 PE 总质量的质量分数。

8.3.4 复合材料性能研究分析

1. 宣纸废渣添加量对复合板材力学性能的影响

宣纸废渣添加量对宣纸废渣/赤泥/废 PE 复合板材力学性能的影响如图 8-18 所示。从图 8-18（a）可以看出，加入宣纸废渣的复合板材的拉伸强度没有出现明显的增强，只有当宣纸废渣添加量为30%时，复合板材的拉伸强度略微提高至19.25MPa，其余添加量下的复合板材拉伸强度均低于原始基体。图8-18（b）展现的是宣纸废渣添加量与复合板材弯曲强度的变化关系。当宣纸废渣添加量为20%、30%和40%时，复合板材的弯曲强度变化不大，与原始基体的数据接近。当宣纸废渣添加量为50%和60%时，复合板材弯曲强度明显提高，达到71.81MPa，与基体相比提高了43.08%。

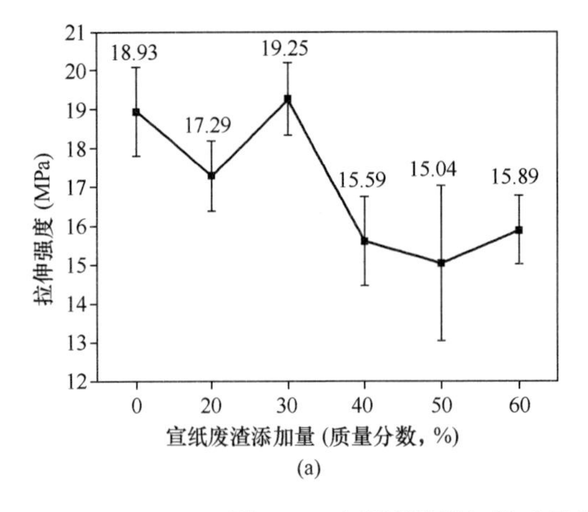

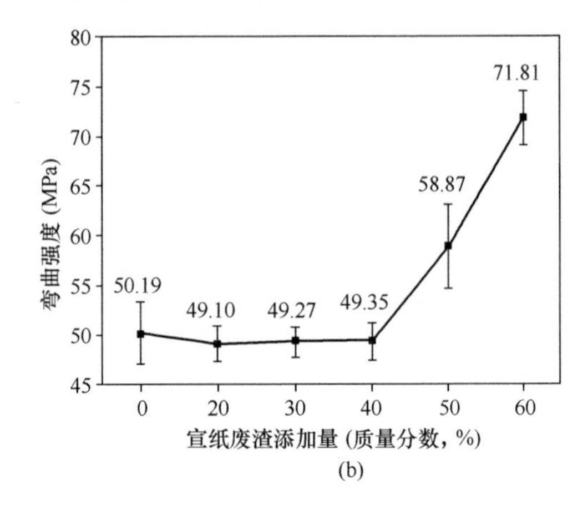

图8-18　宣纸废渣添加量对复合板材拉伸强度和弯曲强度的影响

（a）拉伸强度；（b）弯曲强度

通过研究宣纸废渣添加量对宣纸废渣/赤泥/废PE复合板材力学性能的影响发现，宣纸废渣可以提高复合板材的弯曲强度，但对拉伸强度没有明显的增强效果。宣纸废渣中的无机矿物颗粒在复合板材中与赤泥一同起到了骨料的作用，而宣纸废渣内的短纤维分散在复合板材内部通过自身屈服可以提高复合板材的弯曲强度。纤维对复合板材拉伸强度的增强通常与纤维的长度有关，如果纤维没有达到增强的临界长度，受到应力时纤维在基体中容易被拉出而不是折断，因此不能起到明显的增强作用。经过研磨后的宣纸废渣纤维本身长度较短，在基体中又受到矿物颗粒的影响无法形成连续长纤维，因此添加宣纸废渣并不会明显改善宣纸废渣/赤泥/废PE复合板材的拉伸强度。

2. 宣纸废渣添加量对复合板材吸水性能的影响

不同宣纸废渣添加量的复合板材在浸泡24h、48h和7d时的吸水率结果见表8-8和图8-19。随着浸泡时间的增长，同一宣纸废渣添加量下复合板材的吸水率均有所提高。

与RW-2样品的吸水率比较发现，加入宣纸废渣的复合板材在24h、48h和7d时的吸水率都有所提高，当宣纸废渣添加量从20%提高至60%时，相同时间内的吸水率也逐渐提高。观察复合板材在24h和48h的吸水率变化趋势发现，此时的宣纸废渣添加量与吸水率的变化关系相似，且从24h到48h时复合板材吸水率的提高幅度都不大。宣纸废渣添加量为20%和30%的样品在浸泡24h和48h时的吸水率与RW-2样品同时段吸水率接近，说明当宣纸废渣添加量较少时存在的纤维成分主要被废PE和赤泥包裹，短时间内不会与水分发生接触，因此此时三种样品的吸水率接近。但随着宣纸废渣添加量的增加，纤维成分与水更容易接触，因此短时间内吸水率就会明显提高。当复合板材浸泡7d时，水分已经渗透进复合板材内部接触到更多的纤维成分，因此此时复合板材的吸水率有较大幅度的提高。但即便如此，样品整体吸水率不高，其中 7d 吸水率为 1.68%。

表 8-8 宣纸废渣/赤泥/废 PE 复合板材的吸水率

样品编号	宣纸废渣添加量（%）	吸水率（%）		
		24h	48h	7d
RW-2	0	0.30	0.34	0.41
XRW-1	20	0.32	0.36	0.76
XRW-2	30	0.32	0.37	0.83
XRW-3	40	0.54	0.57	1.14
XRW-4	50	0.58	0.68	1.31
XRW-5	60	0.68	0.70	1.68

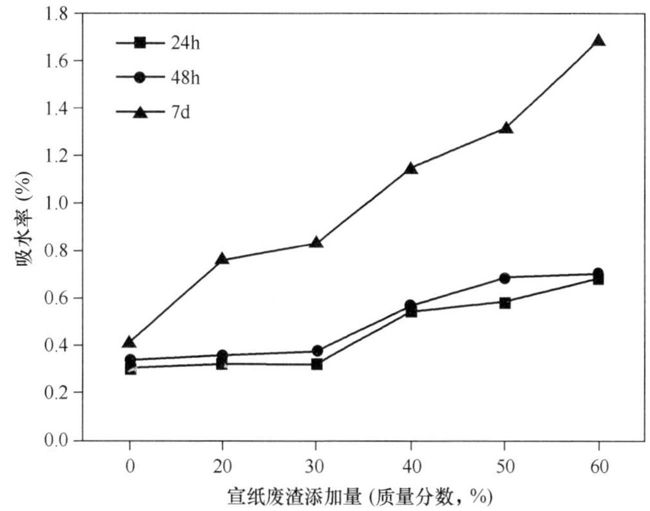

图 8-19 宣纸废渣添加量对复合板材吸水性的影响

由此看出，宣纸废渣添加量的提高会增大复合板材的吸水率，这主要是由于宣纸废渣中的纤维素。加入宣纸废渣后，宣纸废渣内的纤维成分主要被废 PE 和赤泥包裹，在少添加量和短时间下对吸水率影响不大。但随着添加量的增大或浸泡时间的增长，纤维成分与水接触后由于纤维素具有较强吸水性的特点导致复合板材吸水率有较大幅度提高。

3. 宣纸废渣添加量对复合板材导热系数的影响

图 8-20 表示了宣纸废渣添加量与复合板材导热系数的变化关系。与未加入宣纸废渣的 RW-2 样品的导热系数比较发现，加入宣纸废渣后形成的样品导热系数发生了较大的变化。当宣纸废渣添加量为质量分数 20%时，复合板材的导热系数提高至 0.445W/(m・K)。而添加量从质量分数 20%提高至 60%时，复合板材的导热系数逐渐降低。当宣纸废渣添加量为质量分数 60%时，复合板材的导热系数仅为 0.056W/(m・K)，较添加量为质量分数 20%时降低了 87.4%，较未添加宣纸废渣时降低了 68.0%，具有良好的保温性。

根据宣纸废渣-废 PE 复合板材导热系数的研究发现，将宣纸废渣直接加入废 PE 中会使复合板材的导热系数逐渐提高，说明此时宣纸废渣对复合板材的导热性起到了促进作用。结合以上现象推测，由于赤泥颗粒的存在，改变了宣纸废渣中的纤维在废 PE 中的分布和排列方向，使宣纸废渣起到了隔热的作用，降低了复合板材的导热系数。

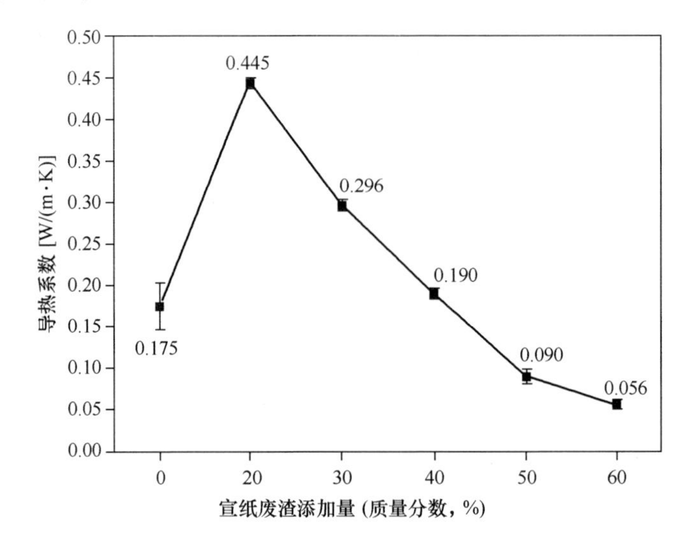

图 8-20　宣纸废渣添加量对复合板材导热系数的影响

4. 宣纸废渣/赤泥/废 PE 复合板材拉伸断面的微观形貌

根据复合板材拉伸强度的测试结果，试验选取 XRW-1、XRW-2、XRW-4 和 XRW-5四种样品的拉伸断面进行了微观形貌表征的研究，以上样品的拉伸断面微观形貌如图 8-21所示。

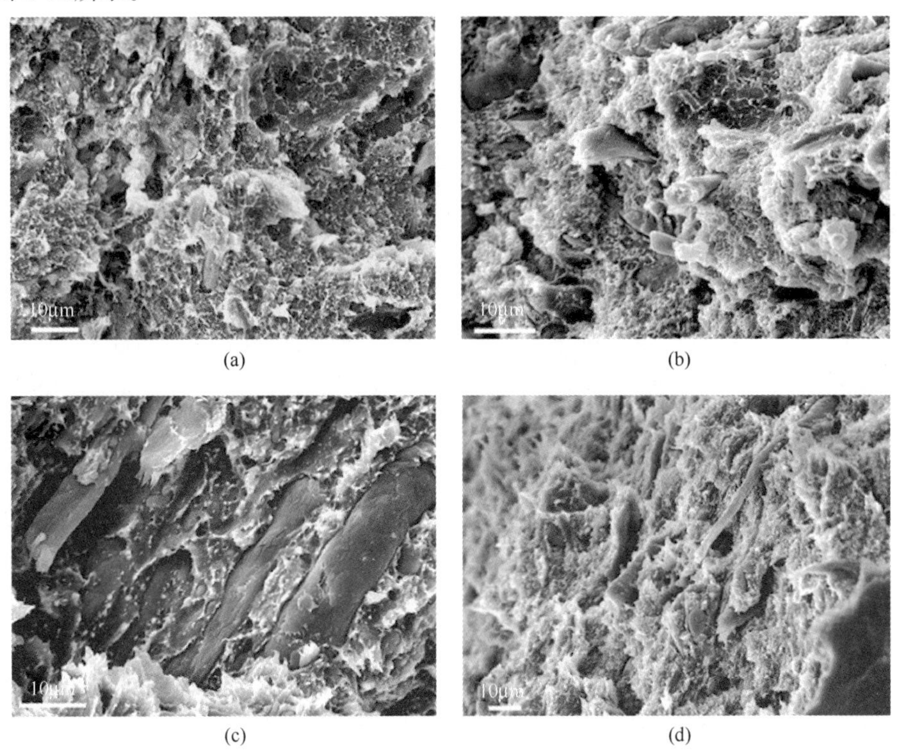

图 8-21　宣纸废渣/赤泥/废 PE 复合板材拉伸断面 SEM 微观形貌

(a) XRW-1；(b) XRW-2；(c) XRW-4；(d) XRW-5

从图 8-21（a）中可以看到断面处存在许多大小不同的孔洞，这些孔洞是由于宣纸废渣中存在的纤维被拔出产生的。当复合板材受到外力时，宣纸废渣中存在的纤维由于自身长度短、与基体结合性不好的原因，在外力作用下纤维周围会出现裂缝。复合板材容易在此处发生断裂，表现为从基体中拔出，在断面处留下了孔洞。因为此时纤维没有起到增强作用，且填料取代了部分废 PE，所以此时复合板材的拉伸强度降低，弯曲强度也没有提高。

图 8-21（b）是 XRW-2 样品拉伸断面的微观形貌，此时复合板材中宣纸废渣的添加量为 30%，其拉伸强度较之前有少许提高。与图（a）不同的是，此时断面处存在孔洞的同时还存在被拉断的纤维，说明样品内部的部分位置纤维由被拔出转为被拔断，纤维通过断裂抵消了一部分应力，从而改善了复合板材的拉伸强度。但是由于基体中的矿物颗粒会阻碍纤维的连续性，难以形成均匀有效的长纤维，因此复合板材的拉伸强度没有明显提高。

从图 8-21（c）中可以看到基体中平铺排列的纤维，说明此时纤维的方向是与断面方向一致的。纤维的这种排布方式非常不利于提升复合板材的拉伸强度，但可以进一步发挥纤维的抗屈服作用从而提高复合板材的弯曲强度，因此此时样品在力学性能测试中表现为拉伸强度降低、弯曲强度提高。

当宣纸废渣添加量达到质量分数 60%时，从图 8-21（d）看出断面表面非常粗糙，复合板材内部的填料相互交错，废 PE 分散在填料周围，此时样品内部结构致密复杂，填料都作为骨料起到了支撑的作用，纤维受到挤压没有发挥出纤维增韧的作用，因此表现为复合板材的弯曲强度进一步提高而拉伸强度进一步下降。

5. 宣纸废渣/赤泥/废 PE 复合板材的结晶性

使用差示扫描量热仪分析 XRW-1 和 XRW-5 两种样品，并与 RW-2 样品的 DSC 结果进行对比，以此研究宣纸废渣对复合板材结晶性能的影响。图 8-22 为以上三种样品的 DSC 曲线，根据复合材料结晶度计算公式，结合 DSC 分析数据，三种样品的熔融温度 T_m、结晶温度 T_c、熔融焓 ΔH_m、结晶焓 ΔH_c和结晶度 X_c结果见表 8-9。

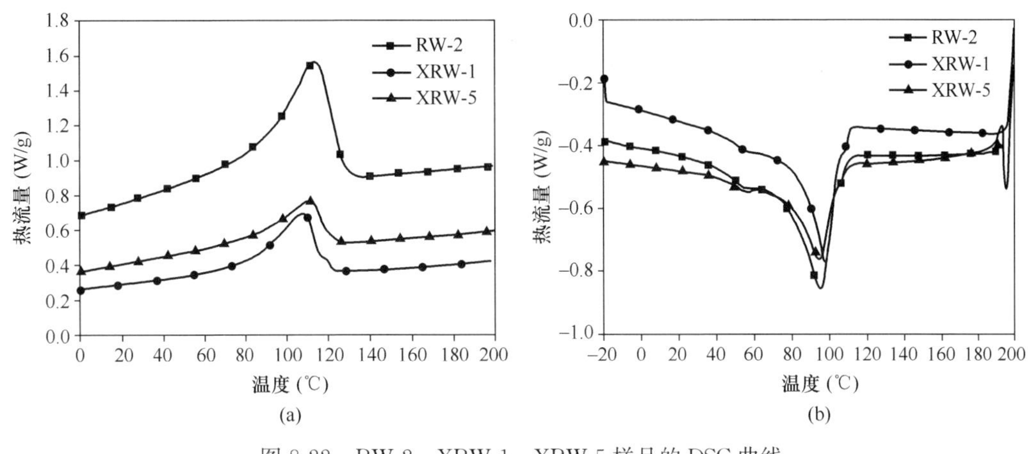

图 8-22 RW-2、XRW-1、XRW-5 样品的 DSC 曲线

（a）熔融过程；（b）冷却过程

表 8-9　RW-2、XRW-1、XRW-5 样品的 DSC 结果

样品名称	宣纸废渣添加量（质量分数，%）	T_m（℃）	T_c（℃）	ΔH_m（J/g）	ΔH_c（J/g）	X_c（%）
RW-2	0	113.6	95.2	50.80	41.46	28.90
XRW-1	20	107.6	97.6	57.76	51.05	39.43
XRW-5	60	110.4	95.1	36.71	27.64	33.41

观察三种样品的 DSC 曲线发现，以 RW-2 样品为参照，添加宣纸废渣后的两种复合板材的吸热熔融峰均向低温区偏移，XRW-2 样品的放热结晶峰向高温区偏移，XRW-5 样品的放热结晶峰位置基本未变。此外，与宣纸废渣/废 PE 复合板材的 DSC 曲线不同的是，XRW-1 和 XRW-5 两种样品均没有出现明显的玻璃化转变，说明由于赤泥的存在改变了宣纸废渣对废 PE 结晶的影响。对比三种样品的 DSC 结果，宣纸废渣的加入进一步促进了废 PE 的结晶，表现为复合板材的结晶温度提高。对比 XRW-1 和 XRW-5 的 DSC 结果，少量的宣纸废渣可以改善废 PE 的结晶，但添加量大时会产生阻碍结晶的效果。

在加入宣纸废渣后，复合板材的结晶度得到了提高，而结晶速率降低，这是因为不同于赤泥宣纸废渣中的纤维能促进聚合物的异相成核。纤维异相成核的过程中晶体的生长起始于纤维表面，沿着纤维平行和垂直方向生长，使结晶度提高。而这种生长方式更容易接触到其他晶体或颗粒，阻碍晶体的生长，从而降低结晶速率。在宣纸废渣/赤泥/废 PE 复合板材中存在大量矿物颗粒，这些颗粒包围在纤维的周围，从而影响结晶生成。

6. 宣纸废渣/赤泥/废 PE 复合板材的热稳定性

使用热重分析仪分析 RW-2、XRW-1 和 XRW-5 三种样品在升温过程中质量与温度的变化关系。图 8-23 所示为三种样品的 TG 曲线，表 8-10 中三种样品的数据分别表示烧失量为 5%时的温度 $T_{5\%}$、烧失量为 10%时的温度 $T_{10\%}$ 以及 600℃时的烧失量 R_{w600}。

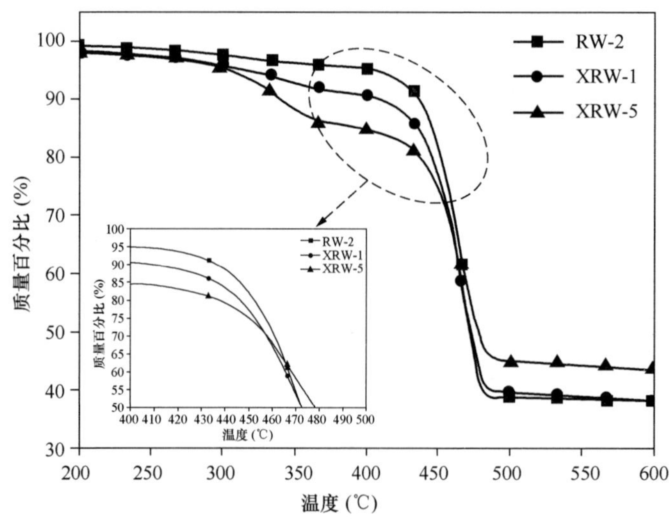

图 8-23　RW-2、XRW-1、XRW-5 样品的 TG 曲线

表 8-10 RW-2、XRW-1、XRW-5 样品热重分析结果

样品编号	宣纸废渣添加量（质量分数，%）	$T_{5\%}$（℃）	$T_{10\%}$（℃）	R_{w600}（%）
RW-2	0	403.2	436.5	38.24
XRW-1	20	317.9	408.5	38.31
XRW-5	60	303.9	340.4	43.70

根据热重结果分析，加入宣纸废渣的复合板材样品都会出现两个烧失过程。第一个失重阶段是由于宣纸废渣中的纤维素热解炭化造成的，第二个阶段主要是聚乙烯的分解，且宣纸废渣添加量越大，分解后残余质量越高。比较三种样品在第二阶段的烧失速率发现，XRW-1 和 XRW-5 样品的烧失速率均比 RW-2 样品的烧失速率低，且 XRW-5 的烧失速率更慢。进一步观察三种样品在 400～480℃范围内的质量变化，加入宣纸废渣的样品在这个阶段的初始分解点较 RW-2 样品向高温区偏移，XRW-5 样品的初始分解温度更高。根据以上分析说明，宣纸废渣的加入改善了复合板材的热稳定性。

8.3.5 研究结论

通过研究发现，宣纸废渣的加入可以显著提高宣纸废渣/赤泥/废 PE 复合板材的弯曲强度，但对拉伸强度无明显改善。当宣纸废渣添加量为质量分数 60%时，复合板材的弯曲强度达到 71.81MPa，较未加入时提高了 43.08%；当宣纸废渣添加量为 30%时，复合板材的拉伸强度较未添加时略微提高至 19.25MPa，其余添加量下的复合板材拉伸强度均低于原始基体的拉伸强度。这种现象是由于宣纸废渣中纤维长度较短，在基体中由于受到颗粒的阻碍无法形成有效连续长纤维，无法发挥增强作用。但由于宣纸废渣和赤泥在基体中都起到了骨料的作用，因此复合板材的弯曲强度不断提高。当宣纸废渣添加量为质量分数 60%时，复合板材 7d 时的吸水率达到 1.68%，导热系数仅为 0.056W/(m·K)，吸水率低的同时具有良好的保温性能。此外，宣纸废渣的加入会影响复合板材的结晶性，提高热稳定性。

8.4 絮凝剂酸浸渣橡胶填料及其复合材料研究

8.4.1 橡胶中填料的应用现状

橡胶填料根据其在橡胶配合中所起的作用大致可分为活性和惰性两大类，活性填料已成了橡胶制品实用化高质化不可缺少的材料。填料在橡胶中的活性以及补强性的大小的主要条件在于粒子形状、粒径大小、粒子聚集体及凝聚体的程度和结构、凝聚体表面的物理化学性质。粒子形状只有球形粒子结构才具有补强活性，而且随粒径的变小补强性逐渐增大。通常以 50nm 以下的具有活性，才对橡胶有良好的补强效果，50～200nm 的呈半活性，200nm 以上的为惰性。填料粒子聚集体和凝聚体也对补强性能影响极大，视其紧密度和松散程度以及分布的形状而不同，常以化学药品吸附的比表面积来显示。

粒子表面官能基团的性状对物理补强性能和混炼加工性能也会产生重大的影响。橡胶生产中常用的填料多为炭黑、白炭黑、硅藻土、氧化锌、滑石粉、陶土、碳酸钙、石膏、硅灰石、合成硅酸盐等。

8.4.2 复合白炭黑的制备及改性研究

研究利用赤泥酸浸渣为原料制备复合白炭黑：利用表面活性剂对其表面进行改性，通过粒度、比表面积、邻苯二甲酸二丁酯吸收值等对改性前后的复合白炭黑进行了分析表征；并添加到橡胶中增加其强度，测试了添加复合白炭黑后的丁苯橡胶的力学性能。

1. 复合白炭黑的制备及改性试验

（1）复合白炭黑的制备

将赤泥酸浸渣用蒸馏水冲洗至 pH＝6～7，于 105℃鼓风干燥箱中干燥 2h。取出后研磨，得到复合白炭黑。

（2）复合白炭黑表面改性

将用蒸馏水洗至中性的赤泥酸浸渣加入一定量的表面活性剂，在一定温度下进行改性，一段时间后，将混合物抽滤并冲洗数次后，于 105℃鼓风干燥箱中干燥 2h。取出后研磨，得到改性后的复合白炭黑。

（3）浸出液的配制及复合胶体材料的浸出

取 350mL 蒸馏水，加入 5g NaCl，添加 4～5mL 的絮凝剂，加 5％硫酸调节 pH 值为 3～3.5，制成浸出液置于水浴中加热至 55～60℃；将复合材料的悬浮液置于水浴中加热至 55～60℃；再将已加热的浸出液倒入悬浮液中，搅拌，调整 pH 值 3～3.5，使胶体完全浸出，然后加入 5％NaOH 溶液调整 pH 值至 5.5～6，取出胶体干燥。

（4）混炼

在开放式炼胶机上先对已干燥的胶体进行塑炼，接着进行混炼，加料顺序为：白炭黑、氧化锌、硬脂酸、TBBS、硫黄。加完后，在辊子上反复混炼至均匀，薄通 5 次。丁苯橡胶混炼配方：丁苯橡胶 70g，氧化锌 2.10g，硬脂酸 0.70g，TBBS 0.70g，硫黄 0.70g。

（5）硫化成型

将上述混炼胶放到涂有脱模剂的模具中，在平板硫化机上硫化成型。硫化温度为 150℃，压力为 15～20MPa，硫化时间根据硫化仪来确定。

2. 材料表征和测试

（1）复合白炭黑的 SEM 表征

为了观察复合白炭黑的微观形貌，对样品进行 SEM 表征，结果如图 8-24 所示。从图 8-24（a）中可以看出，复合白炭黑中颗粒大小不均匀，较小的颗粒＜5μm，较大的颗粒在 20μm 左右。而且颗粒分布不均匀，存在严重的团聚现象。从图 8-24（b）中可以看出，复合白炭黑的颗粒中存在很小的孔。

（2）复合白炭黑的粒度测试

对复合白炭黑和改性后的复合白炭黑进行粒度分析，结果如图 8-25～图 8-29 所示。从图 8-25 中分析可知，未改性的复合白炭黑的粒度分布不均匀，粒度在 95～128nm 之间的颗粒占 6.5％，230 ～478nm 之间的颗粒占 93.5％，其中 307 ～412nm 之间的颗粒

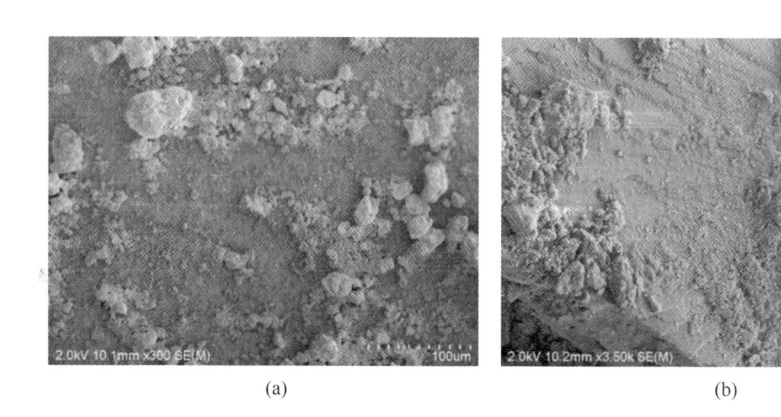

(a) (b)

图 8-24 复合白炭黑的 SEM 照片

(a) 100μm；(b) 10μm

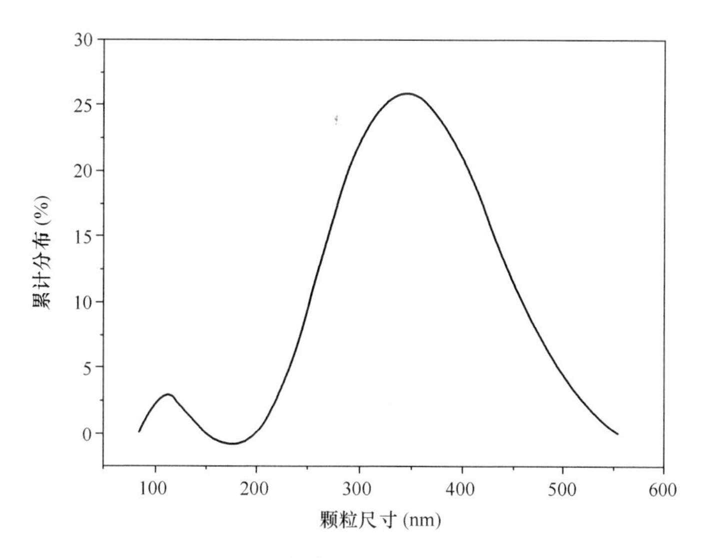

图 8-25 复合白炭黑的粒度分布

占 67.7%。

从图 8-26 中分析可知，经过 PEG6000 改性的复合白炭黑粒度分布较均匀，颗粒粒度在 50nm 左右，其中 45nm 左右的颗粒占 65.2%。经过 PEG6000 改性的白炭黑比未改性的白炭黑粒度小，而且分布均匀。

从图 8-27 中分析可知，经过 PEG2000 改性的复合白炭黑粒度分布不均匀，粒度在 110～200nm 之间的颗粒占 60.8%，其中 128～171nm 之间的颗粒占 49.4%，553.2～741.9nm 之间的颗粒占 17.2%。经过 PEG2000 改性的复合白炭黑比未改性的白炭黑粒度小，但是分布不均匀；经过 PEG2000 改性的复合白炭黑比经过 PEG6000 改性的复合白炭黑粒度大。

从图 8-28 中分析可知，经过 PEG1000 改性的复合白炭黑粒度分布均匀，粒度在 110nm 左右。经过 PEG2000 改性的复合白炭黑比未改性的白炭黑粒度小，而且分布均匀，但是比经过 PEG6000 改性的复合白炭黑的粒度大。

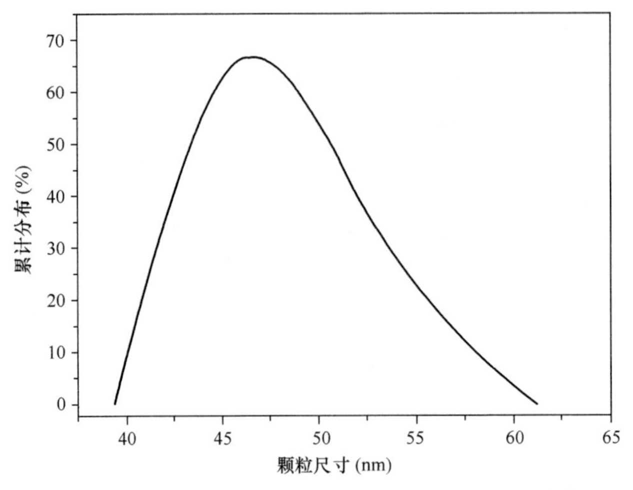

图 8-26　用 PEG6000 改性的复合白炭黑的粒度分布

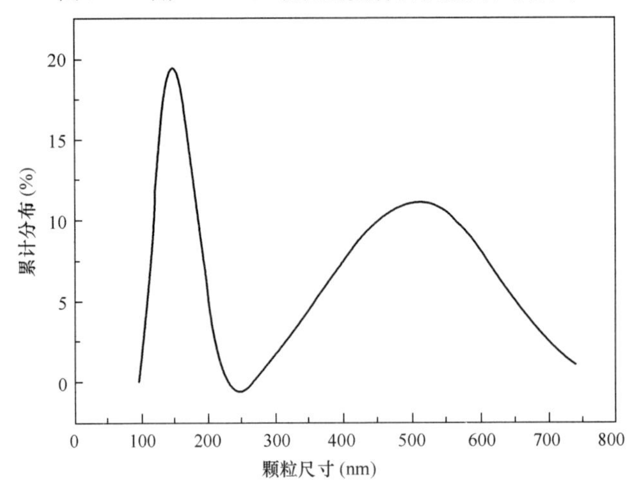

图 8-27　用 PEG2000 改性的复合白炭黑的粒度分布

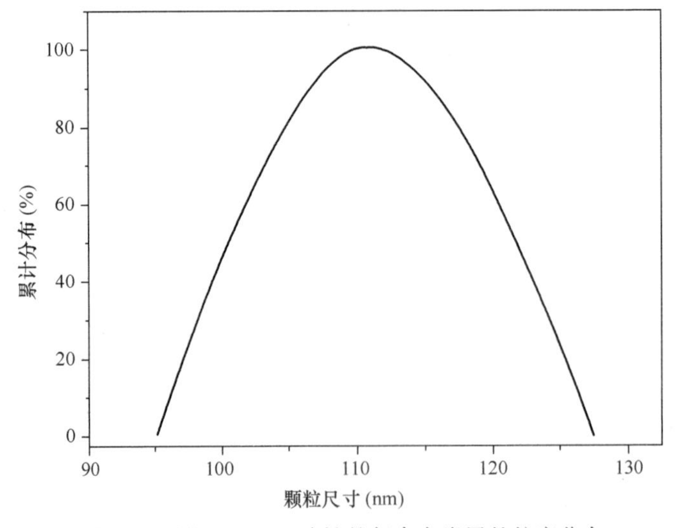

图 8-28　用 PEG1000 改性的复合白炭黑的粒度分布

从图 8-29 中分析可知，经过十二烷基苯磺酸钠（Sodium dodecy benzene sulfonte，SDBS）改性的复合白炭黑粒度分布较均匀，粒度在 50nm 左右，其中 45nm 左右的颗粒占 91.6%。经过十二烷基苯磺酸钠改性的复合白炭黑比未改性的白炭黑粒度小，而且分布均匀；经过十二烷基苯磺酸钠改性的复合白炭黑比经过 PEG6000 改性的复合白炭黑粒度相对较小一点。

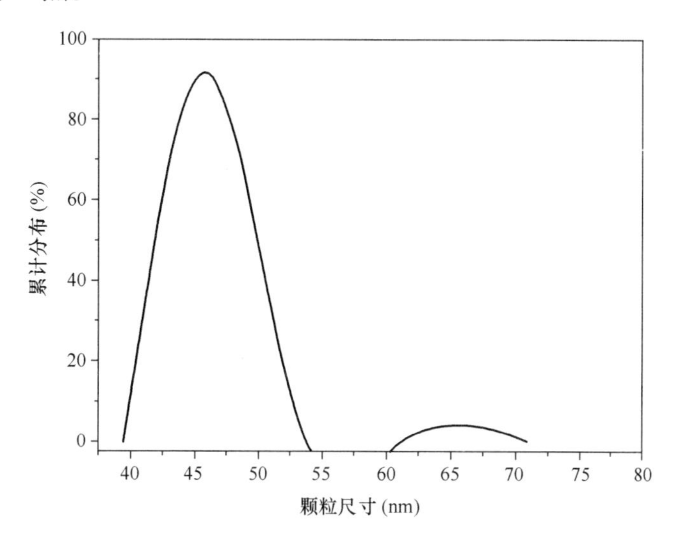

图 8-29 用十二烷基苯磺酸钠改性的复合白炭黑的粒度分布

综合以上分析可知，经过 PEG6000 和十二烷基苯磺酸钠改性的复合白炭黑的粒度分布均匀，粒度在 50nm 左右。

（3）复合白炭黑的 BET 表征

对复合白炭黑和改性后的复合白炭黑进行 BET 比表面积分析，结果见表 8-11。

表 8-11 赤泥及复合白炭黑的比表面积

样品	比表面积（m^2/g）
赤泥	14.1
未改性的复合白炭黑	242.3
PEG6000 改性的复合白炭黑	475
PEG2000 改性的复合白炭黑	310
PEG1000 改性的复合白炭黑	355
SDBS 改性的复合白炭黑	514.3

从表 8-11 可以看出，经过十二烷基苯磺酸钠改性的复合白炭黑的比表面积最大，达到 514.3m^2/g，远远高于未经过改性的复合白炭黑，主要是因为改性后的复合白炭黑，颗粒更分散，团聚减少，导致比表面积增大。比表面积从大到小依次为：十二烷基苯磺酸钠改性的复合白炭黑、PEG6000 改性的复合白炭黑、PEG1000 改性的复合白炭黑、PEG2000 改性的复合白炭黑、未改性的复合白炭黑，这与粒径分布相一致，粒径越小，分布越均匀，比表面积越大。

（4）复合白炭黑的邻苯二甲酸二丁酯（DBP）吸收值的测定

二氧化硅聚集的空隙取决于粒子的聚集体积，这种空隙容积可以用二氧化硅所吸收DBP的体积计算出来。因此DBP吸收值可以作为衡量聚集程度的量度。复合白炭黑的DBP吸收值的测定结果见表8-12。

表8-12　复合白炭黑的DBP吸收值

样品	DBP吸收值（mL/g）
未改性的复合白炭黑	1.16
PEG6000改性的复合白炭黑	1.79
PEG2000改性的复合白炭黑	1.43
PEG1000改性的复合白炭黑	1.46
SDBS改性的复合白炭黑	1.85

从表8-12中可知，吸收值最高的是十二烷基苯磺酸钠改性的复合白炭黑，说明经过十二烷基苯磺酸钠改性的复合白炭黑颗粒的聚集程度最小，也说明了十二烷基苯磺酸钠改性的效果最好。

（5）复合白炭黑补强丁苯橡胶的力学性能测试

复合白炭黑用量对丁苯橡胶力学性能的影响如图8-30、图8-31所示。

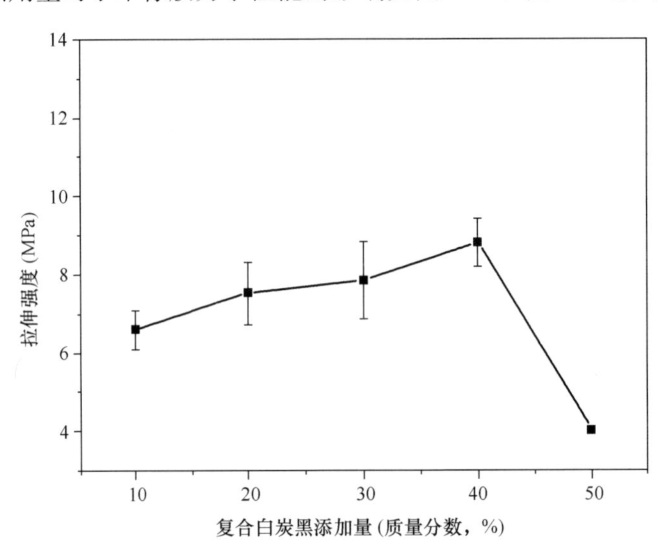

图8-30　复合白炭黑用量对丁苯橡胶拉伸强度的影响

丁苯橡胶的拉伸强度及断裂伸长率均随着复合白炭黑含量的增大而呈现先增加后减小的趋势。当复合白炭黑的添加量为40份时拉伸强度达到最大值，当复合白炭黑的添加量为20份时，断裂伸长率达到最大值。随着复合白炭黑的增加，体系中由填料所形成的交联点增多，也就是变形时能够承受的有效链增多，因而提高了强度，并且橡胶分子链与复合白炭黑之间能够产生滑移而延长伸长率；而当填料份数超过最佳用量时，一方面填料聚集体增大，形成较容易被破坏的二次结构，另一方面填料过多导致橡胶体积分数减小，提供弹性的橡胶份数减少，不利于链段的热运动和应力传递，导致材料性能

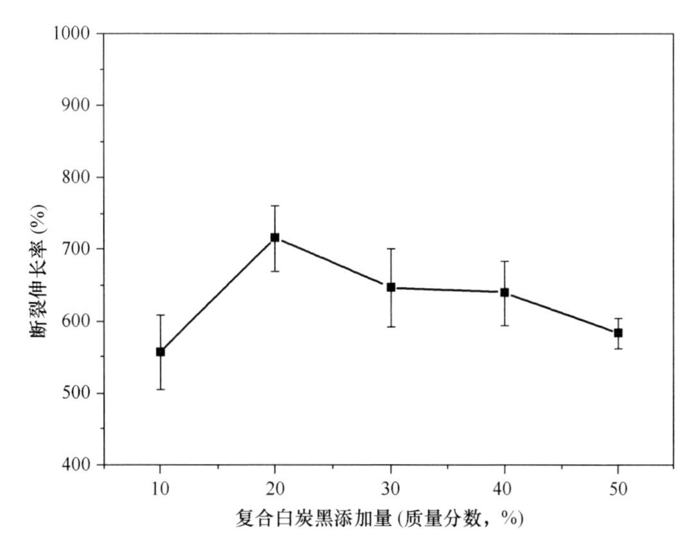

图 8-31 复合白炭黑用量对丁苯橡胶断裂伸长率的影响

减弱。最终选择添加量为 40 份时，所得丁苯橡胶的强度最大。

将复合白炭黑、SDBS 改性复合白炭黑和市售沉淀法补强白炭黑分别对丁苯橡胶补强，其力学性能见表 8-13。从表 8-13 中可以看出，用复合白炭黑补强丁苯橡胶，强度提升到 8.81MPa，但是与市售沉淀法补强白炭黑还是有一定差距。主要是由于制备的复合白炭黑粒度分布不均匀，容易团聚，团聚体导致丁苯橡胶力学性能变差。SDBS 改性后的复合白炭黑粒度分布更均匀，比表面积更大，补强的丁苯橡胶拉伸强度达到 11.0MPa，接近市售沉淀法白炭黑补强效果。

表 8-13 不同填料对丁苯橡胶力学性能的影响

名称	拉伸强度（MPa）	断裂伸长率（%）
丁苯橡胶	2.15±0.15	517±14
复合白炭黑补强橡胶	8.81±0.6	640±44
SDBS 改性复合白炭黑补强橡胶	11.0±0.8	710±20
市售沉淀法白炭黑补强橡胶	12.2±1.2	765±30

参考文献

[1] CHEN R, CAI G, DONG X, et al. Mechanical properties and micro-mechanism of loess roadbed filling using by-product red mud as a partial alternative [J]. Construction and Building Materials, 2019, 216: 188-201.

[2] DAVID DODOO-ARHIN, RANIA A. Awaso bauxite red mud-cement based composites: Characterisation for pavement applications[J]. Case Studies in Construction Materials, 2017, 7: 45-55.

[3] GURU S, AMRITPHALE S S, MISHRA J, et al. Multicomponent red mud-polyester composites for neutron shielding application[J]. Materials Chemistry and Physics, 2019, 224: 369-375.

[4] ZHANG Y H, ZHANG A Z, ZHEN Z C, et al. Red mud/polypropylene composite with mechanical and thermal properties[J]. Journal of Composite Materials, 2011, 45(26): 2811-2816.

[5] 陈辰. 宣纸废渣-赤泥矿物复合板材制备及性能研究[D]. 北京：中国地质大学(北京)，2021.
[6] 李易蔚，童伟，孙旭，等. 宣纸原料纤维分析[J]. 中国造纸，2018，37(11)：36-42.
[7] 张以河，张安振，甄志超，等. 一种赤泥填充的抗菌塑料母料及其复合材料：200910157204.5[P]. 2009-07-02.
[8] 张以河，张娜，陈辰，等. 利用赤泥、废弃塑料和宣纸废渣制备的复合板材及其制备方法：202010138405.7[P]. 2020-03-03.

9 赤泥胶凝材料

9.1 赤泥-煤矸石基胶凝材料研究

9.1.1 赤泥-煤矸石基胶凝材料的制备及基本性能

当赤泥与煤矸石以 3∶2 的配比进行复合热活化后，赤泥-煤矸石复合体系的胶凝活性较高。因此，以复合热活化后的赤泥-煤矸石（3∶2）混合料为主要原料制备胶凝材料，其复合热活化物料的制备工艺路线如图 9-1 所示，由此制得的复合热活化赤泥-煤矸石物料的激光粒度分布如图 9-2 所示。

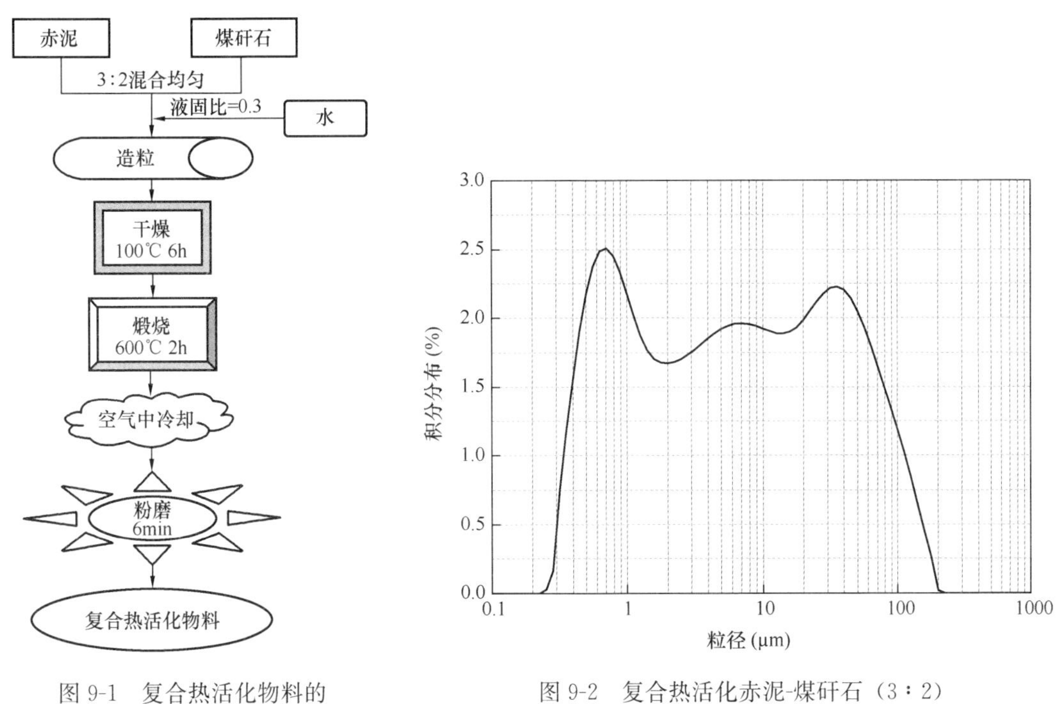

图 9-1 复合热活化物料的制备工艺路线图

图 9-2 复合热活化赤泥-煤矸石（3∶2）物料的激光粒度分布

本着提高赤泥-煤矸石掺配量的目的，同时结合胶凝材料的力学性能，通过配比优化试验，可得到较为适宜的胶凝材料配比见表 9-1，其中赤泥与煤矸石的配比为 3∶2，复合热活化温度为 600℃，经过复合热活化处理后的赤泥-煤矸石在胶凝材料中的掺量为 50%。由于在该胶凝材料中赤泥-煤矸石为主要原料，因此将该类胶凝材料称为赤泥-

煤矸石基胶凝材料，将此材料样品定义为基准样并以O样表示，其化学组成见表9-2。

表9-1　赤泥-煤矸石基胶凝材料原料配比　（质量分数，%）

样品号	赤泥-煤矸石（3∶2）	矿渣	熟料	石膏
O	50	24	20	6

表9-2　赤泥-煤矸石基胶凝材料的化学组成　（质量分数，%）

样品号	SiO_2	Al_2O_3	CaO	Fe_2O_3	MgO	Na_2O	K_2O	TiO_2	SO_3
O	34.70	12.77	32.94	7.61	4.53	1.57	1.26	1.97	2.66

由表9-2可见，该赤泥-煤矸石基胶凝材料的主要化学组成为SiO_2、Al_2O_3和CaO，其中SiO_2和Al_2O_3的含量之和为47.47%，远高于CaO的含量32.94%，同时Na_2O和K_2O含量也较高，其含量之和为2.83%。在赤泥-煤矸石基胶凝材料的化学组成中，CaO/（SiO_2+Al_2O_3）比值为0.69，CaO/SiO_2比值为0.95。在硅酸盐水泥的化学组成中，CaO含量较高，一般来说，CaO/（SiO_2+Al_2O_3）比值约为2.3，而CaO/SiO_2比值接近3。如果将硅酸盐水泥定为高钙体系胶凝材料，那么本章中所制备的赤泥-煤矸石基胶凝材料则可定为中钙体系胶凝材料。按照国家标准《水泥标准稠度用水量、凝结时间、安定性检验方法》（GB/T 1346—2011）进行安定性、凝结时间和标准稠度用水量的测定，该赤泥-煤矸石基胶凝材料的基本性能见表9-3。

表9-3　赤泥-煤矸石基胶凝材料的基本性能

安定性	凝结时间（min）		抗折强度（MPa）			抗压强度（MPa）			标准稠度用水量（%）
	初凝	终凝	3d	28d	90d	3d	28d	90d	
合格	160	255	6.9	9.6	9.8	23.2	37.2	43.5	32

由表9-3可见，赤泥-煤矸石基胶凝材料具有良好的力学性能，水化3d时抗折强度达到6.9MPa、抗压强度为23.2MPa，28d时抗折强度为9.6MPa、抗压强度为37.2MPa。

9.1.2　赤泥-煤矸石基胶凝材料水化特性研究

1. 水化产物分析

图9-3和图9-4为胶凝材料O、A、B样品分别水化3d和90d的硬化浆体的XRD谱图，其中A、B样品中复合热活化赤泥-煤矸石（3∶2）的掺量分别为45%、40%。

由图9-3和图9-4可见，水化3d和90d的XRD谱图中除了赤泥-煤矸石中的原有物相石英、方解石、钙钛矿、白云母、钠长石和赤铁矿之外，硬化浆体中还生成有$Ca(OH)_2$、钙矾石[AFt，$Ca_6Al_2(SO_4)_3(OH)_{12} \cdot 26H_2O$]、水化硅酸钙凝胶(C-S-H)、类沸石矿物斜方钙沸石($CaAl_2Si_2O_8 \cdot 4H_2O$)等水化产物。O-3d、A-3d和B-3d试样中均存在着较强的表征$Ca(OH)_2$的衍射峰，随着胶凝材料中Ca/Si比的提高，硬化浆体中$Ca(OH)_2$的衍射峰增强。存在于$Ca_3Al_2O_6 \cdot xH_2O$中六配位铝的相对含量随着水化龄期的增长而增大，当胶凝体系中无石膏存在时，赤泥-煤矸石物料溶出的AlO_2^-参与水化反应，与溶液中的Ca^{2+}和OH^-反应生成$Ca_3Al_2O_6 \cdot xH_2O$，在此过程中四配位铝

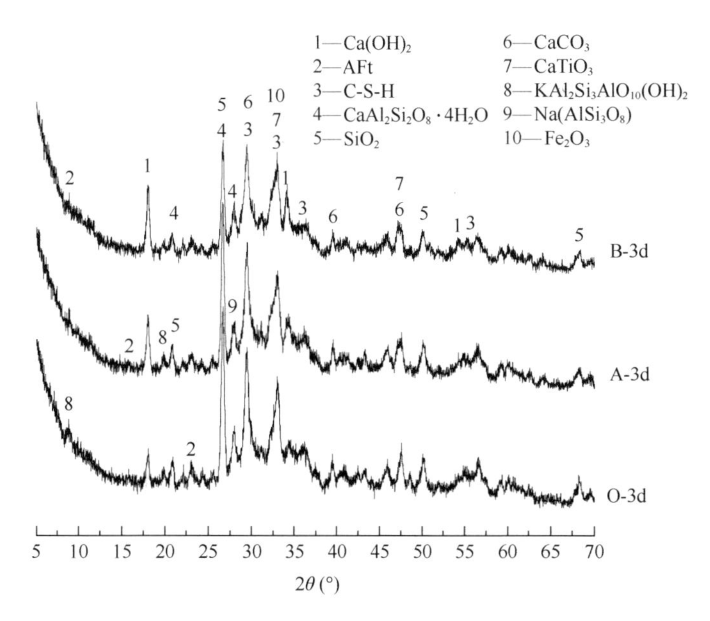

图 9-3 胶凝材料水化 3d 浆体的 XRD 谱图

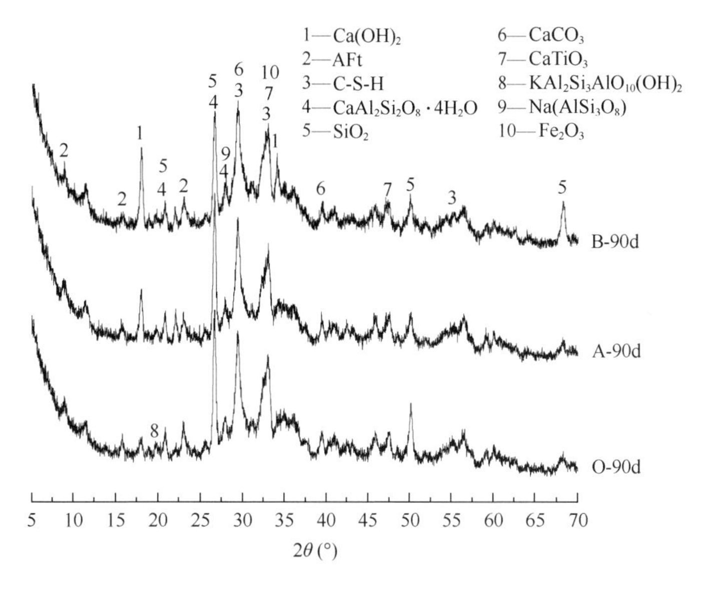

图 9-4 胶凝材料水化 90d 浆体的 XRD 谱图

转变为六配位，并且随着水化的进行，$Ca_3Al_2O_6 \cdot xH_2O$ 的生成量增多。其反应方程式可表示如下：

$$AlO_2^- + 2OH^- + 2H_2O \longrightarrow [Al(OH)_6]^{3-} \tag{9-1}$$

$$2[Al(OH)_6]^{3-} + 3Ca^{2+} + (x-6)H_2O \longrightarrow Ca_3Al_2O_6 \cdot xH_2O \tag{9-2}$$

当胶凝材料体系中含有石膏时，石膏遇水后迅速溶出 Ca^{2+} 和 SO_4^{2-}，这样式(9-1)中形成的$[Al(OH)_6]^{3-}$就会与溶液中的 Ca^{2+} 和 SO_4^{2-} 结合生成钙矾石。其反应方程式可表示如下：

$$2[Al(OH)_6]^{3-} + 6Ca^{2+} + 3SO_4^{2-} + 26H_2O = Ca_6Al_2(SO_4)_3(OH)_{12} \cdot 26H_2O \quad (9\text{-}3)$$

随着水化龄期的增长，赤泥-煤矸石物料逐渐解聚，并不断地释放出 AlO_2^-，这些离子与液相中的 Ca^{2+} 和 SO_4^{2-} 将持续反应，从而使硬化体中钙矾石的数量增多。

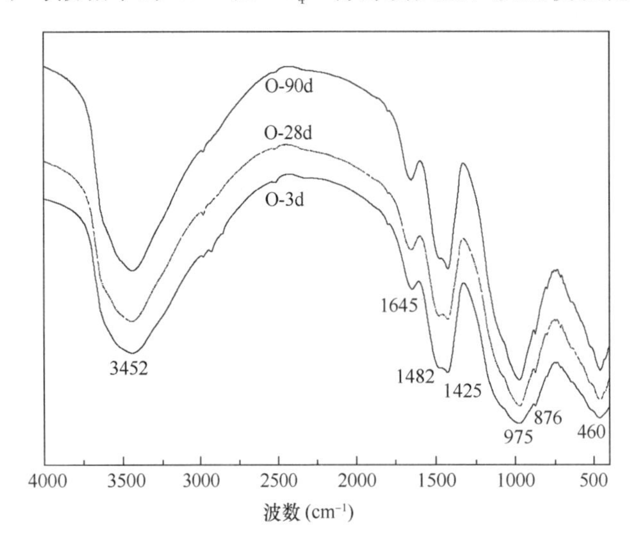

图 9-5　O 试样不同水化龄期硬化浆体的 IR 谱图

图 9-5 为 O 试样 3d、28d 和 90d 硬化浆体的 IR 谱图。由图可见，中心位于 $3452cm^{-1}$的宽大吸收谱带表征 Si-OH 的伸缩振动，$1645cm^{-1}$位置的吸收谱带为 H_2O 的弯曲振动。随着水化龄期的增长，自由水通过参与水化反应逐渐转变结晶水，从图中发现从 3d 到 90d，$1645cm^{-1}$处的吸收峰逐渐增强。谱图中 $1482cm^{-1}$位置的吸收峰为 ${CO_3}^{2-}$的特征吸收谱带，$1425cm^{-1}$位置为 C-S-H 凝胶的一个吸收峰。随着水化龄期的增长，$1425cm^{-1}$处的吸收峰逐渐增强，表明硬化浆体中 C-S-H 凝胶的数量相应增多。

图 9-6 和图 9-7 分别为 A 和 B 试样不同水化龄期硬化浆体的 IR 谱图。基于 O、A、B 试样都为赤泥-煤矸石基胶凝材料，三者水化产物的 IR 谱图较为相似。随着反应的进行，表征 C-S-H 凝胶的 $876cm^{-1}$处吸收峰逐渐明显，且 $975cm^{-1}$位置的宽大吸收谱带逐渐锐化，这说明随着水化龄期的增长，C-S-H 凝胶有趋于结晶的趋势。

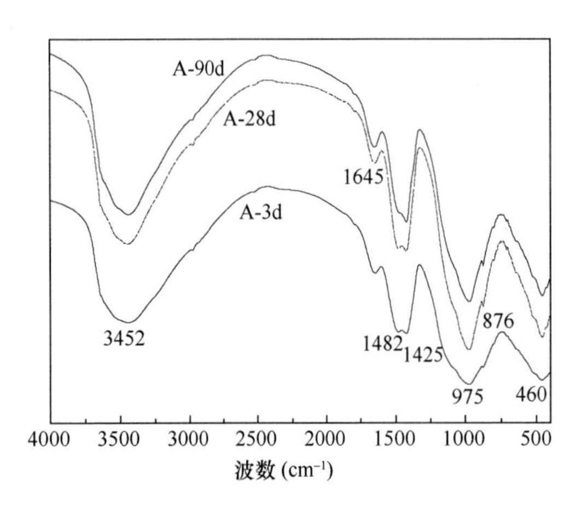

图 9-6　A 试样不同水化龄期硬化浆体的 IR 谱图

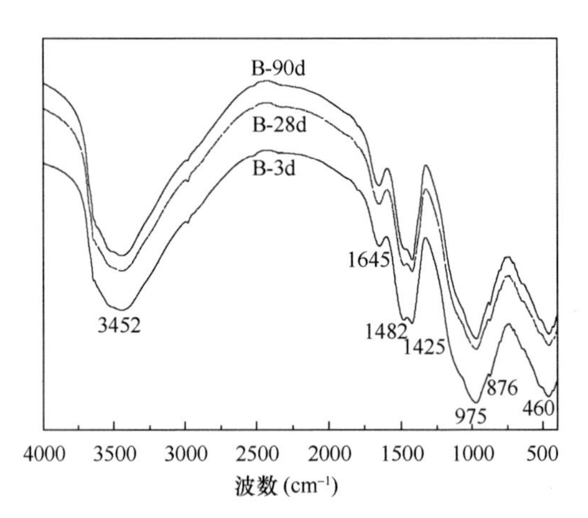

图 9-7　B 试样不同水化龄期硬化浆体的 IR 谱图

图 9-8 为 O、A、B 试样 3d 水化产物中波数位于 4000～3000cm^{-1}的 IR 谱图。随着振动基团数量的增加，IR 谱图中该基团的透过率将降低，因此可根据谱图中 3452cm^{-1}处透过率的大小来判断水化产物中 Si-OH 基团相应数量的高低。由图可见，水化 3d 时，O、A、B 试样中表征 Si-OH 基团的伸缩振动谱带的透过率分别为 15.66%、17.25%、23%，呈升高趋势。由此可知，水化初期，O 试样（Ca/Si 比为 0.95）的水化产物中Si-OH基团较多，而 B 试样（Ca/Si 比为 1.13）的水化产物中Si-OH基团较少。

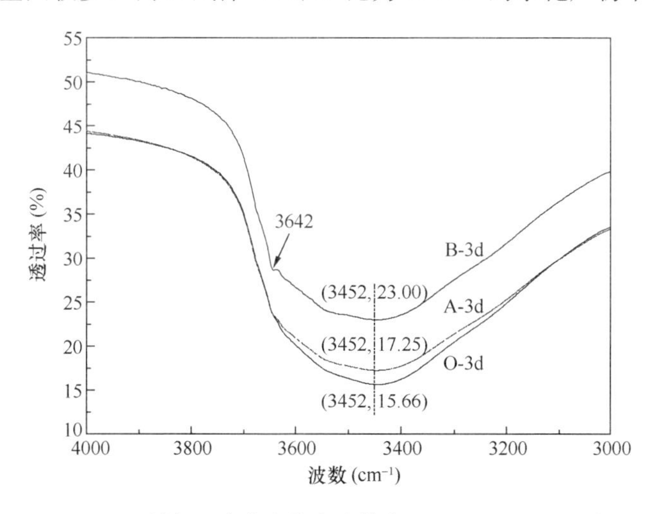

图 9-8　O、A、B 试样 3d 水化产物中波数位于 4000～3000cm^{-1}的 IR 谱图

图 9-9 为 O、A、B 试样 90d 水化产物中波数位于 4000～3000cm^{-1}的 IR 谱图。从图中可以发现，水化 90d 时，O、A、B 试样中表征 Si-OH 基团伸缩振动谱带的透过率分别为 30.95%、31.17%、23.38%。相对于 3d 水化产物，B-90d 试样中Si-OH伸缩振动谱带的透过率变化不大，而 O-90d 和 A-90d 试样中 Si-OH 伸缩振动谱带的透过率明显增高，说明水化 90d 时，B 试样（Ca/Si 比为 1.13）的水化产物中 Si-OH 基团的数量

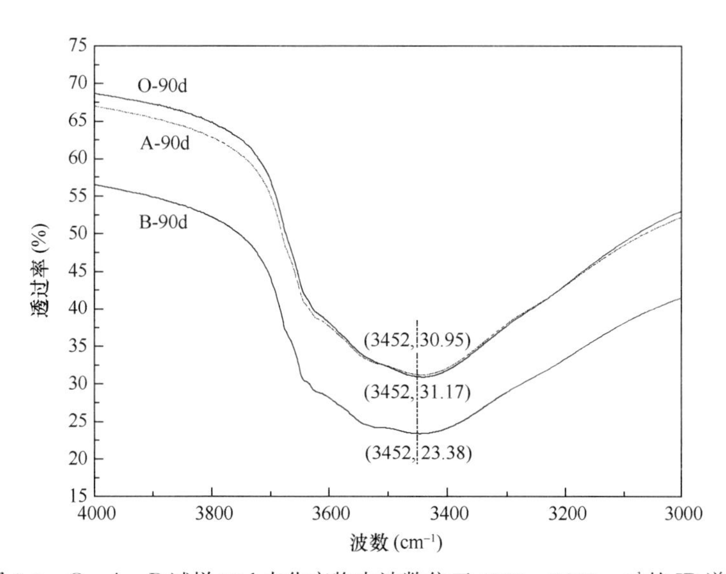

图 9-9　O、A、B 试样 90d 水化产物中波数位于 4000～3000cm^{-1}的 IR 谱图

没有发生明显变化，而O试样（Ca/Si比为0.95）和A试样（Ca/Si比为1.04）中Si-OH基团的数量则显著减少。这表明随着水化反应的进行，Ca/Si比较低的体系中，Si-OH基团之间易发生聚合反应，水化产物的聚合度升高，从而降低了水化产物中Si-OH基团的数量。由此推断，水化后期，随着胶凝材料Ca/Si比的降低，水化产物的聚合度将增大。

图9-10是O、A、B试样不同水化龄期C-S-H凝胶和钙矾石的质量损失。由图9-10可以看出，从1d水化至90d水化，C-S-H凝胶和钙矾石这两种主要水化产物的含量基本呈增长趋势，这确保了赤泥-煤矸石基胶凝材料强度的发展。水化21d内，O试样中C-S-H凝胶和钙矾石的含量低于A试样和B试样。这是由于水化早期熟料的水化反应，即一次水化反应起主导作用，而O试样中熟料的掺量在三者中最低，因此其水化早期产生的C-S-H凝胶和钙矾石的数量相对A试样和B试样来说较少。随着水化的进行，赤泥-煤矸石物料的火山灰反应，即二次水化反应逐渐起主导作用，而O试样中赤泥-煤矸石物料的掺量相对较高，其二次水化反应生成的C-S-H凝胶和钙矾石的数量迅速增加。

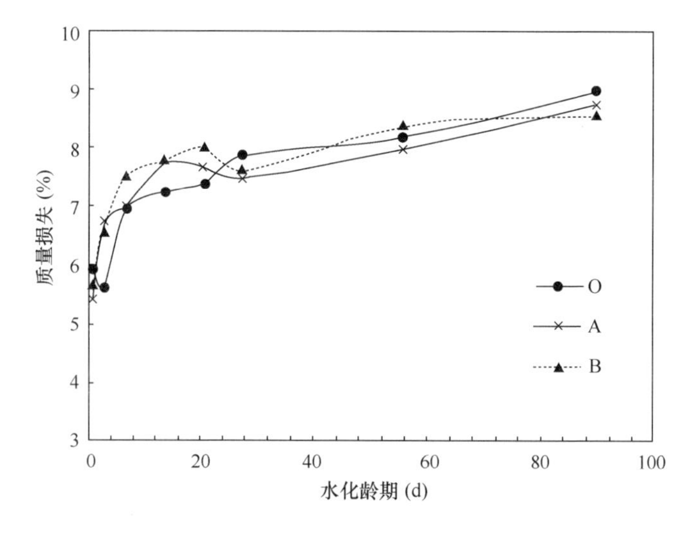

图9-10　O、A、B试样不同龄期C-S-H凝胶和钙矾石的质量损失

图9-11为O、A、B试样不同水化龄期的$Ca(OH)_2$质量损失。从图9-11中可以看出，从1d水化至90d，O、A、B三试样的硬化浆体中$Ca(OH)_2$含量均呈现先升高后降低的趋势。相同龄期，三试样的硬化浆体中$Ca(OH)_2$含量由高到低基本上为：B>A>O，这与其体系中熟料的掺量有关，而这种$Ca(OH)_2$含量的差异在水化早期(21d内)显得尤为明显。水化过程中，一次水化反应促使$Ca(OH)_2$的生成量增加，而同时，二次水化反应需消耗$Ca(OH)_2$，当赤泥-煤矸石物料进行二次水化反应所消耗的$Ca(OH)_2$量大于一次水化反应生成的$Ca(OH)_2$量时，硬化浆体中$Ca(OH)_2$的含量就会降低。

图9-12为O试样不同水化龄期硬化浆体的^{27}Al NMR谱图，由图9-12可知，O试样不同龄期的水化浆体中均存在尖锐的表征六配位铝的共振峰，其化学位移位于10.2×10^{-6}，这主要是由钙矾石中［AlO_6］八面体所引起的。谱图中化学位移为

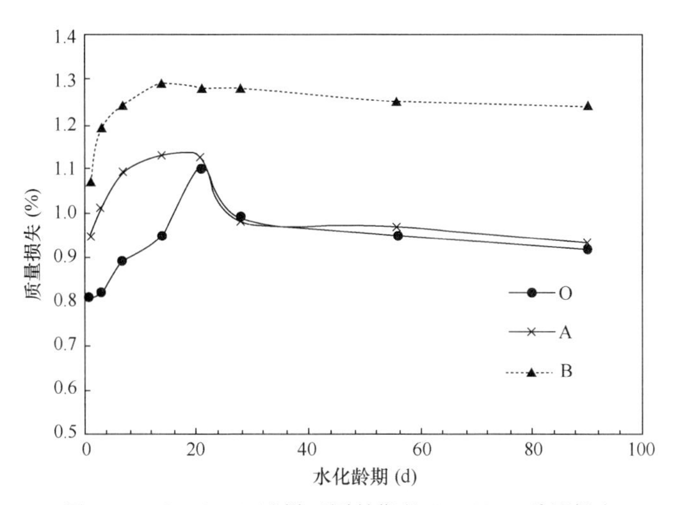

图 9-11 O、A、B 试样不同龄期的 $Ca(OH)_2$ 质量损失

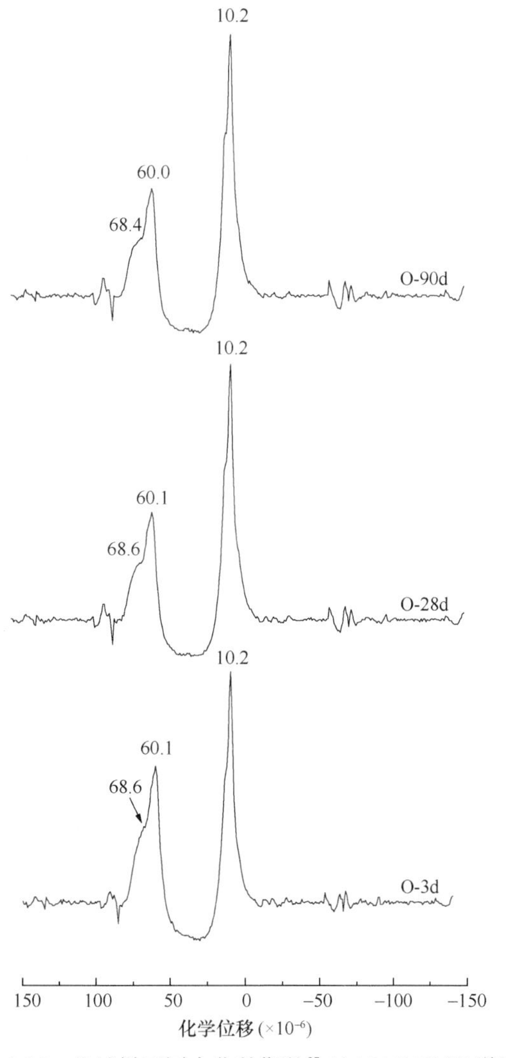

图 9-12 O 试样不同水化龄期的 ^{27}Al MAS NMR 谱图

68.6×10^{-6}和60×10^{-6}左右的共振峰归属于四配位铝，其中60×10^{-6}处对应于原料中未反应的四配位铝，而68.6×10^{-6}处较宽的共振峰为复合热活化赤泥-煤矸石中四配位铝与C-S-H凝胶中四配位铝共振峰的重叠。

根据NUTS软件对图9-12中O试样不同水化龄期的^{27}Al NMR谱图进行了模拟分峰处理，并根据各峰的相对积分面积对其所对应配位铝的相对含量进行了计算，其结果见表9-4。由表9-4发现，O试样水化3d至28d，其水化浆体中六配位铝的相对含量由48.06%迅速增高至59.27%，但28d后六配位铝的相对含量基本稳定，至90d时仅增长0.56%。同时，水化3d至28d时，四配位铝的含量相应降低，水化28d至90d时，四配位铝的整体含量基本没有发生明显变化，但其内部Al^{IV}之间进行了结构转化。从表9-4中可以看出，水化由28d进行至90d时，60×10^{-6}附近的Al^{IV}含量由19.45%降低至17.97%，而68.6×10^{-6}附近的Al^{IV}含量由20.88%相应升高至22.19%，这说明O试样在水化后期，含铝C-S-H凝胶中与[SiO_4]四面体键合的[AlO_4]四面体数目逐渐增多。

表9-4 根据NUTS软件分析不同龄期O试样^{27}Al MAS NMR谱图所得结果

O试样	参数	Al^{IV}		Al^{VI}
		Al_1^{IV}	Al_2^{IV}	
3d	峰位（×10^{-6}）	68.6	60.1	10.3
	相对面积	55.72	52.34	100
	相对含量（%）	26.78	25.16	48.06
28d	峰位（×10^{-6}）	68.6	60.1	10.2
	相对面积	35.22	33.49	100
	相对含量（%）	20.88	19.45	59.27
90d	峰位（×10^{-6}）	68.4	60	10.2
	相对面积	37.09	30.04	100
	相对含量（%）	22.19	17.97	59.83

图9-13和图9-14分别为A试样和B试样不同水化龄期硬化浆体的^{27}Al NMR谱图。由于同为赤泥-煤矸石基胶凝材料，其原料组成相同，A试样和B试样不同水化龄期的^{27}Al NMR谱图与O试样的类似。图9-13和图9-14的^{27}Al NMR谱图中均存在较强的表征六配位铝（化学位移10×10^{-6}附近）和四配位铝（化学位移60～70×10^{-6}）的共振峰，其中表征六配位铝共振峰的峰较高且尖锐。根据NUTS软件对图9-13和图9-14中A试样和B试样不同水化龄期的^{27}Al NMR谱图进行模拟分峰处理，其分析结果分别见表9-5和表9-6。

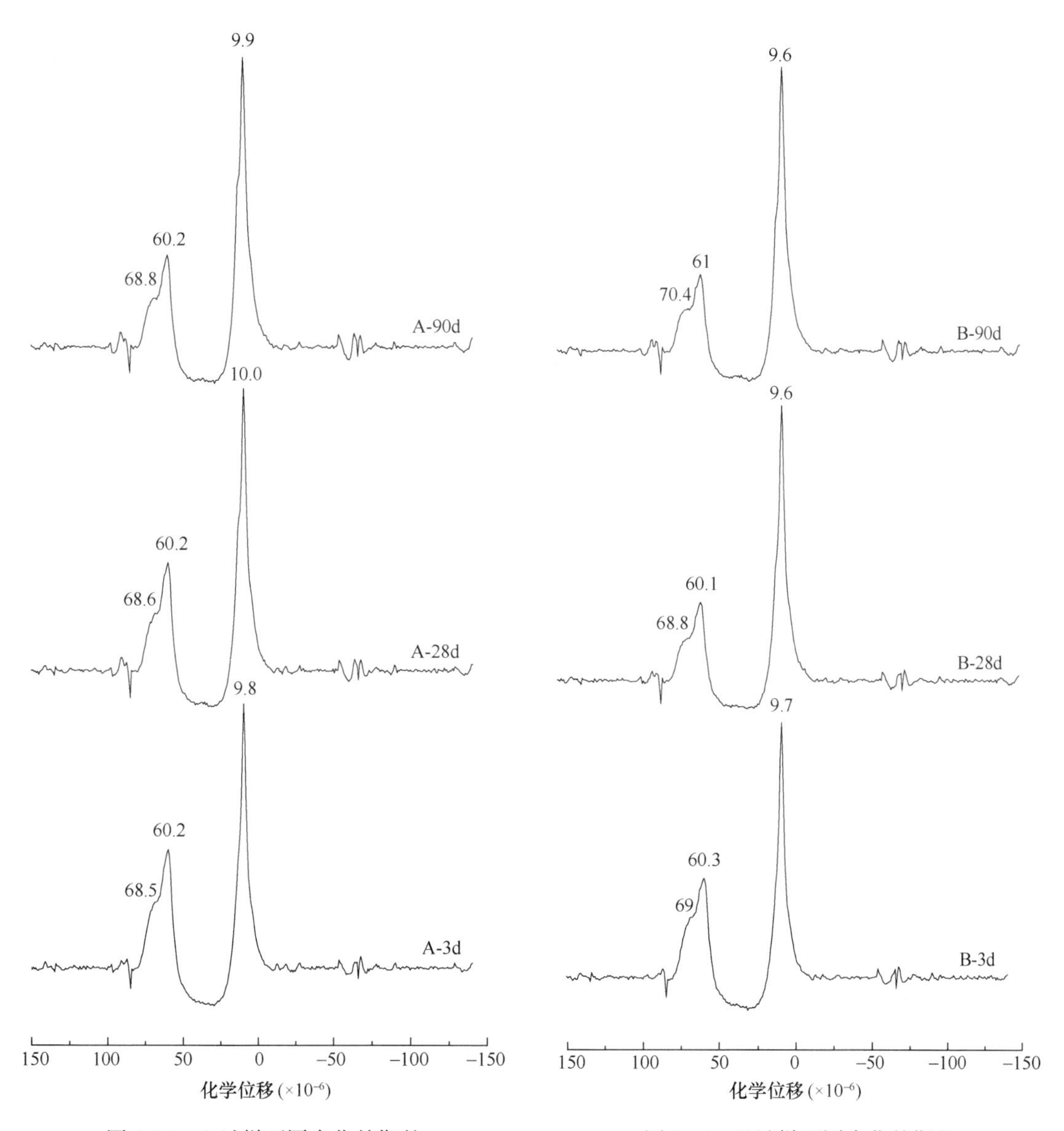

图 9-13 A 试样不同水化龄期的 ^{27}Al MAS NMR 谱图

图 9-14 B 试样不同水化龄期的 ^{27}Al MAS NMR 谱图

表 9-5 根据 NUTS 软件分析不同龄期 A 试样^{27}Al MAS NMR 谱图所得结果

A 试样	参数	Al^{IV}		Al^{VI}
		Al_1^{IV}	Al_2^{IV}	
3d	峰位（$\times10^{-6}$）	68.50	60.20	9.80
	相对面积	58.97	51.43	100
	相对含量（%）	28.03	24.44	47.53
28d	峰位（$\times10^{-6}$）	68.60	60.2	10.00
	相对面积	33.06	32.21	100
	相对含量（%）	20.00	19.49	60.51

续表

A试样	参数	Al^{IV}		Al^{VI}
		Al_1^{IV}	Al_2^{IV}	
90d	峰位（$\times 10^{-6}$）	68.80	60.20	9.9
	相对面积	26.59	24.65	100
	相对含量（%）	17.58	16.30	66.12

表 9-6　根据 NUTS 软件分析不同龄期 B 试样^{27}Al MAS NMR 谱图所得结果

B试样	参数	Al^{IV}		Al^{VI}
		Al_1^{IV}	Al_2^{IV}	
3d	峰位（$\times 10^{-6}$）	69.00	60.30	9.70
	相对面积	55.72	50.27	100
	相对含量（%）	27.05	24.40	48.55
28d	峰位（$\times 10^{-6}$）	68.80	60.1	9.6
	相对面积	32.61	32.41	100
	相对含量（%）	19.76	19.64	60.60
90d	峰位（$\times 10^{-6}$）	70.4	61	9.6
	相对面积	14.22	27.8	100
	相对含量（%）	10.01	19.57	70.41

由表 9-5 和表 9-6 可见，水化 3d 至 90d 的过程中，A 试样和 B 试样中六配位铝的相对含量均随着水化龄期的延长而显著增高，与此同时，四配位铝的相对含量也相应降低。A 试样在 28d 至 90d 的水化过程中，原料中未反应的四配位铝继续向六配位转化，与液相中的 Ca^{2+} 和 SO_4^{2-} 反应生成钙矾石 AFt 晶体，从而使硬化浆体中 AFt 的数量进一步增多。B 试样 90d 水化浆体中 Al^{VI}（化学位移 9.6×10^{-6}）的相对含量为 70.41%，相对 28d 水化浆体中 Al^{IV} 而言，60×10^{-6} 附近的 Al^{IV} 的相对含量基本没有发生变化，而 70×10^{-6} 附近的 Al^{IV} 的相对含量有所降低。AFm（单硫型水化硫铝酸钙）夹层中四配位铝的化学位移位于 60×10^{-6} 附近，而大多数位于主层中的六配位铝的化学位移位于 8×10^{-6} 附近。与 A 试样对比可以发现，B 试样中 90d 水化浆体中表征 Al^{VI} 的化学位移向低场方向偏移，且 60×10^{-6} 附近 Al^{IV} 的相对含量与 28d 时相比基本没有发生变化，这说明 B 试样在 28d 至 90d 的水化过程中，由于硬化浆体中 $Ca(OH)_2$ 含量较高，原料中四配位铝继续向六配位转化，与液相中的 Ca^{2+} 和 SO_4^{2-} 反应生成了 AFm 晶体。

综合 O、A、B 试样不同水化龄期硬化浆体的^{27}Al MAS NMR 分析可知，赤泥-煤矸石基胶凝材料水化产物中 Al 以四配位和六配位两种形式共存，但以六配位为主。主要是胶凝材料中的四配位铝参与水化反应，其中大部分 [AlO_4] 四面体向 [AlO_6] 八面体转化，形成了 AFt 晶体，而少部分 [AlO_4] 四面体与 [SiO_4] 四面体结合生成了含铝的 C-S-H 凝胶（简称 C-A-S-H 凝胶）。随着胶凝材料中 Ca/Si 比的增大，将促进 [AlO_4] 四面体向 [AlO_6] 八面体的转变，同时抑制 [AlO_4] 四面体与 [SiO_4] 四面体结合共同生成 C-A-S-H 凝胶的反应。图 9-15～图 9-17 分别为 O、A、B 三试样的水化 1d、3d 和 28d 的 SEM 形貌图。

(a) (b) (c) (d) (e) (f)

图 9-15 胶凝材料水化 1d 硬化浆体的表面形貌

(a)、(b) O 试样；(c)、(d) A 试样；(e)、(f) B 试样

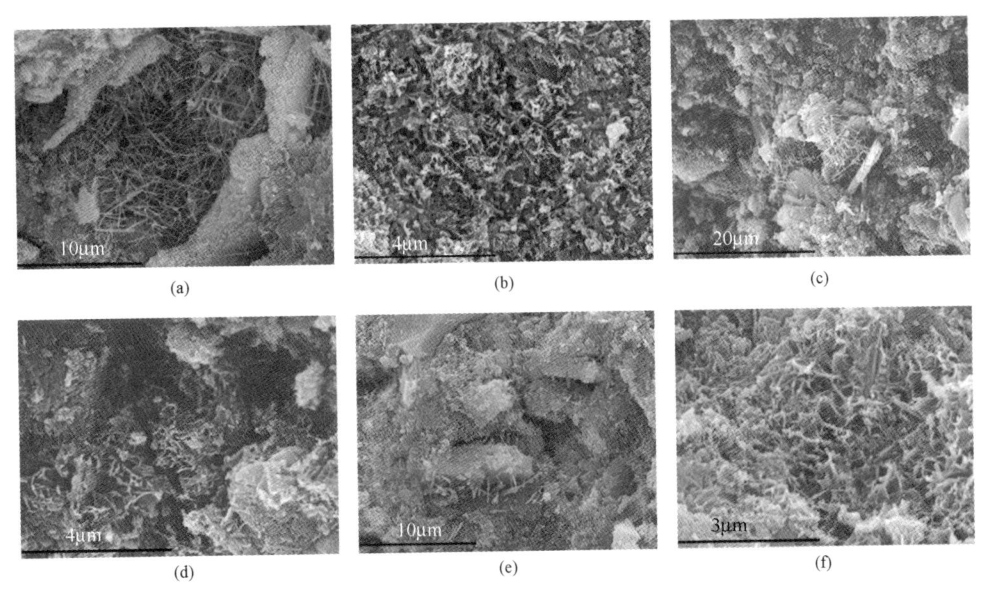

(a) (b) (c) (d) (e) (f)

图 9-16 胶凝材料水化 3d 硬化浆体的表面形貌

(a)、(b) O 试样；(c)、(d) A 试样；(e)、(f) B 试样

由图 9-15 可见，在 O、A、B 三种胶凝材料水化 1d 的硬化浆体中，均可观察到纤维状 C-S-H 凝胶、针状或棒状钙矾石的存在，局部位置还分布有六方片状的 $Ca(OH)_2$ 晶体。O 试样和 A 试样水化 1d 时所生成的 AFt 多为细长针状，而 B 试样水化 1d 时所

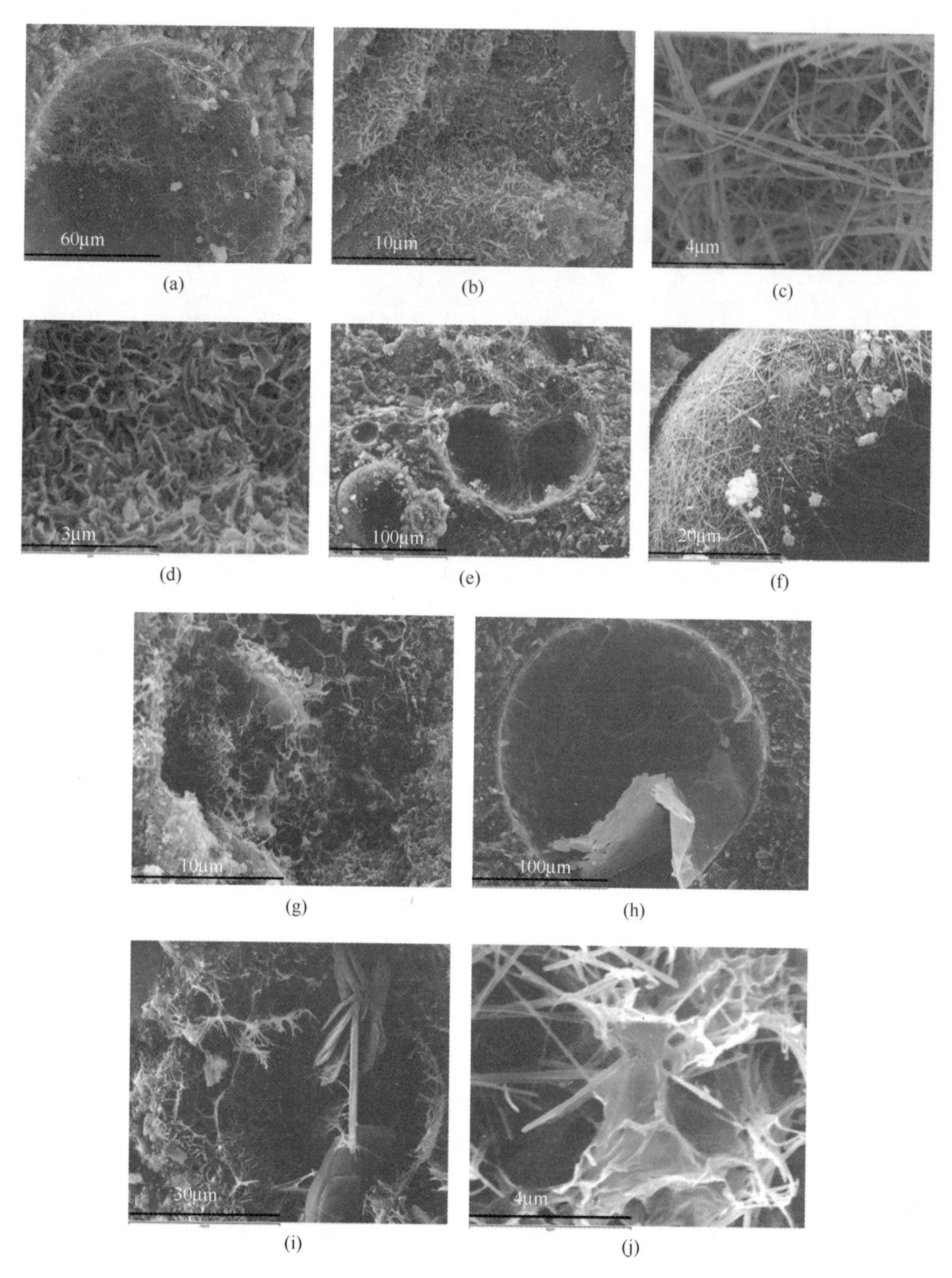

(a) (b) (c) (d) (e) (f) (g) (h) (i) (j)

图 9-17 胶凝材料水化 28d 硬化浆体的表面形貌

(a)、(b)、(c)、(d) O 试样；(e)、(f)、(g) A 试样；(h)、(i)、(j) B 试样

形成的 AFt 多为短粗棒状。这些不同形状的 AFt 一般多分布在空隙和坑孔中，使浆体的结构致密化。未反应颗粒表面覆盖有一层纤维状 C-S-H 凝胶，使得原先分散的颗粒连接在一起，且水化产物与未水化颗粒之间的结合也十分紧密。随着水化龄期的增长，纤维状 C-S-H 凝胶相互交织、搭接，逐渐生长为无定形状，这从图 9-16 O、A、B 三试

样水化 3d 的浆体显微形貌中均可观察到。水化 3d 时，O 和 A 试样硬化浆体的孔隙中继续有细长针状钙矾石晶体生成，AFt 长度达到约 4μm，而 B 浆体中的 AFt 仍大多为棒状钙矾石，长度约 2.5μm。随着水化龄期的进一步增长，无定形 C-S-H 凝胶逐渐发展为网络状，这从图 9-17（d）、（g）、（j）O、A、B 试样水化 28d 硬化浆体显微形貌中就可发现。水化 28d 时，O 和 A 试样的孔隙中继续生长有大量细长针状 AFt，这些 AFt 沿着孔隙壁生长，相互交织，逐渐将孔隙填满，这对浆体结构的致密化发展有积极的促进作用。B 试样水化 28d 的硬化浆体中也可观察到针状 AFt，除此之外，由图 9-17（h）、（i）中还可发现 B 试样 28d 硬化浆体的孔隙中存在有箔片状 AFm 和大量层片状 $Ca(OH)_2$，而这两种物质对于强度的发展是不利的，也验证了上述对于 B 试样水化产物的 ^{27}Al MAS NMR 分析，即 B 试样在 28d 至 90d 的水化过程中，原料中四配位铝继续向六配位转化，与液相中的 Ca^{2+} 和 SO_4^{2-} 反应生成了 AFm 晶体。由于胶凝材料 B 中熟料掺量相对 O 和 A 来说较高，Ca/Si 比较高，水化液相中 Ca^{2+} 浓度也相应较高，在这种体系中，AFt 易转化为 AFm 而对硬化体结构的发展不利。

通过 SEM-EDS 对赤泥-煤矸石基胶凝材料 O、A、B 三试样水化 90d 时所生成 C-S-H凝胶的 Ca/Si 原子比及 Al/Si 原子比进行测定，以期对该类中钙体系胶凝材料水化所生成的含铝 C-S-H 凝胶的化学组成及结构有进一步的了解。图 9-18 为 O、A、B 三试样水化 90d 时 C-S-H 凝胶的 Si/Ca 原子比与 Al/Ca 原子比。由图中所圈部分可以看出，赤泥-煤矸石基胶凝材料 90d 水化产物 C-S-H 凝胶的 Si/Ca 原子比主要介于 0.47～0.61，Al/Ca 原子比主要介于 0.18～0.32。根据图 9-18 可计算出 O、A、B 三试样 90d 硬化浆体中 C-S-H 凝胶的平均 Ca/Si 原子比、Al/Si 原子比及 Ca/(Si+Al) 原子比，其结果见表 9-7。

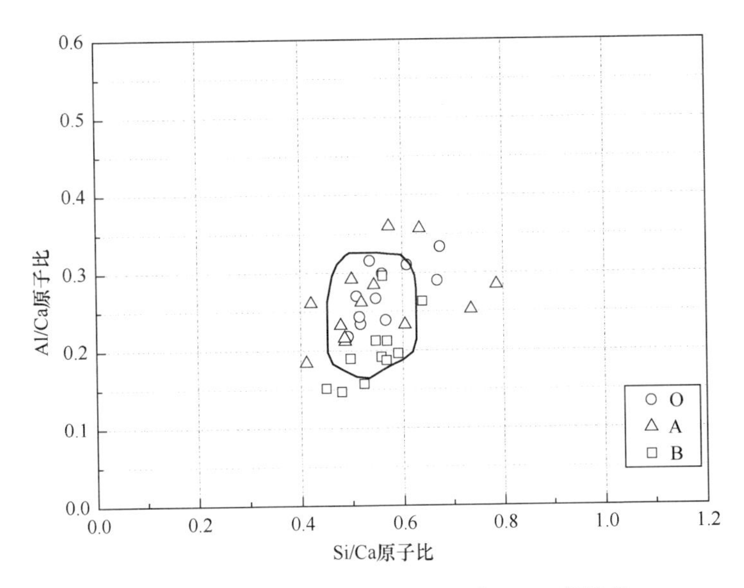

图 9-18　O、A、B 试样水化 90d 时 C-S-H 凝胶的 Si/Ca 原子比与 Al/Ca 原子比

表 9-7　水化 90d 时 C-S-H 凝胶的 Ca/Si、Al/Si 及 Ca/(Si+Al) 原子比的相应平均值

试样	Ca/Si	Al/Si	Ca/(Si+Al)
O	1.77	0.49	1.19
A	1.81	0.48	1.22
B	1.84	0.37	1.34

水化 90d 时，O、A、B 三试样的硬化浆体中 C-S-H 凝胶的平均 Ca/Si 原子比分别为 1.77、1.81、1.84。随着赤泥-煤矸石基胶凝材料原料中Ca/Si比的增大，水化产物 C-S-H 凝胶的 Ca/Si 原子比和 Ca/(Si+Al) 原子比均相应增大，而 Al/Si 原子比减小。

为了对 C-A-S-H 有更深入的了解，选用高分辨透射电镜（HRTEM）对 90d O、A、B 水化试样中 C-A-S-H 的显微结构进行更为细致的观察与分析。图 9-19 为 O、A、B 试样 90d 硬化浆体中 C-A-S-H 的 HRTEM 图。

由图 9-19 可以看出，三试样中 C-A-S-H 的晶格均显得杂乱无章，表现出明显的非晶态结构，但经细心观察后可发现，局部区域出现尺度约为 5nm 的晶格条纹（如图中白线所框区域），表明赤泥-煤矸石基胶凝材料的水化产物 C-A-S-H 凝胶中含有纳米晶相。从高分辨透射电镜下还可以看出，C-A-S-H 中绝大部分是无定形结构，表现为连续的非晶相，而纳米晶相较少，呈无规则形状分散于非晶相中。

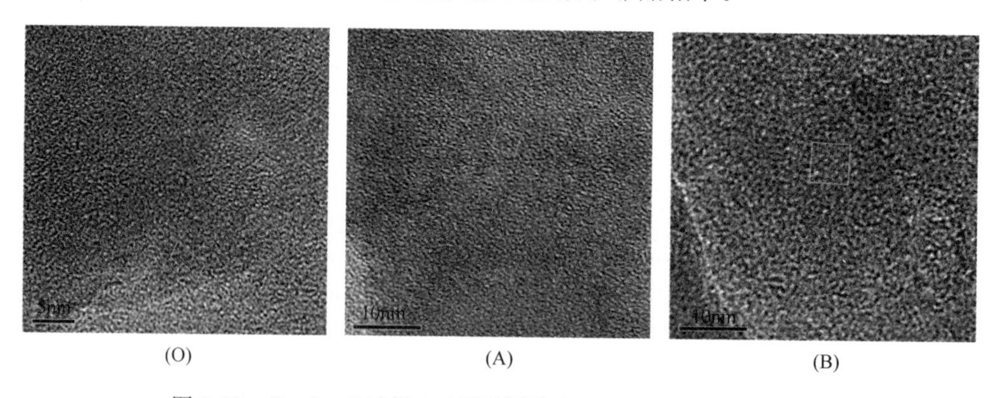

图 9-19　O、A、B 试样 90d 硬化浆体中 C-A-S-H 的 HRTEM 像

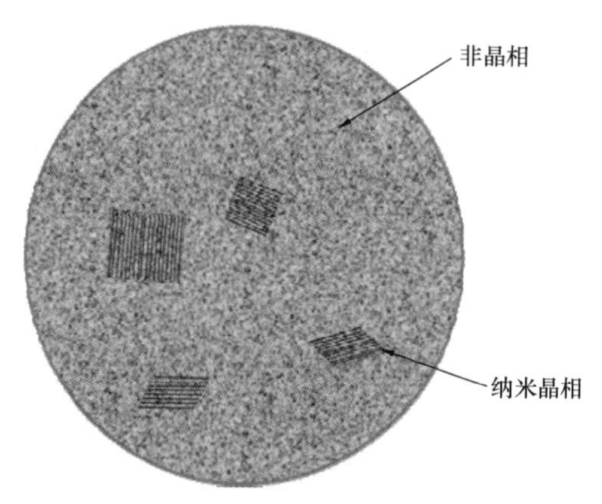

图 9-20　C-A-S-H 凝胶的微观结构模型

如图 9-20 所示，在 C-A-S-H 凝胶中，纳米晶相所占的比例较小，呈无规则形状分散于连续分布的非晶相中。C-A-S-H 的微观结构呈不均匀性，其化学组成中 Ca/Si、Al/Si 的波动性与其非均质结构具有一定的相关性。

2. 硬化浆体的孔结构分析

表 9-8 为采用压汞法（MIP）所测得的 O、A、B 试样水化 90d 硬化浆体的总孔体积、孔隙率和孔径分布（体积分数）。由表 9-8 可见，水化 90d 时，O、A、B 三试样

硬化浆体的总孔体积由大到小依次为：O＞A＞B，其中O试样的孔隙率较高，B试样次之，而A试样的孔隙率最低。从孔径分布情况上来看，O试样和A试样硬化浆体中小于10nm的凝胶孔及10～50nm的中等毛细孔较多，说明O、A试样的孔径较为细化，浆体中小孔数量较多，这有利于改善硬化体的收缩和徐变等宏观性能，并提高其强度和耐久性。相对于O试样和A试样而言，B试样硬化浆体中50nm～1μm的大毛细孔与大于1μm的大孔含量较高，说明其孔径较为粗化，这对其孔结构的发展有不利影响。

表9-8　O、A、B试样水化90d硬化浆体的孔结构

试样	总孔体积（mL/g）	孔隙率（%）	孔径分布（%）			
			＜10nm	10～50nm	50nm～1μm	＞1μm
O	0.2199	34.60	27.88	51.34	18.01	2.77
A	0.1861	29.44	28.75	56.80	12.20	2.26
B	0.1785	32.92	24.43	40.00	28.80	6.78

图9-21为O、A、B试样不同龄期硬化浆体的平均孔径分布，此处的平均孔径均为平均孔直径。由图9-21可知，无论水化龄期如何，B试样硬化浆体的平均孔径均大于O试样和A试样。水化7d内，O、A、B三试样硬化浆体的平均孔径都比较大，水化28d时，由于硬化体孔隙中生长了大量AFt，致使三试样硬化浆体的平均孔径均大幅度降低。

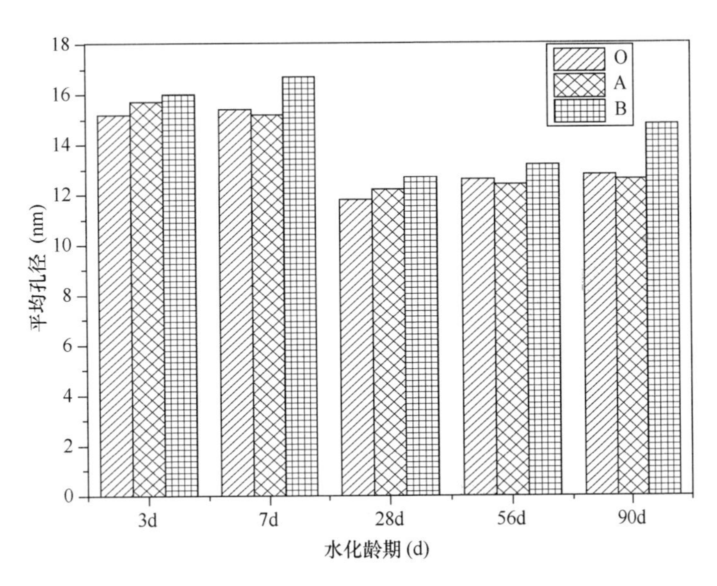

图9-21　不同水化龄期硬化浆体的平均孔径

水化28d后，O和A试样的平均孔径有所波动，但变动幅度不大，B试样由于孔隙中部分AFt逐渐转变为AFm，致使结构的致密度变差，平均孔径随着水化龄期的延长回升幅度较大。

将孔径分布曲线的斜率$dV/dlgd$对lgd作图，可得到孔径分布微分曲线。在微分曲线上的峰值所对应的孔径叫作最可几孔径，即出现概率最大的孔径。一般可用最可几孔径的大小来反映孔径分布的情况。图 9-22 为 O、A、B 试样不同龄期硬化浆体的最可几孔径分布。由图 9-22 可知，从 3d 到 90d，无论水化龄期如何，B 试样水化浆体的最可几孔径均保持在 50nm 左右。随着水化龄期的增长，A 试样水化浆体的最可几孔径从 3d 时的 50.3nm 细化为 26.5nm 左右。水化早期（7d 内），由于赤泥-煤矸石物料的填隙作用，O 试样中赤泥-煤矸石物料的掺量较高，其浆体的最可几孔径在三者中达到最小值，28d 后 O 和 A 试样水化浆体的最可几孔径相当，均保持在 26.5nm 左右。综合来看，O 试样（Ca/Si 比为 0.95）和 A 试样（Ca/Si 比为 1.04）具有较好的孔结构，而 B 试样（Ca/Si 比为 1.13）的孔结构较差。

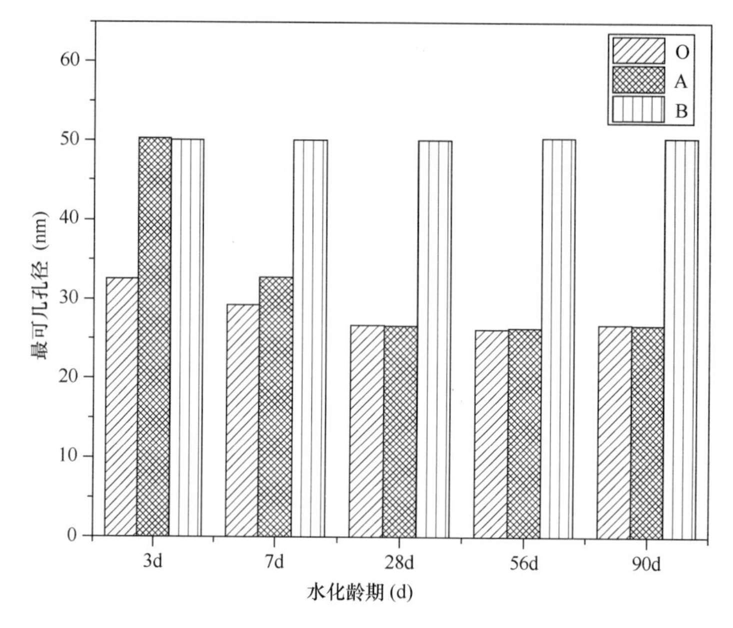

图 9-22　不同水化龄期硬化浆体的最可几孔径

通过本研究主要得出以下结论：

（1）赤泥-煤矸石基胶凝材料的水化产物主要为含铝 C-S-H 凝胶（C-A-S-H）、钙矾石和 $Ca(OH)_2$，前两者对强度的发展起积极的促进作用。水化 1～90d，$Ca(OH)_2$ 含量呈现先升高后降低的趋势。

（2）^{27}Al MAS NMR 分析表明，赤泥-煤矸石基胶凝材料水化产物中 Al 以四配位和六配位两种形式共存，但以六配位为主。主要是胶凝材料中的四配位铝参与水化反应，其中大部分［AlO_4］四面体向［AlO_6］八面体转化，形成了钙矾石晶体，而少部分［AlO_4］四面体与［SiO_4］四面体结合生成了 C-A-S-H 凝胶。随着胶凝材料中 Ca/Si 比值的增大，促进［AlO_4］四面体向［AlO_6］八面体的转变，同时抑制［AlO_4］四面体与［SiO_4］四面体结合共同生成 C-A-S-H 凝胶的反应。

（3）赤泥-煤矸石基胶凝材料水化初期主要形成纤维状 C-A-S-H 凝胶、针状或棒状 AFt，硬化浆体的局部位置还分布有六方片状的 $Ca(OH)_2$ 晶体。AFt 晶体多分布在空隙和坑孔中，使浆体的结构致密化。C-A-S-H 凝胶填充在未反应颗粒之间，将分散的颗粒胶结成一个致密的整体。随着水化龄期的增长，C-A-S-H 凝胶由纤维状相互交织搭接逐渐生长为无定形状，进而发展为网络状。同时，大量细长针状 AFt 沿着孔隙壁生长，相互交织，逐渐将孔隙填满，从而保证了整个体系结构的致密度。

（4）随着水化龄期的增长，赤泥-煤矸石基胶凝材料水化产物的相对桥氧数 RBO 值明显增大，表明其［SiO_4］四面体聚合度随着水化反应的进行而增加。胶凝产物 C-A-S-H 中［SiO_4］四面体以 SiO_2 和 SiO_3 结构单元为主。随着胶凝材料中 Ca/Si 比值的提高，水化产物的［SiO_4］四面体聚合度降低，［SiO_4］四面体周围所连接的［AlO_4］四面体数量也有所减少。

（5）原料 Ca/Si 比为 0.95 的赤泥-煤矸石基胶凝材料在水化 90d 时，其硬化浆体中 C-A-S-H 凝胶的平均 Ca/Si 原子比为 1.77，Al/Si 原子比为 0.49，Ca/（Si+Al）原子比为 1.19。随着赤泥-煤矸石基胶凝材料原料中 Ca/Si 比值的增大，C-A-S-H 凝胶的 Ca/Si 原子比和 Ca/（Si+Al）原子比均相应增大，而 Al/Si 原子比减小。

9.2 赤泥-铁尾矿复合胶凝材料研究

9.2.1 赤泥-铁尾矿复合胶凝材料力学强度影响因素研究

1. 水玻璃模数及掺量对赤泥-铁尾矿复合胶凝材料力学性能的影响

采用控制变量法，设定 7 组对照试验，采用相同的赤泥、铁尾矿配比及添加量，分别加入同质量模数分别为 1.3、1.5、1.7、1.9、2.1、2.3、2.5 的水玻璃，进行胶砂成型。不同模数水玻璃激发的复合胶凝材料在恒温恒湿养护箱养护条件下的强度测试结果见表 9-9。强度过低无法读取的以“—”表示。

表 9-9 水玻璃模数的影响测试结果 （MPa）

编号	抗折强度			抗压强度			
	1d	7d	28d	1d	3d	7d	28d
A1	0.65	2.21	2.50	2.31	10.48	12.85	13.80
A2	0.91	1.84	3.10	3.43	9.96	9.74	14.26
A3	0.26	2.13	2.60	0.88	7.48	10.21	12.11
A4	0.40	1.51	1.90	1.25	3.85	7.11	9.35
A5	0.40	2.35	3.35	1.63	3.89	10.48	14.37
A6	0.50	1.05	2.25	1.60	2.12	3.69	11.65
A7	0.25	0.29	0.35	0.51	0.54	0.70	—

在第一组对比试验中，测试水玻璃模数对铁尾矿-赤泥复合胶凝材料的力学性能影响。经试验总结，A2 组，即 1.5 模数水玻璃激发的材料在初期表现最好，凝结最快；A5 组，即 2.1 模数的水玻璃激发下的赤泥-铁尾砂胶凝材料在中后期强度表现最好。但 A5 组 2.1 模数初期强度较低，28 天后才达到 14.37MPa 的抗压强度，并且 A5 组 2.1 模数下在 7d 后强度增长速率变快。相比之下，A2 组 1.5 模数水玻璃激发的材料在初期就有了较大强度，快凝材料可选择 A2 组 1.5 模数的水玻璃。根据水玻璃模数影响试验

的1d、3d测试结果确定最佳模数后，固定此模数，调整掺加量进行控制变量试验。本组测试结果见表9-10。

表9-10 水玻璃掺加量的影响测试结果 (MPa)

编号	抗折强度			抗压强度			
	1d	7d	28d	1d	3d	7d	28d
B1	0.25	2.01	2.00	0.71	6.70	9.12	9.29
B2	0.39	2.42	2.45	1.22	7.76	10.80	10.92
B3	0.85	2.81	3.20	2.94	11.42	12.94	15.81
B4	2.42	4.12	4.80	15.21	18.07	20.18	23.87
B5	2.39	4.17	5.05	18.33	21.79	25.07	29.99
B6	2.50	3.15	2.25	17.63	21.17	25.13	30.25

综上述表格，B5组，即水玻璃固含量占26.66%的一组，在初期就有了比较好的综合表现，1d测试中抗压强度明显高于其他组，抗折强度表现略低于B4、B6组。从3d测试开始，B5组的表现就有了明显优势，抗折、抗压强度始终表现很好，说明其凝结时间快，适应于需快凝材料的领域，且在后期形成高强度材料。因此，B5组的配比方案，即水玻璃固含量占26.66%是较好的选择。

2. 外加剂对赤泥-铁尾矿复合胶凝材料力学性能的影响

采用控制变量法，以相同的赤泥、铁尾矿以及第一阶段所确定的最佳模数水玻璃的掺加量及配比，分别加入52.5水泥、FDN减水剂、聚羧酸减水剂，探究掺加材料后对材料强度的影响作用。加入外加剂的复合胶凝材料在恒温恒湿养护箱养护条件下的强度测试结果见表9-11。

表9-11 外加剂的影响测试结果 (MPa)

编号	抗折强度			抗压强度			
	1d	7d	28d	1d	3d	7d	28d
C1	1.98	5.30	6.55	13.21	28.51	36.42	41.00
C2	2.50	4.85	5.45	11.07	27.05	33.48	40.67
C3	0.35	2.21	2.20	0.72	7.91	9.95	10.26
C4	0.40	2.50	2.25	1.00	8.45	10.28	10.05
C5	0.31	2.45	2.22	0.75	7.88	10.24	10.23
C6	0.40	2.27	2.35	1.41	8.05	9.77	10.17
C7	0.36	2.12	2.10	1.08	8.36	9.80	10.22
C8	0.39	2.10	2.10	0.87	7.64	9.08	9.33

C1、C2组为掺加了52.5水泥的样品组，两组分别以1.5、2.1模数的水玻璃进行激发。与同质量配比未加入水泥的物料组A2、A5对比，加入水泥的C1、C2组在所有测试中强度均明显高于同配比未加入水泥的材料，证明加入水泥可大幅提高胶凝材料的抗压抗折强度。C1、C2组对比，C1组在1d测试中抗压强度高于C2组，抗折强度略低

于 C2 组，从 3d 开始抗折、抗压强度都高于 C2 组。证明在掺加水泥的情况下，1.5 模数的水玻璃仍然有更好的表现。

C3、C4、C5 为掺加了 FDN 减水剂的样品组，三组掺加量分别为 4.5g、6.75g、9g。与同配比未添加 FDN 减水剂的 B2 组相比，抗压、抗折强度变化不大，证明 FDN 减水剂对材料力学性能的影响不明显。C3、C4、C5 三组比较，整体力学性能差异不大，C4 组表现较好。证明加入 FDN 减水剂不会明显影响材料的力学性能。

C6、C7、C8 为掺加了聚羧酸减水剂的样品组，三组掺加量分别为 4.5g、6.75g、9g。与同配比未加入聚羧酸液体减水剂的 B2 组相比，材料的力学性能在少量掺加时不会有太大影响，掺加量较大的 C8 组力学性能略有降低。C6、C7、C8 三组对比，C6 组初期凝结快，强度高，从 3d 开始 C7 组强度开始明显提高，但与 C6 组差别不大。可见聚羧酸液体减水剂在掺加量 4.5g、6.75g 时并未明显影响材料强度，在掺加量 9g 时会让材料强度有下降趋势。

3. 铁尾矿作为矿物掺和料和骨料对赤泥-铁尾矿复合胶凝材料力学性能的影响

探究铁尾矿分别作为矿物掺和料和骨料时，其掺加量的大小与粗细程度对复合胶凝材料力学性能的影响。作为矿物掺和料时使用铁尾矿粉，每组中加入一袋 1350g 标准砂，代替铁尾矿。作为骨料时分别使用粗粒、细粒铁尾矿进行胶砂试验。制成的复合胶凝材料在恒温恒湿养护箱养护条件下的强度测试结果见表 9-12。

表 9-12 铁尾矿作为掺和料和骨料的影响测试结果 (MPa)

编号	抗折强度			抗压强度			
	1d	7d	28d	1d	3d	7d	28d
D1	2.29	1.07	4.55	11.07	15.70	18.32	22.53
D2	2.51	3.12	5.40	15.00	19.85	22.89	27.11
D3	2.60	2.76	5.10	14.88	20.28	22.82	25.05
D4	2.71	4.40	5.22	12.16	14.80	17.20	16.97
D5	3.33	5.20	5.28	15.30	21.90	24.20	24.15

D1、D2、D3 三组为铁尾矿作为矿物掺和料的样品组，三组的赤泥掺加量递增，铁尾矿粉掺加量递减。三组比较可以得出，随着赤泥的加入，D2、D3 组的力学性能明显强于只掺加铁尾矿粉的 D1 组。三组对比来看，D2 组，即赤泥与铁尾矿粉按 1∶1 质量比掺加的配料方式制成的复合胶凝材料力学性能表现最好。1d 测试中 D2 组抗折强度略低于 D3，3d 测试中 D2 组抗压强度略低于 D3，此外 D2 组的抗折强度均超出 D1、D3 组。表明随着赤泥的加入，胶凝材料的凝结情况更好，强度更大。铁尾矿作为掺和料添加时，赤泥与铁尾矿粉按质量比 1∶1 的方式掺和制成的赤泥-铁尾矿复合胶凝材料力学性能最好。

D4、D5 为铁尾矿作为骨料的样品组。通过两组对比分析得出，D5 组在各阶段测试中抗折、抗压强度均高于 D4 组，且在 1d、3d、7d 测试中抗折、抗压强度高于 D 组全部其他材料，证明粗粒铁尾砂的加入使得材料力学性能有明显提高，且粗粒铁尾矿、细粒铁尾矿按质量比 1.5∶1 的方式添加最好。

整体分析，在采用了铁尾矿粉后，赤泥-铁尾矿复合胶凝材料的抗折抗压强度有了明显提升，且粗铁尾砂的加入，使得材料的凝结时间加快，并在前期具有一定优势。长期来看却显现出后期强度增长缓慢的趋势，因此 D5 适应于所需快凝材料的领域。而 D2 虽前期抗压抗折强度并不突出，但在凝结 28d 后却有着最高的强度。

4. 赤泥种类对赤泥-铁尾矿复合胶凝材料力学性能的影响

综合之前试验的测试结果，以强度表现较好的配比为基础，再设计试验对比拜耳法赤泥、烧结法赤泥对赤泥-铁尾矿复合胶凝材料力学性能的影响。所制备的复合胶凝材料在恒温恒湿养护箱养护条件下的强度测试结果见表 9-13。

表 9-13　赤泥种类的影响测试结果　（MPa）

编号	抗折强度			抗压强度			
	1d	7d	28d	1d	3d	7d	28d
E1	1.92	3.30	3.82	9.22	10.80	11.47	15.10
E2	2.45	3.10	3.95	9.51	12.04	13.19	16.58
E3	2.06	3.85	4.65	8.23	15.59	17.20	22.06
E4	1.19	3.40	4.91	6.87	18.34	22.26	25.52
E5	2.09	3.25	4.35	9.07	10.89	11.83	15.33
E6	2.50	2.90	4.75	9.12	12.49	13.76	19.53

本试验在综合了前文总结的 1.5、2.1 两种模数的水玻璃，铁尾矿作为掺和料和骨料两组对比变量的基础之上，进一步设置了不同种类的赤泥这一变量。E1、E2 两组使用了烧结法赤泥，从结果来看，与相同配比采用拜耳法赤泥的 E5、E6 组对比，使用拜耳法赤泥的样品在 1d、3d 测试中抗折、抗压强度与使用烧结法赤泥的样品差异不大，但最终在 28d 强度测试中却超过使用烧结法赤泥的 E1、E2 组。

通过铁尾矿粉作为掺和料的样品 E1 与铁尾矿作为骨料的样品 E2 的对比、铁尾矿粉作为掺和料的样品 E3 与铁尾矿作为骨料的样品 E4 的对比、铁尾矿粉作为掺和料的样品 E5 与铁尾矿作为骨料的样品 E6 的对比分析可以得出，在两种模数水玻璃的激发下和试验两种赤泥的配比下，采用粗细铁尾矿混合作为骨料的配比方案都比只加入铁尾矿粉作为掺和料的配比方案的力学性能更强。

通过 1.5 模数水玻璃激发下的样品 E3 与 2.1 模数水玻璃激发下的样品 E5 对比、1.5 模数水玻璃激发下的样品 E4 与 2.1 模数水玻璃激发下的样品 E6 对比可以得出，模数 1.5 水玻璃激发的赤泥-铁尾矿复合胶凝材料的力学性能在 1d 测试中表现不如 2.1 模数水玻璃激发下的材料，但从 3d 开始，1.5 水玻璃激发的赤泥-铁尾矿复合胶凝材料力学性能远高于模数 2.1 的水玻璃激发的材料。说明 1.5 模数水玻璃激发下，赤泥-铁尾矿复合胶凝材料的整体表现更好，其中 1.5 模数水玻璃激发下，采用拜耳法赤泥，铁尾矿作为骨料的样品 E4 的抗压强度在 28d 达到 25.52MPa。

9.2.2 赤泥-铁尾矿复合胶凝材料凝结时间调控研究

1. 水玻璃模数对赤泥-铁尾矿复合胶凝材料凝结时间的影响

采用控制变量法，探究不同模数水玻璃激发下的胶凝材料的初、终凝时间。分别以1.5模数、2.1模数的水玻璃对赤泥-铁尾矿复合胶凝材料进行激发，同时以铁尾矿分别作为掺和料和骨料进行试验。使用NLD-3型水泥胶砂流动度测定仪测得的不同模数水玻璃激发下的胶砂试样初凝和终凝时间见表9-14。

表9-14 水玻璃模数对材料凝结时间的影响测试结果 (min)

编号	初凝时间	终凝时间
1	21	23
2	35	40
3	8	10
4	9	15

分析表9-14中的结果，编号1与2对比、编号3与4对比可以看出，1.5模数水玻璃激发下的材料相对于2.1模数水玻璃激发的赤泥-铁尾矿复合胶凝材料初、终凝时间更快，终凝时间提前了5min以上，影响比较明显。编号1与3对比、2与4对比可以看出，粗细铁尾矿混合作为骨料的配比方案制得的材料比铁尾矿粉作为掺和料制得的材料初、终凝时间明显缩短，凝结更快。

2. 赤泥种类和添加水泥对赤泥-铁尾矿复合胶凝材料凝结时间的影响

对比拜耳法赤泥、烧结法赤泥对初、终凝时间的影响。烧结法赤泥在上述列表已测，故在此仅测拜耳法赤泥胶砂的初、终凝时间，见表9-15。

测试添加52.5水泥对初、终凝时间的影响。烧结法、拜耳法赤泥分别加入52.5水泥，在1.5、2.1模数的水玻璃激发下进行胶砂试验，测试其凝结时间。编号5～编号8胶砂试样的初、终凝时间见表9-15。凝结时间过快无法测试的以“—”表示。

表9-15 赤泥种类和添加水泥对材料凝结时间的影响测试结果 (min)

编号	初凝时间	终凝时间
5	63	68
6	21	39
7	—	—
8	—	—

编号5与上文编号2对比，编号6与上文编号4对比，可以得出使用拜耳法赤泥的材料相对于使用烧结法赤泥的材料初、终凝时间明显延长，拜耳法赤泥具有延长赤泥-铁尾矿复合胶凝材料凝结时间的作用。添加水泥后在5min 30s前已达到终凝。

3. 不同缓凝剂种类及其掺量对赤泥-铁尾矿复合胶凝材料凝结时间的影响

(1) 缓凝剂外掺量设置为0.1%、0.2%、0.3%

采用控制变量法，根据已有试验测试结果设计配比方案，各组采用相同配比的烧结法赤泥、矿粉、铁尾矿粉和标准砂，在模数1.5的水玻璃的激发条件下，分别添加0.1%、0.2%、0.3%的掺加剂硼酸、酒石酸、柠檬酸、四硼酸钠、葡萄糖酸钠、三聚磷酸钠，制成胶砂，进行对比试验。使用NLD-3型水泥胶砂流动度测定仪测试胶凝材料的初、终凝时间，探究不同种类的掺加剂在掺加量为0.1%、0.2%、0.3%的情况下对初、终凝时间的影响。编号9～编号26为硼酸、酒石酸、柠檬酸、四硼酸钠、葡萄糖酸钠、三聚磷酸钠六种掺加剂的掺加量为0.1%、0.2%、0.3%时制成的胶砂，测试结果见表9-16。

表9-16　缓凝剂对材料凝结时间的影响测试结果（一）　(min)

编号	初凝时间	终凝时间
9	24	27
10	26	27
11	28	30
12	25	27
13	28	30
14	27	29
15	25	27
16	26	28
17	25	27
18	24	26
19	26	28
20	28	30
21	29	31
22	30	32
23	30	32
24	29	31
25	28	30
26	30	33

从表中的编号9、10、11可以看到，加入0.3%的硼酸，初、终凝时间分别达到了28min和30min，说明0.3%的硼酸能更好地延长初、终凝时间。从编号12、13、14可以看出，加入0.2%酒石酸，胶凝材料的初、终凝时间达到28min和30min。说明0.2%的酒石酸能有效地延长初、终凝时间。从编号15、16、17可以看到胶凝材料的初、终凝时间基本一致，说明0.1%、0.2%、0.3%的柠檬酸对初、终凝时间的影响基本一致。从编号18、19、20可以看出，0.3%的四硼酸钠能更有效地延长初、终凝时间。从编号21、22、23可以看出，胶凝材料的初、终凝时间基本一致，说明0.1%、0.2%、0.3%的葡萄糖酸钠对初、终凝时间的影响基本一致。从编号24、25、26可以看出，0.3%的三聚磷酸钠能更好地延长赤泥-铁尾矿复合胶凝材料的初、终凝时间。从整体来看，0.3%的三聚磷酸钠对赤泥-铁尾矿复合胶凝材料的初、终凝时间的影响

最大。

（2）缓凝剂外掺量设置为0.5%、1.0%

沿用上一组的物料配比方案，将缓凝剂外掺量调整为0.5%、1.0%，继续进行对比试验。测得的初、终凝时间见表9-17。

表9-17 缓凝剂对材料凝结时间的影响测试结果（二） （min）

编号	初凝时间	终凝时间
27	23	26
28	27	31
29	25	27
30	23	25
31	21	22
32	21	23
33	24	28
34	26	29
35	27	29
36	26	28
37	25	27
38	24	26

从表9-17中可以看出，加入1.0%的硼酸，赤泥-铁尾矿复合胶凝材料的终凝时间达到了31min，能有效延长终凝时间。0.5%、1.0%酒石酸、四硼酸钠、柠檬酸、葡萄糖酸和三聚磷酸钠对延长初、终凝时间的效果不明显。

（3）无掺加剂的对照组

以测试结果较好的配比组不掺加缓凝剂作为参照，并设置硫铝酸盐水泥对照组。参照组和硫铝酸盐水泥对照组的初、终凝时间测试结果见表9-18。

表9-18 对照组的初、终凝时间测试结果 （min）

编号	初凝时间	终凝时间
39	42	44
40	31	37
41	—	15
42	16	18
43	—	5

拜耳法赤泥相对于烧结法赤泥，对延长赤泥-铁尾矿复合胶凝材料的初、终凝时间效果很明显。加入52.5水泥后，赤泥-铁尾矿复合胶凝材料18min就达到终凝。只用硫铝酸盐水泥5min达到终凝。

9.2.3 赤泥-铁尾矿复合胶凝材料环境友好性能评价

通过设计配比方案进行胶砂成型研究，并进行环境稳定性和友好性测试。包括：

（1）抗酸性：胶砂试块养护7d后，在2% HCl溶液中浸泡21d，取出后用干净抹布将表面擦干净，观察其表面有无掉渣现象，并拍照记录酸浸后的形貌，进行抗折、抗压强度测试。

（2）抗碱性：胶砂试块养护7d后，在5%NaOH溶液中浸泡21d，取出后用干净抹布将表面擦干净，观察其表面有无掉渣现象，并拍照记录碱浸后的形貌，进行抗折、抗压强度测试。

（3）抗硫酸盐侵蚀性：胶砂试块养护7d后，在5% Na_2SO_4 溶液中浸泡21d，取出后用干净抹布将表面擦干净，观察其表面有无掉渣现象，并拍照记录硫酸盐浸后的形貌，进行抗折、抗压强度测试。

（4）重金属浸出毒性（TCLP）：依据中华人民共和国环境保护行业标准《固体废物 浸出毒性浸出方法 醋酸缓冲溶液法》（HJ/T 300—2007）进行评价。主要测赤泥、铁尾矿、养护7d的胶砂试块中重金属的浸出毒性。

设置硫铝酸盐水泥对照组，只进行抗酸性、抗碱性、抗硫酸盐腐蚀性测试，不做重金属浸出毒性（TCLP）测试。每组材料都测试正常养护条件下的1d、3d、7d、28d的抗折、抗压强度。

1. 抗酸性、抗碱性及抗硫酸盐侵蚀性能评价

胶砂试块在恒温恒湿养护箱内养护1d、3d、7d、28d的测试结果见表9-19。

表9-19 正常养护下的胶砂试块测试结果 （MPa）

编号	抗折强度			抗压强度			
	1d	7d	28d	1d	3d	7d	28d
F1	2.86	4.68	6.22	14.54	21.98	25.97	34.24
F2	2.20	4.80	6.75	11.65	20.34	22.40	31.34
F3	2.30	4.72	5.70	12.07	19.33	23.08	37.02
F4	1.91	6.32	6.40	6.83	20.70	32.14	33.51
S1	3.24	3.30	4.18	11.63	16.49	17.30	21.78
S2	2.60	3.65	3.96	11.87	16.51	17.36	20.72

胶砂试块分别在2%HCl、5%NaOH、5% Na_2SO_4 溶液中浸泡21d后的测试结果见表9-20。测试后的胶砂试块表面情况如图9-23和图9-24所示。

表9-20 环境稳定性能评价测试结果 （MPa）

编号	2%HCl浸泡21d		5%NaOH浸泡21d		5% Na_2SO_4 浸泡21d	
	抗折强度	抗压强度	抗折强度	抗压强度	抗折强度	抗压强度
F1	6.60	34.82	5.10	41.76	3.95	44.93
F2	6.50	34.47	6.30	40.91	5.15	35.43
F3	6.10	34.47	5.15	41.86	6.05	46.08
F4	6.80	34.43	6.70	49.61	6.30	38.26
S1	4.80	14.80	5.50	21.92	4.22	19.68
S2	4.45	17.70	4.35	19.32	5.30	23.70

通过对比，2%HCl对材料的表面腐蚀效果最为明显，浸泡21d后的胶砂试块掉渣较为严重，表面不平整，字迹已经不清楚，溶液浑浊不堪；5%NaOH和5% Na_2SO_4 对材料表面的腐蚀现象较轻，有少许掉渣，表面与正常养护的胶砂试块差距不大，字迹较为清晰，溶液不浑浊。

图 9-23 胶砂试块的环境稳定性试验

(a) 2%HCl 浸泡后的胶砂试块掉渣明显，字迹不清；(b) 5%NaOH 浸泡后的胶砂试块掉渣较少，平面较为完整，字迹明显；(c) 5%NaOH 浸泡桶中溶液残渣很少；(d) 5%Na_2SO_4浸泡后的胶砂试块掉渣较少，平面完整，字迹清晰

图 9-24 三组胶砂试块对比，从上到下依次为 2%HCl 浸泡、5%NaOH 浸泡、5%Na_2SO_4浸泡

通过对比数据发现，由于赤泥-铁尾矿复合胶凝材料本身强度够大，因此三种溶液浸泡过后的胶砂试块与正常养护的胶砂试块相比较，数据有少许出入，没有特别明显的强度下降现象。其中，2%HCl 对试块腐蚀效果是最明显的，F1 组、S1 组的抗压强度都有了一定下降。通过对比 F 组（赤泥-铁尾矿复合胶凝材料）、S 组（硫铝酸盐水泥）发现，S 组在 2%HCl 溶液中浸泡 21d 后，抗压强度有明显下降，而在 5%NaOH 浸泡，

5%Na_2SO_4浸泡后强度下降不大，可以发现 HCl 对 S 组的腐蚀较为明显，F 组的抗腐蚀性强于 S 组。

2. 重金属浸出毒性分析

以上述试验中抗酸性、抗碱性及抗硫酸盐侵蚀性表现最好的 F4 组为标本，检测重金属浸出毒性，结果见表 9-21。由于本试验中所用的毒性浸出方法与美国环境保护部 SW-8461311TCLP 方法相似，故在此采用美国环境保护部危险废物浸出毒性限值标准《US EPATCLP Regulatory Limits》对 As、Ba、Cd、Cr、Hg、Pb 重金属的浸出毒性进行评价。

从表 9-21 中可以看出，F4 配比制作的赤泥-铁尾矿复合胶凝材料中的 As、Ba、Cd、Cr、Hg、Pb 等重金属浸出浓度远远低于 EPA 浸出毒性限值，重金属浸出毒性在安全范围内。

表 9-21 重金属浸出测试结果

样品编号	取样质量（g）	定容体积（mL）	稀释系数	所测元素	仪器读数（mg/L）	换算含量（mg/kg）
F4	0.0998	25	1	As	0.0745	18.67
F4	0.0998	25	1	Ba	0.7016	175.74
F4	0.0998	25	1	Cd	0.0096	2.40
F4	0.0998	25	1	Cr	0.3103	77.72
F4	0.0998	25	1	Hg	0.0034	0.86
F4	0.0998	25	1	Pb	0.2187	54.79

9.3 耐海水腐蚀赤泥胶凝复合材料

9.3.1 主体原料掺量对耐海水腐蚀赤泥胶凝复合材料力学性能的影响

1. 赤泥掺量对耐海水腐蚀赤泥胶凝复合材料力学性能的影响

本节以赤泥掺量为变量，通过增加赤泥掺量，相应减少水泥掺量来探究赤泥掺量对于赤泥-铁尾矿基海工复合胶凝材料力学强度的影响，赤泥和水泥的总掺量为 35%，使用的赤泥为 RM1，拌和水为淡水。

所制得试块的 3d、7d、28d 的力学性能如图 9-25 所示。由图可知无论是 3d、7d 还是 28d，随着赤泥掺量的增加、水泥含量的减少，抗折强度逐步降低。除了当赤泥的掺量为 15%时，数据产生波动，相比于赤泥掺量为 10%时，抗折强度 3d 降低了 4.78%，7d 降低了 5.86%，但是 28d 抗折强度提高了 0.59MPa，提高了 9.83%，这是由于赤泥掺量相近所产生的数据误差波动。相比于赤泥掺量为 5%，赤泥含量为 25%的胶砂试块的抗折强度显著降低，其抗折强度 3d 降低 66.05%，7d 降低 77.23%，28d 降低 50.85%。

图 9-25（b）是不同赤泥掺量的赤泥-铁尾矿基海工复合胶凝材料的抗压强度，当赤泥掺量为 5%时，28d 抗压强度低于 7d 抗压强度，这是由于在海水中养护时，发生海水

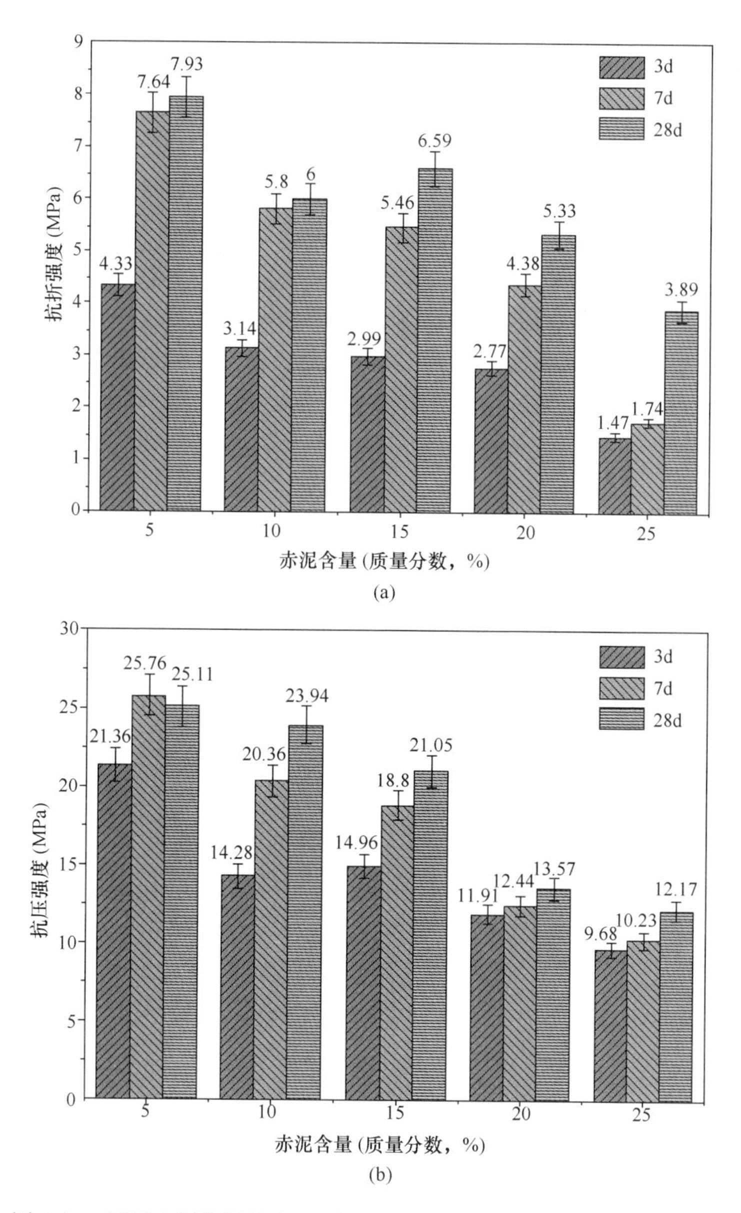

图 9-25 不同赤泥掺量的赤泥-铁尾矿基海工复合胶凝材料的力学性能

(a) 抗折强度；(b) 抗压强度

腐蚀。相比于赤泥掺量为 10%时，赤泥掺量为 15%的胶砂试块的抗压强度 3d 提高 4.76%，7d 降低 7.66%，28d 降低 12.07%。这也是赤泥掺量相近所产生的数据误差波动。相比于赤泥掺量为 5%时，赤泥掺量为 25%的胶砂试块的抗压强度 3d 减少 54.68%，7d 减少 60.29%，28d 减少 51.53%。

由不同赤泥掺量的赤泥-铁尾矿基海工复合胶凝材料的抗折强度和抗压强度可知，随着赤泥掺量的增加、水泥掺量的减少，力学强度逐渐降低。主要原因是赤泥的火山灰活性低，而且还会略微降低流动性，因此赤泥-铁尾矿基海工复合胶凝材料的水化程度基本上随着赤泥含量的增加而降低。

2. 矿粉掺量对耐海水腐蚀赤泥胶凝复合材料力学性能的影响

以矿粉掺量为变量，在已经选取赤泥掺量为15%的基础上，矿粉和水泥的总掺量为29%，随着矿粉掺量增加，水泥掺量相应减少，使用的赤泥为RM1，拌和水为淡水。

制得试块的力学性能如图9-26所示。图9-26（a）是不同矿粉掺量的赤泥-铁尾矿基海工复合胶凝材料的抗折强度。由图可知除了7d，随着矿粉掺量的增加，水泥掺量的减少，抗折强度逐渐下降。3d和28d并没有明显变化趋势，当矿粉掺量为9%时，无

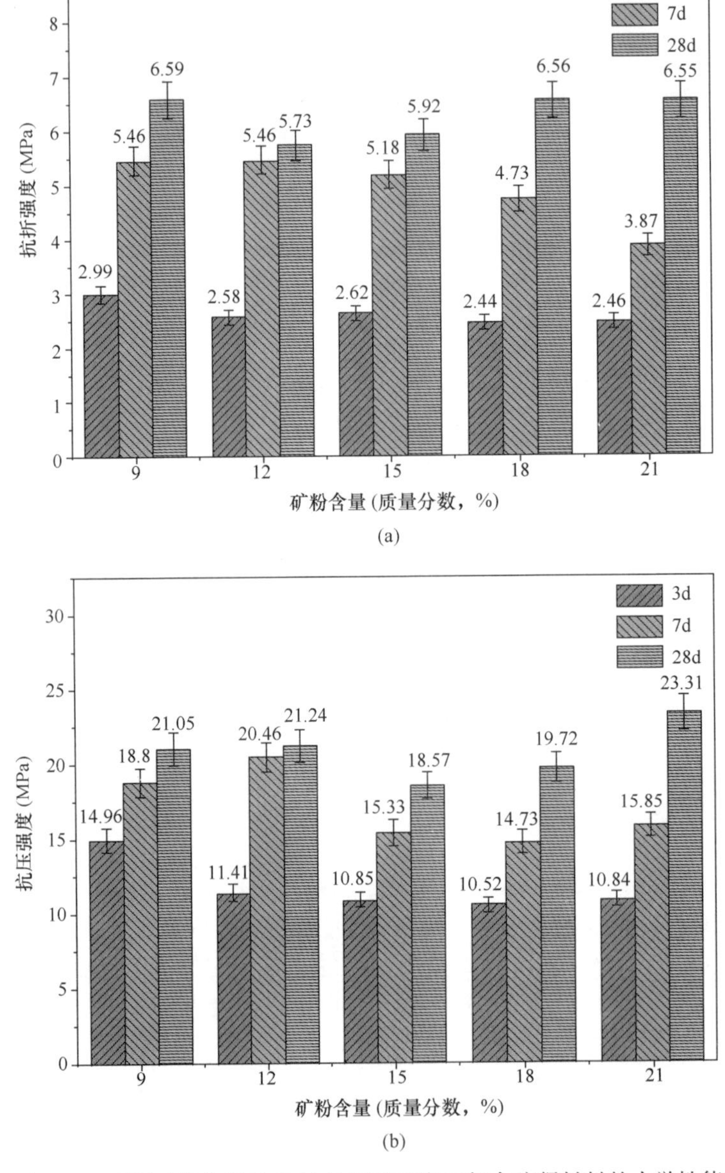

图9-26　不同矿粉掺量的赤泥-铁尾矿基海工复合胶凝材料的力学性能

（a）抗折强度；（b）抗压强度

论是3d、7d、28d，抗折强度均为最高，但是在28d时，与矿粉掺量为18%和21%相比，抗折强度相差不大。

图9-26（b）是不同矿粉掺量的赤泥-铁尾矿基海工复合胶凝材料的抗压强度。抗压强度也并没有明显变化趋势。3d时，矿粉掺量为9%时，抗压强度最高为14.96MPa，7d时，矿粉掺量为12%时，抗压强度最高为20.46MPa，28d时，矿粉掺量为21%时，抗压强度最高为23.31MPa。

由抗折强度和抗压强度可知，虽然矿粉和水泥的比例与力学性能不能显示出明显的线性关系，但可以发现，在试验中，矿粉掺量为12%时，7d的抗压强度最好，且28d抗压强度仅次于矿粉掺量为21%时，考虑到矿粉成本高，所以优选矿粉掺量为12%作为配比进行下一步试验。

3. 粉煤灰掺量对耐海水腐蚀赤泥胶凝复合材料力学性能的影响

本节以粉煤灰掺量为变量，在已经选取赤泥掺量为15%，矿粉掺量为12%的基础上，选定粉煤灰和水泥的总掺量为20%，随着粉煤灰掺量增加，水泥掺量相应减少，其中使用的赤泥为RM1，拌和水为淡水。

制得试块的力学性能如图9-27所示。图9-27（a）是不同粉煤灰掺量的赤泥-铁尾矿基海工复合胶凝材料的抗折强度。试块的抗折强度随着粉煤灰掺量的增加变化无明显线性关系，当粉煤灰掺量为9%时，3d抗折强度最高为2.69MPa，7d抗折强度最高为6.44MPa，但是由于粉煤灰含量较多，28d强度甚至有所回缩，降至5.16MPa。在粉煤灰掺量为3%时，28d抗折强度最高为5.73MPa。

图9-27（b）代表不同粉煤灰掺量的赤泥-铁尾矿基海工复合胶凝材料的抗压强度。随着粉煤灰掺量的逐步增加和水泥掺量的逐步降低，抗压强度越来越低。在粉煤灰掺量为3%时，无论是3d、7d还是28d，抗压强度均为最好。当粉煤灰掺量为9%时，3d、7d、28d的抗压强度分别减少26.29%、17.84%、15.63%。

由抗折强度和抗压强度测定的结果可知，抗折强度与粉煤灰掺量、水泥掺量的比例没有明显线性关系，但是抗压强度很明显随着粉煤灰掺量的增加和水泥掺量的减少而降低。这是因为粉煤灰的火山灰性能低。过多的粉煤灰可能未完全反应，生成的水化产物少，甚至在海水中被腐蚀。由于当粉煤灰掺量为3%时，抗折强度在3d、7d均较好，28d为最好。抗压强度在3d、7d、28d均为最好，所以下一步试验以粉煤灰掺量为3%继续探究。

4. 脱硫石膏对耐海水腐蚀赤泥胶凝复合材料力学性能的影响

本节以脱硫石膏掺量为变量，在选取赤泥掺量为15%，矿粉掺量为12%，粉煤灰掺量为3%的基础上，脱硫石膏和水泥的总掺量定为20%，随着脱硫石膏掺量增加，水泥掺量相应减少，其中使用的赤泥为RM1，拌和水为淡水。

所制得试块的力学性能如图9-28所示。图9-28（a）是不同脱硫石膏掺量的赤泥-铁尾矿基海工复合胶凝材料的抗折强度。试块的抗折强度随着脱硫石膏掺量的增加和水泥掺量的减少，抗折强度在3d越来越高，在7d越来越低。当脱硫石膏掺量为7%时，3d的抗折强度最高为3.61MPa，当脱硫石膏掺量为3%时，7d的抗折强度最高为5.46MPa，当脱硫石膏掺量为5%时，28d的抗折强度最高为5.96MPa。

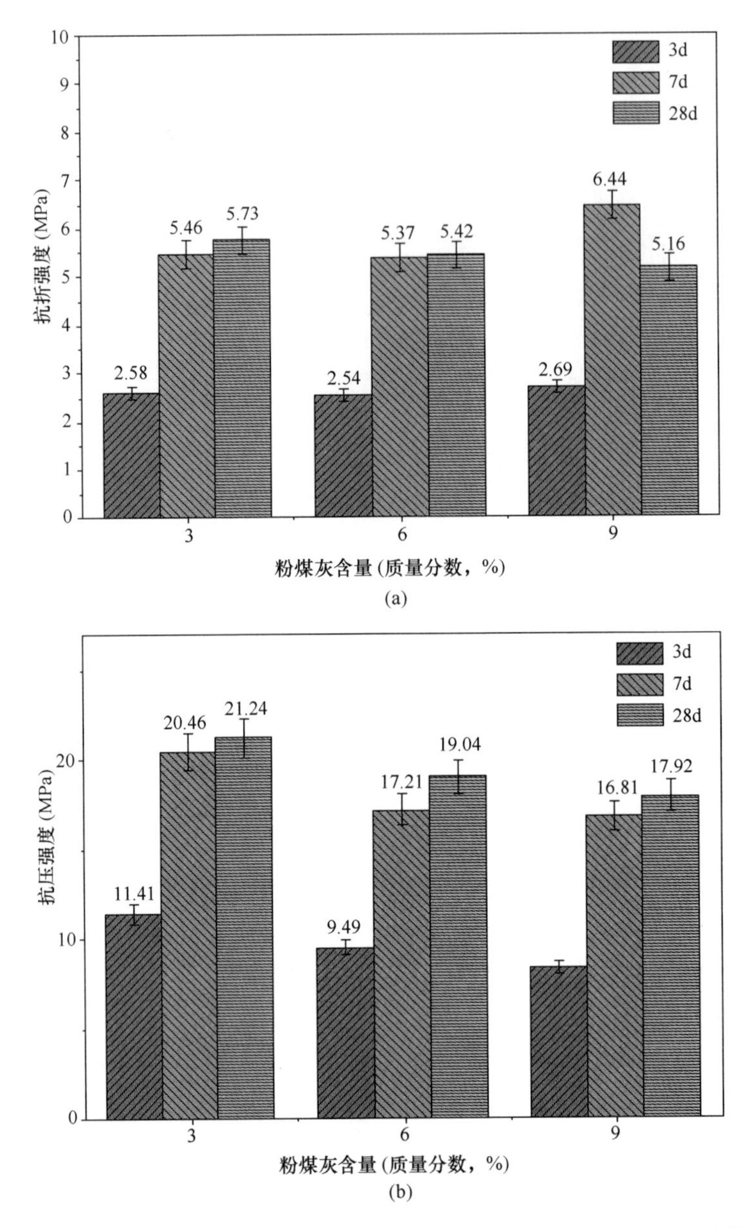

图 9-27　不同粉煤灰掺量的赤泥-铁尾矿基海工复合胶凝材料的力学性能

(a) 抗折强度；(b) 抗压强度

图 9-28 (b) 代表不同脱硫石膏掺量的赤泥-铁尾矿基海工复合胶凝材料的抗压强度。掺入 5%脱硫石膏的试块 3d 抗压强度最高为 15.17MPa，掺入 3%脱硫石膏的试块 7d 抗压强度最高为 20.46MPa，掺入 7% 脱硫石膏的试块 28d 抗压强度最高为 21.46MPa。

可以看出，脱硫石膏掺加量的变化对力学强度并没有明显影响。添加脱硫石膏的原因主要是充当水泥基材料的缓凝剂。脱硫石膏的溶解还可以为钙矾石的水合产物的形成提供 SO_4^{2-}。由于赤泥-铁尾矿基海工复合胶凝材料是一种含有赤泥、矿渣和粉煤灰的复

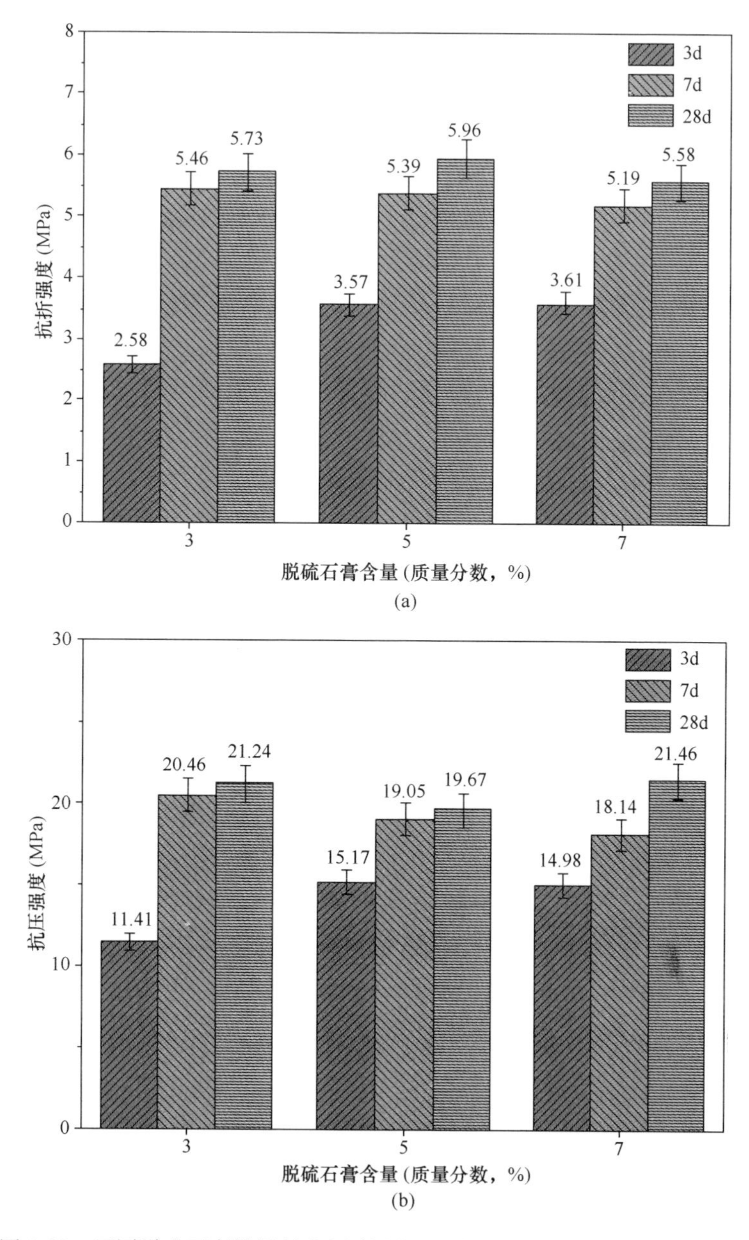

图 9-28　不同脱硫石膏掺量的赤泥-铁尾矿基海工复合胶凝材料的力学性能

(a) 抗折强度；(b) 抗压强度

合胶凝材料，这些火山灰质材料对脱硫石膏的消耗会导致钙矾石的形成，从而提高力学性能。由于掺入 7%脱硫石膏的 28d 强度最高，故以此为基础继续下一步探究。

5. **铁尾矿掺量对耐海水腐蚀赤泥胶凝复合材料力学性能的影响**

本节以铁尾矿掺量为变量，在已经选取赤泥掺量为 15%，矿粉掺量为 12%，粉煤灰掺量为 3%，脱硫石膏掺量 7%的基础上，为了更多地使用赤泥这种固体废弃物，铁尾矿和赤泥的总掺量定为 65%，赤泥掺量增加，铁尾矿掺量相应减少，其中使用的赤泥为处理过后的 RM1，拌和水为淡水，水灰比经过调控使得流动度相似。

所制得试块的力学性能如图 9-29 所示。图 9-29（a）是不同铁尾矿掺量的赤泥-铁尾矿基海工复合胶凝材料的抗折强度。随着铁尾矿掺量的增加和赤泥掺量的减少，试块的抗折强度越来越高。

图 9-29（b）代表不同铁尾矿掺量的赤泥-铁尾矿基海工复合胶凝材料的抗压强度。同样随着铁尾矿掺量的增加和赤泥掺量的减少，试块的抗压强度呈现越来越高的趋势。

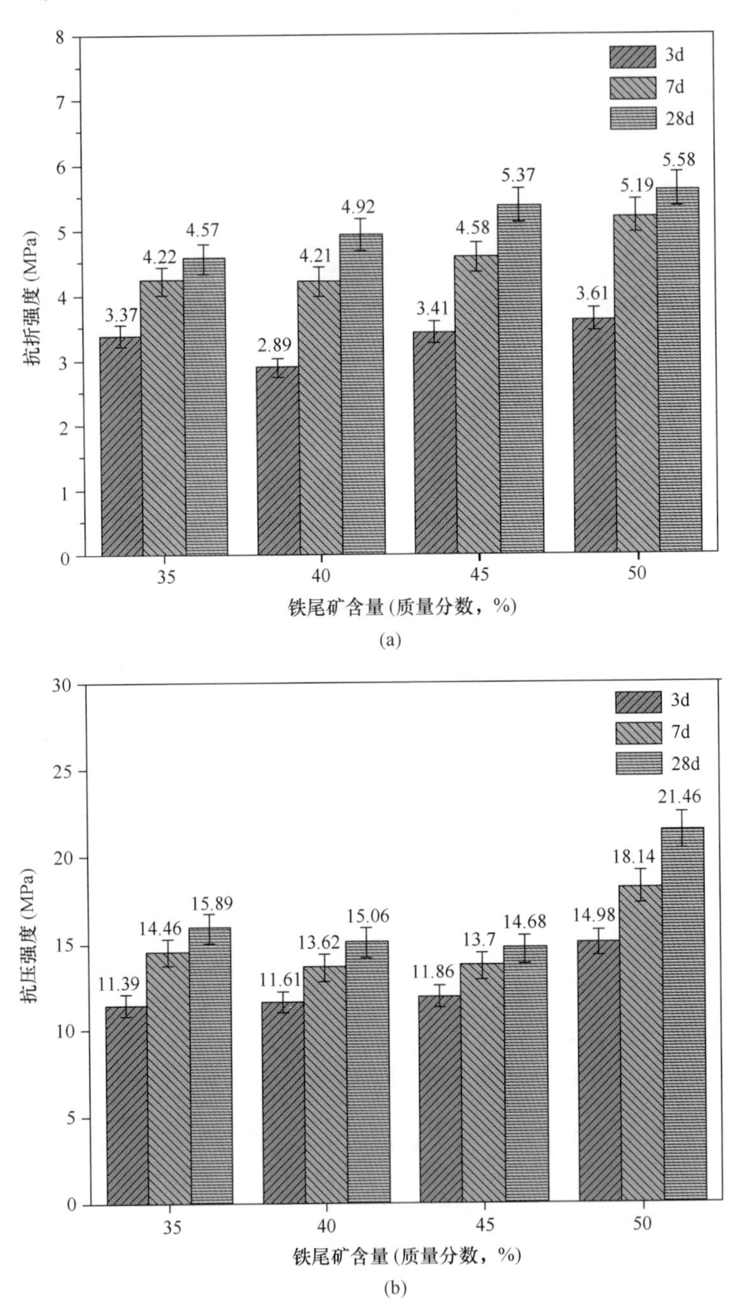

图 9-29　不同铁尾矿掺量的赤泥-铁尾矿基海工复合胶凝材料的力学性能

（a）抗折强度；（b）抗压强度

从图 9-29 可以看出，赤泥-铁尾矿基海工复合胶凝材料随着铁尾矿掺量的减少，赤泥掺量的增加，力学强度呈现越来越低的趋势。主要原因是铁尾矿在赤泥-铁尾矿基海工复合胶凝材料中作为骨料起到一定支撑和填充作用。所以铁尾矿掺量降低，支撑填充作用减弱。综上，为了提高赤泥比例，选取铁尾矿掺量 35%的配比进行进一步探究，确认优化配比为 42.5 水泥：赤泥：矿粉：粉煤灰：脱硫石膏：铁尾矿为 13：30：12：3：7：35，水灰比为 0.38。

9.3.2 赤泥粒度对耐海水腐蚀赤泥胶凝复合材料力学性能的影响

在前期优化配比为 42.5 水泥：赤泥：矿粉：粉煤灰：脱硫石膏：铁尾矿＝13：30：12：3：7：35，水灰比为 0.38 的基础上，使用两种不同粒度的赤泥进行试验：RM1 和 RM2，其粒度见表 9-22。

表 9-22 赤泥的粒度分析

粒度	RM1（μm）	RM2（μm）
d（0.1）	0.29	0.235
d（0.5）	2.4	0.825
d（0.9）	20.77	4.871

所制得试块的力学性能如图 9-30 所示。图 9-30（a）是不同赤泥粒度的赤泥-铁尾矿基海工复合胶凝材料的抗折强度。通过对比可知，RM2 的粒度小于 RM1，使用 RM2 的试块相比于使用 RM1 的试块在 3d、7d、28d 的抗折强度分别提升了－2.12%、18.85%和 25.08%。

图 9-30（b）是不同赤泥粒度的赤泥-铁尾矿基海工复合胶凝材料的抗压强度。使用 RM2 的试块要远远好于使用 RM1 的试块。使用 RM2 的试块相比于使用 RM1 的试块在 3d、7d、28d 的抗折强度提升了 60.52%、53.13%、57.85%。

可以看出，使用 RM2 的试块在力学性能方面要好于使用 RM1 的。主要原因是 RM1 粒度大，RM2 粒度小，在水灰比相同的情况下，RM2 流动度更低，力学强度会更高。由于赤泥具有微填充效应，当赤泥的粒径更小时，可以更好地填入到骨料之间，使得结构更密实，强度更高。因此接下来的实验选用 RM2 进行。

9.3.3 聚羧酸减水剂掺量对耐海水腐蚀赤泥胶凝复合材料力学性能的影响

研究以聚羧酸减水剂掺量为变量，在确定主体原料配比和赤泥粒度的基础上，为了进一步增加其力学强度以达到预期，外加聚羧酸减水剂。其中使用的赤泥为 RM2，拌和水为淡水，水灰比经过调控使得流动度相似。

所制得试块的力学性能如图 9-31 所示。图 9-31（a）是不同聚羧酸减水剂掺量的赤泥-铁尾矿基海工复合胶凝材料的抗折强度。可以看出，抗折强度随着聚羧酸减水剂掺量的增加呈现先增高后降低的趋势。当聚羧酸减水剂掺量为 0.75%时，试块的 3d 和 28d 抗折强度表现最优。

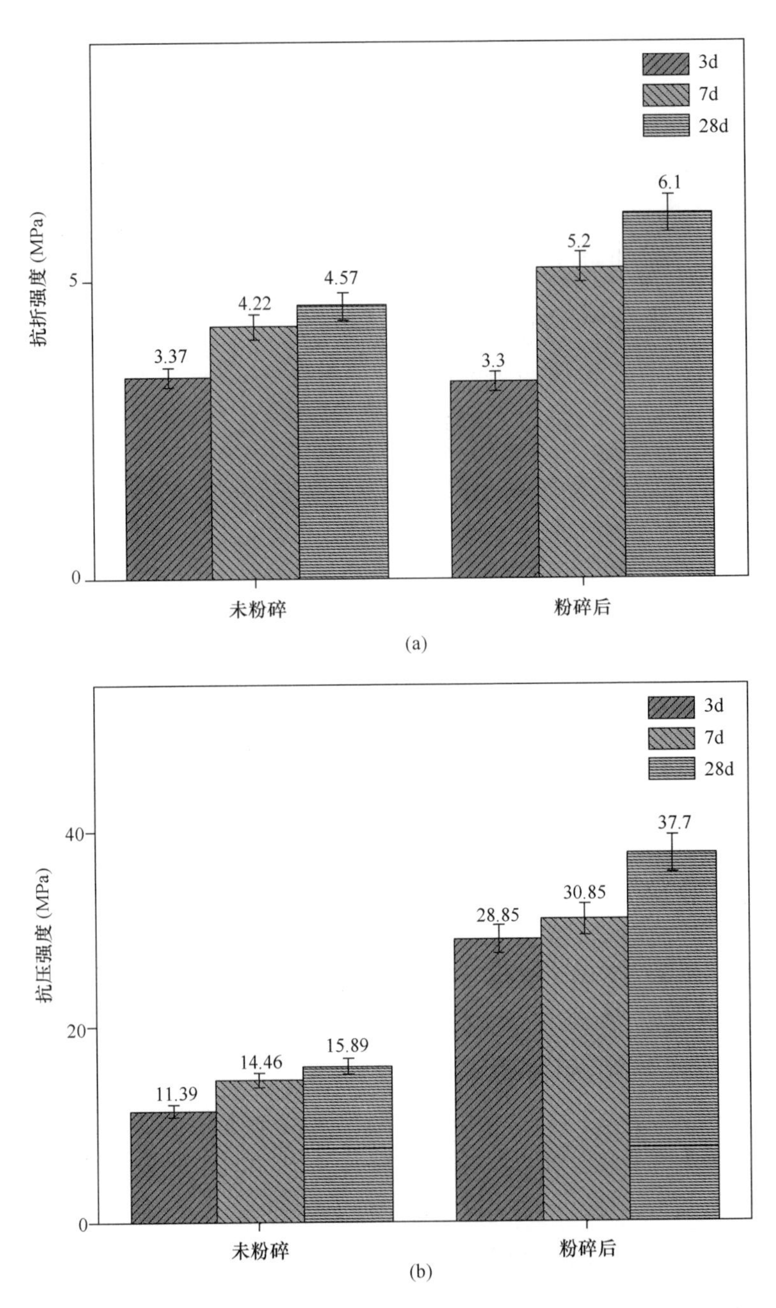

图 9-30　不同粒度赤泥的赤泥-铁尾矿基海工复合胶凝材料的力学性能

(a) 抗折强度；(b) 抗压强度

图 9-31 (b) 是不同聚羧酸减水剂掺量的赤泥-铁尾矿基海工复合胶凝材料的抗压强度。可以看出抗压强度随着聚羧酸减水剂的增加而增加，但是聚羧酸减水剂掺量为 1.00％时，28d 试块的抗压强度出现倒退的情况甚至低于聚羧酸减水剂掺量为 0.75％时的抗压强度。

由此可知，力学强度是随着聚羧酸减水剂的增加而增加，而到达最佳掺量后，抗折

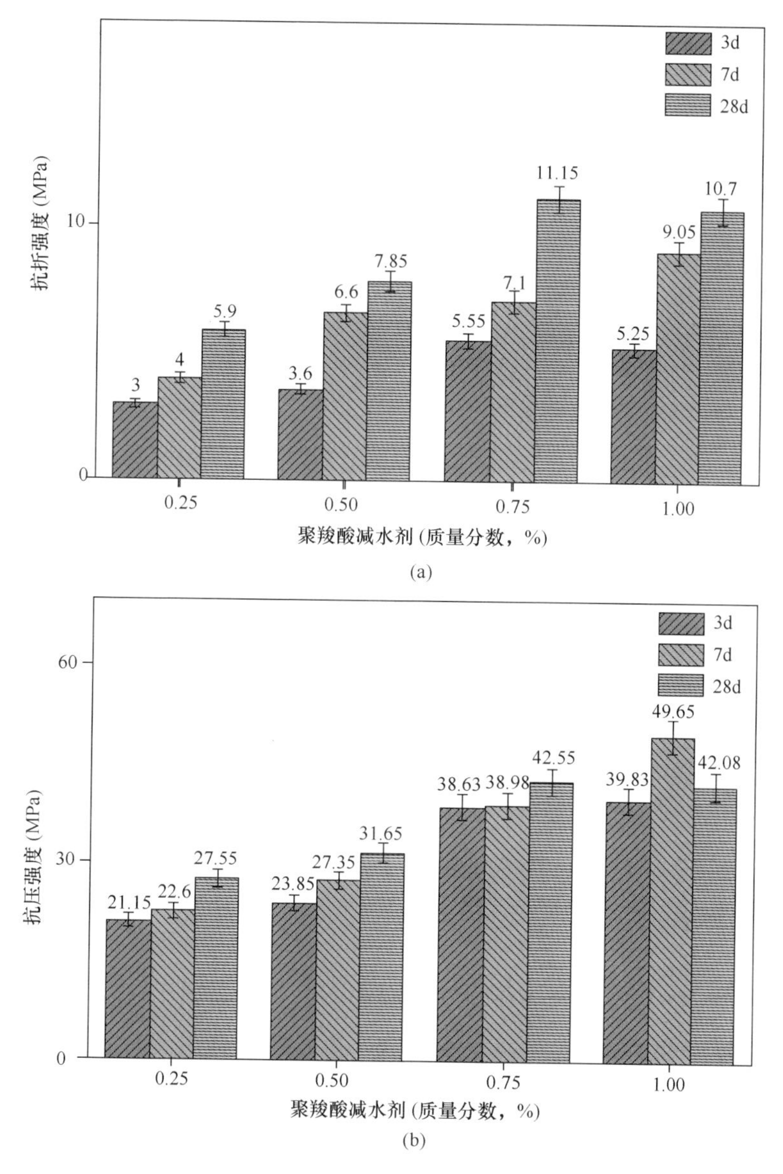

图 9-31 不同聚羧酸减水剂掺量的赤泥-铁尾矿基海工复合胶凝材料的力学性能

(a) 抗折强度；(b) 抗压强度

强度减少，抗压强度因为海水腐蚀影响而倒退。这是因为聚羧酸减水剂通过静电斥力使得水泥颗粒的絮凝结构中的水分释放，从而降低水胶比，在胶凝材料硬化体中孔隙率会降低。聚羧酸分子还在凝胶材料的表面产生吸附层，阻止了水泥颗粒之间的聚集，起到阻碍空间的作用。因此，可以通过添加聚羧酸减水剂来提高力学性能。但是聚羧酸减水剂添加过量会使浆体缓凝时间变长，在凝结过程中接触气体增多，降低混凝土力学强度。萘系减水剂的工作原理是用分子中的阴离子形成双电子层，起到减水作用。聚羧酸减水剂所形成的吸附层牢固不易脱落且敏感，故其减水效果要比萘系减水剂的好。相比于萘系减水剂，聚羧酸减水剂分子可以形成不同的空间网状结构，提高力学强度和耐久性。

9.3.4 玄武岩纤维对耐海水腐蚀赤泥胶凝复合材料力学性能的影响

本节以玄武岩纤维尺寸和掺量为变量，为了进一步提高赤泥-铁尾矿基海工复合胶凝材料的抗折强度，外加玄武岩纤维。使用的赤泥为 RM2，拌和水为淡水，水灰比经过调控使得流动度相似。G1～G4 掺入的是 12mm 玄武岩纤维，G5～G8 掺入的是 18mm 玄武岩纤维。

所制得试块的力学性能如图 9-32 所示。图 9-32（a）是不同玄武岩纤维尺寸、掺量的赤泥-铁尾矿基海工复合胶凝材料的抗折强度。可以看出当掺入 12mm 的玄武岩纤维时，3d 和 28d 的抗折强度要优于掺入 18mm 玄武岩纤维的试块，但是掺入 18mm 玄武岩纤维的试块 7d 抗折强度要优于掺入 12mm 玄武岩纤维的试块。

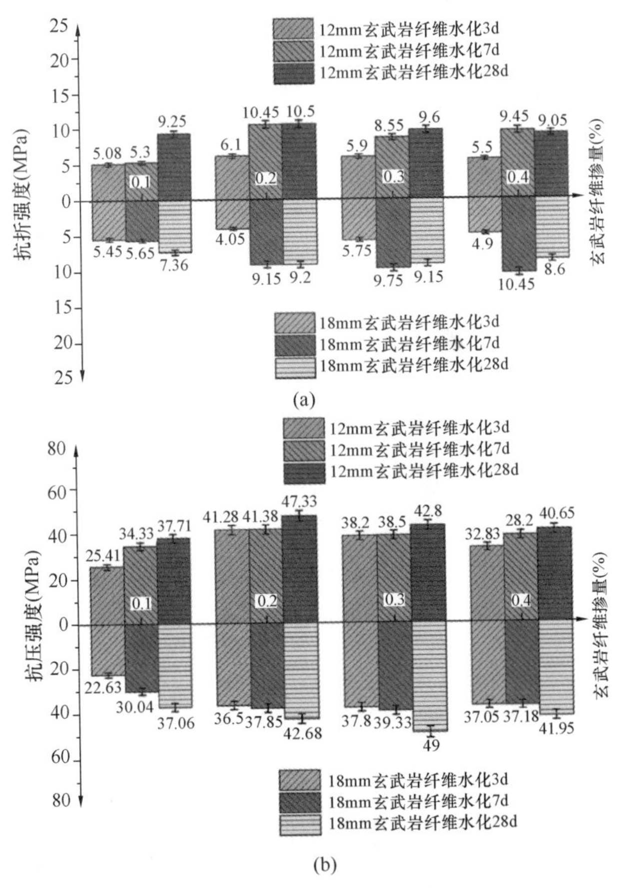

图 9-32 不同玄武岩纤维尺寸、掺量的赤泥-铁尾矿基海工复合胶凝材料的力学性能

（a）抗折强度；（b）抗压强度

当掺入 12mm 玄武岩纤维时，随着玄武岩纤维掺量的增加，试块的抗折强度先增

加后减少，在掺入0.2%的玄武岩纤维时，抗折强度到达峰值，3d、7d、28d的抗折强度分别为6.1MPa、10.45MPa、10.5MPa。当掺入18mm玄武岩纤维时，随着玄武岩纤维掺量的增加，7d抗折强度一直增加，28d抗折强度先增加后减少，在掺入0.2%的玄武岩纤维时，抗折强度到达峰值为9.2MPa。

图9-32（b）是不同玄武岩纤维尺寸、掺量的赤泥-铁尾矿基海工复合胶凝材料的抗压强度。可以看出当掺入12mm玄武岩纤维时，在掺量为0.1%、0.2%时，抗压强度要优于掺入18mm的玄武岩纤维的试块，当掺入18mm玄武岩纤维时，在掺量为0.3%、0.4%时，抗压强度大于掺入12mm的玄武岩纤维的试块。

当掺入12mm玄武岩纤维时，随着玄武岩纤维掺量的增加，试块的抗压强度先增加后减少，在0.2%时达到最高，3d、7d、28d的抗压强度分别为41.28MPa、41.38MPa、47.33MPa。当掺入18mm玄武岩纤维时，随着玄武岩纤维掺量的增加，试块的抗压强度同样先增加后减少，在0.3%时达到最高，3d、7d、28d的抗压强度分别为37.80MPa、39.33MPa、49.00MPa。

相比于抗压强度，玄武岩纤维对于抗折强度的影响更明显，主要原因在于当混凝土受到抗折力时，纤维能够分担一部分力，并起到桥联作用，在裂缝间的玄武岩纤维可以将荷载传递至裂缝两端的基体材料上，从而提升混凝土的抗折强度。受到抗折力的作用时混凝土的界面过渡区会产生大量应力集中点而形成微裂缝。抗折强度上，12mm纤维具有更弱的边壁效应，使浆体与纤维之间的黏结更加均匀，而相同质量的情况下，由于单根12mm的玄武岩纤维的质量小于18mm的玄武岩纤维，所以12mm纤维的根数要多于18mm纤维，因此增强效果在3d和28d更加明显。在7d时的抗折强度，18mm纤维较长，相比于12mm纤维的黏结力以及摩擦力更强，在断裂时，更难拉出，提高抗折强度。抗压强度上，当掺量较低时，12mm的纤维较短，连接紧密且数量多，分散均匀，纤维与硬化浆体之间的摩擦力可以显著提高抗压强度。而18mm的纤维较长，易环绕，在单位面积下的纤维根数减少，连接作用减弱，抗压强度下降。当掺量较高时，12mm的纤维数量多，易成团，不能够均匀分布，比表面积增大，胶凝材料不能很好地包裹纤维，影响二者之间的黏结力，造成强度下降。

在混凝土的内部，砂浆与骨料的接触面有大量氢氧化钙和孔隙，这些氢氧化钙和孔隙成为混凝土受到压力破坏的关键部位。当12mm的纤维掺量为0.2%，18mm的纤维掺量为0.3%时，足够量的纤维在混凝土内部呈现乱向分布，分散混凝土内部的拉应力方向，力通过玄武岩纤维在混凝土间往复传递，显著体现了玄武岩纤维的桥联效应。

9.4 3D打印赤泥胶凝材料及建筑构件

9.4.1 3D打印赤泥胶凝材料的制备

1.3D打印赤泥胶凝材料配合比设计

赤泥与粉煤灰为灰料中主要的两种工业固体废弃物，在经过大量探索试验的基础上，确定了粉煤灰用量为4%（K1～K4）与9%（K5～K8）两种添加比，进一步通过改变赤泥与铁尾矿的用量来确定最优配比。为了检验 FDN 减水剂对样品力学性能的提升作用，将 FDN 减水剂替换成聚羧酸减水剂设计了 4 组对比方案，见表 9-23。

表 9-23 聚羧酸减水剂对力学性能的影响试验方案

样品	赤泥	粉煤灰	铁尾矿	42.5 硅酸盐水泥	贝利特水泥	聚羧酸减水剂
Q1	15	4	50	24	6	1
Q2	20	4	45	24	6	1
Q3	25	4	40	24	6	1
Q4	30	4	35	24	6	1

2. 3D 打印赤泥胶凝材料力学强度分析

待样品 K1～K8、Q1～Q4 制备完成后，将其放入恒温养护箱中养护，待 7d 和 28d 后分别测试了它们的抗折强度与抗压强度，试验结果详见表 9-24。

由表 9-24、图 9-33 和图 9-34 可知，当粉煤灰添加量为 9%时，样品的力学性能普遍高于粉煤灰添加量 4%时，这种情况在样品 28d 时越发显现，说明适量粉煤灰的加入会提升样品的后期强度。而分别对比 K1 与 Q1、K2 与 Q2、K3 与 Q3、K4 与 Q4，不难发现聚羧酸减水剂相对于 FDN 减水剂对赤泥/铁尾矿砂浆材料力学性能的提升并不太明显。在铁尾矿掺量相同的情况下，抗折强度随粉煤灰掺量的增加而增加。这种效应可能与粉煤灰中玻璃微珠的微团聚体填充有关。这些试样在 7d 时均具有较高的抗压强度，主要原因是掺入了复合水泥。在铁尾矿掺量相同的情况下，随着粉煤灰掺量的增加，28d 的抗压强度也随之增加。

表 9-24 力学性能试验结果 (MPa)

样品	抗折强度		抗压强度	
	7d	28d	7d	28d
K1	7.38	8.09	29.9	31.2
K2	7.27	8.01	34.1	33.9
K3	5.96	5.98	28.4	30.6
K4	5.08	6.34	24.4	35.6
K5	7.31	11.91	25.9	39.1
K6	7.56	8.27	23.6	33.6
K7	6.68	8.39	26.8	38.6
K8	5.13	6.47	25.8	30.5
Q1	3.77	6.26	24	26.4
Q2	2.62	5.98	10.6	24.1
Q3	4.62	7.16	27.2	25.6
Q4	6.2	6.99	29.9	31.3

这种行为与粉煤灰的火山灰反应有关。在胶凝材料中，碱性固体废弃物赤泥与普通硅酸盐水泥、贝利特-硫铝酸盐水泥一起提供合适的碱性活化作用，使粉煤灰的活性得

以激发，形成具有交联结构的C-S-H凝胶，有利于胶凝材料强度的发展。在相同铁尾矿掺量下，粉煤灰掺量越高，交联结构的C-S-H凝胶越多，28d抗压强度也随之越高。总体而言，K5和K7试样在28d时的抗压强度最高，达到约39MPa。此外，K5在28d的抗折强度最高，达到11.91MPa，而K7在28d的抗压强度次之，为8.39MPa。

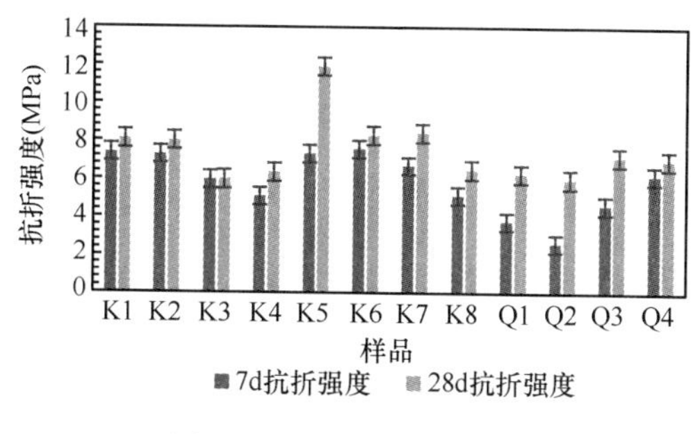

图9-33 抗折强度对比图

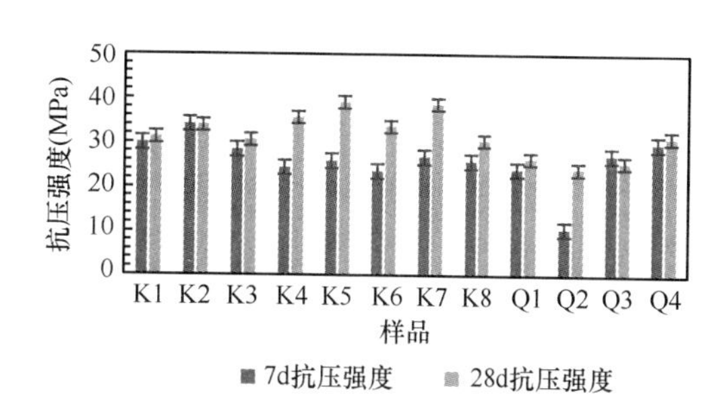

图9-34 抗压强度对比图

9.4.2 3D打印赤泥胶凝材料硬化体样品表征

1.3D打印赤泥胶凝材料硬化体SEM分析

由于K5和K7样品在28d内具有令人满意的力学性能，因此将这两组样品通过SEM观察进行微观结构分析。为方便SEM样品表征，将制备好的K5、K7样品均切割成8mm×8mm×4mm的小块体，用乙醇溶液浸泡3d终止样品水化，3d过后将样品放入小烧杯中，在55℃下真空干燥24h，取出装入密封袋，尽量少接触空气，防止空气中的水分再次进入样品。最后对试样进行金相溅射处理，再拍摄SEM图像。

图9-35（a）为养护28d后K5的SEM微观形貌图，图9-35（b）为养护28d后K7的SEM微观形貌图。从K5和K7的SEM显微形貌中观察到了C-S-H凝胶、钙矾石、$Ca(OH)_2$晶体、粉煤灰玻璃微珠和铁尾矿颗粒。铁尾矿在该种砂浆材料中作为细骨料，被C-S-H凝胶紧密包裹，胶凝料与骨料之间产生了紧密的黏结作用。钙矾石分散在胶凝基质中，C-S-H凝胶涂覆在粉煤灰微球上。所有这些作用形成了赤泥/铁尾矿砂浆材

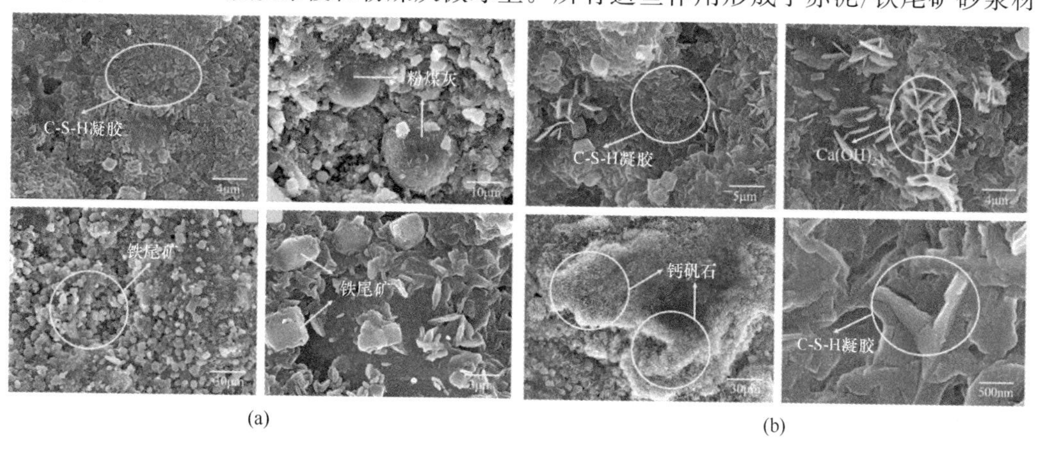

图9-35 SEM微观形貌图

（a）K5 SEM微观形貌图；（b）K7 SEM微观形貌图

料硬化体的致密结构，很好地解释了K5和K7试样在28d内具有良好力学性能的原因。由此可见，赤泥/铁尾矿砂浆材料的水化产物为$Ca(OH)_2$、C-S-H凝胶和钙矾石。

2.3D打印赤泥胶凝材料硬化体重金属浸出含量分析

由于所研究的赤泥/铁尾矿砂浆材料拟作为3D打印建筑材料，因此有必要对它的环境友好性能进行测试，其重金属浸出试验结果见表9-25。采用中国废水综合排放标准《污水综合排放标准》（GB 8978—1996）评价样品中重金属的毒性结果，样品中重金属As、Cr、Cd、Hg的测量值远低于中国《污水综合排放标准》（GB 8978—1996）的限值。因此，赤泥/铁尾矿砂浆材料不会对环境造成重金属污染风险，可以在施工现场安全使用。

表9-25　重金属浸出测试结果

元素	样品K5	样品K7	GB 8978—1996限值
As	0.091	0.0541	0.5
Ba	0.2148	0.1232	—
Cd	0.0007	0.0007	0.1
Cr	0.0506	0.0408	1.5
Hg	0.002	0.0015	0.05

3. 3D打印建材样品展示

由于K5和K7两组样品力学性能较好，拟选择二者进行3D打印构件。试打印之前需要测定打印材料的流动度及凝结时间，因此，对K5和K7两组样品进行了流动性和初终凝结时间测定。砂浆流动性的测试按照国家标准《水泥胶砂流动度测定方法》（GB/T 2419—2005）进行，初、终凝结时间按照国家标准《水泥标准稠度用水量、凝结时间、安定性检验方法》（GB/T 1346—2011）来测定。

表9-26为赤泥/铁尾矿砂浆材料K5和K7样品的初终凝时间和流动度试验结果。K5和K7的流动度分别为163mm和138mm。可以看出，K5具有较好的流动性。由于K7的初凝时间为32min，凝结时间过快不利于3D打印机输送系统的顺利运行，因此，选择K5配合比进行试打印。

表9-26　赤泥/铁尾矿砂浆材料K5和K7的凝结时间及流动度测试结果

样品	凝结时间（min）		流动度（mm）
	初凝时间	终凝时间	
K5	50	85	163
K7	32	50	138

为了顺利进行3D打印，K5的流动度需要进一步调整，调整前后的K5及K7凝结时间和流动度变化如图9-36所示。K5调整后流动度达到205mm，水固比为0.183，初凝时间为80min，终凝时间为130min。原料搅拌均匀后，通过输送系统快速将原料传输进3D打印喷嘴中，试验中所用3D打印挤压喷嘴直径为3cm，由大功率电机驱动，如图9-37（a）所示。这里需要注意的是，打印过程中未使用的原料还在混合器中，原

料的流动性要控制好，否则，原料容易吸收水分，造成流动性降低，进而不能继续打印。打印过程中搅拌系统里的混合料如图 9-37（b）所示，浆料输送至打印喷嘴后，开始挤出打印。图 9-37（c）是采用赤泥/铁尾矿砂浆材料 K5 配合比进行打印的种植盆，由于该打印材料中含有赤泥，故其外观呈赤泥特有的铁红色。

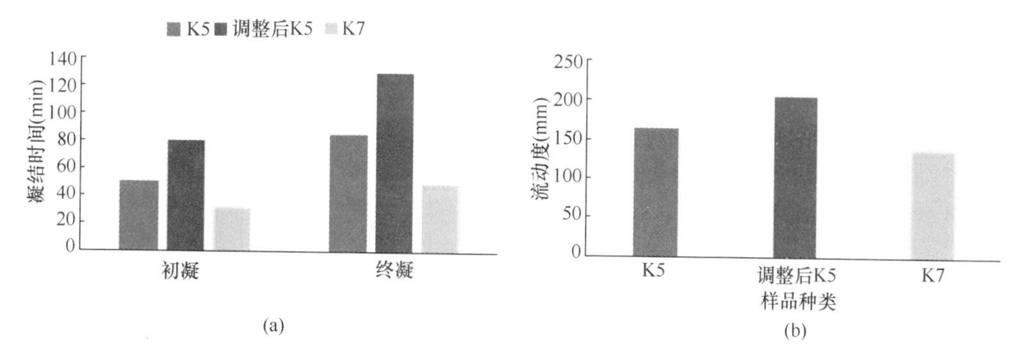

图 9-36 调整前后的 K5 及 K7 凝结时间和流动度变化

（a）为 K5 及 K7 的凝结时间；（b）为 K5 及 K7 的流动度

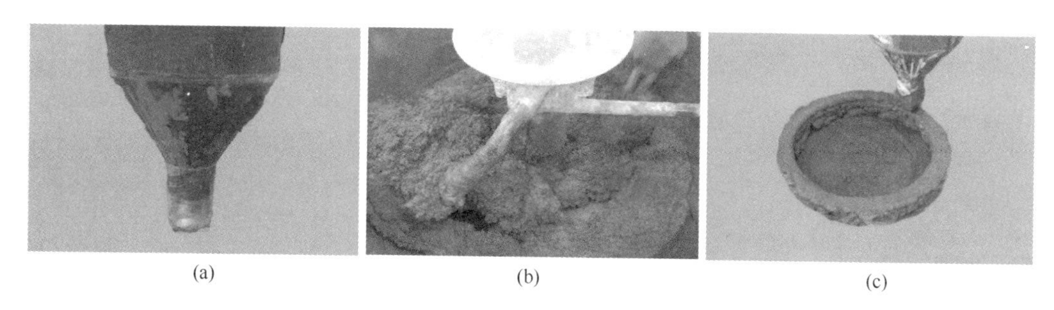

图 9-37 3D 打印喷嘴、混料及 3D 打印样品

（a）为 3D 打印喷嘴；（b）为搅拌中的混合料；（c）为 3D 打印样品

参考文献

[1] 申建立，姬永生，王猛．碱激发赤泥基胶凝材料的试验研究[J]. 滨州学院学报，2012，28(3)：73-75.

[2] ZHONG L，ZHANG Y F，ZHANG Y. Extraction of alumina and sodium oxide from red mud by a mild hydro-chemical process[J]. J Hazard Mater，2009，172(2/3)：1629-1634.

[3] 杨久俊，李建伟，肖宇领，等．常压石灰法处理烧结法赤泥脱碱及其机理研究[J]. 无机盐工业，2012，44(6)：40-42.

[4] 张成林，王家伟，刘华龙，等．赤泥脱碱技术研究现状与进展[J]. 矿产综合利用，2014(2)：11-14.

[5] 王晓，田崇飞，罗忠涛，等．沸石对赤泥水泥砂浆强度及放射性的影响研究[J]. 混凝土与水泥制品，2016(1)：23-26.

[6] 田崇飞，罗忠涛，王晓，等．重晶石对赤泥水泥砂浆强度及放射性的影响研究[J]. 混凝土与水泥制品，2015(4)：59-62.

[7] 田崇飞，罗忠涛，王晓，等．钢渣对赤泥复合硅酸盐水泥砂浆强度及放射性的影响研究[J]. 混

凝土，2016(2)：124-127.

［8］ 张以河，张娜，袁健博，等. 复合胶凝材料及其制备方法和应用：201910674391.8［P］. 2019-10-15.

［9］ 芦令超，陈明旭，李来波，等. 一种赤泥3D打印碱激发胶凝材料及其使用方法：201910155548.6［P］. 2021-07-27.

［10］ ZHANG J，ZHANGN，YUANJ，et al. Mortar designed from red mud with iron tailings and moulded by 3D printing［J］. Bulletinof Environmental Contamination and Toxicology，2022，109(1)：95-100.

10　赤泥免烧材料及其制品

10.1　免烧砖的发展

我国砖瓦的生产至今已有两千多年的历史。秦始皇统一中国以后，烧制和应用了大量的砖瓦，先后出现了青砖、空心砖、五棱砖、曲尺行砖、锲行砖、字母砖等。到了汉代，小块条砖已不再是贵重的墙体材料。隋唐时期，砖的应用范围逐步扩大，一般的建筑均用砖、石两种材料建造。明清时期，砖瓦的产量增加，质量迅速提高。1840 年以前，清代的砖瓦业基本上沿袭明代传统，用手工制作方式。从第一次鸦片战争开始，在少数大城市，机制砖瓦厂开始兴起，但我国砖瓦产量极不稳定，工艺技术和设备在世界上也处于落后的状态，劳动生产率很低，砖瓦产品规格混乱，质量水平不高。1949 年中华人民共和国成立以后，我国砖的产量不断提高，到 1952 年全国的黏土砖产量为 149 亿块，到了 1984 年砖的年产量已达 2499 亿块，居世界首位。

我国房屋建材中墙体材料占了主导地位，砖瓦作为墙体材料中重要组成部分，广泛应用于住宅和公共建筑的承重、非承重墙体的围护结构以及屋面、道路等部位。

由于黏土砖的生产对环境影响较大，烧结过程中污染空气，消耗大量不可再生能源，自重较重，已经不适合现代建筑材料多功能要求的需要，继续大量使用将不利于我国环境的可持续发展。为此，国家在 2005 年正式推行禁止使用实心黏土砖的政策，以开发推广新型墙体材料为手段，进而达到推进建筑节能的目标和要求。免烧砖作为一种新型建筑材料，其硬化与强度机能的研究及产品的应用与推广刻不容缓。

10.1.1　免烧砖的概述

“免烧砖”的概念是随着我国开展墙体材料革新之后出现的专用名称，是相对于传统的墙体材料——实心黏土砖而言的，免烧砖作为一种新型节能墙体材料，主要通过先进的加工方法，制成具有轻质、高强、多功能等适合现代化建筑需求的建筑材料。通常新型墙体材料是以粉煤灰、淤泥、石粉、炉渣、竹炭等为主要原料，且具有高强、保温、隔热、轻质、节能等优点。免烧砖的分类方式主要有以下几种：（1）按照生产工艺分为蒸压砖、蒸养砖、免烧免蒸砖；（2）按照结构分为发泡轻质免烧砖、实心免烧砖；（3）按照固体废弃物分为赤泥免烧砖、粉煤灰砖、淤泥免烧砖和尾矿砖。

10.1.2　免烧砖发展前景

长期以来，缺乏约束力、权威的法律依据，是我国固废处置行业的主要瓶颈，也使我国工业固体废物资源化利用率并不高，不仅造成了资源的浪费，带来了空气、水、土壤的污染，还占用了大量土地。在经济新常态下，调整产业发展结构是社会共识，保护环境是我国的基本国策，对于工业和建筑大国来说，随着 2018 年 1 月 1 日实施的《中华人民共和国环境保护税法》最先直接受益的就是固废处置行业。

从社会和经济效益来看，免烧砖工艺简单、设备少、投资小，可以利用劣质土、含砂山土、页岩、尾矿等原料，有利于开山造地、保护农田和森林。由于免烧砖无须烘干和焙烧，是一种节能型墙体材料。在劳动生产率方面，也比烧结砖提高 1.5～3 倍，且产品外观整齐美观，很适合广大农村，特别是经济发展较慢的边远地区和山区开发。为我国农村特别是缺煤砍柴烧砖地区的墙体材料提供了新的途径。

免烧砖的开发工作，必须全面规划，有组织、有计划地进行。要适应当地市场需要和结合当地资源、原材料条件，因地制宜、积极有效地发展。生产厂家除要努力提高产品质量外，还应大力宣传，解决广大群众中一些不正确的观念和顾虑。政府有关部门对这种新材料产品给予优惠政策并以扶持。广大科技工作者应该帮助企业选择合适的原料配比、工艺和设备，开发各种工业废渣的利用，以提高企业的经济效益，使免烧砖健康稳步地发展。

10.2 赤泥免烧砖的研究现状

10.2.1 赤泥免烧砖的研究进展

赤泥的活性需要在适当的外界条件下才能表现出来，或者说被激发出来，因此有人把赤泥称作有潜在活性的混合材料，赤泥在碱激发作用下，可以提高自身活性，赤泥活性特点给赤泥制备免烧砖提供了可行性理论基础。赤泥常和粉煤灰等活性材料掺和，利用各种固废材料之间的协同效应来制备免烧砖。基于此理论基础，利用赤泥生产免烧砖不仅可以消纳赤泥，还可以大量消纳粉煤灰等固废，为煤电和冶金固废的利用开辟了有效途径。赤泥的物质组成主要是一些碱性金属氧化物，主要成分（固-液相）是 Na_2O、CaO、MgO、Fe_2O 等碱性物质，矿物组成主要是赤铁矿（α-Fe_2O_3）、针铁矿［α-$FeO(OH)$］、一水硬铝石、含水硅铝酸（Na_2O-Al_2O_3-$x SiO_2$-$n H_2O$）、方解石（$CaCO_3$）等物相，其粒度达到了微米级别，具有潜在的胶凝活性，使制备的免烧砖有一定的机械强度。

李春娥等人利用赤泥、粉煤灰作为主要原料，以河砂为骨料，配以少量的固化剂和激发剂来制备赤泥基免烧砖，制备工艺为：原料预处理→称量→人工混匀→加水水化→加入添加剂并搅拌混匀→压制成型后自然养护。成品抗压强度可达到 18.5MPa，满足《混凝土实心块》（GB/T 21144—2023）中 MU15 的强度等级标准。

杨艳娟研究发现赤泥免烧砖广泛存在高放射性问题，可通过常压石灰水洗法改性处理赤泥、添加复合外加剂、提高早期养护温度等优化措施解决，经优化后的制备工艺可以制成满足 MU15 的强度标准。同时发现，硫酸钡、外加剂中的硼元素及水化硅酸钙的固结等因素共同作用致使赤泥免烧砖的放射性得到有效控制。

季文君同样利用赤泥和粉煤灰，并添加石膏、石灰、骨料和水泥等辅助材料制备赤泥基免烧砖。研究发现在自然养护条件下，最佳工艺过程的参数成型压力为20MPa，陈化时间为7h，保压时间为30s，免烧砖抗压强度达到26.76MPa，各项性能均达到产品要求，实现固废的综合利用。

10.2.2 赤泥免烧砖硬化与强度机理

赤泥中含有大量水硬性矿物，如硅酸二钙、硅酸三钙和铝酸三钙等水硬性胶结矿物，还有钙霞石、水化石榴石、一水硬铝石和针铁矿等。常态下，赤泥中的β-C_2S和C_3A等无定形硅铝酸盐类物质发生水化反应，生成具有水化凝胶。赤泥中活性氧化物与空气中CO_2生成碳酸盐类沉淀或胶体物质，并最终由文石转化为方解石。

（1）赤泥的水化反应：

$$2(2CaO \cdot SiO_2)+2H_2O = 3CaO \cdot 2SiO_2 \cdot H_2O+Ca(OH)_2 \tag{10-1}$$

$$3CaO \cdot Al_2O_3+6H_2O = 3CaO \cdot Al_2O_3 \cdot 6H_2O \tag{10-2}$$

$$4CaO \cdot Al_2O_3 \cdot Fe_2O_3+7H_2O = 3CaO \cdot Al_2O_3 \cdot 6H_2O+CaO \cdot Fe_2O_3 \cdot H_2O \tag{10-3}$$

(2)赤泥的碳化反应：

$$NaAl(OH)_4+CO_2 = NaAlCO_3(OH)_2+H_2O \tag{10-4}$$

$$NaOH+CO_2 = NaHCO_3 \tag{10-5}$$

$$Na_2CO_3+CO_2+H_2O = 2NaHCO_3 \tag{10-6}$$

$$3Ca(OH)_2 \cdot 2Al(OH)_3+3CO_2 = 3CaCO_3+Al_2O_3 \cdot 3H_2O+3H_2O \tag{10-7}$$

$$Na_6[AlSiO_4]_6 \cdot 2NaOH+2CO_2 = Na_6[AlSiO_4]_6+2NaHCO_3 \tag{10-8}$$

(3)石膏的水化反应：

$$2CaSO_4 \cdot H_2O+2H_2O = 2(CaSO_4 \cdot 2H_2O) \tag{10-9}$$

固化剂不但对赤泥、粉煤灰和砂起到胶凝作用，同时还作为激发剂与原料中的活性氧化物发生化学反应，生成凝胶提高强度。赤泥免烧砖的早期强度由固化剂的胶凝作用提供，而中、后期强度主要由赤泥及粉煤灰中的活性物质反应所生成的硅胶和铝胶提供，其反应化学方程式如下：

$$SiO_2+xCa(OH)_2+aq \longrightarrow xCaO \cdot SiO_2+aq \tag{10-10}$$

$$Al_2O_3+yCa(OH)_2+aq \longrightarrow yCaO \cdot Al_2O_3+aq \tag{10-11}$$

混合料经过胶结作用，形成以胶结为主，结晶联结为次的多孔架空结构。虽然赤泥密度相对较小，但固结硬化的赤泥免烧砖结构由不稳定变为稳定状态，抗压强度增加。

10.2.3 赤泥免烧砖应用的问题

利用拜耳法赤泥制备免烧砖是拜耳法赤泥资源化应用的较优途径，但是利用拜耳法赤泥制备免烧建材的工业化应用程度非常低。难以将拜耳法赤泥应用于制备免烧建材的主要原因是拜耳法赤泥中Na^+的含量过大，远远超过国家对建材中Na_2O含量不高于0.6%的标准。故如何解决赤泥建材的碱溶出现象是利用拜耳法赤泥制备免烧建材必须解决的问题。

1. 可溶性 Na^+ 的影响

根据拜耳法工艺流程，拜耳法工艺中主要碱溶剂是 NaOH，因而拜耳法赤泥中主要碱为 Na^+。在拜耳法赤泥中，主要有两类含 Na 的物质：可溶性 Na^+ 与难溶性 Na^+。可溶性 Na^+ 主要是存在于 NaOH 等物质中，难溶性 Na^+ 主要是含 Na^+ 的矿物相，如水合铝硅酸钠、钙霞石、钠长石等。

在拜耳法工艺中，当高浓度的 NaOH 与铝土矿混合后，铝土矿中三水硬铝石等含铝矿物相会与 NaOH 反应产生一定量的铝酸钠、硅酸钠等物质转入液相中。但 NaOH 并非完全反应，未反应的 NaOH 等含 Na^+ 的物质就进入赤泥。虽然氧化铝工业对赤泥及其附液进行 NaOH 回收，但依然存在部分未回收的 NaOH。在赤泥堆存过程中，赤泥及附液会与空气中的 CO_2 发生反应，产生 Na_2CO_3 而溶于赤泥的附液。因此，赤泥中可溶性 Na^+ 的存在形式为 NaOH、Na_2CO_3、铝酸钠和硅酸钠等。

2. 枸溶性 Na^+

所谓枸溶性 Na^+ 就是指不溶于水而溶于柠檬酸的含 Na^+ 的物质。高浓度的 NaOH 与铝土矿反应产生一定量铝酸钠和硅酸钠。氧化铝企业为促进铝酸钠溶液的溶出，通常会采取加压溶出的方式。在压力增加的条件下，硅酸钠与铝酸钠极易形成水合铝硅酸钠而残留于拜耳法赤泥。因此，拜耳法赤泥中枸溶性 Na^+ 为水合铝硅酸钠。

由于免烧路面砖产生强度的机理是胶凝性物质胶结固体颗粒产生强度，所以原料中可溶性 Na^+ 含量不宜过高。当原料中可溶性碱过量，免烧砖中可溶性 Na^+ 就有可能会过量，有可能会使免烧路面砖发生如下危害。

（1）降低冻融循环性能

空心、实心的免烧砖，都存在一定的孔隙结构。当免烧砖中可溶性 Na^+ 含量过高时，可溶性 Na^+ 会溶于免烧砖内的孔隙溶液。随着可溶性 Na^+ 溶于孔隙溶液，免烧砖中孔隙溶液的凝固点随之降低。在低温环境中，含有可溶性 Na^+ 的孔隙溶液凝固而体积增大，进而使得免烧砖中孔结构扩大。随着免烧砖孔结构的扩大，免烧砖的强度等性能随之降低。随着冻融循环次数增加，免烧砖的强度性能亦随之降低，最终会使免烧砖完全爆裂。因此，当免烧砖中可溶性 Na^+ 过量就会降低免烧砖的冻融循环性能。

（2）提高风化可能性

免烧砖的使用过程中，毛细作用力会使环境中的水分向免烧砖内不断迁移。当免烧砖中可溶性 Na^+ 过量时，就会溶于砖块内不断迁移的水分并随之迁移，最终迁移并停留在免烧砖表面。随着可溶性 Na^+ 不断迁移至免烧砖砖块表面，免烧砖表面就开始逐渐发生脱落现象，最终破坏免烧砖的表观完整性。同时，当含有可溶性 Na^+ 的溶液在免烧砖内不断迁移，增加了免烧砖中具有胶凝性的物质与可溶性 Na^+ 的接触概率，进而使得胶凝性物质逐渐失去胶凝性，最终降低了免烧砖的强度性能，进而影响免烧砖的使用寿命。

由于可溶性 Na^+ 对免烧砖性能影响较大，因此，免烧砖原料中可溶性 Na^+ 含量不宜过大。然而拜耳法赤泥中碱量一般在 5%～10%之间。因此利用拜耳法赤泥制备免烧砖就需要对拜耳法赤泥中可溶性 Na^+ 进行稳定化处理。

3. 免烧砖中可溶性 Na^+ 的处理方法

由于拜耳法赤泥中存在两种溶解特性的 Na^+，利用拜耳法赤泥制备免烧砖就需要对这两种 Na^+ 进行处理。构溶性 Na^+ 在中性和碱性环境中不溶于水，可相对稳定地存在于固相中。可溶性 Na^+ 会使免烧砖的性能降低，因而可溶性 Na^+ 的量在拜耳法赤泥免烧砖中需要控制。在拜耳法赤泥免烧砖的制备工艺中，对于拜耳法赤泥中碱的处理方法有脱碱和碱稳定化两种处理方式。

（1）脱碱处理

所谓脱碱处理就是通过各种方式使拜耳法赤泥中可溶性 Na^+ 的含量降低。脱碱处理一般采用的方法是水洗法、酸法和碱法。水洗法是利用大量水对拜耳法赤泥进行洗涤，从而将赤泥中的可溶性 Na^+ 洗出，来降低赤泥中 Na^+ 量的一种工艺方法。然而水洗法具有另外一些弊端，比如洗赤泥的水将成为另一种污染物，大大增加处理成本。酸法是利用各种酸（如硫酸、盐酸等）与拜耳法赤泥中的碱进行酸碱中和，然后通过压滤等工艺来降低赤泥中 Na^+ 含量的一种工艺。当利用酸法处理后的拜耳法赤泥进行资源化利用的工业化时，一方面会消耗大量的酸而提高工艺成本，另一方面酸法工艺的副产品是基本没有经济价值的硫酸钠、氯化钠等。还有一种是碱法，即在拜耳法赤泥中加入石灰促进水合铝硅酸钠中 Na 的溶出，但是水合铝硅酸钠是在高浓度的 NaOH 中形成，因而石灰促进 Na^+ 的溶出程度非常有限。

因此，对拜耳法赤泥进行脱碱处理是一种降低赤泥中 Na^+ 量的有效方法，但是副产物较多或成本较高而不具备工业化价值。

（2）碱稳定化处理

拜耳法赤泥中钠的稳定化就是将碱稳定于固相中。孙文标等人通过核磁共振(NMR)分析赤泥中钠激发胶凝材料的水化过程，发现在富含 Ca^{2+} 的液相环境中，低聚合度的$[Si(Al)O]_4$结构容易发生解聚而不利于 Na^+ 的固化。Na^+ 的稳定化处理中，主要是利用$[SiO_4]^{4-}$和$[AlO_4]^-$与 Na^+ 形成稳定的矿物结构而改变 Na^+ 的溶解性。彭建军通过利用不同制备工艺来研究拜耳赤泥免烧免蒸砖的泛碱性能。研究发现，振实成型的免烧砖没有泛碱现象，但在压力成型的作用下会发生严重的泛碱现象，这主要是由于不同的制备工艺使得基体的内部结构不同，振实成型的免烧砖其内部小孔隙含量较高，为 Na^+ 的析出提供的通道较少，从而有效抑制基体的泛碱。王亚光研究了不同 Al/Si 比对粉煤灰地质聚合物水化产物、微观结构、孔隙结构、抗压强度和泛碱性能的影响。结果表明，水化产物中的 C(N)-A-S-H 凝胶可显著提高地聚合物的抗风化性能，这是由于$[AlO_4]^-$结构中存在一个负电荷，为了平衡基体内部电荷，Na^+ 会吸附于凝胶上，从而有效降低基体的泛碱性能。孙可可研究纳米二氧化硅通过消耗孔溶液中过量的碱离子形成非晶态凝胶相来降低风化效应。同时，纳米二氧化硅的加入也改善了地聚合物的孔结构和输运性能，降低了离子的扩散速率和浸出率，从而降低了基体的风化程度。宋学峰研究表明，铝酸盐水泥对碱矿渣的抗风化作用与体系的化学组成有关，而与铝酸盐水泥的种类无关。硅铝比为 3.02～3.14、钠铝比为 0.54～0.56 时，对风化的抑制效果最好，红外光谱证实，铝酸盐水泥的加入促进了$[SiO_4]^{4-}$中 Al^{3+} 取代 Si^{4+}，形成的负电荷为固结 Na^+ 提供了可能。

综上所述，利用拜耳法赤泥制备免烧砖是拜耳法赤泥资源化利用的一个有效途径，但主要问题是拜耳法赤泥中可溶性 Na^+ 对免烧砖的性能影响较大。因此，赤泥中碱的处理是利用拜耳法赤泥制备免烧砖过程中必须解决的问题。在碱处理工艺中，脱碱处理不但经济价值不高，而且会产生大量二次污染物；碱稳定化处理赤泥是有效应用的方式。在制备免烧砖的工艺条件下，利用拜耳法赤泥中碱性物质激发胶凝材料产生 $[SiO_4]^{4-}$ 和 $[AlO_4]^-$ 与 Na^+ 形成稳定的铝硅矿物结构，使可溶性 Na^+ 稳定存在于砖块，是利用赤泥制备免烧砖的最优途径。

10.3 赤泥基免烧砖工程案例

10.3.1 赤泥免烧砖配方优化

利用赤泥、粉煤灰、水泥等物料制备免烧砖，本着最大化利用赤泥的目的，且项目要求赤泥加入量不少于 30%，需要分别优化各物料最佳掺量，通过一系列优化试验研究各个原料掺量对免烧砖强度的影响。

1. 水泥掺量优化

通过改变赤泥基免烧砖体系中水泥的掺量来探究其对护岸砌块体系的影响。水泥掺量对抗压强度影响如图 10-1 所示。从图中可以看出，随着水泥掺量的提高，免烧砖的抗压强度呈现出先增加后降低的趋势，其中在水泥掺量为 22%时达到顶点，水泥掺量为 24%时，抗压强度略有下降，出于经济性因素的考虑，实验室制备免烧砖选择水泥掺量为 22%的配比，既能达到比较理想的抗压强度，又能降低施工的费用。

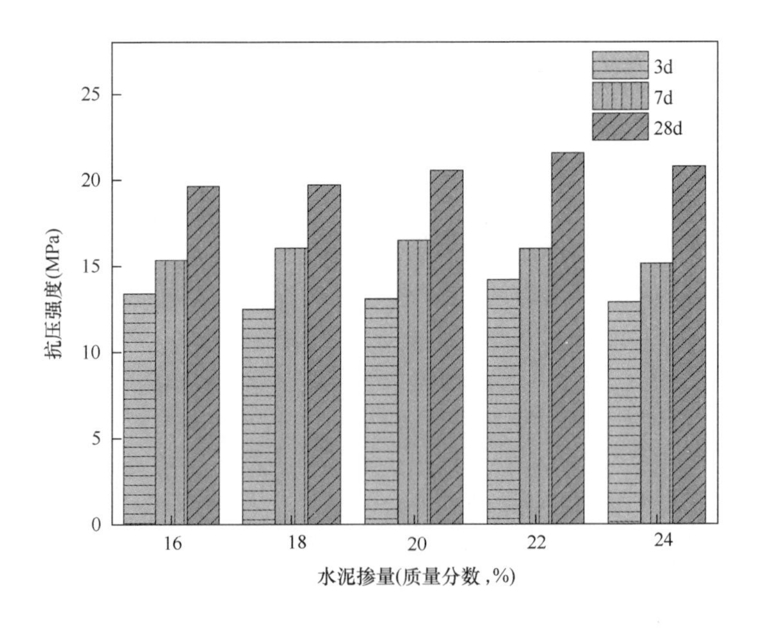

图 10-1 水泥掺量对抗压强度的影响

2. 粉煤灰掺量优化

粉煤灰对免烧砖的作用主要表现为微骨料效应、形状效应和活性效应。粉煤灰的掺入可明显降低免烧砖的孔隙率，改善其微观结构，从而提高砌块的力学性能和耐久性能等。为了研究粉煤灰掺量的不同对于赤泥基免烧砖体系的影响，故在最优水泥掺量22%的基础上设计了粉煤灰掺量从5%～25%变化。

粉煤灰加入量与抗压强度的关系如图10-2所示。从图10-2中可以看到，随着粉煤灰掺量的逐渐增加，免烧砖的抗压强度呈现出先增加后降低的趋势，在粉煤灰掺量为10%时，免烧砖的抗压强度达到最大值，满足国家标准等级的要求。此后，随着粉煤灰掺量的逐渐升高，免烧砖的抗压强度逐渐下降。

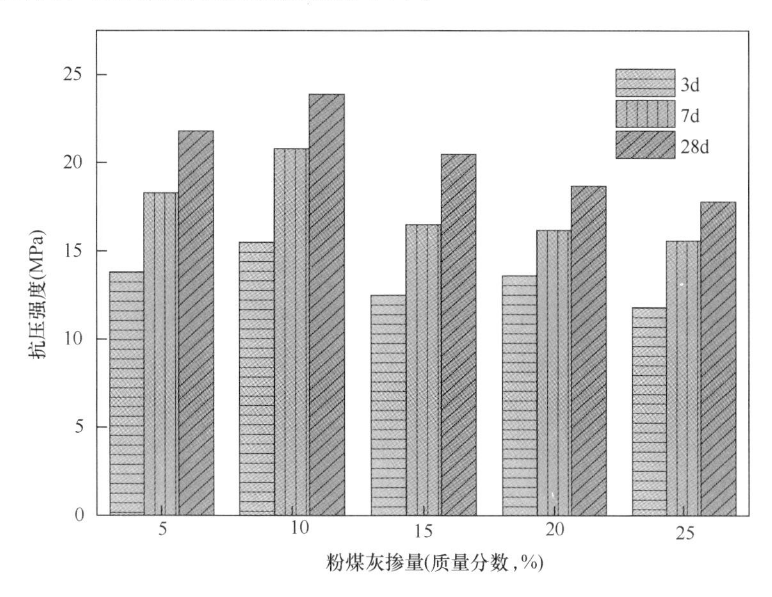

图10-2　粉煤灰掺量对抗压强度的影响

3. 赤泥掺量优化

为了尽可能地大掺量使用赤泥，在最优水泥掺量22%、最优粉煤灰掺量10%的基础上，设计了不同赤泥掺量的免烧砖物料配比，赤泥优化结果如图10-3所示。随着赤泥掺量的增加，赤泥基护岸砌块体系的抗压强度呈现逐渐下降的趋势。在赤泥掺量为40%时，体系的抗压强度最高，平均抗压强度可以达到33.5MPa，最高抗压强度可以达到38.1MPa，满足国家标准等级要求。此后，赤泥掺量越多，护岸砌块的抗压强度越低。其原因主要是由于赤泥是一种具有多孔结构的固体废弃物，具有较大的内比表面积，且其含有较高的碱性，所以在体系中掺入过量的赤泥会抑制体系中的化学反应，导致护岸砌块体系的抗压强度下降。从图10-3中可以看到，当赤泥掺量为50%时，护岸砌块的抗压强度仍能达到接近25MPa的抗压强度，故考虑到整体的经济性和大宗利用固废的宗旨，可以选择赤泥掺量为50%。

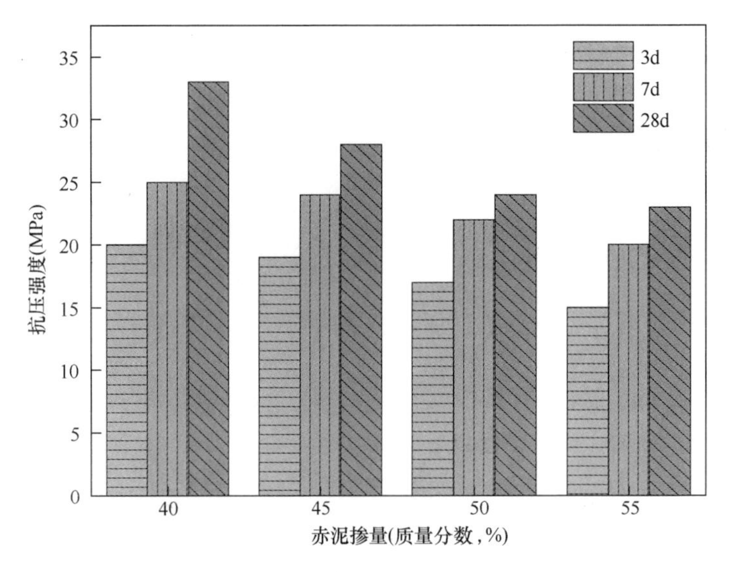

图 10-3　赤泥掺量对抗压强度的影响

10.3.2　赤泥免烧砖工艺参数优化

1. 含水率参数优化

含水率是影响免烧砖性能的重要工艺参数之一，本试验所用原料都未经烘干处理，本身含有一定的水，在称重前要先计算各原料的含水量，然后再外加合适量的水来调整赤泥免烧砖的含水量。

免烧砖含水率对混合料的拌和、砖块的压制成型，以及后期养护水化反应都有影响，从而影响免烧砖的强度、吸水率和耐久性等方面的性能，掺水量少，水灰比低不宜拌和，导致混合料疏松干散，压制过程不易成型，不利于水化作用。水灰比过高，试样压制过程中会有多余水分挤出甚至挤出泥浆，同等压力下试样更加密实、密度增加。而且水灰比过高混合料会发黏成团，不利于压制成型，在实际生产中也不利于布料，砌块密度过高，增加运输成本并且不利于高层砌筑。由图 10-4 可以看出随着免烧砖含水率的增加，试样抗压和抗折强度整体呈现上升的趋势，因为掺水量高在压制成型过程中会从模具缝隙中挤出泥浆和多余水分，免烧砖变得更加密实，因此强度也随着升高。试验中当含水率大于 16%时开始有多余水分被压出，由此可以确定免烧砖的最佳含水率为 16%。根据经验，免烧砖混合料用手攥后可成团、不黏手，含水率即为合适。

2. 成型压力参数优化

试验采用液压压力成型，成型压力是免烧砖重要的工艺参数之一。成型压力小，压制过程中免烧砖不易成型，脱模时容易产生裂纹。低压力下成型的免烧砖比较疏松、密实度低，在养护过程中同样不宜强度的形成；成型压力过大，在压制过程中会挤出免烧砖内部水分或泥浆，会使免烧砖样与模具之间的空气被赶出紧紧与模具贴在一起不容易脱模，不利于设备的清理，容易损坏设备。成型期间免烧砖仅靠外界压力和少量水泥胶结维持强度，过高的压力甚至会在内部产生过高的排斥力，当排斥力大于水泥黏结力和

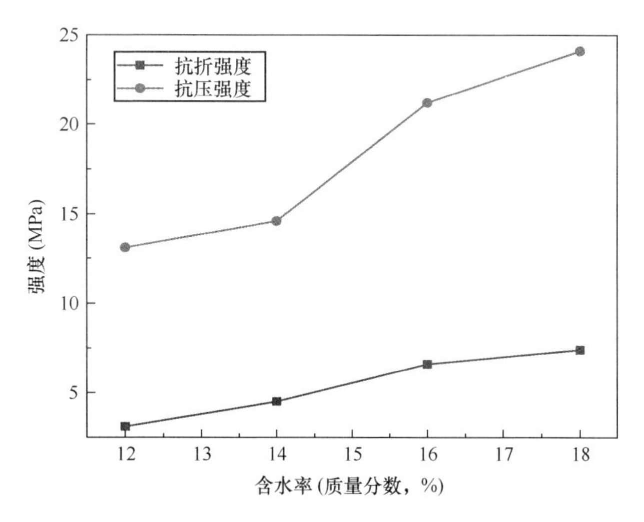

图 10-4 含水率对强度的影响

原料间的分子时，免烧砖体会产生微小裂纹对强度不利。

由图 10-5 可以看出，成型压力在 5～7MPa 之间抗压强度与成型压力近似呈正相关，随着成型压力的提升，抗压强度增加不太明显，结果表明并不是成型压力越大越好，本试验中最佳成型压力为 7～9MPa。

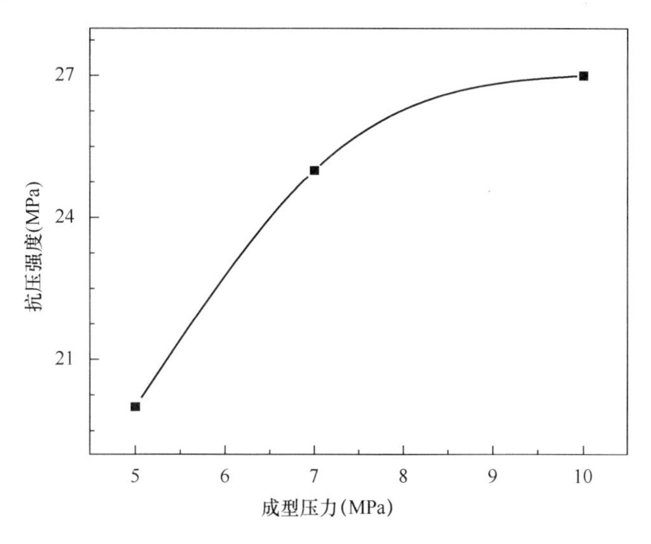

图 10-5 成型压力对抗压强度的影响

10.3.3 赤泥免烧砖的物理性能研究

对赤泥免烧砖的外观质量、尺寸偏差、色差、抗压强度等物理性能进行了检测。图 10-6 和图 10-7 分别是华兴赤泥和运城赤泥免烧砖养护 7d 后的试样。将其并列排在试验桌上，可以看出赤泥免烧砖的色泽均匀一致，外表美观，表面没有泛霜现象。随机抽取 10 块华兴赤泥砖样品进行尺寸测量和抗压测试，结果列于表 10-1，可以看到砖块尺寸偏差均在尺寸允许误差范围内，平均抗压强度约 28MPa。

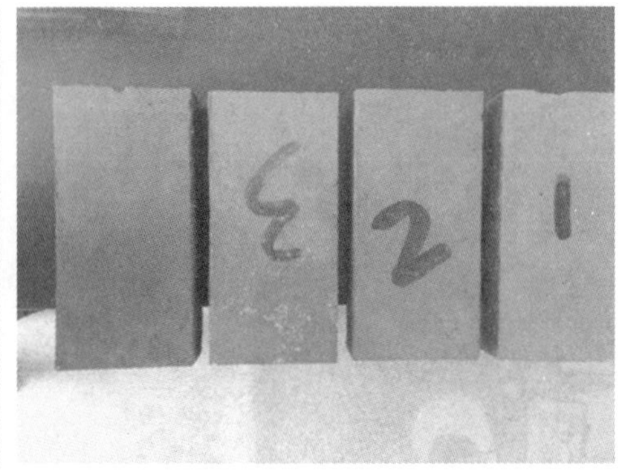

图 10-6　华兴赤泥免烧砖样品

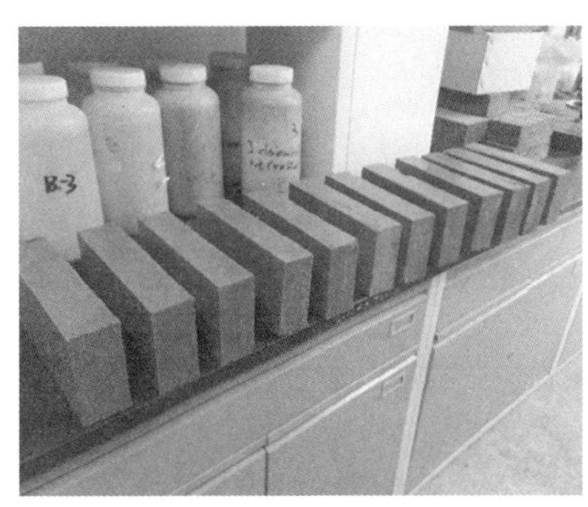

图 10-7　运城赤泥免烧砖样品

由于工程需求，对运城赤泥免烧砖抽取 10 块样品经国家建筑材料测试中心检测，检测结果平均值 28MPa，最小值 24.8MPa。超过混凝土实心砖标准中 MU25 的强度等级要求。

表 10-1　免烧砖力学性能检测结果

砖号	尺寸（mm×mm×mm）	载荷（kN）	抗压强度（MPa）
1	240.3×115.2×53.2	374	27.1
2	240.1×115.1×53.5	359	26.0
3	240.1×115.2×53.1	333	24.1
4	240.2×115.2×52.9	345	25.0
5	240.3×115.2×53.2	449	32.5
6	240.2×115.2×53.4	417	30.2
7	240.2×115.3×53.2	397	28.8
8	240.3×115.2×53.3	421	30.5
9	240.3×115.2×53.3	389	28.2
10	240.1×115.2×53.5	377	27.3

10.3.4 Ca/Si 比对赤泥免烧砖性能的影响

1. Ca/Si 比对力学性能的影响

为探究化学成分对强度影响，调整原料比例配制 B-1、B-2、B-3、B-4 四组不同混合料进行试验探究，计算四组混合料$(CaO+MgO)/(SiO_2+Al_2O_3)$的质量比[以下简称(Ca+Mg)/(Si+Al)比]和 SiO_2/Al_2O_3 的比值(以下简称 Ca/Si)并列于表 10-2，随着$(CaO+MgO)/(SiO_2+Al_2O_3)$的比值从 0.36 提高到 0.62，Ca/Si 也随之提高为 0.88、1.05、1.23、1.42。

表 10-2 混合料化学组成 （质量分数，%）

Oxides	B-1	B-2	B-3	B-4
SiO_2	30.17	28.98	27.79	26.61
Al_2O_3	25.23	23.59	21.96	20.33
CaO	17.44	19.88	22.31	24.79
MgO	2.37	2.96	3.55	4.14
Ca/Si	0.88	1.05	1.23	1.42
(Ca+Mg)/(Si+Al)比	0.36	0.43	0.52	0.62

由图 10-8 可以看出，随着混合料 Ca/Si 比的提高，不同期龄的四组试样抗压强度均呈现先增加后降低的趋势，当 Ca/Si 比值为 1.23 时，力学性能最优。3d 强度约 22MP，28d 强度超过 32MP 到达 MU30 的标准，当 Ca/Si 比值为 1.05 和 Ca/Si 比值为 1.42 时，3d、7d、28d 强度相差不大。表明结果 Ca/Si<1 的试样强度明显不如 Ca/Si>1 三组试样的强度，表明当 Ca/Si>1 时更有利于凝胶和钙矾石的生成。因此 Ca/Si 在 1.05～1.42 之间更利于提高赤泥免烧砖的强度。鉴于 Ca/Si>1 具有更优的机械性能，进一步对 B-2、B-3、B-4 三组试样进行了耐水性能和抗冻性能的研究，并对最优配比的水化特性进行了深入的研究。

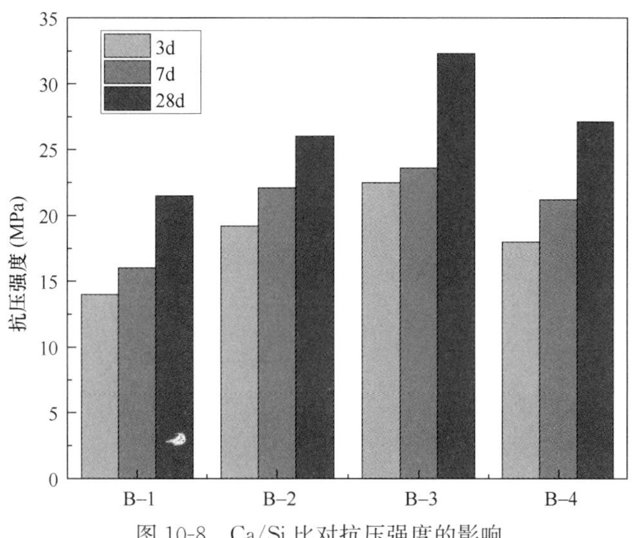

图 10-8 Ca/Si 比对抗压强度的影响

2. Ca/Si 比对耐水性能的影响

耐水性能是材料抵抗水破坏能力的大小，软化系数是表征耐水性能好坏的重要参数，表 10-3 为不同 Ca/Si 比的三组试样耐水性试验结果。

表 10-3 Ca/Si 比对软化系数的影响

Ca/Si 比	饱水强度（MPa）	未饱水强度（MPa）	软化系数	吸水率（%）	密度（g/cm^3）
1.05	21.7	25.5	0.85	21.1	1.99
1.23	29.7	31.3	0.96	19.9	2.01
1.42	27.6	27.3	1.01	19.1	2.04

耐水试验结果如图 10-9 所示，可以看出 Ca/Si 比值在 1.05～1.42 时，随着 Ca/Si 比的增加试块吸水率逐渐降低，软化系数随之增大，表明随着 Ca/Si 比的增加，砖块抗水破坏能力增强。根据国家标准《混凝土实心砖》（GB/T 21144—2023），软化系数大于 0.8 时具有较好的耐水性能。三组试验的软化系数均大于 0.8，而 B-4 的软化系数约为 1，其原因可能由于此组 Ca/Si 比较高，充分泡水后其内部多余 Ca^{2+} 发生二次水化作用减弱了水的破坏能力。赤泥具有粒径小易吸水的物理特性，试块浸泡在水中，毛细孔吸水不断渗入砖块内部直至饱和，长时间浸水后的赤泥自身容易膨胀、粉化变软，导致微孔结构应力集中产生变形使孔径变大，对试块强度造成危害，耐水性能减弱。调整 Ca/Si 比，免烧砖内部可以生成更多的凝胶和钙矾石，有助于填充有害孔洞，使其耐水性能得到提高。

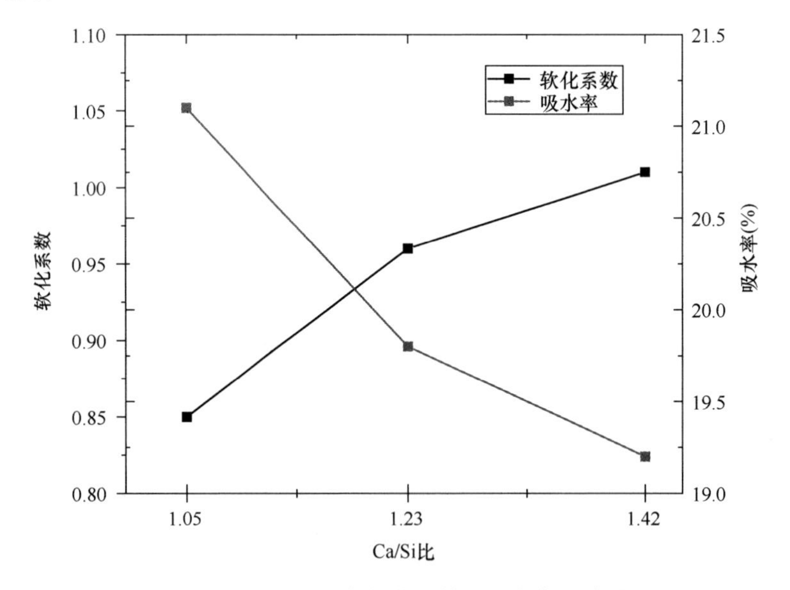

图 10-9 Ca/Si 比与软化系数和吸水率的关系

3. Ca/Si 比对抗冻性能的影响

抗冻性是材料经过冻融循环后，抵抗冻融破坏、保持自身性能良好不变的一种性质，是表征材料耐久性的重要指标之一。由于样品在饱水后进行冻融循环，试样毛细孔中的水在低温冷冻下结冰体积膨胀，导致孔隙变大结构受损。反复循环后试样结构变得疏松，从而导致强度降低。

图 10-10 为三组赤泥砖经过 15 次冻融循环后的强度损失。由图可以得出 Ca/Si 比值在 1.05～1.42 范围内，相同的循环次数下，随着 Ca/Si 比值增加，强度损失随之减小。B-4 组试块强度损失最小，分别为 11.6%、17.3%、22.3%，B-3 组次之，分别为 13.2%、18.2%、23.6%，B-2 组强度损失最大，分别为 16.4%、19.6%、25.2%。赤泥砖强度随着循环次数的增加也不断降低，前 10 次冻融循环，强度损失相对缓慢，第 10～15 次循环期间强度损失加快。表 10-4 记录了 15 次冻融循环试验后三组赤泥砖的质量损失，可以看出前 10 次冻融循环质量损失相差不大，在 2%左右；10 次冻融循环后质量损失开始有明显的差别，B-4 组砖块质量损失速率较小，15 次循环后 B-4 样品的质量损失仍小于 2%，而 B-2、B-3 组样品质量损失较大，均超过 2%。可见 Ca/Si 比值增加可以提高免烧砖的抗冻性能。

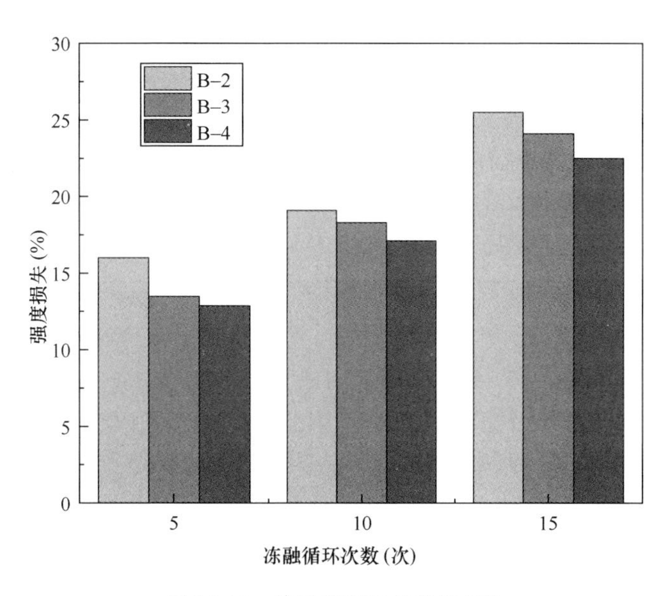

图 10-10　冻融循环后的强度损失

表 10-4　Ca/Si 比与冻融循环后的质量损失　　（质量分数，%）

Ca/Si 比	不同循环次数后的质量损失							
	2	4	6	8	10	12	14	15
1.05	0.31	0.63	0.83	1.27	2.07	4.53	6.64	6.84
1.23	0.27	0.61	0.81	1.17	1.53	2.73	4.57	4.86
1.42	0.22	0.54	0.78	0.97	1.35	1.68	1.83	1.91

10.4　赤泥免烧砖水化机理分析

10.4.1　XRD 分析

通过净浆试验，将不同 Ca/Si 比净浆试块在水化 28d 时进行 XRD 分析，同时将B-2

配比的净浆试块在不同的水化龄期（3d、7d、28d）进行 XRD 分析，结果分别如图 10-11 和图 10-12 所示。从图 10-11 中可以看出本试验中制备的赤泥基护岸砌块的水化产物除了原料中本身含有的一些矿物如石英（SiO_2）、石膏（$CaSO_4$）、钙霞石[$Na_8(Al_6Si_6O_{24})(OH)_2 \cdot 3H_2O$]、方解石（$CaCO_3$）等外，主要还有钙矾石[$Ca_6Al(OH)_{62}(SO_4) \cdot 26H_2O$]、硅灰石膏($Ca_3Si(OH)_6CO_3SO_4 \cdot 12H_2O$)、硅酸钠钙($Na_2Ca_3Si_6O_{16}$)以及硫酸钙铁氢氧化物[$Ca_6Fe_2(SO_4)_3(OH)_{12} \cdot 16H_2O$]。在 25°～30°之间还存在着一段弥散状的峰，此为 C-A-S-H 凝胶。从图 10-11 不同粉煤灰掺量的赤泥基护岸砌块净浆块水化 28dXRD 图谱中可以看出，B-2 配比的 C-A-S-H 凝胶峰与钙矾石峰相较其他四组配比的凝胶峰强度最高，说明 B-2 配比的净浆块在同样的水化条件下比其他四组配比的净浆块的水化更好，这与前文中赤泥基护岸砌块的力学性能的变化相一致，B-2 配比的抗压强度相较其他四组强度更高。这是由于随着粉煤灰掺量的增加，体系中更多的 Ca^{2+} 参与反应，并与原料中的硅氧化物与铝氧化物发生化学反应生成更多的 C-A-S-H 凝胶与钙矾石，从而使其抗压强度得到提升。但是随着粉煤灰含量的增加，越来越多的 Ca^{2+} 游离在体系中没有参与水化反应，反而会析出到试块表面并与空气中二氧化碳反应生成碳酸钙等物质，这不仅影响试块的美观程度还会降低试块的强度，原材料中其他对反应体系不利的离子的浓度也会相应增加，例如硫离子、钛离子等，这些离子会阻碍 C-A-S-H 凝胶与钙矾石的生成，从而降低试块的抗压强度。

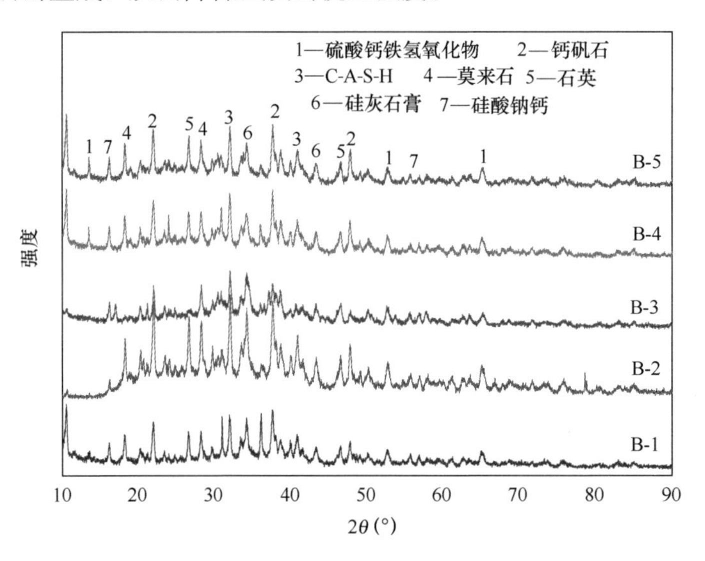

图 10-11 不同配比在 28d 水化龄期的 XRD 图谱

图 10-12 为 B-2 配比净浆砌块各水化龄期的 XRD 图谱。从图中可以看出，随着水化龄期的增长，钙矾石的峰值强度会逐渐增长同时衍射峰的数量会逐渐增多，说明体系中有更多的钙矾石生成。对比 3d 到 28d 的水化产物 XRD 图谱，硅灰石膏[$Ca_3Si(OH)_6CO_3SO_4 \cdot 12H_2O$]、硅酸钠钙（$Na_2Ca_3Si_6O_{16}$）的强度均有增强，这是由于原料中含有的硅铝化合物游离在护岸砌块内部，与溶液中的 Ca^{2+}、SO_4^{2-} 反应生成硅灰石膏[$Ca_3Si(OH)_6CO_3SO_4 \cdot 12H_2O$]，从而使体系更加致密，有利于免烧砖后期强度的发展。

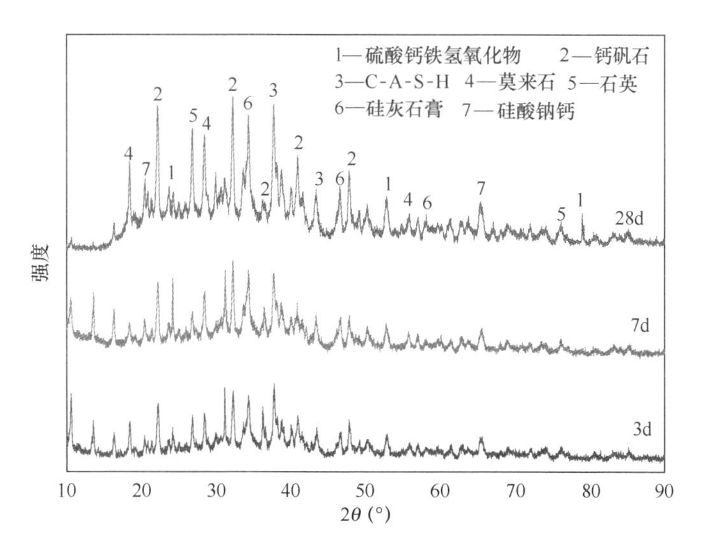

图 10-12 B-2 配比在不同水化龄期的 XRD 图谱

10.4.2 TG-DSC 分析

为了研究赤泥免烧砖的受热分解情况，对免烧砖净浆块进行 TG-DSC 分析。图 10-13～图 10-15 分别为赤泥免烧砖体系净浆块 3d、7d、28d 的 TG-DSC 曲线，其中横坐标为加热温度，本次试验从 0℃加热至 1000℃，纵坐标 TG 为净浆块的质量损失率，纵坐标 DSC 为净浆块的放热速率。

图 10-13～图 10-15 中显示了赤泥免烧砖净浆块不同水化龄期的 DSC 曲线。从图中可以看到，免烧砖体系水化 3d、7d 和 28d 的 DSC 曲线上均出现两个主要吸热峰。第一个出现在 110℃以下的区间，对应的质量损失是 9.87%，这是护岸砌块内部物理吸附水的脱出过程。第二个吸热峰出现在 750 ～900℃的区间，可能是体系的化学结合水的脱出以及一些碳酸盐的分解。

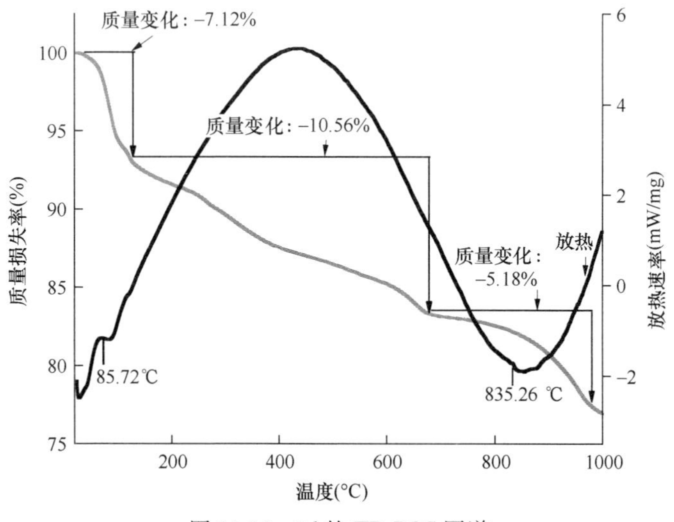

图 10-13 3d 的 TD-DSC 图谱

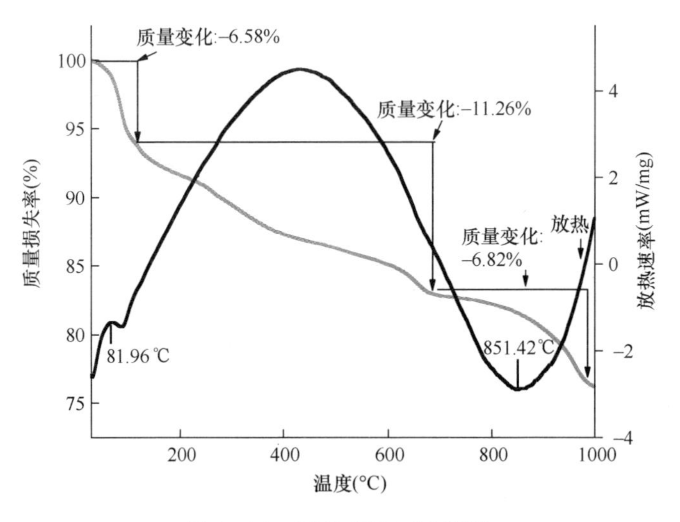

图 10-14　7d 的 TG-DSC 图谱

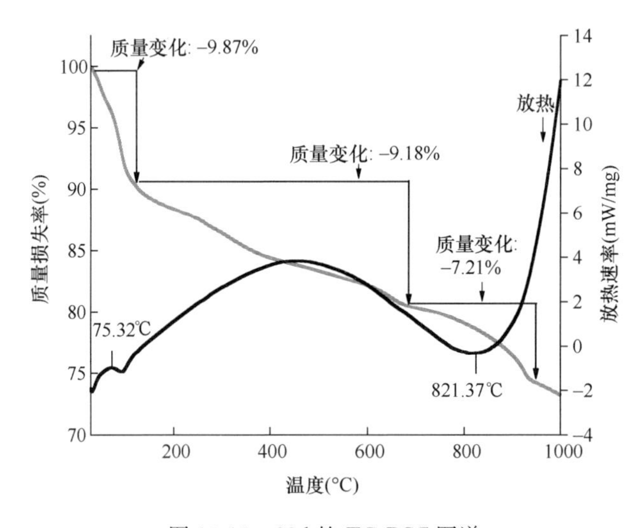

图 10-15　28d 的 TG-DSC 图谱

10.4.3　SEM 分析

为研究赤泥免烧砖的强度机理，通过扫面电镜观察赤泥免烧砖的微观形貌，结果如图 10-16、图 10-17 所示。

图 10-16 分别是三组不同配比的［(a)、(b) 对应配比 B-2；(c)、(d) 对应配比 B-3；(e)、(f) 对应配比 B-4］免烧砖试块养护 28d 时的微观结构。由图可以看到其内部生长出很多针棒状的钙矾石和一些絮状的 C-S-H 凝胶。B-2 配比扫描电镜形貌可以看到，表面被絮状物包裹并在其上长出针棒状的钙矾石，钙矾石长度较短、数量较少、分布稀疏；B-3 配比微观形貌看到，钙矾石生长相对粗壮且数量很多，钙矾石交错生长形成更为致密的结构，对其强度提升有促进作用；B-4 配比形貌来看其表面凝胶相对较少钙矾，与其他两组相比较细长，在孔洞处细长的钙矾石交织成网状填充孔隙。孔洞内部

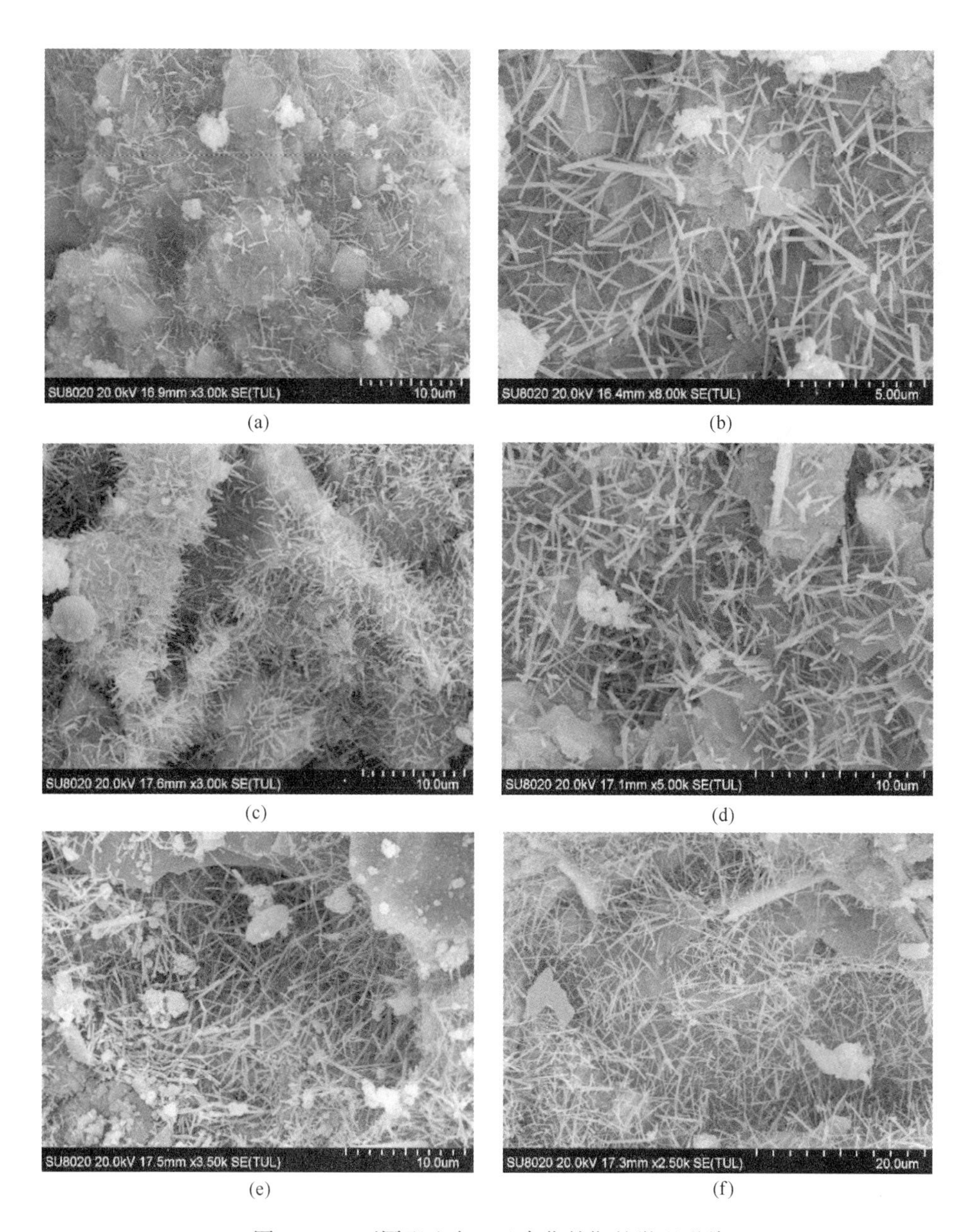

(a) (b) (c) (d) (e) (f)

图 10-16　不同配比在 28d 水化龄期的微观形貌

被针棒状的钙矾石和少量絮状凝胶团填充，从而减少了有害孔的影响，使得强度和耐久性能得到提升。

图 10-17 是最优配比 B-3 分别在水化 3d、7d、28d 的微观形貌［(a)、(b) 对应 3d；(c)、(d) 对应 7d；(e)、(f) 对应 28d］。3 天时，内部有少量球团状的凝胶与钙矾石的生成，7d 钙矾石快速生长数量变多，凝胶也逐渐附着在整个表面。随着水化时间增加，免烧砖内部钙矾石和凝胶数量不断增多并交织结合在一起，结构由稀疏变得越来越致密，可以看到内部钙矾石已经被凝胶包裹形成致密保护层，这有助于提高免烧砖的强度和耐久性能。

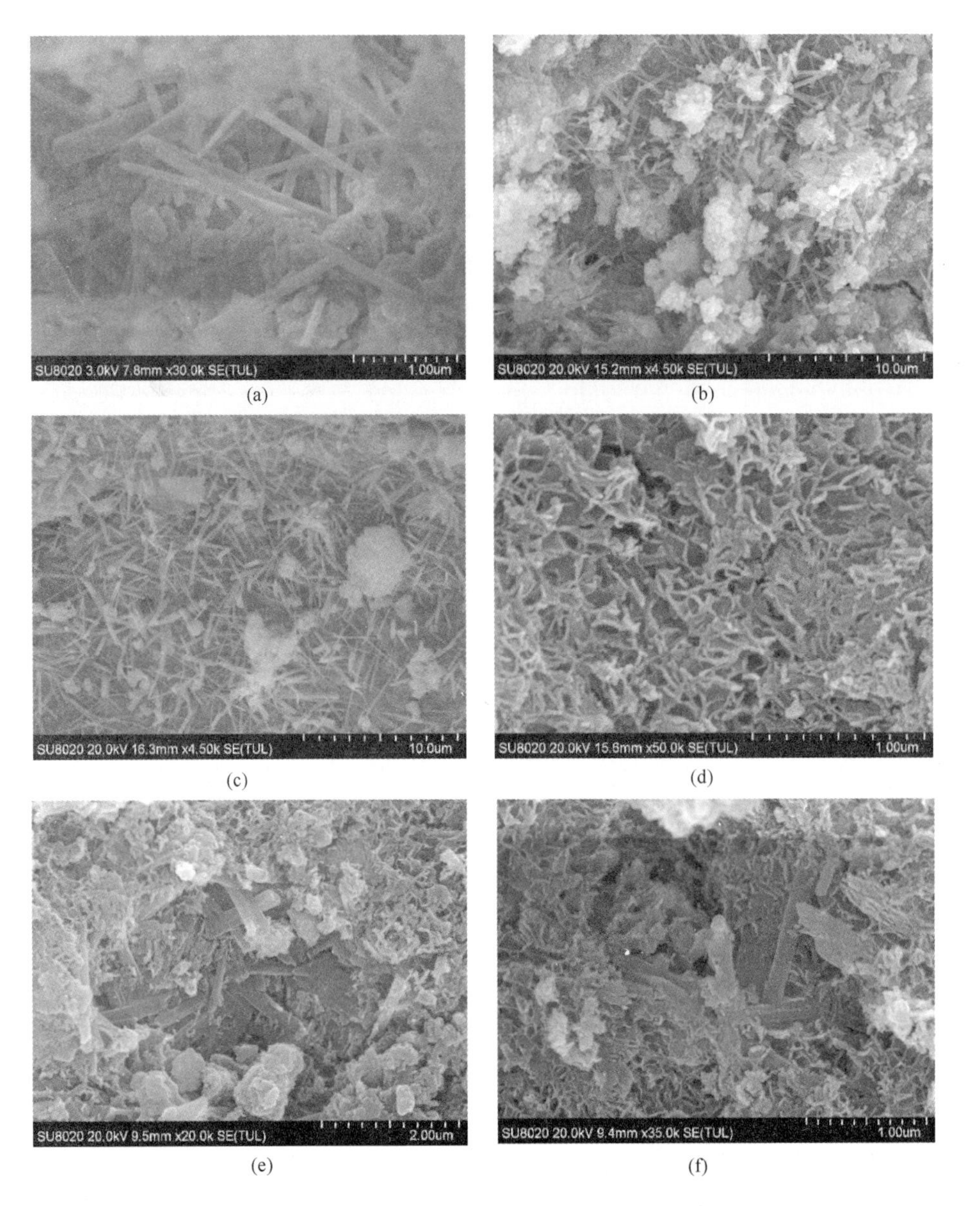

(a) (b) (c) (d) (e) (f)

图 10-17　B-3 配比不同水化龄期的微观形貌

10.5　免烧砖的环境和泛霜性能研究

10.5.1　离子浸出试验

由于免烧砖体系主要利用大量的固体废弃物，固废中经常会含有如 Cu、Zn、Pb、Ni、Cr 等重金属元素，对环境、人体均有许多不利之处，所以研究试验制备的赤泥基免烧砖的环境友好性能尤为重要，故对赤泥基免烧砖分别进行了重金属离子和钠离子的 ICP-MS 浸出试验。

1. 重金属离子浸出

为了更直观地了解原材料中重金属离子的含量，对原材料中的重金属离子进行了ICP-MS检测，分析结果见表10-5。从表10-5中可以看出赤泥中As元素的含量为5.4mg/L，超过中国生活饮用水卫生标准和中国污水排放标准，但并未超过美国EPA标准，见表10-6。赤泥中其他重金属元素均低于检测限，即未检测出。而粉煤灰中的Cu和Hg分别为2.3mg/L和1.75mg/L，其含量均高于中国及美国EPA标准。粉煤灰中Zn和As未检测出。对使用的42.5普通硅酸盐水泥进行重金属离子的浸出检测，结果显示普通硅酸盐水泥中所检测的重金属离子均未检测出。

表10-5 原材料中的重金属离子含量 (mg/L)

重金属离子	元素含量			
	赤泥	粉煤灰	水泥	混合原料
Cu	N.D.	2.30	N.D.	1.9
Hg	N.D.	1.75	N.D.	0.932
Zn	N.D.	N.D.	N.D.	2.8
As	5.40	N.D.	N.D.	1.512
Cr	N.D.	N.D.	N.D.	N.D.
Ni	N.D.	N.D.	N.D.	N.D.
Pb	N.D.	N.D.	N.D.	N.D.
Cd	N.D.	N.D.	N.D.	N.D.

注：N.D.为Not Detected，低于检测限。

表10-6 重金属离子国内外相关标准 (mg/L)

重金属离子	美国EPA标准	中国生活饮用水卫生标准	中国污水排放标准		
			一类	二类	三类
Cu	—	1	0.5	1.0	2.0
Hg	0.20	0.001	0.05	—	—
Zn	—	1	2.0	5.0	5.0
As	5.00	0.01	0.5	—	—

按照试验配比对几种原料混合后的物料进行重金属离子检测，结果见表10-6。混合原料中Cu、Hg、Zn、As均检测到，且含量都超过了中国生活饮用水卫生标准。在原材料中均未检测到Cr、Ni、Pb、Cd，故在后续的重金属离子浸出试验检测中将忽略这4种重金属离子。

参照《固体废物 浸出毒性浸出方法 醋酸缓冲溶液法》(HJ/T 300—2007)，将样品破碎，通过9.5mm筛，确定使用何种浸提剂后，称取75～100g试样，置于容积为2L的提取瓶中，按液固比为20∶1加入浸提剂，盖紧瓶盖后固定在翻转式振荡装置，调节转速为(30±2)r/min，于(23±2)℃下振荡(18±2)h，过滤并收集浸出液，摇匀后供分析用。图10-18为试验所用全自动翻转振荡器。

采用两种浸出方法对免烧砖的重金属离子进行浸出试验，即快速浸出法和长期浸出

图 10-18 全自动翻转振荡器

法。快速浸出试验即按照《固体废物 浸出毒性浸出方法 醋酸缓冲溶液法》（HJ/T 300—2007）、欧盟危险废物鉴别浸出标准 EN12457-3 及美国 EPA 的毒性浸出方法 TCLP，对养护 3d、7d、28d 的免烧砖进行浸出试验。分别采集它们的浸出液做 ICP 检测，结果显示浸出液中 Cu、Hg、Zn、As 等重金属物质含量均低于检测限。长期浸出法即静泡法，此方法是分别将养护龄期为 1d、3d、7d、28d 的成品免烧砖自然晾干后，称重，按照固液比为 1∶20 将其整块静止浸泡在容器中，浸提剂为去离子水。然后，分别采集 1d、7d、14d、28d、90d、180d、270d、360d 的浸泡液做 ICP 检测。结果显示，在 270d 之前，Cu、Hg、Zn、As 等重金属物质含量均低于检测限，随着浸泡时间的增加，在 270d 和 360d 的浸出液中可以检测到微量的重金属元素，但其含量远远低于美国 EPA 标准及中国污水排放标准三类。

2. 钠离子浸出

基于我国铝土矿品位及氧化铝生产工艺的原因，导致赤泥中含有较高的碱性物质，其中主要为 Na^+ 及含有 Na^+ 的一些其他物质。故在使用赤泥类制品的时候往往会对其进行 Na^+ 的浸出试验。同样采用两种浸出方法对免烧砖中的 Na^+ 进行浸出试验，结果见表 10-7。从表中可以看出，随着养护龄期的增加，Na^+ 的浸出浓度逐渐降低，这是由于养护龄期越长，其内部发生水化反应的时间就越长，相应生成的水化产物就越多，这些水化产物可以与 Na^+ 发生结合反应，成为稳定的 N-A-S-H 凝胶等物质，所以 Na^+ 被固结，仅较少的 Na^+ 被浸出。可以看到，即使养护时间仅为 3d，经过快速浸出试验后，浸出的 Na^+ 浓度也仅为 86.25mg/L，低于中国生活饮用水卫生标准中 Na^+ 含量小于 200mg/L 的规定。采用长期浸出法测定 Na^+ 的含量，浸出结果见表 10-8。从表中可以看出，在一定程度上养护天数越多，浸出的 Na^+ 越少。养护 28d 浸出的 Na^+ 始终低于养护 3d、7d 的免烧砖。从表 10-8 中还可以发现，Na^+ 浸出的浓度随着时间的增加呈现先快速增加后逐渐稳定的趋势，在浸出 9 个月到 12 个月的时间里，浸出液中 Na^+ 浓度基本稳定在 60～80mg/L。这说明即使浸出时间再持续增加，浸出液中的 Na^+ 浓度也不会持续增长。Na^+ 浸出液最后稳定在 80mg/L 左右，这个浓度低于中国生活饮用水卫生标准中 Na^+ 含量小于 200mg/L 的规定。同时也说明，本试验制备的赤泥基免烧砖具有良好的环境性能。

表 10-7 快速浸出法 Na^+ 浸出浓度

养护天数（d）	Na^+浓度（mg/L）
3	86.25
7	76.15
28	69.82

表 10-8 静泡法 Na^+ 浸出浓度

Na^+浓度（mg/L）		浸出天数（d）								
		3d	7d	14d	28d	60d	90d	180d	270d	360d
养护时间	1d	18.75	23.7	30.4	57.55	62.32	70.51	78.42	—	—
	3d	8.8	11.05	42.85	53.51	52.93	60.97	68.65	—	—
	7d	5.6	19.15	20.65	32.98	51.35	50.21	65.73	75.3	76.2
	28d	3.5	9.7	23.19	27.64	32.98	41.05	56.61	58.9	62.1

表中“—”指这个龄期的试块并未检测数据，其原因是这两个养护龄期的试块在浸泡 180d 后被用于检测抗压强度。抗压强度结果表明，其力学抗压强度相较原始试块平均增加 5～6MPa，表明赤泥基免烧砖不仅环境性能优良，而且当其浸泡在河道中抗压强度还会出现缓慢增加。从图 10-19 中可以看出，Na^+ 含量在浸出初期 30d 内会有比较剧烈的增加的现象，90d 后增速逐渐变缓慢，最后稳定在 60～80mg/L。制备的赤泥基免烧砖的环境性能可以达到生活饮用水安全标准中的规定。

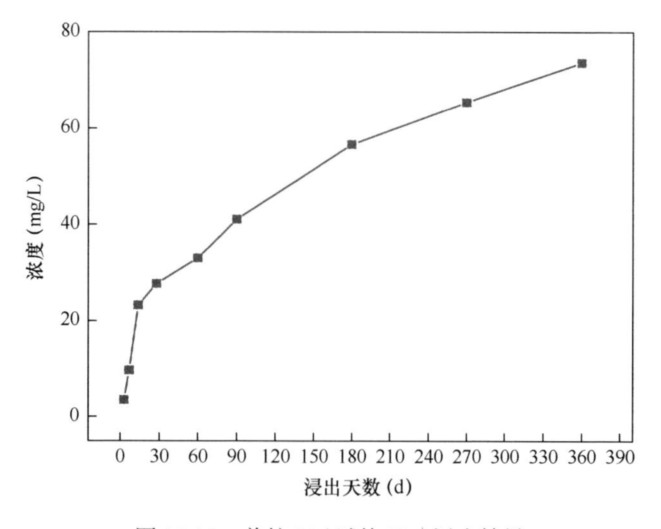

图 10-19 养护 28d 试块 Na^+ 浸出结果

10.5.2 抗冻性能

为了研究试验制备的赤泥基免烧砖的抗冻性能，按照《混凝土实心砖》（GB/T 21144—2023）中抗冻性能标准进行检测。取相同养护龄期的10块免烧砖，分为两组，每组5块。将冻融试验组的试块浸水4d后，取出放入−18℃的低温冰箱中冷冻4h，再取出放入15～25℃的水箱中融化2h，这是一个循环。每五个循环记录试块开裂、缺角、剥落等情况。对照组则在温度（20±5）℃、相对湿度（50±15）%的养护环境下进行养护。到达一定循环次数后，按照力学性能试验方法测试两组试块的抗压强度。表10-9为《混凝土实心砖》（GB/T 21144—2023）中规定的不同地区不同环境下的抗冻性能的指标要求。

表10-9 抗冻性能指标

使用条件	抗冻指标	质量损失	强度损失
夏热冬暖地区	F15	≤5%	≤25%
夏热冬冷地区	F25		
寒冷地区	F35		
严寒地区	F50		

按照上述方法对赤泥基免烧砖进行抗冻性能检测。表10-10为不同冻融循环次数后免烧砖的质量损失情况，图10-20为不同冻融循环后免烧砖的强度损失情况。从表10-10中可以看出，经过25次冻融循环后，免烧砖的质量变化率仅为0.14%～0.23%，远低于《混凝土实心砖》（GB/T 21144—2023）中规定的≤5%，这是由于赤泥基免烧砖中并没有使用骨料，导致砌块本身密实度较高，经历冻融循环并不会导致其质量损失。

表10-10 冻融循环后质量变化

序号	冻融前质量（g）	冻融后质量（g）	质量变化率（%）	循环次数（次）
1	648.76	649.77	0.16	25
2	642.62	643.7	0.17	25
3	640.02	640.96	0.14	25
4	633.96	635.4	0.23	25

从图10-20中可以看出，随着冻融循环次数的增加，免烧砖的强度逐渐下降，在15次循环到20次循环的时候，强度损失较快，这说明冻融循环对免烧砖的内部结构的破坏作用逐渐加强。在25次冻融循环后，经计算免烧砖的强度损失率达到20%～23%，但试块抗压强度仍能保持在17～18MPa，并没有出现由于冻融循环而使试块剧烈破坏从而抗压强度急剧下降的情况，预计下一个5次循环强度损失率将超过25%。故停止冻融试验，确定试验制备的免烧砖能达到F25的抗冻指标，可以应用于夏热冬冷地区和夏热冬暖地区。

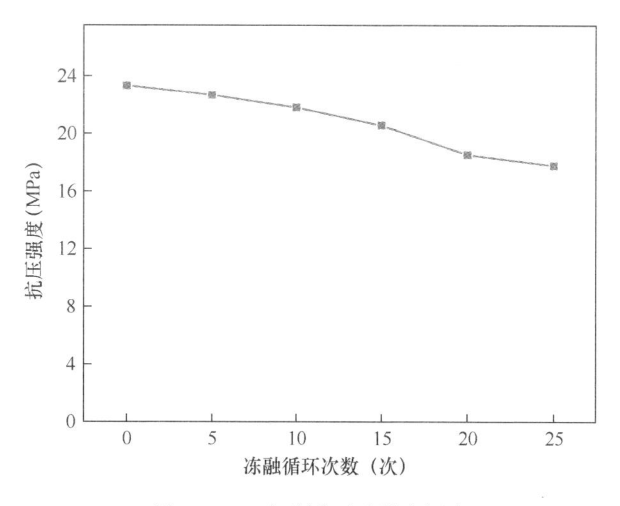

图 10-20 冻融循环后强度损失

10.5.3 软化性能

为了研究试验制备的赤泥基免烧砖的软化性能，按照《混凝土实心砖》（GB/T 21144—2023）中测试软化性能的标准进行检测。取相同养护龄期的 10 块免烧砖，分为两组，每组 5 个试块。将其中任意一组浸入 15～25℃的水中，水面高于试块 20mm 以上。4d 后取出在铁丝网架上滴水 1min，用湿抹布擦拭外表面水。另一组免烧砖则在温度（20±5)℃、相对湿度（50±15)%的环境下养护，同样采用力学抗压强度试验方法对两组免烧砖的抗压强度进行测试并计算软化系数。

表 10-11 为赤泥基免烧砖的软化系数的测试结果。饱水前赤泥基免烧砖的平均抗压强度为 24.7MPa，饱水后免烧砖的抗压强度平均值为 22.3MPa，软化系数为 0.90，满足《混凝土实心砖》（GB/T 21144—2023）中软化系数大于 0.85 的要求。赤泥基免烧砖的平均密度为 1.81g/cm^3。由于赤泥颗粒细，比表面积大，属于极易吸水的物质，但本课题制备的赤泥基免烧砖的平均软化系数仍能达到 0.9，可见其耐水性能优良。

表 10-11 赤泥基免烧砖的软化系数

序号	饱水强度（MPa）	未饱水强度（MPa）	软化系数	密度（g/cm^3）
1	22.2	24.4	0.91	1.81
2	23.1	25.3	0.91	1.83
3	21.8	24.5	0.89	1.79
平均值	22.3	24.7	0.90	1.81

10.5.4 泛霜性能研究分析

目前，关于碱激发体系的水化机理广泛被接受的理论是：原料中含有一些硅铝酸盐（有时候会形成一些无定形的结晶度比较差的物质）在碱溶液的环境下会溶解出自由的

$[Al(OH)_4]^-$和$[SiO(OH)_3]^-$，随着$[Al(OH)_4]^-$和$[SiO(OH)_3]^-$的增加，它们会逐渐形成(-Si-O-Al-)、(-Si-O-Al-O-Si-)、(-Si-O-Al-O-Si-O-Si)等结构，或者形成C-A-S-H、C-S-H凝胶。所以，含有硅铝酸盐的工业固废可以被用来制备地质聚合材料和碱激发材料，这样也增加了工业固废的利用率。然而，高含量的可溶性碱物质被用于制备碱激发无机材料，容易使碱激发无机材料表面溶解出可溶性碱离子，与空气中的二氧化碳反应生成碳酸盐或者与物料内部的硫酸根离子反应生成硫酸盐等物质，从而阻碍了碱激发无机材料的实际应用。而风化泛霜现象就通常产生于多孔建筑材料的表面，通常表现为材料表面产生了白色粉末、球状或絮状物。它就像建筑物表面的白斑病，严重影响着建筑的美观和工程项目的评价。此外，它还影响建筑材料的施工质量，如材料的强度以及耐久性能、环境性能等方面。因此，在碱激发无机材料的开发利用中，研究避免风化泛霜现象是一个非常重要的方面。

1. Na_2O含量对赤泥基免烧砖泛霜程度的影响

为了研究Na^+含量是否是影响泛霜现象的关键因素，设计了不同Na_2O含量的物料配比（表10-12），通过试验，研究Na^+含量对试块泛霜的影响程度。按照国家标准《砌墙砖试验方法》(GB/T 2542—2012）中泛霜试验的方法进行试验。图10-21为试块发生泛霜行为过程中的简单示意图。从图中可以看出，整个试块的下半部浸泡在有20～30mm的去离子水的广口容器中。水分逐渐进入到赤泥基免烧砖中，但由于试块下部的水分较少，水只能向上进入到试块一半高的位置。此时，在水分未浸湿的部分和水分浸湿的部分的交界面就会产生干湿的交界处。在交界面上试块中通过水化反应产生的Na_2SO_4会被下部进入的水分带到试块表面上，产生越多的Na_2SO_4，水分则会相应地将更多的Na_2SO_4带到试块表面，形成剥落物，产生泛霜行为。不同Na_2O含量的试验现象如图10-22所

表10-12　不同氧化钠含量泛霜试验物料配比　　（质量分数，%）

编号	赤泥	粉煤灰	水泥	Na_2O含量
1	10	40	20	1.71
2	20	30	20	2.97
3	30	20	20	4.23
4	40	10	20	5.49
5	50	0	20	6.75

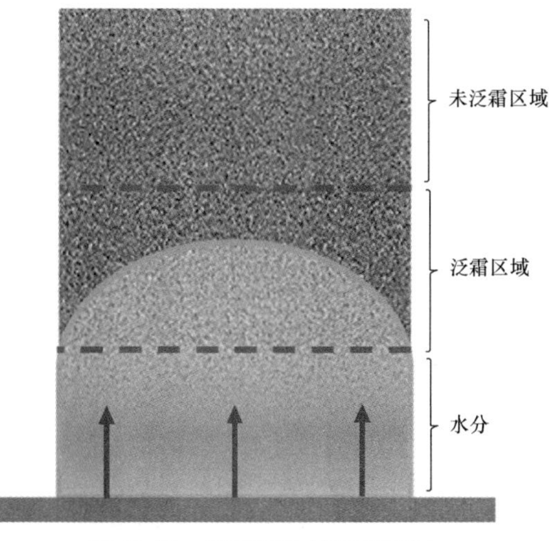

图10-21　泛霜行为过程示意图

示。从图中可以看出，随着 Na_2O 含量的逐渐增加，试块表面的泛霜行为也越发严重，其中图（e）中 5 号配比试块表面的泛霜行为最为严重，剥落物最多。图 10-23 为免烧砖表面剥落物的 XRD 图谱，经分析图谱显示泛霜物质主要为 Na_2SO_4，其原因主要是赤泥中的游离的 Na^+ 与体系中存在的 SO_4^{2-} 发生反应生成 Na_2SO_4，根据图 10-21 中泛霜行为过程示意图可知，水分子将产生的 Na_2SO_4 带到试块表面形成剥落物。而且根据观测及半定量测量，Na^+ 含量越高，生成的 Na_2SO_4 越多。

图 10-22　不同 Na_2O 含量免烧砖的泛霜现象

赤泥含量（a）0；（b）10；（c）20；（d）30；（e）40；（f）50

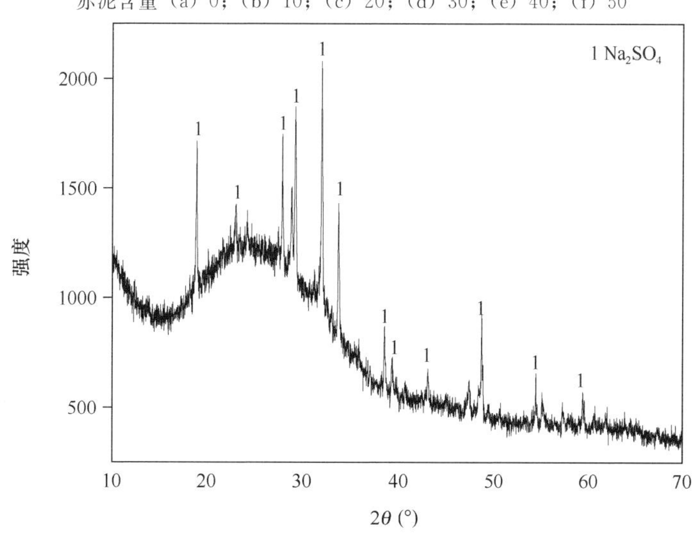

图 10-23　免烧砖表面剥落物的 XRD 图谱

对试验过程中产生的剥落物进行收集，称重。以剥落物最多的 5 号配比剥落的质量记为 100%，1、2、3、4 号配比相对于配比 5，剥落物质量分别为 15%、24%、36%、

70%。可见，Na^+含量的多少对泛霜行为的影响较大。在实际应用中，如果可以进一步降低体系中Na^+的含量，可以有效抑制赤泥基免烧砖的泛霜行为。

2. Na/Al 比对赤泥基免烧砖泛霜程度的影响

为了通过物料配比设计找到更加有效的抑制试块泛霜行为的方法，设计并制备了不同 Na/Al 比的赤泥基免烧砖（表 10-13），研究钠铝比对试块泛霜行为的影响。取不同 Na/Al 比养护至 7d 的免烧砖按照国家标准《砌墙砖试验方法》（GB/T 2542—2012）中标准方法进行风化泛霜试验。

表 10-13　高、中、低 Na/Al 比设计

序号	Na/Al 比
1	0.29
2	0.25
3	0.22

同样，为了定量评估试块表面产生的剥落物的相对含量，以剥落物最多的 1 号配比的剥落物含量为 100%，经计算，2 号配比剥落物含量为 53%，3 号配比几乎未发生泛霜行为，其剥落物含量为 1%。图 10-24 为不同 Na/Al 比赤泥基免烧砖的泛霜情况。从图中可以看出，各组配比的泛霜情况为图（a）1 号最严重，图（b）2 号次之，图（c）3 号最轻、几乎未发生泛霜。

(a)

(b)

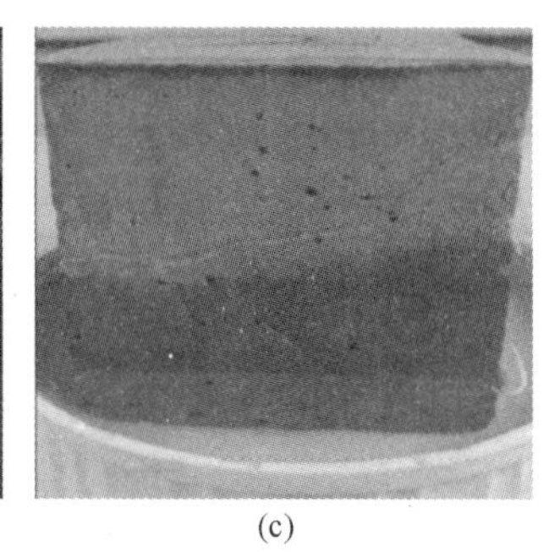
(c)

图 10-24　不同 Na/Al 赤泥基免烧砖的泛霜情况

（a）1 号配比；（b）2 号配比；（c）3 号配比

取与上述同样 Na/Al 比养护至 28d 的免烧砖按照国家标准《砌墙砖试验方法》（GB/T 2542—2012）中标准方法进行风化泛霜试验。探究养护 7d 试块与养护 28d 试块对风化泛霜行为的影响。试验结果显示，养护 28d 的赤泥基免烧砖进行泛霜试验后，所有配比的试块均不发生泛霜行为。对比养护 7d 试块泛霜较为严重的 1、2 号配比，养护 28d 试块也未发生任何泛霜行为。由此可以说明，本课题制备的赤泥基免烧砖养护至规定龄期 28d 后会对试块的泛霜行为有明显抑制效果，其原因可能是随着养护龄期的增加，物料间的水化反应持续发生，生成了钙矾石、C-A-S-H 凝胶类物质，使试块的抗压强度提高，对泛霜行为产生抑制。而且，在物料水化反应产生钙矾石、凝胶物质的同时，早期容易被水分带出的Na^+、SO_4^{2-}也会参与水化反应，生成结晶状物质固结在试块中，在反应后期，试块中含有很少的游离的 Na^{+}、SO_4^{2-}，水分不能将其带到试块表面，这样也会使试块的泛霜行为得到有效抑制。

为了进一步研究 Na/Al 比对风化泛霜的影响，探究 Na/Al 比在何种范围时，试块的泛霜行为会得到抑制，故设计了将 Na/Al 比范围再次细化的试验（表 10-14）。

表 10-14　细化 Na/Al 比范围配比设计

序号	Na/Al 比
1	0.24
2	0.23
3	0.21

泛霜情况：3 个配比均没有泛霜现象。结果表明，Na/Al 比小于 0.24，免烧砖的泛霜情况明显减弱。

3. 硅灰对赤泥基免烧砖泛霜程度的影响

为了改进免烧砖对风化泛霜情况而采取的抑制措施，根据之前文献记录，确定使用硅灰来进行进一步的优化试验。硅灰也叫微硅粉或称凝聚硅灰，是铁合金在冶炼硅铁和工业硅（金属硅）时，矿热电炉内产生出大量挥发性很强的 SiO_2 和 Si 气体，气体排放后与空气迅速氧化冷凝沉淀而成。它是大工业冶炼中的副产物，整个过程需要用除尘环保设备进行回收，因为密度较小，还需要用加密设备加密。硅灰为灰色或灰白色粉末、耐火度大于 1600℃，密度范围 1600～1700kg/cm^3。硅灰的化学成分见表 10-15。

表 10-15　硅灰的化学成分表

化学成分	SiO_2	Al_2O_3	Fe_2O_3	MgO	CaO	Na_2O	pH 平均值
含量（%）	75～98	1.0	0.9	0.7	0.3	1.3	中性

本组试验以赤泥 50%、粉煤灰 15%、水泥 22%、添加剂 13%配比为基础，分别掺加 0.5%、1%、1.5%的硅灰。图 10-25 为试验一周后赤泥基免烧砖的泛霜情况。从图中可以看到掺加硅灰的免烧砖的泛霜情况相较之前未掺加硅灰的砌块有明显改善，其中图（a）的 2 号试块掺加 1%硅灰后，其表面泛霜情况得到明显的抑制，几乎没有泛霜。结合硅灰的主要作用可以知道，硅灰可以增强水泥的水化作用，其原因是这些矿物掺和

(a)

(b)

(c)

图 10-25　不同硅灰掺量免烧砖的泛霜情况

(a) 掺 0.5%硅灰；(b) 掺 1%硅灰；(c) 掺 1.5%硅灰

料随着粉末细度的增强可以抵消由于水泥含量降低即水泥稀释带来的负面影响。根据文献记录，可以总结出硅灰的三个作用：颗粒填充效应、火山灰活性效应、孔隙溶液化学效应。其中对免烧砖影响最大的是颗粒填充效应，在颗粒填充效应的影响下，赤泥基免烧砖内部的孔结构会得到进一步的细化。为了验证掺加不同硅灰的免烧砖孔结构的差别，分别对三组试块进行压汞法测试（MIP）研究其内部孔结构。孔结构测试结果如图10-26所示。

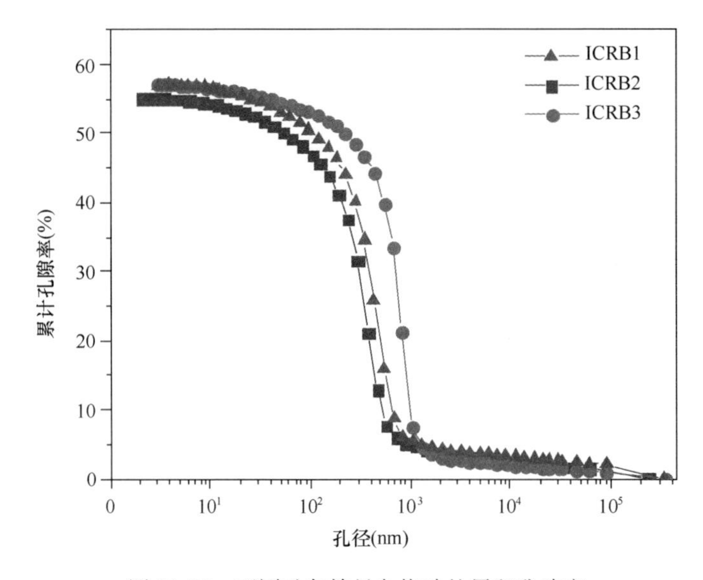

图 10-26　不同硅灰掺量免烧砖的累积孔隙度

从图10-26可以看出，第二组ICRB2试块拐点的切线斜率对应的累积孔隙度最小，说明第二组试块的孔结构相较其他两组试块孔径更小，结构更加致密，抗风化泛霜能力最强，结合图10-26可以看出第二组试块相较其他两组几乎未泛霜。而第一组ICRB1相较ICRB2切线斜率对应的累积孔隙度增大，ICRB1试块的表面有轻微泛霜行为出现；第三组ICRB3的切线斜率对应的累积孔隙度最大，其内部孔结构相较其他两组更加疏松，结合图10-26可以看出第三组的风化泛霜现象最为严重，可见试块的孔径大小与其抗泛霜能力成反比。

图10-27显示了不同硅灰掺量免烧砖的累积汞侵入体积。图中曲线的峰值表示阈值孔径（即出现概率最大的孔径）。从图中可以看出，第二组样品的阈值孔径对应的孔隙度最小，说明第二组样品相比于其他两组样品微观孔更多，宏观孔占

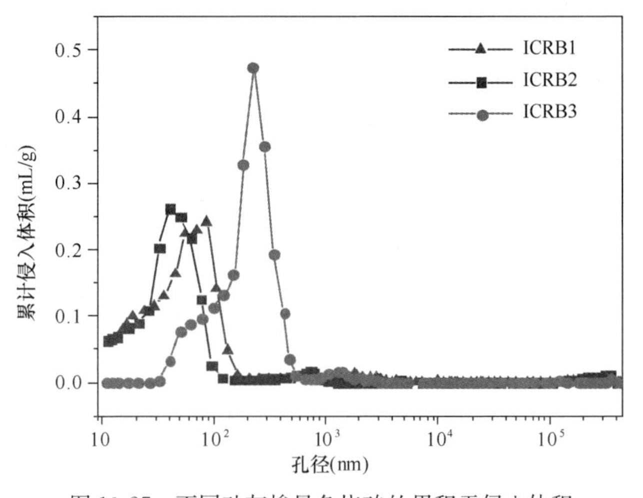

图 10-27　不同硅灰掺量免烧砖的累积汞侵入体积

比更少，即第二组样品的内部结构更加致密，可以较好地抑制试块的风化泛霜行为。而第一和第三组试块的阈值孔径均比第二组大，说明其内部的孔径相较第二组更大，第三组试块的内部孔径最大，与图10-25分析结果一致。

参考文献

[1] 张泽，张泰志，史磊. 粉煤灰、赤泥生产烧结砖的研究[J]. 新型墙体，2006(1)：47-49.

[2] KUMAR S. A perspective study on fly ash-lime-gypsum bricks and hollow blocks forlow cost housing development[J]. Construction & Building Materials，2002，16(8)：519-525.

[3] 张亚敏，宋方方，浮广明，等. 浅谈新型墙体材料的发展现状和未来[J]. 砖瓦，2015(8)：40-42.

[4] 李湘洲. 免烧砖的现状及其发展前景[J]. 砖瓦，2014(10)：60-63.

[5] 李春娥，李晓生，林蔚，等. 赤泥免烧砖的制备与硬化机理研究[J]. 高师理科学刊，2017，37(2)：52-54.

[6] 杨艳娟，李建伟，张茂亮，等. 改性赤泥免烧砖的制备与放射性屏蔽机理分析[J]. 矿产保护与利用，2019，39(1)：95-99.

[7] 季文君，刘云，李哲. 赤泥及粉煤灰制备免烧砖的工艺探究[J]. 中北大学学报(自然科学版)，2019，40(6)：568-572.

[8] 刘昌俊，李文成，周晓燕，等. 烧结法赤泥基本特性的研究[J]. 环境工程学报，2009，3(4)：739-742.

[9] WANG S，ANG H M，TADÉ M O. Novel applications of red mud as coagulant，adsorbent and catalyst for environmentally benign processes[J]. Chemosphere，2008，72(11)：1621-1635.

[10] LU DW，QI Y F，YUE Q Y，et al. Properties and mechanism of red mud in preparation of ultra-lightweight sludge-red mud ceramics[J]. 中南大学学报：英文版，2012，19(1)：7.

[11] 孙文标，高新春，冯向鹏，等. 赤泥基胶凝材料的 Na^+ 固化机理[J]. 稀有金属材料与工程，2009，38(增刊2)：1233-1236.

[12] 彭建军，刘恒波，高遇事，等. 利用拜耳法赤泥制备免烧路面砖及其性能研究[J]. 新型建筑材料，2011(4)：3.

11 赤泥路面基层材料

11.1 路面基层

路面基层是在路基（土基）垫层表面用单一材料或混合料按照一定的技术措施分层铺筑而成的层状结构，如图 11-1 所示，可分为上基层和底基层。基层是直接位于沥青面层下用高质量材料铺筑的主要承重层或直接位于水泥混凝土面板下用高质量材料铺筑的结构层，是路面结构中的重要组成部分。具有较高强度、刚度和稳定性的基层才能保证面层的良好使用品质。

路面基层中的底基层可分为粒料类、无机结合料稳定类和有机结合料稳定类。现主要阐述无机结合料稳定类。

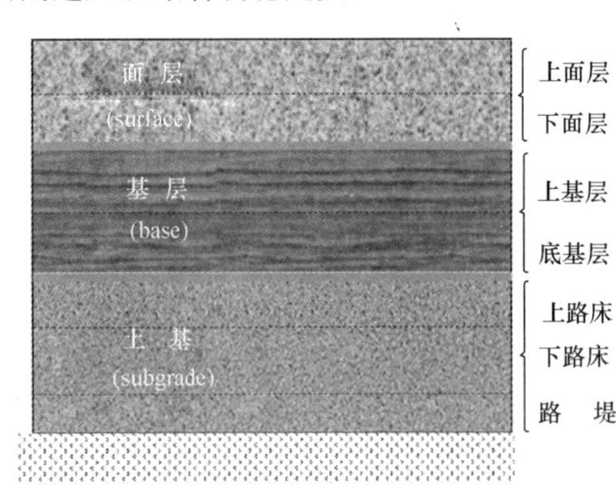

图 11-1 道路结构图

在粉碎的或原状松散的土中掺入水和一定量的无机结合料，包括水泥、石灰或工业废渣等。经拌和得到的混合料，在压实与养生后，抗压强度符合规定要求的材料称为无机结合料稳定材料，以此修筑的路面基层称为无机结合料稳定基层。其具有稳定性好、抗冻性能强、结构本身自成板体等特点，但耐磨性差，因此广泛用于修筑路面结构的基层和底基层。无机结合料稳定基层又称半刚性基层，常用的半刚性基层的类型有水泥稳定类、石灰稳定类、综合稳定类、工业废渣类。半刚性基层底基层具有良好的力学性能，强度高、水稳定性、板体性好。其强度不仅与使用材料本身性质有关，更主要的是无机结合料加水拌和碾压后发生的一系列物理作用和化学作用使强度随时间增长而逐渐提高。但这类基层的最大缺点是干缩或低温收缩时会产生裂缝。

在公路建设过程中，需要大量使用诸如砂砾、石头、水泥、沥青等道路材料，其中尤以上基层和底基层材料的耗量最大。如何利用氧化铝企业产生的固体废渣-赤泥生产道路材料，替代日渐紧俏和昂贵的水泥、砂石资源，并满足不同等级道路工程对基层材料的质量要求，节省建设工程造价，构建绿色交通环境，是交通领域需要解决的重大技术、经济问题。因此，赤泥制备道路基层材料的开发和应用具有紧迫的现实意义和巨大的经济价值。

11.2 赤泥路基材料的研究现状

公路基层材料铺设的需求量大，对各类原料（土石料和水泥石灰等）的消耗量巨大。赤泥生产道路材料是赤泥加以整体利用的一个比较成功的方向，一些欧洲国家从20世纪60年代末将赤泥作为沥青填料。一些发达国家，例如，美国和日本将赤泥用于制作人工轻骨料混凝土。日本在沥青混合料路面掺和赤泥，从而改善了沥青路面的各项使用性能。Pavel Krivenko向碱激发水泥中掺加80%质量分数的赤泥，与混凝土混合用于道路建设，通过水化产物解释强度形成机理，从辐射的角度说明赤泥可用于道路材料。

卓瑞锋以拜耳法和烧结法赤泥为主要原料，通过与粉煤灰、矿渣、脱硫石膏、瓷化剂和添加物按照一定的比例混合后采用静力压实法、常温养护制备出CBC道路基层材料，以无侧限抗压强度为主要指标，探索以赤泥为主要原料制备道路基层材料的最佳配合比。

齐建召在详细分析山东铝业公司原材料理化性质的基础上，对赤泥作道路材料进行了研究。通过查阅大量文献，掌握有关该问题的国内外研究动态，进行大量的室内外试验研究和理论分析，提出了通过优选原材料、优化配合比、优化施工工艺和加强施工质量控制等措施提高赤泥道路材料的路用性能。其研究表明：选用适当的配合比，赤泥道路基层强度可满足高等级公路的要求，7d抗压强度可达到2.0MPa以上，28d强度达到3.0MPa以上，赤泥基层与传统的半刚性基层材料相比具有强度高、回弹值大等优点。

焦莎莎等选用河南香江万基铝业尾矿库赤泥为试验材料，分别添加不同量的添加剂（硅灰、膨润土和硅藻土）和固化剂（水泥、粉煤灰），设计不同的配合比进行试验，监测赤泥固化体早期抗压强度和浸出液的pH值、含氟量及内部结构，找到了添加剂（硅灰、膨润土和硅藻土）与固化剂（水泥、粉煤灰）最优化配合比范围：水泥加入量为10%～20%、粉煤灰5%～15%、硅灰5%～15%、膨润土20%～40%、硅藻土20%～40%。这一配合比范围不仅在工程上能满足道路基层的技术要求，而且通过分别加入硅灰、膨润土和硅藻土减小了传统固化剂水泥和粉煤灰的用量，使得赤泥固化体浸出液的碱性和含氟量较出厂赤泥下降了90%以上。与传统的二灰法相比，其创新之处在于引入具有改善赤泥固化体理化性质的添加剂，一方面在一定程度上减小了传统固化剂的用量，另一方面由于添加剂（硅灰、膨润土和硅藻土）颗粒极细，加入赤泥中，提高了固化赤泥基层材料的强度，也提高了赤泥固化基层的防水性、抗渗性、平整度，同时延长了道路的养护周期。

乔贞对不同年份赤泥基层材料的性能进行了对比分析，试验结果表明：1年、3年、10年赤泥混合料7d抗压强度均可达2.9MPa以上，28d抗压强度达到3MPa以上，远远超过标准；三种混合料的回弹模量基本相同，保持在580MPa左右；抗冻性方面，3年和10年混合料要优于1年混合料；运用液、塑限联合测定法测定液、塑限，发现其值有随年份递减的趋势。

周维祥选取高活性钢渣与赤泥，加入碎石，经过一系列性能试验，考查赤泥稳定钢渣作为基层材料的各项力学指标与性能。研究发现，该路面基层材料强度可达3MPa，稳定性与抗冲刷性能良好，可用作路面基层材料。

王辉等利用尾矿库赤泥为试验材料，添加不同量的水泥、粉煤灰和硅灰，分析赤泥固化体的无侧限抗压强度、微观形貌及其浸出液的 pH 值、含氟量等，得出赤泥道路基层材料的最佳配合比：水泥掺量 10%、粉煤灰掺量 10%、硅灰掺量 15%。该配合比满足道路基层技术要求，同时掺加硅灰还可减少水泥掺量，使赤泥固化体浸出液的碱性和含氟量降低。

11.3 我国赤泥路基工程案例

利用赤泥修筑公路，将大量堆弃无用的工业废渣制备成高价值的道路材料，关键是研究和采用相适应的固化技术与筑路工艺，使之满足道路设计所要求的国家标准。在国外，早有美国、英国、苏联等对赤泥筑路进行了相关研究。国内，河南省交通科学研究所与郑州轻金属研究院、郑州市公路集团荥阳市段，共同开展了“氧化铝废渣（赤泥）的路用性能研究”课题，主要进行了赤泥混合料基层和赤泥粉煤灰混凝土的室内配合比试验和室外 300m 试验路段试验，于 1989 年 10 月通过了省级技术鉴定，研究水平为“国内首创”。

2001 年，谢源等研究利用广西平果铝业产生的赤泥为主要原材料，确定赤泥的固化材料为石灰、粉煤灰与固化剂，开发了一种高性能、低成本的新型赤泥路基，施工简易效率高，基层试验路段长为 300m，道路宽为 5m，赤泥消纳量可达 80%以上，具有显著的经济和社会效益。

2005 年，中铝山东分公司通过产学研合作方式，建设了长 4km 的赤泥路基示范性路段。赤泥示范路位于山东省淄博市淄川区，全长 4km，宽约 15m，主要原料为烧结法赤泥、粉煤灰和石灰，配比为 75%∶15%∶10%（干质量比），7d 和 28d 的平均抗压强度分别达到 1.2MPa 和 3.0MPa，满足一级石灰稳定土和公路的强度要求。这是我国第一条在实际公路上应用的烧结法赤泥路面基层工程，共消耗烧结赤泥 2 万余吨，是近年来赤泥使用量最大的项目之一，截至 2023 年一直正常使用。淄川区赤泥基层示范路比采用二灰碎石和石灰土分别节省 60 万元和 112 万元。

2008 年 4 月中铝山东分公司提供相应的配方，与淄博市公路局合作开展了利用烧结法赤泥做道路结构层中的底基层材料的应用工作。在淄博市淄川区双杨镇凤凰路上铺筑了一条长 500m、宽 27m 的试验路段，共消耗赤泥超过 $3600m^2$（约 4000t）。实践表明，整个试验段运行良好，基本符合国家标准。7d 和 28d 抗压强度分别达到 1.96MPa 和 2.6MPa，满足石灰稳定土层一级和高速公路的强度要求。

2017 年山东省交通厅联合山东高速股份有限公司、山东省交通科学研究院、魏桥铝电公司、山东海逸交通科技有限公司等，成功实现了将拜耳法赤泥用于济青高速公路改扩建工程建设，这是世界上首次将拜耳法赤泥应用于高速公路建设的工程。根据初步测算，一般情况下每 1km 公路可以为公路建设单位节省 50 万元以上。同时赤泥的大规模消纳，可以为氧化铝企业每年节省 40 元/m^3的赤泥堆存费用，减少上万亩的土地占用。

海逸公司于 2018 年 3 月，在山东滨州北海静脉产业园区开展赤泥一期路网工程。为保证后期项目顺利开展，根据相关技术规范要求及业主单位意见，先期开展了赤泥试验段的设计工作。试验段标准与正式路段一致，道路长度 150m（赤泥基道路混凝土段100m＋常规路堤填料段 50m），宽度 24m。经后期观察，满足各项路用指标，且不会产生环境污染。

11.4 赤泥-煤矸石基路面基层材料的制备、性能研究及现场试验

11.4.1 研究内容和技术路线

1. 研究内容

（1）拜耳法赤泥、煤矸石等工业固废制备路面基层材料的配方与性能研究

以拜耳法赤泥、煤矸石等工业固废为主要原料，分析其化学成分、矿物组成及性能，在实验室制备出赤泥-煤矸石基路面基层材料，研究路面基层材料各项基本性能，包括力学性能和耐久性能，优化路面基层材料配合比，以便更好地运用于现场铺筑。

（2）路面基层材料的强度形成机理

针对已制备出的赤泥-煤矸石基路面基层材料，运用微观分析的手段，从微观层面上对路面基层材料的结构和成分进行分析，研究路面基层材料的强度形成机理，以优化路面基层材料的各项性能。

（3）路面基层材料的环境安全性

针对各类工业固废均含有一定量的环境有害组分或在处置过程中形成有毒有害物质的问题，主要是拜耳法赤泥中的 Na^+ 和重金属组分，通过浸出试验研究路面基层材料的环境安全性。

2. 技术路线

先将经过简单处理的拜耳法赤泥和粉煤灰混合，然后与级配煤矸石、高炉矿渣、石膏按照一定比例混合，加水闷料 18～24h，闷料结束后，向混合料中添加少量水和水泥，试件制作方法依据《公路工程无机结合料稳定材料试验规程》（释义手册）（JTG E 51—2009）。将制备好的试件放入标准养护箱养护至规定时间，用于力学性能、耐久性能、环境性能等测试。技术路线图如图 11-2 所示。

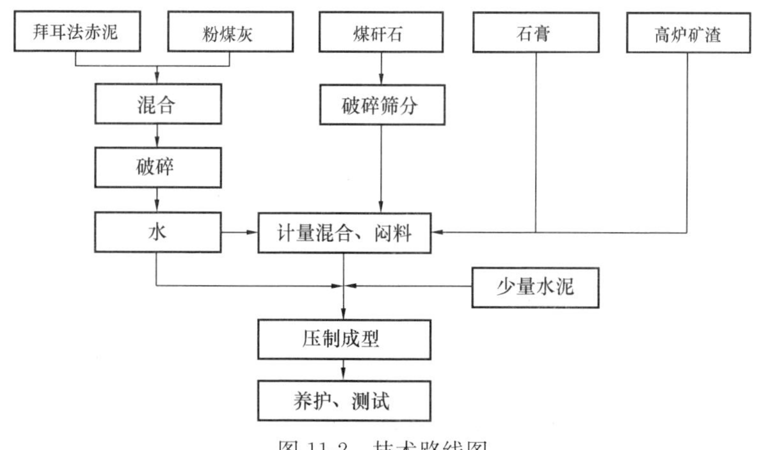

图 11-2 技术路线图

11.4.2 赤泥的原料性质

试验所用拜耳法赤泥取自山西华兴铝业有限公司，为压滤后堆放一年的拜耳法赤泥。其化学成分见表 11-1。主要成分为 SiO_2、Al_2O_3 和 Fe_2O_3，碱性氧化物 Na_2O 的含量较高，为 10.49%，这是赤泥高碱性的根本原因。

表 11-1 拜耳法赤泥的化学成分 （质量分数，%）

成分	SiO_2	Fe_2O_3	CaO	Al_2O_3	MgO	K_2O	Na_2O	TiO_2	烧失量
含量	23.02	17.59	12.06	20.52	0.21	0.54	10.49	2.58	10.93

对粉磨后的拜耳法赤泥进行 X 射线衍射分析，结果如图 11-3 所示。由图可知拜耳法赤泥中的结晶态物质主要为赤铁矿、水化石榴石、钙霞石和水合铝硅酸钠。

界限含水率试验结果如图 11-4 所示，由图可知，拜耳法赤泥液限为 57.79，塑限为

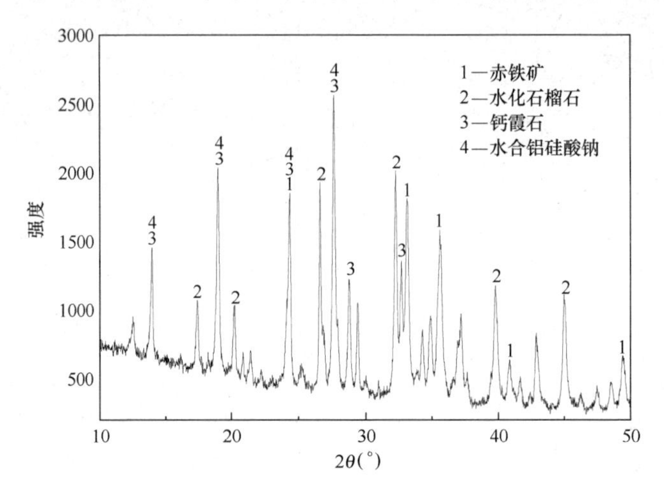

图 11-3 拜耳法赤泥的 XRD 图谱

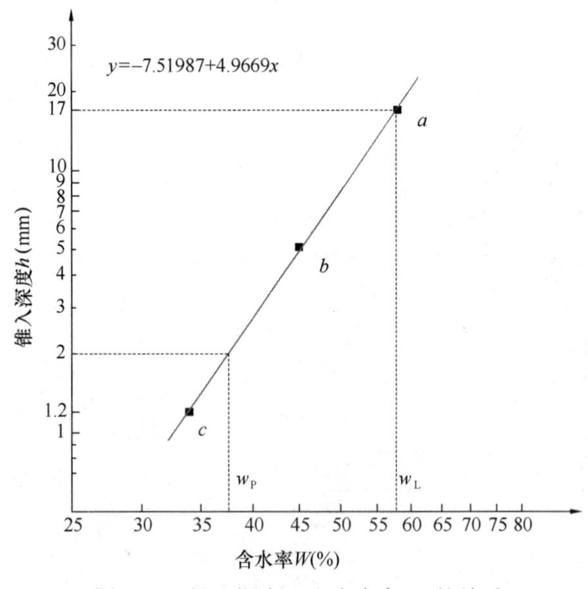

图 11-4 锥入深度 h 和含水率 W 的关系

37.55，塑性指数为20.24。按照土的分类，其物理性质与黏土相当，由于粒度细、质软、有较好的塑性，所以拜耳法赤泥可替代黏土用于道路材料。

11.4.3 路面基层材料力学性能的研究

1. 击实试验和无侧限抗压强度试验

赤泥-煤矸石基路面基层材料3个优选配合比分别为序号1、2、3。其区别在于配合比1为赤泥掺30%、不掺矿渣，配合比2为赤泥掺40%、不掺矿渣，配合比3为赤泥掺30%、矿渣掺5%。压实度为98%成型试件，试验结果见表11-2。

表11-2 击实试验和无侧限抗压强度试验结果

配合比	最大干密度（g/cm^3）	最佳含水量（%）	7d抗压强度（MPa）
1	1.824	16.2	3.90
2	1.792	17.4	4.04
3	1.832	16.6	6.37

7d强度是无机结合料稳定材料重要的技术指标，配合比1、2、3所得7d无侧限抗压强度分别为3.90MPa、4.04MPa、6.37MPa，满足高速公路和一级公路要求的3.0～7.0MPa。

2. 水稳定性研究

无侧限抗压强度试验可分浸水和不浸水两种情况。为了探讨龄期内浸水对路面基层性能的影响，配合比1、2、3按7d龄期的浸水、不浸水两种情况进行无侧限抗压强度试验。对于浸水情况，在测试强度前一天就需将试样放在水中浸泡，然后再进行试验。水稳定系数为在同一龄期内浸水和不浸水状态下抗压强度的比值。试验结果见表11-3。

表11-3 “水稳定性”试验结果

配合比	7d抗压强度（MPa）		水稳定系（%）	试块浸水前后高度（mm）		高度变化（mm）
	浸水	不浸水		浸水前	浸水后	
1	3.90	4.92	79.3	49.82	50.26	0.44
2	4.04	4.20	96.2	50.11	50.33	0.22
3	6.37	6.29	101.3	50.23	50.43	0.20

从表11-3中可以看出，配合比1的水稳定性比配合比2、3的水稳定性低，同时配合比1浸水后高度增加0.44mm，为另外两个配合比高度增加的两倍左右，说明配合比1的试块浸水后较容易膨胀，导致强度较低。而配合比3的水稳定性超过100%，即掺有矿渣的试块浸水后强度高于未浸水的试块强度。掺有矿渣的一组在龄期最后1d浸水后强度增加。查阅文献得知，凝胶是促进强度增长的主要因素。首先矿渣具有较高的胶凝活性，在浸水过程中，掺有矿渣的路面基层材料浸出更多Ca^{2+}，由于碱性激活了路面基层材料中的粉煤灰，发生火山灰反应，粉煤灰中的活性SiO_2、Al_2O_3与Ca^{2+}反应生成具有水硬胶凝性能的水化硅酸钙和水化铝酸钙，因此浸水后强度高于未浸水强度。

配合比 2 的水稳定系数为 96.2%，是由于配合比 2 掺加 40%的拜耳法赤泥，赤泥中较多的碱也起到碱激活的作用，但是赤泥含量的增加导致煤矸石骨料相应的减少，从而导致该配合比强度较低。

3. 水泥掺量对路面基层材料强度的影响

为了探究水泥掺量对赤泥-煤矸石基路面基层材料力学性能的影响，在矿渣掺量 5%的基础上进行了不同水泥掺加量的试验研究，水泥掺量分别为 1%、3%、5%和 7%。将不同水泥掺量的路面基层试块养护至 7d 后分别测试其无侧限抗压强度，抗压强度结果见表 11-4。

表 11-4　水泥掺量对路面基层材料抗压强度的影响

配合比	水泥掺量（%）	7d 无侧限抗压强度（MPa）
a	1	2.95
b	3	6.37
c	5	6.95
d	7	7.81

由表 11-4 可以得出，水泥掺量对路面基层材料的力学性能有较大影响。当水泥掺量为 1%时 7d 抗压强度为 2.95MPa，并不满足国家标准对路面基层养护 7d 的强度标准，当水泥掺量为 3%、5%、7%时，7d 抗压强度随水泥掺量的增加而增加，但是增加效果不明显。这是因为粉磨后的矿渣，潜在的活性被激发出来。矿渣和水泥对路面基层材料强度的提高主要取决于火山灰效应和微集料效应。

（1）火山灰效应：路面基层材料中掺加磨细的矿渣后，矿渣吸收水泥水化时形成的 $Ca(OH)_2$，能促进水泥的进一步水化，使接口区的 $Ca(OH)_2$ 晶粒变小，改善了路面基层材料的微观结构，使水泥浆体的空隙率明显下降，强化了骨料接口的黏结力，其中添加的粉煤灰提供了一定量的活性氧化硅和氧化铝等，这些活性组分与氢氧化钙反应，生成水化硅酸钙、水化铝酸钙或水化硫铝酸钙等反应产物，使路面基层材料的强度大大提高。

（2）微骨料效应：磨细后的矿渣平均粒径比水泥小得多，矿渣和水泥的混合填充了水泥颗粒之间的间隙，改变了水泥的颗粒级配，同时矿渣和水泥还与其他物料结合紧密，使路面基层材料形成细观层次的自紧密体系，从而提高强度。

综合力学性能和经济性分析，水泥掺量为 3%时，赤泥-煤矸石基路面基层材料具有较好的力学性能。

11.4.4　路面基层材料耐久性能的研究

半刚性基层具有强度与承载能力较高、水稳定性好等特点，应用于北方，需要经历漫长冬季的考验，若应用于南方，南方多雨且夏季漫长，路面基层材料长时间处于一种干湿循环的状态。因此，除了需要对路面基层的基本物理力学性能进行研究，还需研究路面基层材料的抗冻性、抗干湿循环能力。

1. 矿渣掺量对路面基层材料强度的影响

配合比 2 与配合比 3 的水稳定性系数和浸水高度变化相近，但是配合比 2 强度低约 2MPa，因此以配比 3 为基础优化矿渣配比并研究其耐久性能。通过改变矿渣占路面基层材料中比例，研究不同矿渣掺量对路面基层材料物理力学性能的影响，矿渣掺量分别为 2%、5%、8%。

为了观察强度增长变化，除了对路面基层 7d 常规无侧限抗压强度进行测定外，还补充了 4d、14d、28d 的抗压强度测试。图 11-5 为不同矿渣掺量路面基层材料抗压强度随养护时间变化的趋势。

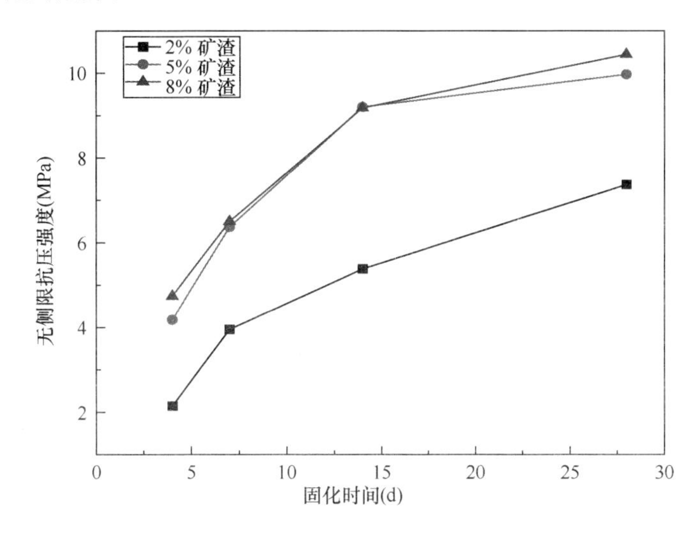

图11-5 不同矿渣掺量路面基层材料抗压强度随养护时间变化的趋势

由图 11-5 可知，三种配合比路面基层材料的无侧限抗压强度均随养护时间的延长而增加，且早期强度增加十分明显。养护 14d 后，养护时间对强度增加影响较小；2% 矿渣掺量的路面基层材料经过不同养护时间后的强度明显低于 5% 和 8% 矿渣掺量的路面基层材料的相应强度；当路面基层材料的矿渣掺量分别为 5% 和 8% 时，它们的强度随养护时间延长的增长趋势几乎相同，因此从力学性能和经济效益的角度考虑，赤泥-煤矸石基路面基层材料的最佳矿渣掺量为 5%。

2. 化学成分对路面基层材料力学性能的影响

为研究化学成分对路面基层材料力学性能的影响，将不同配合比路面基层材料的化学成分列表并计算不同配合比的 $CaO/(Al_2O_3+SiO_2)$，从化学成分的角度研究该比值对 7d 无侧限抗压强度的影响，见表 11-5。

试块 7d 强度与 $CaO/(Al_2O_3+SiO_2)$ 关系如图 11-6 所示。由图可知，当 $CaO/(Al_2O_3+SiO_2)$ 比值为 0.264 时，即水泥掺加量为 1% 时，7d 强度仅为 2.95MPa，当水泥掺加量大于 3% 时，试块 7d 无侧限抗压强度随 $CaO/(Al_2O_3+SiO_2)$ 比值的增加而增加，当 $CaO/(Al_2O_3+SiO_2)$ 比值大于等于 0.29 时，7d 无侧限抗压强度大于 6MPa。路面基层混合料的 $CaO/(Al_2O_3+SiO_2)$ 比值为 0.3 左右，水泥和高炉矿渣的 $CaO/(Al_2O_3+SiO_2)$ 比值分别为 1.70 和 0.87，配比 a、b、c、d 的单一变量为水泥掺量，可见随着水泥掺量的增加，$CaO/(Al_2O_3+SiO_2)$比值增加，同时强度也增加，高炉矿渣掺量与配合比 x、y、z 的7d强度关系也成正比。因此可以通过提高体系中水泥或者高炉矿渣这一类高 $CaO/(Al_2O_3+SiO_2)$比值的原料掺量提高路面基层材料的早期强度。

表 11-5　不同配合比路面基层材料化学成分（质量分数，%）**和 7d 强度**（MPa）

化学成分	CaO（%）	Al_2O_3（%）	SiO_2（%）	$CaO/(Al_2O_3+SiO_2)$	7d 强度（MPa）
1	14.724	27.158	32.356	0.247	3.90
2	14.513	26.422	31.194	0.252	4.04
3	17.195	26.030	32.170	0.295	6.37
a	15.609	26.720	32.513	0.264	2.95
b	17.195	26.030	32.170	0.295	6.37
c	18.662	25.393	31.853	0.326	6.95
d	20.022	24.801	31.559	0.355	7.81
x	15.774	26.679	32.277	0.268	3.95
y	17.195	26.030	32.170	0.295	6.37
z	18.459	25.454	32.075	0.321	6.50

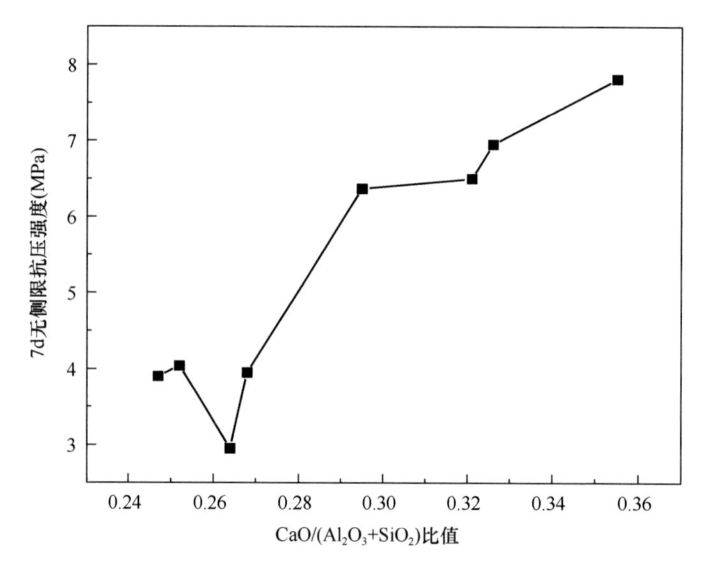

图 11-6　7d 无侧限抗压强度与 $CaO/(Al_2O_3+SiO_2)$ 比值的关系

3. 冻融稳定性研究

由于季节交替，故应考虑路面基层材料的抗冻性能。分别选择不同高炉矿渣掺量考察路面基层材料的抗冻性能，冻融循环试验结果见表 11-6。半刚性材料的抗冻性指标按式（11-1）计算：

$$BDR=\frac{R_{DC}}{R_C}\times 100\% \tag{11-1}$$

式中，BDR 为经 n 次冻融循环后试件的抗压强度变化（%）；R_{DC}为 n 次冻融循环后试件的抗压强度（MPa）；R_C为对比试件抗压强度（MPa）。

表 11-6 冻融循环试验结果

矿渣掺量（%）	质量（g）		无侧限抗压强度（MPa）		质量变化（%）	*BDR*（%）	循环次数（次）
	冻前	冻后	冻前	冻后			
2	206.35	207.45	7.37	4.93	0.53	66.89	5
5	207.68	209.41	9.97	6.89	0.83	69.11	5
8	204.97	207.16	10.44	7.54	1.06	72.22	5

由表 11-6 可以看出，试件经 5 次冻融循环后并无质量损失，掺 5%和 8%矿渣的路面基层材料经过 5 次循环后强度依然满足标准，其 *BDR* 值为 70%左右；传统水泥稳定碎石路面基层材料经过 5 次冻融循环后 *BDR* 值约为 80%，二者相近。随矿渣掺量的增加，*BDR* 值增加，也就意味着，随着矿渣掺量的增加，路面基层材料经冻融循环后强度损失减少，因此该路面基层材料具有良好的抗冻性。

4. 干湿循环

干湿循环是路面基层材料耐久性的一个重要试验，路面基层材料受气候条件的影响，南方夏季多雨且高温，经常处于干湿交替状态，材料中水分不断变化，水对高等级路面基层的强度和稳定性具有较大影响，会引起路面基层中混合料的膨胀和收缩，因此需对路面基层材料的抗干湿能力进行研究。

实验室对矿渣掺量分别为 2%、5%、8%，养护 28d 后的试块进行干湿循环试验，研究不同配合比条件下无侧限抗压强度与质量损失随干湿循环次数增加的变化。

图 11-7 和图 11-8 分别为不同矿渣掺量路面基层材料的抗压强度与质量损失随干湿循环次数变化的趋势，可以看出矿渣掺量为 2%、5%、8%时，试块的强度随干湿循环次数的增加先增加后下降，质量损失基本随循环次数的增加而增加。

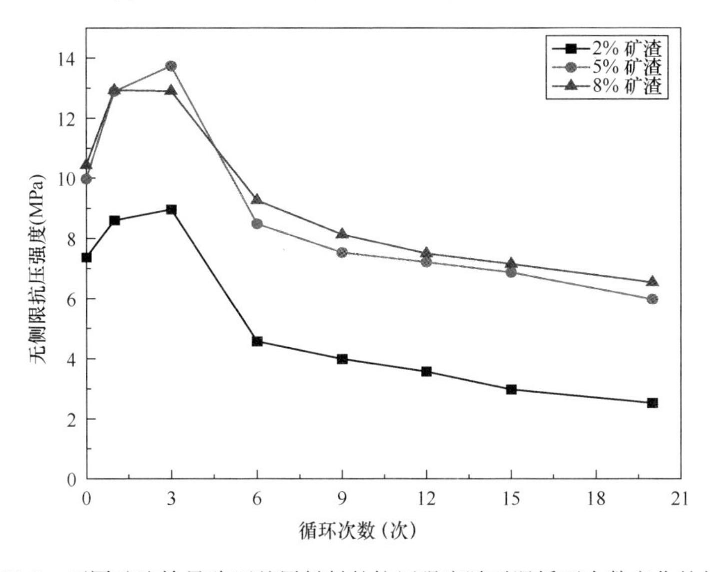

图 11-7 不同矿渣掺量路面基层材料的抗压强度随干湿循环次数变化的趋势

0～3 个循环，试块的抗压强度随循环次数的增加而增加，第 3 个循环之后强度逐渐开始下降，可将强度变化归结于水化反应与试件结构变化的复合作用。

前 3 个循环的抗压强度发展主要是与干湿循环试验方法有关，试块浸水和 70℃烘干均有利于水化产物的产生，抗压强度的增加可能是浸水促进了水化产物的生成，且70℃烘干增加了反应速度，该阶段试件表面和内部结构变化不大，水化反应与结构变化的复合作用有利于抗压强度的增加。掺加5％矿渣路面基层材料经过0个和3个干湿循环的电镜对比图如图11-9所示。由图可知，在1000倍放大倍数下，图（a）中钙矾石分布稀疏，呈不规则排列。相比之下，图（b）中钙矾石数量多，排列紧密，且相互交错，周围有较多水化产物包裹。从微观的角度解释了经过3个干湿循环后路面基层材料抗压强度增加的现象。3个循环之后试块的抗压强度随循环次数的增加而下降。可能是由于第3个循环之后，试块水化反应与结构变化的复合作用不利于抗压强度的增加，3个循环之后，试块经历多次干湿循环后，表面和内部产生孔隙，造成物料之间结合的紧密度降低，从而导致抗压强度下降。第3个循环至第6个循环，强度有明显的下降，同时质量损失增加明显，6个循环之后抗压强度缓慢下降，质量损失增加缓慢，说明抗压强度的下降趋势与质量损失导致试块结构变化有关。

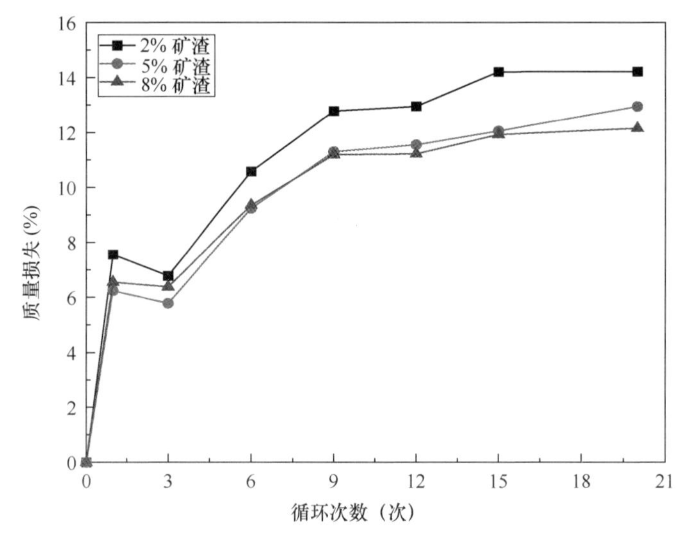

图 11-8　不同矿渣掺量路面基层材料的质量损失随干湿循环次数变化的趋势

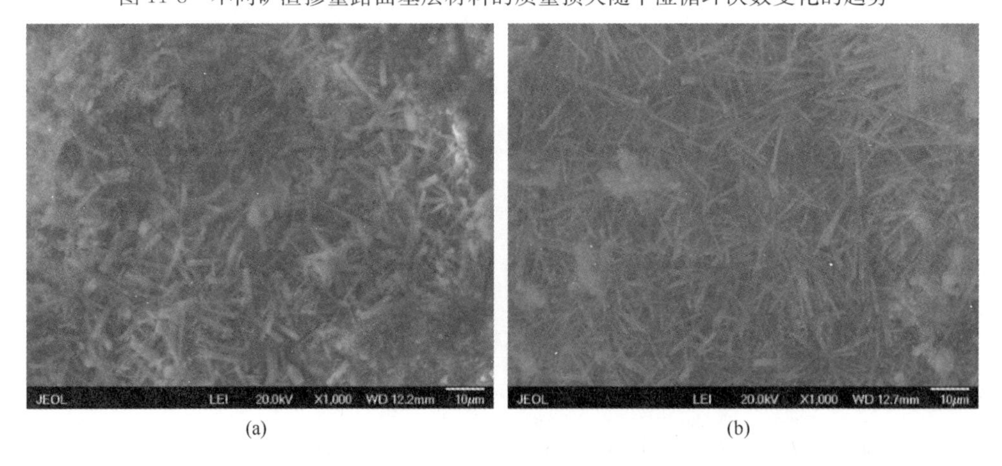

图 11-9　0个和3个干温循环的电镜对比图

（a）矿渣掺量5％路面基层材料0次循环样品SEM图；（b）矿渣掺量5％路面基层材料3次循环样品SEM图

总体而言，矿渣掺量5%和8%的路面基层材料抵抗干湿循环的能力优于掺量2%的材料，并且结合经济性考虑，矿渣掺量为5%的路面基层材料经过20个干湿循环后强度为5.98MPa，仍然满足国家标准，因此具有良好的耐久性能。

11.4.5 路面基层材料固碱效果的研究

由之前试验分析得到赤泥-煤矸石路面基层材料实验室最优配比为拜耳法赤泥掺加30%，水泥掺加3%，高炉矿渣掺加5%。

拜耳法赤泥是铝土矿经强碱浸出氧化铝后产生的残渣，Na^+含量很高，为强碱性化学物质，这也决定了其对生物和硅质材料的强腐蚀性，同时，拜耳法赤泥若处理不好，会有大量废碱液渗透到附近土壤，造成土壤碱化，地表水和地下水也会受到污染。因此，需对赤泥制备路面基层材料的环境性能进行研究。

1. 组成分析

实验室最优配合比养护7d的路面基层材料取一微区进行元素的面分布分析，旨在分析该路面基层材料的固碱性能。微区扫描电镜图如图11-10所示，各元素面分布图如图11-11所示。

图11-10 最优配合比路面基层材料养护7d微区扫描电镜图

如图11-11所示，微区中Ca、Na、Al、Si这四种元素的分布区域几乎重合，可以定性地判断Na元素与其他三种元素结合在一起，该材料具有较好的固结Na的能力。

2. 浸出试验

元素的面分布可以观察到不同元素在微区的分布，定性判断材料的固碱性能，但仍需对碱的溶出程度进行定量研究，实验室采用醋酸缓冲溶液法研究了最优配比路面基层材料的重金属浸出情况，采用蒸馏水浸泡整块路面基层材料研究Na^+浸出情况，结果见表11-7。

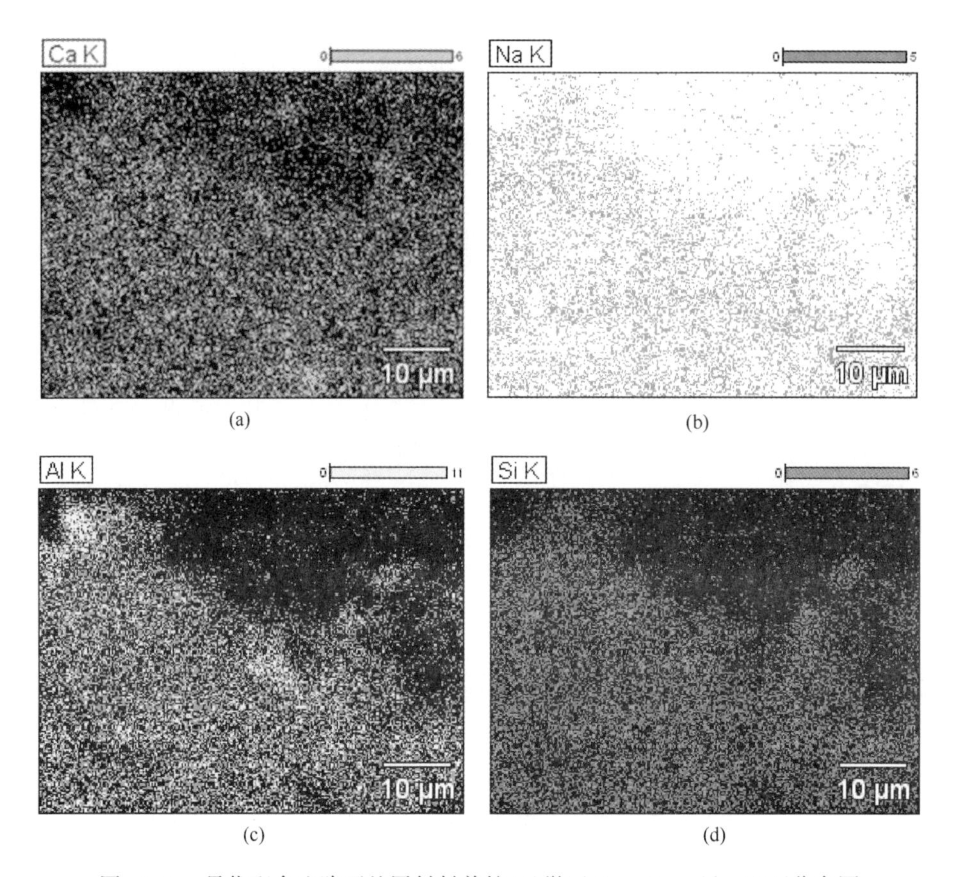

图 11-11 最优配合比路面基层材料养护 7d 微区 Ca、Na、Al、Si 面分布图

(a) Ca；(b) Na；(c) Al；(d) Si

表 11-7 浸出试验结果

浸出样本	0d	1d	7d	14d
浸出液 Na^+ 浓度（mg/L）	397.20	3.55	28.65	39.16

由表 11-7 可知，未养护试块浸出液超出国家标准《生活饮用水卫生标准》（GB 5749—2022）中对 Na^+ 浓度的限定（200mg/L），而赤泥-煤矸石路面基层材料养护 7d 后浸泡 1d、7d、14d 的浸出液中 Na^+ 浓度均符合国家标准。从而说明该路面基层材料具有良好的环境性能。同时浸出液中 Zn、Hg、Cu、Pb、Ni 等重金属均未检测出。

3. 固碱机理

多种工业固体废弃物（赤泥、煤矸石、粉煤灰、石膏等）的复合协同效应作用下，在赤泥掺量达到 30%时，路面基层材料的各项性能能够满足国家施工标准的要求。这是由于在物料复合协同效应作用下可使物料的潜在活性得以充分发挥，同时，硅铝体系对赤泥中的 Na^+ 实现了有效的固结。

硅氧四面体在重组过程中具有连接 Al 等 3 价元素氧化物的趋势，使这些氧化物进入以硅氧四面体为主的三维空间网络体，并使这些元素处于四配位状态。这种作用称为硅的四配位同构化效应。当硅氧四面体在重组过程中对铝发生四配体同构化效应时，

Al^{3+}以四配位的形式参与硅酸盐网络体的形成。由于Al^{3+}只显示正三价，因此每一个铝被四配位同构化之后都使新形成的硅氧四面体-铝氧四面体网络体缺少一个正电荷，造成电荷的不平衡。这种电荷的不平衡能够形成强烈吸引Na^+、K^+等一价阳离子的场效应，作用的结果使这些一价阳离子进入网络体的空隙中平衡电荷，并被固定下来，如图11-12所示。

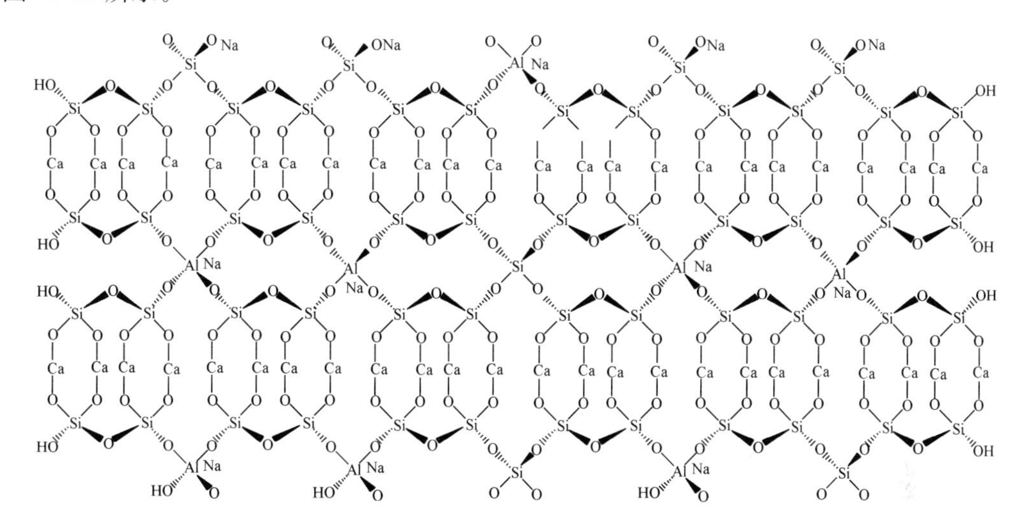

图11-12 Na-Al-C-S-H凝胶水化产物的网络状结构示意图

通过利用赤泥中的碱对其他固体废弃物的激发作用，在物料复合协同效应作用下形成非晶或微晶态的硅酸盐网络聚合体，同时，Na^+在硅铝体系中因电荷平衡以化学固溶的形式固结下来。因此，在物料复合协同效应作用下，基于硅的同构效应，实现赤泥的无害化综合利用。

11.4.6 路面基层材料的强度形成机理

1. 水化产物的XRD分析

因添加30%拜耳法赤泥、5%矿渣和3%水泥的路面基层材料具有较好的力学性能及耐久性能，故以此路面基层材料为例研究其强度形成机理。

从图11-13可以看出，原料赤泥具有的物相有赤铁矿、水化石榴石、钙霞石和水合铝硅酸钠，与养护7d和28d相比，赤泥在2θ为14°、19.1°、24.4°、27.6°、32.2°的衍射峰明显减弱，这意味着水合铝硅酸钠、钙霞石和水化石榴石因参与水化反应而含量减少。养护7d和28d的式样XRD谱图中，2θ为15.8°、22.9°和32.4°的地方出现新的衍射峰，为钙矾石。二氧化硅衍射峰很明显，判断为试样中的煤矸石带入。

2. 扫描电镜和能谱分析

从测完抗压强度的样品中采集有代表性的样品，在无水乙醇中浸泡48h以上以终止水化，再在45℃的温度下烘干。磨细后就可以进行X射线衍射，而选择扁平块状经过喷涂金导电层之后可以进行扫描电镜观察和能谱分析。

实验室最优配比路面基层材料养护7d样品的SEM图如图11-14所示。低倍扫描电

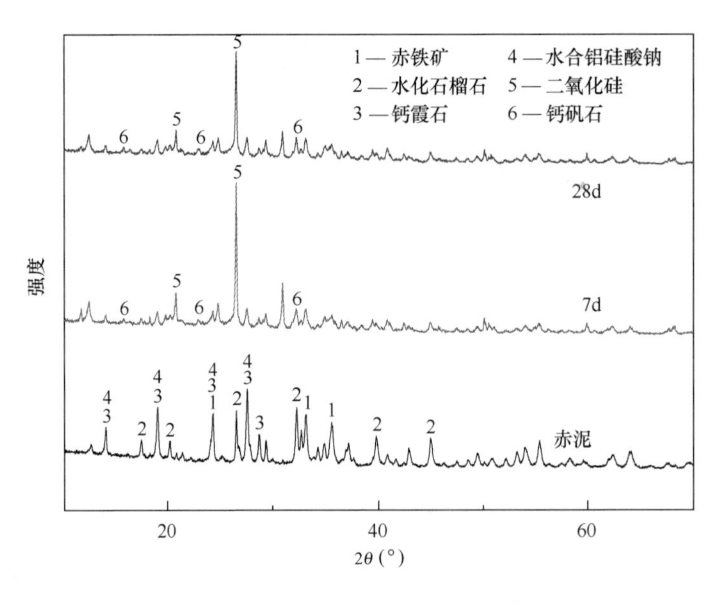

图 11-13　路面基层试样的 XRD 谱图

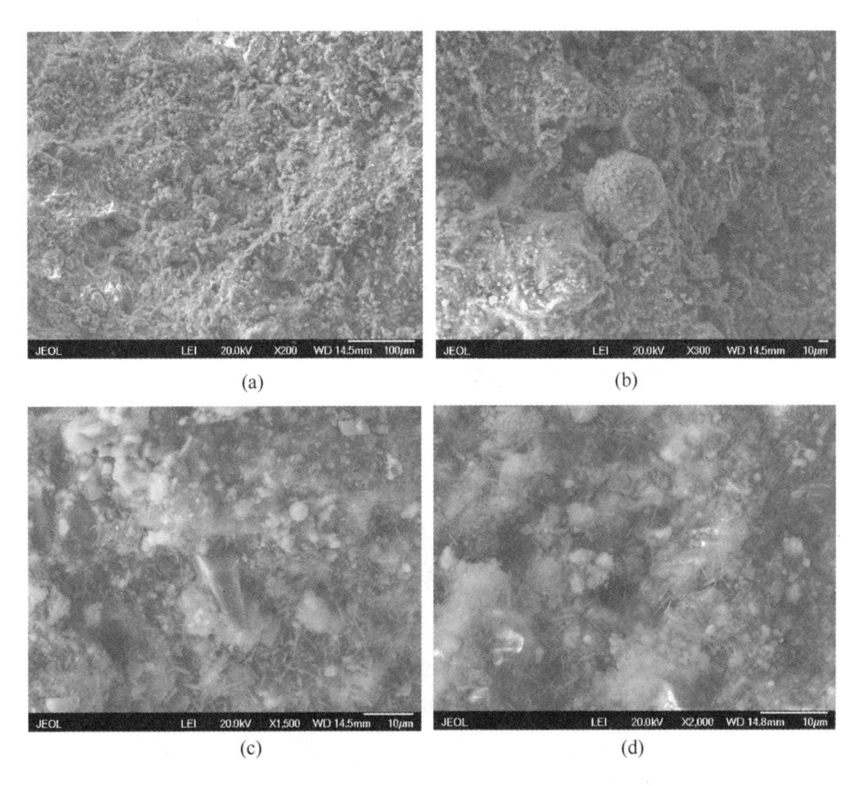

图 11-14　矿渣掺量 5%路面基层养护 7d 样品的 SEM 图

镜图（a）、（b）中可以观察到赤泥-煤矸石路面基层材料呈现凹凸不平状态，但是未见明显空洞，整体较平整且密实。图（b）可见粉煤灰与其他赤泥混合料联结牢靠。高倍扫描电镜图（c）、（d）中，可清晰地看见絮状水化产物、针状或棒状钙矾石存在。

图 11-14（c）有块状物质，且该物质被絮状产物包围，并联结紧密。对块状物质和絮状产物进行能谱分析，结果如图 11-15 和表 11-8 所示，根据能谱图得知点 1 块状物质为煤矸石，点 2 为水化产物 C-A-S-H 凝胶，说明煤矸石表面覆盖较多水化产物，且水化产物将煤矸石与其他混合料紧密地黏结在一起，形成了具有一定机械强度的结构。

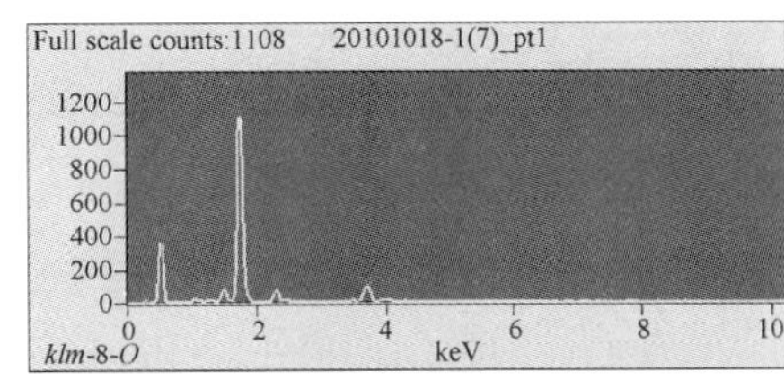

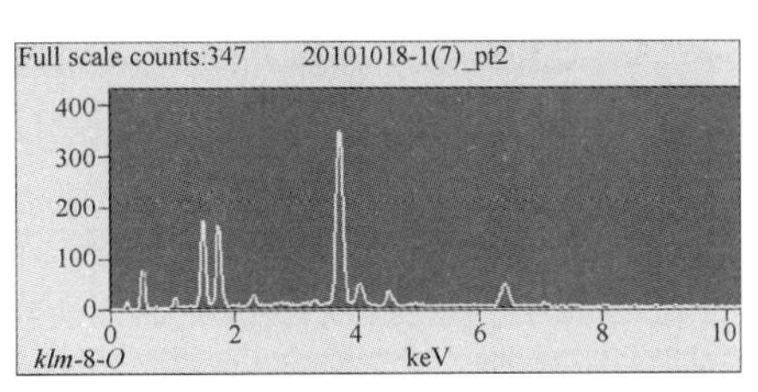

图 11-15　矿渣掺量 5%路面基层养护 7d 样品的能谱图

表 11-8　原子百分比

元素	C	O	Na	Al	Si	S	Ca	Ti	Fe
点 1	4.74	61.77	1.08	1.89	25.89	2.08	2.55	—	—
点 2	6.48	45.52	2.27	9.79	8.97	1.05	18.07	2.21	5.65

11.4.7　现场试验研究

如何大规模合理地利用赤泥成为解决环境污染的首要问题。将赤泥制备成高价值的道路基层材料，无疑是十分符合这种发展趋势的。赤泥路面基层材料用渣量大、成本低、性能高，将是以后搬掉赤泥山的主要途径。

试验段以室内试验最优配合比为基础，验证室内试验的性能，优化该配合比的经济指标，并对该技术使用的相关设备以及该技术的施工工艺进行改进与优化。

1. 原材料技术要求

（1）水泥强度等级为 32.5 或 42.5 且满足《公路路面基层施工技术细则》（JTG/T F20—2015）要求的普通硅酸盐水泥等均可使用。

（2）干排或湿排的硅铝粉煤灰和高钙粉煤灰等均可用作基层或底基层的结合料。粉煤灰技术要求应符合表 11-9 的规定。

（3）煤矸石、煤渣、高炉矿渣、钢渣及其他冶金矿渣等工业废渣可用于修筑基层或者底基层，使用前应崩解稳定，且宜通过不同龄期条件下的强度试验。

（4）工业废渣类作为骨料使用时，公称最大粒径应不大于 31.5mm，颗粒组成宜有一定级配，且不宜含杂质。

（5）适宜的饮用水均可用于路面基层的施工。未经处理的工业废水、污水、酸性水

表 11-9　粉煤灰技术要求

检测项目	技术要求	试验方法
SiO_2、Al_2O_3和Fe_2O_3总含量（%）	>70	T 0816
烧失量	≤20	T 0817
比表面积（cm^2/g）	>2500	T 0820
0.3mm 筛孔通过率（%）	≥90	T 0818
0.075mm 筛孔通过率（%）	≥70	T 0818
湿粉煤灰含水率（%）	≤35	T 0801

等不得使用。若遇到有可疑水源时，应当进行水质检验，技术要求应符合下列要求：①pH≥4.5；②Cl^-含量不得高于 3500mg/L；③SO_4^{2-}含量不得高于 2700mg/L，且不应有漂浮的油脂和泡沫及明显的颜色和异味。

2. 施工技术要求

（1）赤泥路面基层可适用于各级公路的基层和底基层。赤泥路面基层宜在气温较高的季节组织施工。施工期的日最低气温应在 5℃以上，在有冰冻的地区，应在第一次重冰冻（－3～－5℃）到来的 15～30d 之前完成施工。

（2）赤泥路面基层施工时，应遵守下列规定：

① 配料应准确；

② 赤泥、粉煤灰等原料应摊铺混合均匀；

③ 洒水、拌和应均匀；

④ 二级及二级以上公路等级拌和工艺推荐选择集中厂拌；

⑤ 应在混合料处于或略大于最佳含水量时进行碾压，直到达到表 11-10 按重型击实试验方法确定的要求压实度。

表 11-10　基层材料压实标准　（%）

公路等级		水泥粉煤灰稳定材料
高速公路和一级公路		≥98
二级及二级以下公路	稳定中、粗粒材料	≥97
	稳定细粒材料	≥95

3. 混合料组成设计

根据实验室试验结果，为了检测不同配合比下路面基层的强度及控制成本，试验段的道路铺设以实验室最优配合比为基础，围绕以下 5 种配合比进行试验：

（1）配合比 1：根据室内试验最优配比。

（2）配合比 2：在配合比 1 的基础上，调整煤矸石级配。

（3）配合比 3：在配合比 2 的基础上，将煤矸石部分替换为石子。

（4）配合比 4：在配合比 3 的基础上放弃使用高炉矿渣，并将水泥使用比例调高。

（5）配合比 5：在配合比 4 的基础上，将水泥使用比例进一步调高。

其中配合比 1 路面基层材料原料配合比见表 11-11。

表 11-11 配合比 1 路面基层材料

材料	含水率（%）	密度（t/m^3）	体积分数（%）
煤矸石	3.9	1.22	37.9
赤泥	25.0	1.12	25.7
粉煤灰	0.0	0.616	21.7
脱硫石膏	26.2	0.78	5.3
矿渣	0.0	1.1	5.6
水泥	0.0	1.1	3.7

4. 试验路段

2016 年 9 月 15 日，中色十二冶金建设公司通过与山西华兴铝业有限公司协商，决定在华兴西门至堆场道路项目中铺设一段试验段道路基层，对该成果进行试验验证，试验段路长 300m，路面基层宽 6m。为保证试验期间道路正常通行，本次试验段只铺设半幅 3m 宽的基层。

（1）施工前准备

① 试验段道路定位

华兴西门至赤泥坝道路总长 3.5km，该段道路沟壑及弯道较多，经过现场勘察及讨论，最终选取 3 段道路较宽、坡度较为平缓且靠近拌和场地的道路作为本次路面基层试验的铺设路段。

② 拌和设备就位

经过现场勘测比较，最终确定利用该道路中段位置，原十二冶的老搅拌站场地作为本次试验和施工的拌和场地，该场地平整方便、交通水电便利。

设备选用 YWCB300 型赤泥混合料拌和设备，该设备为移动连续式拌和设备，通过调整不同物料仓皮带频率，控制进入拌和仓的物料体积，达到精确计量的目的。安装调试完毕后的设备如图 11-16 所示。

③ 原材料就位

a. 拜耳法赤泥

赤泥现场堆放情况如图 11-17 所示。赤泥到场堆放入槽，施工完毕后，对场地散落的原料全部进行回收并运输至赤泥坝进行堆放。赤泥顶部加盖篷布，防止雨天雨水混入赤泥，流入附近田地。

图 11-16 YWCB300 型赤泥混合料拌和设备

图 11-17 拜耳法赤泥现场堆放

b. 煤矸石

华兴铝厂在生产中产生的煤矸石较少，不能满足本次试验和生产施工的用量。综合考虑成本及运输条件，最终选取铝厂周边保德县的洗煤厂产生的煤矸石作为本次试验段的原料。该厂年产煤矸石百万吨，完全满足本次试验及后续工程需要。按照要求将煤矸石破碎后用汽车运输到拌和场地，煤矸石堆场如图 11-18 所示。

c. 粉煤灰

粉煤灰采用山西华兴铝业电厂生产中产生的粉煤灰，由汽车运输至拌和现场堆放，粉煤灰堆场如图 11-19 所示。

图 11-18　煤矸石现场堆放

图 11-19　粉煤灰现场堆放

d. 脱硫石膏

脱硫石膏取自山西华兴铝业有限公司，由汽车运输至拌和现场堆放，脱硫石膏堆场如图 11-20 所示。

e. 高炉矿渣

高炉矿渣为钢铁厂附属产品，主要作为水泥制作原料。本次试验选用的高炉矿渣取自距离项目地最近的中阳钢铁有限公司。由于高炉矿渣具有水凝性，故进行了底部铺垫篷布，顶部用篷布遮盖，起到防潮、防结块的作用。运输方式采用袋装汽车运输。高炉矿渣堆放如图 11-21 所示。

图 11-20　脱硫石膏现场堆放

图 11-21　高炉矿渣现场堆放

f. 水泥

试验选用 42.5 级普通硅酸盐水泥，采用汽车运输入场，利用水泥罐进行储存。

④ 运输及铺设设备确定

根据试验段工程量及现场施工条件，选用赤泥坝上运送赤泥的汽车作为本次路面基层材料的运输工具，试验段铺设采取装载机配合人工进行铺设，碾压采用单钢轮压路机（20t）进行压实，现场设备信息见表 11-12。

表 11-12　现场设备信息

序号	机型或设备名称	规格型号	数量	产地	额定功率	生产能力	备注
1	装载机	ZL30	2	山东	135kW	1.5M3	摊铺前进厂
2	挖掘机	PC200	1	山东	110kW	0.8	摊铺前进厂
3	自卸汽车	10t	5	上海	132kW	10t	摊铺前进厂
4	洒水车	140-47	1	南京	70kW	4000L	摊铺前进厂
5	振动压路机	XS202J	1	徐州	115kW	20t	试验用
7	打夯机	双联	2	天津	3kW		摊铺前进厂
8	摊铺机	RP751	1	徐州	275kW		摊铺前进厂

⑤ 其他措施

a. 拌和料运输

运输前检查运输车辆车斗密封是否紧密，物料装车时严格控制装车质量，杜绝车辆在运输过程中有物料散落在地面的情况发生。因拌和料本身有一定的含水率，所以在运输过程中不会形成扬尘二次污染。

b. 防雨防潮

因为现场条件有限，采取在地面铺设和物料上方遮盖篷布达到防雨防潮的目的。赤泥堆放入槽，施工完毕后顶部加盖篷布防止二次污染。

c. 废料处理

废料统一堆放，封闭处理，最终到拉回赤泥坝，防止产生污染。

（2）物料拌和

结合新出产赤泥含水量大、易结块、高炉矿渣具有一定的水硬胶凝性，确定如下物料拌和顺序：

① 预拌料：赤泥、粉煤灰、脱硫石膏拌和；

② 预拌料二次破碎；

③ 成品料：预拌料、煤矸石、水泥和高炉矿渣拌和。

通过试验段道路铺设使用的拌和设备、初步设定拌和时间为 60s。成品料拌和效果如图 11-22 所示。

图 11-22　成品拌和效果

（3）道路铺设

① 铺设方案

为保证试验期间道路正常通行，本次试验段只铺设半幅 3m 宽的基层。试验阶段分两层铺设：上层宽 3.0m，松铺系数 1.7～1.8，压实后厚度 275mm。下层宽 3.5m，松铺系数 1.3～1.35，压实后厚度 275mm。采用人工放线来进行铺设路面宽度的控制，压实厚度利用水准仪进行，测量路面基层横断面如图 11-23 所示。

图 11-23　试验段路面基层横断面

图 11-24　试验段路面现场放线

② 测量放线

确定铺设方案后，按照《公路勘测规范》（CTJ C10—2007）和《工程测量标准》（GB 50026—2020）要求的标准进行测量。测量放线如图 11-24 所示。

③ 第一层铺设

成品料由拌和场地经自卸汽车运输至试验段，卸车后装载机进行摊铺，最后由人工进行修正，修正结束后，钢轮压路机（20t）碾压三次，分别为静压、振压、静压。图 11-25 为试验段第一层铺设碾压后的路面基层。试验段碾压完成经压实度检查合格后覆膜养护如图 11-26 所示。

图 11-25　试验段第一层铺设碾压后路面基层

图 11-26　试验段第一层覆膜养护

④ 第二层铺设

试验段在第一层基础上铺设第二层时，应考虑层间处理，其余均与第一层铺设方式相同。图 11-27 为第二层的铺设，铺设完成后立即覆膜养护。

⑤ 试验段表面处理

在铺设过程中我们发现，赤泥路面基层材料刚碾压完成后会出现部分纵向裂纹。因为此次拌和材料为新型材料，我们分别采用了以下几种方法进行处理试验：

a. 调整拌和材料的含水率。

b. 调整压路机碾压次数。

c. 压路机碾压完毕后，装载机进行排轮碾压。

通过以上三种方法试验后，第三种处理方法效果最为理想。在后期的施工过程中，路面基层处理方法确定为：钢轮压路机碾压完毕后，胶轮压路机进行收面作业。处理过后的路面基层，养护 14d 效果如图 11-28 所示，表面平整光滑，未出现泛碱现象。

图 11-27　试验段第二层铺设

图 11-28　养护 14d 的路面基层表面

⑥ 切边

为使试验路面基层材料能够直观地展现出来，我们针对养护 7d 后的基层进行了切边处理。在实际切边过程中发现路面硬度较大，切割机推进较难。切边完成后，切面整洁光滑。切边后的路面基层如图 11-29 所示。

图 11-29　切边后的路面基层

⑦ 指标检测

养护完成后的路面基层进行指标检测，以确认路面基层的施工质量，具体见表 11-13。

表 11-13　路面基层检测指标

序号	检测项目	标准	检测值
1	弯沉值	不大于设计计算值	本次未检测
2	纵断面高程（mm）	+10，−20	8
3	中线偏位（mm）		本次未检测
4	宽度（m）	3	3.1
5	平整度（mm）	≤15	14
6	横坡（%）	±0.3	0.18
7	边坡	1∶1	1∶1

5. 试验路段性能检测

（1）无侧限抗压强度

为对比不同配方及不同含水率的条件对路面基层强度的影响，分别对标养试样进行无侧限抗压强度检测，日期为 2016 年 10 月 13—23 日，检测为试验路段现场取样，测出下列 5 组不同样品的强度，见表 11-14。

表 11-14　试验路段无侧限抗压强度

制样日期	样品说明	含水率（%）	养护时长（d）	检测日期	无侧限抗压强度（平均值，MPa）
2016.10.13	现场取样，配合比 1	22.2	7	2016.10.20	3.9
2016.10.14	现场取样，配合比 2	14.4	7	2016.10.21	4.0
2016.10.17	现场取样，配合比 3	12.6	7	2016.10.24	5.26
2016.10.22	现场取样，配合比 4	12.3	7	2016.10.29	4.1
2016.10.23	现场取样，配合比 5	12.5	7	2016.10.30	3.7

（2）碱析出试验

为了验证路面基层材料的固碱效果及碱析出量，特委托上海微谱化工技术服务有限公司，对路面基层材料试样进行全面检测。

① 熔融玻璃片法

将养护 7d 以上的配合比 3 路面基层材料试样加热到熔融玻璃状态，通过直接测量材料中各种物质的含量，来确定配方中钠离子总的含量。

检测结果：材料中氧化钠含量 1.41%（质量分数）。经计算，钠元素含量是 1.046g/100g 路面基层材料样品。

② 模拟试验

将养护 7d 以上的路面基层试样浸泡在水中，通过测量浸泡不同时长后水溶液的碱含量来确定试样的碱析出量和固碱效果。试验将 100g 测量试样粉末在 1000g 纯水中浸泡 15min、3h、3d 和 7d，检测结果如下：

第一组 15min 浸泡液：Na 元素含量 0（低于检出限 PPM 级别）；

第二组 3h：Na 元素含量 0（低于检出限 PPM 级别）；

第三组 3d：Na 元素含量 0.0012%（质量分数），即 12mg/L；

第四组 7d：Na 元素含量 0.0013%（质量分数），即 13mg/L。

结合以上两个试验得出：7d 后，Na 元素固化率为 $\frac{1.046-0.013}{1.046}\times 100\%=98.76\%$。且浸出液符合国家标准《生活饮用水卫生标准》（GB 5749—2022）中对钠离子浓度的限定（200mg/L）。

（3）放射性试验

根据国家标准《建筑材料放射性核素限量》（GB 6566—2010）规定，赤泥路面基层材料（室外其他用途的建筑材料）放射性要求为 $Ir\leqslant 2.8$。

对赤泥原材料做放射性检测的结果为 $Ir=1.8$，且路面基层材料中赤泥掺量为 30%

左右，相对的路面基层材料的放射性会更小，故完全符合国家标准对放射性的要求。

经过现场试验及后续检测，证明赤泥等固废材料制备路面基层材料技术是可行的、各项基础性能指标均已达到了预期效果。

参考文献

[1] 马琳，庄泽峰. 赤泥路基中危害成分的浸出与迁移[J]. 化工环保，2021，41(6)：745-749.

[2] 张宁，高益凡，李召峰，等. 高掺量赤泥基路基充填材料试验研究[J]. 中国资源综合利用，2020，38(11)：10-13.

[3] 付毅. 固化赤泥制备高等级道路材料技术试验研究[J]. 有色金属，2001(2)：10-13.

[4] 杨家宽，侯健，姚昌仁，等. 烧结法赤泥道路材料工程应用实例及经济性分析[J]. 轻金属，2007(2)：18-21.

[5] MUKIZA E，LIU X M，ZHANG L L，et al. Preparation and characterization of a red mud based road base material：Strength formation mechanism and leaching characteristics[J]. Construction and Building Materials，2019，220 ：297-307.

[6] 秦旻，陆兆峰，宋永朝. 赤泥在道路工程中的应用研究[J]. 公路与汽运，2008(6)：81-84.

[7] 黄菁华，陈江，胡海森，等. 赤泥磷石膏水硬性道路基层、道路基层材料及其制备方法：201510280789.5[P]. 2015-10-07.

[8] 齐建召，杨家宽，王梅，等. 赤泥做道路基层材料的试验研究[J]. 公路交通科技，2005(6)：30-33.

[9] 刘晓明，唐彬文，尹海峰，等. 赤泥-煤矸石基公路路面基层材料的耐久与环境性能[J]. 工程科学学报，2018，40(4)：438-445.

[10] 刘磊，刘伟，朱雅萍. 赤泥路基材料试验研究与工程应用[J]. 中国建材，2013(12)：115-119.

[11] 苏建明，孙兆云，章清涛，等. 拜耳法赤泥路基对地下水水质的影响研究[J]. 环境科学与管理，2019，44(12)：147-151.

[12] 孙兆云，吴昊，侯佳林. 改性拜耳法赤泥路基填料施工与质量评价研究[J]. 路基工程，2018(3)：69-72.

12　赤泥烧结功能材料

12.1　赤泥烧结制备功能材料的原理

无论是拜耳法形成的赤泥还是烧结法形成的赤泥，原料中大多含有 FeOOH、一水铝石、二水铝石、三水铝石、铝硅酸的钠或钙盐、无定形二氧化硅等。这些物质如 FeOOH、一水铝石、二水铝石、三水铝石加热到一定温度可以脱水，并与无定形二氧化硅反应形成钠长石或硅长石，温度进一步升高时形成硅酸钙或硅酸钠，无论是长石还是硅酸钙、硅酸钠都是在三维空间无限延伸的晶体。因而加热过程中颗粒之间可以融合，形成三维网络结构，材料的强度增加，具有力学性能，可以作为建材使用。拜耳法赤泥加热过程中物相的变化如图 12-1 所示。当温度从室温升到 800℃，赤泥组分主要发生如式（12-1）所示的反应。当温度从 1000℃升到更高温度时，赤泥组分主要发生如式（12-2）所示的反应。

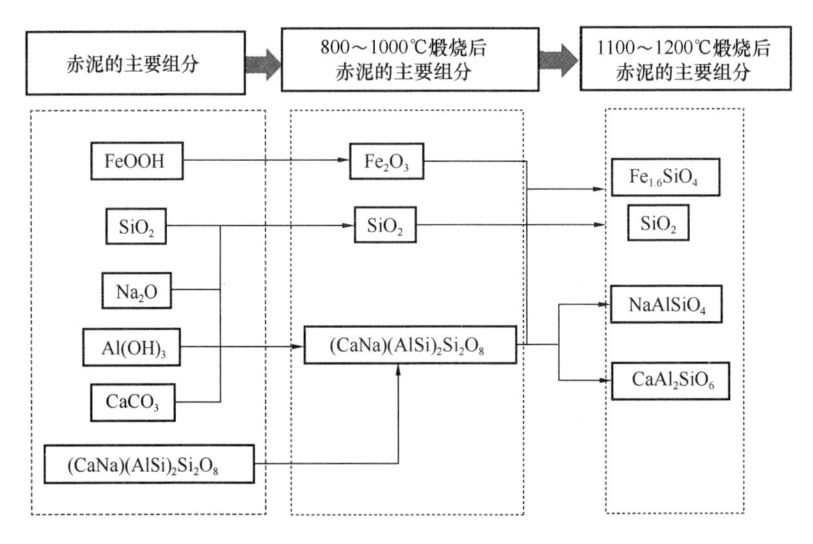

图 12-1　赤泥烧结过程中物质变化

根据以上分析可知，在室温加热到 800℃之前，主要是原料中失去吸附水和结晶水，易分解组分开始分解。组分间的反应主要为方程式（12-1）所示形成霞石。当温度进一步升高到 1000℃以上，霞石和二氧化硅等组分会进一步反应形成钠长石和钙长石等物质见式（12-2）、式（12-3）。钠长石和钙长石为具有三维结构的稳定化合物，在高温下，不同组分间融合反应形成三维网状结构，提升了材料的力学性能，具有承载能力，材料可以作为建筑材料应用。

$$2AlO(OH)+4SiO_2+2CaCO_3 \longrightarrow 2CaO \cdot AlO_3 \cdot 2SiO_2+2CO_2+H_2O \qquad (12\text{-}1)$$

$$2AlO(OH)+36SiO_2+2Na_8Al_6Si_6O_{24}CO_3 \longrightarrow 8Na_2O \cdot AlO_3 \cdot 6SiO_2+3Al_2O_3+2CO_2+H_2O \qquad (12\text{-}2)$$

$$2AlO(OH)+28SiO_2+2Na_6CaAl_6Si_6CO_3O_{24} \longrightarrow 6Na_2O \cdot AlO_3 \cdot 6SiO_2+2CaO \cdot AlO_3 \cdot 2SiO_2+3Al_2O_3+2CO_2+H_2O \qquad (12\text{-}3)$$

12.2 以赤泥为主要原料制备建筑材料

12.2.1 赤泥制备建材的工艺路线（湿法和干法）

以赤泥制备的建材有赤泥烧结保温砖、多孔砖、砌块、保温板等。赤泥砖和多孔砖如图 12-2 所示。而报道比较多的是以赤泥为原料制备保温砖和多孔砖。烧结保温砖外形多为直角六面体，经烧结而成，主要用于建筑围护结构保温隔热的砖，根据其长宽或高可以分为 A 类和 B 类。A 类砖尺寸较大，长度可达 490mm，而 B 类样品尺寸最大的为 390mm。

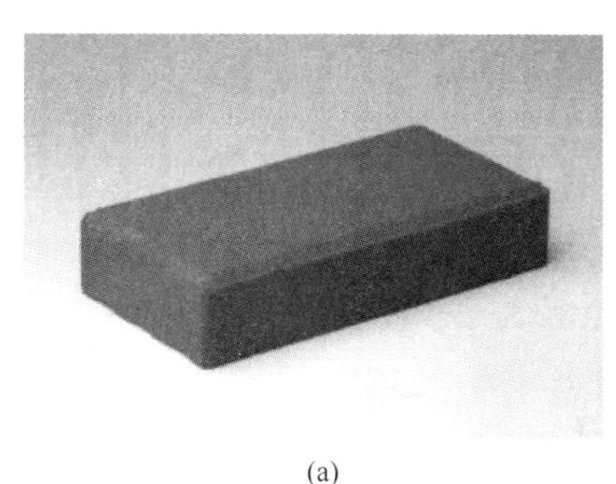

(a)

(b)

图 12-2 赤泥和多孔砖的外形

烧结保温多孔砖是经烧结而成，孔洞率≥28%，主要用于承重部位。根据《烧结多孔砖和多孔砌块》（GB/T 13544—2011），砖的规格尺寸应符合 290mm、240mm、190mm、180mm、140mm、115mm、90mm。

在以赤泥为原料制备建筑材料时，大多用烧结法，因为制品强度较高，容易满足建筑材料起到支撑作用的需求。以赤泥等固废制备建材的工艺路线主要有两种：一种是湿法成型，另一种是干法成型，而后经过高温烧结制备成品。

1. 湿法工艺制备建材

（1）简介

湿法工艺一般采用溶液、固液混合物、气液混合物等原料进行反应，制备目标物质。它具有粉尘污染小、温度低、有利于操作工人的身体健康等优势。但是湿法工艺产生大量的废水废液，如果不处理，会造成严重的水污染。

（2）工艺流程

湿法工艺流程一般是采用图12-3所示的流程，就是把原料采用球磨磨碎、气流粉碎、钢磨粉碎，使粒径变小，而后在混料机中混合原料，并加入到搅拌机中，加入水等形成一定固液比的浆料，然后把混合均匀的浆料倒入一定模具中成型、干燥、脱模，进而煅烧制备材料。

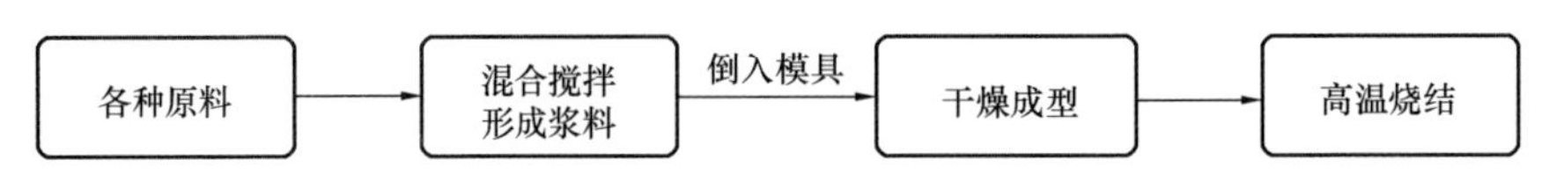

图12-3 湿法工艺制备建材的流程图

2. 干法工艺制备建材

(1) 简介

干法工艺一般采用固体粉末、气体、液体蒸汽等原料进行反应，制备目标物质。在生产过程中，如果密封不严，就会造成大量的粉尘污染。一般干法需要的温度和压力较高，设备也比较大。但如果密封得好，则产生的污染会很少，尤其是废水污染会很少。

(2) 工艺流程

对于以赤泥为原料制备建材的干法工艺就是把原料采用球磨磨碎、气流粉碎、钢磨粉碎，使原料粒径变小，而后用混合机把原料混合均匀。然后采用静压成型、冲压成型等手段，制成具有一定形状（砖形、圆柱形）的坯体，再按一定升温程序达到一定温度，并进行保温提高强度，得到成品（图12-4）。

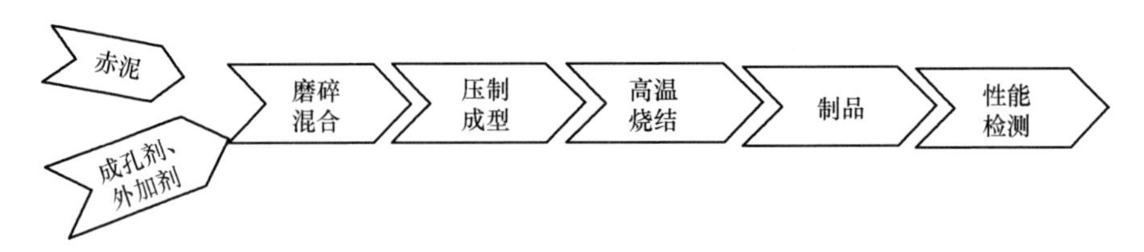

图12-4 干法工艺制备建材流程图

12.2.2 高温烧结法制备建材重点解决问题——开裂和变形

1. 湿法成型工艺需要重点解决的问题——干燥过程和煅烧过程的开裂和变形问题

湿法工艺是首先形成合适黏度的浆料，便于湿法成型，而后高温煅烧，所以采用湿法工艺制备建材时一般需要重点考虑浆料的黏度和煅烧工艺，黏度合适时其在干燥过程中就不会开裂、变形；煅烧工艺合适就会使建材力学性能优良。要想得到合适的浆料黏度主要需配制浆料时考虑固液比、骨料种类和粒径，煅烧时考虑煅烧工艺、煅烧温度和煅烧时间。

固液比：在能够流平的前提下，固液比越高越好。

骨料种类和粒径：颗粒的组成与赤泥组成差异越小越好，大颗粒骨料可以防止大裂纹产生，小颗粒骨料防止裂纹的进一步扩展。

煅烧工艺：煅烧过程中往往伴随着化学反应（如脱结晶水的反应、高温发泡剂的发泡反应），反应的均匀性决定了制品性能的好坏。为了使样品反应均匀，一般升温速率越慢越好，但升温速率的大小还要考虑经济成本问题。

煅烧温度和煅烧时间：煅烧温度应该为主要组分反应的温度，为体系形成网状固结相的温度，一般而言煅烧温度和煅烧时间是一对伴生的参数。煅烧温度稍高可以减少煅烧时间，但总体而言，煅烧温度越高，煅烧时间越长，物质间的化学反应越充分，材料力学性能越好。但温度过高和时间过长会出现过烧现象，过烧现象的形成是因为煅烧温度过高，样品中组分熔融，流动相过多，使体系组分受力不均匀，材料变形，出现鼓包等现象。

2. 干法成型工艺需要重点解决的问题——煅烧过程的变形问题

煅烧工艺：和湿法工艺烧制相同，煅烧过程中往往伴随着化学反应（如脱结晶水的反应、高温发泡剂的发泡反应），反应的均匀性决定了制品性能的好坏。为了使样品反应均匀，一般升温速率越慢越好，但升温速率的大小还要考虑经济成本问题。

煅烧温度：煅烧温度应该为主要组分反应的温度，为体系形成网状固结相的温度，需要根据组分中主要组分的分解和反应温度而定，因为原料组成不同煅烧温度不同，需要试验确定。

煅烧时间：一般而言煅烧时间越长，原料间的反应越充分，材料的力学性能越好。

12.3 以赤泥为原料制备多孔保温材料

含一定数量孔洞的固体叫多孔材料，保温材料一般是指热系数≤0.12 的材料。保温材料按照材质、使用温度、形态结构进行分类。按材质可以分为有机保温材料、无机保温材料、金属保温材料和复合保温材料；按使用温度可以分为高温（>700℃）、中温（100～700℃）、常温（0～100℃）和低温（－30～0℃）保温材料；按结构保温材料可以分为纤维保温材料、多孔保温材料。最初的保温材料主要为有机保温材料。随着科技的发展，将无机物应用到保温材料方向，进而形成多孔保温材料，尤其是含有孔洞、导热系数较低的无机材料。

12.3.1 以赤泥为原料制备多孔材料的方法

1. 添加造孔剂制备法

选取经过预处理的赤泥、粉煤灰、膨润土、煤炭粉或者碳酸钙粉末，按照一定比例制成混合料，然后加入适量的水进行混合，通过调整水的用量调节至黏度合适后，用手将原料搓成黄豆般大小的颗粒。成型后将样品放入烘箱中，在 110℃条件下鼓风干燥 12h，然后将干燥过的样品放入马弗炉中进行烧结。将烧结温度设置为 1200℃，之后保温 2h。

采用掺入造孔剂通过化学发泡法制备多孔保温材料时，最需要关注的是造孔剂的成孔温度。其成孔温度应该在赤泥烧成温度稍低的范围内：如果成孔温度太低，成孔剂分解成孔，但形成的孔不能保留在材料中，因而赤泥基没有反应，体系黏度不够；相反当成孔温度太高时，赤泥基体已经固化，强度较高，成孔剂分解后的气体不能在自生压力下膨胀成孔。

2. 有机泡沫浸渍制备法

有机泡沫浸渍工艺制备的多孔陶瓷具有高气孔率（70%～90%）和开孔三维网状骨架结构。以聚氨酯泡沫材料为模板，在原料加水配成的混合浆料中进行挂浆，挂浆量要适中，确保海绵能够回弹。挂浆后的样品在110℃下干燥12h，然后烧结，在450℃保温1h，然后升温至烧结温度1200℃，保温2h，海绵在烧结过程中挥发从而形成多孔陶瓷。

12.3.2 以赤泥为主要原料制备多孔保温材料的方法和工艺

1. 以赤泥为主要原料采用湿法制备多孔保温材料

以赤泥为主要原料、烟尘碳粉为高温发泡剂、双氧水为低温发泡剂、羧甲基纤维素钠等为稳泡剂，采用低温发泡后成型、干燥后煅烧的工艺可制备多孔保温材料。由于采用此方法进行了二次发泡，制备的材料导热系数低。具体的流程为：用天平称取一定质量的已被干燥的赤泥加入到小钢磨中，然后称取一定配合比的高温造孔剂（烟尘碳粉、碳酸钙、碳酸镁等），最后称取一定配合比的稳泡剂（羧甲基纤维素钠），粉碎研磨3min。待整个仪器自然冷却后将已经粉碎并且混合均匀的固体粉末转移到干燥的烧杯中备用（图12-5）。

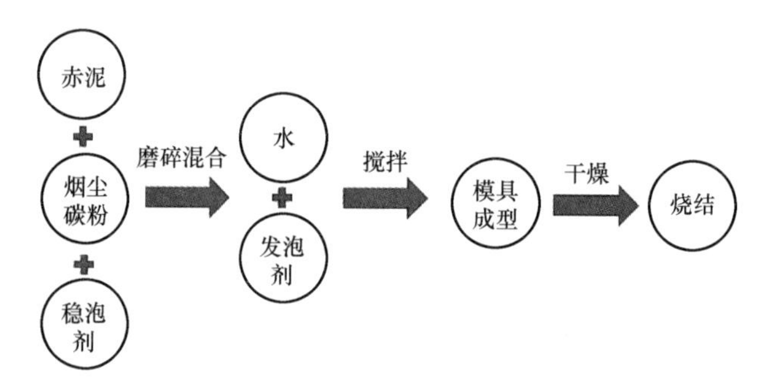

图12-5　湿法工艺制备多孔保温材料流程图

浆料的配制：取自然水将一定配合比的双氧水快速加入到水中（此过程要避光，尽量降低双氧水的分解），然后将混合均匀的液体快速加入到固体粉末中，边加边搅拌，待无明显固体粉末时快速转移到通风橱内，利用强力搅拌器搅拌一定时间，后注入到模具中。

坯体的形成：将注入浆料的模具放到阴暗避风处进行自然干燥48h。

烧制：将干燥成型的坯体进行脱模，利用马弗炉进行煅烧，升温速率为5℃/min，升温到烧制温度后分别保温30min、60min、90min。待其自然冷却后，得到赤泥基多孔保温材料（图12-6）。

（1）稳泡剂的用量对材料性能的影响

图12-7为当稳泡剂为羧甲基纤维素钠时，利用赤泥形成的坯体在成型和干燥后随稳泡剂含量的外形变化图。从图中可以看出，稳泡剂的量决定了室温发泡剂的发泡效率，决定了在干燥过程中是否开裂等问题，是非常重要的因素，需要系统研究。

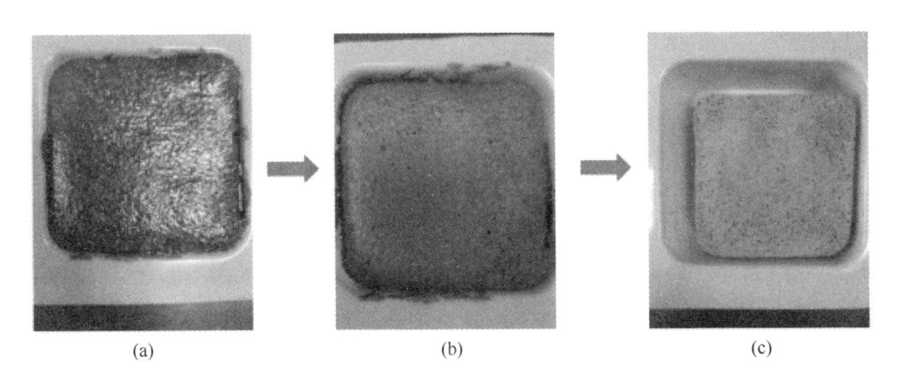

图 12-6 坯体成型和烧成的样品

（a）坯体成型；（b）干燥；（c）烧制后的样品

图 12-7 稳泡剂用量为 0.1g、0.3g、0.7g、0.9g 的外形图

（a）正面；（b）侧面

（2）骨料的加入对材料性能的影响

成型较好的坯体在加热煅烧的过程中，组分间的反应会导致材料内部应力不均匀，形成开裂，图 12-8 为完好坯体和烧制开裂后保温材料的照片。可以看出烧制后样品尺寸收缩和开裂都很严重。解决这一问题的关键就是在体系中引入骨料，大颗粒骨料可以防止大裂纹产生，小颗粒骨料防止裂纹的进一步扩展，可有效抑制开裂和变形问题。骨料可以是一定尺寸的石料，也可是烧制失败样品进一步粉碎到一定尺寸的颗粒，只要在样品烧制反应过程中有颗粒物就可以解决开裂和变形问题。用烧制残品粉碎颗粒为骨料还可以实现绿色生产，使固废得到进一步再利用。

（3）发泡剂的用量对材料性能的影响

发泡剂的用量决定了材料泡孔的多少，决定了材料导热系数的大小。发泡剂的含量增加，材料导热系数降低，但也同时导致材料力学性能降低，因而发泡剂用量的多少需要根据实际需求研究确定。

（4）烧成工艺变化对材料性能的影响

煅烧过程中，升温速度越慢，材料内外温差越小，反应越均匀，材料越不易变形，相反，如果升温速度太快，会出现裂纹和如图 12-9 所示的变形。此外，材料升高到保

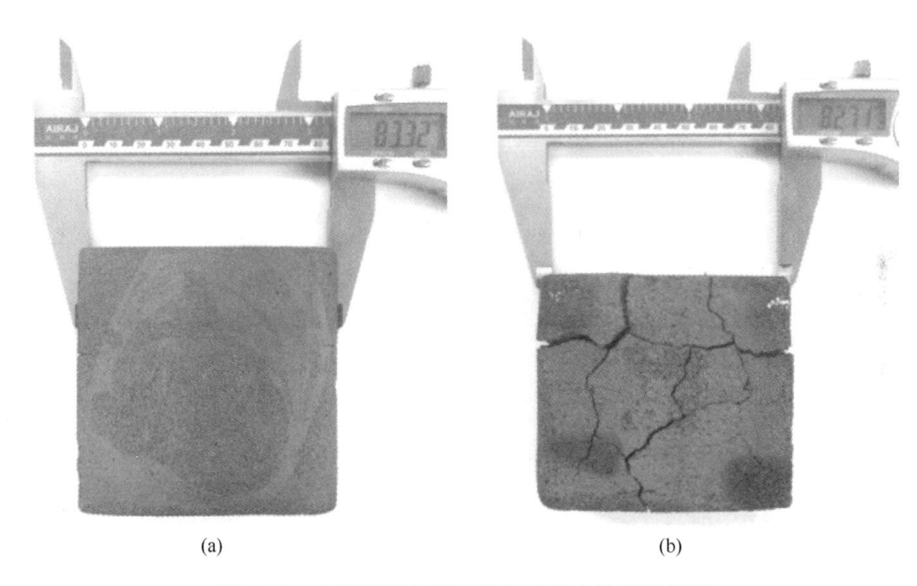

图 12-8 赤泥保温材料在煅烧过程中的开裂问题

（a）完好坯体；（b）烧制后开裂

温时间后，保温时间的长短同样影响材料的外观和强度，保温时间越长，材料强度越高。

图 12-9 一定升温速率下样品的变形问题

经过优化后制备的赤泥保温材料的外观和断面的形貌如图 12-10 所示。从断面的照片可以看出，材料中有均匀的大小两种封闭孔，大孔为双氧水发泡形成，小孔是高温煅烧过程中形成的孔。优化条件下赤泥保温材料的导热系数为 0.16W/（m·K），抗压强度在 3MPa 左右。

2. 以赤泥为主要原料采用干法工艺制备多孔保温材料

按质量比为 100∶15∶2 称量赤泥、硼砂和造孔剂烟尘碳粉，加入到 600W 多功能粉碎机中，粉碎 3min，得到粉末状均匀的混合料。称取一定质量的均匀混合料放入内径为 45mm 的模具中，使用压片机将混合料进行干压成型，在 20MPa 压力下压制 1min 成型，得到直径为 45mm、厚度约为 3mm 的成型坯料样品。将得到的成型坯料放到马弗炉中升温加热进行高温煅烧，马弗炉中的初始温度设为 50℃，以 10℃/min 的升温速率升温至目标温度，目标温度为 1100℃，并在目标温度进行保温处理，保温时间为 30min；在降温阶段关闭马弗炉电源，自然冷却至室温后得到赤泥基多孔保温试样

（图 12-11）。

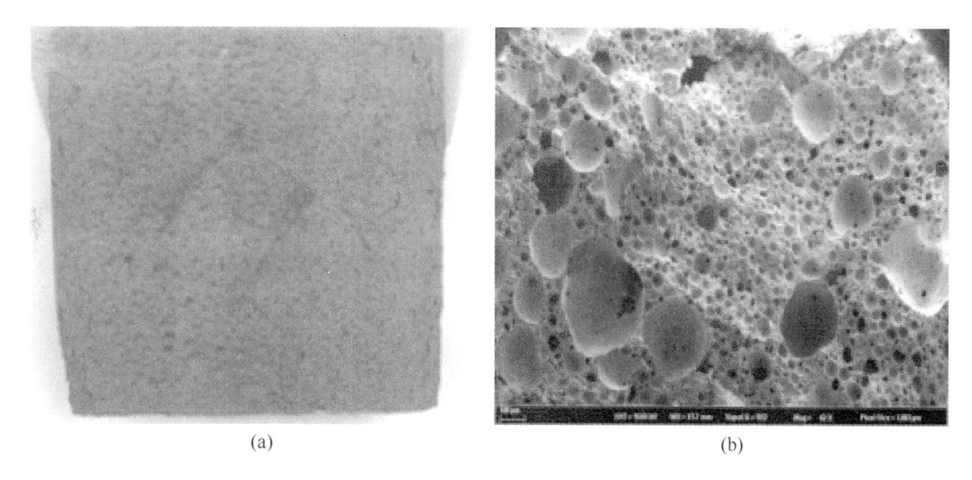

图 12-10 制备的赤泥保温材料的宏观和微观形貌

（a）宏观形貌；（b）微观形貌

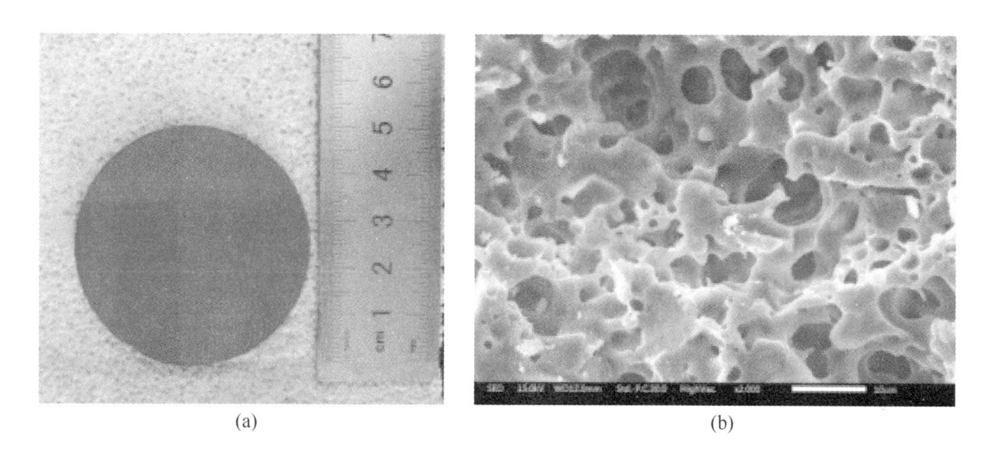

图 12-11 赤泥保温材料的照片和 SEM 照片

（a）赤泥保温试样；（b）SEM 照片

12.4 以赤泥为原料制备球团

12.4.1 钢铁工业中球团矿的现状

铁矿球团是 20 世纪 40 年代开发出来的一种精细矿粉造块使用的方法，其产生是由于富矿日益枯竭，导致贫矿不得不大量开采使用。目前，氧化球团是精粉矿物的一种常规处理方法，过程是将粉矿加适量的水分和黏结剂制成黏度均匀、具有足够强度的生球，再经干燥、预热后在氧化气氛中高温焙烧，制成氧化球团矿。

随着现代化高炉炼铁向低耗、高产、长寿的目标发展和冶炼新技术应用的需要，氧化球团矿在钢铁工业中的作用越来越重要，已经成为一种不可或缺的优质高炉炉料。目前，国内外普遍认为氧化球团矿在钢铁冶金性能上具有下列优点：

（1）粒度小并且均匀，有利于高炉料柱透气性的改善和气流的均匀分布。

（2）冷态强度（抗磨和抗压）高，方便运输，在贮存和装卸时产生粉末少。

（3）铁品位高，冶炼时渣量减少，炉料在高炉中下降顺利，炉渣带出的热量也就少，有利于冶炼效率提高。

（4）还原性好，在高炉中的间接还原率高，高炉中吸热较多的直接还原反应少，可以提高产量，降低焦比。

12.4.2 球团矿黏结剂的种类及应用

早在球团工艺发展之初，人们就已经认识到黏结剂的重要。为了提高氧化球团的质量、降低其生产过程中的能耗，人们想到的最有效途径便是选用适宜的黏结剂，因此，国内外有关研究人员对黏结剂进行了大量的研究。一般来说，球团黏结剂需要满足以下要求：改善物料的成球性；改善生球颗粒间的分子黏结力；改善球团矿的冶金性能；提高生球、干球和焙烧球的机械强度；即在荷重下的形变小、抗冲击、抗压、耐磨等强度及热稳定性；较低温度时即可获得优质球团矿；来源广、成本低。

最早，人们发现膨润土可以做黏结剂。膨润土不仅是一种有效的黏结剂，而且它还具有保持水分的性能，有助于球团的形成与长大。膨润土中主要矿物成分为蒙脱石，还含有一定数量的长石、石英、方石英和其他黏土矿物。其中，蒙脱石（单斜晶系、土状块体、白色、光泽暗淡、密度 2～3g/cm^3、硬度 1～2）作为一种吸水性强、具有膨胀性和阳离子吸附交换能力的层状结构含水硅铝酸盐。

目前，最常用的球团矿黏结剂便是膨润土，其可以调节成球原料的水分，使成球的操作过程稳定，并提高生球、干球和焙烧球的机械强度。理论研究表明，膨润土提高生球强度有两个方面的原因：一是膨润土颗粒中胶体物质减少了膨润土内部各层间的距离，从而增加了各层间的范德华力；二是膨润土颗粒形成了固体黏结桥加强了颗粒间点与点之间的作用。膨润土由于有良好的物理化学性能，素有“万能”黏土之称，可作黏结剂、触变剂、悬浮剂、稳定剂、净化脱色剂、催化剂、充填料等，广泛用于冶金球团、石油开采、钢铁铸造、定向穿越、化工涂料、农药、复合肥、塑料、造纸、橡胶、浆纱、净化水、吸潮剂等领域。据不完全统计，我国目前膨润土产品年产销量约 270 万 t。行业特点是企业规模小（年产万吨以上的企业屈指可数），技术水平低，因为是资源型行业而竞争不是很激烈，产销量与价格均逐年上升。

此外，人们探索了石灰、黏土、水玻璃、硅藻土、硼酸盐无机黏结剂和 D 型有机黏结剂。不过，包括膨润土在内，这些黏结剂都存在着对铁精矿中有害的元素，使球团矿铁品位下降，并且有可能使球团冶金性能变差甚至造成环境污染。由于新鲜的赤泥具有一定的黏结性、塑性和水硬性，所以推测赤泥能做黏结剂，用赤泥部分代替膨润土制备氧化球团是可行的。

12.4.3 以赤泥为原料制备球团的实验室研究

1. 原料及设备

实验室中采用的含铁原料主要为：开泰铁粉和三种来自邯郸新兴集团的铁粉。其中，铁品位均达到或超过 60，其粒度均达到或超过 60 目，见表 12-1。开泰铁粉粒度较细达到 180 目，但是铁含量仅为 60%。来自新兴集团邯郸生产基地的粗铁精粉有高铁、中铁、低铁三种，铁含量分别为 68.98%、65.27%、60.73%，粒度均为 60 目。

表 12-1 不同铁粉的物化特性

项目	开泰铁粉	新兴现场铁粉 1	新兴现场铁粉 2	邯郸铁粉
TFe（化分）（%）	60	68.98	60.73	65.27
铁粉粒度（目）	180	60	60	60

由成球性指数 K 的大小，可以将粉料成球的难易程度分为：$K<0.2$ 无成球性，$K=0.2\sim0.35$ 弱成球性，$K=0.35\sim0.6$ 中等成球性，$K=0.6\sim0.8$ 良好成球性，$K>0.8$ 优等成球性。来自厂家的三种铁粉提供的成球性指数均为优等成球性。不过，我们不能仅从成球性指数来断定铁精粉矿的成球性，因为除了要考虑原料本身性质外，还需考虑到黏结剂和生产工艺等方面的影响，总之要通过具体的成球试验结果来反映。

因为赤泥是氧化铝工业排放的固体废物，所以其化学成分主要取决于生产中铝土矿原料的成分，同时氧化铝的生产过程和生产方法等因素也影响赤泥的化学成分。本研究在实验室中用的赤泥主要为山东茌平赤泥，并对其进行脱碱处理，具体成分见表 12-2。

表 12-2 不同赤泥组分分析组成 （质量分数，%）

原料	Fe_2O_3	SiO_2	CaO	Na_2O	Al_2O_3	TiO_2
赤泥（茌平）	20.93	15.39	1.13	13.16	31.97	0.10
脱碱赤泥（茌平）	13.99	18.12	33.40	1.93	14.21	3.90

2. 方案设计和试验

（1）方案设计

由于新鲜的赤泥脱碱之后可以用做水泥原料，具有一定的黏结性、塑性、水硬性，所以推测赤泥能作黏结剂，可以考虑用新鲜赤泥部分代替膨润土。

因为赤泥的结晶连接、胶结连接，构成了其结构强度。此外，赤泥还具有结构强度不可逆性增长、结构水稳性等特点。因赤泥特有的矿物种类和化学成分，其在脱水陈化时，产生了结晶胶结、胶结连接和凝结连接，经干燥后，赤泥的总体结构强度越来越大，不会因介质条件的变化而改变，这说明赤泥的结构强度为牢固的水稳性连接。

由此可见，赤泥生球在一定的条件下，经过脱水进而干燥硬化。在这个过程中，发生了一系列物理变化和化学变化，随之而来的是产生胶结连接反应，赤泥则由流塑状态变为硬塑或可塑状态，形成结构强度。即脱水、析水过程是赤泥产生强度的条件，结构强度的形成是由结晶和胶结作用的共同结果。

（2）样品制备和工艺流程

将铁粉与赤泥按比例配料混合，逐量加水造球，生球经低温干燥后在较高温度下预热，之后高温焙烧，再测试球团样品的基本性能（如抗压强度）。具体工艺如下：首先生球在100℃干燥，然后以5℃/min经140min由室温升温至700℃，保温30min，以5℃/min经100min由700℃升温至1200℃，焙烧30min，自然冷却。

试验的基本流程是将干燥后的铁粉原料、赤泥和矿物添加剂（膨润土）按一定比例配料混合，逐量加水造球，生球在较低的温度下干燥一定时间，之后在较高的温度下焙烧一定时间，再测试球团样品的基本性能（如抗压强度）。试验流程图如图12-12所示。

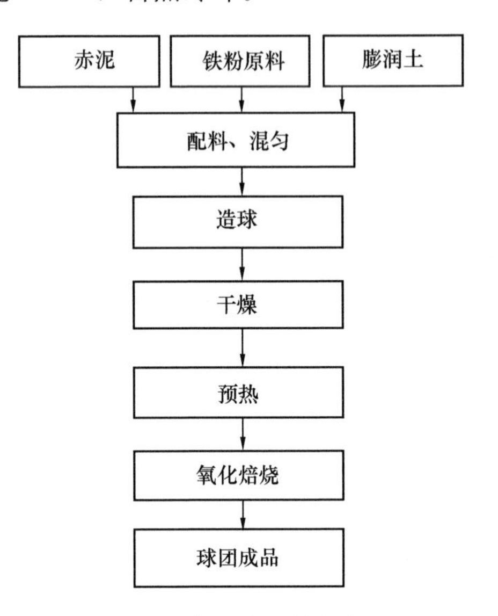

图12-12　氧化球团制备流程图

由于原料铁粉和原料赤泥过湿会对造球过程带来不利影响，因此需要将全部的原料烘干使用。又由于赤泥颗粒固化结块，所以还需经粉碎磨细过筛后再进行使用。在造球过程中，原料的混合需按一定比例配料，每次共使用100g，按比例加入一定量的水，之后人工成球。

3. 赤泥球团性能分析

（1）不同比例的赤泥对球团性能影响

将开泰铁粉与山东赤泥按一定比例配料混合见表12-3。加入不同比例的赤泥，制备出的球团样品达到了工业指标，因为95∶5是赤泥的最多掺入量，可以节约工业中铁精的用量，而97∶3是工业生产中的原料铁粉与黏结剂的掺比量，所以选用这两组比例进行重复对比试验。

表12-3　开泰铁粉制备氧化球团

配方 (g∶g)	全铁（TFe） （质量分数，%）	抗压强度 （kN/个）
含铁粉尘（开泰）：赤泥=95∶5	57.73	2.347±0.3
含铁粉尘（开泰）：赤泥=96∶4	58.18	3.931±0.5
含铁粉尘（开泰）：赤泥=97∶3	58.64	3.583±0.17
含铁粉尘（开泰）：赤泥=98∶2	58.89	2.884±0.23

再将两种现场铁粉与山东赤泥按一定比例配料混合，见表12-4，测试球团样品的基本性能（如抗压强度）。从上述试验结果可以看出，铁粉原料与赤泥比在97∶3时，效果较好，其抗压强度达到工业要求（抗压强度≥2.0kN/个），当使用高铁原料时，成球的铁品位也达到工业要求（铁品位≥63）；又因为使用95∶5比例制备的球团也达到了工业指标要求，而且节约成本，所以选用97∶3、95∶5比例开展后期研究。

表 12-4 现场铁粉制备氧化球团

配方 (g/g)	全铁(TFe) (质量分数,%)	抗压强度 (kN/个)
现场铁粉 1∶赤泥=95∶5	66.21	2.347±0.29
现场铁粉 1∶赤泥=97∶3	67.35	2.78±0.11
现场铁粉 2∶赤泥=95∶5	58.42	2.24±0.25
现场铁粉 2∶赤泥=97∶3	59.35	1.741±0.2

(2)不同种类的原料对球团性能影响

将三种铁粉(现场铁粉 1、现场铁粉 2、开泰铁粉)分别与来自山东脱碱后的赤泥,按一定比例配料混合,见表 12-5,逐量加水造球,制备球团并测试球团样品的基本性能(如抗压强度)。

表 12-5 不同原料制备氧化球团

配方 (g/g)	全铁(TFe) (质量分数,%)	抗压强度 (kN/个)
含铁粉尘(开泰)∶赤泥(脱碱)=95∶5	57.49	3.7±0.24
含铁粉尘(开泰)∶赤泥(脱碱)=97∶3	58.49	3.91±0.23
现场铁粉 1∶赤泥(脱碱)=95∶5	66.02	1.84±0.15
现场铁粉 1∶赤泥(脱碱)=97∶3	67.2	1.81±0.067
现场铁粉 2∶赤泥(脱碱)=95∶5	58.18	均小于 1kN/个(重复 5 次)
现场铁粉 2∶赤泥(脱碱)=97∶3	59.2	均小于 1kN/个(重复 5 次)

从试验结果中分析可知,脱碱后的赤泥与现在铁粉制备的球团明显未能达到工业要求的指标,所以初步判定,不宜采用脱碱后的赤泥作球团黏结剂。

(3)不同比例的矿物和赤泥对球团性能影响

将两种铁粉(现场铁粉 1、现场铁粉 2)分别与山东赤泥和膨润土矿物,按一定比例配料混合,作对比试验见表 12-6,测试球团样品的基本性能(如抗压强度)。

表 12-6 不同球团的抗压强度

编号	配方 (g∶g)	抗压 (kN/个)
1	现场铁粉 1∶赤泥=97∶3	2.78±0.11
2	现场铁粉 1∶膨润土=97∶3	2.675±0.1
3	现场铁粉 1∶赤泥∶膨润土=97∶2.5∶0.5	2.581±0.21
4	现场铁粉 1∶赤泥∶膨润土=97∶2∶1	2.85±0.22
5	现场铁粉 2∶赤泥=95∶5	2.24±0.25
6	现场铁粉 2∶膨润土=95∶5	2.4±0.23

通过本次对比试验的结果可以看出,仅从球团的抗压性能来看,赤泥与低品位膨润

土的黏结性无明显差别。其中，赤泥与膨润土加入量的比例为 2∶1 时，所制备的球团样品抗压强度最佳（抗压强度为 2.85kN/个）。

考虑到上述试验结果中赤泥和膨润土掺加比例为 2∶1 时球团样品效果较好，所以选用此比例掺入邯郸铁粉（邯郸工厂生产使用的铁粉其品位约为 65%）再进行对比试验。测试球团样品的基本性能（如抗压强度）。

通过本次对比试验的结果可以看出，赤泥与膨润土加入量的比例为 2∶1 时，所制备的球团样品不仅抗压强度最佳（抗压强度为 3.9kN/个），而且球团的理论铁品位也达到工业生产要求（表 12-7）。

表 12-7　不同配合比的邯郸铁粉制备氧化球团

配方 (g/g)	全铁（TFe） （质量分数，%）	抗压强度 （kN/个）
邯郸铁粉∶赤泥＝97∶3	63.75	3.14±0.46
邯郸铁粉∶膨润土＝97∶3	63.31	2.51±0.14
邯郸铁粉∶赤泥∶膨润土＝97∶2.5∶0.5	63.68	3.5±0.57
邯郸铁粉∶赤泥∶膨润土＝97∶2∶1	63.60	3.9±0.48

由本阶段对比试验可以看出，脱碱后的赤泥与现场铁粉制备的球团明显未能达到工业要求的指标，所以初步判定，不宜采用脱碱后的赤泥作球团黏结剂。铁粉、赤泥与膨润土加入量比例为 97∶2∶1 时，所制备的球团样品不仅抗压强度极佳（抗压为 3.9kN/个），而且球团的理论铁品位也达到工业生产要求，初步判定，可以用作氧化球团矿的黏结剂。

（4）焙烧温度对矿物复合赤泥黏结球团性能影响

本阶段试验的研究思路是，将铁精粉与赤泥按照一定的比例混合，制成生球团，在较低的温度下干燥 2h 以上，之后在较高的温度（变量）下焙烧一定时间，然后测试球团的基本性能（如抗压强度）。

将开泰铁粉与山东赤泥按一定比例（97∶3、95∶5）配料混合，逐量加水造球，生球在较低的温度下干燥 2h 以上，之后在较高的温度下焙烧 30min，再测试球团样品的基本性能（如抗压强度）。由于 97∶3 是工业生产中的原料铁粉与黏结剂的掺比量，而 95∶5 赤泥的掺入量较多，可以降低生产成本，所以选用这两组比例进行重复对比试验。选定五组焙烧温度为变量：1000℃、1050℃、1100℃、1150℃、1200℃，测试结果如图 12-13 所示。

从上述结果可以看出，赤泥黏结剂氧化球团的最佳焙烧温度为 1200℃。初步推测，此时球团内部发生了 Fe_3O_4 晶相向 α-Fe_2O_3 晶相的转变，抗压强度出现拐点急剧升高，达到工业指标要求（抗压强度≥2.0kN/个），其他温度不符合。

（5）焙烧时间对矿物复合赤泥黏结球团的性能影响

本阶段研究思路是，将铁精粉与赤泥按照一定的比例混合，制成生球团，在较低的温度下干燥 2h 以上，之后在较高的温度下焙烧一定时间（变量），再测试球团的基本性能（如抗压强度）。

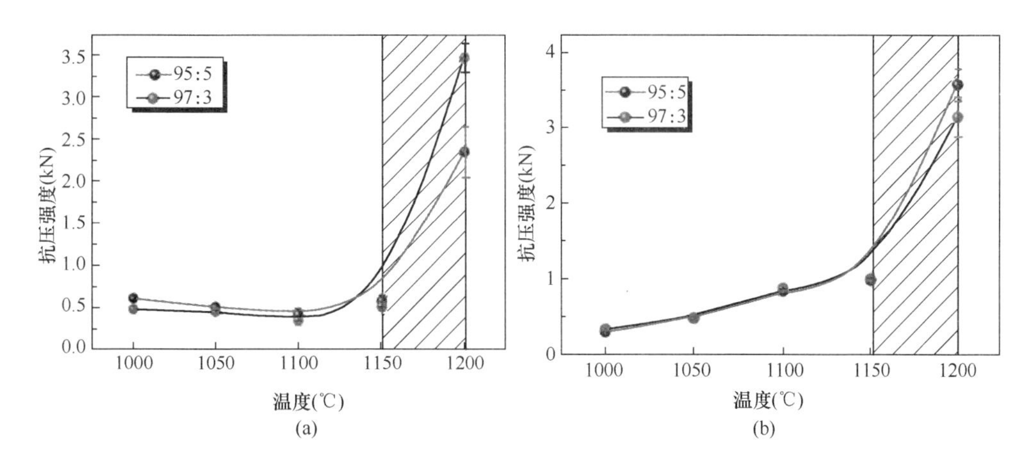

图 12-13　温度对氧化球团抗压强度的影响

（a）第一组；（b）第二组

将开泰铁粉与山东赤泥按一定比例（97∶3、95∶5）配料混合，逐量加水造球，生球在较低的温度下干燥 2h 以上，之后在最佳温度 1200℃下，分别焙烧 15min、30min、45min、60min，再测试球团样品的基本性能（如抗压强度），测试结果如图 12-14 所示。

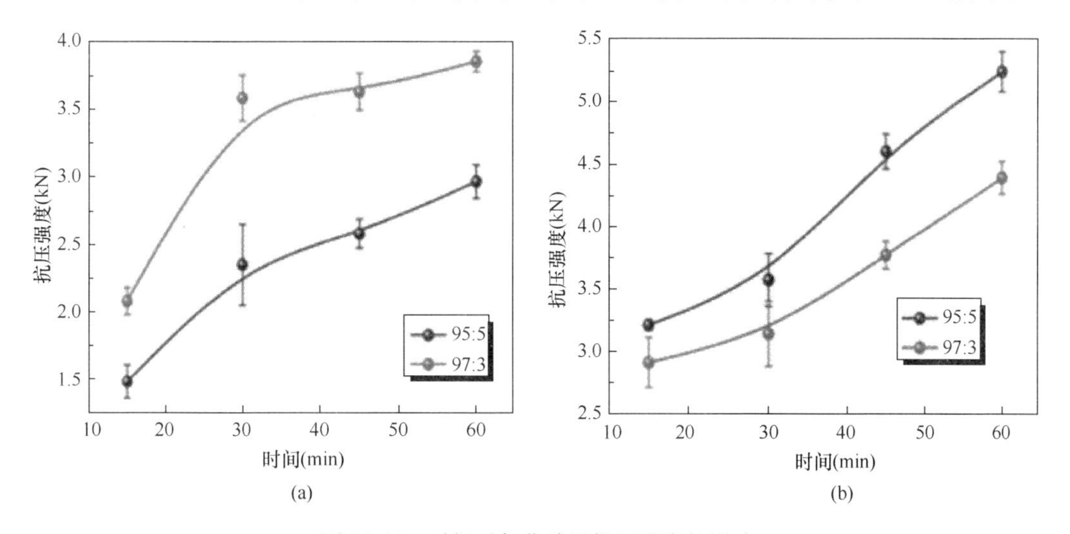

图 12-14　时间对氧化球团抗压强度的影响

（a）第一组；（b）第二组

从上述试验结果可以看出，焙烧时间为 30min 时，抗压强度已达到工业指标要求（抗压强度≥2.0kN/个）。整体上看在试验温度范围内，抗压强度随温度的升高而增加，从节能环保和工业要求等方面的因素综合考虑，不难看出赤泥黏结剂氧化球团的最佳焙烧时间为 30min。

12.4.4　赤泥黏结球团工厂试验及性能分析

1. 工厂生产线简介

在实验室研究基础上进行了工厂试验，采用链篦机—回转窑焙烧球团矿。整个过程是分别在三台设备上进行的，生球干燥预热是在链篦机上进行，焙烧是在回转窑内，焙烧好的球团矿是在单独冷却机内完成的，因此它与竖炉和带式焙烧炉不同，对预热球团强度有一定要求。球团生产线包含生产线操控室、配料混合造球过程、生球运输过程、生球筛选过程、生球预热过程和球团的焙烧过程。

2. 工厂试验

(1) 工厂试验原料

工厂试验所采用的赤泥来自河南郑州和山东茌平，粒度为60目，使用的铁粉为厂家所提供的磁铁矿精粉，粒度为180目，经过粉碎干燥后，进行化学分析，成分见表12-8。

表 12-8 现场原料分析含量 （质量分数,%）

项目	Fe_2O_3	SiO_2	CaO	MgO	Al_2O_3	TiO_2
赤泥（郑州）	6.09	17.88	16.47	1.06	26.53	1.8
赤泥（茌平）	24.44	23.24	2.0	0.2	15.89	1.51
磁铁矿精粉	66.94	6.32	0.29	—	0.75	—

(2) 工厂试验工艺流程

工厂试验的具体思路是，先按一定比例分组，将各种原料混合（表12-9），加水造球后再测试以下内容：(1)成球性；(2)湿球强度；(3)预热后强度(600℃、30min)。之后测试爆裂温度，最后，选择最优配方进行投笼试验。

表 12-9 工厂试验配方

编号	配方（g/g）
1	铁精粉：膨润土＝97：3
2-1	铁精粉：赤泥（郑州）：膨润土＝96：2：2
2-2	铁精粉：赤泥（茌平）：膨润土＝96：2：2
3-1	铁精粉：赤泥（郑州）：膨润土＝95.5：3：1.5
3-2	铁精粉：赤泥（茌平）：膨润土＝95.5：3：1.5
4-1	铁精粉：赤泥（郑州）：膨润土＝95：4：1
4-2	铁精粉：赤泥（茌平）：膨润土＝95：4：1
5-1	铁精粉：赤泥（郑州）：膨润土＝94.5：5：0.5
5-2	铁精粉：赤泥（茌平）：膨润土＝94.5：5：0.5
6-1	铁精粉：赤泥（郑州）＝94：6
6-2	铁精粉：赤泥（茌平）＝94：6
7-1	铁精粉：赤泥（郑州）＝97：3
7-2	铁精粉：赤泥（茌平）＝97：3
8-1	铁精粉：赤泥（郑州）：膨润土＝97：2：1
8-2	铁精粉：赤泥（茌平）：膨润土＝97：2：1

（3）湿球的抗摔试验及结果分析

制备出生球后需要进一步检测：①成球性：成球的难易程度。②湿球强度：将湿球从0.5m处自由掉落，观察是否破裂，并记录破裂时下落的次数。③预热后强度（600℃、30min）：将预热过的生球从1m处进行自由掉落，观察是否破裂，并记录破裂时下落的次数，具体测试结果见表12-10。

表12-10　抗摔试验

编号	成球性	湿球强度	预热后强度
1	良好	4×2次，1×1次	4次、3次、3次、1次、1次
2-1	良好	5×2次	7次、7次、4次、3次、1次
2-2	良好	2×2次，4×1次	7次、6次、5次、5次、3次
3-1	良好	6×2次	4次、4次、4次、3次、2次
3-2	良好	6×1次	10次、7次、6次、5次、4次
4-1	不均匀	3×2次，2×1次	6次、5次、3次、2次、2次
4-2	不均匀	6×1次	5次、4次、4次、3次、3次
5-1	不均匀	2×2次，3×1次	3次、3次、2次、2次、1次
5-2	不均匀	2×2次，4×1次	3次、3次、2次、2次、2次
6-1	良好	5×2次	3次、3次、2次、2次、2次
6-2	良好	1×2次，5×1次	3次、3次、3次、2次、2次
7-1	良好	3×2次，2×1次	7次、5次、5次、4次、2次
7-2	良好	2×2次，3×1次	6次、5次、4次、4次、3次
8-1	良好	5×2次	5次、5次、5次、3次、3次
8-2	良好	4×2次，1×1次	5次、4次、4次、3次、2次

从上述试验结果可以看出，配方编号3-1、3-2、8-1、8-2组试验测试结果更好，其中赤泥和膨润土的加入量比例为2∶1，与前期试验室中测试结果相同，符合预期。

（4）爆裂温度试验及结果分析

爆裂温度测试的方法如下：取5个湿球团，直接放入对应温度的马弗炉内停留30min，观察是否有微裂纹并记录数目，测试结果见表12-11。

从试验结果可以看出（表12-12），配方编号3＃1、3＃2、8＃1、8＃2组试验测试结果较好，其中赤泥和膨润土的加入量比例为2∶1，与前期试验室中测试结果相同，符合预期。

（5）投笼试验及结果分析

投笼试验，顾名思义就是将生球放入铁笼子中投入生产实际用的高炉中进行测试，之后将笼子取出，观察笼内球团是否符合生产要求。选取配方编号3＃1、3＃2、8＃1、8＃2组进行投笼试验。投笼试验使用的生球样品和铁笼如图12-15所示，所得球团如图12-16所示。

表 12-11　氧化球团爆裂温度试验

配方	300	350	400	450	500
1	3 裂/5	3 裂/5	3 裂/5	2 裂/5	2 裂/5
2＃1	4 裂/5	4 裂/5	3 裂/5	2 裂/5	3 裂/5
2＃2	3 裂/5	1 裂/5	1 裂/5	1 裂/5	2 裂/5
3＃1	0 裂/6	0 裂/5	0 裂/5	0 裂/5	1 裂/5
3＃2	1 裂/5	0 裂/5	1 裂/5	0 裂/5	1 裂/5
4＃1	1 裂/5	2 裂/5	1 裂/5	0 裂/5	1 裂/5
4＃2	3 裂/5	0 裂/5	0 裂/5	1 裂/5	1 裂/5
5＃1	2 裂/5	0 裂/5	1 裂/5	2 裂/5	3 裂/5
5＃2	2 裂/5	1 裂/5	0 裂/5	0 裂/5	2 裂/5
6＃1	1 裂/5	0 裂/5	0 裂/5	0 裂/5	0 裂/5
6＃2	1 裂/5	0 裂/5	0 裂/5	0 裂/5	0 裂/5
7＃1	1 裂/5	1 裂/5	1 裂/5	0 裂/5	2 裂/5
7＃2	1 裂/5	2 裂/5	1 裂/5	2 裂/5	2 裂/5
8＃1	2 裂/5	0 裂/5	1 裂/5	1 裂/5	2 裂/5
8＃2	1 裂/5	1 裂/5	0 裂/5	2 裂/5	3 裂/5

表 12-12　投笼试验测试

项目	3＃1	3＃2	8＃1	8＃2
抗压强度（kN/个）	3.53	3.61	3.55	3.34

(a)

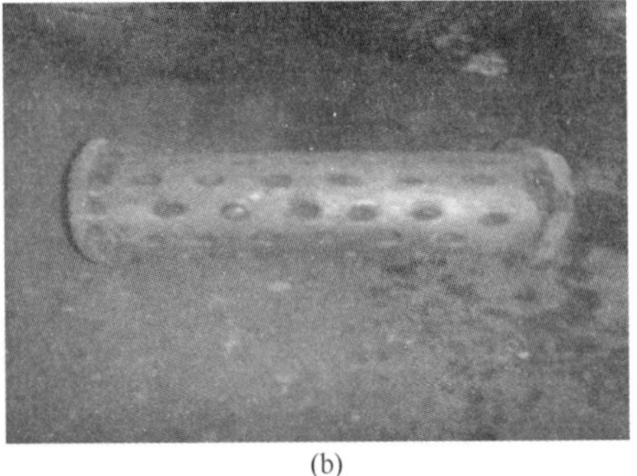
(b)

图 12-15　投笼试验

（a）生球样品；（b）投笼试验用铁笼

系列研究表明，矿物复合赤泥黏结球团，不仅可以节约矿产资源、降低生产成本、增加经济效益，而且可以一定程度上解决赤泥的污染问题，使赤泥作为一种二次资源得到有效的综合利用，变废为宝。如果试验结果得到进一步优化，推广使用，既能减少排污、有利于铝工业的可持续发展，又可节约成本有利于钢铁企业的生存。得出的具体结论如下：①矿物复合赤泥黏结球团的成球性良好，与利用膨润土生产的氧化球团相比，利用赤泥生产的氧化球团的湿球强度、预热后强度均无明显变差的趋势。②研究发现，矿物复合赤泥黏结球团不仅能达到抗压强度行业要求（抗压≥2.0kN/个），还降低了生产成本。

3. 矿物复合赤泥黏结球团机理研究

（1）球团氧化机理

磁铁矿生球预热过程的主要目的是将磁铁矿中的大部分 Fe_3O_4 氧化成 Fe_2O_3，其次是碳酸盐的分解、硫化物的分解与氧化以及某些固相反应。预热过程对球团矿的焙烧具有极其重要的意义。目前，对磁铁矿球团的氧化机理已进行了大量的研究。一般认为，磁铁矿球团中氧化过程是由表面向球中心层状进行，符合化学反应中吸附扩散学说。首先，气氛中的氧被吸附在磁铁矿球团颗粒表面，并且在从 Fe^{2+} 转变成 Fe^{3+} 的反应中，得到一个电子而电离成 O^{2-}。O^{2-} 从颗粒表面向 Fe_2O_3/Fe_3O_4 界面进行扩散，Fe^{3+} 从颗粒内部向 Fe_2O_3/O_2 界面进行扩散。在氧化过程中，起主要作用的并不是氧气向内的扩散，而是铁离子与氧离子在固相层内的扩散。磁铁矿的氧化是随温度的升高分为两个阶段进行，在低温时 Fe_3O_4 先被氧化成 γ-Fe_2O_3，然后随着温度的不断升高最终变成 α-Fe_2O_3。

图 12-16　投笼后的球团样品

温度较低时，氧化反应为：

$$4Fe_3O_4+O_2\longrightarrow 6\gamma\text{-}Fe_2O_3$$

γ-Fe_2O_3 不稳定，温度升高时，易转变成 α-Fe_2O_3，温度较高时的氧化反应为：

$$4Fe_3O_4+O_2\longrightarrow \alpha\text{-}Fe_2O_3$$

可知，磁铁矿球团的氧化过程是：氧气从球面沿着气孔向磁铁矿颗粒的表面扩散（即氧气从气相向球面进行扩散）氧气在颗粒表面发生吸附、电离，氧离子和铁离子在磁铁矿颗粒产物层内的扩散，在颗粒内部的界面上进行的氧化反应。

（2）球团固化机理

磁铁矿球团在焙烧过程中，主要发生：Fe_2O_3 再结晶、低熔点化合物的熔化、球团的体积收缩和球团结构致密化。氧化球团在高温焙烧下，固体质点通过扩散，形成连接桥以及少量的液相，使固体颗粒之间黏结，并获得足够的机械强度。其固结的主要形式有：

① Fe_2O_3 的微晶连接。在氧化气氛以及较低的焙烧温度下磁铁矿中产生 Fe_2O_3 的微晶连接，在 200～300℃时氧化过程开始，随着温度的升高氧化加速，在磁铁矿颗粒表面与裂缝中进行氧化。在 800℃时，颗粒表面已基本氧化成 Fe_2O_3。这种新生成的 Fe_2O_3 原子具有极强的活性，不仅在晶格内部可以发生扩散，而且可以扩散迁移至相邻颗粒上，形成连接桥，这种就是所谓的微晶连接。其中颗粒间产生的微晶键，会使球团强度比干球时有所提高，但依旧较低。

② Fe_2O_3 的再结晶连接。铁精矿氧化球团矿的固相固结的主要形式是 Fe_2O_3 再结晶连接，是在 Fe_2O_3 微晶固结上的发展。在氧化气氛中焙烧磁铁精矿球团时，氧化过程由

球体表面沿同心球面向内部推进，当氧化预热达到1000℃时，约有90％的磁铁矿氧化生成Fe_2O_3，并且形成微晶连接。在最佳的焙烧条件下，一方面残存的磁铁矿会继续氧化，另一方面已经生成的Fe_2O_3微晶可以进行晶粒长大和聚集生长，球内各颗粒间连接成一个致密整体，使氧化球团矿的强度大幅度提高。

③ Fe_3O_4的再结晶固结。在中性气氛或氧化不完全下焙烧磁铁精矿球团，其内部的磁铁矿在900℃时就会发生再结晶，使球团各颗粒间连接。

④ 液相的黏结。原料中不可避免地会含有一定量的SiO_2和CaO等成分。磁铁精矿在中性氧化气氛中，或者是Fe_3O_4氧化不完全时，温度升到1000℃便会形成$2FeO \cdot SiO_2$。

上述固结形式中，以Fe_2O_3的再结晶最理想。其所得的球团矿还原性好、强度高，在生产过程中，应力求制备出这种固结形式的球团矿。

（3）机理的证实

为了进一步验证试验机理，在研究后期进行了XRD（X射线衍射）和磁饱和强度分析，如图12-17、图12-18所示。

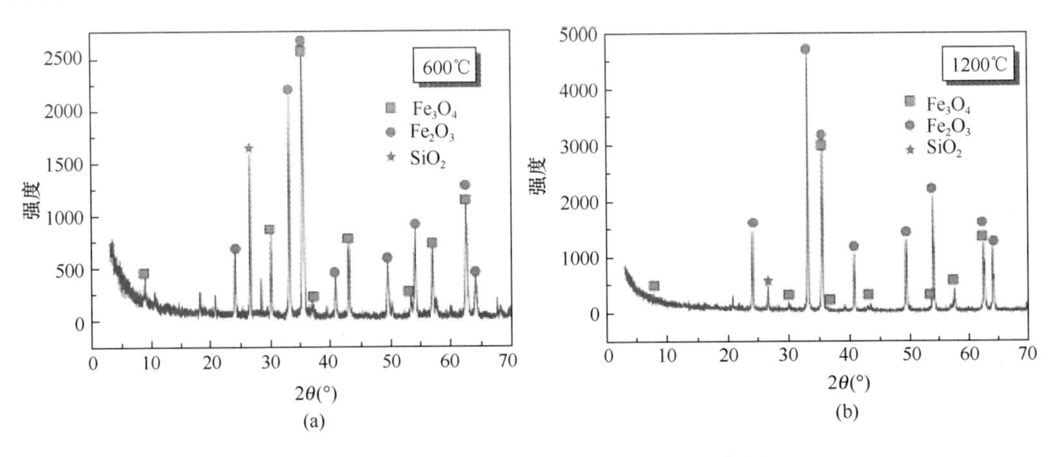

图12-17　不同温度煅烧氧化球团的XRD分析

（a）600℃；（b）1200℃

将预热后的生球和氧化焙烧后的球团分别粉碎、磨细，进行XRD测试，分析衍射图谱如图12-17所示，可知生球中Fe_3O_4含量居多，焙烧后的球团中Fe_2O_3含量居多。可见，通过焙烧Fe_3O_4晶相向α-Fe_2O_3晶相转变，符合试验机理。

由氧化球团的磁滞回线分析可知（图12-18），生球在经过氧化焙烧后磁性明显减弱，其原因是强磁性的Fe_3O_4焙烧后转化为弱磁性的α-Fe_2O_3，有待进一步试验验证机理。

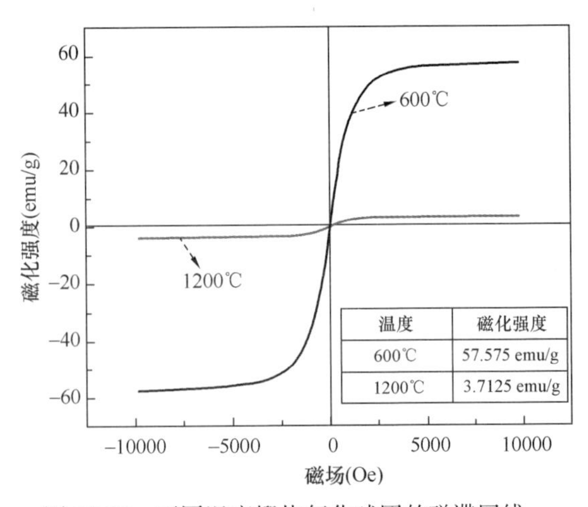

图12-18　不同温度煅烧氧化球团的磁滞回线

12.5 以赤泥为原料制备烧结陶粒

常见烧结陶粒工艺流程图如图 12-19 所示。调节陶粒原料成分至设定成分并加入辅料，经破碎—混料—造球—干燥—烧结—冷却，产出陶粒成品。通过烧结陶粒工艺制备陶粒，可以由成分、烧结温度与烧结时间的不同，产出两种性质差异较大的陶粒产品。在焙烧温度较低（一般为 950～1100℃）、焙烧时间较短时，产出的陶粒表面粗糙，有很多细微气孔，比表面积大，膨胀系数小，密度偏高，硬度一般，具有很好的吸附性；在焙烧温度较高（一般大于 1100℃）、焙烧时间长时，产出的陶粒表面由一层釉质层包裹，具有很高的硬度，内部呈多孔蜂窝状，膨胀系数大，密度小，物理化学性质稳定，具有很好的隔绝性能，是一种极佳的轻质骨料。

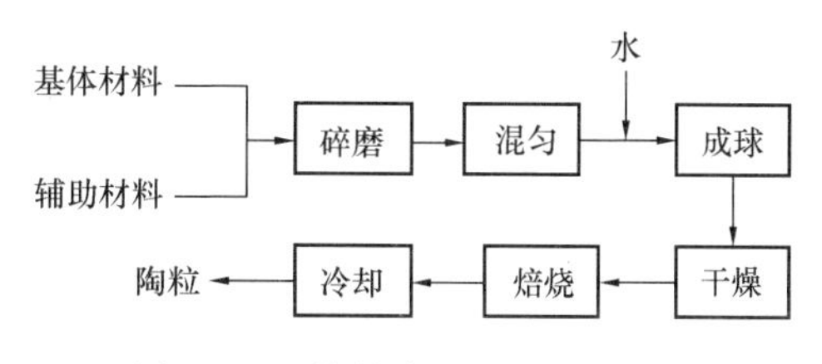

图 12-19 烧结陶粒基本工艺流程

烧结陶粒是一种强度高的建筑材料。符勇等利用焦作市三大固体废物赤泥、铝土尾矿、污泥烧制陶粒，烧制出符合国家标准的 700 级高强陶粒与 900 级高强陶粒，最大筒压强度为 16.19MPa。魏国侠等采用疏浚污染底泥与垃圾焚烧灰混合烧制陶粒，最佳条件下烧制的陶粒筒压强度为 4.56MPa、吸水率为 15.3%，堆积密度为 $735kg/m^3$，且符合重金属浸出标准。

12.6 烧结法赤泥制品应用环境问题分析

12.6.1 碱的固定和释放问题

赤泥中主要污染物为碱，因为碱性较强，使赤泥在堆放过程中会存在向环境中渗漏的问题。即使形成建材，碱被部分固定，但也存在向环境渗漏的危险。例如制品用于弱酸性化工环境中，用于酸雨经常存在的环境中，会加速制品中碱的迁移和释放。碱的渗漏，无疑会对制品的性能产生影响，如力学性能下降等，使制品的使用功能受到影响，此外碱进入土壤、渗漏进水体，会改变土质、改变水质，形成环境危害。为了降低建材中碱的渗漏，赤泥建材产品宜用于干燥中性环境中。

（1）煅烧过程中碱的固定

图 12-20 为晋铝赤泥和魏桥赤泥在湿法和干法制备保温材料过程中表面和断面的 pH 变化。从图中可以看出，赤泥经成型后仍然呈碱性，随着温度的升高，样品的 pH 反而增加，但当温度升高到 800℃后，样品的 pH 迅速下降，可能是碱被固定的原因。这些设想通过 XRD 研究，结果如图 12-21 所示。

由图 12-21 可以看出，300℃以前，样品表面和断面的组成几乎无差异，300℃煅烧条件下，赤泥保温材料样品表面和断面的物质组成相比，各组分衍射峰更强，钙霞石、

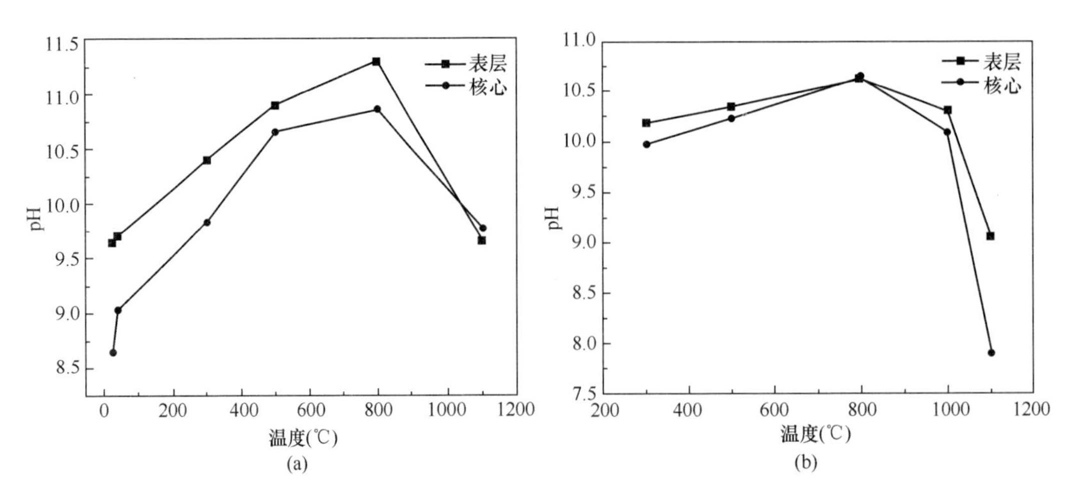

图 12-20 赤泥制备保温材料过程中表面和断面 pH 的变化

(a) 晋铝赤泥；(b) 魏桥赤泥

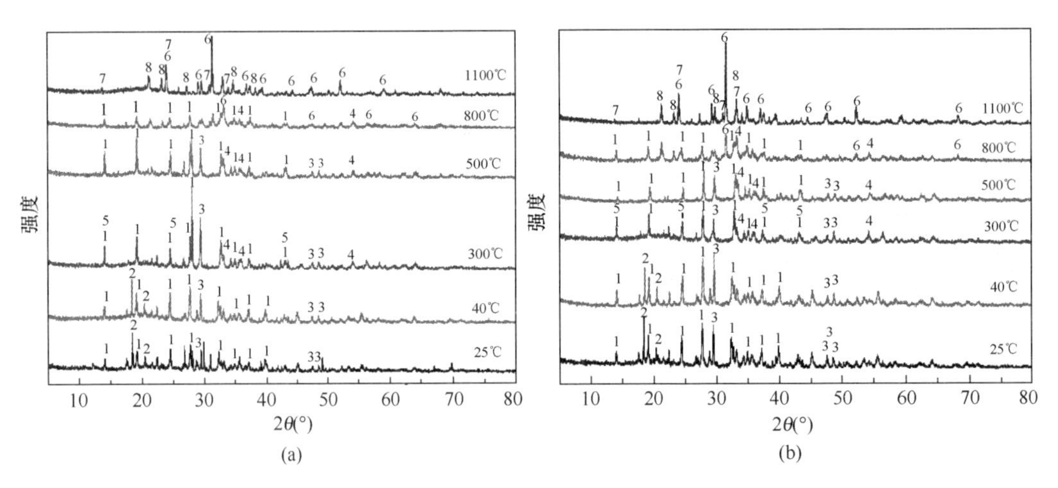

图 12-21 晋铝赤泥表面和断面物质随煅烧温度的变化

(a) 表面；(b) 断面

方解石、赤铁矿和方钠石的含量更高，说明在该温度下，赤泥保温材料样品内部比样品表面物质组成转化更快速。部分衍射峰有差异或许为含有杂质所导致。500℃煅烧条件下，赤泥保温材料样品表面和断面的物质组成相比，各组分衍射峰更强，钙霞石、方解石和赤铁矿的含量更高，说明在该温度下，同 300℃煅烧条件一样，赤泥保温材料样品内部比样品表面物质组成转化更快速。800℃处理条件下，样品断面与样品表层相比，钙长石含量变化不大，钙铝黄长石与霞石的衍射峰强度更强，且铝酸钙消失更快。说明在该温度下，同 300℃和 500℃煅烧条件一样，赤泥保温材料样品内部比样品表层物质组成转化更快速。XRD 结果表明，800℃以前是因为碳酸钙分解释放出碱性物质 CaO，水铝石失水所致。而 800℃以后，钙霞石等组分的形成，把碱性物质反应掉，固定在体系中，使体系的 pH 降低。

(2) 赤泥煅烧样品中碱的释放

如图 12-22（a）所示，室温下样品在纯水中静置 15d，钠的浸出率为 1.78%，而在热水（70℃）中则大大提高至 6.5%，在 0.1mol/L KOH 溶液中则浸出率降低仅为 0.25%。但是，在酸性介质中钠的浸出率高达 15.7%。这些数据表明该目标产品可以在潮湿和通常环境中安全使用。

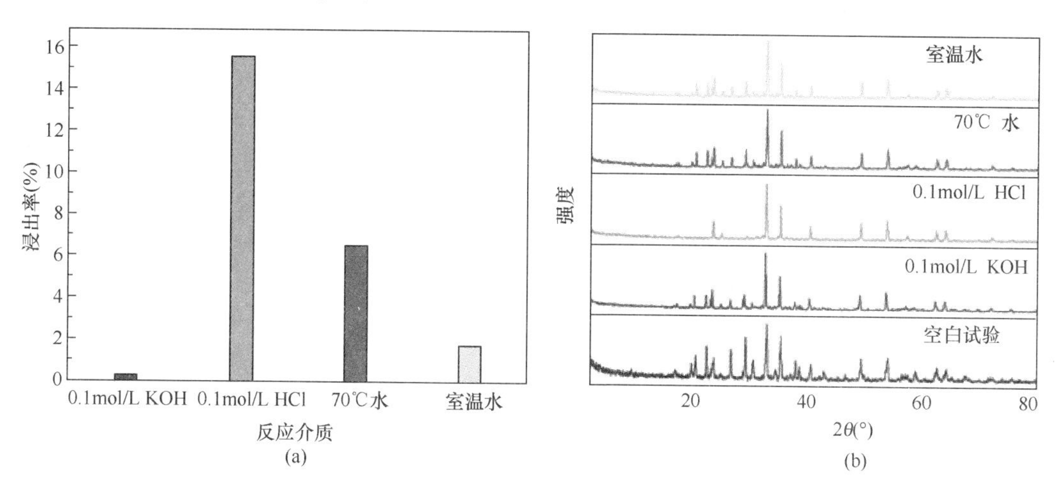

图 12-22 赤泥烧结样品在不同环境中钠的浸出

（a）品结构的变化；（b）物相测试

为探究钠的迁移路径，对经不同介质浸泡的试样进行了物相测试，结果如图 12-22（b）所示，试样经 0.1mol/L KOH 溶液或纯水浸泡后，样品的 XRD 图谱与原始样品相比无明显变化，表明材料结构不变，$NaAlSiO_4$ 相仍保持存在。因此，钠向溶液中的少量释放是由于材料表层的晶格中的钠逃逸引起的。样品在 0.1mol/L KOH 中钠的最低浸出率是由于在材料表面形成的 $NaSiO_3$ 限制了 Na^+ 从固体向介质的迁移。材料浸入酸性环境后，$NaAlSiO_4$ 相消失。因此可以推断出 $NaAlSiO_4$ 与酸反应生成 SiO_2 固体，并生成可溶性 Al^{3+} 和 Na^+，导致钠的高浸出率。$NaAlSiO_4$ 的结构破坏如图 12-23 所示。

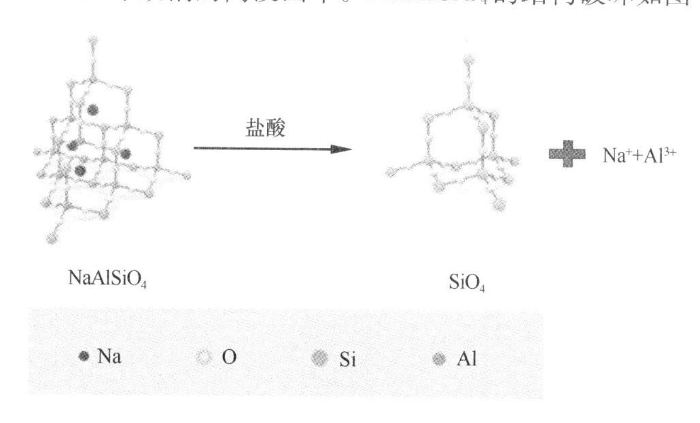

图 12-23 赤泥烧结样品在酸性环境下的化学反应

12.6.2 赤泥制品应用中环评测试

含赤泥的多孔砖、砌墙砖应根据国家标准《砌墙砖试验方法》（GB/T 2542—2012）

进行环评测试，主要关注产品是否有外观缺陷，产品的抗折强度、抗压强度、冻融试验、体积密度、石灰爆裂、泛霜、吸水率、孔洞率、干燥收缩、碳化试验；最主要关注的是产品的抗压强度、体积密度和吸水率等指标，是否有泛霜问题等；此外制品是否含有放射性元素也是固废制备各种材料关注的问题，常常需要通过放射性元素国家标准测试。

参考文献

[1] GAO Y J，HUANG H J，TANG W J，et al. Preparation and characterization of a novel porous silicate material from coal gangue [J]. Microporous and Mesoporous Materials，2015，217(15)：210-218.

[2] 符勇，马喆. 基于赤泥、铝土尾矿和污泥三大工业废物的陶粒制备实验研究[J]. 能源与环保，2017，39(4)：48-51，56.

[3] 付建秋，黄小凤，潘学军，等. 底泥制备陶粒研究进展[J]. 硅酸盐通报，2016，32(12)：2514-2519.

[4] 黄桂香. 应用新型有机粘结剂制备氧化球团的研究[D]. 长沙：中南大学，2007.

[5] 何必繁，王里奥，黄川，等. 弧叶型旋转窑烧制污泥陶粒实验研究[J]. 环境工程学报，2011，5(4)：909-916.

[6] 李金莲，刘万山，任伟，等. 配加高铁赤泥降低球团矿膨润土用量的研究[J]. 球团烧结，2012，37(3)：31-34.

[7] 李志君，苏振国，李亮，等. 空心微珠轻质陶粒的制备与性能[J]. 硅酸盐学报，2017，45(3)：384-392.

[8] 童思意，刘长淼，刘玉林，等. 我国固体废弃物制备陶粒的研究进展[J]. 矿产保护与利用，2019，39(3)：140-150.

[9] 尹国勋，邢明飞，余功耀. 利用赤泥等工业固体废物制备陶粒[J]. 河南理工大学学报，2008，27(4)：491-496.

[10] 郑红霞，汪琦，潘喜峰. 磁铁矿球团氧化机理的研究[J]. 烧结球团，2003，28(5)：13-16.

[11] 王轩，朱文倩，薛雨晴，等，赤泥烧结多孔保温材料制备过程中碱迁移研究[J]. 资源综合利用，2022：89-92，96.

[12] 刘全，吴智明，王轩. 赤泥保温材料烧结过程中液相形成温度与分解型发泡剂分解温度匹配研究[J]. 成都理工大学学报：自然科学版，2023：504-512.

[13] 王彤印 . 赤泥：城市污泥烧结保温材料的制备和性能研究[D]. 北京：中国地质大学(北京)，2021.